Prüfungsstoff nach Ausbildungsstufen

DE Bronze — Prüfungsstoff «Stufe Bronze» in Deutschland

DE Silber — Prüfungsstoff «Stufe Silber» in Deutschland

CH 200 — Prüfungsstoff «Bellis» in der Schweiz

CH 400 — Prüfungsstoff «Iris» in der Schweiz

CH 600 — Prüfungsstoff «Dryas» in der Schweiz

Rita Lüder

Grundlagen der Feldbotanik

Haupt
NATUR

Rita Lüder

GRUNDLAGEN DER FELDBOTANIK

Familien und Gattungen einheimischer Pflanzen

2., aktualisierte Auflage

Haupt Verlag

Zur Autorin:
Dr. Rita Lüder ist promovierte Biologin und arbeitet als freischaffende Illustratorin, Dozentin und Autorin.
www.kreativpinsel.de

2. Auflage: 2022
1. Auflage: 2018

ISBN 978-3-258-08262-2

Gestaltung und Satz: pooldesign.ch und Rita Lüder
Texte zur Systematik auf den Seiten 33–37, 42–45, 88–89, 228–229: Beat Fischer, CH-Bern
Lektorat der 2. Auflage: Patrick Kuss, D-Freiburg, und Dagmar Lange, D-Landau
Lektorat der 1. Auflage: Claudia Huber, D-Erfurt
Projektleitung der 1. Auflage: Regine Balmer

Wir verwenden FSC®-Papier. FSC® sichert die Nutzung der Wälder gemäß sozialen, ökonomischen und ökologischen Kriterien.
Gedruckt in Italien

MIX
Paper from responsible sources
FSC® C015829

Diese Publikation ist in der Deutschen Nationalbibliografie verzeichnet.
Mehr Informationen dazu finden Sie unter http://dnb.dnb.de.

Der Haupt Verlag wird vom Bundesamt für Kultur für die Jahre 2021–2024 unterstützt.

Wir verlegen mit Freude und großem Engagement unsere Bücher. Daher freuen wir uns immer über Anregungen zum Programm und schätzen Hinweise auf Fehler im Buch, sollten uns welche unterlaufen sein. Falls Sie regelmäßig Informationen über die aktuellen Titel im Bereich Natur & Garten erhalten möchten, folgen Sie uns über Social Media oder bleiben Sie via Newsletter auf dem neuesten Stand.

www.haupt.ch

INHALTSVERZEICHNIS

Farbcodes

- Familien
- Gattungen
- DE Bronze
- DE Silber
- CH 200
- CH 400
- CH 600

VORWORT

Dieses Buch orientiert sich an dem für die Ausbildung zum Feldbotaniker/zur Feldbotanikerin erforderlichen Wissen und beschreibt vor allem die bedeutendsten Pflanzenfamilien und Gattungen. Hierbei gilt mein besonderer Dank lic. phil. nat. Beat Fischer, der die Systematik auf den neuesten Stand gebracht hat, und Frau Dr. Dagmar Lange, Universität Landau, für die Artenauswahl für die deutsche Feldbotanik-Ausbildung. Ihr und vor allem auch Herrn Dr. Patrick Kuss, Universität Zürich, gilt mein herzlicher Dank für die Unterstützung bei der umfangreichen Überarbeitung für die 2. Auflage – wie auch den zahlreichen Rückmeldungen, die mich erreicht haben und die hier mit eingeflossen sind. Es freut mich sehr, dass das Interesse an der Feldbotanik-Ausbildung stetig wächst.

«Grundlagen der Feldbotanik» will mit den kurzen Einführungen in die verschiedenen Facetten der Botanik «Appetit machen auf mehr». Natürlich gibt es zu jedem dieser spannenden Themengebiete weiterführende Literatur – aber noch wichtiger ist die Beschäftigung in und mit der Natur: Exkursionen mitmachen, eigene Erfahrungen sammeln, beobachten und entdecken.

Mit diesem Buch lade ich Sie ein, das faszinierende und spannende Gebiet der Botanik näher kennenzulernen. Dabei geht es viel um Wissen und Fakten, doch echtes Lernen gelingt nur, wenn uns etwas wirklich berührt – darum lassen Sie sich Zeit und genießen Sie die Natur. Bei meinen eigenen Erfahrungen und in meinen Seminaren zur Verwendung und Bestimmung von Pflanzen merke ich immer wieder, wie inspirierend es beispielsweise sein kann, selbst ein «Allerweltskraut» wie die Brennnessel näher unter die Lupe zu nehmen – im wahrsten Sinne des Wortes – und männliche und weibliche Blüten zu entdecken. Wissen ist meiner Meinung nach vor allem von Wert, wenn es unseren Grundbedürfnissen dient: entdecken, gestalten und sich verbunden fühlen. Wo gelingt dies besser als in der Natur? In diesem Sinne wünsche ich Ihnen viel Spaß mit diesem Buch und WUNDERvolle Naturerlebnisse.

Rita Lüder, Februar 2022

Löwenzahn

Gänseblümchen

Brennnessel (männlich)

ZUM GELEIT DER 1. AUFLAGE

Schon seit etlichen Jahren scheint sich der Ansporn zu mehren, die Wildpflanzen zu entdecken und zu kennen. Der Aufschwung erfolgt nicht primär in den Biologiesälen und nicht in den Labors der botanischen Institute. Es sind die Feldbotanik-Kurse, meist privat organisiert und von verschiedenen Vereinen gefördert, welche auf Exkursionen die einheimische Flora zeigen und erklären. Die Nachfrage ist groß und ebenso groß ist das Bedürfnis, das Gelernte in einem Lehrbuch zu repetieren, zu vertiefen und für eine Zertifikatsprüfung vorzubereiten. Es gilt, das Gespür für Verwandtschaften zu schulen, das die erfahrenen Feldbotanikerinnen und Feldbotaniker auszeichnet. Mit dem vorliegenden Lehrbuch zur Feldbotanik schließen die Autorin und der Haupt Verlag eine wichtige Lücke. Endlich gibt es zur Gattungs- und Familienansprache eine leicht verständliche Referenz. Der Autorin und dem Verlag ist es gelungen, mit der Zusammenstellung prägnanter Merkmale und mit vielen guten Illustrationen den Lernenden eine hilfreiche Unterstützung zu bieten.

Stefan Eggenberg, Direktor Info Flora (April 2018)

Einerseits gibt es einen Mangel an Artenkenntnis. Andererseits wünschen sich viele naturinteressierte Menschen, mehr über beobachtete Pflanzen zu wissen. Wie man die Interessierten an das gesuchte Wissen heranführt und so Artenkenntnis fördert, macht seit zehn Jahren die Botanische Gesellschaft der Schweiz mit ihren Zertifikatsprüfungen erfolgreich vor. Vergleichbares werden der Naturschutzbund Deutschland und naturgucker.de im Projekt NABU | naturgucker-Akademie artengruppenübergreifend für Deutschland umsetzen. Erster Baustein dafür ist das Buch «Grundlagen der Feldbotanik». Im Zusammenspiel mit der begleitenden App erhalten Pflanzeninteressierte ein effektives Werkzeug zum Bestimmen und zum Erlangen von Artenkenntnissen.

Stefan Munzinger, naturgucker.de (April 2018)

BUCH UND APP «FELDBOTANIK – ARTENTRAINER»

Der Schwerpunkt dieses Buches liegt in der Beschreibung der bedeutendsten Pflanzenfamilien und Gattungen. Es will nicht Pflanzenporträts aneinanderreihen, sondern Zusammenhänge und Verwandtschaften klären, damit ein tieferes Verständnis für die Botanik entstehen kann. Da sich niemand ohne die ständige Beschäftigung mit diesen Themen alle Merkmale einprägen kann, dient das Buch vor allem als Lehrbuch und Nachschlagewerk. Deshalb ist besonderes Augenmerk auf Übersichten gelegt, die in Kürze die wichtigsten Merkmale und Verwechslungsmöglichkeiten zeigen. Es bietet Grundlagenwissen für Feldbotanikerinnen und Feldbotaniker. Parallel zum Buch ist eine App für Smartphones erhältlich, mit welcher sich Artenkenntnisse gezielt trainieren lassen.

In der Schweiz und in Deutschland gibt es verschiedene Ausbildungsangebote zum Thema Feldbotanik. Das vorliegende Buch und die ergänzende App wollen sinnvolle Hilfsmittel für all jene sein, die ihre botanischen Kenntnisse aufbauen und Artenkenntnisse trainieren wollen – vielleicht mit dem Ziel, eine anerkannte Ausbildung mit einer Prüfung abzuschließen. Daher richtet sich die inhaltliche Auswahl von Buch und App nach dem Prüfungsstoff für die Zertifizierung von Botanikkenntnissen der Schweizerischen Botanischen Gesellschaft und der deutschen Landesakademien (BANU). Diese Ausbildungen sind in 3 unterschiedliche Schwierigkeitsgrade gegliedert. Die für die Prüfungen der verschiedenen Stufen relevanten Inhalte sind im Buch entsprechend farblich markiert, wobei für Deutschland die beiden Stufen Bronze und Silber berücksichtigt sind. In der App lassen sich die zu trainierenden Arten nach den gewünschten Ausbildungsstufen filtern.

Auch Leserinnen und Leser, die keine Prüfung ablegen wollen, erhalten durch die Farbcodes wichtige Hinweise darauf, welche Inhalte grundlegend sind und welche Familien oder Gattungen für fortgeschrittene Stufen geeignet sind. Es kann für sie hilfreich sein zu wissen, dass es sich besonders lohnt, die Inhalte für die Einsteigerstufen (■ bronzefarben für Deutschland bzw. ■ gelb für die Schweiz) anzuschauen, da diese Stufen auf häufige Familien und Gattungen fokussieren, welche viele Arten beinhalten. Die meisten rot markierten Inhalte (■ Stufe 3 in der Schweiz) sind im deutschen Tiefland seltener zu finden.

An den Balken am Seitenrand können Sie bereits den Inhalt des Kapitels erkennen: Grüner Balken – diese Seiten stellen Familien vor, die in der Schweiz, in Deutschland oder in beiden Ländern zum Prüfungsstoff gehören. Ist der Balken orange, behandeln die Seiten eine Gattung. Graue Balken kennzeichnen systematische Einführungen und hellgrüne oder hellorange Balken Informationen zu Familien oder Gattungen, die weder in der Schweiz noch in Deutschland Teil des Prüfungsstoffes sind.

Diese Art ist Inhalt der Prüfung «Stufe Iris» in der Schweiz und «Stufe Bronze» in Deutschland.

Der olivgrüne Balken kennzeichnet Familien, die Inhalt der Prüfung zum Feldbotaniker sind.

Diese Familie ist Inhalt der Prüfung «Stufe Iris» in der Schweiz.

Diese Familie ist Inhalt der Prüfung «Stufe Silber» in Deutschland.

Arten, Gattungen und Familien, die Inhalt der Ausbildung in folgenden Stufen sind:

DE Bronze – Prüfungsstoff «Stufe Bronze» in Deutschland

DE Silber – Prüfungsstoff «Stufe Silber» in Deutschland

CH 200 – Prüfungsstoff «Bellis» in der Schweiz

CH 400 – Prüfungsstoff «Iris» in der Schweiz

CH 600 – Prüfungsstoff «Dryas» in der Schweiz

AUFBAU EINER PFLANZE

Alles Leben auf der Erde basiert auf den Pflanzen, die mit ihrem Blattgrün (Chlorophyll) nur mithilfe des Sonnenlichtes aus Kohlenstoffdioxid aus der Luft und Wasser den Grundbaustein allen Lebens aufbauen: Glucose. Als Nebenprodukt der **Fotosynthese** wird Sauerstoff frei – wir sind auf ihn ebenso angewiesen wie die meisten Organismen. Die Zuckerverbindungen sind die Grundsubstanz der organischen Verbindungen. Sie werden mit Mineralstoffen verfeinert, in unzähligen Varianten immer wieder umgebaut, weiterverarbeitet – und schließlich abgebaut und wieder in den Kreislauf zurückgebracht. Dies ist vor allem der Wirkungsbereich der **Pilze,** die für den ökologischen Kreislauf ebenso wichtig sind. 95 Prozent aller höheren Pflanzen leben in Symbiose mit Pilzen (**Mykorrhiza**) und vernetzen sich über diese.

Im Laufe der Evolution haben sich aus den ursprünglich einfachen grünen Blättern für die verschiedenen Funktionen spezielle Organe herausgebildet: Wurzeln für die Nährstoffaufnahme, Blüten für die Bestäubung, Samen für die Ausbreitung und vieles mehr. Je spezieller und extremer ein Lebensraum ist, desto «einfallsreicher» sind die Anpassungen. Bei den Gehölzen ist die gesamte Sprossachse verholzt und der Stängel wird Stamm genannt. Sie haben den Stofftransport mit dem «sekundären Dickenwachstum» perfektioniert und durch den Aufbau von «Holz» (Xylem) eine beeindruckende Stabilität erreicht.

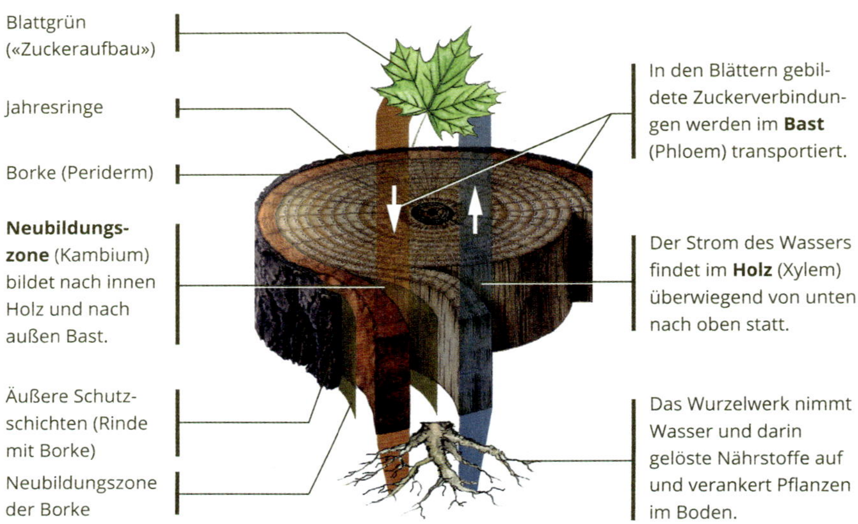

LEBENSFORM

Es gibt verschiedene Strategien der Pflanzen, in ihrem Lebensraum zurechtzukommen. Ackerwildkräuter sind meist **Einjährige (Therophyten)** und sterben nach der Vegetationsperiode ab, sie überdauern als Samen. **Zweijährige (Bienne)** bilden im 1. Jahr meist eine Rosette, sie sterben nach der Blüte im 2. Jahr ab. Die **ausdauernden, nicht verholzenden Kräuter (Perennierende)** heißen auch **Stauden**. Sie verlagern vor dem Winter die Nährstoffe in Speichergewebe und treiben jedes Jahr wieder neu aus. Je nachdem, wo sich diese austreibenden Organe (Erneuerungsknospen •) befinden, unterscheidet man verschiedene Typen. Die meisten heimischen Stauden sind **Erdschürfpflanzen** mit Erneuerungsknospen dicht am Erdboden **(Hemikryptophyten)**, die von einer Laubdecke und ihren eigenen Blattresten geschützt überdauern. Bei den **Erdpflanzen (Kryptophyten** bzw. **Geophyten)** sitzen die Erneuerungsknospen im Boden und die oberirdischen Teile sterben komplett ab. Nach den unterirdischen Speicherorganen werden Knollen-, Rüben-, Zwiebel-, Wurzel- und Rhizomgeophyten unterschieden. Bei den **Holzpflanzen (Phanerophyten)** befinden sich die Erneuerungsknospen weit über dem Boden. Eine vermittelnde Stellung haben die **Zwergsträucher** und **Polsterpflanzen** im Gebirge **(Chamaephyten)**, bei denen die Erneuerungsknospen im Schutz einer Schneedecke überwintern.

Holzpflanzen (Phanaerophyten) haben Knospen im Luftraum.

Zwergsträucher (Chamaephyten) überdauern im Schnee geschützt.

Erdschürfpflanzen (Hemikryptophyten) überdauern dicht am Erdboden.

Erdpflanzen (Kryptophyten) überdauern in der Erde.

Einjährige (Therophyten) überdauern als Samen.

UNTERIRDISCHE ORGANE

Über den Boden nehmen die Pflanzen Wasser und die darin gelösten Nährstoffe auf. Gleichzeitig dient die Wurzel zur Verankerung. Gerade in den Höhenlagen der Alpen auf den bewegten Schuttböden ist die Verankerung eine besondere Herausforderung, und es gibt von Schuttwanderern bis zu Schuttstauern viele Strategien, sich zu behaupten und der rutschigen Unterlage zu trotzen. Auch in weniger extremen Lebensräumen ist das Wurzelwerk unterschiedlich gestaltet. Einkeimblättrige speichern die Reservestoffe in **Zwiebeln** oder unterirdischen Sprossabschnitten **(Rhizomen)**. «Echte Zweikeimblättrige» (Eudikotyledonen) besitzen meist ein Wurzelwerk aus einer **Hauptwurzel** mit mehreren kleineren **Nebenwurzeln**. Die Hauptwurzel kann als Speicherorgan dienen und verdickt sein, darüber hinaus gibt es weitere Möglichkeiten, Reserven anzulegen. Wurzeln sind stets ungegliedert und bilden im Gegensatz zu wurzelähnlichen, unterirdischen Sprossen, Ausläufern oder Rhizomen nie Blätter oder Knospen, sondern nur Grob- und Feinwurzeln. Bei Rhizomen entspringen die Wurzeln direkt der Sprossachse (sprossbürtig).

Zwiebeln (Einkeimblättrige)

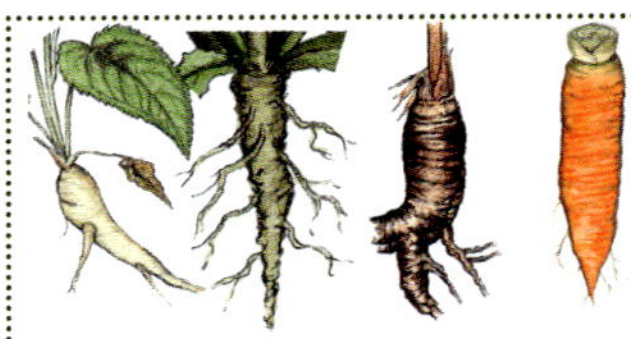

Oft speichert die **Hauptwurzel** (z. B. als **Pfahlwurzel**) Reservestoffe. Bei Rüben wie z. B. **Möhren** ist der Keimstängel (unterster Sprossabschnitt, das Hypokotyl) einbezogen.

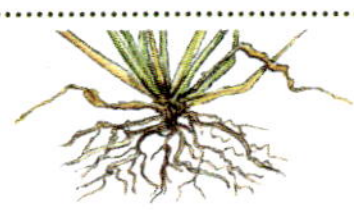

Einige Einkeimblättrige und Einjährige (ohne Speicherorgane) mit vielen, ebenbürtigen, kleinen Wurzeln

Wald-Sauerklee
(Oxalis acetosella)

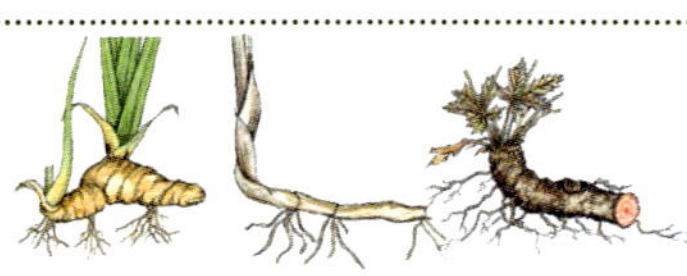

Rhizome mit sprossbürtigen Wurzeln

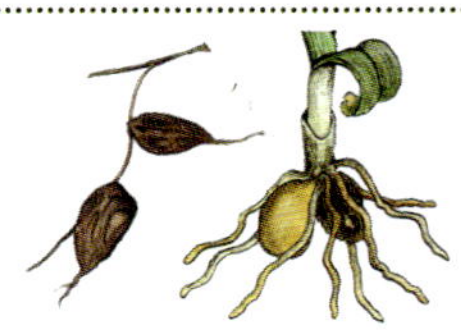

Wurzelknollen mit verdickten Wurzelabschnitten, die kaum noch Seitenwurzeln bilden

SPROSSACHSE

Je nach Lebensform wird die Sprossachse als **Halm** (Gräser), **Stängel** (krautige Pflanzen) oder **Stamm** (Gehölze) bezeichnet. Die Blätter werden stets in den **Knoten** (Nodien) dieser Sprossachse gebildet, die dazwischen liegenden Stängelglieder heißen **Internodien**. Die Gehölze haben durch die Ausbildung von Kurz- und Langtrieben eine zusätzliche Möglichkeit, sich in ihrem Wachstum an die äußeren Bedingungen anzupassen – so wie die gleiche Pflanzenart unter optimalen Bedingungen viel kräftiger wächst als beispielsweise auf nährstoffarmen, trockenen Standorten.

Seitliche Verzweigungen werden an den Knoten in den Achseln sogenannter Tragblätter gebildet, daher entspricht das Verzweigungsmuster der Blattstellung. Es gibt zahlreiche Umwandlungen der Blatt- und Sprosselemente zu Ranken, Stacheln oder Dornen, um im jeweiligen Lebensraum zurechtzukommen. Während **Stacheln** Auswüchse (Emergenzen) der obersten Hautschichten (Rindengewebe) sind, entspringen **Dornen** aus dem tiefer liegenden Holzteil.

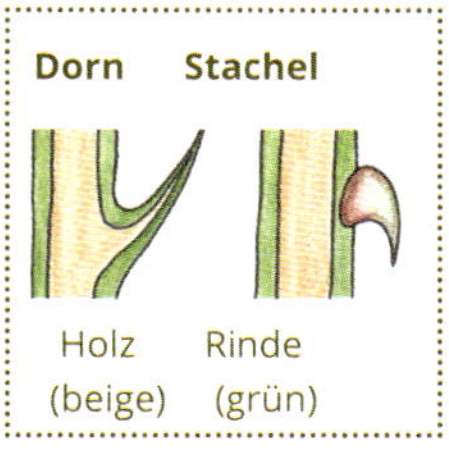

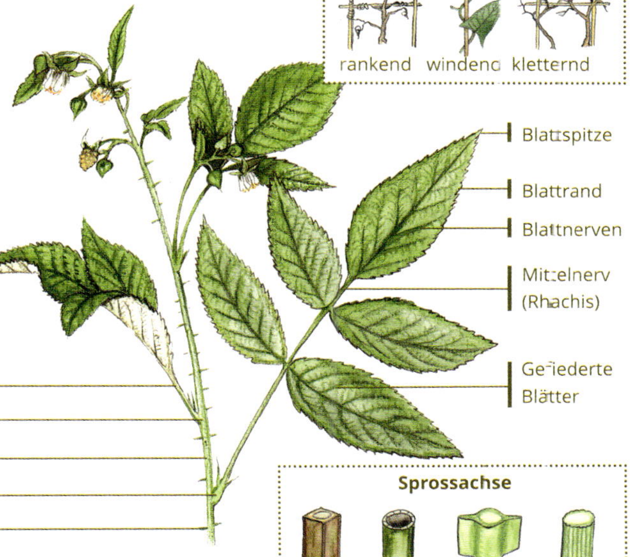

Himbeere
(Rubus idaeus)

BLATT

Die Blattstellung beschreibt die Anordnung der Blätter am Stängel. Wechseln sich die Blätter in ihrer Ausrichtung am Stängel ab, sind sie wechselständig. Sie können dabei in einer Ebene ausgerichtet sein (2-zeilig) oder spiralig verteilt stehen. Gegenständige Blätter sind häufig kreuzgegenständig (kreuzweise gegenständig), d. h., je 2 Blätter stehen an einem Knoten einander gegenüber, das nächste Paar ist um 90° versetzt. Blattquirle bilden an jedem Knoten 3 oder mehr Blätter. Um ein Blatt besser beschreiben zu können, haben die verschiedenen Blattabschnitte spezielle Bezeichnungen. Der flächige Teil ist die Blattspreite, oben endet sie in der Blattspitze und unten im Blattgrund. Hier können Nebenblätter (Stipeln) stehen. Der Blattgrund kann als offene oder geschlossene Scheide ausgebildet oder verdickt sein. Bei den Gräsern stützt die Blattscheide den dünnen Halm. Fehlt der Blattstiel, ist das Blatt ungestielt oder sitzend. Sitzende Blätter können den Stängel umfassen, geöhrt, verwachsen oder am Stängel herablaufend sein.

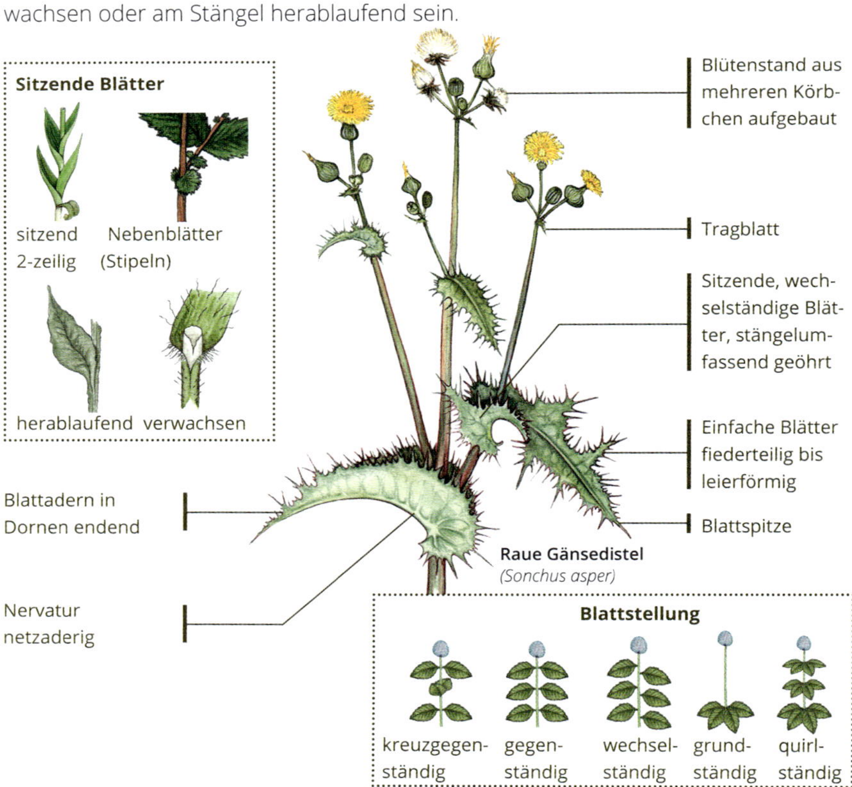

BLATTRAND & BLATTFORM

Der Blattaufbau verrät einiges über den Standort einer Pflanze. Je trockener und der Sonne ausgesetzter der Standort ist, desto kleiner und ledriger werden die Blätter, und sie haben einen wachsartigen Überzug (Kutikula), der die Transpiration vermindert. Die Blattnerven (Adern) verlaufen in den Blättern der Einkeimblättrigen in der Regel parallel, während sie bei den «Echten Zweikeimblättrigen» (Eudikotyledonen) fiedernervig bis netzartig verbunden sind. Die Blattspreite ist vielgestaltig. Einfache Blätter sind im Gegensatz zu den zusammengesetzten (gefiederten) nie bis auf den Mittelnerv (die Blattspindel oder Rhachis) geteilt. An einer Pflanze können die Grund- und Stängelblätter unterschiedlich aussehen (Blattdimorphismus), in der Regel sind sie im oberen Teil einfacher aufgebaut als weiter unten. Der Blattrand ist ebenfalls sehr variabel.

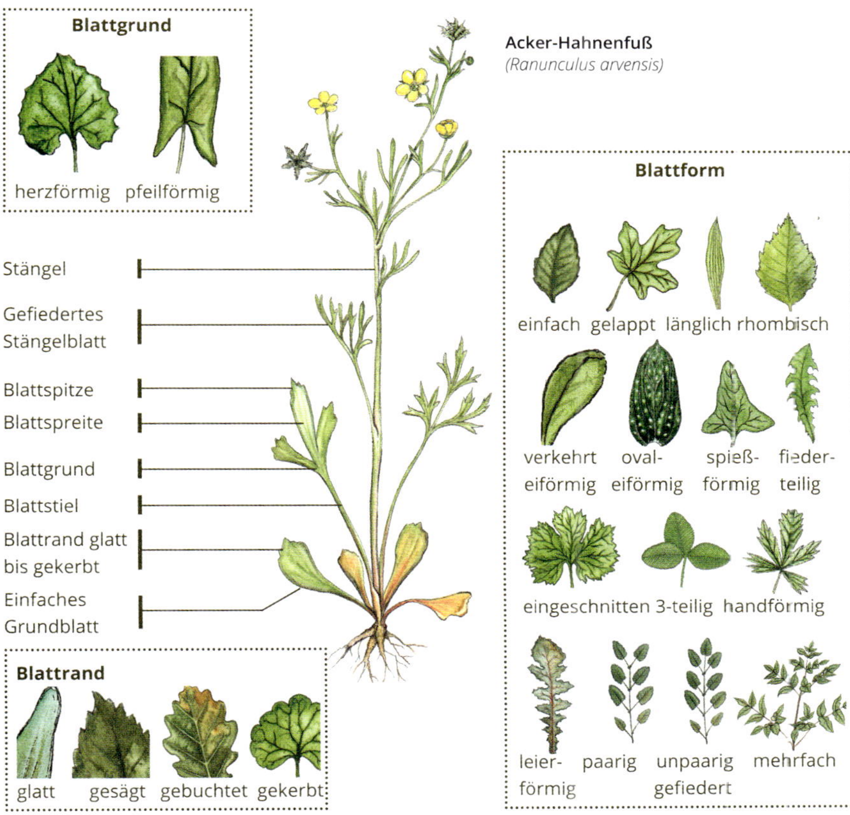

BLÜTENSTAND & BLÜTE

Pflanzen, die vom Wind bestäubt werden, haben meist kleine unscheinbare Blüten. Oft stehen viele von ihnen in Blütenständen (**Infloreszenzen**) zusammen. Befinden sich männliche und weibliche Blüten an einer Pflanze, ist diese **einhäusig** (**monözisch**) wie viele unserer Gehölze (Eiche, Buche, Hasel), bei **zweihäusigen** (**diözischen**) Pflanzen wie beispielsweise der Großen Brennnessel *(Urtica diodica)* befinden sie sich auf getrennten Pflanzen. Oft stehen die Blüten in den Achseln von sogenannten Hochblättern (Brakteen, auch Deckblätter). Diese Blätter können auch an der Bildung der Blütenhülle beteiligt sein. Auch bei den durch Insekten bestäubten Blüten gibt es zahlreiche Formen komplexer Blütenstände. Bei den Dolden- und Korbblütlern beispielsweise – oder auch den Scheinblüten (Pseudanthien) der Wolfsmilchgewächse – sind sie so charakteristisch, dass sich an ihnen die Familienzugehörigkeit erkennen lässt.

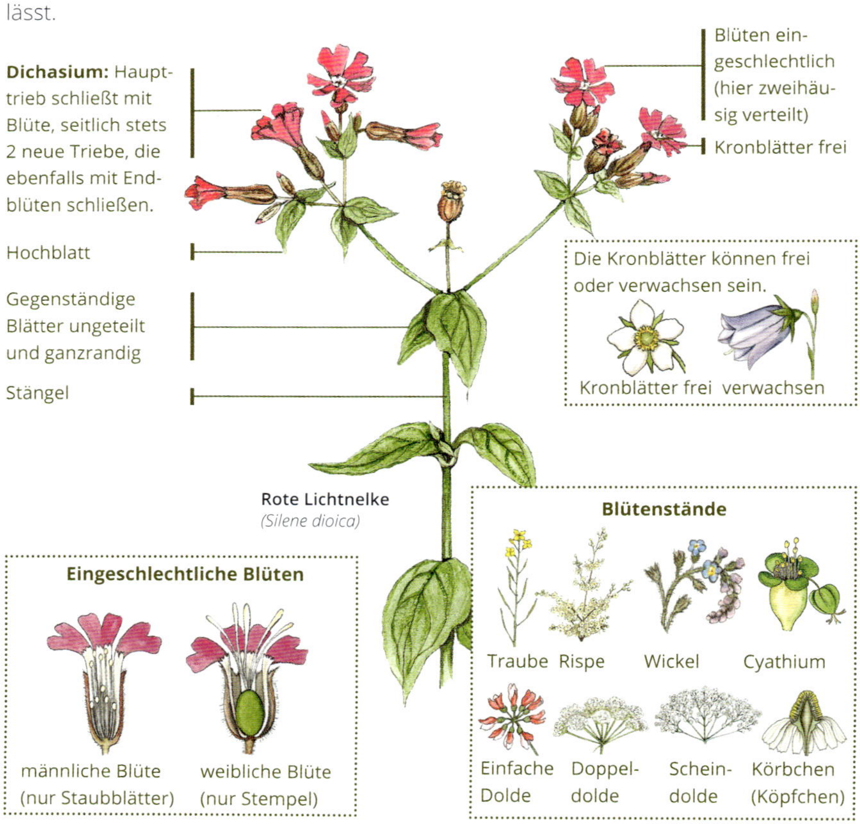

Blüten sind in der Regel zwittrig. Geschützt im Zentrum befindet sich der «Stempel» (weibliche Organe). Darum herum stehen die männlichen Organe (Staubblätter), gefolgt von der Blütenhülle (Kron- und Kelchblätter). Es gibt zahlreiche Abweichungen, bei denen diese Teile fehlen oder umgebildet sind. Da der genetische Austausch (Sex) ein Erfolgsprinzip der Evolution ist, wird Selbstbefruchtung vermieden. Daher reifen männliche und weibliche Organe in einer Blüte in der Regel nacheinander. In der schematischen Ansicht sind idealisiert beide im Reifezustand dargestellt.

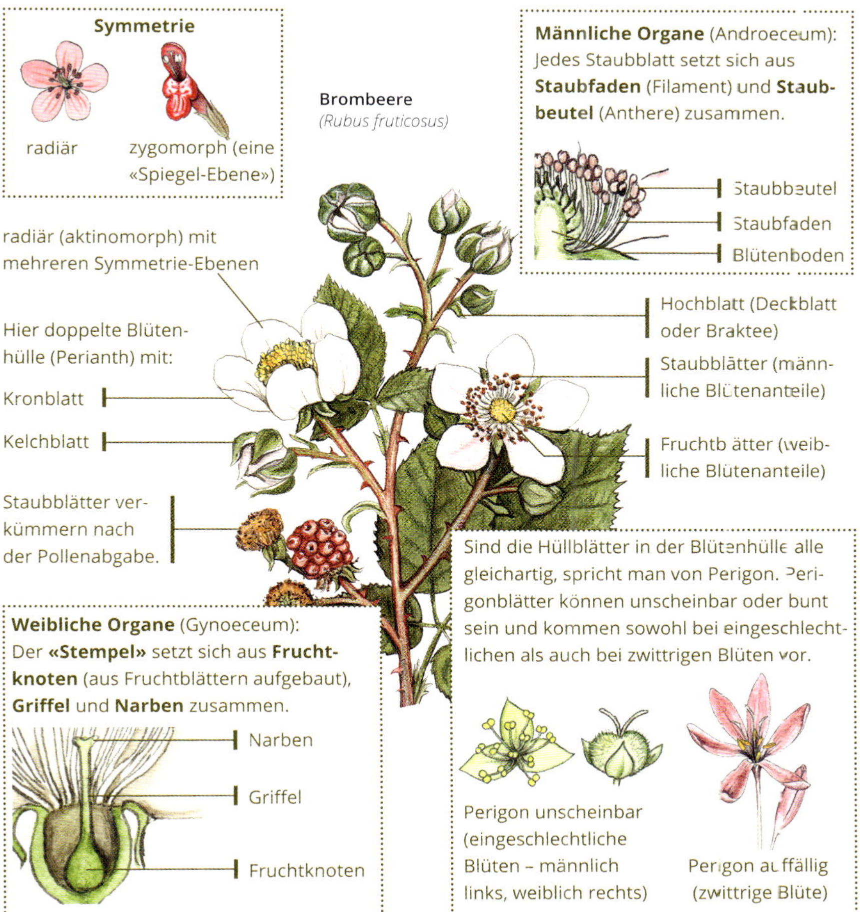

FRUCHT

Nach erfolgreicher Befruchtung reift aus dem Stempel eine Frucht heran. Bei **Schließfrüchten** bleiben die Samen zur Reifezeit im Fruchtknoten eingeschlossen. Die **Öffnungsfrüchte** (Spring- und Streufrüchte) entlassen die Samen zur Reifezeit aus dem trocken gewordenen Fruchtknoten. Um neue Lebensräume zu erobern, werden die Samen möglichst weit von der Pflanze transportiert – so haben sich vielfältige und raffinierte Ausbreitungsstrategien entwickelt, bei denen der Fruchtknoten und oft auch der Blütenboden an der Fruchtbildung beteiligt sind.

BLÜTENFORMEL & DIAGRAMM

Der Aufbau einer Blüte ist für die systematische Stellung entscheidend und kann sehr verschieden sein. Diagramm und «Formel» sind 2 Möglichkeiten, den Aufbau darzustellen und damit leichter «greifbar» und «lernbar» zu machen. Im Diagramm sind bildlich ähnlich wie beim Grundriss eines Hauses alle vorhandenen Elemente idealisiert in einer Ebene dargestellt. Bei der Blütenformel werden diese «mathematisch» von außen nach innen aufgezählt und ihre Anzahl notiert.

Die jeweiligen Blütenelemente sind beschrieben und mit Pfeilen im Foto, Diagramm (Mitte) und schematischem Längsschnitt gekennzeichnet.

Das Diagramm liefert eine visuelle Übersicht der Blütenelemente.

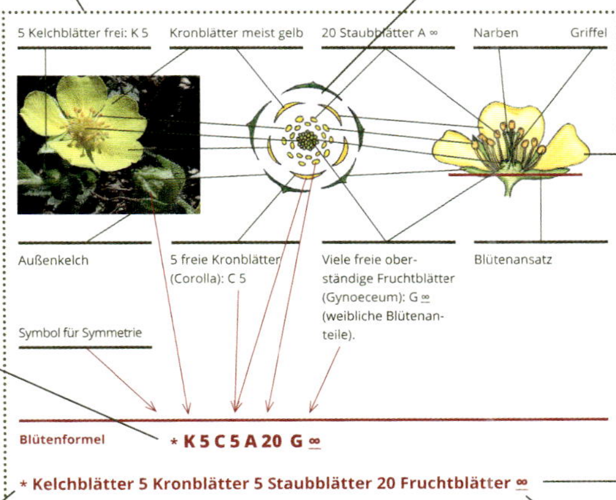

Idealisierter Längsschnitt der Blüte

Die obere Zeile ist eine «Kurzfassung» der unteren, ausgeschriebenen.

∞ steht für «unzählbar viele».

Die Blütenformel beginnt mit der Angabe zur Symmetrie und endet mit der Anzahl der Fruchtblätter, aus denen der Fruchtknoten aufgebaut ist.

Die **Stellung des Fruchtknotens** richtet sich danach, ob er unter- oder oberhalb des Blütenansatzes (der Ansatzstelle der Blütenhüll- und Staubblätter) steht.

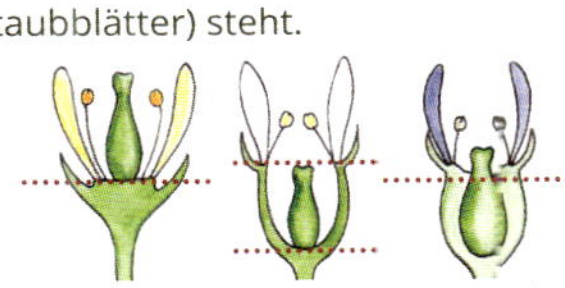

Verwachsene Blütenelemente werden mit Klammern gekennzeichnet.

*** K (5) C 5 A 10 G (3)**

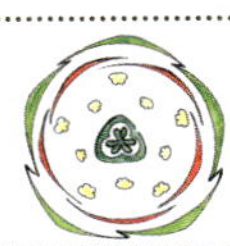

PFLANZENBESTIMMUNG

Egal, mit welchen Hilfsmitteln eine Pflanze bestimmt wird, setzt dies einige Erfahrung voraus und benötigt seine Zeit, genauso wie das Erlernen einer neuen Sprache. Lernen heißt mit allen Sinnen beGREIFEN und dies braucht Zeit und Berührung. Je mehr Arten zur Auswahl stehen, desto kniffliger werden die Merkmale. Allgemein wird das Bestimmen von Pflanzen häufig mit dem Vergleichen einer Pflanze mit einer Abbildung gleichgesetzt. Diese Art der Bestimmung ermöglicht oft kein sicheres Erkennen, sie führt häufig zu Fehlern und endet spätestens dort, wo seltene Pflanzen in der teils begrenzten Artenauswahl der bebilderten Literatur gar nicht enthalten sind. Außerdem ermöglicht sie kein Kennenlernen von gemeinsamen Familienmerkmalen. Kennt man diese, kann aus der Vielzahl der Pflanzen gleich in der passenden Gruppe begonnen werden. Salopp gesagt, ist eine Bestimmung nichts anderes, als aus dem Pool aller Möglichkeiten durch gezieltes Aussortieren so lange unpassende Arten «herauszuschmeißen», bis nur noch eine übrig geblieben ist. Je größer die dabei «zur Seite gelegten Brocken», desto schneller die Bestimmung. Da dies in gedruckten Medien nur «Schritt für Schritt» (mit jeweils 2 Alternativen, d. h. dichotom) möglich ist, ist der Weg zum Ziel oft lang. Weil die Schlüssel nach systematischen Kriterien aufgebaut sind, entspricht eine Bestimmung einem «Galopp» durch die Evolution, vorbei an Sporenpflanzen zu den immer komplexer aufgebauten Bedecktsamern. Digital können teilweise gleich mehrere Merkmale einbezogen werden. Doch auf welchem Weg auch immer bestimmt wird, mit zunehmender Erfahrung wird das Erkennen von Merkmalen und das Einschätzen ihrer Bedeutung leichter. Hilfreich ist eine gute Lupe mit mindestens 10-facher Vergrößerung – faszinierende Einblicke in den Aufbau der Pflanzen ermöglicht ein Stereomikroskop (Binokular).

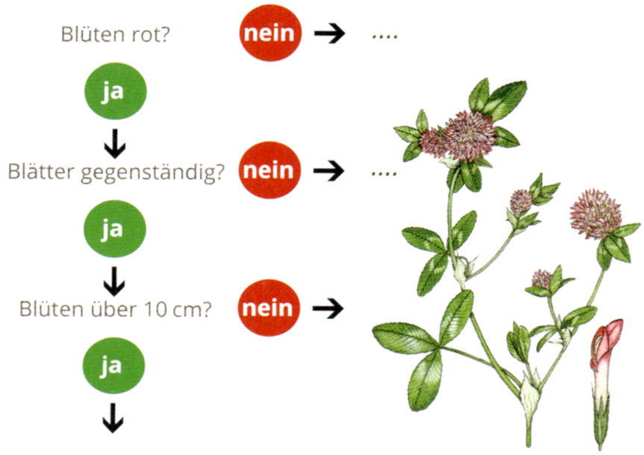

1. Blüten rot: → 2
   → Blüten nicht rot: → 4
2. Blätter gegenständig: → 5
   → Blätter nicht gegenständig: → 3
3. Blüten unter 5 cm: **Rot-Klee** *(Trifolium pratense)*
   → Blüten über 10 cm: → x

Die bildliche Darstellung links verdeutlicht, wie ein dichotomer Bestimmungsschlüssel (oben) aufgebaut ist.

NATURSCHUTZ

Viele naturverbundene Menschen sind von dem Wunsch erfüllt, die Natur zu schützen und den nachfolgenden Generationen ebenfalls als Orte der Inspiration und Kraftquelle zu erhalten – für die darin lebenden Pflanzen, Pilze und Tiere ebenso wie für die eigene Lebensqualität. Wir sind meist gleichzeitig «Naturschützer» und «Naturnutzer». Viele Naturfreunde liefern Daten zum Vorkommen und der Verbreitung verschiedener Lebewesen – so ist es möglich, Einschätzungen zu bekommen, wie sich die Umwelt verändert und welche Arten in ihrem Fortbestand gefährdet sind. Diese seltenen Arten sind als Spezialisten oft Anzeiger für besondere Lebensräume. Meist stehen sie unter Naturschutz und sollten geschont werden. Dies entlässt uns nicht aus der Verantwortung, auch bei den nicht geschützten Arten zu prüfen, ob sie an dem Fundort vielleicht das letzte Exemplar und damit auch schützenswert sind. Gerade beim Bestimmen ist es ratsam, sich eine schonende Technik anzueignen, d. h., nur einzelne Blüten, Blätter oder Seitentriebe zu pflücken. Gerade bei unbekannten Pflanzen ist es unmöglich zu entscheiden, ob eine Pflanze geschützt ist oder nicht. So ist es auch sinnvoll, sich möglichst viele geschützte Pflanzen einzuprägen.

Neben den gesetzlich geschützten Arten gibt es «Rote-Liste-Arten». «Rote Listen» sind nur in der Schweiz rechtswirksam, in Deutschland haben sie lediglich Empfehlungscharakter. Sie ordnen die in einem Gebiet (Bundesgebiet, Kanton, Bundesland) vorkommenden bedrohten Arten Gefährdungskategorien zu.

Arnika *(Arnica montana)* ist in der Schweiz und Deutschland gesetzlich geschützt.

Alle Arten der Gattungen **Küchenschelle** (*Pulsatilla*, links) und **Enzian** (*Gentiana*, rechts) stehen in der Schweiz und Deutschland unter Naturschutz.

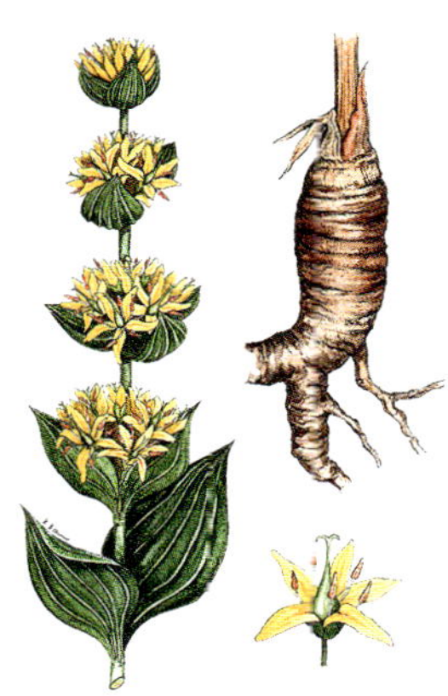

BIOGEOGRAFISCHE REGIONEN

Zur ökologischen Charakterisierung und Abgrenzung von Landschaften lässt sich Europa in biogeografische Einheiten gliedern, in denen ähnliche klimatische Bedingungen herrschen.

Arktisch: Polargebiete mit kaltem Klima (± Permafrost) und Mitternachtssonne im Sommer sowie Polarnacht im Winter

Atlantisch: Ozeanisches Klima, bei dem das Wasser die Temperaturunterschiede Tag–Nacht und Sommer–Winter mildert

Mediterran: Mittelmeerklima (Winterregenklima) mit heißen Sommern und regenreichen, milden Wintern

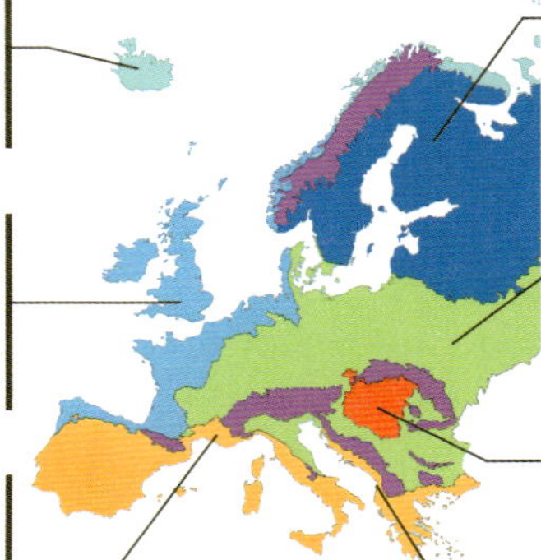

Boreal: Kaltgemäßigtes Klima (Nadelwaldzone) mit ca. 4 Monaten Vegetationszeit und Kontinentalklima

Kontinental: Landklima mit großen Schwankungen (heiße Sommer – kalte Winter), geringe Niederschläge mit Maximum im Sommer

Pannonisch: Landschaften mit warm-trockenem Klima

Alpin: Hochgebirgsregionen mit kurzer Vegetationszeit und extremem Klima

Die Schweiz wird in sechs biogeografische Regionen gegliedert. In den tieferen Lagen finden sich 3 unterschiedliche Klimatypen: **subatlantisches** Klima im Jura, Mittelland und in den Nordalpen, **subkontinentales** Klima in den beiden zentralalpinen Regionen und **insubrisches** Klima im südlichen Teil der Südalpen. In den höher gelegenen Stufen herrscht ein **Gebirgsklima**.

Jura: Mittelhohe Region mit subatlantischem Klima – überwiegend Kalkgestein

Mittelland: ± flache Region mit subatlantischem Klima – Moränen- und Erosionsmaterial

Westliche Zentralalpen: Höchste Regionen mit subkontinentalem und Gebirgsklima

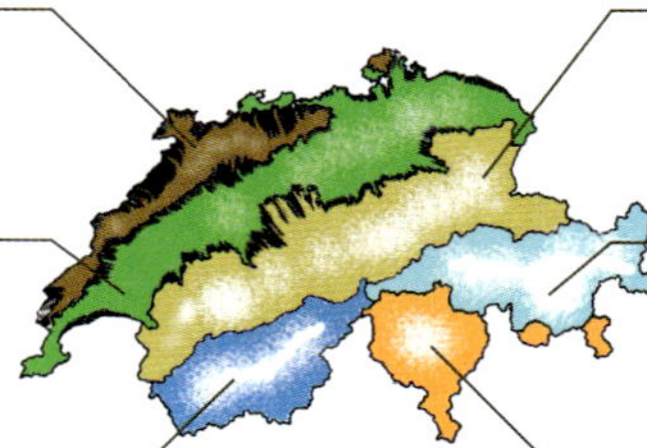

Nordalpen: Mittelhohe Region mit ± subatlantischem Klima

Östliche Zentralalpen: Höchste Regionen mit subkontinentalem und Gebirgsklima

Südalpen: Im Norden Gebirgsklima und Silikatgestein – im Süden insubrisches Klima und einige Kalkberge

Deutschland wird in acht naturräumliche Großregionen gegliedert, sieben an Land plus die Großregion der Küsten und Meere. Sie liegen innerhalb von drei größeren europäischen biogeografischen Regionen, die durch das vorherrschende Klima bestimmt werden. In den tieferen Lagen herrscht im Westen atlantisches Klima, während der Osten und die Mittelgebirge zunehmend subkontinental und kontinental geprägt sind. Gebirgsklima mit extremen Bedingungen und kurzer Vegetationszeit gibt es im Bereich der Alpen sowie kleinräumig auf manchen Mittelgebirgsgipfeln.

NW-Tiefland: ± flache Region charakterisiert durch Küsten- und Marschland, Moor-, Heide- und Geestlandschaften sowie Urstromtäler

W-Mittelgebirge: Mittelhohe Gebirge und ihre Flusstäler (Rhein, Mosel, Lahn, Dill, Weser). Geologisch vielfältig mit meist alten Deckgebirgen und Vulkanerscheinungen

SW-Mittelgebirge/Stufenland: Mittelhohe Gebirge und ihre Flusstäler (Rhein, Main, Neckar, Donau). Geologisch vielfältig mit Grundgebirge, sauren und basischen Deckgebirgen und Vulkanerscheinungen

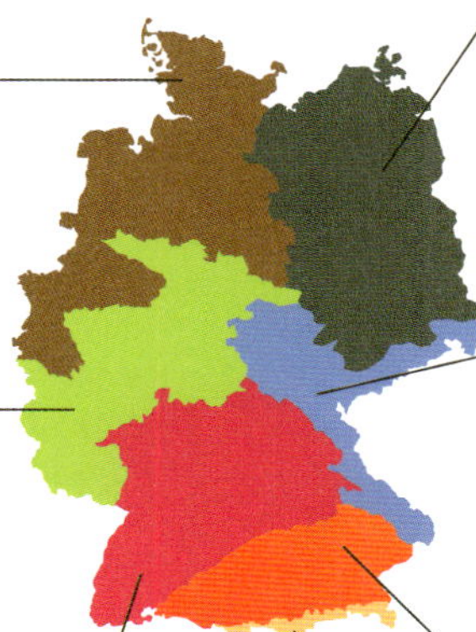

NO-Tiefland: ± flache Region mit ausgedehnten Küstengebieten und Seenplatte, im Norden Jung- und im Süden Altmoränenlandschaft und Lössbörden

Östliche-Mittelgebirge: Mittelhohe Gebirge inkl. ausgedehnter Becken. Große Bandbreite an jungen und alten Gesteinen

Alpenvorland: Leicht gewelltes Seen- und Moränenland mit eiszeitlichen Schotterebenen und lössbedeckten hügeligen Regionen. Geprägt von den großen Flüssen der Alpen wie auch der Donau

Alpen: Gebirgsketten, Becken und Tallagen mit starken Höhen- und Reliefunterschieden auf engem Raum. Vorwiegend Kalkgesteine, die häufig steil aufragen

HÖHENSTUFEN

Von der Ebene bis in die höchsten Gebirgsregionen ändert sich das Klima für die dort lebenden Pflanzen, Tiere und Pilze. Die Vegetationszeit wird kürzer und die Bedingungen werden rauer. Dabei entspricht ein Aufstieg von 100 m in die Höhe in der Ebene etwa einer Reise gen Norden von 100 km – und damit einer Temperaturabnahme von durchschnittlich ca. 0,6 bis 1 °C. Je nach Exposition (Schatten- und Sonnenhang), Breitengrad und Kontinentalität gibt es zahlreiche Abweichungen. So liegt die Waldgrenze in den Zentralalpen dank des Massenerhebungseffekts rund 300–400 m höher als in den Nord- und Südalpen.

Die Vegetation wird in 5 Höhenstufen gegliedert, die durch das Vorkommen wichtiger Waldbäume begrenzt werden. Dabei bildet die am besten sichtbare Grenze die Baumgrenze, welche die subalpine von der alpinen Stufe unterscheidet. Die höchsten Erhebungen in deutschen Mittelgebirgen sind der Feldberg im Schwarzwald (1493 m) und der Große Arber im Bayerischen Wald (1455 m), in der Schweiz der Mont Tendre (1679 m) im Schweizer Jura. Die Gipfelregionen dieser Berge sind baumfrei und von subalpinen Rasen und Felsfluren geprägt, obwohl sie die natürliche Waldgrenze nicht überragen. Hier trägt die Nutzung als Weideland dazu bei, dass die Waldverjüngung nicht stattfindet.

Nivale Stufe (>3000 m): ± das ganze Jahr über schneebedeckt, Nährgebiet der Gletscher, in der oberen Stufe nur Kryptogamen (Algen, Moose, Flechten) und Pilze

Alpine Stufe (2000–3000 m): waldfreie Flächen mit Schuttvegetation, Polsterseggenrasen, Staudenfluren und Zwergstrauchheiden

Subalpine Stufe (1500–2000 m): Nadelwaldzone bis zur Baumgrenze

Montane Stufe (700–1500 m): Buchenwaldzone mit in der Höhe zunehmendem Nadelgehölzanteil

Kolline Stufe (< 700 m): Grenze des Weinbaus, der sommergrünen Laubwälder und insbesondere der Eichen, meist Kulturlandschaft

ZEIGERPFLANZEN & ZEIGERWERTE

Pflanzen besiedeln von den extrem trockenen Wüsten bis zu den dauerhaft nassen Unterwasserwelten alle Standorte, an denen genügend Licht, Wärme, Nährstoffe und Wasser vorhanden sind. Viele von ihnen kommen mit sehr unterschiedlichen Bedingungen zurecht, die sog. Allerweltsarten. Andere brauchen für ihr Gedeihen ganz bestimmte Umweltbedingungen, die Spezialisten. Die Anwesenheit von Arten und insbesondere von Artengemeinschaften verrät daher etwas über die vorherrschenden Standortbedingungen. Dabei werden Arten häufig als «Leitpflanzen», «Indikatorpflanzen» oder auch **«Zeigerpflanzen»** bezeichnet, wenn sie für sehr spezifische Bedingungen charakteristisch sind.

In den 1970er-Jahre haben Heinz Ellenberg und Elias Landolt begonnen, für die Pflanzen Mitteleuropas und der Alpen die ökologischen Ansprüche bezüglich Klima und Boden zusammenzutragen, ergänzt um biologische Merkmale. Die heute weithin benutzen **ökologischen Zeigerwerte** geben auf einer vergleichbaren Skala an, ob z. B. eine Art schattentolerant oder lichtliebend ist, ob sie auf nährstoffarme Böden angewiesen ist oder viele Nährstoffe braucht.

Als **Klimaindikatoren** entwickelt wurden die Lichtzahl (L), die Temperaturzahl (T) und die Kontinentalitätszahl (K). Zu den **Bodenindikatoren** zählen u. a. die Feuchtezahl (F), die Reaktionszahl (R), die Stickstoffzahl (N) und die Salzzahl (S). Die Zeigerwerte werden in Deutschland meist auf einer Skala von 1 bis 9 angegeben (s. **Tab. 1**). In der Schweiz wird häufig die vereinfachte Skala von 1 bis 5 benutzt (s. **Tab. 2**). In beiden Fällen bezeichnet ein geringer Zahlenwert auch eine geringe Ausprägung des Indikators und umgekehrt. So hat eine Tiefschattenpflanze eine Lichtzahl von 1 und eine Volllichtpflanze eine Lichtzahl von 9 (bzw. 5). Einige Arten wie die Buche besiedeln z. B. alle Standorte, die nicht extrem sind bezüglich Feuchte, Reaktion (= pH-Wert) und Nährstoffe. Die Buche hat daher für diese drei Indikatoren mittlere Werte bzw. ein x als Angabe für Indifferenz (s. **Tab. 3**).

Zusammen mit den ökologischen Zeigerwerten werden für Einzelarten gerne auch biologische Merkmale angegeben wie Lebensform (LF), Blattausdauer (LF_B bzw. BD), Wurzeltiefe (WT) oder Giftigkeit. Spezifisch für Arten des Grünlandes gibt es die Indikatoren Mahdverträglichkeit, Weideverträglichkeit, Trittverträglichkeit und Futterwert. Das Wissen um diese Pflanzeneigenschaften kann zusätzlich bei der Charakterisierung von Standorten und deren Nutzung helfen.

Tab. 1: Beispiele für die Zeigerwerte nach Ellenberg (Deutschland)

	Lichtzahl (L) Sie kennzeichnet das Lichtangebot (relative Beleuchtungsstärke = r. B.) während der Vegetationszeit:	**Temperaturzahl (T)** Sie kennzeichnet das Vorkommen von der polaren Zone bzw. alpinen Höhenstufe bis ins mediterran geprägte Tiefland	**Kontinentalitätszahl (K)** Sie kennzeichnet das Verbreitungsschwergewicht von der europäischen Atlantikküste bis ins innere Asien
1	Tiefschattenpflanze, < 1 % und nicht > 30 % r. B.	Kältezeiger, Gebirgslagen der alpinen und nivalen Stufe	euozeanisch, in Mitteleuropa nur wenige süd- und westeuropäische Arten
2	Tiefschatten- bis Schattenpflanze	Kälte- bis Kühlezeiger, viele alpine Arten	ozeanisch, Hauptverbreitung in Westeuropa und im westlichen Mitteleuropa
3	Schattenpflanze, meist < 5 % r. B.	Kühlezeiger, meist subalpine Lagen	ozeanisch bis subozeanisch, in weiten Teilen Mitteleuropas vorkommend
4	Schatten- bis Halbschattenpflanze,5-10 % r. B.	Kühle- bis Mäßigwärmezeiger, hochmontane und montane Arten	subozeanisch, Hauptverbreitung in Mitteleuropa, teils Osteuropa
5	Halbschattenpflanze, meist > 10 % r. B.	Mäßigwärmezeiger, meist submontan-temperate Bereiche	intermediär, schwach subozeanisch bis schwach subkontinental
6	Halbschatten- bis Halblichtpflanze, selten < 20 % r. B.	Mäßigwärme- bis Wärmezeiger, meist planar bis kollin	subkontinental, Hauptverbreitung im östlichen Mitteleuropa und Osteuropa
7	Halblichtpflanze, meist in vollem Licht, stets > 30 % r. B.	Wärmezeiger, im nördlichen Mitteleuropa nur in relativ warmen Tieflagen	subkontinental bis kontinental
8	Halblicht- bis Volllichtpflanze, selten < 40 % r. B.	Wärme- bis Extremwärmezeiger, meist submediterran verbreitet	kontinental, nur wenige Standorten im Osten Mitteleuropas
9	Volllichtpflanze, nicht < 50 % r. B.	extremer Wärmezeiger, mediterran (in Mitteleuropa z. B. Oberrheingebiet)	eukontinental, im Westen ganz fehlend, im Osten seltene, osteuropäische Arten

Tab. 2: Beispiele für die vereinfachten Zeigerwerte nach Landolt (Schweiz)

	Feuchtezahl (F) Sie kennzeichnet die mittlere Feuchtigkeit des Bodens während der Vegetationszeit:	**Reaktionszahl (R)** Sie ist charakteristisch für den pH-Wert im Boden:	**Nährstoffzahl (N)** Sie kennzeichnet den Nährstoffgehalt (insbesondere Stickstoff) im Boden:
1	sehr trocken	stark sauer (pH 2,5–5,5)	sehr nährstoffarm
2	mäßig trocken	sauer (pH 3,5–6,5)	nährstoffarm
3	mäßig feucht	schwach sauer bis neutral (pH 4,5–7,5)	mäßig nährstoffarm bis mäßig nährstoffreich
4	sehr feucht	neutral bis basisch (pH 5,5–8,5)	nährstoffreich
5	überschwemmt bzw. unter Wasser	basisch (pH > 6,5)	sehr nährstoffreich bis überdüngt

Tab. 3: Zeigerwerte von Buche und Wiesen-Salbei nach Ellenberg bzw. Landolt

		Indikatoren					
	Autoren	L	T	K	F	R	N
Buche *(Fagus sylvatica)*	Ellenberg	(3)	5	2	5	x	x
	Landolt	1	3,5	2	3	3	3
Wiesen-Salbei *(Salvia pratensis)*	Ellenberg	8	6	4	3	8	4
	Landolt	4	3,5	4	2	4	2

Literatur:
Ellenberg, H. & Leuschner, C., 2010. Vegetation Mitteleuropas mit den Alpen: in ökologischer, dynamischer und historischer Sicht. 6. A. UTB 8104. Stuttgart: Ulmer.
Landolt, E. & al., 2010. Flora Indicativa. Ökologische Zeigerwerte und biologische Kennzeichen zur Flora der Schweiz und der Alpen. Bern: Haupt.

LEBENSGEMEINSCHAFTEN VON PFLANZEN

Pflanzen kommen selten alleine vor. Sie wachsen meist in Gemeinschaft mit anderen Pflanzen und häufig auch in gleicher oder ähnlicher Kombination mit anderen Pflanzen. Analog zur Einteilung von Pflanzen in Arten, Gattungen, Familien usw. ordnen viele Vegetationskundler Pflanzengemeinschaften aufgrund ihrer floristischen Ähnlichkeit in Pflanzengesellschaften, -verbände, -ordnungen und -klassen. Diese pflanzensoziologischen Einheiten verändern sich allerdings im Laufe der Zeit, da Arten aussterben, neu hinzukommen oder sich die Dominanzverhältnisse verschieben.

Das Vorkommen von Pflanzen im Raum wird von den vor Ort herrschenden Standortbedingungen geprägt. Hierzu zählen vor allem Klima, Boden, Relief und menschliche Nutzung. In der Landschaft erkennen wir z. B. einen Teich, eine Kiesgrube oder eine Hangfläche als abgrenzbare Bereiche. Dabei wirkt dort jeweils eine andere Kombination an Standortfaktoren. Die abgrenzbaren Bereiche werden vereinfacht als Lebensräume (= Biotope) bezeichnet. In einem Lebensraum leben Pflanzen, Tiere und Pilze als Lebensgemeinschaft (= Biozönose). Lebensraum und Lebensgemeinschaft bilden zusammen das Ökosystem.

Verwirrend wird es dann, wenn die Begrifflichkeiten unterschiedlich genutzt werden. So werden manchmal pflanzensoziologische Gesellschaften und Verbände auch als Lebensraumtypen bezeichnet (Delarze et al. 2015: Lebensräume der Schweiz). Oder Biotope bezeichnen nicht nur den Ort mit seinen Standortfaktoren sondern auch die dazugehörigen Lebensgemeinschaften (Finck et al. 2017: Rote Liste der gefährdeten Biotoptypen Deutschlands). Häufig wird unter einem Biotop auch nur ein schützenswerter Lebensraum mit seinen Organismen verstanden. Jeder Ansatz hat für sich genommen seine Berechtigung. Es kommt darauf an, sich im Zweifelsfall auf die gleiche Sprache zu einigen.

Überdüngte Löwenzahnwiese

Artenreiche Orchideenwiese

VEGETATIONSAUFNAHMEN

Das Erstellen von Vegetationsaufnahmen entspringt dem Wunsch, Pflanzengemeinschaften zu beschreiben und räumlich oder zeitlich vergleichen zu können. Um solch eine Aufnahme zu erstellen, wird eine Fläche ausgewählt, die charakteristisch und möglichst einheitlich (homogen) bewachsen ist. Die minimale Größe der Aufnahmefläche richtet sich nach dem Lebensraum, im Wald ist sie größer (100–500 m²) als bei einem Staudensaum (10–50 m²), und am kleinsten kann sie für die Abbildung einer Trittrasengesellschaft (0,5–1 m²) gewählt werden. Alle in einer Aufnahmefläche wachsenden Arten werden notiert. Dabei wird nach einer kombinierten Skala aus Individuenzahl und Flächendeckung gemäß der Braun-Blanquet-Methode ihre Artmächtigkeit in einer Tabelle angegeben. Detailliertere Beschreibungen sind durch Einbezug der Soziabilität (einzeln wachsend, in Horsten, Polstern oder Teppiche bildend) sowie der Vitalität (kümmerlich oder kräftig wachsend) möglich. Im Wald werden die Pflanzen nach Baum-, Strauch- und Krautschichten getrennt notiert. Mehrere Aufnahmen können in Tabellen zusammengestellt werden. Bedeutsam für die Tabellenarbeit ist das Vorkommen und die Deckung von diagnostischen Arten. Diese haben sehr spezifische Standortansprüche und daher eine hohe Aussagekraft für die Interpretation und Klassifizierung von Pflanzengemeinschaften.

Artmächtigkeit nach Braun-Blanquet-Skala

Individuenzahl (Abundanz)	**Deckung** (Dominanz)
r vereinzelte Individuen	weniger als 5 %
+ wenige Individuen	weniger als 5 %
1 viele Individuen	weniger als 5 %
2 Individuenzahl beliebig	5–25 % deckend
3 Individuenzahl beliebig	25–50 % deckend
4 Individuenzahl beliebig	50–75 % deckend
5 Individuenzahl beliebig	75–100 % deckend

Tab. 1: Ranunculetum fluitantis sparganietosum	Ranunculetum fluitantis sparganietosum																							
	typische Ausbildung								Fazies von Elodea canadensis						Ausb. von Potamogeton natans f. prolixus			Ausb. von Potamogeton perfolia[tus] und Callitriche hamulata						
Laufende Nummer	1	2	3	4	5	6	7	8	9	10	11	12	13	14	15	16	17	18	19	20	21	22	23	24
Feldnummer	8	15	30	32	24	45	49	46	19	22	23	37	39	20	35	52	36	33	28	31	21	14	29	7
Fläche (m²)	30	100	100	90	50	80	60	40	20	60	20	30	100	20	20	30	30	100	60	100	30	150	30	20
Deckung (%)	98	95	90	95	95	90	80	80	90	100	90	90	100	100	100	50	80	85	95	95	80	90	90	100
Wassertiefe (cm)	45	60	90	40	50	50	70	40	60	50	40	40	40	70	100	60	50	30	70	80	25	20	30	15
Position (r = randlich, m = mittig)	r	r	r	r	r	r	r	r	r	r	r	r	r	r	r	m	m	m	r	r	r	m	m	r
Artenzahl	3	5	4	4	6	5	4	4	5	9	4	4	5	5	5	5	6	7	8	11	5	4	4	5
AC:																								
Ranunculus fluitans	4	2	2	2	1	+	+	+	2	1	1	2	+	2	2	2	+	4	4	1	4	5	4	5
D.-Ausb. von:																								
Callitriche hamulata	.	.	.	.	.	.	.	.	.	.	.	.	.	.	.	.	.	1	+	+	2	2	1	1
Potamogeton perfoliatus	.	.	.	.	.	.	.	.	.	.	.	.	.	.	.	.	.	1	+	4	.	.	.	.
D.-Ausb. von:																								
P. natans f. prolixus	.	.	.	.	.	.	.	.	.	.	.	.	.	.	5	3	2	.	.	.	.	.	.	.
D.-Ausb. von:																								
Fontinalis antipyretica	.	.	.	.	.	.	.	.	.	.	.	.	.	.	.	.	.	.	.	.	.	.	.	.
Subass. von: / Faziesbildner:																								
Nuphar lutea f. submersa	.	.	.	.	.	.	.	.	.	.	.	.	.	.	.	.	.	.	.	.	.	.	.	.
Faziesbildner:																								
Elodea canadensis	.	.	.	1	2	3	2	1	4	4	4	4	5	5	2	1	4	.	2	3	1	.	.	.
VC-KC:																								
Sparganium emersum	4	5	5	3	5	4	4	4	2	3	3	2	2	2	1	2	3	1	4	4	1	2	1	3
Sagittaria sagittifolia f. val.	2	2	1	3	3	3	1	.	1	2	.	.	2	1	1	.	3	+	2	+	.	+	.	.
Callitriche platycarpa	.	.	.	.	.	+	.	.	.	+	.	+	+	+	.	.	1	3	.	+	.	.	1	1
Callitriche stagnalis	.	.	.	.	.	.																		
Begleiter:																								
Phalaris arundinacea f. subm.	.	+	+	.	1	.																		
Myosotis palustris f. subm.	.	+	.	.	.	.																		
Polygonum hydropiper f. subm.	.	.	.	.	.	.																		
Cardamine amara	.	.	.	.	.	.																		
Sium erectum f. subm.	.	.	.	.	1	.																		
Glyceria fluitans f. subm.	.	.	.	.	.	.																		
Ranunculus lingua	.	.	.	.	.	.																		

Vegetationsaufnahmen und Fotos verschiedener Wasserpflanzengesellschaften

SYSTEMATIK & NOMENKLATUR

Die Systematik beschäftigt sich mit der **Einteilung (Taxonomie)**, **Benennung (Nomenklatur)** und **Identifizierung (Bestimmung)** der Lebewesen. Der schwedische Naturforscher Carl von Linné (1707–1778) führte die bis heute gültige **zweiteilige Namensgebung (binäre Nomenklatur)** für alle Organismen ein. Seitdem erhält jede Pflanze einen Namen, der sich aus 2 Teilen zusammensetzt: Der erste steht für die **Gattung (Genus)** und der zweite für die **Art (Spezies)**. Sie sind oft griechischen oder lateinischen Ursprungs. Aufgrund ihrer Verwandtschaft zueinander werden die Pflanzen in hierarchisch höhere Gruppen zusammengefasst, die früher vor allem auf dem Bau der Blüten und Früchte basierten. Heute werden zusätzlich molekulargenetische Erkenntnisse für die Ermittlung der Verwandtschaft und die Erstellung von Stammbäumen verwendet. Dies kann zu Änderungen in der systematischen Stellung und damit verbunden des wissenschaftlichen Namens führen. Bei artenreichen Gruppen werden zusätzlich Unterteilungen eingeführt. Je nachdem, ob es sich dabei um eine Familie, Gattung oder Art handelt, spricht man von Unterfamilien, Untergattungen oder Unterarten. Letztere werden auch Subspezies genannt (abgekürzt subsp.). Sammelarten werden mit dem Zusatz «Aggregat» (abgekürzt agg. bzw. aggr.) gekennzeichnet, beispielsweise werden bei der Brombeere (*Rubus fruticosus* agg.) zahlreiche morphologisch schwer unterscheidbare, aber nicht näher miteinander verwandte Arten unterschieden. Der Gattungs- und Artname werden in der Regel kursiv geschrieben. Mit dem Begriff **Taxon** oder Sippe wird eine ranglose systematische Einheit bezeichnet.

Systematik Endung	**Beispiel**
Großgruppe (-spermae)	Bedecktsamer (Angiospermae)
Gruppe —	Eudikotyledonen
Gruppe —	Superrosiden
Ordnung (-ales)	Rosenartige (Rosales)
Familie (-aceae)	Rosengewächse (Rosaceae)
Gattung —	Rose *(Rosa)*
Art —	Hunds-Rose *(Rosa canina)*

Nach dem botanischem Namen einer Art folgt in der wissenschaftlichen Literatur der Autorenname, oft abgekürzt – bei der Hunds-Rose z. B. *Rosa canina* L. nach Linné, der diese Art erstmals beschrieben hat. In diesem Buch wird auf Autorenangaben verzichtet. Die Pflanzennamen beziehen sich auf die «Flora Helvetica» (2018, 6. Auflage) und Schmeil-Fitschen (2019, 97. Auflage), die Systematik und Angabe der Artenzahlen auf Christenhusz et al. (2017).

PFLANZENSYSTEMATIK

Seit dem Altertum war das Bestreben groß, Pflanzen zu klassifizieren und in Gruppen einzuordnen. Als einer der Ersten verfasste der griechische Philosoph Aristoteles (384–322 v. Chr.) eine wissenschaftliche Betrachtung aufgrund des äußeren Erscheinungsbildes der Pflanzen. Der schwedische Naturforscher Carl von Linné gliederte die Pflanzen mit seinem sogenannten Sexualsystem in 24 Klassen. Es basierte auf der Anzahl und Verteilung männlicher und weiblicher Blütenorgane. Da seine Einteilung nicht die natürliche Verwandtschaft zwischen den Pflanzen abbildet, wird es als **«künstliches System»** bezeichnet. Erst mit dem Aufkommen der **Evolutionstheorie** des britischen Naturforschers Charles Darwin (1809–1882) wurde es durch ein geeignetes **«natürliches System»** abgelöst, das auf der Verwandtschaft der Arten basiert. Der deutsche Biologe Willi Hennig (1913–1976) gilt als Begründer der **phylogenetischen Systematik**, die auf der Rekonstruktion der **Abstammungsverhältnisse** beruht. Damit revolutionierte er die Sichtweise auf die Einteilung der Lebewesen. Die Phylogenetik als Wissenschaft der Stammesgeschichte nutzt heute fast ausschließlich DNA-Sequenzdaten und computergestützte Analyseverfahren, um Verwandtschaftsbeziehungen auf der Basis von Wahrscheinlichkeitsstatistiken aufzuspüren. Mittels Diagrammen, die Stammbäumen ähneln, werden die relevanten Verwandtschaftsbeziehungen zwischen den unterschiedenen taxonomischen Gruppen dargestellt. So veröffentlichte 1998 eine internationale Gruppe von Botanikern, die Angiosperm Phylogeny Group (APG), das sogenannte **APG-System**. Es basiert vor allem auf molekulargenetischen Daten und rekonstruiert nebst den Verwandtschaftsbeziehungen auch die Stammesgeschichte der Pflanzen. Die 2016 publizierte Klassifikation «APG IV» bildet die Grundlage der modernen Systematik. Nach aktuellem Kenntnisstand verteilen sich die über 300 000 beschriebenen Gefäßpflanzen auf 452 Familien und werden wie folgt in 4 Großgruppen eingeteilt:

Bärlapppflanzen (Lycopodiophyta)	3 Familien mit 1290 Arten
Farne und Farnartige Pflanzen	21 Familien mit 10 560 Arten
Nacktsamer (Gymnospermae)	12 Familien mit 1079 Arten
Bedecktsamer (Angiospermae)	416 Familien mit 295 383 Arten

EVOLUTION & STAMMBAUM

Pflanzen, Tiere und Pilze gehören zu den **Eukaryoten** und besitzen einen echten Zellkern. Dadurch unterscheiden sie sich von den Prokaryoten, zu denen beispielsweise die Bakterien zählen. Aufgrund phylogenetischer, biochemischer und anatomischer Befunde sind Tiere und Pilze enger miteinander verwandt. Tiere und Pilze ernähren sich von anderen Lebewesen, während Pflanzen ihre Baustoffe aus anorganischen Stoffen aufbauen und ihre Stoffwechselenergie aus Sonnenlicht beziehen.

Zu den ältesten Landpflanzen zählen die **Moose (Bryophyta)**, die sich vor über 450 Millionen Jahren aus Grünalgen entwickelten und meist kein oder nur ein einfaches Stütz- und Leitgewebe ausbilden. Dagegen besitzen **Gefäßpflanzen (Tracheophyta)** spezialisierte Leitbündel, in denen sie Wasser und Nährstoffe transportieren. **Bärlapppflanzen (Lycopodiophyta)** zählen zu ihren ersten Vertretern und entstanden vor über 400 Millionen Jahren. Einst bildeten sie mit bis zu 40 Meter hohen Bäumen ganze Wälder und machten einen wesentlichen Anteil an der Steinkohlebildung aus. Die meisten damaligen Arten starben aus und sind einzig aus Fossilienfunden bekannt. Heute besteht die Gruppe nur noch aus krautigen Pflanzen. In Mitteleuropa sind verschiedene Arten wie beispielsweise der Wald- oder Sprossende Bärlapp *(Lycopodium annotinum)* aus der Familie der Bärlappgewächse (Lycopodiaceae) oder der Dornige Moosfarn *(Selaginella selaginoides),* ein Moosfarngewächs (Selaginellaceae), heimisch. Ebenfalls in der erdgeschichtlichen Zeitepoche des Devons entwickelten sich die ersten **Farne und Farnartigen Pflanzen**. Zu ihnen gehören auch Schachtelhalme *(Equisetum)* sowie Mondrauten *(Botrychium)*. Ihre Vertreter dominierten einst die Vegetation auf unserem Planeten. Noch heute sind sie

Dorniger Moosfarn
(Selaginella selaginoides)

Sprossender oder Wald-Bärlapp
(Lycopodium annotinum)

Ginkgo
(Ginkgo biloba)

weltweit verbreitet, mit Schwerpunkt in den Tropen, wo nebst wenige Millimeter großen Farnen auch über 20 Meter hohe Baumfarne gedeihen. Wie die Bärlapppflanzen produzieren Farne und Farnartige Pflanzen Sporen, die in speziellen Behältern, den Sporangien, gebildet und durch den Wind ausgebreitet werden. Aus ihnen wächst nicht direkt eine neue Pflanze, sondern zunächst ein Vorkeim (Prothallium). Auf diesem Vorkeim bewegen sich die männlichen, begeißelten Keimzellen über einen Wassertropfen oder Wasserfilm zu den weiblichen Zellen.

Ein großer Schritt in der Evolution der Pflanzen fand vor rund 370 Millionen Jahren mit der Entstehung der **Samenpflanzen (Spermatophyta)** statt. Jetzt heißen die männlichen Sporen «Pollenkörner» (Blütenstaub) und reifen in Staubbeuteln an den Staubblättern heran. Sie gelangen durch den Wind zur weiblichen Eizelle. Auch die weiblichen Geschlechtsorgane entwickelten sich weiter und bleiben nun an der Pflanze, statt auf den Boden zu fallen. In ihnen bildet sich der Samen (mit dem Embryo), aus dem neues Leben heranwächst. Der Embryo kann in einer Art «Trockenstarre» im Samen lange keimfähig bleiben. Salopp formuliert, könnte man die Entwicklung von Samen als die Möglichkeit bezeichnen, die Geburt bis zu einem passenderen Zeitpunkt aufzuschieben.

Zu den ursprünglichsten Samenpflanzen zählen die **Nacktsamer (Gymnospermae)**. Bei ihnen liegen die Samenanlagen offen auf den Fruchtblättern und sind oft in zapfenartigen Organen zusammengefasst. Dazu zählen sowohl die Nadelhölzer als auch Palmfarne oder der Ginkgo *(Ginkgo biloba)*. Die Entwicklung der **Bedecktsamer (Angiospermae)** war der nächste große Schritt in der Evolution. Bei ihnen bleiben die Samenanlagen bis zur Reife von Fruchtblättern umschlossen. Die Früchte werden «raffinierter» und bilden oft Klettorgane, saftige Fruchthüllen oder ausgeklügelte Flugorgane. Die Bedecktsamer teilt man in 3 Gruppen ein: Zunächst entwickelten sich die Ursprünglichen Bedecktsamer wie Magnolien *(Magnolia)* oder Seerosen *(Nymphaea)*, danach die Monokotyledonen, welche typischerweise nur ein Keimblatt anlegen, und schließlich die Eudikotyledonen, die heute die größte Artenvielfalt aufweisen.

Vereinfachte Übersicht über den Stammbaum der Pflanzen

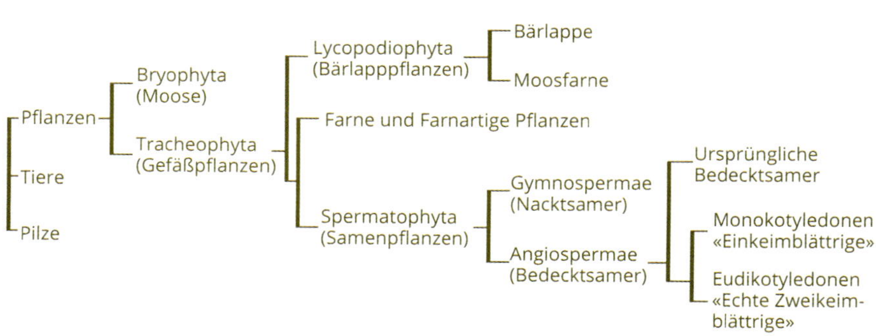

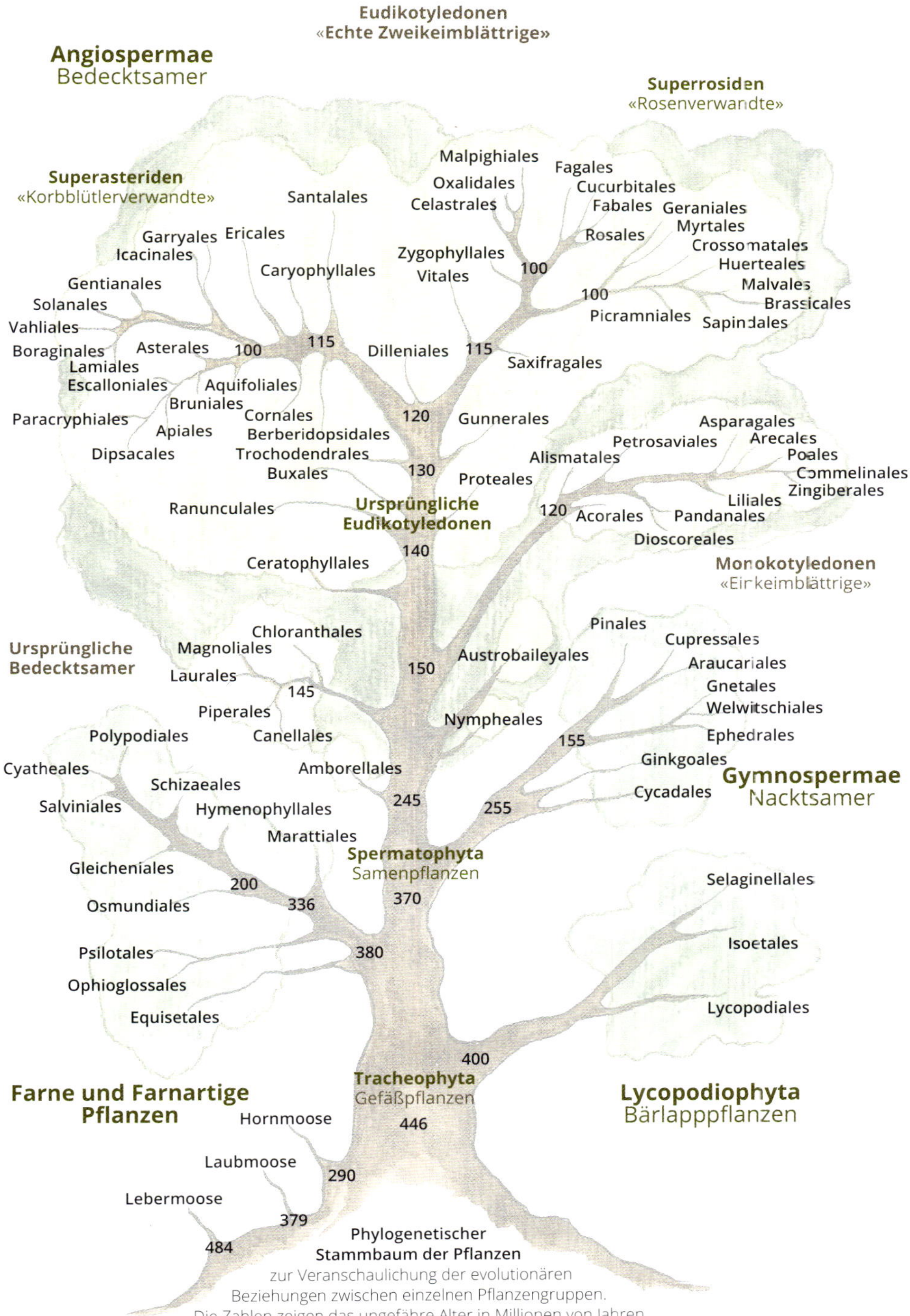

Phylogenetischer Stammbaum der Pflanzen
zur Veranschaulichung der evolutionären Beziehungen zwischen einzelnen Pflanzengruppen. Die Zahlen zeigen das ungefähre Alter in Millionen von Jahren (nach Christenhusz et al. 2017).

BÄRLAPPPFLANZEN

LYCOPODIOPHYTA

Bärlapppflanzen sind die ursprünglichsten Pflanzen mit einem Stofftransportsystem über Gefäße. Hier haben sich Zellen darauf spezialisiert, in Leitungsbahnen (Gefäßen) den Stofftransport zu optimieren. Bei der Befruchtung sind sie auch heute noch vom Wasser abhängig. Sie überlassen ihre Sporen dem Wind. Aus ihnen wächst nicht direkt eine neue Pflanze, sondern zunächst ein Vorkeim (Prothallium). Auf diesem Vorkeim bewegen sich die männlichen, begeißelten Keimzellen über einen Wassertropfen oder Wasserfilm zu den weiblichen. In diese große Gruppe gehören die **Bärlappgewächse (Lycopodiaceae)** und **Moosfarngewächse (Selaginellaceae)**.

Am Dornigen Moosfarn *(Selaginella selaginoides)* lässt sich erahnen, wie sich die einzelnen Elemente im Laufe der Evolution umgebildet haben. Dieses Moosfarngewächs hat die Gestalt eines Mooses und vermehrt sich über Sporen. Diese werden in Sporangien in den Blattachseln am Ende der Sprossachse gebildet. Damit gibt es hier eine erste Spezialisierung der verschiedenen Bereiche für Fortpflanzung und Ernährung. Im Laufe der Evolution werden diese beiden Bereiche in unzählig vielen faszinierenden Facetten perfektioniert.

Alpen-Flachbärlapp *(Diphasiastrum alpinum)*

Der **Gewöhnliche Sumpf-Bärlapp** oder **Moor-Bärlapp** *(Lycopodiella inundata)* ist eine ausdauernde, sommergrüne Pflanze mit Kriechsprossen bis 10 cm Länge. Sie wächst als Lichtpflanze in den offenen Bereichen von Hoch- und Zwischenmooren und in feuchten Dünenbereichen. Sie ähnelt Laubmoosen, vor allem denen der Gattung Widertonmoos (*Polytrichum*, auch Frauenhaar oder Haarmützenmoos genannt), die jedoch im Gegensatz zu den Bärlappen Sporenkapseln mit einer behaarten Haube (Kalyptra) auf langen Stielen ausbilden.

Der **Dornige Moosfarn** *(Selaginella selaginoides)* ist arktisch-alpin verbreitet. Er gedeiht in den Alpen bis zu einer Höhe von 2900 m. Als ausgesprochene Lichtpflanze gedeiht er in Magerrasen und Quellfluren auf lichten, basen- und oft auch kalkreichen, ± feuchten Böden.

BÄRLAPPGEWÄCHSE

LYCOPODIACEAE

Bärlappgewächse sind die erdgeschichtlich ältesten Vertreter der Gefäßpflanzen. Die ältesten Funde stammen aus 420 Millionen Jahre alten Ablagerungen in Australien. Weltweit gibt es 3 Gattungen mit rund 400 Arten, in Mitteleuropa sind 10 davon heimisch. Sie wachsen vor allem in bodensauren Wäldern der höheren Lagen. Früher waren sie weit verbreitet, inzwischen sind sie selten geworden und stehen unter Naturschutz. Die artenreichste Gattung ist der **Bärlapp** *(Lycopodium)*. Der wissenschaftliche Name leitet sich von «Wolfstatze» (gr. «lykos» = «Wolf» und «poddion» = «Füßchen») ab und bezieht sich auf die an ein Tierfell erinnernden Zweige.

Die meisten Arten haben kriechende, immergrüne Sprosse mit meist reich verzweigten und dicht gedrängten, spiralig angeordneten, winzigen Blättern. Die Sporen werden in einem dichten, ährenförmigen Sporophyllstand gebildet. Sie sind winzig und haben eine Flugweite von mehr als 300 km. Sie keimen erst nach 6–7 Jahren, nachdem die Keimruhe durch die Lebensgemeinschaft mit Pilzen (Mykorrhiza) gebrochen wird. Nun kann sich der ebenfalls mehrjährige Vorkeim (das Prothallium, der Gametophyt) entwickeln. Auf ihm entwickeln sich die weiblichen und männlichen Keimzellen (Gameten) und befruchten sich gegenseitig. Hieraus bildet sich nun die eigentliche Bärlapp-Pflanze, die wiederum Sporen bilden kann (der Sporophyt). Daneben vermehrt sich der Bärlapp vegetativ über Ausläufer.

Tannenbärlapp *(Huperzia selago)*

Sprossender Bärlapp *(Lycopodium annotinum)*

Die Sporen des **Keulen-Bärlapps** *(Lycopodium clavatum)* wurden früher zum Bepudern von Pillen und als Wundpuder verwendet. Außerdem brennen sie durch den Ölgehalt mit heller Flamme ab und dienten als Blitzlichtpulver.

Der **Sprossende Bärlapp** *(Lycopodium annotinum)* wird auch als **Gewöhnlicher Wald-Bärlapp** bezeichnet. Er ist als Schattenpflanze vor allem im Gebirge in Fichten-, Kiefern- und Birkenwäldern verbreitet.

Beim **Tannenbärlapp** *(Huperzia selago)* stehen die Sporangien in den Achseln der Laubblätter. Außerdem kann er sich außer durch Sporen vegetativ durch Brutsprosse vermehren, die an der Spitze der Triebe gebildet werden. Bei Berührung fallen sie ab und treiben aus.

FARNE UND FARNARTIGE PFLANZEN

Farne faszinieren die Menschen seit Urzeiten, und einige Bräuche überdauerten in abgewandelter Form bis heute. So sind die beim Aufblasen abrollbaren Luftschlangen der Kinder nach dem Vorbild eines zusammengerollten Farnwedels entstanden. Die dort verborgene Spirale galt als Glücks- und Heilsymbol. Farne galten viele Jahrhunderte lang als magische Wunderpflanzen, und man versuchte, sich der «Zauberkraft dieser beseelten Pflanzenwesen» zu bemächtigen. Zahlreiche Märchen, Lieder und Sagen erzählen von ihnen, und sie wurden in verschiedene Riten einbezogen. So sollten die sich gegenseitig übergestreiften Farnwedel und ausgeschüttelten Sporenhäufchen für Liebe und Kinderreichtum sorgen. Weiter glaubte man, dass Farne Menschen unverwundbar machen (man nähte Farnblätter in Jacken ein), vor Unwetter wie Blitz und Hagel schützen sowie Dämonen, böse Geister und Hexen fernhalten. Zudem sollte man mithilfe von Farnsporen auch die Tiersprache verstehen, verborgene Schätze finden und sich unsichtbar machen können, da die Farnsporen wegen ihrer geringen Größe selbst so gut wie unsichtbar sind. Dieser Aberglaube spiegelt sich auch in einem bekannten literarischen Drama dieser Zeit wieder:

> *«Wir gehen unsichtbar, denn wir haben Farnsamen bekommen.»*
> (Szene in «Heinrich IV» von William Shakespeare, 1564–1616)

Acker-Schachtelhalm *(Equisetum arvense)*

Straußenfarn *(Matteuccia struthiopteris)*

Farne und Farnartige Pflanzen entstanden vor rund 380 Millionen Jahren. Sie bilden weder Blüten noch Samen, sondern breiten sich über Sporen aus, die in speziellen Sporenbehältern, den Sporangien, gebildet werden. Sie wachsen krautartig oder baumförmig. Ihre Blätter sind einfach, gefiedert oder schuppenförmig wie bei den Schachtelhalmgewächsen. Heute werden über 10 500 Arten unterschieden, die mehrheitlich in den Tropen gedeihen. Für die einheimische Flora von Bedeutung sind die Echten Farne (Polypodiidae), die Schachtelhalmgewächse (Equisetaceae) und die Natternzungengewächse (Ophioglossaceae) mit den Mondrauten *(Botrychium)* und der Gewöhnlichen Natternzunge *(Ophioglossum vulgatum)*.

Schachtelhalmgewächse
Equisetaceae

- Hohler Stängel in Abschnitte gegliedert
- Blätter zu Schuppen reduziert
- Seitenäste ähneln dünnen Blättern
- Sporangien bilden sich meist am Ende des Sprosses
- Ca. 20 Arten weltweit

Beispiele

- Winter-Schachtelhalm *(Equisetum hyemale)*
- Acker-Schachtelhalm *(Equisetum arvense)*

Natternzungengewächse
Ophioglossaceae

- Pro Jahr bildet sich meist nur ein Blattwedel
- Blattwedel während des Wachstums nicht eingerollt
- Blattwedel besteht aus einem sterilen und fertilen Teil
- Im Sporangium bilden sich Tausende von Sporen
- Ca. 80 Arten weltweit

Beispiele

- Gewöhnliche Natternzunge *(Ophioglossum vulgatum)*
- Echte Mondraute *(Botrychium lunaria)*

Echte Farne
Polypodiidae

- Blätter meist über 1 cm groß
- Blätter meist gefiedert, oft in Rosetten angeordnet oder einzeln stehend
- Sori (die Ansammlung von Sporangien) bilden sich meist auf der Unterseite der Blätter
- Ca. 10 300 Arten weltweit

Beispiele

- Rippenfarn *(Blechnum spicant)*
- Echter Wurmfarn *(Dryopteris filix-mas)*

Verbreitung

In Mitteleuropa kommen rund 80 verschiedene Farne und Farnartige Pflanzen aus knapp 30 Gattungen vor. Sie gedeihen überwiegend in Wäldern und an feuchten, schattigen Felsen und Mauern. Zudem wachsen einige Arten auch in Städten, beispielsweise an älteren Brücken, Stadtmauern oder Burgruinen.

Blätter

Bei den Echten Farnen werden die Blätter Wedel genannt und sind meist einfach oder mehrfach gefiedert. Sie bilden kleinere oder größere Rosetten oder entspringen einzeln aus einer unterirdisch wachsenden Sprossachse, dem Rhizom. Der untere Teil des Wedelstiels kann mit kleinen, häutigen Spreuschuppen besetzt sein. Bei den Schachtelhalmgewächsen ist der hohle Stängel in Abschnitte gegliedert. Die zu Schuppen reduzierten Blätter stehen quirlständig an den Knoten des Stängels und bilden zylindrische gezähnte Scheiden. Bei etlichen Arten entspringen am Spross Seitenäste, die wie dünne Blätter aussehen.

Vermehrung

Die einzelnen Sporen sind winzig klein, um vom Wind möglichst weit getragen zu werden. Bei den Echten Farnen werden die Sporen auf der Unterseite der Wedel in **Sporenbehältern**, den **Sporangien**, gebildet. Meist sind die Sporangien zu kompakten Gruppen, den **Sori**, zusammengefasst und von einem **Schleier (Indusium)** bedeckt. Bei den Schachtelhalmgewächsen befinden sich die Sporangien meist am Ende der Sprosse.

Es gibt über 1000 Jahre alte und 4 m hohe Exemplare des **Adlerfarns** *(Pteridium aquilinum)*.

Beim **Rippenfarn** *(Blechnum spicant)* unterscheiden sich die sporentragenden Wedel mit den länglichen Sori von sterilen Blättern.

Vielfalt der Echten Farne

Die Echten Farne umfassen mit rund 10 300 Arten mit Abstand die größte Vielfalt innerhalb der Farne und Farnartigen Pflanzen. Davon wächst fast ein Drittel als Epiphyten (Aufsitzerpflanzen), insbesondere in den Tropen. Echte Farne haben in der Regel große Wedel. Die jungen Wedel sind an der Spitze eingerollt und strecken sich anschließend zu ihrer vollen Länge. Die Sporangien entwickeln sich aus einer einzigen Zelle (bei den anderen Farngruppen aus mehreren Zellen). Die taxonomische Einteilung der Echten Farne änderte sich aufgrund der phylogenetischen Erkenntnisse in den letzten Jahren stark. Zu den wichtigsten Familien, deren Vertreter auch in unseren Breitengraden vorkommen, gehören:

Streifenfarngewächse Aspleniaceae: Weltweit ca. 716 Arten (siehe Seite 52)

Frauenfarngewächse Athyriaceae: Weltweit ca. 580 Arten

- Einheimische Arten: Wald-Frauenfarn *(Athyrium filix-femina)*
- Gebirgs-Frauenfarn *(Athyrium distentifolium)*

Rippenfarngewächse Blechnaceae: Weltweit ca. 290 Arten

- Einheimische Art: Rippenfarn *(Blechnum spicant)*

Blasenfarngewächse Cystopteridaceae: Weltweit ca. 30 Arten

- Einheimische Arten: Zerbrechlicher Blasenfarn *(Cystopteris fragilis)*
- Berg-Blasenfarn *(Cystopteris montana)*
- Eichenfarn *(Gymnocarpium dryopteris)*
- Ruprechtsfarn *(Gymnocarpium robertianum)*

Straußenfarngewächse Onocleaceae: Weltweit ca. 5 Arten

- Einheimische Art: Straußenfarn *(Matteuccia struthiopteris)*

Tüpfelfarngewächse Polypodiaceae: Weltweit ca. 1600 Arten

- Einheimische Art: Gewöhnlicher Tüpfelfarn *(Polypodium vulgare)*

Wurmfarngewächse Dryopteridaceae: Weltweit ca. 2000 Arten (siehe Seite 58)

Adlerfarngewächse Dennstaedtiaceae: Weltweit ca. 240 Arten

- Einheimische Art: Adlerfarn *(Pteridium aquilinum)*

Saumfarngewächse Pteridaceae: Weltweit ca. 1150 Arten

- Einheimische Art: Venushaar *(Adiantum capillus-veneris)*

CH 600 | DE Silber

FAMILIE & GATTUNG

SCHACHTELHALM-GEWÄCHSE
EQUISETACEAE

SCHACHTELHALME
EQUISETUM

Wald-Schachtelhalm (*Equisetum sylvaticum*) · Acker-Schachtelhalm (*Equisetum arvense*)

Allgemeines und Verbreitung

In dieser Familie gibt es nur die Gattung **Schachtelhalm** *(Equisetum)* mit weltweit ca. 20 Arten. In den Wäldern und Feuchtgebieten Mitteleuropas kommen etwa 10 Arten vor. Die meisten haben lange unterirdische Sprossachsen (Rhizome) und vermehren sich auch über abgetrennte Rhizomabschnitte. Die Schachtelhalme enthalten viel **Kieselsäure** und sind sehr stabil aufgebaut. Früher hat man sie zum Putzen von Zinngeschirr verwendet, so sind sie zu ihrem Namen **Zinnkraut** gekommen.

Blätter

Die Schachtelhalmgewächse sind charakteristisch aufgebaut und einfach zu erkennen: Die zu Schuppen reduzierten Blätter (Mikrophylle) stehen quirlständig an den Knoten des Stängels. Sie umgeben den Haupttrieb und werden als **Stängelscheiden** bezeichnet. Den dadurch leicht trennbaren und wieder «ineinander schachtelbaren» Stängelabschnitten verdankt die Gattung ihren Namen. Die Anzahl und Gestalt der **Schuppenblätter**, aus denen die Knoten umgebende Scheide (Stängelscheide) aufgebaut ist, liefern wichtige Merkmale für die Artbestimmung. Sie können beispielsweise schwarz bespitzt sein oder auch bauchig verdickt.

Das, was aussieht wie schmale Blätter am Spross, sind Seitentriebe. Sie können verzweigt oder unverzweigt sein, auch dies ist für die Bestimmung wichtig. Den **Wald-Schachtelhalm** *(Equisetum sylvaticum)* kann man beispielsweise an der verzweigten Wuchsform erkennen.

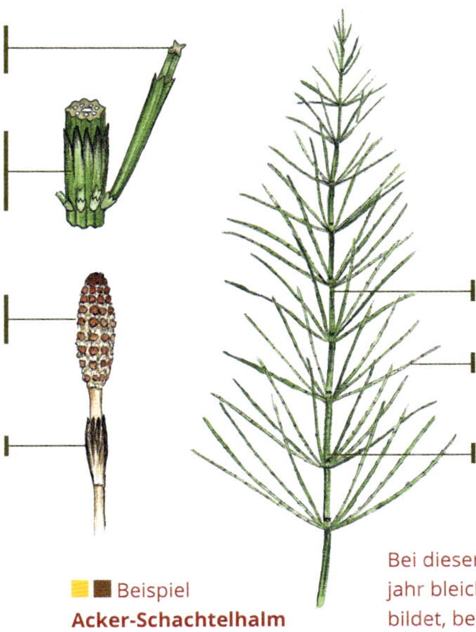

Die meisten Arten vermehren sich wie diese auch durch unterirdische Sprossachsen (Rhizome).

Beispiel
Acker-Schachtelhalm
(Equisetum arvense)

Bei dieser Art werden im Frühjahr bleiche Sporenstände gebildet, bevor danach die grünen Triebe heranwachsen.

Vermehrung

Die Sporen werden auf endständigen, zapfenförmigen **Sporangienträgern** gebildet, die auch **Sporophyllstände** genannt werden. In ihnen befinden sich zahlreiche **Sporenbehälter (Sporangien)**. Bei einigen Arten werden die generativen und vegetativen Sprosse jahreszeitlich getrennt gebildet, wie beispielsweise beim **Acker-Schachtelhalm** *(Equisetum arvense)*. Im zeitigen Frühjahr erscheinen die bleichen, sporentragenden Sprosse und erst danach die grünen Triebe. Dieser Wachstumszyklus ist ähnlich wie bei Huflattich oder Pestwurz, die ihre Blüten vor dem Blattaustrieb bilden. Bei anderen Arten werden die Sporophylle an der Spitze der grünen Triebe gebildet.

Die wichtigsten Familien-Merkmale auf einen Blick

- Ausdauernde Pflanzen
- Unterirdische Sprossachse (Rhizom)
- Stängel hohl, «geschachtelt»
- Blätter reduziert zu gezähnter Stängelscheide
- Seitentriebe quirlständig
- Sporenstände am Ende des Stängels

Verwechslungsmöglichkeiten

Schachtelhalme zu erkennen, ist recht einfach, und sie sind nahezu unverwechselbar. Auf den ersten Blick können die bleichen Triebe von heranwachsenden Schmarotzerpflanzen aus den Familien der Orchideen und Sommerwurze ähnlich aussehen, doch spätestens wenn sich die Triebe entfalten, wird deutlich, dass der Aufbau von Blüten und Trieben gänzlich anders ist. Nach der Blüten- und Fruchtentwicklung ähneln die Triebe von Huflattich ein wenig den Schachtelhalm-Trieben, doch auch diesen fehlt die Stängelscheide, und bei genauem Hinschauen ist der Blütenstandsboden erkennbar, auf dem sich die Früchte (Schirmchenflieger) entwickelt haben.

Verwechslung möglich mit folgender Gattung

Sommerwurz
- Blüten vorhanden
- Stängelscheiden fehlen
- Ohne quirlige Seitentriebe

Vergleich Schachtelhalme

Der **Sumpf-Schachtelhalm** *(Equisetum palustre)* hat eine verdickte Blattscheide und einen gekammerten Stängel.

Beim **Teich-Schachtelhalm** *(Equisetum fluviatile)* ist die Blattscheide unverdickt und der Stängel hohl.

Der **Winter-Schachtelhalm** *(Equisetum hyemale)* ist immergrün und hat meist unverzweigte Triebe.

Der **Riesen-Schachtelhalm** *(Equisetum telmateia)* hat unverzweigte Seitentriebe. Er wird bis zu 2 m hoch und ist die größte heimische Art.

Beim **Acker-Schachtelhalm** *(Equisetum arvense)* sind die ersten Glieder der unverzweigten Seitentriebe länger als die Stängelscheide.

Beim **Wald-Schachtelhalm** *(Equisetum sylvaticum)* ergrünen und verzweigen sich die Sprosse nach der Sporenreife.

NATTERNZUNGENGEWÄCHSE

OPHIOGLOSSACEAE

Die weltweit ca. 80 Arten aus 4 Gattungen haben alle gleich große männliche und weibliche Sporen (Isosporie). Dies ist ein Merkmal der ursprünglicheren Sporenpflanzen. Meist wird jedes Jahr ein Blattwedel gebildet, der sich aus einem fertilen und einem sterilen Teil zusammensetzt. In jedem Sporangium werden über 1000 Sporen gebildet. Der gebildete **Vorkeim (Prothallium)** ist stark reduziert und kann einige Jahre alt werden. Er bildet kein Chlorophyll, lebt unterirdisch und ernährt sich über eine Lebensgemeinschaft mit Pilzen (Mykorrhiza). Die männlichen (Antheridien) und weiblichen Geschlechtsorgane (Archegonien) sind in den Vorkeim eingesenkt. Der sich entwickelnde Embryo kann bei einigen Arten mehrere Jahre unterirdisch überdauern. Alle Arten sind in Mitteleuropa selten und stehen unter Naturschutz.

Die **Gewöhnliche Natternzunge** *(Ophioglossum vulgatum)* vermehrt sich meist vegetativ durch Wurzelsprosse. Standort sind Moorwiesen und feuchte, lückenhafte Magerwiesen sowie schattige Wälder und regelmäßig überflutete Hänge und Täler.

■ Die **Echte Mondraute** *(Botrychium lunaria)* wird bis 30 cm groß. Den mondförmigen Blattfiedern verdankt sie ihren Namen. Die Blätter sind nur wenige Wochen im Jahr sichtbar. Standorte sind Magerrasen und Sandheiden.

Die **Einfache Mondraute** *(Botrychium simplex)* wird bis 15 cm groß. Sie ist selten im nördlichen Ostseeraum, den Pyrenäen, auf Korsika oder in den Alpen zu finden und bevorzugt magere Wiesen und Heiden auf sauren Böden.

Die **Vielspaltige** oder **Vielteilige Mondraute** *(Botrychium multifidum)* besiedelt ähnliche Standorte wie die Einfache Mondraute und wird auch kaum größer als diese. Sie steigt weniger in die Höhenlagen der Alpen hinauf.

Die **Lanzettliche Mondraute** *(Botrychium lanceolatum)* ist ebenfalls 5–15 cm groß und arktisch-alpin verbreitet – außerdem im nördlichen Asien, in N-Amerika und Grönland.

Die **Ästige Mondraute** *(Botrychium matricariifolium)* ist mit 20 cm die zweitgrößte der vorgestellten Arten. Sie kommt (ebenso wie die Echte Mondraute) bis kurz vor dem Polarkreis vor.

FAMILIE

STREIFENFARN-GEWÄCHSE

ASPLENIACEAE

Der **Milzfarn** *(Asplenium ceterach)* wird auch Schriftfarn genannt.

Hirschzunge *(Phyllitis scolopendrium)*

Allgemeines und Verbreitung

Weltweit gibt es ca. 2780 Arten in 24 Gattungen, von denen bei uns ca. 15 heimisch sind. Der Schwerpunkt der Verbreitung liegt in den Tropen. Doch auch in Europa ist diese Familie innerhalb der Farne eine der artenreichsten. Die meisten Vertreter gehören in die Gattung **Streifenfarn** *(Asplenium)*. Auch in dieser Familie wird die Systematik diskutiert. So wird beispielsweise die **Hirschzunge** nach Ansicht einiger Autoren *Asplenium scolopendrium* genannt und zu den Streifenfarnen gestellt, während sie in der Schweiz als *Phyllitis scolopendrium* in einer eigenen Gattung Hirschzunge *(Phyllitis)* geführt wird.

Blätter

In den Tropen gibt es Arten mit bis zu 2 m langen Wedeln. Die heimischen Arten sind meist relativ klein und kaum mehr als 20 cm groß. Es sind ausschließlich ausdauernde Pflanzen, viele von ihnen vermehren sich über kriechende Rhizome. Viele wachsen auf Felsen und in Mauerritzen. Eine Besonderheit des **Mauer-Streifenfarns** *(Asplenium ruta-muraria)* sind die unterschiedlichen Sommer- und Winterblätter (Saisondimorphismus) dieser immergrünen Rosettenpflanze.

Mauer-Streifenfarn (2×)

Braunstieliger Streifenfarn

Hirschzunge (2×)

Mit dem Lebensraum Mauer haben Arten dieser Familie auch Burgruinen und Städte erobert. Aber durch zunehmende Pflege und Reinigung alter Mauern sind einige Arten wie beispielsweise der **Milzfarn** *(Asplenium ceterach)* selten geworden. Auch in Wildpflanzen- und Steingärten sind Vertreter dieser Familie beliebt. Von der Hirschzunge werden auch Zuchtformen beispielsweise mit krausen Blättern kultiviert.

Der Milzfarn heißt wegen seiner an Schriftzeichen erinnernden Sporangiengruppen (Sori) auch **Schriftfarn**. Seine Wedel sind unterseits dicht mit silbrigen Spreuschuppen besetzt, und er rollt die Unterseite bei Trockenheit als reflektierenden Schutz nach oben. Er kann völlig austrocknen, ohne Schaden zu nehmen. Die gitterförmig gegliederten **Spreuschuppen** am unteren Ende der Wedelstiele sind neben den namensgebenden streifenförmigen Sori ein gemeinsames Familienmerkmal.

Die sporentragenden Wedel unterscheiden sich in ihrer Gestalt nicht von den sterilen ohne Sporenbildung. Bei den meisten Arten sind sie gefiedert, eine Ausnahme hiervon ist die **Hirschzunge** (*Phyllitis scolopendrium* in der Schweiz, *Asplenium scolopendrium* in Deutschland). Dieser Farn ist durch seine ganzrandigen Wedel sehr leicht zu erkennen.

Dieser Farn wächst in Mauerfugen und auf Felsen und wird wegen seiner Blattform auch Mauerraute genannt.

Beispiel
Mauer-Streifenfarn
(Asplenium ruta-muraria)

Das verdickte Rhizom ist eine Anpassung an den trockenen Standort.

Vermehrung

Den Namen verdankt diese Familie den in Streifen oder Strichen angeordneten **Sporangiengruppen (Sori)**. Sie befinden sich stets auf der Unterseite der Wedel und sind etwas vom Rand entfernt angeordnet. Die einzelnen Sporen sind bohnenförmig. Der Schleier (Indusium) auf den Sporangiengruppen, den Sori, kann wie beispielsweise beim Milzfarn fehlen oder vorhanden sein. Beim Mauer-Streifenfarn erfolgt die Sporenbildung nahezu ganzjährig, diese Art besitzt einen Schleier. Bei der Hirschzunge stehen 2 streifenförmige Sori sehr dicht beieinander. Da sich die Schleier jeweils gegenüberliegen, erscheinen die beiden Sori als eine lang gezogene Einheit. Wie bei allen Farnen keimt zunächst ein linsengroßer **Vorkeim (Prothallium)**, auf dem die Befruchtung auf dem Wasserweg stattfindet. Danach werden die fruchtbaren Pflanzen gebildet. Es gibt jedoch auch Arten, die sich überwiegend vegetativ über Brutknospen vermehren.

Mauer-Streifenfarn *(Asplenium ruta-muraria)*

Krause Hirschzunge (Zuchtform von *Phyllitis scolopendrium*)

Nordischer Streifenfarn *(Asplenium septentrionale)*

Braunstieliger Streifenfarn *(Asplenium trichomanes)*

Die wichtigsten Familien-Merkmale auf einen Blick

- Ausdauernde Pflanzen
- Unterirdische Sprossachse (Rhizom)
- Oft immergrüne Rosettenpflanzen
- Gitterförmig gegliederte Spreuschuppen
- Alle Wedel gleichgestaltet (keine Gliederung in fertile und sterile Wedel)
- Sporangiengruppen (Sori) streifenförmig
- Schleier (Indusium) vorhanden oder fehlend
- Vorliebe für Felsen und Mauerspalten

Verwechslungsmöglichkeiten

Durch die streifenförmigen Sporangiengruppen sind die Vertreter dieser Familie gut gekennzeichnet. Neben dem heimischen **Venushaar** *(Adiantum capillus-veneris)* können in Park- und Gartenanlagen weitere Vertreter der **Frauenhaarfarne** *(Adiantum)* auf den ersten Blick ähnlich aussehen. Den Wedeln der Streifenfarne ähnlich sehen auch die des **Gewöhnlichen Tüpfelfarns** *(Polypodium vulgare)* und des **Rippenfarns** *(Blechnum spicant),* beide sind jedoch viel größer und haben wintergrüne Wedel. Außerdem sind die Sori dieser Arten anders geformt.

Verwechslung möglich mit folgenden Gattungen und Arten		**Vergleich** Streifenfarngewächse
Frauenhaarfarn ➾ Nur eine heimische, feingliedrigere Art		
Rippenfarn ➾ Sporenbildende und sterile Wedel unterschiedlich gestaltet ➾ Wintergrüne Wedel		
Tüpfelfarn ➾ Sori tüpfelförmig ➾ Wintergrüne Wedel		

Der **Grünstielige Streifenfarn** *(Asplenium viride)* bevorzugt feuchte, schattige Mauern auf Kalkgestein. Am namensgebenden grünen Stiel ist diese Art leicht vom Braunstieligen Streifenfarn zu unterscheiden.

Der **Braunstielige Streifenfarn** *(Asplenium trichomanes)* ist weltweit verbreitet und wächst an Felsen und Mauern bis in subalpine Höhenlagen. Er duftet aromatisch und wird auch als Zierpflanze angeboten.

Der **Mauer-Streifenfarn** *(Asplenium ruta-muraria)* wurde im Volksglauben gegen Hexenzauber verwendet und «Widerthon» genannt.

Der **Nordische Streifenfarn** *(Asplenium septentrionale)* hat längliche wintergrüne Wedel und wächst auf Silikatgestein in sonnigen Lagen.

FAMILIE

WURMFARNGEWÄCHSE

DRYOPTERIDACEAE

Die Familie der Wurmfarngewächse ist weltweit mit ca. 2000 Arten vertreten. In Mitteleuropa sind die beiden Gattungen **Wurmfarn** *(Dryopteris)* und **Schildfarn** *(Polystichum)* heimisch. Während die meisten Arten der Wurmfarne sommergrün sind, handelt es sich bei den Schildfarnen überwiegend um wintergrüne Pflanzen. Vertreter beider Gattungen sind als Zierpflanzen beliebt und in Gärten zu finden.

Die Wedel sind einheitlich gestaltet, und die Sori werden auf den Unterseiten gebildet. Sie sind in der Regel rund, und ihr Schleier (Indusium) ist ebenfalls rund bis nierenförmig, seltener kann er fehlen. Die runden Leitbündel sind im Blattstiel ringförmig angeordnet.

Nepal-Schwarzschuppenfarn *(Dryopteris wallichiana)*

Lanzen-Schildfarn *(Polystichum lonchitis)*

Der **Borstige Schildfarn** *(Polystichum setiferum)* heißt auch Grannen-Schildfarn. Er ist in luftfeuchten Buchenmischwäldern beheimatet und wird auch in Gärten kultiviert.

Der **Lanzen-Schildfarn** *(Polystichum lonchitis)* gedeiht in den Blockschutthalden der Hochgebirge. Er ist leicht kenntlich an den einfach gefiederten Blättern.

■ Der **Gelappte Schildfarn** *(Polystichum aculeatum)* wird auch Glanzschildfarn oder Dorniger Schildfarn genannt. Er ist in felsigen, luftfeuchten Hang- und Schluchtwäldern zu finden. In den Alpen steigt er kaum über die Waldgrenze hinauf. Seine Gestalt ist recht variabel.

GATTUNG

WURMFARN

DRYOPTERIS

Echter Wurmfarn *(Dryopteris filix-mas)*

Allgemeines und Verbreitung

Die Gattung Wurmfarn ist in Mitteleuropa die artenreichste Gattung innerhalb der Familie der **Wurmfarngewächse** (Dryopteridaceae). Weltweit ist sie mit ca. 400 Arten verbreitet, von denen knapp 10 in der heimischen Flora anzutreffen sind. Farne waren vor allem in England im viktorianischen Zeitalter (1837–1901) beliebte Zierpflanzen in Parks und Gärten, und viele kultivierte Arten gehören in diese Gattung. Es gibt zahlreiche Hybride, die aus der Kreuzung verschiedener Arten entstanden sind.

Ihren Namen verdanken sie ihren giftigen Inhaltsstoffen (Buttersäure-Phloroglucin-Verbindungen, das sog. Filicin), die vor allem bei Rindern gegen Bandwürmer eingesetzt wurden. Auch die Wedel wurden in die Ställe und Schlafplätze der Haustiere gelegt, um Ungeziefer fernzuhalten. Heute werden sie nur noch in Ausnahmefällen verordnet, da es zahlreiche schwere Vergiftungen bei der Behandlung gegeben hat. Bei Schafen liegt die tödliche Dosis bei 25 g und bei Rindern bei 100 g.

Alle Arten dieser Gattung leben – wie 95 Prozent aller Pflanzen – in Symbiose mit einem Wurzelpilz (Mykorrhiza).

Alpen-Wurmfarn

Echter Wurmfarn

Dorniger Wurmfarn

Blätter

Die Farne dieser Gattung sind ausdauernde, überwiegend sommergrüne Rosettenpflanzen mit kräftigem unterirdischem Wurzelstock **(Rhizom)**. Die Wedel sind stets **gefiedert**. Die Stiele der Wedel sind vor allem im unteren Teil mit **Spreuschuppen** besetzt. Dies sind trockene, braune Schuppen, die das Rhizom und die jungen Wedel als Schutz vor Verdunstung und Frost einhüllen. Sie sind unterschiedlich gestaltet und liefern wichtige Merkmale für die Bestimmung der einzelnen Arten.

Beim **Echten Wurmfarn** *(Dryopteris filix-mas)* brauchen die Wedel von der Anlage bis zu ihrer vollen Entfaltung mehrere Jahre.

Dieser giftige Farn wurde früher als Wurmmittel verwendet.

Beispiel
Echter Wurmfarn
(Dryopteris filix-mas)

Die Wedel dieses Farns sind bis in den Winter hinein grün.

Vermehrung

Es gibt keine Unterscheidung in fertile und sterile Wedel. Die **Sporangiengruppen (Sori)** befinden sich stets auf der Unterseite der Wedel. Die Vertreter dieser Gattung vermehren sich – wie alle Farne – mit einem heteromorphen und heterophasischen Generationswechsel. Dies bedeutet, dass sich die Farne über 2 verschieden gestaltete und vom Chromosomensatz her unterschiedlich ausgestattete (haploid und diploid) Generationen entwickeln. Der haploide **Vorkeim (Prothallium** mit einfachem Chromosomensatz) ist beim **Echten Wurmfarn** *(Dryopteris filix-mas)* bis ca. 1 cm groß. Auf ihm befinden sich mehrere weibliche (Archegonien) und männliche (Antheridien) Geschlechtsorgane. Die Antheridien setzen unzählige Spermatozoiden frei, die über einen Wasserfilm zu den weiblichen Archegonien finden. Aus ihnen wächst die eigentliche Farnpflanze mit doppeltem Chormosomensatz (diploid) heran. Nach einigen Jahren der Entwicklung bildet sie in den Sporenbehältern (Sporangien) auf der Unterseite der Wedel Sporen. Die Sporangien stehen in Sori zu vielen zusammen. Sie sind von einem Schleier, dem Indusium, bedeckt, das zur Reifezeit meist verloren geht. Bei der Gattung *Dryopteris* sind Sori und Indusium nierenförmig. Die Sporangien platzen bei Trockenheit auf und schleudern die Sporen in die Umwelt, wo sie vom Wind verbreitet werden. Aus ihnen wachsen dann wiederum Vorkeime heran. Die Keimung gelingt nur in entsprechend feuchten, schattigen Orten, nach 2–3 Monaten ist der Vorkeim befruchtungsfähig.

Daneben findet auch Vermehrung über das Rhizom statt, und am Rhizom ist der jährliche Zuwachs zu erkennen.

Breitblättriger Wurmfarn *(Dryopteris dilatata)*

Echter Wurmfarn *(Dryopteris filix-mas)*

Die wichtigsten Gattungs-Merkmale auf einen Blick

- Ausdauernde Pflanzen
- Unterirdische Sprossachse (Rhizom)
- Meist sommergrüne Rosettenpflanzen
- Ein- bis mehrfach gefiederte Wedel
- Zahlreiche Spreuschuppen an der Basis der Wedelstiele
- Alle Wedel gleichgestaltet (fertile und sterile Wedel)
- Sporangiengruppen (Sori) nierenförmig
- Schleier (Indusium) ebenfalls nierenförmig
- Vorliebe für feuchte, schattige Wälder

Verwechslungsmöglichkeiten

Es gibt einige Farne, die auf den ersten Blick ähnlich aussehen, und ohne die Sori ist eine sichere Erkennung oft schwer. Auch die Unterscheidung innerhalb der Gattung ist nicht immer einfach.

Verwechslung möglich mit folgenden Gattungen und Arten		**Vergleich** Wurmfarn
Frauenfarn - Wedel nach unten stärker verschmälert - Wedel feiner gefiedert - Sori kommaförmig		
Schildfarn - Schildförmige Schleier - Fiederchen oft mit asymmetrischem Grund		
Eichenfarn - Wedelspreite im Umriss dreieckig - Sori klein - Schleier oft fehlend		
Straußenfarn - Fertile und sterile Wedel unterschiedlich gestaltet		

Der **Breitblättrige oder Breite Wurmfarn** *(Dryopteris dilatata)* hat 3- bis 4-fach gefiederte Wedel und Spreuschuppen mit dunklem Mittelstreifen. Er wächst in krautreichen Wäldern.

■ Der **Dornige Wurmfarn** *(Dryopteris carthusiana)* heißt wegen der dornartigen Spitzen der Fiederchen auch **Dornfarn.** Er wächst in Heiden, Moorrändern und Wäldern auf sauren Böden.

Der **Schuppige Wurmfarn** *(Dryopteris affinis)* ist vor allem in feuchten, schattigen Wäldern der Bergregionen verbreitet – in den Mittelgebirgen und Alpen bis ca. 2000 m Höhenlage.

■■ Der **Echte Wurmfarn** *(Dryopteris filix-mas)* ist der häufigste Vertreter der Gattung. Früher wurde ihm nachgesagt, die in der Johannisnacht gesammelten Sporen machten uns unsichtbar.

NACKTSAMER

GYMNOSPERMEN

Die nacktsamigen Pflanzen werden auch kurz Nacktsamer genannt. Bei ihnen werden die Samenanlagen frei auf den Samenschuppen gebildet. Die meisten von ihnen haben eingeschlechtliche Blüten, die in Zapfen zusammenstehen. Meist befinden sich männliche und weibliche Zapfen an einer Pflanze (einhäusig), es gibt aber auch zweihäusige Arten wie z. B. den **Ginkgo** *(Ginkgo biloba)* und die **Europäische Eibe** (■ ■ *Taxus baccata*). Die Blüten sind meist recht unscheinbar, und der Blütenstaub wird zur Verbreitung dem Wind anvertraut. Ihren Höhepunkt der Entwicklung hatten die Nacktsamer zur Zeit der Dinosaurier. Sie sind die erdgeschichtlich älteren Pflanzen, aus denen sich die Bedecktsamer entwickelt haben. Von den ehemals Hunderttausenden von Arten sind nur noch wenige Hundert Arten erhalten – die meisten von ihnen sind an kalte und raue Klimabedingungen optimal angepasste, immergrüne Nadelgehölze. Sie sind außerhalb der Tropen verbreitet, und es gibt weltweit knapp 10 Familien mit ca. 70 Gattungen und über 500 Arten. Es sind allesamt Bäume oder Sträucher, die Holz und Bast ausbilden (sekundäres Dickenwachstum).

Stamm und männlicher Blütenstand, **Urweltmammutbaum** *(Metasequoia glyptostroboides)*

Das beerenartige Fleisch um den Samen der **Eibe** *(Taxus baccata)* ist ein sog. Arillus, der einzige ungiftige Teil dieser tödlich giftigen Pflanze. Eiben werden über 2000 Jahre alt.

Der **Urweltmammutbaum** *(Metasequoia Glyptostroboides)* wurde erst 1941 in China entdeckt. Es ist ein sommergrüner Baum bis 50 m Höhe mit gegenständig angeordneten Kurztrieben.

Der **Riesenmammutbaum** *(Sequoiadendron giganteum)* gehört zu den größten Bäumen der Erde. Er wird bis 95 m hoch und erreicht an der Basis einen Durchmesser bis zu 17 m.

Den Größenrekord der Bäume hält ein **Küstenmammutbaum** *(Sequoia sempervirens)* im Redwood-Nationalpark in Kalifornien mit 115 m Höhe, er wird «Hyperion» genannt.

FAMILIE

KIEFERNGEWÄCHSE

PINACEAE

Blütenzapfen und Herbstfärbung,
Lärche *(Larix decidua)*

Allgemeines und Verbreitung

Diese Familie ist mit weltweit etwa 10 Gattungen und 230 Arten vertreten. In der heimischen Flora kommen 4 Gattungen mit 6 Arten vor. Die Gattungen **Lärche** *(Larix),* **Fichte** *(Picea)* und **Tanne** *(Abies)* sind in Mitteleuropa nur mit einer Art vertreten, die allerdings teilweise in mehrere Unterarten untergliedert werden. In Gartenanlagen und Parks findet man auch zahlreiche angepflanzte Fremdgehölze aus aller Welt.

Typisch für die Kieferngewächse ist der Gehalt an **ätherischen Ölen**, der den einzelnen Arten einen aromatischen Duft verleiht. Sie liefern wertvolle Inhaltsstoffe für Kosmetika und Heilmittel und sind ebenso in der Wildkräuterküche beliebt. Durch **Harzkanäle** im Stamm und in den Nadeln ist das Holz stark harzhaltig. Kieferngewächse wurden allesamt seit alters wegen ihres Holzes und der ätherischen Öle vielfältig verwendet und spielen im Leben der Menschen eine wichtige Rolle.

Die Vertreter dieser Familie sind vor allem in den Höhenlagen und kalten Klimazonen verbreitet. Ihre Gestalt und ihr Stoffwechsel ist bestens an raue Klimabedingungen angepasst. Sie bilden die Waldgrenze in den Alpen und gegen Norden und sind wichtige Teile des Ökosystems. Sie gedeihen stets in einer **Lebensgemeinschaft mit Pilzen (Mykorrhiza)**. Unterirdisch sind sie über die Wurzeln mit dem feinen Hyphengeflecht **(Myzel)** der Pilze verbunden. Beide Partner profitieren von dieser Gemeinschaft. Der Baum wird besser mit Wasser und den darin gelösten Nährstoffen versorgt und liefert dem Pilz im Gegenzug lebenswichtige, organische Verbindungen, die er in seinen Blättern bei der Fotosynthese aufbaut. Darüber hinaus vernetzen sich die Bäume auch zum Stoff- und «Informationsaustausch» über dieses unterirdische System. Über die Pilze tauschen sie sogar über Art- und Familiengrenzen hinweg Stoffe aus, sodass in diesem **«Wood Wide Web»** Laub- und Nadelbäume vernetzt sind.

Tanne, Ober- und Unterseite

Fichte, Ober- und Unterseite

Blätter

Insgesamt haben die Nadelbäume im Vergleich zu den Laubbäumen einen verlangsamten Lebensrhythmus. Mit Ausnahme der Gattung **Lärche** *(Larix)* und der aus Asien stammenden Gattung **Goldlärche** *(Pseudolarix)* sind die Kieferngewächse immergrüne Bäume. Laubbäume werfen ihre Blätter im Winter ab, da ihnen der gefrorene Boden nicht ausreichend lebenswichtiges Wasser zur Verfügung stellt. Die Nadeln der Kieferngewächse trotzen diesen Bedingungen durch ihre nadel- oder schuppenförmige Form, die den Sonnenstrahlen eine möglichst geringe Fläche bietet. Außerdem zirkuliert das Wasser in ihnen viel langsamer und sparsamer als in Laubblättern. Darüber hinaus sind die Nadeln von einem dicken **Wachsüberzug (Cuticula)** umhüllt, der die Verdunstung reduziert. Die sommergrünen Lärchen gedeihen an den Kältepunkten der Erde. Sie haben die Anpassung perfektioniert, indem sie diese morphologischen Merkmale mit dem Abwurf der Nadeln vor der kältesten Jahreszeit kombiniert haben. Sie gedeihen am weitesten in die Höhenlagen hinauf und trotzen den extremen Bedingungen in den sibirischen Kaltgebieten.

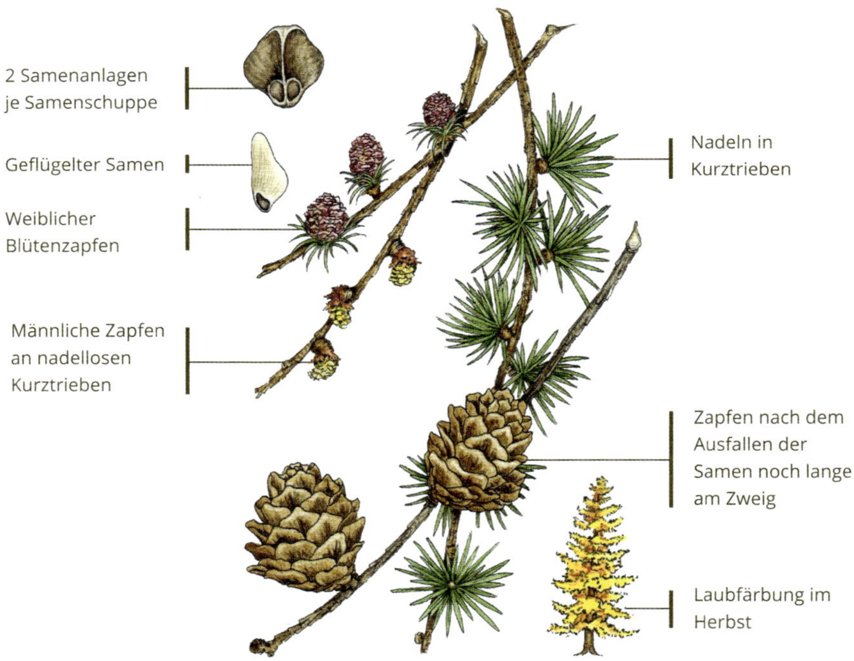

Die weichen Nadeln stehen büschelig in Kurztrieben.

Beispiel
Lärche
(Larix decidua)

Die Lärche ist die einzige heimische sommergrüne Art in dieser Familie.

Einige Kieferngewächse können – ebenso wie Laubgehölze – neben **Langtrieben** auch **Kurztriebe** bilden. Wie bei den meisten Gehölzen ist dies eine Möglichkeit, sich im Wachstum an die Umweltbedingungen (Nährstoff- und Raumsituation) anzupassen. Ein Langtrieb dient vor allem dem Wachstum und wird entsprechend in der ersten Lebensphase gebildet. Bei älteren Zweigen und Bäumen treiben die Blätter vermehrt an Kurztrieben aus. Bei ihnen streckt sich der Zweigabschnitt nur wenig, und die Knoten stehen dicht hintereinander. Im Extremfall kann dies so weit gehen, dass die Nadeln wie Quirle aussehen. So können die Gehölze an diesen Trieben ohne großes Wachstum und mit minimalem Stoffeinsatz auf engem Raum viel Laub bilden. Die Bildung von Kurztrieben ist typisch für beispielsweise **Lärchen** *(Larix)*, **Kiefern** *(Pinus)* und die im Mittelmeerraum und Asien verbreiteten **Zedern** *(Cedrus)*. Während die Kurztriebe überwiegend als «Regulativ» zu verstehen sind, gibt es bei Lärchen keine Zweige ohne Kurztriebe. Allerdings gibt es auch Gattungen wie **Tanne** *(Abies)* und **Fichte** *(Picea)*, die nur Langtriebe ausbilden. Diese beiden Gattungen lassen sich gut an der Ansatzstelle der Nadeln am Zweig unterscheiden. Bei der Tanne *(Abies)* sitzen die Nadeln wie mit einer Haftscheibe an, was bei den stärker zugespitzten und stechenden Nadeln der Fichten *(Picea)* nicht der Fall ist.

Die Nadeln können spiralig oder büschelig am Zweig stehen. Im Allgemeinen werden sie mehrere Jahre alt, bevor sie abfallen. Sie reagieren empfindlich auf Schadstoffeintrag, und anhand ihre Verweildauer am Zweig kann auf die Luftqualität geschlossen werden.

Keimling und Harzkanäle der **Fichte** *(Picea abies)*

Blüten

Die Blüten der Kieferngewächse sind unscheinbar und werden vom Wind bestäubt. Sie sind eingeschlechtlich und stehen in getrennten Blütenständen an einem Baum, die Pflanzen sind also einhäusig. Die männlichen Blüten bestehen aus vielen schraubig angeordneten Staubblättern. Jedes Staubblatt trägt 2 Pollensäcke und bringt unzählige Pollen hervor. Zur besseren Flugfähigkeit besitzen die Pollenkörner der Fichten, Tannen und Kiefern 2 Luftsäcke, die der Lärchen und Douglasien besitzen diese dagegen nicht.

Die weiblichen Blütenzapfen sind aus **Samen-** und **Deckschuppen** aufgebaut. Die Samenschuppen befinden sich jeweils in der Achsel der Deckschuppen. Die Samen- und Deckschuppen sind häufig miteinander verwachsen. Jeder Zapfen setzt sich aus mehreren Samenanlagen (Mikropyle) und entsprechend vielen Schuppen zusammen. Von außen sind die einzelnen Samenanlagen in den verholzenden Zapfen nicht sichtbar. Zur Blütezeit spreizen sich die Samenschuppen, sodass der Pollen auf die Öffnung an der Spitze der Samenanlage gelangt. Im Vergleich mit den höheren Blütenpflanzen verläuft die Fortpflanzung langsamer. Bei vielen Kiefernarten liegt zwischen Bestäubung und Befruchtung ein ganzes Jahr. Bei der **Fichte** *(Picea abies)* erfolgen Bestäubung und Samenreife jedoch in einer Vegetationsperiode.

Zapfen

Wie bei allen Nacktsamern reifen die Samen ohne umhüllende Fruchtknoten in den weiblichen **Zapfen** heran. Auf jeder der Samenschuppen liegen 2 Samenanlagen. Nach der Bestäubung wachsen die Samenschuppen weiter und verholzen.

Zusammen mit den weniger stark wachsenden oder verkümmernden Deckschuppen und der Blütenstandsachse bilden sie einen Zapfen. Zur Zeit der Samenreife öffnet er sich und entlässt die meist einseitig geflügelten Samen. Bei der **Douglasie** *(Pseudotsuga menzisii)* wachsen auch die Deckschuppen weiter und ragen aus dem Zapfen heraus. An diesen «Mäuseschwänzen» ist diese Art eindeutig zu erkennen. Bei den Vertretern der Gattung **Fichte** *(Picea)* fallen die Zapfen als Ganzes ab, während sich bei den Arten der Gattung **Tanne** *(Abies)* die Schuppen einzeln von der Spindel lösen. Außerdem stehen sie aufrecht, und bei den Fichten hängen sie herab.

Männliche und weibliche Blütenzapfen der **Fichte** *(Picea abies)*

Männliche (jeweils links) und weibliche Blütenzapfen von **Douglasie** (*Pseudotsuga menzisii*) (links) und **Lärche** (*Larix decidua*) (rechts)

Die wichtigsten Familien-Merkmale auf einen Blick

- Bäume (selten niedrigwüchsige Formen, stets verholzt)
- Überwiegend immergrün
- Ätherische Öle
- Harzkanäle in Holz und Nadeln
- Nadelförmige Blätter
- Eingeschlechtliche Blütenstände (monözisch)
- Samen werden in verholzten Zapfen gebildet
- Samen oft mit Flugorgan

Verwechslungsmöglichkeiten

Die heimischen Vertreter der Fichten und Tannen sehen sich recht ähnlich. Hier liefern die Ansatzstelle der Nadeln, die Zapfen und die Wuchsform gute Merkmale. Weiterhin gibt es einige angepflanzte Vertreter dieser Gattungen. Bei der Verwendung in der Wildkräuterküche oder Medizin dürfen Tanne und Fichte auf keinen Fall mit der hochgiftigen **Eibe** *(Taxus baccata)* verwechselt werden. Aus der Familie der Zypressengewächse (Cupressaceae) sehen auch fremdländische Arten wie beispielsweise **Urweltmammutbaum** *(Metasequoia glyptostroboides)* und **Sumpfzypresse** *(Taxodium distichum)* Kieferngewächsen ähnlich.

Verwechslung möglich mit folgenden Arten		**Vergleich** Kieferngewächse
Eibe ➾ Rote Früchte ➾ Nadeloberseite mit Rippe ➾ Junge Zweige grün, Nadelansatz ohne Haftscheibe		
Urweltmammutbaum ➾ Sommergrüner Baum ➾ Nadeln gegenständig ➾ Rundliche Zapfen		
Sumpfzypresse ➾ Sommergrüner Baum ➾ Nadeln wechselständig ➾ Rundliche Zapfen		

Die **Weiß-Tanne** *(Abies alba)* wird auch Edel-Tanne genannt. Sie gedeiht wild in den Gebirgsregionen der Nordhalbkugel. Sie hat im Vergleich zur Fichte eine nestartige Krone und helle Streifen auf der Nadelunterseite. Sie liefert wertvolles Bau- und Möbelholz und bereichert kosmetische und medizinische Produkte.

Die sommergrüne **Lärche** *(Larix decidua)* kann Temperaturen von –40 °C und hochsommerliche Hitze überstehen. Zusammen mit der Arve oder Zirbe *(Pinus cembra)* bildet sie in den Alpen die Baumgrenze. Sie kann bis zu 600 Jahre alt und 55 m hoch werden. Sie hat weiche Nadeln in Kurztrieben.

Die **Gewöhnliche Fichte** *(Picea abies)* gedeiht wild in den Bergregionen der Mittelgebirge, Karpaten und Alpen bis 2200 m Höhe. In Polen, Russland und Skandinavien ist sie auch außerhalb der Gebirge heimisch. Als Holzlieferant wird sie in vielen Regionen außerhalb ihrer natürlichen Standorte gepflanzt.

Bei der **Gewöhnlichen Douglasie** *(Pseudotsuga menziesii)* wachsen die 3-zipfeligen Deckschuppen weiter und ragen aus dem Zapfen heraus, der zur Reifezeit als Ganzes abfällt. Dieser aus Nordamerika stammende Baum ist bei uns zu einer der bedeutendsten, nicht heimischen Forstbaumarten geworden.

GATTUNG

KIEFER

PINUS

Weibliche Blütenzapfen und Wuchsform der **Wald-Kiefer** oder **Wald-Föhre** *(Pinus sylvestris)*

Allgemeines und Verbreitung

Die Gattung der Kiefern, auch Föhren genannt, umfasst weltweit von mächtigen Baumriesen bis zu niedrigem Krummholz verschiedene, immergrüne Nadelbäume. Die in den White Mountains in Kalifornien 2012 dokumentierte **Langlebige Kiefer** *(Pinus longaeva)* ist mit 5062 Jahren eines der ältesten Lebewesen der Erde.

Das Holz der Kiefern ist im Innen- und Außenbereich für Möbel, Dielen, als Profilholz sowie für Leisten und Leimholz beliebt, und Vertreter dieser Gattung sind wichtige Forstbäume, die auch außerhalb ihrer Verbreitung kultiviert werden. Weltweit gibt es in dieser Gattung über 100 Arten. Die meisten von ihnen sind auf der nördlichen Hemisphäre heimisch, und die größte Vielfalt gibt es in Amerika. Einige Arten werden neben Kiefer auch **Strobe**, **Spirke**, **Pinie** oder **Zirbe** genannt. Es sind meist anspruchslose, aber lichtbedürftige Pioniergehölze. Einige Arten sind an das Vorkommen von regelmäßigen Waldbränden angepasst und öffnen ihre Zapfen erst nach einem Waldbrand.

In der mitteleuropäischen Flora sind 4 Arten heimisch, wobei die **Berg-Kiefer** *(Pinus mugo)* in 2 Unterarten gegliedert wird. Sie gedeiht ebenso wie die **Zirbel-Kiefer** oder **Arve** *(Pinus cembra)* in den Gebirgslagen. In Skandinavien, in Moorrandlagen und auf den armen und trockenen Sandböden Norddeutschlands wächst natürlicherweise nur die **Wald-Kiefer** *(Pinus sylvestris)*. Darüber hinaus werden auch häufig **Weymouth-Kiefern** oder **Stroben** *(Pinus strobus)* und **Schwarz-Kiefern** *(Pinus nigra)* gepflanzt. Von einigen dieser Arten gibt es kultivierte Zwerg- und Hängeformen.

Weymouth-Kiefer *(Pinus strobus)*

Wald-Kiefer *(Pinus sylvestris)*

Blätter

Mit Ausnahme der in Amerika heimischen **Einblättrigen Kiefer** *(Pinus monophylla)* stehen die Nadeln stets zu mehreren in Büscheln an Kurztrieben zusammen. Die Kurztriebe stehen in den Achseln von kleinen, trockenen, meist bräunlichen Schuppenblättern und werden spiralig um einen Langtrieb herum gebildet. Die dreieckigen bis halbkreisförmigen Nadeln sind am Rand oft fein gezähnt.

Die Anzahl der Nadeln pro Büschel ist neben ihrer Länge charakteristisch für die einzelnen Arten. Bei der **Wald-** *(Pinus sylvestris)* und **Berg-Kiefer** *(Pinus mugo)* sind es je 2 pro Büschel und bei der **Zirbel-** *(Pinus cembra)* und **Weymouth-Kiefer** *(Pinus strobus)* jeweils 5. Bei der Wald-Kiefer sind die Nadeln um ihre Längsachse gedreht und bleiben 3–4 Jahre am Zweig, bevor sie abfallen. Diese Art ist aber wenig tolerant gegenüber Luftverschmutzung, und bei entsprechender Belastung des Umfeldes sinkt die Lebensdauer der Nadeln auf 2 Jahre.

An exponierten Stellen an der Küste und im Gebirge wächst dieser Baum in einseitig ausgerichteten Formen.

Beispiel
Wald-Kiefer
(Pinus sylvestris)

Wegen ätherischer Öle mit intensivem Duft und wertvollen Inhaltsstoffen für Kosmetik und Medizin genutzt.

Blüten

Die Bestäubung findet wie bei allen Vertretern der Kieferngewächse über den Wind statt. Die männlichen, kätzchenartigen Blütenstände befinden sich meist im unteren Bereich der neu gebildeten Langtriebe. Sie bilden unzählige, mit Luftsäcken versehene Pollenkörner (Blütenstaub). Die weiblichen Blütenzapfen stehen meist zu mehreren (seltener einzeln) an der Spitze der Triebe. Die unscheinbaren Deckschuppen wachsen im Gegensatz zu den verholzenden Samenschuppen nach der Befruchtung nicht weiter.

Zapfen

Die Samen reifen im 2. oder 3. Jahr, und dann öffnet sich der verholzte Zapfen, sodass die meist mit geflügeltem Fortsatz versehenen Samen als «Drehflieger» dem Wind anvertraut werden. Außerdem werden sie von Tieren (Hähern, Spechter, Eichhörnchen) verschleppt – vor allem die flügellosen Samen von Arten wie **Pinien** *(Pinus pinea)* und **Zirbel-Kiefer** *(Pinus cembra)*. Hier ist ein Teil des Samens verholzt, sodass sie auch «Piniennüsse» und «Zirbelnüsse» genannt werden. Botanisch gesehen gibt es bei den Nacktsamern jedoch keine echten Nüsse mit verholzter Fruchtwand. Bei der Zirbel-Kiefer ist die Koevolution zwischen den Tannenhähern, die sich von den Samen ernähren, und dem Baum besonders gut dokumentiert. Da nur ein Teil der versteckten Vorräte tatsächlich gefressen wird, tragen die Vögel wesentlich zur Verbreitung bei.

Samenschuppen, **Pinie** *(Pinus pinea)*

Männlicher Blütenstand, **Wald-Kiefer** *(Pinus sylvestris)*

Die wichtigsten Gattungs-Merkmale auf einen Blick

- Überwiegend aufrechte Bäume
- Immergrün
- 2 bis 5 Nadeln büschelig in Kurztrieben
- Verholzende Zapfen
- Zapfen als Ganzes abfallend
- Samen meist einseitig geflügelt
- Überwiegend Pioniergehölze
- Vorliebe für magere, lichte Standorte

Verwechslungsmöglichkeiten

Die heimischen Kiefern als solche zu erkennen, fällt in der Regel nicht schwer; da sie recht formenreich sind, ist die Bestimmung der Art jedoch nicht immer einfach. In Park- und Gartenanlagen sind zudem häufig fremdländische Arten gepflanzt. **Zedern** *(Cedrus)* und **Lärchen** *(Larix)* sowie **Zypressengewächse** (Cupressaceae) können auf den ersten Blick ähnlich aussehen.

Verwechslung möglich mit folgenden Familien und Gattungen		**Vergleich** Kiefer
Zeder ➾ Aufrechte Zapfen bei der Samenreife zerfallend ➾ Mehrere Nadeln in jedem Kurztrieb (Büschel)		
Lärche ➾ Sommergrüner Baum ➾ Mehrere und weicherere Nadeln im Kurztrieb		
Zypressengewächse ➾ Meist schuppenförmige Blätter ➾ Rundliche, meist kaum über 2 cm große Zapfen		

Die **Zirbel-Kiefer, Arve** oder **Zirbe** *(Pinus cembra)* bildet zusammen mit der Europäischen Lärche in den Alpen die Baumgrenze und gedeiht bis knapp 3000 m Höhe. Sie verträgt besonders in der Anfangsphase des Wachstums keine längere Schneebedeckung und bevorzugt Standorte auf Kuppen oder Bergrücken.

Die anspruchslose **Wald-Kiefer** *(Pinus sylvestris)* heißt auch **Wald-Föhre**. Sie gedeiht auf Felsen, in Moorrandlagen, auf nährstoffarmen Sandböden und an der Küste. Ihre ätherischen Öle sind beliebt in medizinischen und kosmetischen Produkten. Ihre Borke ist jung fuchsrot und später graubraun.

Die **Aufrechte Berg-Kiefer** *(Pinus mugo* subsp. *uncinata)* wird auch **Latschenkiefer** oder **Berg-Föhre** genannt. Sie ist den Bergen verbreitet. Im Gegensatz zur Zirbel-Kiefer wächst sie auch in Senken oder Mulden. Sie wird auch gerne als Ziergehölz gepflanzt.

Die **Berg-Kiefer** *(Pinus mugo)* wird auch **Leg-Föhre** genannt und wächst als niederliegender bis 5 m hoher, strauchartiger Baum im Bereich der Waldgrenze. Die Schuppenschilder der Zapfen sind bei ihr im Vergleich zur Aufrechten Berg-Kiefer flacher und nicht hakig.

CH 600

FAMILIE

ZYPRESSENGEWÄCHSE
CUPRESSACEAE

Gestalt und männliche Blütenzapfen
Mittelmeer-Zypresse *(Cupressus sempervirens)*

Allgemeines und Verbreitung

Diese Familie gehört wie die verwandtschaftlich nahestehenden Kieferngewächse in die Ordnung der **Kiefernartigen (Pinales)**. Beide haben die Erde lange vor den ersten Laubbäumen besiedelt. Aktuell werden auch die ehemals als eigenständige Familie angesehenen **Sumpfzypressen** *(Taxodium)* in dieser Familie geführt. Damit gibt es weltweit knapp 150 Arten aus annähernd 30 Gattungen. Viele der Gattungen sind monotypisch, d. h., sie beinhalten nur eine Art. Beispiele dafür sind **Küstenmammutbaum** *(Sequoia sempervirens),* **Riesenmammutbaum** *(Sequoiadendron giganteum)* und **Urweltmammutbaum** *(Metasequoia glyptostroboides).* Die Gattungen **Lebensbaum** *(Thuja)* und **Scheinzypresse** *(Chamaecyparis)* enthalten je 5 Arten. Bis zum 19. Jahrhundert haben die Botaniker zwischen letzterer Gattung und den **Zypressen** *(Cupressus)* nicht unterschieden, da diese beiden – heute eigenständigen – Gattungen sich sehr ähneln.

Mit Ausnahme der Antarktis kommen Vertreter dieser Familie auf allen Kontinenten und in beiden Hemisphären der Erde vor. Ihr Verbreitungsschwerpunkt liegt in den gemäßigten Zonen der Nord- und Südhalbkugel. Alle Arten sind Gehölze – neben einigen Sträuchern sind es überwiegend immergrüne Bäume, es gibt jedoch auch laubabwerfende unter ihnen. Die bei uns wachsenden Vertreter sind bis auf den **Stink-Wacholder** oder **Sefistrauch** *(Juniperus sabina)* und den **Gewöhnlichen Wacholder** *(Juniperus communis)* und seine Unterarten angepflanzt.

Mythologisch sind viele Zypressengewächse mit der Unterwelt, dem Tod und der Wiedergeburt verbunden. In Asien säumen sie Tempelanlagen und bei uns Friedhöfe. Die meisten Arten sind reich an **ätherischen Ölen** und haben einen aromatischen Duft. Er wird auch als Merkmal zur Bestimmung herangezogen, beispielsweise bei den **Lebensbäumen** (Gattung *Thuja*) ist er hilfreich bei der Artbestimmung. Aus einigen Zypressen-Arten wird das ätherisches Öl «Oleum Cupressi» für Homöopathie, Aromatherapie sowie Kosmetik- und Parfümindustrie gewonnen.

Urwelt-mammutbaum · Gewöhnlicher Wacholder · Stink-Wacholder · Weihrauch-zeder · Hiba-Lebensbaum

Blätter

Die meisten Zypressengewächse sind immergrün und haben nadel- bis schuppenförmige Blätter. In der Regel sind diese gegenständig oder stehen zu dreien in Wirteln am Zweig. Die schuppenförmigen Blätter sind überwiegend abgeflacht und überlappen sich ± dachziegelartig. Dabei bezeichnet man die randständigen als **Kantenblätter** und die mittleren als **Flächenblätter**. Oft stehen beide so dicht am Zweig, dass dieser ganz von ihnen verdeckt wird. Einige Gattungen, wie beispielsweise die **Zypressen** *(Cupressus)*, haben kaum abgeflachte Zweige, und alle Blätter sind ± gleichgestaltet.

Blüten

Die Blüten werden vom Wind bestäubt und sind unscheinbar und klein. Sie stehen – nach Geschlechtern getrennt – in **Blütenzapfen** zusammen. Die meisten Arten sind einhäusig (monözisch), d. h., bei ihnen stehen die männlichen und weiblichen Zapfen an einer Pflanze. Oft sind die männlichen Zapfen kleiner als die weiblichen. Während die weiblichen Blütenzapfen meist am Ende der Zweige stehen, befinden sich die männlichen Zapfen häufig in den Achseln der Blätter, sie kommen aber auch am Ende von Kurztrieben vor. Es gibt auch zweihäusige (diözische) Arten, wie beispielsweise die der Gattung **Wacholder** *(Juniperus)*.

In NO-Amerika ist diese Art eine der bedeutendsten Waldbaumarten, besonders rund um die Großen Seen.

Beispiel
Abendländischer Lebensbaum
(Thuja occidentalis)

Durch die ätherischen Öle aromatischer Duft. Diese Art ist giftig.

Zapfen

Wie bei den Kieferngewächsen bilden sich aus den weiblichen Blüten zur Reifezeit **Fruchtzapfen**. Allerdings sind sie bei den Zypressengewächsen im Gegensatz zu denen der Kieferngewächse meist ± kugelig und unter 2 cm groß. Sie setzen sich aus 6–20 (selten bis 40) Deckschuppen zusammen, die mit den Samenschuppen verwachsen sind. Meist werden in jeder Schuppe 2 oder mehr Samen gebildet. Es gibt ungeflügelte und geflügelte Samen mit meist 2 (seltener 3) Flügeln pro Samen.

Die Zapfenschuppen beim **Wacholder** *(Juniperus)* werden zur Reifezeit fleischig. Sie verwachsen zu einer Scheinfrucht – sog. Beerenzapfen, die sich nicht öffnet und umgangssprachlich fälschlicherweise auch einfach als «Beere» bezeichnet wird

Weißzeder *(Chamaecyparis lawsaniana)*, weibliche (links) und männliche Blütenzapfen

Wacholder *(Juniperus communis)*, beerenförmige Zapfen

Riesen-Lebensbaum *(Thuja plicata)*, weibliche Blütenstände (links), heranreifende und reife Zapfen

Die wichtigsten Familien-Merkmale auf einen Blick

- Ätherische Öle – aromatischer Duft
- Meist immergrüne Gehölze
- Blätter nadel- bis schuppenförmig
- Blätter meist gegenständig oder in Wirteln zu 3
- Schuppenförmige Blätter oft als Kanten- und Flächenblätter
- Unscheinbare Blüten getrenntgeschlechtlich in Zapfen
- Fruchtzapfen (Wacholder mit Beerenzapfen)

Verwechslungsmöglichkeiten

Typische immergrüne Vertreter sind leicht zu erkennen und kaum zu verwechseln, die laubabwerfenden Gehölze in Park- und Gartenanlagen wie Sumpfzypresse *(Taxodium distichum)* und Urweltmammutbaum *(Metasequoia glyptostroboides)* können leicht für Zypressengewächse gehalten werden. Vor allem im Winter erinnern sie an Lärchen *(Larix)*. Außerdem können Kieferngewächse, hier vor allem Zedern *(Cedrus)*, recht ähnlich aussehen.

Verwechslung möglich mit folgenden Gattungen		**Vergleich** Zypressengewächse
Zeder Mehrere Nadeln in jedem Kurztrieb (Büschel)		
Aufrechte Zapfen bei der Samenreife zerfallend		
Lärche Sommergrüner Baum Mehrere Nadeln im Kurztrieb		
Aufrechte Zapfen mit Samen- und Deckschuppe Zapfen direkt am Zweig, lange am Baum bleibend		

Die **Echte** oder **Zweizeilige Sumpfzypresse** *(Taxodium distichum)* ist ein sommergrüner Baum mit wechselständigen Kurztrieben. Auf nassen Standorten bildet er «Atemwurzeln».

Der giftige **Stink-Wacholder** *(Juniperus sabina)* wird auch **Sefistrauch** genannt. Die jungen Triebe haben nadelförmige und die älteren schuppenförmige Blätter.

Der **Gewöhnliche Wacholder** *(Juniperus communis)* hat auf der Oberseite der Nadeln weiße Wachsstreifen. Er ist zweihäusig und hat beerenförmige Zapfen als Früchte. Er wird in 2 Unterarten gegliedert.

Der **Zwerg-Wacholder** *(Juniperus communis* subsp. *alpina)* ist ein niederliegender Strauch mit aufwärts gegen den Zweig gekrümmten und kaum stechenden Nadeln. Er ist vor allem in den alpinen Höhenlagen der Alpen verbreitet.

BEDECKTSAMER

ANGIOSPERMAE

Vor rund 245 Millionen Jahren präsentierte sich das Antlitz der Erde ganz anders als heute. Die ersten Dinosaurier erschienen auf unserem Planeten, und die Vegetation wurde von Bärlapppflanzen, Farnen und Nacktsamern beherrscht. Grüne Wedel, Blätter und Nadeln dominierten, die Bestäubung erfolgte durch den Wind. Farbige Blüten waren nicht vorhanden. Doch aufgrund von Funden von fossilen Pollen aus der Schweiz wird vermutet, dass sich zu dieser Zeit eine neue Pflanzengruppe auf der Erde entwickelt haben könnte: die **Bedecktsamer**, auch als «Blütenpflanzen» im engeren Sinne bezeichnet. Aber während mehr als 100 Millionen Jahren spielten sie eine untergeordnete Rolle und verharrten in einer Entwicklungsstarre. Erst danach bildeten sie eine Blütenhülle mit einem grünen Kelch und einer farbigen Krone und lockten Insekten an. Die Pflanzen offerierten ihnen Nahrung in Form von Pollen und Nektar. Als Gegenleistung führten die tierischen Partner die Bestäubung durch. Nun wurde der Blütenstaub nicht mehr ausschließlich dem Wind anvertraut, sondern über Insekten gezielt von Blüte zu Blüte transportiert. Diese neuartige Koevolution zwischen Pflanzen und Insekten schlug in der Evolution wie eine Bombe ein, und sowohl die Insekten als auch die Bedecktsamer erlebten förmlich eine Explosion ihrer Artenvielfalt. Heute bilden die Bedecktsamer mit knapp 300 000 verschiedenen Arten mit Abstand die umfangreichste Gruppe der Gefäßpflanzen.

Vereinfachte Übersicht über den Stammbaum der Bedecktsamer

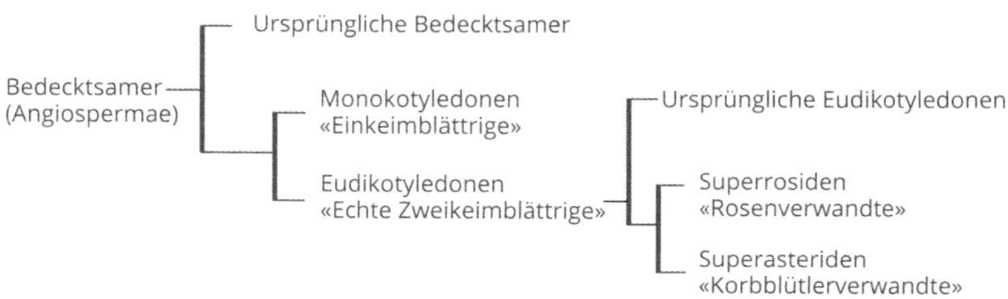

Innerhalb der «eigentlichen Blütenpflanzen» entstanden zuerst die **Ursprünglichen Bedecktsamer**. Es handelt sich vorwiegend um verholzte Pflanzen wie Magnolien *(Magnolia)*, Pfeffer *(Piper)* oder Lorbeeren *(Laurus)*, aber auch Seerosen *(Nymphaea)* zählen dazu. Sie besitzen meist 2 Keimblätter. Ihre Blätter sind einfach und haben keine Nebenblätter. Die Blütenorgane sind spiralig angeordnet, und die vielen Kelch- und Kronblätter sind einander meist ähnlich. Oft finden sich unzählige Staubblätter. Die Bestäubung erfolgt vor allem durch Käfer, die sich am Pollen laben. Bienen tauchten in der Erdgeschichte erst später auf.

Eine eigene evolutionäre Linie innerhalb der Bedecktsamer bilden die **Monokotyledonen**, die meist nur ein Keimblatt haben. Sie umfassen rund ein Viertel aller Bedecktsamigen Pflanzen. Es sind hauptsächlich Kräuter, nur vereinzelt wachsen sie strauch- oder baumförmig. Zu ihnen gehören beispielsweise Liliengewächse, Süßgräser und Orchideen, die mit rund 28 000 Arten die weltweit größte Pflanzenfamilie bilden. Die Blätter der Monokotyledonen sind in der Regel parallelnervig. Die Blütengrundzahl ist 3, Kelch und Krone sind oft gleich.

Mit rund 70 Prozent aller Arten bilden die **Eudikotyledonen** die artenreichste Gruppe der Bedecktsamer. Die Pollenkörner besitzen 3 Keimfurchen (tricolpat) oder eine davon abgeleitete Form. Sie haben meist zwei Keimblätter, und ihre Blüten sind oft 4- oder 5-zählig. Weitere gemeinsame morphologische Merkmale sind rar. Die Eudikotyledonen lassen sich vereinfacht in 3 Gruppen einteilen: Ursprüngliche Eudikotyledonen, Superrosiden und Superasteriden.

Ein **Rosenkäfer** trägt an seinem Kopf 2 Pollinien (Pollenpakete) von einer Blüte der **Bocks-Riemenzunge** *(Himantoglossum hircinum)*.

Die **Tulpen-Magnolie** *(Magnolia × soulangiana)* ist eine der Ursprünglichen Bedecktsamer.

Der **Krokus** *(Crocus)* wächst aus einem Keimblatt heran und gehört zu den Monokotyledonen.

Die **Rosen** *(Rosa)* gehören innerhalb der Eudikotyledonen zu den Rosiden.

FAMILIE

SEEROSENGEWÄCHSE

NYMPHAEACEAE

Die Vertreter dieser Familie leben allesamt als Wasserpflanzen im Süßwasser, und viele von ihnen sind beliebte Zierpflanzen in den Gewässern von Parkanlagen und Gärten. Von den weltweit rund 70 Arten sind in Mitteleuropa nur 3 Arten heimisch. Alle stehen unter Naturschutz.

Die Schwimmblätter sind sehr groß und liegen auf der Wasseroberfläche auf. Ihr Stiel ist sehr lang und wird in dicken unterirdischen, wurzelähnlichen Sprossachsen (Rhizomen) gebildet. Die Blüten entfalten sich über der Oberfläche des Gewässers und sind ebenfalls lang gestielt. Während die **Weiße Seerose** *(Nymphaea alba)* nur Schwimmblätter besitzt, bildet die **Gelbe Teichrose** *(Nuphar lutea)* meist auch Unterwasserblätter aus.

Weiße Seerose *(Nymphaea alba)*

Die **Weiße Seerose** *(Nymphaea alba)* hat mit bis zu 3 m die längsten Blütenstängel aller heimischen Blütenpflanzen. Sie ist in allen Teilen giftig. Allerdings hat man das Rhizom (den Wurzelstock) früher in Notzeiten auch getrocknet und vermischt mit Getreidemehl verbacken. Ihren lat. Namen verdankt sie den Wassernymphen, anmutigen, weiblichen Naturgeistern. Volksmedizinisch hat man das Rhizom bei Entzündungen, Verbrennungen, Hautproblemen und Durchfall eingesetzt. Es wurde auch in kosmetische Produkte gegeben.

Die **Gelbe** oder **Große Teichrose** *(Nuphar lutea)* wird auch Mummel genannt. Sie gedeiht in stehenden und langsam fließenden Gewässern. Die Blüten bestehen aus 5 gelben Kelchblättern und ca. 13 kleineren Nektarblättern. Sie verströmen einen intensiven Duft. Die Seitennerven der Blätter sind gabelig verzweigt, laufen strahlig zum Blattrand und sind nicht miteinander verbunden. Dies ermöglicht auch ohne Blüten die Unterscheidung von der Seerose mit gegen den Rand rechtwinkelig verzweigten und miteinander verbundenen Blattnerven.

FAMILIE

OSTERLUZEIGEWÄCHSE

ARISTOLOCHIACEAE

Weltweit gibt es etwa 7 Gattungen mit 500 Arten, darunter Stauden, Bäume und Lianen. Sie besitzen wechselständige, meist ganzrandige und herzförmige Blätter. Die einzigen mitteleuropäischen Arten sind die **Echte Osterluzei** *(Aristolochia clematitis)* und die **Europäische Haselwurz** *(Asarum europaeum).*

Europäische Haselwurz *(Asarum europaeum)*

Die **Echte Osterluzei** *(Aristolochia clematitis)* gehört zu den traditionellen Heilpflanzen und wurde vor allem bei Schlangenbissen verwendet. Sie wächst in Hecken, an Mauern und in den Weinbergen in mittleren Gebirgslagen.

Die **Rundknollige Osterluzei** *(Aristolochia rotunda)* ist die Futterpflanze des Spanischen Osterluzeifalters *(Zerynthia rumina)*, eines Schmetterlings, dessen Raupen sich ausschließlich von Osterluzei-Arten ernähren.

Ihren Namen hat die **Europäische Haselwurz** *(Asarum europaeum)* bekommen, weil sie oft unter Haselnusssträuchern zu finden ist. Sie wird auch Brechwurz, Hexenrauch, Hasenpfeffer, Nierenkraut und Teufelsklaue genannt. Das Rhizom riecht pfefferartig, und auch die oberirdischen Pflanzenteile duften intensiv. Alle Teile sind giftig. Die Blätter wurden früher sogar als Pfefferersatz verwendet und das getrocknete Rhizom zusammen mit Nieswurz als Niespulver.

GRUPPE

EINKEIMBLÄTTRIGE PFLANZEN

MONOKOTYLEDONEN

Unter den Einkeimblättrigen gibt es ausdauernde sowie ein- und mehrjährige Arten, allerdings bis auf Palmen keine Bäume und Sträucher. Sie gedeihen in nahezu jedem Lebensraum der Erde von Wasser- bis zu Wüstenpflanzen. Die meisten unserer Frühblüher und alle Zwiebelpflanzen gehören hierher.

Der deutsche und wissenschaftliche Name verrät das Merkmal der Einkeimblättrigen: Griechisch «monos» bedeutet einzig und «kotyledon» Keimblatt. Wie die Keimblätter der Eudikotyledonen verkümmert das eine Keimblatt der Einkeimblättrigen mitsamt der ersten Keimwurzel sehr schnell. Danach wachsen die Laubblätter und ein neues Wurzelsystem heran. Der Aufbau heranwachsender ein- und zweikeimblättriger Pflanzen unterscheidet sich grundlegend. Während im Stängel der Eudikotyledonen ein durchgehender Kreis teilungsfähiger Zellen (ringförmig angeordnete Leitbündel) angelegt ist, gibt es diesen bei den Monokotyledonen mit zerstreut angeordneten Leitbündeln nicht. Dadurch können sie nicht an Umfang zunehmen, wie dies beispielsweise die Bäume ihr Leben lang tun. Bei krautigen Pflanzen sind diese Unterschiede im Sprosssystem nur mikroskopisch sichtbar.

Trotz Netznervatur einkeimblättrig: **Aronstab** *(Arum italicium)*

Vierblättrige Einbeere *(Paris quadrifolia)*

Da die Keimblätter beim Bestimmen nicht mehr sichtbar sind, werden «Ersatzmerkmale» herangezogen , um einkeimblättrige von zweikeimblättrigen Pflanzen zu unterscheiden. Dies ist in erster Linie die **Parallelnervatur** der Blätter. Bei gesägten oder gezähnten Blättern enden die Blattadern in diesen Zähnen. Solche Blätter gibt es in der heimischen Flora bei den einkeimblättrigen Pflanzen nicht, auch keine gefiederten oder gefingerten Blätter. Allerdings gibt es Ausnahmen wie Aronstab und Einbeere mit netznervigen Blättern. Genauso gibt es anders herum auch unter den zweikeimblättrigen Pflanzen solche, deren Blätter parallelnervig erscheinen.

Einkeimblättrige Pflanzen
Monokotyledonen

- Ausschließlich Kräuter (Ausnahme: Palmen)
- Ein Keimblatt
- Blätter in der Regel parallelnervig
- Blattspreite stets einfach und ganzrandig
- Blüten 3- oder 6-zählig, häufig Perigon (keine Gliederung in Kelch und Kronblätter)
- Leitbündel im Sprossquerschnitt zerstreut angeordnet (mikroskopisches Merkmal), kein sekundäres Dickenwachstum möglich
- Wurzelsystem ohne Hauptwurzel
- Zwiebeln oder Rhizome als Speicherorgan

Beispiele
- Tulpen, Lauch- und Zwiebelgewächse
- Gräser und Getreide
- Orchideen (Orchidaceae)
- Aronstab *(Arum)*
- Einbeere *(Paris quadrifolia)*

Zweikeimblättrige Pflanzen
Eudikotyledonen

- Kräuter und Gehölze
- 2 gegenständige Keimblätter
- Blätter netznervig mit kräftigem Mittelnerv
- Blattspreite häufig geteilt und am Rand gesägt oder gezähnt
- Blüten oft 4- oder 5-zählig und meist in Kelch und Krone gegliedert
- Leitbündel im Sprossquerschnitt ringförmig angeordnet (mikroskopisches Merkmal), dadurch sekundäres Dickenwachstum
- Wurzelsystem sehr variabel

Beispiele
- Wegerich *(Plantago)*
- Nelkengewächse (Caryophyllaceae)
- Enziangewächse (Gentianaceae)
- Sichelblättriges Hasenohr *(Bupleurum falcatum)*

FAMILIE

FROSCHLÖFFELGEWÄCHSE

ALISMATACEAE

Alle der weltweit 17 Gattungen und 115 Arten dieser Familie sind Wasser- oder Sumpfpflanzen. Meist sind sie ausdauernd und bilden Wurzelsprosse (Rhizome). Die Blätter sind oft grundständig und flutend. Die radiären Blüten stehen zu mehreren in meist verzweigten Blütenständen. Sie sind weiß bis rosa und meist zwittrig (Ausnahme: Pfeilkraut). Es gibt 3 Kelch- und 3 Kronblätter. Von den oft 6 Staubblättern können 3 zu Staminodien (sterilen Staubblättern) reduziert sein. Aus den freien Fruchtblättern bilden sich Nuss- (Achänen), Stein- oder Balgfrüchte mit je einem Samen.

Schwimmendes Froschkraut *(Luronium natans)*

Echtes Pfeilkraut *(Sagittaria sagittifolia)*

Das **Echte Pfeilkraut** *(Sagittaria sagittifolia)* ist eine einhäusige Wasserpflanze, bei der die männlichen Blüten mit zahlreichen Staubblättern über den weiblichen Blüten stehen. Standort sind stehende und langsam fließende Gewässer. Von riemen- bis zu pfeilförmigen Blättern hat diese Art eine große Variabilität, die durch den Standort geprägt wird. In geschützteren Buchten werden die typisch pfeilförmigen Blätter gebildet, denen es seinen Namen verdankt. Die bis zu 35 % Stärke enthaltenden Knollen wurden früher Backwaren beigemischt.

■ Der **Gewöhnliche Froschlöffel** *(Alisma plantago-aquatica)* öffnet seine Blüten vormittags, danach beginnen sie zu welken. Die zwittrigen Blüten werden in etagenförmigen Blütenständen gebildet. Diese ausdauernde Sumpfpflanze wächst am Ufer von Gewässern mit mäßiger Fließgeschwindigkeit. Je nach Stärke der Strömung werden mehr oder weniger bandförmige Riemenblätter gebildet. In stehenden Gewässern fehlen diese.

ARONSTABGEWÄCHSE

ARACEAE

In diese Familie gehören über 110 Gattungen mit etwa 3750 Arten. Die meisten von ihnen sind in den Tropen verbreitet. Zu ihnen gehören winzig kleine Wasserpflanzen wie die Wasserlinsen und ebenso krautige Pflanzen und Lianen. Die Lebensformen sind ebenfalls recht variabel. Es gibt Arten, die auf Steinen, in den Baumwipfeln oder am Erdboden wachsen.

Die meisten Arten haben einen für diese Familie typischen Blütenstand, der auch beim heimischen Aronstab ausgebildet ist: Der unverzweigte Kolben (Spadix) beherbergt viele Blüten und wird von einem Hochblatt (Spatha) umhüllt. Aus den weiblichen Blüten reifen Beerenfrüchte heran.

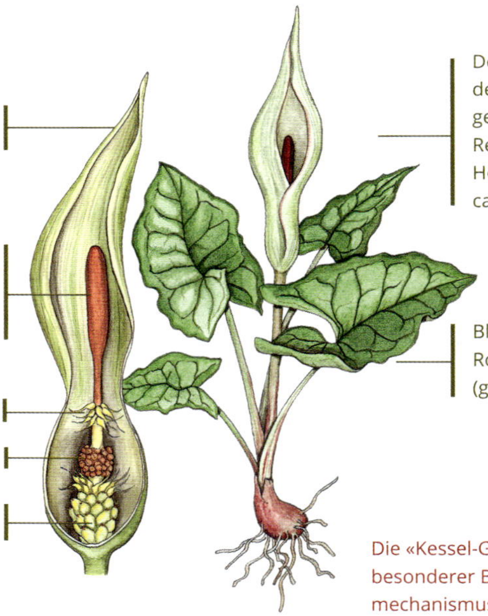

Dies ist eine der wenigen einkeimblättrigen Pflanzen mit netznervigen Blättern.

Beispiel
Gefleckter Aronstab
(Arum maculatum)

Die «Kessel-Gleitfalle» ist ein besonderer Bestäubungsmechanismus. Bestäubt wird die Art überwiegend von Schmetterlingsmücken der Gattung *Psychoda*.

Der **Gefleckte Aronstab** *(Arum maculatum)* wächst als Nährstoff- und Frische-Zeiger in Au- und feuchten Laubmischwäldern. Nach der Blütezeit bildet er leuchtend rote Beeren an einem aufrechten Fruchtstand. Er ist in allen Teilen durch den Scharfstoff Aroin stark giftig.

Die **Schlangenwurz** *(Calla palustris)* heißt auch Drachenwurz. Sie enthält ebenfalls den giftigen Scharfstoff Aroin. Sie wächst an Teichufern und in Sumpfwäldern auf nassen, zeitweise überschwemmten Torfschlammböden. Sie ist recht selten und steht unter Naturschutz.

Die **Kleine Wasserlinse** *(Lemna minor)* ist eine auf dem Wasser treibende Wasserpflanze. Die Wurzel dient vor allem zur Lagestabilisierung, da bei Wasserpflanzen über die gesamte Blattoberfläche Mineralstoffe aufgenommen werden können. Sie gelangt nur selten zur Blüte und vermehrt sich vor allem durch Sprossung.

Die **Vielwurzelige Teichlinse** *(Spirodela polyrhiza)* ist ebenso wie die Kleine Wasserlinse eine frei flottierende Schwimmblattpflanze. Sie ist größer, hat eine rote Unterseite und ist stärker bewurzelt. Sie ist weltweit verbreitet und wächst in nährstoffreichen, langsam fließenden oder stehenden Gewässern.

LAICHKRAUTGEWÄCHSE

POTAMOGETONACEAE

Vertreter dieser Wasserpflanzenfamilie mit weltweit rund 110 Arten aus 6 Gattungen kommen in annähernd allen Klimazonen außerhalb der Wüstengebiete vor, allerdings ausschließlich im Süß- oder Brackwasser. In Mitteleuropa gibt es etwa 25 Arten. Sie bieten vielen Tieren wertvollen Lebensraum und tragen wesentlich zur Sauerstoffproduktion bei. Durch Nährstoffeintrag und Begradigung der Gewässer sind einige Arten selten geworden. Die meisten Arten sind ausdauernd. Sie können Unterwasser- und Schwimmblätter ausbilden oder nur eins von beidem. Ihre bis 3 m langen Triebe wurzeln im Gewässerboden. An der Ansatzstelle der wechselständigen Blätter (Ausnahme: Fischkraut, *Groenlandia densa*) ist eine Blattscheide ausgebildet. Es gibt fadenförmige bis rundlich ausgebreitete Blätter. Die unscheinbaren Blütenstände der Gattung **Laichkraut** *(Potamogeton)* werden zur Windbestäubung über der Wasseroberfläche gebildet. Sie sind 4-zählig und zwittrig. Aus den meist 4 freien, oberständigen Fruchtblättern bildet sich je eine einsamige Frucht.

Knöterich-Laichkraut *(Potamogeton polygonifolius)*

Das **Schwimmende Laichkraut** *(Potamogeton natans)* besitzt untergetauchte Blätter und Schwimmblätter (Heterophyllie), die auf der Wasseroberfläche aufliegen. Zur Blütezeit sind die Unterwasserblätter allerdings meist bereits abgestorben. Dies ist die häufigste Art der Gattung und in vielen stehenden und langsam fließenden Gewässern zu finden. Die Triebe werden bis 1,5 m lang und bilden von Mai bis August Blüten.

Das **Glänzende Laichkraut** *(Potamogeton lucens)* bildet nur Unterwasserblätter aus und wird bis zu 3 m lang.

Das **Krause Laichkraut** *(Potamogeton crispus)* bildet, wie bei Laichkräutern üblich, die Blüten über der Wasseroberfläche von Juni bis August.

FAMILIE

SIMSENLILIENGEWÄCHSE

TOFIELDIACEAE

Diese Familie ist hauptsächlich auf der Nordhemisphäre verbreitet und enthält 4 Gattungen mit knapp 30 Arten. In der heimischen Flora kennen wir nur 2 Arten, die jedoch Hybride bilden können: die Kelch- und die Kleine oder Zwerg-Simsenlilie. Sie haben ähnlich wie die Schwertliliengewächse (Iridaceae) 2-zeilige, «schwertförmig reitende» Blätter. Die radiären Blüten haben 6 Perigonblätter, die in 2 Kreisen stehen. Es gibt 6 Staubblätter und 3 zu einem oberständigen Fruchtknoten verwachsene Fruchtblätter. Zur Reifezeit bilden sich Kapselfrüchte.

Gewöhnliche Simsenlilie *(Tofieldia calyculata)*

Die **Gewöhnliche oder Kelch-Simsenlilie** *(Tofieldia calyculata)* wird auch als Liliensimse bezeichnet. Sie wächst in Flachmooren und auf quelligen Standorten in Kalkgebieten bis 2200 m Höhe.

Die **Kleine Simsenlilie** *(Tofieldia pusilla)* unterscheidet sich von der Kelch-Simsenlilie durch die weißen Perigonblätter, die kürzeren Tragblätter und das fehlende kelchartige Vorblatt.

ZEITLOSENGEWÄCHSE

COLCHICACEAE

Diese Familie umfasst ca. 15 Gattungen mit knapp 290 Arten, die von den Tropen bis in die gemäßigten Breiten vertreten sind. In Mitteleuropa gedeihen von ihnen weniger als 5 Arten aus der Gattung **Herbst-Zeitlose** oder **Zeitlose** *(Colchicum)*. Alle Arten sind Geophyten, d. h., sie überstehen den Winter mit unterirdischen Speicherorganen. Die radiären Blüten sind 6-zählig. Es gibt 6 Staubblätter und der oberständige Fruchtknoten ist aus 3 verwachsenen Fruchtblättern aufgebaut. Zur Reifezeit bilden sich Kapselfrüchte.

In der Medizin wird sie vor allem bei akuten Gichtanfällen verordnet.

Beispiel
Herbst-Zeitlose
(Colchicum autumnale)

Das Alkaloid Colchizin hemmt die Teilung des Zellkerns und alle Teile sind stark giftig, vor allem die Blüten. Bereits 5 g der Samen und 50 g der Blätter können tödlich sein!

Ausgewählte Art

Die **Herbst-Zeitlose** *(Colchicum autumnale)* verdankt ihren Namen der Blütezeit im Herbst. Sie gedeiht auf feuchten, nährstoffreichen Wiesen und in lichten Wäldern, nach Norden hin wird sie seltener. In der Pflanzenzucht werden die Inhaltsstoffe eingesetzt, um größere Pflanzen zu erzeugen.

LILIENGEWÄCHSE

LILIACEAE

Diese Familie ist vor allem in den gemäßigten Breiten der Nordhalbkugel (Ostasien, Nordamerika) verbreitet. Weltweit gibt es etwas 15 Gattungen mit rund 700 Arten. Alle von ihnen überdauern die ungünstige Jahreszeit durch Zwiebeln. Die radiären Blüten sind auffällig gefärbt. Die 6 freien Perigonblätter stehen in 2 Kreisen. Es gibt 6 Staubblätter. Die 3 Fruchtblätter sind zu einem oberständigen Fruchtknoten verwachsen und bilden Kapselfrüchte. In der heimischen Flora gibt es 7 Gattungen mit knapp 20 Arten.

Feuer-Lilie *(Lilium bulbiferum)*

Schachblume *(Fritillaria meleagris)*

■ Die **Faltenlilie** *(Lloydia serotina)* wird gelegentlich zur Gattung Gelbstern *(Gagea)* gestellt. Sie wächst in hochalpinen Rasen auf windexponierten Felsen und Kuppen. Sie bevorzugt saure Böden und gedeiht von der subalpinen Stufe bis in Höhen von 3000 m.

■ Die **Weinberg-Tulpe** *(Tulipa sylvestris)* wird auch **Wilde Tulpe** genannt. Sie ist aus dem Mittelmeerraum in die Weinbergregionen eingewandert. Sie ist die einzige wild wachsende Tulpen-Art in der heimischen Flora. Die natürlichen Vorkommen stehen unter Naturschutz.

■ Die **Türkenbund-Lilie** *(Lilium martagon)* wird auch einfach **Türkenbund** genannt. Sie wächst meist auf Kalkböden in Wäldern, Hochstaudenfluren und auf Bergwiesen von der Ebene bis in alpine Höhenlagen. Sie steht unter Naturschutz.

■ Der **Wald-Gelbstern** *(Gagea lutea)* ist eine Zwiebelpflanze mit einem grundständigen Blatt und einigen Blüten. Er wächst in feuchten Wäldern und Wiesen, am häufigsten findet er sich in Auwäldern mit zahlreichen anderen Frühblühern.

GERMERGEWÄCHSE

MELANTHIACEAE

Diese Familie wird auch Einbeeren- oder seltener Schwarzblütengewächse genannt. Die ca. 15 Gattungen mit etwa 170 Arten sind überwiegend in den gemäßigten Breiten der Nordhalbkugel verbreitet. In der heimischen Flora gibt es die beiden Gattungen **Einbeere** *(Paris)* und **Germer** *(Veratrum)*. Alle Vertreter dieser Familie sind Stauden mit Rhizom. Die Blüten sind radiär und haben einen oberständigen Fruchtknoten, der zur Reifezeit Beeren oder Kapseln bildet.

Schwarzer Germer *(Veratrum nigrum)*

Der **Weiße Germer** *(Veratrum album)* gedeiht auf feuchten Bergwiesen, in Hochstaudenfluren und Flachmooren bis ca. 2700 m. Ohne Blüten ähnelt er Enzian-Arten, die allerdings gegenständige Blätter haben (bei allen Germer-Arten sind sie wechselständig). Alle Teile sind stark giftig, besonders der Wurzelstock. Früher wurde aus der Wurzel Pfeilgift hergestellt. Pulverisiert reizt die Wurzel zum Niesen, allerdings ist der Zusatz in Niespulver wegen der starken Giftwirkung verboten. In der Antike wurde der Germer auch medizinisch gegen Bluthochdruck verabreicht. Heute ist er nur noch Bestandteil homöopathischer Anwendungen.

Die giftige **Vierblättrige Einbeere** *(Paris quadrifolia)* ist die einzige heimische Art dieser Gattung. Sie wächst als Zeigerpflanze für Grund- und Sickerwasser in Laub- und Auwäldern mit nährstoffreichen Böden bis 2600 m. Der Legende nach warf Eris – die Göttin der Zwietracht –, darüber erbost, dass sie als Einzige nicht zur Hochzeit der Götter eingeladen war, einen goldenen Apfel mit der Aufschrift «für die Schönste» in die Runde. Als es zum Streit kam, ernannte Zeus den unschuldigen Jüngling Paris zum Schiedsrichter. So scharten sich die vier Göttinnen um Paris wie die Blätter um die eine Beere, um ihn für sich zu gewinnen.

FAMILIE

NARZISSENGEWÄCHSE

AMARYLLIDACEAE

Gelbe Narzisse oder Osterglocke *(Narcissus pseudonarcissus)*

Märzenglöckchen *(Leucojum vernum)*

Allgemeines und Verbreitung

In diese Familie gehören weltweit insgesamt etwa 75 Gattungen mit rund 1600 Arten. Zu ihnen gehören nach der neueren Systematik auch die ehemals als eigenständige Familie geführten **Lauchgewächse** (Alliaceae). Damit gehören auch einige Gewürz-, Gemüse- und Heilpflanzen wie Knoblauch, Schnittlauch, Zwiebel und Porree zu ihnen. Allerdings gibt es auch einige giftige Arten, wie beispielsweise beliebte Gartenpflanzen wie Gelbe Narzissen (auch Osterglocken), Märzenglöckchen und Schneeglöckchen.

Viele Narzissengewächse werden umgangssprachlich auch einfach Zwiebelgewächse genannt, da sie als Überdauerungsorgane im Boden meist verborgene Zwiebeln besitzen, seltener sind es Knollen. Dadurch sind sie sehr gut an Lebensräume mit saisonal ungünstigen Wachstumsbedingungen angepasst, wie beispielsweise die kalten Winter in Mitteleuropa, aber auch die sommertrockenen Steppen im Mittelmeergebiet.

In der heimischen Flora sind 4 Gattungen mit etwa 30 Arten vertreten, von denen die meisten zur Gattung **Lauch** *(Allium)* gehören. Die unterirdischen Speicherorgane ermöglichen ihnen einen frühen Austrieb, und die meisten bilden ihre Blüten sehr zeitig im Jahr. In den Laubwäldern ist dies die einzige Möglichkeit, den Vegetationszyklus abzuschließen, bevor das Blätterdach nicht mehr ausreichend Licht für die Pflanzen am Boden durchlässt.

Blätter

Die Blätter sind parallelnervig und ungeteilt, wie das für einkeimblättrige Pflanzen typisch ist. Bei vielen Arten – vor allem den Lauchartigen – sind sie röhrig hohl, sie können aber auch breiter und flach ausgebreitet sein wie beispielsweise beim Bärlauch.

Schneeglöckchen (Vorder- und Rückseite) · Bärlauch · Berg-Lauch · Knoblauch (Trieb)

Blüten

Die Blüten stehen oft in einer kugeligen oder kopfigen Trugdolde zusammen. Einige Arten wie z. B. Narzissen und Schneeglöckchen besitzen Einzelblüten. Vor dem Aufblühen sind die Blüten bzw. Blütenstände (wie z. B. beim Bärlauch) von der sogenannten **Spatha** eingeschlossen, 1–3 oft trockenhäutigen Hüllblättern, die als Knospenschutz dienen. Zur Blütezeit befinden sich diese unter der Blüte bzw. dem Blütenstand.

Dieser Frühblüher wächst in feuchten Laubwäldern und auf Bergwiesen, häufig wird er in Gärten gepflanzt und verwildert.

Beispiel
Märzenglöckchen
(Leucojum vernum)

Extrakte (Galantamin) dieser giftigen Pflanze werden in der Heilkunde gegen Demenz verordnet und um das Fortschreiten der Alzheimer-Krankheit aufzuhalten.

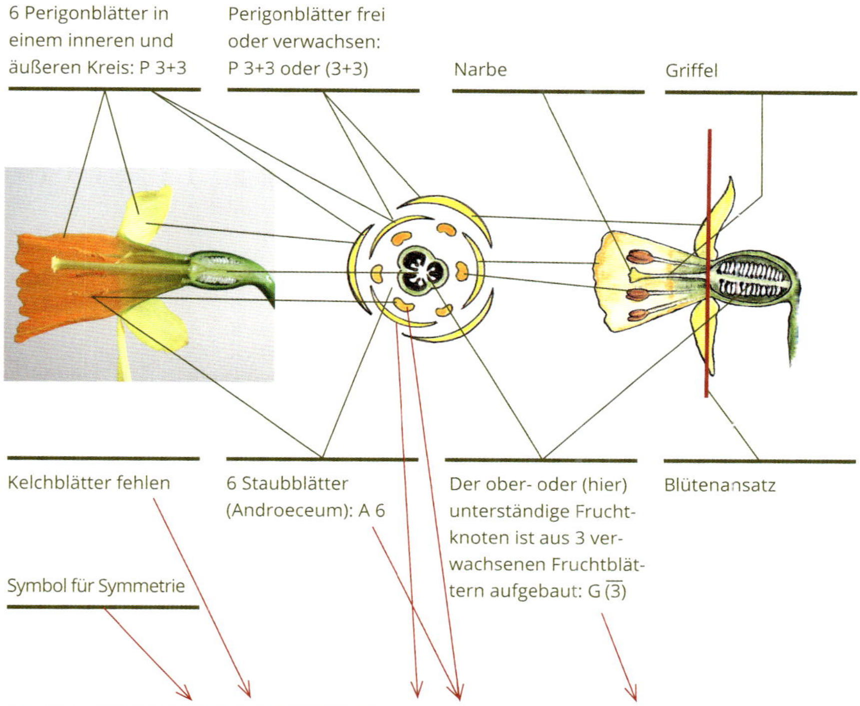

Blütenformel *** P 3+3 oder (3+3) A 6 G $\underline{(3)}$ oder $\overline{(3)}$**

*** Perigonblätter 3+3 oder (3+3) Staubblätter 6 Fruchtblätter $\underline{(3)}$ oder $\overline{(3)}$**

Die Blüten sind überwiegend aus 6 **Perigonblättern** (keine doppelte Blütenhülle mit Kelch- und Kronblättern) aufgebaut. Sie können frei oder zu einer Röhre verwachsen sein. Das Schneeglöckchen und die Narzissen sind insofern eine Ausnahme, weil bei ihnen die äußeren 3 Perigonblätter viel länger sind als die inneren – und somit streng genommen gar nicht als Perigon bezeichnet werden dürften. Es gibt stets 6 Staubblätter. Der Fruchtknoten ist aus 3 verwachsenen Fruchtblättern aufgebaut. Mit Ausnahme der Gattung **Lauch** *(Allium)* ist er unterständig (Gattungen *Narcissus, Leucojum, Galanthus)*.

Frucht

Zur Reifezeit bilden sich aus den 3 Fruchtblättern Beeren oder Kapselfrüchte, in denen die Samen geborgen sind.

Die wichtigsten Familien-Merkmale auf einen Blick

- Zwiebeln oder Sprossknollen
- Oft doldiger Blütenstand, aber auch nur 1 Blüte
- 1–3 häutige Hochblätter
- Radiäre Blüten mit 6 Staubblättern (in 2 Kreisen)
- Mit Ausnahme der Lauch-Arten Fruchtknoten unterständig
- Kapselfrüchte (seltener Beeren)

Verwechslungsmöglichkeiten

Der unterständige Fruchtknoten ist bei allen Vertretern dieser Familie – mit Ausnahme der Gattung Lauch *(Allium)* – ein wichtiges Unterscheidungsmerkmal zu den ansonsten recht ähnlichen Lilien- und Spargelgewächsen, die stets einen oberständigen Fruchtknoten besitzen. Ohne Blüten sind die Blätter dieser Arten noch leichter zu verwechseln. Bei den Schwertliliengewächsen fällt die Unterscheidung oft noch schwerer, da diese ebenfalls einen unterständigen Fruchtknoten besitzen.

Verwechslung möglich mit folgenden Familien		**Vergleich** Narzissengewächse
Schwertliliengewächse ➪ Stängel bei einigen Arten beblättert ➪ 3 Staubblätter		
Liliengewächse ➪ Fruchtknoten oberständig ➪ Kronblätter frei ➪ Stängel teils beblättert		
Orchideen ➪ Zygomorphe Blüten ➪ Stängel meist beblättert		
Spargelgewächse ➪ Stängel teils beblättert ➪ Fruchtknoten oberständig		

Ausgewählte Arten

Das **Schneeglöckchen** *(Galanthus nivalis)* wächst in Au- und Laubwäldern auf feuchten und meist etwas kalkreichen Böden, häufig verwildert es. Durch die ungleich langen Perigonblätter und die blaugrün bereiften Blätter unterscheidet es sich vom Märzenglöckchen.

Das **Märzenglöckchen** *(Leucojum vernum)* wird auch **Frühlings-Knotenblume** genannt. Der wiss. Name bezieht sich auf die Blüten (gr. «leucos» = «weiß») und den veilchenartigen Duft («ion» = «Veilchen»). Der unterständige Fruchtknoten hat zu dem Namen Knotenblume geführt.

Der wiss. Name der **Gelben Narzisse** *(Narcissus pseudonarcissus)* bezieht sich auf den in sein Selbstbildnis verliebten Jüngling Narkissos. Der Legende nach wurde er nach seinem Tod in eine Narzisse verwandelt. Die Pflanze ist giftig.

Die **Weiße Narzisse** *(Narcissus poëticus)* wird auch Dichter-Narzisse genannt. Sie stammt aus dem Mittelmeergebiet. Sie bevorzugt kalkarme, feuchte Standorte in Wiesen und Mooren. Alle Wildbestände stehen unter Naturschutz.

LAUCH

ALLIUM

Winterzwiebel *(Allium fistulosum)*

Kugelköpfiger Lauch *(Allium spaerocephalon)*

Allgemeines und Verbreitung

Weltweit gibt es in dieser Gattung über 900 Arten, die in mehrere Untergattungen gegliedert werden. Mit **Knoblauch** *(Allium sativum),* **Schnittlauch** *(Allium schoenoprasum),* **Zwiebel** *(Allium cepa)* und **Porree** *(Allium ampeloprasum)* gehören dazu auch einige Gewürz-, Gemüse- und Heilpflanzen. Es gibt auch als Zierpflanzen für Gärten beliebte Arten unter ihnen. Die meisten Arten gedeihen im Mittelmeer- und im asiatischen Raum. In Mitteleuropa heimisch sind ca. 20 Arten. In der Regel sind es Zwiebelpflanzen. Der Schnittlauch gedeiht im Alpengebiet wild auf sandig-steinigen Böden an Wegrändern und ist vermutlich auch entlang der Flusstäler heimisch. Er wird seit alters kultiviert und ist inzwischen weltweit verbreitet.

Blätter

Die einfachen, parallelnervigen Blätter können grasartig schmal, röhrig, dreikantig oder auch mehrere Zentimeter breit sein. Ihre Form und Anordnung (alle grundständig oder beblätterter Stängel) liefern wichtige Merkmale für die Artbestimmung. Der Name des **Schnittlauchs** *(Allium schoenoprasum)* leitet sich von griechisch «schoinos» für Binse und «prasos» für Lauch ab und bezieht sich auf die binsenförmigen Blätter.

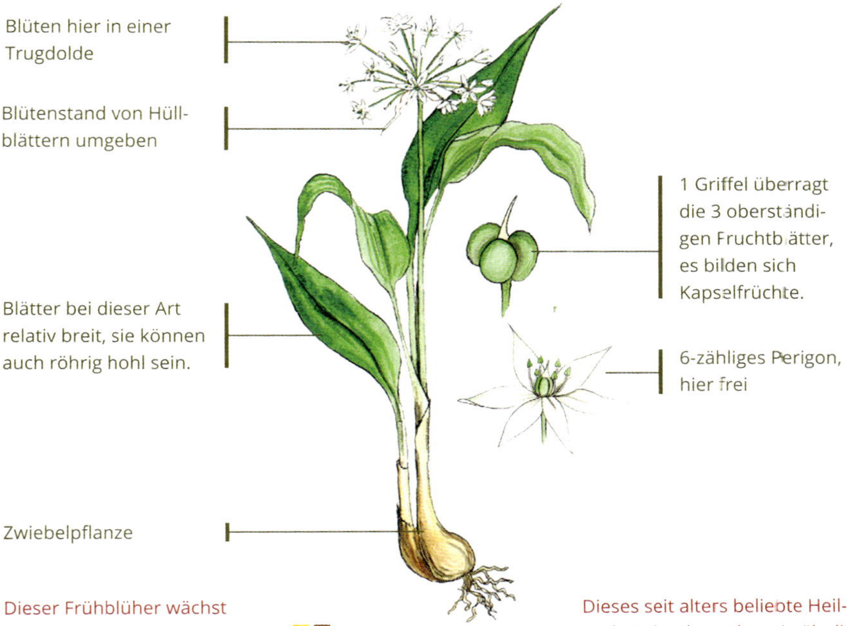

Dieser Frühblüher wächst in feuchten, krautreichen Laubwäldern mit nährstoffreichen Böden.

Beispiel
Bärlauch
(Allium ursinum)

Dieses seit alters beliebte Heil- und Küchenkraut hat ein ähnliches Aroma wie Knoblauch und wird entsprechend verwendet.

Die Vertreter dieser Gattung enthalten in unterschiedlicher Menge Alliin, eine schwefelhaltige Aminosäure. Bei Verletzung wird durch einen enzymatischen Prozess (durch das Enzym Alliinase) **Lauchöl** (Allicin) gebildet. Dieses Lauchöl ist es, dem beispielsweise Knoblauch und Bärlauch ihren charakteristischen Geruch und Geschmack verdanken. Er wird beim Zerreiben der Blätter besonders deutlich. Dieses Lauchöl ist antibiotisch wirksam. Es schützt die Pflanzen vor Fraßfeinden und macht diese Arten für den Menschen zu bedeutenden Heilpflanzen.

Blüten

Mehrere Einzelblüten stehen am Ende eines mehr oder weniger blattlosen Stängels in einem doldigen Blütenstand, der manchmal nahezu kugelrund ist. Ein **Hüllblatt** (Hochblatt) schützt den gesamten Blütenstand vor dem Aufblühen und bleibt zur Blütezeit am Grunde des Blütenstandes stehen.

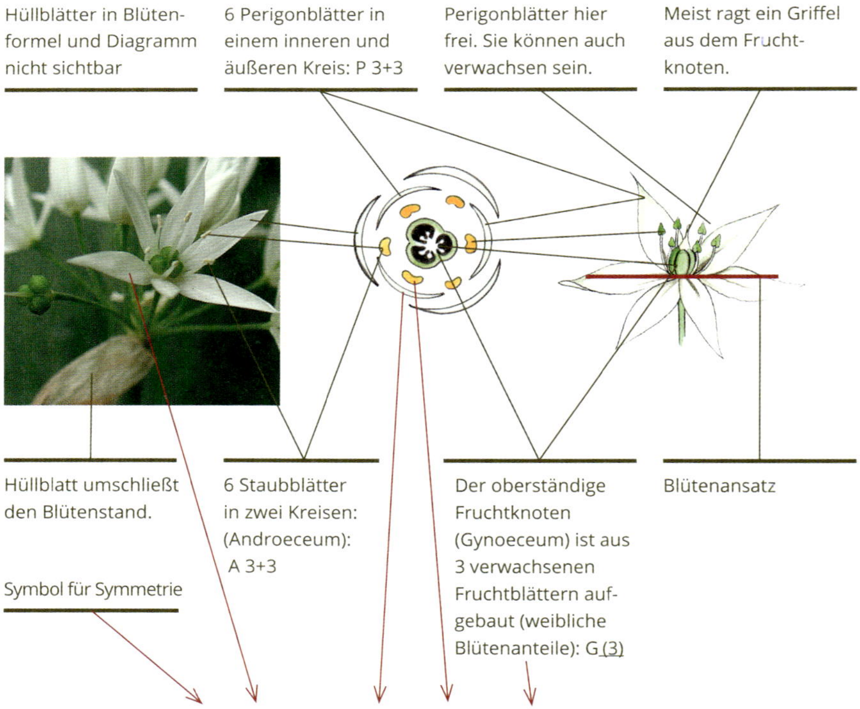

Blütenformel *** P 3+3 oder (3+3) A 3+3 G (3)**

*** Perigonblätter 3+3 oder (3+3) Staubblätter 6 Fruchtblätter (3)**

Die radiären Blüten sind aus 6 Perigonblättern aufgebaut, die in 2 Kreisen stehen. Sie sind frei oder verwachsen. Ihre Farbe ist oft weiß oder rosa, seltener auch gelb, blau, rot oder violett. Es gibt stets 6 Staubblätter, die ebenfalls in 2 Kreisen stehen. Der oberständige Fruchtknoten ist aus 3 verwachsenen Fruchtblättern aufgebaut.

Frucht

Zur Reifezeit bilden sich aus dem oberständigen Fruchtknoten Kapselfrüchte, die viele dunkle Samen enthalten. Sie springen bei Trockenheit auf und entlassen die Samen, die durch den Wind und Tiere verbreitet werden. Beim Bärlauch beispielsweise übernehmen Ameisen den Transport der Samen sehr erfolgreich. Bei einigen Arten sind die ölhaltigen Samenschalen sehr lange schwimmfähig und werden in den Fließgewässern verbreitet.

Bei einigen Arten werden im Blütenstand **Brutzwiebeln** (Bulbillen) gebildet. Bei diesem als «Pseudoviviparie» bezeichneten Vorgang werden im Bereich des Blütenstandes die Blütenanlagen in kleine gestauchte Sprossachsen umgewandelt. Sie werden im strömenden Wasser, durch Tiere und (früher auch) Menschen verbreitet.

Hüllblätter, **Schnittlauch** (*Allium schoenoprasum,* oben)
Brutzwiebeln, **Weinberg-Lauch** (*Allium vineale,* unten)

Fruchtstand mit Kapselfrüchten beim **Kanten-Lauch** *(Allium angulosum)*

Die wichtigsten Gattungs-Merkmale auf einen Blick

- Zwiebelpflanze mit lauch- bis zwiebelartigem Geruch
- Einfache, parallelnervige Blätter länglich, oft röhrig hohl
- Doldiger Blütenstand mit ein bis mehreren Hüllblättern
- 6 Perigon- und Staubblätter
- Oberständiger Fruchtknoten bildet Kapselfrüchte
- Blüten oft durch Brutzwiebeln ersetzt

Verwechslungsmöglichkeiten

Die folgenschwerste Verwechslung ist die von Bärlauch mit giftigen Herbst-Zeitlosen, Maiglöckchen oder Aronstab. Außerdem können andere schmalblättrige Arten mit Grasartigen verwechselt werden.

Verwechslung möglich mit folgenden Familien und Arten		**Vergleich** Lauch
Maiglöckchen Blätter tütenförmig gerollt zu mehreren austreibend Rhizom Ohne Lauchgeruch		
Herbst-Zeitlose Zwiebelpflanzen Kronblätter frei Blüten meist auffällig gefärbt		
Aronstab Blätter meist pfeilförmig Geschmack scharf Blüten als Kesselfalle		
Binsen Unscheinbare, 6-zählige Blüten in Spirren Knotenlose Stängel oft mit gekammertem Mark		
Süßgräser Spezieller Blütenaufbau mit Spelzen 2-zeilige Blattstellung Stängel mit Knoten		

Den **Bärlauch** *(Allium ursinum)* sollen die Bären nach dem Winterschlaf zur Anregung ihrer Verdauungsorgane aufgesucht haben. Auch die Blüten, Zwiebeln und grünen Früchte sind sehr schmackhaft und gesund.

Schnittlauch *(Allium schoenoprasum)* enthält neben Lauchölen weitere Vitalstoffe und ist ein gesundes Küchenkraut. Auch die Blüten mit den dunkelvioletten Streifen sind essbar und eine hübsche Dekoration.

Der **Weinberg-Lauch** *(Allium vineale)* hat halbrunde, rinnige Blätter und wächst dem Namen entsprechend meist in den Weinbergen.

Der **Gemüse-Lauch** *(Allium oleraceum)* hat schmale (nicht röhrige) Blätter. Er bildet Brutzwiebeln auf dem lockeren Blütenstand.

FAMILIE

SPARGELGEWÄCHSE

ASPARAGACEAE

Molekulargenetische Untersuchungen haben in dieser Familie zu einigen Verschiebungen geführt. Nun gehören beispielsweise auch die Agaven- und Hyazinthengewächse dazu. Aktuell beinhaltet diese Familie rund 115 Gattungen mit etwa 2900 Arten. Mit dem Spargel gehört eine der bekanntesten Gemüsesorten ebenso hierher wie die in südlichen Regionen verbreiteten Agaven. Es gibt viele Zierpflanzen in dieser Familie. In der heimischen Flora kommen etwa 10 Gattungen mit knapp 30 Arten vor.

Weltweit sind die Pflanzen dieser Familie recht unterschiedlich. Die heimischen Vertreter sind Stauden mit Rhizomen oder Zwiebeln. Wie für alle einkeimblättrigen Pflanzen typisch, haben sie ungeteilte Blätter mit paralleler Nervatur. Es gibt einige mit sehr schmalen, linealischen Blättern wie beispielsweise **Spargel** *(Asparagus)*, **Traubenhyazinthen** *(Muscari)*, **Milchstern** *(Ornithogalum)*, **Graslilien** *(Anthericum)* und **Blaustern** *(Scilla)*. Breitere Blätter haben z. B. **Maiglöckchen** *(Convallaria)*, **Schattenblümchen** *(Maianthemum)* und **Weißwurz** *(Polygonatum)*.

Die 6 Perigonblätter können frei oder verwachsen sein. In der Regel gibt es 6 Staubblätter, bei der **Zweiblättrigen Schattenblume** *(Maianthemum bifolium)* sind es nur 4. Die stets 3 Fruchtblätter sind zu einem oberständigen Fruchtknoten verwachsen und bilden zur Reifezeit Beeren oder Kapselfrüchte.

Schopf-Traubenhyazinthe *(Muscari comosum)*

Nickender Milchstern *(Ornithogalum nutans)*

Die **Astlose Graslilie** *(Anthericum liliago)* wird auch Traubige Graslilie genannt. Sie ist auf warmen Felshängen, in lichten Wäldern und auf Trockenrasen in Höhenlagen bis 1800 m zu finden. Sie wird auch als Zierpflanze verwendet und kultiviert.

Die **Zweiblättrige Schattenblume** *(Maianthemum bifolium)* verdankt ihren Namen ihrem Standort in schattigen Wäldern und den beiden sich versetzt gegenüberstehender Stängelblättern blühender Triebe. Alle Teile und besonders die Beeren sind giftig.

Das **Maiglöckchen** *(Convallaria majalis)* wächst in lichten Mischwäldern bis 1900 m und ist in Deutschland geschützt. Die für Menschen giftigen Beeren werden von Vögeln unbeschadet gefressen und die Samen verbreitet.

Der **Mäusedorn** *(Ruscus aculeatus)* ist ein Halbstrauch, bei dem die Blüten und Früchte an blattartig verbreiterten Sprossen gebildet werden, scheinbar auf dem Blatt. Die eigentlichen Blätter sind winzig. Die Pflanze ist giftig!

GATTUNG

SALOMONSSIEGEL, WEISSWURZ

POLYGONATUM

Vielblütiges Salomonssiegel *(Polygonatum mutliflorum)*

Allgemeines und Verbreitung

Diese Gattung ist vor allem in den gemäßigten Breiten der Nordhalbkugel verbreitet. Weltweit gibt es etwa 70 Arten, von denen 4 in der heimischen Flora vorkommen. Außerdem gibt es einige Kultursorten, die auch «Glöckchen unterm Dach» genannt werden. Alle heimischen Arten sind durch Saponine und weitere Inhaltsstoffe giftig. Die Beeren haben den größten Wirkstoffgehalt.

Die heimischen Vertreter sind Stauden mit knotigen, unterirdischen Sprossachsen (Rhizom). Ihnen verdankt die Gattung ihren Namen: «polys» bedeutet «viel» und «gony» ist der Knoten. Der deutsche Name **Weißwurz** bezieht sich auf die bleiche Farbe des Rhizoms. Am Ende der unterirdischen Sprossachse bildet sich der aufrechte Stängel mit Blättern und Blüten jeweils an einem Knoten in der Achsel von schuppenförmigen **Niederblättern.** Das Rhizom wächst beständig weiter und bildet jedes Jahr einen Blütentrieb, der zum Winter abstirbt. So kommt jeweils ein «Siegel» (Abnabelungsstelle am Knoten) hinzu, sodass an der Anzahl dieser «Abnabelungsstellen» der jährliche Zuwachs kenntlich wird. Da nicht der Haupttrieb weiterwächst, sondern ein subterminaler (d. h. kurz vor dem Ende des Triebes stehender) Seitentrieb, spricht man von einem sympodialen Wachstum (**Sympodium**). Durch die zahlreichen Leitbündelnarben (Bündelmale) erinnern die Abnabelungsstellen an ein Siegel, so ist der Name **Salomonssiegel** entstanden. Der Name soll sich auch auf den Siegelring des Königs Salomon beziehen, dessen salomonisches Urteil sich bis in unseren Sprachgebrauch überliefert hat.

Vielblütiges Salomonssiegel

Quirlblättriges Salomonssiegel (Blattquirl)

Echtes Salomonssiegel (Trieb)

Blätter

Die Stellung der ungeteilten Blätter mit paralleler Nervatur ist für die Artbestimmung wichtig. Das **Quirlblättrige Salomonssiegel** *(Polygonatum verticillatum)* verdankt seinem Namen den in Quirlen angeordneten Blättern. Bei den anderen Arten sind die wechselständigen Blätter 2-zeilig, und die Stängel sind meist überhängend zu einer Seite geneigt. Für die Bestimmung ist weiterhin wichtig, ob der Stängel kantig ist wie bei **Auen-Weißwurz** und dem **Echten Salomonssiegel** *(Polygonatum latifolium* und *Polygonatum odoratum)* oder rundlich wie beim **Vielblütigen Salomonssiegel** *(Polygonatum multiflorum)*.

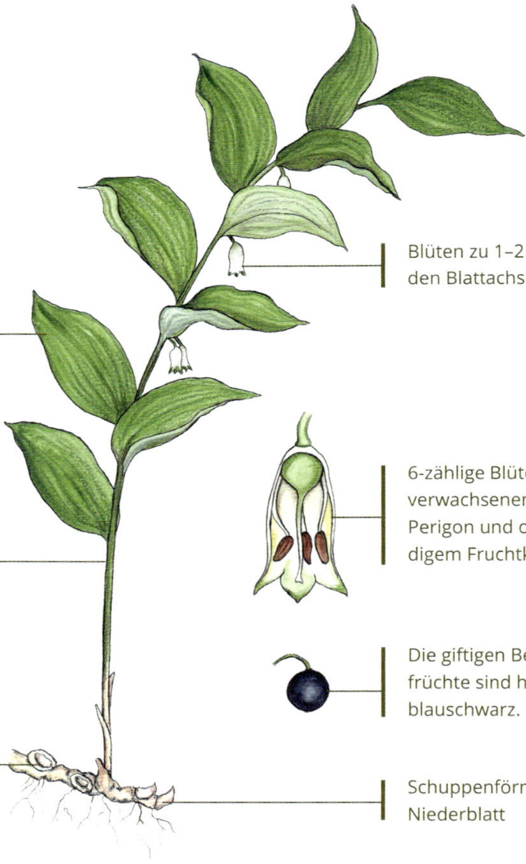

Alle Teile sind durch Saponine und weitere Wirkstoffe giftig.

Beispiel
Echtes Salomonssiegel
(Polygonatum odoratum)

Diese Art wird wegen des intensiven Blütenduftes auch Wohlriechende Weißwurz genannt.

Blüten

Die Blüten befinden sich einzeln oder zu wenigen in den Achseln der oberen Blätter. Sie sind zwittrig, und ihre 6 Perigonblätter sind mindestens bis zur Hälfte miteinander verwachsen. Es gibt 6 Staubblätter, deren Staubfäden mit der Blütenhülle verwachsen sind. Die stets 3 Fruchtblätter sind zu einem oberständigen Fruchtknoten verwachsen. Dies ist an der 3-teiligen Narbe ± gut zu erkennen. Je nach Länge der Blütenkrone werden die Blüten von Hummeln, langrüsseligen Bienen und Faltern bestäubt.

Frucht

Zur Reifezeit werden aus den 3 oberständigen Fruchtblättern fleischige **Beeren** mit mehreren Samen gebildet. Die Beeren sind reif rot bis dunkelblau-schwarz.

Echtes Salomonssiegel *(Polygonatum odoratum)*,
Stängel und unreife Früchte

Vielblütiges Salomonssiegel *(Polygonatum multiflorum)*

Quirlblättriges Salomonssiegel *(Polygonatum verticillatum)*

Die wichtigsten Gattungs-Merkmale auf einen Blick

- Parallelnervige einfache Blätter
- Oft bogig überhängender Stängel
- Knotiges, weißliches Rhizom
- Weiße Blüten mit verwachsenem Perigon und 6 Zipfeln
- Beerenfrüchte

Verwechslungsmöglichkeiten

Mit Blüten sind die Arten dieser Gattung gut zu erkennen. Die Blätter sind jedoch denen einiger anderer Gattungen der einkeimblättrigen Pflanzen ähnlich (vor allem vor der vollständigen Entfaltung) sowie den ± parallelnervigen Blättern von zweikeimblättrigen Pflanzen wie z. B. der Gattung Wegerich und den Enziangewächsen.

Verwechslung möglich mit folgenden Familien und Gattungen		**Vergleich** Salomonssiegel
Enziangewächse ⇨ Blätter gegenständig ⇨ Blüten 5-zählig		
Liliengewächse ⇨ Zwiebelpflanzen ⇨ Kronblätter frei ⇨ Blüten meist auffällig gefärbt		
Germer ⇨ Blüten in reichblütigen Rispen ⇨ Stängel nicht überhängend		
Orchideen ⇨ Zygomorphe Blüten ⇨ Fruchtknoten unterständig		
Maiglöckchen ⇨ Blätter grundständig ⇨ Blütenstängel unbeblättert		

Das **Quirlblättrige Salomonssiegel** *(Polygonatum verticillatum)* bevorzugt schattige Wälder und Hochstaudenfluren von der montanen bis in die alpine Stufe. Die Beeren sind erst rot und dann dunkelblau. Wie der Name vermuten lässt, stehen die Blätter in Quirlen.

Der Stängel des **Echten Salomonssiegels** *(Polygonatum odoratum)* ist kantig. Diese Art wächst in lichten, kalkhaltigen Laub- und Mischwäldern und an steinigen Hänge bis in subalpine Höhen. Früher wurde sie medizinisch bei Entzündungen und Quetschungen verwendet.

Das **Vielblütige Salomonssiegel** *(Polygonatum multiflorum)* gedeiht vor allem auf Kalk in schattigen Laubwäldern bis in die montane Stufe. Es ist an den 3–5 Blüten je Blattachsel und dem runden Stängel kenntlich. Seine Beeren sind dunkelblau.

FAMILIE

SCHWERTLILIEN-GEWÄCHSE

IRIDACEAE

Sibirische Schwertlilie *(Iris sibirica)* Gewöhnliche Siegwurz *(Gladiolus communis)*

Allgemeines und Verbreitung

Die weltweit etwa 65 Gattungen mit knapp 2250 Arten werden in mehrere Unterfamilien gegliedert. In der heimischen Flora sind 3 Gattungen beheimatet. Sie enthalten etwa 15 Arten. Es sind Stauden, die als Speicherorgane Knollen oder Rhizome besitzen, um die ungünstige Jahreszeit zu überdauern. Weltweit gibt es seltener auch einmal einjährige und verholzende Arten in dieser Familie. Der lateinische Name *Iris* bezieht sich auf die Farbenpracht einiger Blüten (gr. «iris» = «Regenbogen»). Der deutsche Name bezieht sich auf die schwertförmigen Blätter.

Blätter

Die Gattungen **Schwertlilie** *(Iris)* und **Gladiole** *(Gladiolus)* haben sogenannte «schwertförmig reitende» Blätter, d. h., diese haben keine Unter- und Oberseite, sondern eine rechte und eine linke Seite. Dies ist für die Familie typisch. Schmale, grundständige Blätter wie bei der Gattung **Krokus** *(Crocus)* sind eher die Ausnahme.

Standort sind nährstoffreiche Schlammböden an Ufern und Sümpfen. Alle Arten der Gattung *Iris* stehen unter Naturschutz.

Beispiel
Gelbe Schwertlilie
(Iris pseudacorus)

Die 3 unterständigen Fruchtblätter bilden Kapselfrüchte mit zahlreichen Samen. Bei dieser Art sind sie durch Luftkammern lange schwimmfähig.

Blüten

Die Blüten sind meist radiär. Eine Ausnahme sind die **Gladiolen** mit zygomorphen Blüten. Die 6 Perigonblätter stehen in 2 Kreisen. Sie können gleichgestaltet sein wie bei der Gattung **Krokus** oder auch unterschiedlich gestaltet wie bei der Gattung **Schwertlilie**. Da alle Blütenblätter blumenblattartig sind, spricht man auch bei der Schwertlilie von einem Perigon, obwohl sich die inneren und äußeren Perigonblätter in ihrer Form unterscheiden. Die äußeren, abwärts gerichteten Perigonblätter bezeichnet man als **Hängeblätter**. Zur Insektenanlockung sind sie häufig mit Strichsaftmalen gezeichnet. Einige Arten haben einen behaarten «Bart», der Pollen imitiert und die Lockwirkung für die Bestäuber erhöht. Die sich kuppelartig zusammenneigenden inneren Kronblätter werden **Domblätter** genannt.

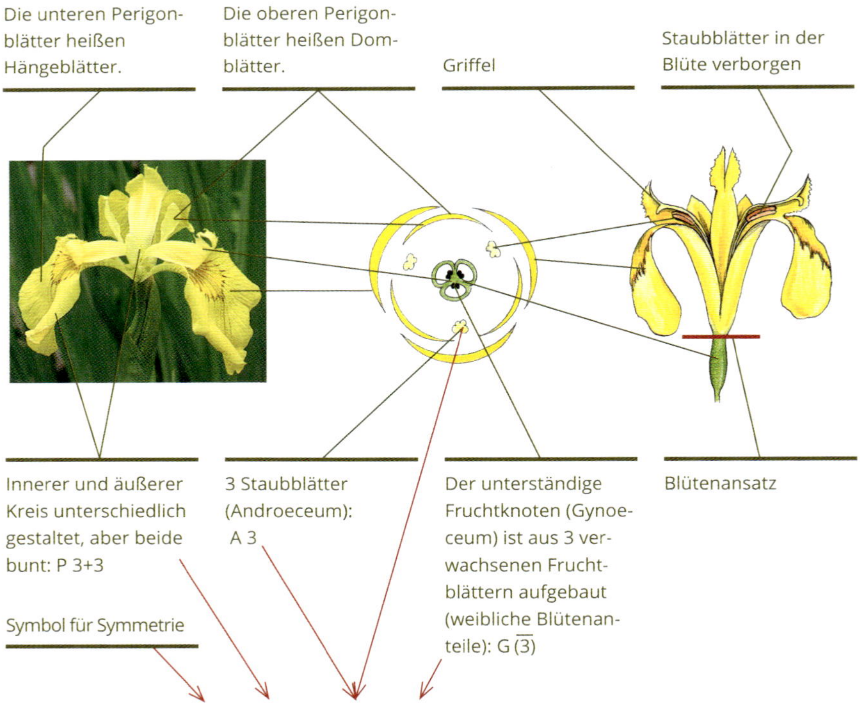

Blütenformel **$*$ P 3+3 A 3 G $\overline{(3)}$**

$*$ Perigonblätter 3+3 Staubblätter 3 Fruchtblätter $\overline{(3)}$

Die Griffel sehen ebenfalls blütenblattartig aus und haben unterhalb der zweispaltigen Spitze eine quer verlaufende Narbe. Die Staubblätter werden von ihnen verborgen und befinden sich unterhalb dieser weiblichen Blütenteile. Die Perigonblätter bilden eine enge Röhre, an deren Grund der Nektar abgegeben wird. Daher kommen als Bestäuber nur langrüsselige Insekten infrage, die gleichzeitig genug Kraft haben, in die Kronröhre einzukriechen. Meist sind es Hummeln. Jede der 3 Einheiten mit Narbe und Staubblatt ist durch diesen Aufbau eine voll funktionsfähige Teilblüte.

Frucht

Zur Reifezeit entwickelt sich die Kapselfrucht, die sich in 3 Fruchtfächer teilt und jeweils mehrere Samen enthält. Oft stehen die Samen in jedem der 3 Fruchtfächer in 2 Reihen. Bei der **Gelben Schwertlilie** befinden sich in den unbenetzbaren Samen Hohlräume, durch die diese 12 Monate ihre Schwimmfähigkeit behalten.

«Bart» der **Bunten Schwertlilie** *(Iris variegata)*

Aufsicht, Bestäubung (links unten) und Fruchtstand der **Gelben Schwertlilie** *(Iris pseudacorus)*

Die wichtigsten Familien-Merkmale auf einen Blick

- Rhizome oder Sprossknollen
- Radiäre Blüten (Ausnahme: zygomorph bei *Gladiolus*)
- Perigonblätter an der Basis oft zu einer Röhre verwachsen
- 3 Staubblätter
- Unterständiger Fruchtknoten
- Kapselfrüchte

Verwechslungsmöglichkeiten

Besonders Gattungen mit lineal-grasartigen Blättern unter den einkeimblättrigen Pflanzen können ähnlich aussehen, vor allem Liliengewächse. Diese haben jedoch nie schwertförmig reitende Blätter und einen oberständigen Fruchtknoten. Vor allem im Uferbereich der Gewässer gibt es ähnliche Arten mit schmalen Blättern, die bis auf die Simsenlilien jedoch keine «schwertförmig reitenden» Blätter haben.

Verwechslung möglich mit folgenden Familien und Gattungen		**Vergleich** Schwertliliengewächse
Narzissengewächse - Staubblätter 6 - Spatha (Hochblatthülle) - Blätter grundständig		
Liliengewächse - Zwiebelpflanzen - Staubblätter 6 - Fruchtknoten oberständig		
Simsenlilie - Fruchtknoten oberständig - 6 Staubblätter		
Kalmus - Intensiver Duft (Blatt zerreiben) - Kolbiger Blütenstand - Blätter ± geriffelt		

Ausgewählte Arten

Die **Sibirische Schwertlilie** *(Iris sibirica)* gedeiht wild in wechselfeuchten, mesotrophen (nicht allzu nährstoffreichen) Sumpfwiesen und Flachmooren. Sie ist schon seit mindestens 1594 in Kultur und inzwischen in vielen Sorten als Zierpflanze gezüchtet.

Die **Gelbe Schwertlilie** oder **Sumpf-Schwertlilie** *(Iris pseudacorus)* ist in allen Teilen (besonders im Wurzelstock) giftig. Die Schwertlilie wird seit Jahrhunderten in Kultur angebaut, und es gibt zahlreiche Zuchtsorten. Alle Arten dieser Gattung stehen unter Naturschutz.

Der **Frühlings-Krokus** *(Crocus albiflorus)* wächst auf feuchtem Grünland bis in alpine Höhenlagen. Das Öffnen und Schließen der Blüten wird durch temperaturgesteuerte Wachstumsbewegungen verursacht. Daher wird die Blüte mit zunehmendem Alter immer größer. Die Blüten reagieren auf Temperaturunterschiede von weniger als 1 °C. Krokusse werden seit Langem kultiviert und sind in vielen Formen verwildert.

CH 400 | DE Silber

FAMILIE

ORCHIDEEN

ORCHIDACEAE

Schwarzes Männertreu oder Kohlröschen *(Nigritella rhellicani)*

Frauenschuh *(Cypripedium calceolus)*

Allgemeines und Verbreitung

Dies ist die artenreichste Familie der einkeimblättrigen Pflanzen. Zu ihr gehören knapp 740 Gattungen mit 28 000 Arten. Die meisten sind in den Tropen verbreitet, und ihre Wuchs- und Lebensformen sind vielfältig. Einige von ihnen wachsen auf Bäumen (Epiphyten) und besitzen spezielle Anpassungen an diesen extremen Lebensraum wie wasserspeichernde Luftwurzeln (Velamen radicum) und einen Stoffwechsel, wie ihn viele Wüstenpflanzen aufweisen (CAM-Stoffwechsel). Es gibt auch Lianen wie beispielsweise Vanille *(Vanilla planifolia)* und natürlich viele Stauden. Die etwa 70 einheimischen Arten aus knapp 30 Gattungen sind ausschließlich Stauden. Sie überstehen den Winter durch Speicherorgane (Rhizome oder Sprossknollen) im Erdboden, einige besitzen auch Blattrosetten, die den Winter überdauern. Den beiden an die Form eines Hodens erinnernden Knollen der Gattung Knabenkraut *(Orchis)* verdankt die Familie den ebenfalls verwendeten Namen «Knabenkrautgewächse».

Die meisten Orchideen gedeihen auf nährstoffarmen Standorten. Wie ca. 95 % aller Pflanzen setzen sie auf eine Partnerschaft mit **Pilzen** (Mykorrhiza). Gerade auf mageren Böden ist diese **Lebensgemeinschaft** überlebenswichtig. Um diese aktiven Stoffwechselprozesse leisten zu können, sind die Pilze allerdings auf eine ausreichende Zufuhr von Sauerstoff angewiesen. Außerdem reagieren die Pilze sehr empfindlich auf äußere Einflüsse und Umweltfaktoren wie z. B. Bodenverdichtung, hohe Stickstoff-Einträge und Versauerung. Diese können das Wachstum des Pilzes und dadurch auch der Pflanzen gleich in zweifacher Hinsicht beeinträchtigen. Gerade die heimischen Orchideen sind hiervon betroffen. Sie können sich nur auf mageren Standorten und spät gemähten Wiesen behaupten. Auf nährstoffreicheren Böden sind sie nicht konkurrenzkräftig genug, um sich gegen wuchskräftigere Arten durchzusetzen. Auf Wiesen können sie dauerhaft nur gedeihen, wenn diese so spät gemäht werden, dass die Blätter vorher genug Nährstoffe für den Neuaustrieb im nächsten Jahr in die Wurzelknollen verlagern können und die Samenreife nach der Blüte abgeschlossen ist. Alle Orchideen stehen unter Naturschutz.

Gewöhnliche Breitblättrige Stendelwurz (Trieb)

Großes Zweiblatt (Trieb)

Langblättriges Waldvöglein (Trieb)

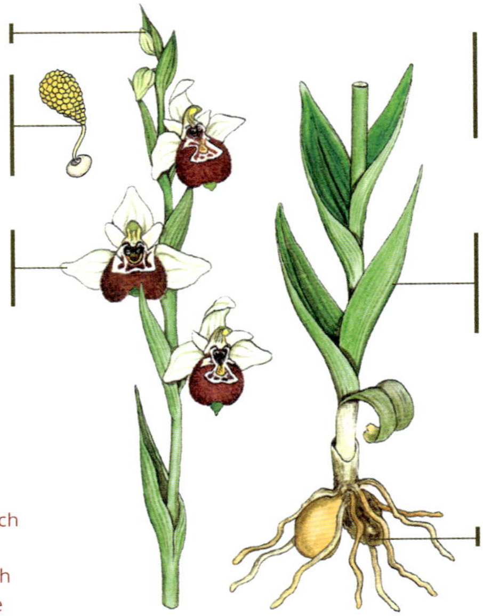

Die Blüten imitieren durch Behaarung und Duft Hummelweibchen. Durch die Kopulationsversuche der Hummeln auf vielen verschiedenen Pflanzen findet eine effiziente Bestäubung statt.

Beispiel
Hummel-Ragwurz
(Ophrys holosericea)

Alle Orchideen leben in Gemeinschaft mit Pilzen. Sie gedeihen auf nährstoffarmen Standorten und sind geschützt.

Blätter

Die einfachen, parallelnervigen Blätter sind meist wechselständig und 2-zeilig, d. h., jeweils abwechselnd wird ein Blatt an der entgegengesetzten Seite des Stängels gebildet. Einige Arten bilden auch nur ein Blatt aus. Ein Blattstiel kann fehlen oder vorhanden sein, Nebenblätter gibt es in der Regel keine. Bei den tropischen Arten übernehmen die Blätter häufig die Funktion, Wasser zu sammeln und in Richtung der Wurzeln zu leiten. Dort kommen auch blattlose Arten vor, die über grüne Wurzelteile mit Chlorophyll Fotosynthese betreiben. In der heimischen Flora gibt es nur wenige Arten, die kein Blattgrün ausbilden, wie beispielsweise die **Gewöhnliche Nestwurz** *(Neottia nidus-avis)*. Sie ernährt sich über einen Wurzelpilz, der wiederum als Mykorrhiza-Partner mit verschiedenen Bäumen in Partnerschaft lebt. Damit ernährt sich diese Orchidee letztlich von den organischen Verbindungen der Bäume (Epiparasitismus).

Blüten

Die Blütenvielfalt und Anpassung der Blütenform und Farbe an die verschiedensten Insekten ist einzigartig! Sie hat im Laufe der Evolution zu einer hohen Variabilität in Bezug auf die Blütengestalt und die Bestäubungsmechanismen geführt.

Meist stehen die Blüten als Ähre oder Traube in den Achseln blattartiger oder gefärbter **Hochblätter** (auch Tragblätter oder Brakteen genannt), seltener gibt es Einzelblüten. Sie sind stets zygomorph. Bei einigen Orchideen drehen sich die Blüten bei ihrer Entfaltung um 180° (sog. Resupination) – kenntlich wird dies an den Kanten des Fruchtknotens. Obwohl die Blüten sehr vielfältig erscheinen, lässt sich ihr Aufbau in einer einheitlichen Blütenformel beschreiben, eine Ausnahme bildet bei den heimischen Orchideen lediglich der Frauenschuh *(Cypripedium)*.

Alle 6 Blütenblätter sind blumenblattartig ausgebildet (Perigon). Die 3 äußeren Perigonblätter **(Sepalen)** sehen meist anders aus als die inneren **(Petalen)**. Eines der inneren Perigonblätter ist oft auffällig gefärbt und vergrößert. Es wird als **Lippe (Labellum)** bezeichnet. Zusätzlich trägt es häufig einen Sporn, in dem sich der Nektar befindet. Allerdings gibt es auch «Nektartäuschblumen», deren Sporn keinen Nektar enthält. Das Vorhandensein oder Fehlen sowie die Länge und Ausrichtung dieses Sporns liefert wichtige Merkmale für die Gattungs- und Artbestimmung.

Die **Bienen-Ragwurz** *(Ophrys apifera)* vermehrt sich autogam – eine Ausnahme in dieser Familie.

Zweiblättrige Waldhyazinthe oder **Weißes Breitkölbchen** *(Platanthera bifolia)* mit lang ausgezogener Lippe und Sporn

Gewöhnliche Breitblättrige Stendelwurz *(Epipactis helleborine)* mit geteiltem Labellum (Epi-, Meso- und Hypochil)

Langspornige Handwurz oder **Mücken-Händelwurz** *(Gymnadenia conopsea)* mit langem Sporn und Tragblättern in ± Blütenfarbe

Das **Labellum** ist sehr vielgestaltig und trägt wesentlich zu der Formen- und Farbenvielfalt der Orchideen bei. Es liefert wesentliche Merkmale für die Artbestimmung. Bei vielen Arten dient es als Anflugstelle für die bestäubenden Insekten und ist abwärts gerichtet. Bei manchen Gattungen wie beispielsweise den **Stendelwurzen** *(Epipactis)* ist das Labellum in verschiedene Abschnitte gegliedert. Sie werden als **Epichil** (Vorderlippe), **Mesochil** (Mittellippe) und **Hypochil** (Hinterlippe) bezeichnet.

Bei der Gattung **Ragwurz** *(Ophrys)* imitiert das Labellum in Bezug auf Form, Farbe, Behaarung und Duft ein weibliches Insekt bzw. eine Spinne, dazu verströmt es einen intensiven Geruch. Je nach nachgebildeter Tierart unterscheidet man u. a. Spinnen-, Bienen-, Fliegen- (■■ *Ophrys insectifera*) und Hummel-Ragwurz.

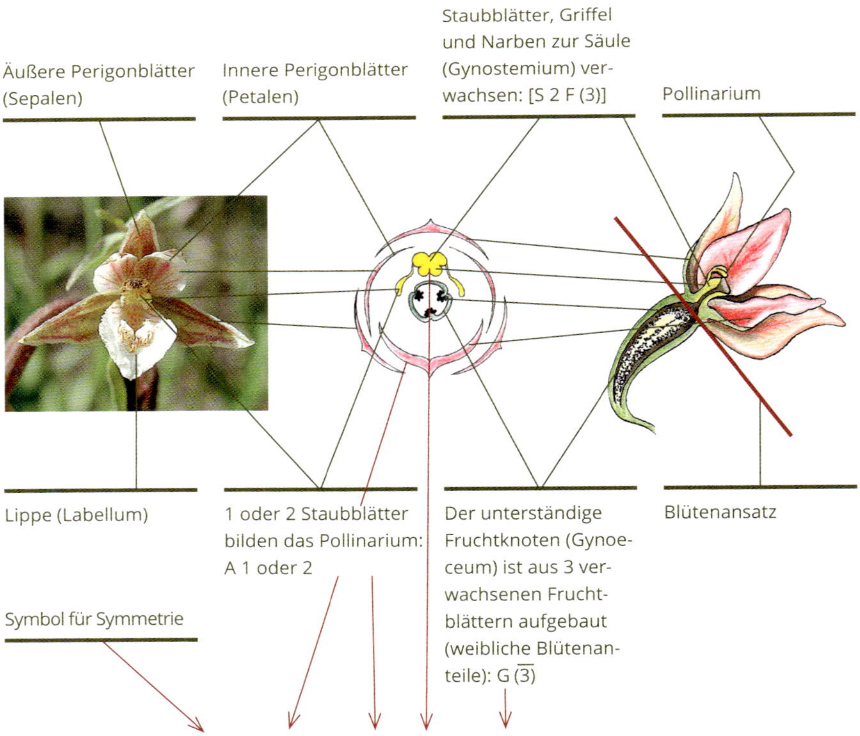

Blütenformel **↓ P 3+3 {A 1 oder 2 G $\overline{(3)}$}**

↓ Perigonblätter 3+3 Staubblätter 1 oder 2 Fruchtblätter $\overline{(3)}$

Doch nicht nur die Ragwurz-Arten setzen den bestäubenden Insekten Hörner auf. Landet ein Blütenbesucher auf einer Orchideenblüte, wird ihm bei dem Versuch, an den Nektar im Inneren des Sporns zu gelangen, ein **Pollenpaket** auf Kopf oder Hinterteil geklebt. Dies ermöglicht der trickreiche Blütenaufbau. Die beiden bzw. das einzige fruchtbare Staubblatt sowie der Griffel und die Narben des Fruchtknotens sind bei den meisten Gattungen zu einem Säulchen **(Gynostemium)** verwachsen. Sie beherbergen das sog. **Pollinarium**: Die Pollenpakete (Pollinium) sind mit einem Stiel und einer **Klebscheibe (Viscidium)** versehen. Stößt das Insekt mit dem Kopf an die Klebscheibe, bekommt es die Pollenpakete aufgebürdet. Nachdem die Pollenpakete abgegeben sind, liegt die Narbe frei und kann von den zuvor «gehörnten» Insekten befruchtet werden.

Frucht

Die Frucht ist eine **Kapsel,** in der die unzähligen, staubfeinen Samen (oft über 5000 je Frucht) gebildet werden. Sie öffnet sich hygroskopisch mit Längsspalten. Alle Orchideen haben eine Keimstrategie, die auf Zusammenarbeit mit **Pilzen** setzt. Ihre Samen sind winzig – fast so klein wie die Sporen der Pilze. Sie werden ebenso wie diese durch den Wind verbreitet und erreichen Flugweiten von über 10 km. Dies schaffen sie durch einen Luftraum, den sie statt Reservestoffen in ihre Samen, die winzig kleinen Ballonflieger, eingeschlossen haben. Bereits die Keimung erfolgt mithilfe spezifischer Pilze, die die notwenigen Nährstoffe aus dem Boden aufschließen.

Nestwurz
(Neottia nidus-avis)

Gewöhnliche Breitblättrige Stendelwurz
(Epipactis helleborine)

Die wichtigsten Familien-Merkmale auf einen Blick

- Rhizome oder Sprossknollen
- Zygomorphe Blüten
- 3 äußere (Sepalen) und 3 innere Perigonblätter (Petalen)
- Labellum («Lippe», d. h. auffällig gestaltetes Perigonblatt)
- Oft mit Sporn
- Staubblätter, Griffel und Narbe zur Säule verwachsen (Gynostemium)
- Unterständiger Fruchtknoten
- Kapselfrucht mit vielen winzigen Samen

Verwechslungsmöglichkeiten

Einer Orchidee ihre Familienzugehörigkeit anzusehen, ist meist einfach. Vertreter der Gattung **Sommerwurz** oder **Würger** *(Orobanche)* erinnern an parasitische Orchideen. Ihnen ähnlich ist der **Fichtenspargel** *(Monotropa hypopitys)*, ein Vollschmarotzer, der sich über eine parasitische Verbindung mit dem Wurzelgeflecht eines Pilzes ernährt. Der Pilz hat gleichzeitig eine Mykorrhiza mit Baumwurzeln. Darüber hinaus können stark gemusterte zygomorphe Blüten anderer Familien an Orchideen erinnern, wie z. B. die von Ziest, Braunwurz oder Springkraut. An ihren Blättern sind sie leicht zu unterscheiden, da sie keine parallel verlaufenden Blattadern besitzen.

Verwechslung möglich mit folgenden Familien und Arten		**Vergleich** Orchideen
Sommerwurzgewächse → Blattgrün fehlt		
Fichtenspargel → Blattgrün fehlt		
Schuppenwurz → Blattgrün fehlt		

Die **Nestwurz** *(Neottia nidus-avis)* ist ein Schmarotzer ohne Blattgrün und ernährt sich über mit Bäumen in Lebensgemeinschaft wachsenden Pilzen.

Die **Kugelorchis** *(Traunsteinera globosa)* wächst in mageren Bergwiesen auf kalkhaltigen Böden. Sie hat vielblütige, ± kugelige Blütenstände mit gespornten Blüten.

Das **Große Zweiblatt** *(Listera ovata)* verdankt seinen Namen den beiden im unteren Teil des Stängels stehenden, nahezu gegenständigen, rundlichen Blättern.

Das **Kriechende Netzblatt** oder **Moosorchis** *(Goodyera repens)* ist an der starken Behaarung leicht zu erkennen.

Das **Weiße Waldvöglein** *(Cephalanthera damasonium)* ist meist im Schatten der Wälder zu finden.

Die **Pyramiden-Hundswurz** *(Anacamptis pyramidalis)* heißt auch Spitzorchis und bevorzugt Trockenrasen auf Kalk.

CH 600 | DE Silber

GATTUNG

KNABENKRAUT

ORCHIS

Helm-Knabenkraut *(Orchis militaris)*

Allgemeines und Verbreitung

Molekulargenetische Ergebnisse haben auch innerhalb der Familie der Orchideen zu einigen Umstellungen geführt. So werden bei einigen Autoren Arten, die ehemals in die Gattung *Orchis* gehörten, heute in die Gattungen *Anacamptis* oder *Neotinea* gestellt. Letztere Gattung wurde vorher als monotypisch mit nur einer Art, der **Keuschorchis** *(Neotinea maculata)*, geführt. Die Systematik der Flora Helvetica folgt dieser Einteilung nicht und führt diese Arten weiterhin unter der Gattung *Orchis*. Danach umfasst diese Gattung in der heimischen Flora ca. 15 Arten.

Allgemein gibt es innerhalb der Orchideen mehr Hybriden als in anderen Familien, und es kommt zu **Bastardbildungen** selbst über Gattungsgrenzen hinweg. In der Literatur wird von Bastardbildungen berichtet, bei der bis zu 9 Gattungen beteiligt sind. Die Gattung der Knabenkräuter hybridisiert vor allem mit der Gattung Fingerwurz *(Dactylorhiza)* und Händelwurz *(Gymnadenia)*. Dies ist allerdings die Ausnahme, generell bastardieren die verschiedenen Arten innerhalb einer Gattung (intragenerisch).

Der Gattungsname *Orchis* stammt vom griechischen Wort für Hoden und bezieht sich auf die paarigen Wurzelknollen. Nach der Signaturenlehre wurden die Knollen der damals weiter verbreiteten *Orchis*-Arten als Aphrodisiakum und bei Hoden-Erkrankungen eingesetzt. Außerdem hielt sich lange der Glaube, Schwangere, die vor der Geburt die kräftigere dieser beiden Knollen verzehren würden, bekämen eher einen Jungen als Nachkommen. So ist auch der Ursprung des Namens «Knabenkraut» begründet. Eine Legende der klassischen griechischen Mythologie besagt, dass Orchis bei einer Kultfeier getötet und durch die Gebete seines Vaters in eine Pflanze verwandelt wurde. Diese trägt nun seinen Namen.

Purpur-Knabenkraut
(Trieb)

Stattliche Orchis
(Trieb)

Die Knollen einiger Arten – vor allem vom **Kleinen Knabenkraut** *(Orchis morio)* und **Stattliche Orchis** *(Orchis mascula)* – wurden seit dem Altertum und werden z. B. in der Türkei leider bis heute aufgrund des hohen Schleimstoffgehaltes als «Tubera Salep» medizinisch bei Magen-Darm-Reizungen, als Dickungsmittel für Nahrungsmittel und Aphrodisiakum eingesetzt. Dadurch sind vor allem im Mittelmeerraum die natürlichen Bestände gefährdet, aber auch in Deutschland wurden Knabenkräuter als Dickungsmittel in erheblichen Mengen aus der Natur geerntet. Heute werden Orchideen nicht mehr als medizinisch wirksam angesehen – darüber hinaus stehen alle Arten unter Naturschutz.

Frisch sind die Vertreter dieser Gattung durch Glykoside (vor allem Loroglossin) schwach giftig. Vom Vieh werden sie gemieden.

Alle Arten der Gattung sind frisch giftig und werden vom Vieh gemieden. Sie stehen wie alle Orchideen unter Naturschutz.

Beispiel
Stattliche Orchis
(Orchis mascula)

Diese Art bevorzugt kalkhaltige Halbtrockenrasen. Wie alle Orchideen besiedeln Arten dieser Gattung magere Standorte.

Unter den Orchideen gibt es einige **Kulturfolger**, d. h., sie sind auf eine Bewirtschaftungsweise der Landschaft durch den Menschen angewiesen, die ihren **Lebensraum** fördert. Viele von ihnen gehören zu den Knabenkräutern *(Orchis),* darüber hinaus sind es auch Arten anderer Gattungen. Sie sind nach den Eiszeiten in Mitteleuropa eingewandert, nachdem der Mensch Wälder rodete und mit der Wiesen- und Weidewirtschaft begann. Dadurch sind Halbtrockenrasen mit idealen Wachstumsbedingungen für diese Arten entstanden, die aus Südeuropa nach Mitteleuropa kamen. Sie haben im warmen Klima ihrer Heimat einen Entwicklungszyklus hervorgebracht, bei dem sie ihre Vegetationszeit im Frühjahr abgeschlossen hatten, bevor die Dürreperiode des Sommers beginnt. Dann verlagern sie ihre Reservestoffe in die unterirdischen Speicherorgane.

Die extensive **Wiesenwirtschaft** auf den von Menschen geschaffenen Halbtrockenrasen bietet ihnen ähnliche Bedingungen, nur dass hier die Beweidung statt der Trockenperiode droht. Auf den ebenfalls arten- und orchideenreichen Feuchtwiesen wird oft zu früh gemäht. Viele der wertvollen Wiesen- und Weiden-Lebensräume sind inzwischen gefährdet, da sie in intensiv bewirtschaftetes Grünland umgewandelt oder durch Aufgabe z. B. der Wanderschäferei ganz aufgegeben werden. Extensiv genutzte Flächen stellen nicht nur für Orchideen, sondern auch für viele weitere Pilz-, Tier- und Pflanzenarten einen besonders artenreichen Lebensraum dar. Werden sie stark gedüngt, gemäht oder beweidet, bevor die Pflanzen genug Zeit hatten, Samen zu bilden und genug Energie in den Blättern für den Austrieb im nächsten Jahr zu

Kleines Knabenkraut *(Orchis morio)* ■ Helm-Knabenkraut *(Orchis militaris)*

speichern, verschwinden sie. Wird die Bewirtschaftung ganz aufgegeben, verbuschen diese Flächen und bewalden sich schließlich, sodass für Orchideenarten nicht mehr genug Licht auf den Boden gelangt. Im Wald sind zwar auch verschiedene Orchideen zu finden, dies sind jedoch andere Arten. Das **Purpur-Knabenkraut** *(Orchis purpurea)* ist beispielsweise eine Art, die in Gebüschen und lichten Wäldern zu finden ist. Wird die Beschattung jedoch stärker, reicht das Licht zum Wachsen nicht mehr aus. Eine hohe Strukturvielfalt der Landschaft stellt generell vielen verschiedenen Lebewesen Lebensraum zur Verfügung und ist besonders artenreich und wertvoll im Hinblick auf den Naturschutz.

Blätter

Die einfachen, parallelnervigen Blätter sind stets im unteren Teil des Stängels rosettig gehäuft. Dies ist ein wichtiges Unterscheidungsmerkmal zur ähnlichen Gattung **Fingerwurz** *(Dactylorhiza)* mit beblättertem Stängel. Sie können zwischen 1 und 10 cm breit sein. Merkmale für die Bestimmung sind neben der Anzahl der Blätter und ihrer Breite auch das Fehlen oder Vorhandensein von dunklen Flecken auf der Oberseite und die Unterscheidung, ob die Blätter vor, in oder hinter der Mitte am breitesten sind. Echte Winterrosetten kommen in dieser Gattung selten vor.

Purpur-Knabenkraut *(Orchis purpurea)*

Blüten

Viele Einzelblüten stehen in einem Gesamtblütenstand zusammen. Typisch für die Vertreter dieser Gattung sind Blüten mit 3-teiliger Lippe und mehr oder weniger stark geteiltem Mittellappen. Die **Tragblätter** sind höchstens so lang wie der Fruchtknoten oder deutlich kürzer. Meist sind sie ± in Blütenfarbe gefärbt.

Alle Arten sind gespornt, wobei der **Sporn** waagerecht bis aufsteigend ist. Er dient nicht als Nektarbehälter, sondern täuscht den Bestäubern ein Nektarangebot vor («Nektartäuschblume»). Die Ausrichtung und Länge des Sporns liefert wichtige Bestimmungsmerkmale.

Die Perigonblätter neigen sich häufig helmartig zusammen, entweder alle Perigonblätter bis auf das Labellum oder nur die inneren. Dies ist – neben der Blattrosette – ein Unterscheidungsmerkmal zur ähnlichen Gattung Fingerwurz *(Dactylorhiza),* bei der sich die Perigonblätter auch zusammenneigen, bei der Gattung Fingerwurz bleiben die äußeren jedoch stets abstehend oder zurückgeschlagen.

Frucht

Die Frucht ist, wie für die gesamte Familie typisch, eine Kapsel mit unzähligen, winzigen Samen. Sie ist in dieser Gattung stets kahl und erscheint dadurch meist glänzend. Im Querschnitt ist sie bis auf die in der Regel schwach entwickelten Rippen annähernd rund. Mit Ausnahme des **Affen-Knabenkrautes** *(Orchis simia)* erblühen die anderen Arten dieser Gattung von unten nach oben, d. h., die Früchte sind im unteren Teil des Blütenstandes am weitesten entwickelt.

Affen-Knabenkraut *(Orchis simia)*

Stattliche Orchis *(Orchis mascula)*

Die wichtigsten Gattungs-Merkmale auf einen Blick

- Mit grünen Blättern
- Blätter stets rosettenartig im unteren Teil des Stängels gehäuft
- Blüten mit ± waagerechtem bis aufsteigendem Sporn
- Tragblätter oft ± Blütenfarbe
- Tragblätter nicht länger als der Fruchtknoten
- Perigonblätter (ohne Lippe) oft helmförmig zusammenneigend
- 3-teiliges Labellum mit ± geteiltem Mittellappen

Verwechslungsmöglichkeiten

Stark gemusterte zygomorphe Blüten anderer Familien ähneln Orchideen, durch ihren Wuchs sind sie leicht zu unterscheiden. Teils schwieriger ist die Abgrenzung zu anderen Gattungen innerhalb der Familie, deren ähnlichste Vertreter hier aufgeführt sind. Ohne die Blüten können die Triebe anderen Einkeimblättrigen oder auch Enziangewächsen ähneln, Letztere haben stets gegenständige Blätter.

Verwechslung möglich mit folgenden Familien und Arten		**Vergleich** Knabenkraut
Lippenblütler Gegenständige Blätter 4-teiliger Fruchtknoten (Klausenbildung) 4-kantiger Stängel		
Fingerwurz Blätter am Stängel verteilt Tragblätter oft länger als der Fruchtknoten Sporn meist abwärts		
Spitzorchis Blütenstand ± pyramidenförmig Sporn fadenförmig		
Händelwurz Blüten intensiv duftend Lippe ungefleckt		

Die **Stattliche Orchis** *(Orchis mascula)* wird auch **Männliches Knabenkraut** genannt. Sie wächst in lichten Wäldern und auf mageren Wiesen.

Das **Schwärzliche** oder **Brand-Knabenkraut** *(Orchis ustulata)* wächst in mageren Bergwiesen auf wärmebegünstigten, oft wechselfeuchten, kalkhaltigen Standorten.

Das **Kleine Knabenkraut** *(Orchis morio)* ist sehr vielgestaltig und bastardisiert mit anderen Arten der Gattung. Es wächst auf mageren Wiesen.

Das **Provence-Knabenkraut** *(Orchis provincia-lis)* hat oft rote Flecken auf dem Labellum. Es wächst in Trockenwiesen und Kastanienhainen.

CH 600 | DE Silber

GATTUNG

FINGERWURZ
DACTYLORHIZA

Gefleckte Fingerwurz *(Dactylorhiza maculata)*

Fuchs' Fingerwurz *(Dactylorhiza fuchsii)*

Allgemeines und Verbreitung

Molekulargenetische Ergebnisse innerhalb der Orchideen lassen vermuten, dass sich im Laufe der Evolution auf verschiedenen Wegen ähnliche Blütenformen herausgebildet haben. So wird beispielsweise diskutiert, ob die **Grüne Hohlzunge** (*Dactylorhiza viridis*) in diese oder als *Coeloglossum viride* (■) in eine eigene Gattung gestellt wird.

Derzeit wird ebenfalls kontrovers diskutiert, ob es innerhalb der Orchideen zu **Hybridisierung** über Gattungsgrenzen hinweg kommt – bei der Gattung Fingerwurz vor allem mit Händelwurz *(Gymnadenia)*, Knabenkraut *(Orchis)* und Waldhyazinthen *(Platanthera)*. Normalerweise sind Bastarde nur zwischen zwei Arten einer Gattung zu beobachten, jedoch nicht mit Arten anderer Gattungen. Dies scheint auf die Orchideen jedoch nicht zuzutreffen. In der Praxis bedeutet dies, dass die Einteilung und Zuordnung häufig nicht einfach ist.

Bislang wurden sowohl Arten aus der Gattung *Orchis* wie auch *Dactylorhiza* als **Knabenkräuter** bezeichnet, hier werden der aktuellen Systematik folgend die Vertreter der Gattung *Orchis* Knabenkräuter und die der Gattung *Dactylorhiza* **Fingerwurz** genannt. Aktuell werden in der heimischen Flora etwa 10 Arten in die Gattung Fingerwurz gestellt.

Ihren wissenschaftlichen und deutschen Namen verdanken sie der fingerförmigen Form ihrer Knollen (gr. «daktylos» = «Finger» und «rhiza» = «Wurzel»). Ähnlich wie die Knabenkräuter (Gattung *Orchis)* wurden auch die Fingerwurzen als Glücksbringer ausgegraben.

Breitblättrige Fingerwurz (Trieb)

Fuchs' Fingerwurz (Trieb)

Lappländische Fingerwurz (Trieb)

Feuchte und extensiv genutzte Wiesen bieten neben anderen seltenen Pilz-, Tier- und Pflanzenarten vor allem Fingerwurz-Arten einen idealen Lebensraum. Auch unter den Orchideen gibt es Spezialisten, die in kleinräumigen Biotopen ihre Nische zum Überleben gefunden haben. Aus dieser Gattung sind dies beispielsweise **Gefleckte Fingerwurz** *(Dactylorhiza maculata)* und **Torfmoos-Fingerwurz** *(Dactylorhiza majalis* subsp. *sphagnicola),* die vor allem in sauren Hochmooren im Bereich der verlandeten Areale und wiedervernässten Torfstiche gedeihen. In Kalkflachmooren ist dagegen die **Fleischfarbene Fingerwurz** *(Dactylorhiza incarnata)* zu finden.

Blätter

Die schmalen, parallelnervigen Blätter sind meist am hohlen Stängel verteilt, und auch wenn sie seltener einmal in einer lockeren Rosette stehen, sind stets zusätzlich einige Stängelblätter vorhanden. Dies ist ein Unterscheidungsmerkmal zur ähnlichen Gattung der Knabenkräuter *(Orchis).* Der Blattgrund umschließt meist die Sprossachse (den Stängel). Häufig ist die Oberseite der Blätter dunkel gefleckt.

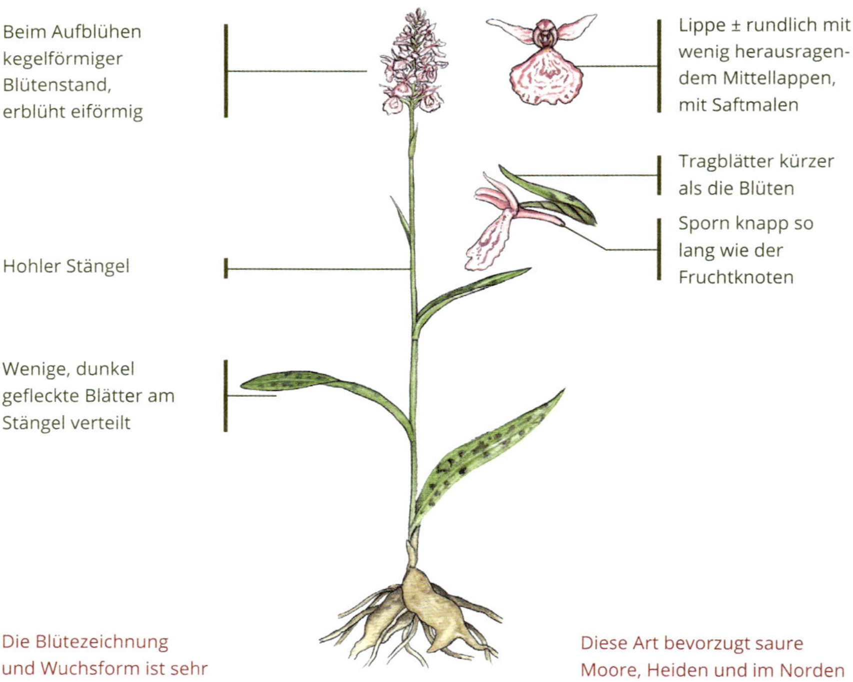

Die Blütezeichnung und Wuchsform ist sehr variabel und vermutlich vom Stickstoffangebot im Boden abhängig.

Beispiel
Gefleckte Fingerwurz
(Dactylorhiza maculata)

Diese Art bevorzugt saure Moore, Heiden und im Norden auch lichte Moorwälder. Wie alle Arten der Familie sind die Fingerwurzen geschützt.

Blüten

Viele Einzelblüten stehen in einem Gesamtblütenstand zusammen. Die **Tragblätter** sind meist laubblattartig und oft länger als die Blüte. Die Blüten sind stets gespornt, der **Sporn** ist meist abwärts gerichtet. Nektar enthält er nicht («Nektartäuschblume»). Die 3 mittleren Perigonblätter sind oft helmförmig in die Mitte geneigt. Im Unterschied zu den Knabenkräutern *(Orchis)* mit ebenfalls helmförmig zusammenneigenden Perigonblättern sind nie alle bis auf das Labellum an der Bildung des «Helmes» beteiligt.

Wie für viele Orchideen typisch, werden den Bestäubern beim Blütenbesuch die **Pollinien** mittels Klebscheibe **(Viscidium)** auf den Kopf geklebt. Beim Besuch der nächsten Blüten trifft das Pollenpaket auf die Narbenoberfläche. Bestäuber sind meist Hummeln und Bienen.

Frucht

Die Kapselfrüchte öffnen und schließen sich hygroskopisch und entlassen die winzigen Samen nur bei trockenem Wetter. In einer Frucht sind es bis zu 6000 Samen. Reservegewebe fehlt, sodass sie sehr leicht sind und Flugweiten von über 10 km erreichen. Sie sind bereits bei der Keimung auf die Nährstoffzufuhr durch **Wurzelpilze (Mykorrhiza)** angewiesen. Da sie kein leicht verderbliches Nährgewebe besitzen, sind sie trotz – oder gerade wegen – ihrer Kleinheit häufig mehrere Jahre keimfähig.

Fuchs' Fingerwurz *(Dactylorhiza fuchsii)*, Variabilität der Blüten und Früchte

Die wichtigsten Gattungs-Merkmale auf einen Blick

- Stets grüne Blätter, oft dunkel gefleckt
- Blätter immer auch am Stängel verteilt
- ± laubblattähnliche Tragblätter
- Tragblätter oft länger als der Fruchtknoten
- Blüten mit meist abwärts gerichtetem Sporn
- Perigonblätter (ohne Lippe) oft helmförmig zusammenneigend, jedoch nur die inneren

Verwechslungsmöglichkeiten

Pflanzen mit zygomorphen Blüten wie Springkraut und Ziest können Fingerwurz-Arten ähneln, anhand ihrer gezähnten Blätter lassen sie sich leicht unterscheiden. Schwieriger ist die Art- und Gattungsbestimmung innerhalb der Orchideen. Besonders ähnliche Gattungen sind hier aufgeführt. Die Blätter allein können auch an Enzian (mit gegenständigen Blättern) oder andere einkeimblättrige Arten erinnern.

Verwechslung möglich mit folgenden Familien und Gattungen		**Vergleich** Fingerwurz
Lippenblütler - Gegenständige Blätter - 4-teiliger Fruchtknoten (Klausenbildung) - 4-kantiger Stängel		
Knabenkraut - Blätter basal gehäuft - Tragblätter meist in Blütenfarbe und kürzer - Sporn waagerecht bis aufsteigend		
Händelwurz - Blüten intensiv duftend - Lippe ungefleckt		
Stendelwurz - Sporn fehlt - 3-teilige Lippe		

Die **Fleischfarbene Fingerwurz** *(Dactylorhiza incarnata)* wächst in feuchten Wiesen und Flachmooren. Die Blätter sind meist ungefleckt und die Seiten der Lippe nach hinten geschlagen.

■ Den hohlen Stängel der **Breitblättrigen Fingerwurz** *(Dactylorhiza majalis)* kann man durch leichtes Zusammendrücken feststellen, ohne diese geschützte Pflanze zu beschädigen.

Fuchs' Fingerwurz *(Dactylorhiza fuchsii)* ist oft schwer von der Gefleckten Fingerwurz zu unterscheiden. Sie hat eine kleinere, tiefer 3-teilige Lippe. In Bezug auf die Standortansprüche ist sie relativ tolerant und daher nicht sehr selten.

Die **Holunder-Fingerwurz** *(Dactylorhiza sambucina)* hat ihren Namen wegen des Geruchs nach Holunder bekommen. Die Blüten sind entweder gelb oder rosa bis purpurrot, und die Lippe trägt stets dunkelrote Punkte.

SÜSSGRASARTIGE

POALES

Grundsätzlich ist die Bestimmung von «Gräsern» nicht schwieriger als von anderen Pflanzen – es gibt kniffelige Gattungen und einfachere. Da ihre Blüten jedoch viel kleiner sind, sollen Sie eine gute Ausrüstung haben. Eine gute Lupe mit mindestens 10-facher Vergrößerung ist eine Voraussetzung, um überhaupt etwas im Blütenaufbau zu erkennen. Noch mehr Freude werden Sie an der Grasbestimmung bekommen, wenn Sie die Gräser mit einem Stereomikroskop (Binokular) mit Auflicht betrachten. Ihre faszinierende und einzigartige Schönheit wird Sie begeistern!

Die Bestimmung gelingt auch am einfachsten zur Blütezeit, da die Blütenmerkmale dann ohne Präparieren zu erkennen sind. Für die Präparation sind eine Präpariernadel und eine Pinzette mit feiner Spitze hilfreich. Wenn die Bestimmung nicht gleich gelingt, ist es bei den Gräsern meist sehr unproblematisch, diese aufzubewahren. Sie lassen sich auch im getrockneten (herbarisierten) Zustand gut bestimmen und im Kühlschrank lange frisch halten. Getrocknete Spelzen quellen innerhalb von Minuten wieder auf.

Süßgras:
Roggen *(Secale cereale)*

Sauergras:
Schmalblättriges Wollgras *(Eriophorum angustifolium)*

«Gras» ist ein weiter Begriff, der umgangssprachlich für alle Rasen- und Wiesenpflanzen verwendet wird, die Halme besitzen. Botanisch gesehen unterscheidet sich der Bauplan der Binsengewächse und der Sauer- und Süßgräser jedoch stark voneinander. Die Bestimmung gelingt wesentlich leichter, wenn Sie sich von Anfang an mit dem Blütenaufbau vertraut machen. So können Sie die interessierende Pflanze von Anfang an in die richtige Kategorie einordnen. Hier sehen Sie eine Übersicht, die Ihnen die Einordnung erleichtern kann. Neben diesen 3 umfangreichen Familien gehören auch die Rohrkolbengewächse (Typhaceae) zu den Süßgrasartigen. Sie haben, wie für einkeimblättrige Pflanzen typisch, Blätter mit Parallelnervatur. Ihr Blütenaufbau unterscheidet sich stark, doch sind alle windblütig.

Binsengewächse
Juncaceae

- Knotenloser Stängel
- Oft Durchlüftungsgewebe (Aerenchym)
- Zwittrige Blüten klein und unscheinbar
- Gattung Binse: runder Stängel
- Gattung Hainsimse: grasartige Blätter mit Haaren

Gattungen

- Haimsimse *(Luzula)*
- Binse *(Juncus)*

Sauergräser
Cyperaceae

- Knotenloser, markiger, 3-kantiger Stängel
- Blätter 3-zeilig angeordnet, oft mit Blatthäutchen
- Geschlossene Blattscheide
- Mehrblütige Ährchen
- Unscheinbare, meist eingeschlechtliche Blüten in der Achsel von Spelzen

Gattungen (Beispiele)

- Segge *(Carex)*
- Wollgras *(Eriophorum)*
- Simse *(Scirpus)*
- Kopfried *(Schoenus)*

Süßgräser
Poaceae

- Runder, hohler Halm mit Knoten
- Blätter 2-zeilig
- Meist mit Blatthäutchen (Ligula)
- Einzelblüten in vielblütigen Ährchen
- Charakteristischer Blütenaufbau mit Spelzen

Gattungen (Beispiele)

- Rispengras *(Poa)*
- Trespe *(Bromus)*
- Schwingel *(Festuca)*
- Straußgras *(Agrostis)*

FAMILIE

SAUERGRÄSER

CYPERACEAE

Strandsimse
(Bolboschoenus maritimus)

Alpen-Haarsimse
(Trichophorum alpinum)

Allgemeines und Verbreitung

Weltweit gibt es etwa 90 Gattungen mit 5500 Arten, die meisten sind in den gemäßigten bis subarktischen Klimazonen verbreitet. Eine der bekanntesten Arten ist der **Echte Papyrus** *(Cyperus papyrus)*, ein Sauergras, das im alten Ägypten zum Beschreiben – wie heute Papier – verarbeitet wurde. In der heimischen Flora gibt es etwa 15 Gattungen mit 140 Arten. Die meisten davon gehören in die Gattung **Segge** *(Carex)*. Viele von ihnen wachsen auf feuchtem Grünland. Ihr Futterwert ist im Gegensatz zu dem der Süßgräser sehr gering, da sie vom Vieh kaum verwertbar sind – daher hat man ihnen den Namen Sauergräser gegeben, der jetzt die ganze Familie prägt.

Blätter

Die Vertreter dieser Familie sind fast ausschließlich mehrjährige Kräuter oder Stauden. Allen gemein ist ihr knotenloser, markiger und meist 3-kantiger Stängel. An diesem können Süßgräsern ähnliche Gattungen wie z. B. **Schnabelbinse** oder **Schnabelried** *(Rhynchospora)* und **Schneidebinse** oder **Binsenschneide** *(Cladium)* auch ohne Blüten von diesen unterschieden werden. Wenn Blätter vorhanden sind, dann sind sie 3-zeilig angeordnet, d. h., aufeinanderfolgende Blätter stehen jeweils um 120° versetzt am Stängel. Oft ist an der Übergangsstelle von der Blattspreite (Blattfläche) zur Blattscheide ein **Blatthäutchen (Ligula)** ausgebildet. Die Blattscheide ist überwiegend geschlossen.

Die Blüten stehen hier in 2-zeilig angeordneten Spelzen zu 2–7 in Ährchen zusammen. In einem Blütenstand befinden sich bis zu 30 Ährchen.

Beispiel
Schwarzes Kopfried
(Schoenus nigricans)

Hier sind die Blätter mindestens halb so lang wie der Stängel. Standort sind Sumpfwiesen und Flachmoore bis in subalpine Höhenlagen.

Es gibt einige Gattungen, wie beispielsweise **Teichsimsen** *(Schoenoplectus)*, **Sumpfbinsen** *(Eleocharis)* und **Kopfbinse** oder **Kopfried** *(Schoenus)*, die man auf den ersten Blick mit ihren rundlichen Stängeln eher für Binsengewächse halten könnte. Sie unterscheiden sich von diesen vor allem durch die fehlenden Perigonblätter. Vor allem die bis über 2 m großen Teichsimsen werden in Pflanzenkläranlagen zur Wasserreinigung eingesetzt.

Blüten

Die windbestäubten, einfach gebauten Blüten sind zwittrig oder eingeschlechtlich und stehen zu mehreren in Ährchen. Diese Ährchen können wiederum einzeln stehen oder zu Ähren, Köpfchen oder Spirren vereinigt sein. Bei der **Binsenschneide** *(Cladium)* und dem **Schnabelried** *(Rhynchospora)* gibt es in jedem Ährchen neben den oberen fruchtbaren Blüten im unteren Bereich Spelzen, die steril sind, d. h., ihnen fehlen fruchtbare Staubblätter oder Fruchtknoten. Die Ährchen stehen wiederum meist in der Achsel von blattähnlichen Hochblättern.

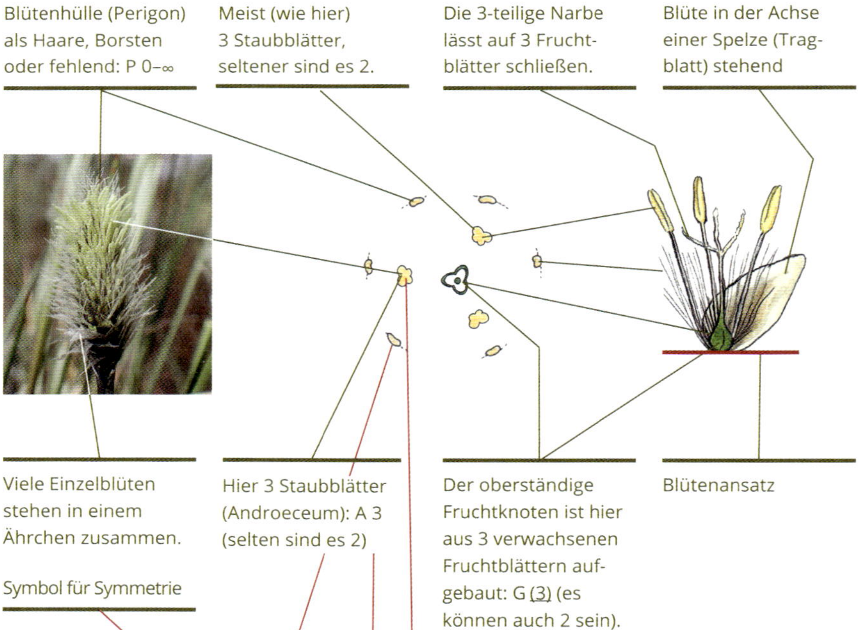

Blütenformel *** P 0 bis ∞ A 3 (selten 2) G (2) oder (3)**

*** Perigonblätter 0 bis ∞ Staubblätter 3 (selten 2) Fruchtblätter (2) oder (3)**

Während die **Seggen** *(Carex)* stark reduzierte, eingeschlechtige Blüten haben, sind die Blüten vieler anderer Gattungen zwittrig. Sie sind radiär, 3-zählig, und die Blütenhüllblätter (Perigonblätter) sind zu Borsten oder Haaren reduziert – sie können auch ganz fehlen. Dies ist ein wichtiges Unterscheidungsmerkmal zu den teils recht ähnlichen Gattungen in der Familie der Binsengewächse, wie beispielsweise den **Simsen** *(Scirpus)*. Meist stehen die Blüten in den Achseln trockenhäutiger Tragblätter, sogenannter **Spelzen**. Meist sind 3 Staubblätter vorhanden, seltener auch nur 2. Die 2 oder 3 Fruchtblätter sind zu einem oberständigen Fruchtknoten verwachsen. Entsprechend gibt es 2 oder 3 Narben. Der Blüten- und Fruchtaufbau der Seggen wird dort gesondert beschrieben.

Da die männlichen und weiblichen Blütenanteile nacheinander heranreifen, sind in einem blühenden Ährchen meist entweder die reifen Staubblätter oder die Narben zu sehen.

Frucht

Aus dem oberständigen Fruchtknoten entwickelt sich zur Reifezeit eine **Nussfrucht (Karyopse)**. Je nachdem, ob sie aus 2 oder 3 Fruchtblättern aufgebaut ist, hat sie zwei nach außen gewölbte Flächen (bikonvex) oder ist 3-kantig. Bei den **Seggen** *(Carex)* ist sie von einem blasenförmigen **Fruchtschlauch**, dem **Utriculus**, eingeschlossen. Bei der Gattung **Wollgras** *(Eriophorum)* und der **Alpen-Haarsimse** *(Trichophorum alpinum)* entwickelt sich nach der Blütezeit aus den Perigonhaaren ein Wollschopf. Hier dienen die Haare zur Verbreitung durch den Wind. Bei anderen Gattungen, wie z. B. der Teichsimse, dienen die Perigonborsten der Anhaftung in Fell und Federn der Tiere. Darüber hinaus findet häufig Schwimmausbreitung statt, und die Früchte einiger Seggen haben dafür eine Luftblase.

Fruchtreife **Alpen-Haarsimse** *(Trichophorum alpinum)* ■ Blühende **Salz-Teichsimse** *(Schoenoplectus tabernaemontani)*

Die wichtigsten Familien-Merkmale auf einen Blick

- Meist knotenloser, markiger, 3-kantiger Stängel
- Blätter 3-zeilig angeordnet, oft mit Blatthäutchen
- Geschlossene Blattscheide
- Meist mehrblütige Ährchen in Ähren, Köpfchen oder Spirren
- Blütenstand in der Achsel von Hüllblättern
- Blüten zwittrig oder eingeschlechtig, einfach gebaut
- Blütenhülle in Form von Haaren, Borsten (oft 6) oder fehlend
- Blüten in der Achsel trockenhäutiger Tragblätter (Spelzen)
- 2–3 Staubblätter
- 2–3 oberständige Fruchtblätter bilden Nussfrüchte
- Meist feuchte Standorte

Verwechslungsmöglichkeiten

Sauergräser werden am ehesten mit anderen Grasartigen verwechselt. Hier ist das reduzierte Perigon ein gutes Merkmal. Auch die binsenartigen Sauergräsern ähnlichen Blumenbinsen *(Scheuzeria)* und Dreizack *(Triglochin)* haben ein Perigon. Allerdings gibt es im Verlandungsbereich der Gewässer Arten wie z. B. Kalmus, Rohrkolben, Igelkolben, Schwertlilie und Schwanenblume, deren Blätter grasartig aussehen.

Verwechslung möglich mit folgenden Familien und Gattungen		**Vergleich** Sauergräser
Süßgräser Stängel mit Knoten 2-zeilige Blattstellung Blüten mit Hüll-, Deck- und Vorspelzen		
Binsengewächse 6 Perigonblätter		
Dreizack Perigonblätter vorhanden		

Die **Sumpfbinse** *(Eleocharis palustris)* heißt auch Sumpfried. Sie wächst in der Verlandungszone von Gewässern, in Flachmooren, Seggenbeständen und auf nassen Wiesen.

Die **Rasenbinse** oder **Rasen-Haarbinse** *(Trichophorum cespitosum)* bildet Horste in Flach- und Hochmooren, sie gedeiht auch in feuchten Heiden und Moorwäldern.

Die **Waldbinse** *(Scirpus sylvaticus)* wurde früher verflochten (lat. «scirpere» = «flechten»). Sie wächst vor allem auf potenziellen Erlenbruchwaldstandorten und Feuchtwiesen.

Das **Nacktried** *(Elyna myosuroides)* hat steife, borstliche Blätter und wächst auf windexponierten, kalkhaltigen Steinrasen in 1800–3100 m Höhe.

Die **Binsen-Schneide** *(Cladium mariscus)* verdankt ihren Namen den starren, am Rand schneidend scharfen Blättern. Sie wird bis 2 m hoch.

Der **Echte Papyrus** *(Cyperus papyrus)* stammt aus Südeuropa, Südwestasien und Afrika und wurde im Altertum zu Papier verarbeitet.

GATTUNG

WOLLGRAS

ERIOPHORUM

Blüten- und Fruchtstand **Scheiden-Wollgras** *(Eriophorum vaginatum)*

Allgemeines und Verbreitung

Ebenso wie der deutsche Gattungsname Wollgras bezieht sich auch der wissenschaftliche *Eriophorum* auf den Fruchtstand dieser Pflanzen und setzt sich aus dem griechischen «erion» für «Wolle» und «phoreein» für «tragen» zusammen. Weltweit gibt es knapp 20 Arten, die zum Teil in zahlreiche Unterarten untergliedert werden. Sie sind vor allem auf der nördlichen Hemisphäre in den gemäßigten bis subarktischen Gebieten verbreitet. In der heimischen Flora gedeihen von ihnen 5 Arten, die vor allem auf Moorstandorten und in Sumpfgebieten zu finden sind.

Blätter

Die heimischen Wollgräser sind ausdauernde, krautige Pflanzen, die kaum über 60 cm hoch werden. Es gibt Arten wie das Scheiden- und Breitblättrige Wollgras, die ohne Ausläufer in Horsten wachsen, und andere, wie das Schmalblättrige Wollgras *(Eriophorum angustifolium),* das mit unterirdischen Ausläufern lockere Rasen bildet. Die Stängel sind rund bis 3-kantig. Die Blätter können borstig schmal bis ausgebreitet sein. Sie stehen 3-zeilig am Stängel. An der Übergangsstelle von der Blattspreite in die Blattscheide kann ein Blatthäutchen (Ligula) ausgebildet sein.

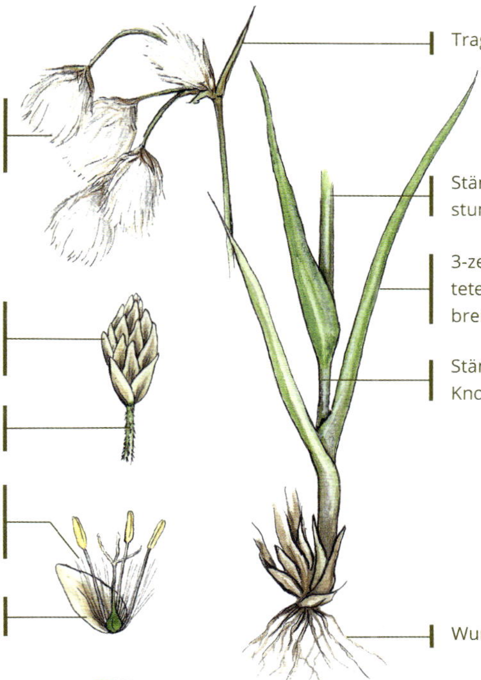

Bei dieser Art stehen mehrere Ährchen in einem Blütenstand.

Beispiel **Breitblättriges Wollgras** *(Eriophorum latifolium)*

Standort sind kalkhaltige Flachmoore bis in alpine Höhenlagen.

Blüten

Wollgräser werden vom Wind bestäubt. Am Ende des Stängels steht der Blütenstand mit einem einzelnen oder mehreren Ährchen. Meist steht er in 2 blattartigen Hüllblättern. Die einzelnen Blüten sind zwittrig und befinden sich wiederum in einer trockenhäutigen Spelze. Es gibt 3 Staubblätter und einen aus 3 Fruchtblättern aufgebauten, oberständigen Fruchtknoten mit 3 Narben. Die Perigonblätter sind zu Hüllfäden reduziert. Nach der Blütezeit verlängern sie sich und verleihen den Wollgräsern ihren typischen Wollschopf.

Frucht

Aus dem oberständigen Fruchtknoten bildet sich zur Reifezeit eine **Nussfrucht** (Karyopse), die mit dem Haarschopf vom Wind verbreitet wird. Dabei bilden die weißen, flugfähigen wolligen Haare des Blütenstandes eine Einheit mit den Früchten.

Frucht- und Blütenstand **Schmalblättriges Wollgras** *(Eriophorum angustifolium)*

Scheiden-Wollgras *(Eriophorum vaginatum)*

Scheuchzers Wollgras *(Eriophorum scheuchzeri)*

Die wichtigsten Gattungs-Merkmale auf einen Blick

- Zwittrige Blüten mit 3 Staubblättern
- Perigonblätter zu Haaren reduziert
- Nach der Blütezeit mit Wollschopf
- Blütenstand am Ende des Stängels
- Moorgebiete und Sumpfstandorte

Verwechslungsmöglichkeiten

Wollgräser sind zur Zeit der Fruchtreife an ihrem Wollschopf leicht zu erkennen. Hier besteht ausschließlich Verwechslungsmöglichkeit mit der **Alpen-Haarsimse** *(Trichophorum alpinum)*. Ohne die Fruchtstände können einige Süßgräser und Binsengewächse – und hier vor allem die Gattung **Binse** *(Juncus)* – ähnlich aussehen.

Verwechslung möglich mit folgenden Familien und Arten — **Vergleich** Wollgras

Süßgräser

- Stängel mit Knoten
- 2-zeilige Blattstellung
- Wenn behaart, dann nicht nur die Blattränder

- Blüten mit Hüll-, Deck- und Vorspelzen

Binsengewächse

- Oft markiger Stängel (Aerenchym)
- Gattung Binse: runder Stängel

- 6 Perigonblätter
- Zur Fruchtzeit ohne Wollschopf

Alpen-Haarsimse

- Höchstens 6 Perigonborsten
- Wollschopf meist kraus

SEGGE

CAREX

Gelbe Segge *(Carex flava)* Rasen-Segge *(Carex cespitosa))*

Allgemeines und Verbreitung

Mit über 100 Arten ist diese Gattung die weitaus größte innerhalb der Sauergräser. Ihr Name geht auf das alteuropäische Wort «sek» für «schneiden» zurück und bezieht sich auf die schneidend scharfen Blattränder. Dies findet sich auch im wissenschaftlichen Gattungsnamen *Carex* wieder. «Secare» bedeutet lateinisch «schneiden», und «carrere» steht für «kratzen», so wurden diese Gräser «kratzendes Gestrüpp» genannt. Umgangssprachlich werden Seggen auch Riedgräser genannt und die Riedgrasbestände Sauerwiesen. Dies bedeutet so viel wie «wertloses Grünland» und ist auf den geringen Futterwert der Seggen zurückzuführen. Allerdings wurde das Heu der Seggenriede als Einstreu für die Tiere genutzt. Die Feuchtwiesen sind entstanden, als der Mensch begann, die Feuchtwälder entlang der Bäche und Seen in Grünland zu verwandeln.

Die meisten Arten gedeihen auf feuchten Standorten. Allerdings zieht beispielsweise die **Frühlings-Segge** (■ ■ *Carex caryophyllea*) trockene Wiesen und Weiden vor. Sie ist von der Tiefebene bis in die alpine Stufe zu finden. Einige Arten sind bestens an das rauere Klima in größeren Höhen angepasst und nur in montanen bis alpinen Bergregionen beheimatet. Die Vorliebe verschiedener Arten für saure oder kalkhaltige Standorte liefert wichtige Hinweise für die Bestimmung.

- ■ Die **Trauer-Segge** *(Carex atrata)* besiedelt feuchte Rasen auf Kalkböden.
- ■ Die **Krumm-Segge** *(Carex curvula)* wächst auf nährstoffarmen, meist sauren Standorten mit kurzer Schneebedeckung der subalpinen und alpinen Stufe.
- ■ Die **Polster-Segge** *(Carex firma)* wächst auf kalkhaltigen felsigen Hängen.
- ■ Die **Rost-Segge** *(Carex ferruginea)* bevorzugt wasserzugige Hänge auf kalkhaltigen Böden und Schiefergestein.
- ■ Die **Kleine Trauer-Segge** *(Carex parviflora)* bevorzugt Schneetälchen und feuchte Rasen auf kalkhaltigem Untergrund.
- ■ Die **Immergrüne Segge** *(Carex sempervirens)* ist eine Pionierpflanze auf Felsschutthängen und in steinigen Magerrasen.
- ■ ■ Die **Schlaffe** oder **Blaugrüne Segge** *(Carex flacca)* besiedelt lehmige, feuchte meist kalkreiche Hänge.
- ■ ■ Die **Bleiche Segge** *(Carex pallescens)* wächst in Mooren und auf sauren Wiesen und Weiden.
- ■ ■ Die **Hirsen-Segge** *(Carex panicea)* besiedelt Flach- und Hochmoore.

Andere Arten, beispielsweise die **Hänge-** (■ ■ *Carex pendula*), **Finger-** (■ ■ *Carex digitata*) und **Wald-Segge** (■ ■ *Carex sylvatica*), bevorzugen feuchte Waldstellen. Sie sind von der Tiefebene bis in die montane Stufe verbreitet.

Blätter

Innerhalb der Gattung Segge *(Carex)* gibt es zwei Wuchsformen. Die **rasenbildenden** Arten vermehren sich über **Ausläufer**. Seggen ohne Ausläufer bilden meist dichte **Horste**. Dies ist für die Bestimmung ebenso wichtig wie der Standort und die übrigen Blatt- und vor allem Fruchtmerkmale. Typisch für alle Seggen ist ihr markiger, knotenloser, 3-kantiger Stängel. Entsprechend sind die **Blätter 3-zeilig** angeordnet. An der Übergangsstelle von der Blattscheide in die Blattspreite kann – wie bei den Süßgräsern auch – ein **Blatthäutchen (Ligula)** ausgebildet sein. Die Blattscheide ist stets geschlossen, sie reißt beim Auseinanderziehen an der vorderen Kante entweder netzig oder hautig auseinander. Der Stängelquerschnitt reicht von rundlich über stumpf 3-kantig bis zu scharfkantig 3-eckig. Die Faltung der Blätter und die Beschaffenheit des Blattrandes liefern ebenfalls wichtige Merkmale für die Bestimmung. Einen rauen Blattrand spürt man am besten, indem das Blatt vorsichtig an der Oberlippe entlanggeführt wird, da die Haut hier besonders empfindlich ist. Vermutlich dient die Rauigkeit als Fraßschutz.

Netzig auffasernde Blattscheide

Hautig auffasernde Blattscheide

Horste der **Steifen Segge** *(Carex elata)*

Ausläufer der **Schlank-Segge** *(Carex acuta)*

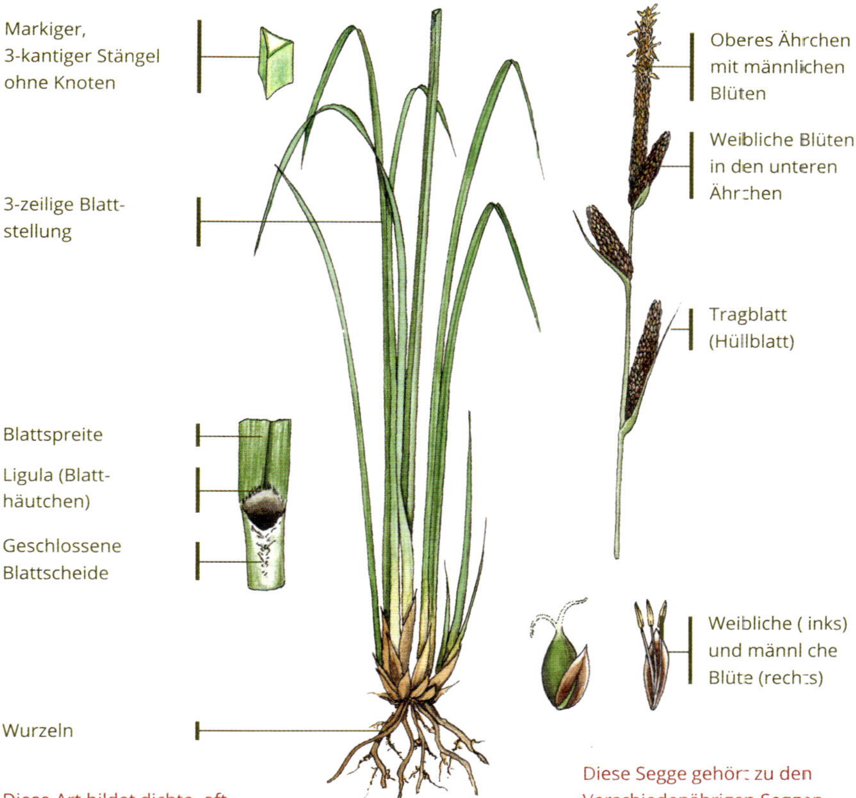

Diese Art bildet dichte, oft stockwerkartige Horste in Sümpfen, Flachmooren und Erlenbrüchen.

■■ Beispiel
Steife Segge
(Carex elata)

Diese Segge gehört zu den Verschiedenährigen Seggen mit getrennten männlichen (oben) und weiblichen Blütenständen (unten).

Blüten

Die windbestäubten Blüten der Seggen sind stets **eingeschlechtig**. Die Verteilung der männlichen und weiblichen Blüten innerhalb des Blütenstandes und auf den verschiedenen Pflanzen ist unterschiedlich. Traditionell hat dies zu einer Untergliederung der umfangreichen Gattung in Untergattungen geführt. Aktuell spricht man nicht mehr von Untergattungen, doch hat diese Einteilung für die Artbestimmung nach wie vor Bedeutung.

In der mit knapp 10 Arten relativ kleinen Gruppe der **Einährigen Seggen** (ehem. **Untergattung** *Primocarex*) gibt es zwei Arten, die zweihäusig sind: die auch so benannte **Zweihäusige Segge** *(Carex dioica)* und die **Davalls Segge** (■■ *Carex davalliana*). Letztere bildet in Flachmooren auf kalkhaltigem Untergrund dichte Horste. Die anderen Vertreter dieser Gruppe sind einhäusig.

Weiterhin gibt es innerhalb der Seggen mit mehreren Ährchen **Gleichährige Seggen** (ehem. Untergattung *Vignea*) und **Verschiedenährige Seggen** (ehem. Untergattung *Carex*). Während bei ersterer Gruppe alle Ährchen gleich aufgebaut sind und sowohl männliche als auch weibliche Blüten beherbergen, befinden sich bei den Verschiedenährigen Seggen die getrenntgeschlechtlichen Ährchen an einer Pflanze. Dabei stehen die Ährchen mit den männlichen Blüten über den Ährchen mit weiblichen Blüten. Allerdings kann es bei Mischformen auch vorkommen, dass die Spitze der weiblichen Ährchen mit männlichen Blüten abschließt. Hierbei ist darauf zu achten, ob das bei allen Ährchen an einer Pflanze der Fall ist – nur dann handelt es sich tatsächlich um Gleichährige Seggen. Die Namen *Vignea* und *Primocarex* sind insofern Kunstbegriffe, da sie im wissenschaftlichen Namen der Seggen nicht erscheinen und stets der Gattungsname *Carex* verwendet wird. Bei der Bestimmung der Seggen ist es jedoch von großer Bedeutung, auf die Verteilung der männlichen und weiblichen Blüten im Blütenstand zu achten. Die meisten heimischen Arten gehören zu den Verschiedenährigen Seggen.

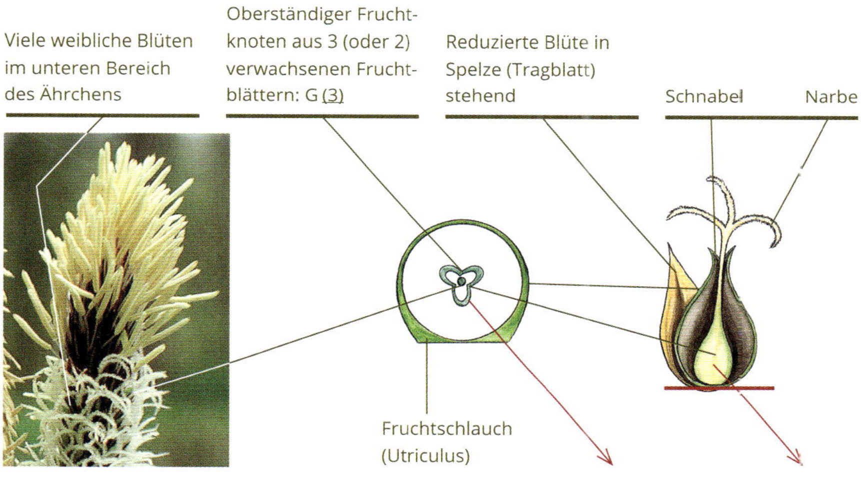

Blütenformel weibliche Blüte Fruchtblätter (2) oder (3) G (2) oder (3)

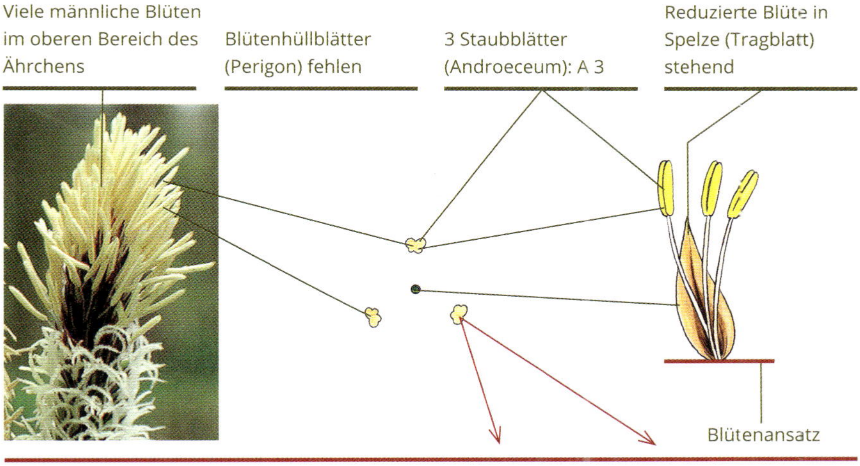

Blütenformel männliche Blüte Staubblätter 3 A 3

Die Blüten stehen stets in der Achsel eines Tragblattes, der sogenannten Spelze. Oft hat diese einen auffällig anders gefärbten Mittelnerv. Bei den weiblichen Blüten steht der Fruchtknoten in dieser Spelze. Je nach der Anzahl der an der Fruchtbildung beteiligten verwachsenen Fruchtblätter sind 2 oder 3 Narben sichtbar. Bei den männlichen Blüten stehen dort entsprechend 3 Staubblätter.

Frucht

Charakteristisch für die Seggen ist eine zusätzliche Hülle um den Fruchtknoten, der blasenförmige Schlauch, auch **Utriculus** oder Fruchtschlauch genannt. Er dient als Verdunstungsschutz und zur Verbreitung. Als Anpassung an den feuchten Standort ist bei einigen Arten eine Luftblase zur Schwimmverbreitung eingeschlossen. Als sogenannter Schnabel wird die obere schlanke Spitze des Schlauches bezeichnet, sie kann aufgespalten sein und mit zwei Schnabelzähnen (geschnäbelt) oder stumpf abgerundet enden (ungeschnäbelt). Oben ragen die 2 oder 3 Narben heraus. Auch nach der Blüte ist die Anzahl der Narben bzw. die Anzahl der an der Fruchtbildung beteiligten Fruchtblätter an der Form der Nussfrucht erkennbar. Dazu wird der Utriculus (Schlauch) entfernt und die Frucht (Nuss) im Inneren betrachtet: Linsenförmige Nüsschen haben 2 Narben, 3-kantige dagegen 3. Da die Früchte insgesamt recht klein sind, empfiehlt sich, für die Untersuchung eine Lupenbrille oder Stereolupe und Präparierbesteck zu verwenden. Seggen sind zur Zeit der Fruchtreife im Allgemeinen leichter zu bestimmen als zur Blütezeit.

Weiße Narben und gelbe bis bräunliche Staubbeutel, **Schlank-Segge** *(Carex acuta)*

Schläuche ungeschnäbelt, **Schlaffe Segge** *(Carex flacca)*

Schläuche in Schnabel verjüngt, **Sparrige Segge** *(Carex muricata)*

Spelzen mit grünem Mittelnerv, **Braune Segge** *(Carex nigra)*

Die **Igelfrüchtige Segge** *(Carex echinata)* heißt auch Stern-Segge und verdankt den Namen den sparrig abstehenden Früchten. Sie wächst in Sumpfwiesen und Flachmooren bis in alpine Höhen.

Die **Winkel-Segge** *(Carex remota)* wächst horstförmig in feuchten, schattigen Stellen in Laubwäldern und Gebüschen. Die blattartigen Hüllblätter überragen den schlaffen Stängel.

Die **Hasenpfoten-Segge** *(Carex leporina)* verdankt diesen Namen ihren an Pfoten erinnernden Ährchen. Sie wächst auf sauren Böden in Waldschlägen und an Wegrändern.

Die **Dichtährige Stachel-Segge** *(Carex spicata)* heißt auch Dichtährige Segge, sie gedeiht auf nährstoffreichen Böden an Wegrändern und Schuttplätzen bis in subalpine Höhen.

Die wichtigsten Gattungs-Merkmale auf einen Blick

- 3-zeilige Blattstellung
- 3-kantiger Stängel
- Eingeschlechtliche Blüten mit 3 Staubblättern
- Blüten stets in Spelzen stehend (Tragblätter)
- Perigonblätter fehlen
- Frucht in Schlauch (Utriculus) eingeschlossen
- Blütenstand am Ende des Stängels
- Meist feuchte Standorte

Verwechslungsmöglichkeiten

Seggen sehen Süßgräsern und Binsengewächsen aus der Gattung Hainsimse recht ähnlich. Beide Familien haben einen anderen Blütenaufbau. Im blütenlosen Zustand helfen zur Unterscheidung zu den Süßgräsern die Blattstellung und die Stängel mit den Knoten. Ein Durchlüftungsgewebe wie bei den Binsen (Aerenchym) gibt es in den markigen Stängeln der Seggen nicht. Allerdings ist es auch innerhalb der Gattung häufig schwierig, die Arten zu bestimmen, und Hybridisierung erschwert dieses zusätzlich.

Verwechslung möglich mit folgenden Familien und Gattungen		**Vergleich** Segge
Süßgräser Stängel mit Knoten 2-zeilige Blattstellung Blüten mit Hüll-, Deck- und Vorspelzen		
Hainsimse Behaarung fehlend oder anders Zwittrige Blüte mit 6-zähligem Perigon		
Schnabelried 1–2 mm breite Blätter Untere Spelzen steril Perigonblätter reduziert zu Borsten bzw. Haaren		

Die **Gelbe Segge** *(Carex flava)* ist auf schlammigen Böden und in Flachmooren bis in subalpine Höhenlagen weit verbreitet.

Die **Wald-Segge** *(Carex sylvatica)* wächst ohne Ausläufer in lockeren Horsten in Laubwäldern bis ungefähr zur Waldgrenze.

Die **Behaarte Segge** *(Carex hirta)* ist an allen Teilen stark behaart. Die Behaarung der Früchte dient der Haftverbreitung.

Die **Immergrüne Segge** *(Carex sempervirens)* heißt auch Horst-Segge und bildet dichte Bulte in den Höhenlagen der Alpen auf steinigen Böden.

Die **Braune Segge** *(Carex nigra)* wächst mit unterirdischen Ausläufern dichtrasig in Sumpfwiesen, Flachmooren und auf torfigen Böden.

Die **Hänge-Segge** *(Carex pendula)* wird auch als Zierpflanze in Wildpflanzengärten gepflanzt. Sie wächst in feuchten Waldstellen.

CH 400 DE Silber

FAMILIE

BINSENGEWÄCHSE

JUNCACEAE

Jacquins Binse *(Juncus jacquinii)* Schnee-Hainsimse *(Luzula nivea)*

Allgemeines und Verbreitung

Binsengewächse sind Kräuter oder Stauden mit grasähnlichem Wuchs und knotenlosem Stängel. Weltweit gibt es knapp 500 Arten aus etwa 10 Gattungen. In Mitteleuropa heimisch sind die beiden Gattungen **Hainsimse** *(Luzula)* und **Binse** *(Juncus)* mit etwa 15 bzw. 25 Arten. Während die Vertreter der Gattung Binse eher feuchte Standorte besiedeln, findet man Hainsimsen vorwiegend in bodensauren Wäldern und auf magerem Grünland.

Blätter

Ihre Gestalt ist recht unterschiedlich, und beide Gattungen werden nachfolgend ausführlich vorgestellt. Hier finden Sie eine Übersicht über gemeinsame und trennende Merkmale.

Binse *Juncus*	**Hainsimse** *Luzula*
➾ Zwittrige Blüten klein und unscheinbar ➾ Kapselfrucht mit vielen Samen	➾ Zwittrige Blüten klein und unscheinbar ➾ Kapselfrucht mit 3 Samen

➾ Knotenloser Stängel ➾ Blätter kahl, teils mit Öhrchen am Stängel ➾ Oft Durchlüftungsgewebe (Aerenchym) ➾ Runder Stängel ➾ Ausläufer- und horstbildende Arten ➾ Vorliebe für feuchte Standorte	➾ Knotenloser Stängel ➾ Grasartige Blätter 3-zeilig ➾ Bewimperung am Blattrand ➾ Überwiegend horstförmig wachsend ➾ Meist in bodensauren Wäldern und auf magerem Grünland
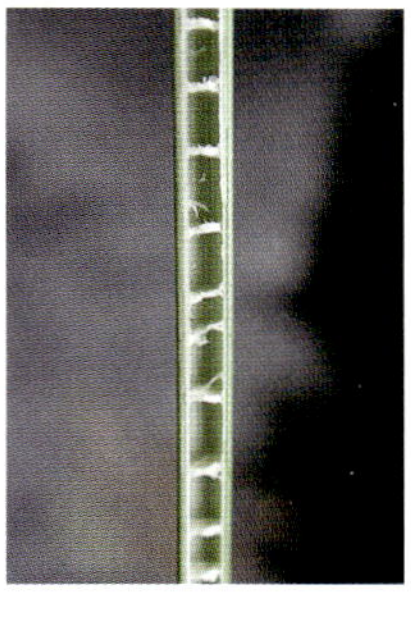 	 

Blüte

Der Blütenstand ist eine aus mehreren Einzelblüten aufgebaute **Spirre**, die in der Achsel eines **Tragblattes (Hüllblatt)** steht. Bei einigen Arten verlängert das Tragblatt den Stängel, sodass es erscheint, als ob sich der Blütenstand seitlich an einem blattlosen Stängel befindet. Die zwittrigen Einzelblüten sind unscheinbar und meist grün bis bräunlich. Sie produzieren weder Nektar noch Duftstoffe, da sie vom Wind bestäubt werden. Die 6 gleichgestalteten Blütenblätter **(Perigon)** stehen in 2 Kreisen. Sie bleiben an der reifen Frucht erhalten. Es gibt 3 oder 6 Staubblätter, je nachdem, ob sie in beiden Kreisen oder nur einem Kreis angelegt sind. Es gibt 3 verwachsene Fruchtblätter mit 3 Narben.

Frucht

Zur Reifezeit bilden sich aus den 3 oberständigen Fruchtblättern **Kapselfrüchte**. Bei der Gattung Binse enthalten sie viele und bei der Gattung Hainsimse 3 Samen.

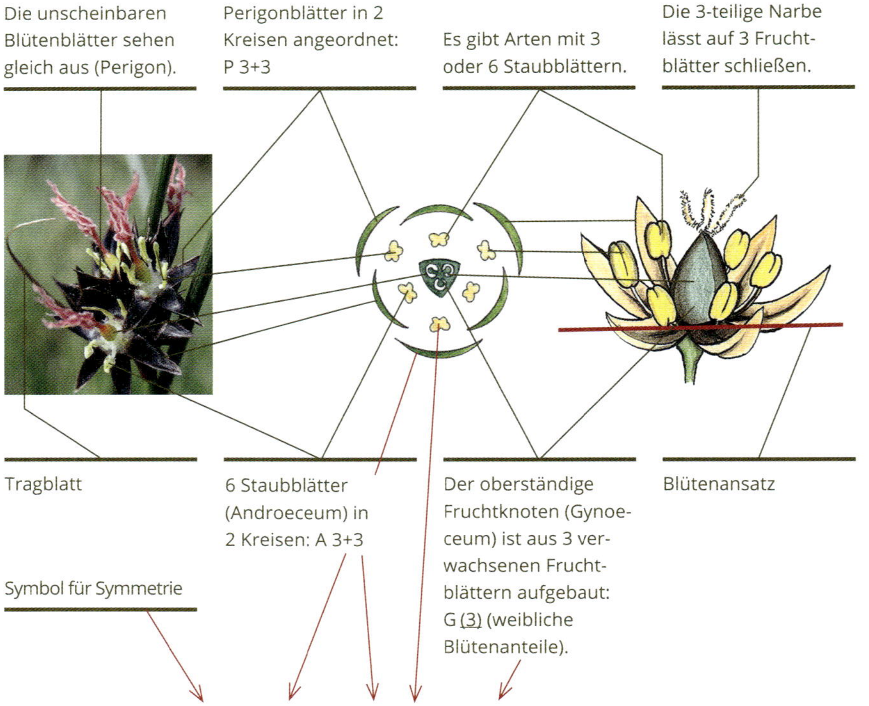

Blütenformel *** P 3+3 A 3 oder 6 G (3)**

*** Perigonblätter 3+3 Staubblätter 3 oder 6 Fruchtblätter (3)**

Die wichtigsten Familien-Merkmale auf einen Blick

- Kräuter oder Stauden
- Knotenloser Stängel
- Unscheinbare, kleine, zwittrige Blüten vom Wind bestäubt
- Blüten meist in Spirren
- 6 Perigonblätter
- Fruchtknoten oberständig
- Kapselfrüchte

Verwechslungsmöglichkeiten

Die Vertreter aus diesen beiden recht unterschiedlichen Gattungen können am ehesten mit Grasartigen aus anderen Familien verwechselt werden. Hier ist der Blütenaufbau entscheidend. Simsenlilien sehen Binsengewächsen ebenfalls ähnlich – und im blütenlosen Zustand auch Lauch-Arten (Narzissengewächse).

Verwechslung möglich mit folgenden Familien und Gattungen		**Vergleich** Binsengewächse
Süßgräser Stängel mit Knoten 2-zeilige Blattstellung Blüten mit Hüll-, Deck- und Vorspelzen		
Sauergräser Meist eingeschlechtliche Blüten Frucht mit Fruchtschlauch (Utriculus)		
Lauch Aromatischer Geruch Bunte Blüten		
Simsenlilie 2-zeilige Blattstellung		

GATTUNG

BINSE

JUNCUS

Die **Flatter-Binse** *(Juncus effusus)* ist eine der häufigsten Arten.

Allgemeines und Verbreitung

Vertreter dieser Gattung sind weltweit verbreitet, die meisten der insgesamt über 300 Arten gedeihen in den gemäßigten Breiten der nördlichen Hemisphäre. In den Tropen ist ihr Vorkommen auf die Berglagen beschränkt. In Mitteleuropa gedeihen etwa 20 Arten. Sie sind vor allem in Uferzonen, auf Feuchtwiesen, in Mooren und Sumpfgebieten zu finden. Sie sind als Futterpflanze wertlos, und das Vieh meidet die harten Stängel. Einige Binsen sind als Zierpflanze für Gartenteiche und Sumpfbeete beliebt. Früher wurden sie vor allem als Flechtmaterial für Matten, Körbe und Fischreusen verwendet. Allerdings ist der Namensursprung von lat. «jungere» = «binden» umstritten.

Die Redewendung, dass «etwas in die Binsen gegangen» ist, bezieht sich auf die erfolglose Jagd, nachdem sich die Enten in die Uferzonen mit Binsen zurückgezogen haben. «Binsenweisheiten» soll es schon bei den alten Römern gegeben haben: Die bereits in der Antike verwendete Redewendung «quaere nodum in scirpo» bedeutet «einen Knoten in der Binse suchen» und bezieht sich auf die in dieser Gattung nicht vorhandenen Stängelknoten, die üblicherweise bei Gräsern zu finden sind.

Blätter

Die meisten Arten sind **ausdauernd** und **immergrün**. Seltener gibt es einjährige Arten wie z. B. die Kröten-Binse *(Juncus bufonius)*. Viele vermehren sich über kriechende Ausläufer **(Rhizome)**, und einige von ihnen bilden Horste. An dieser unterschiedlichen Wuchsform kann beispielsweise die **Glieder-Binse** (*Juncus articulatus*) von der recht ähnlichen **Spitzblütigen Binse** *(Juncus acutiflorus)* unterschieden werden, die beide als Pionierpflanzen auf Sumpfstandorten wachsen. Während Erstere Horste bildet, wächst Letztere mit lang kriechenden Rhizomen. Beide haben gefächerte Blätter, deren Kammern man beim Entlangstreichen mit den Fingern fühlen kann.

Mark der **Flatter-Binse** *(Juncus effusus)*

Mark und Rhizom der **Blaugrünen Binse** *(Juncus inflexus)*

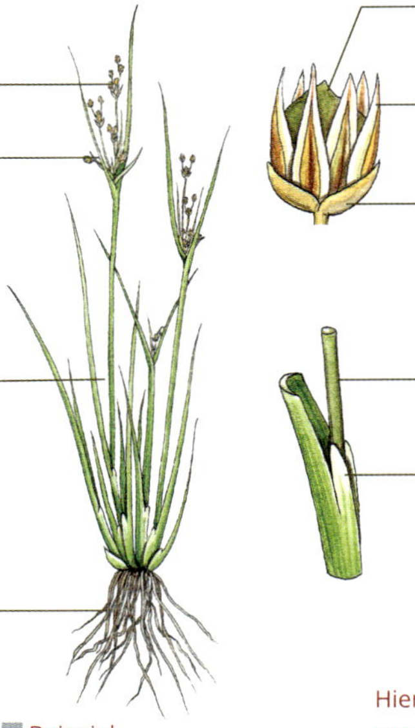

Dies Art ist eine Horstpflanze mit kurzem Rhizom.

Beispiel
Zarte Binse
(Juncus tenuis)

Hier sind die Blätter deutlich ausgebildet. Es gibt auch Arten, bei denen Blätter und Stängel kaum zu unterscheiden sind.

Die grünen Stängel tragen zur Fotosynthese bei. Die stängelähnlichen Blätter sind überwiegend rund und starr, ihre Spitzen sind oft borstig zugespitzt. Es gibt Arten mit offenen oder verwachsenen Blattscheiden, sie können auch geöhrt sein. Typisch ist das für den sumpfigen Standort ausgebildete **Durchlüftungsgewebe (Aerenchym)** in Stängeln und Blättern. Durch die großen Zwischenräume (sog. Interzellularen oder Lakunen) dieses schwammartigen Gewebes wird ein optimaler Gasaustausch und eine ausreichende Versorgung mit Sauerstoff ermöglicht. Oft ist es, wie bei der **Flatter-Binse** *(Juncus effusus)*, aus abgestorbenen, sternförmigen Zellen aufgebaut **(Sternparenchym)**. Früher wurde dieses Mark wegen der trockenen Konsistenz mit seiner Sogwirkung als Lampendocht verwendet. Es lässt sich leicht mit dem Fingernagel aus dem Stängel schieben. Dies ist ein gutes Erkennungsmerkmal für die Flatter-Binse, denn ähnliche Arten wie beispielsweise die **Knäuel-** *(Juncus conglomeratus)* oder **Blaugrüne Binse** *(Juncus inflexus)* haben entweder matte und gerillte Stängel oder kein durchgängiges Mark. Bei Letzterer befinden sich etagenweise Markschichten in den hohlen, runden Stängeln. Die luftgefüllten Räume und das Durchlüftungsgewebe dienen zusätzich der **Schwimmfähigkeit**. Werden Pflanzen im Uferbereich durch Tiere oder Hochwasser von ihrem Standort gerissen, können sie lange auf der Oberfläche treiben, ohne abzusinken, und an einem anderen Ort Fuß fassen.

Die Zwiebel-Binse *(Juncus bulbosus)* verdankt ihren Namen der zwiebelartig verdickten Sprossbasis. Die Wurzeln werden an den Knoten gebildet. Sie ist eine Verwandlungskünstlerin und passt sich in ihrer Wuchsform an die Bedingungen ihres Standortes an. Als Schwimmblattpflanze im Wasser flutende Formen können bis zu 1,5 m lang werden, während im Uferbereich wachsende viel kleiner bleiben und aufrecht bis niederliegend wachsen.

Blüten

Der Blütenstand ist eine aus mehreren Einzelblüten aufgebaute **Spirre**. So wird diese spezielle Form einer Rispe bezeichnet, bei der die unteren Blüten eines Blütenstandes länger gestielt sind als die oberen. Für die Bestimmung spielt die Länge des Tragblattes im Verhältnis zum Blütenstand eine wichtige Rolle. Bei vielen Arten erscheint die Spirre durch das stängelartig nach oben verlängerte Tragblatt scheinbar seitenständig.

Der Blütenaufbau ist für die ganze Familie typisch und wurde bereits vorgestellt. Sehr häufig sind die 3 auf dem Fruchtknoten stehenden **Narben korkenzieherartig** verdreht. Durch diese Oberflächenvergrößerung wird erreicht, dass möglichst viel Blütenstaub (Pollenkörner) aufgenommen werden kann.

Bei einigen Arten entwickeln sich durch den Einstich des **Binsenflohs** *Livia junci* im Bereich des Blütenstandes Brutsprosse **(Pseudoviviparie)**. Dies ist sehr häufig bei der Kröten-Binse *(Juncus bufonius)* zu beobachten, kann jedoch auch bei verwandten Arten vorkommen.

Frucht

In den **Kapselfrüchten** bilden sich viele **winzige Samen**. Sie werden als Körnchenflieger verbreitet. Feucht quellen sie auf und haften an Fell und Federn der Tiere und werden auch so verschleppt. Die Kröten-Binse *(Juncus bufonius)* verdankt ihren Namen diesen bei Nässe quellenden Samen, die an Krötenlaich erinnern.

Blüte der **Kröten-Binse** *(Juncus bufonius)*

Pseudoviviparie

Früchte der **Baltischen Binse** *(Juncus balticus)*

Die wichtigsten Gattungs-Merkmale auf einen Blick

- Runder Stängel
- Blätter kahl, teils mit Öhrchen am Stängel
- Oft Durchlüftungsgewebe (Aerenchym)
- Kapselfrüchte mit vielen Samen
- Meist auf feuchten Standorten

Verwechslungsmöglichkeiten

In der Familie der Sauergräser (Cyperaceae) gibt es einige Arten und Gattungen, die Binsen ähneln, ihnen fehlen die Perigonblätter. Außerdem sind Blumenbinsen *(Scheuzeria)* und Dreizack *(Triglochin)* ähnlich, bei ihnen stehen die Blüten in Trauben.

Verwechslung möglich mit folgenden Gattungen		**Vergleich** Binse
Teichsimsen *(Schoenoplectus)* ⇨ Perigonblätter zu Borsten reduziert ⇨ Bis über 2 m groß		
Sumpfbinse *(Eleocharis)* ⇨ Perigonblätter zu Borsten reduziert ⇨ Eine endständige Ähre		
Haarsimse *(Trichophorum)* ⇨ Perigonblätter zu Borsten reduziert oder fehlend ⇨ Ährchen einzeln am Ende des Stängels		
Wollgras *(Eriophorum)* ⇨ Hüllfäden statt Perigonblätter ⇨ Nach der Blütezeit mit Wollschopf		
Dreizack *(Triglochin)* ⇨ Blüten in Trauben ⇨ Grasartige Blätter ⇨ Frucht in Teilfrüchte zerfallend		

Die **Zarte Binse** *(Juncus tenuis)* ist eine 15–40 cm hohe Horstpflanze. Sie ist ca. 1820 aus Amerika eingewandert und verbreitete ihre Klebsamen durch Trittverbreitung.

Die **Alpen-Binse** *(Juncus alpinoarticulatus)* wird auch Gebirgs-Binse genannt. Sie ist auf Moorstandorten, an Ufern und in feuchten Weiden bis in die alpine Stufe zu finden.

Die **Flatter-Binse** *(Juncus effusus)* hat eine hohe ökologische Bandbreite und ist weit verbreitet. Sie hat einen glatten, runden Stängel mit durchgehendem Mark.

Die **Dreispaltige Binse** *(Juncus trifidus)* wächst auf Felsen und Trockenrasen der subalpinen und alpinen Stufe und meidet kalkhaltige Standorte.

Die **Blaugrüne Binse** *(Juncus inflexus)* ist am gekammerten Mark und stark gerieften Stängel von der Flatter-Binse zu unterscheiden.

Die **Knäuel-Binse** *(Juncus conglomeratus)* hat einen matten, gerillten Stängel und wächst auf extensiv bewirtschafteten Böden.

GATTUNG

HAINSIMSE

LUZULA

Feld-Hainsimse *(Luzula campestris)*

Allgemeines und Verbreitung

Weltweit gibt es über 100 Hainsimsen-Arten, die in den arktischen und gemäßigten Zonen beider Erdhalbkugeln beheimatet sind. Ihren Verbreitungsschwerpunkt haben sie in Asien und Europa, in den Tropen sind sie auf die Bergregionen beschränkt. In der heimischen Flora kommen etwa 20 Arten vor. Sie besiedeln mageres Grünland, Heiden und halbschattige bis schattige Standorte in Wäldern und Gebüschen auf eher trockenen, sauren Böden. Sie vertragen keine starke Düngung. Hainsimsen werden auch **Marbel** genannt. Einige Arten sind als Zierpflanze vor allem unter Gehölzgruppen und auf Magerrasenstandorten in Wildpflanzengärten beliebt.

Blätter

Hainsimsen sind überwiegend ausdauernde und oft immergrüne Pflanzen mit horstartigem Wuchs. Einige Arten vermehren sich über unterirdische Ausläufer. Ihre Blätter sind denen der Süßgräser sehr ähnlich, sie unterscheiden sich von diesen vor allem durch den **knotenlosen Stängel** und die **3-zeilige Blattstellung** (die Blätter werden in 3 Richtungen ausgebildet). Ein weiterer Unterschied ist die auf den Blattrand und die Ansatzstelle der Blattspreite beschränkte **Behaarung**. Diese Haare (Wimpern) sind meist weißlich und relativ lang. Die Blattscheiden sind stets geschlossen. Bei einigen Arten wie z. B. der **Behaarten Hainsimse** *(Luzula pilosa)* bilden die Blattspreiten zisternenartige Rosetten, in denen das Wasser gesammelt wird.

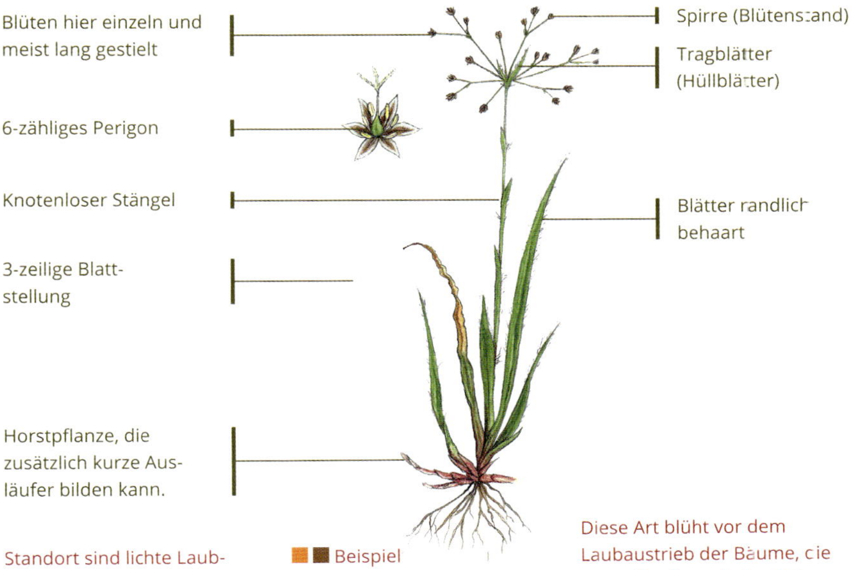

Standort sind lichte Laub- und Nadelwälder auf sauren, meist nährstoffarmen Böden.

Beispiel
Behaarte Hainsimse
(Luzula pilosa)

Diese Art blüht vor dem Laubaustrieb der Bäume, die Kapselfrüchte mit den 3 Samen reifen im Sommer.

Blüten

Die Blüten werden vom Wind bestäubt. Sie sind recht unscheinbar und stehen in **Spirren** zusammen. Neben grünen und bräunlichen Blüten gibt es auch weiße bis gelbliche. Sie haben den für die gesamte Familie typischen Aufbau mit jeweils 6 Perigon- und Staubblättern. Der oberständige Fruchtknoten ist aus 3 verwachsenen Fruchtblättern aufgebaut und trägt entsprechend 3 Narben.

Frucht

Zur Reifezeit bilden sich aus dem oberständigen Fruchtknoten **Kapselfrüchte** mit 3 Samen, die durch den Wind und über Ameisen verbreitet werden. Dafür tragen die Samen der meisten Arten fettreiche, weiße Anhängsel **(Elaiosomen)**.

Weißliche Hainsimse *(Luzula luzuloides)*

Schneeweiße Hainsimse *(Luzula nivea)*

Wald-Hainsimse *(Luzula sylvatica)*

Gelbe Hainsimse *(Luzula lutea)*

Die wichtigsten Gattungs-Merkmale auf einen Blick

- 3-zeilige Blattstellung
- Knotenloser, runder Stängel
- Blätter randlich bewimpert
- Kapselfrüchte mit 3 Samen
- Standort oft mageres Grünland und bodensaure Wälder

Verwechslungsmöglichkeiten

Hainsimsen können Arten sowohl aus der Familie der Süßgräser als auch aus der Familie der Sauergräser ähneln. Für die Unterscheidung ist es wichtig, genau auf die Behaarung am Blattrand, die knotenlosen Stängel und den 6-zähligen Blütenaufbau zu achten.

Verwechslung möglich mit folgenden Familien und Gattungen **Vergleich** Hainsimse

Süßgräser

- Stängel mit Knoten
- 2-zeilige Blattstellung
- Wenn behaart, dann nicht nur die Blattränder

- Blüten mit Hüll-, Deck- und Vorspelzen

Sauergräser

- Oft 3-kantiger Stängel
- Behaarung fehlend oder anders

- Teils eingeschlechtliche Blüten
- Blütenhülle als Haare, Borsten oder fehlend (keine Perigonblätter)

Schnabelried

- 1–2 mm breite Blätter
- Untere Spelzen steril
- Perigonblätter reduziert zu Borsten bzw. Haaren

CH 400 | DE Silber

FAMILIE

SÜSSGRÄSER

POACEAE

Kalk-Blaugras *(Sesleria caerulea)*

Mittleres Zittergras *(Briza media)*

Allgemeines und Verbreitung

Die Süßgräser sind mit weltweit 780 Gattungen und rund 12 000 Arten eine der umfangreichsten Pflanzenfamilien. Mit Ausnahme der Pole sind sie in allen Erdteilen und Klimazonen verbreitet und haben sich an viele verschiedene Lebensräume angepasst.

Sie haben ihren Namen bekommen, weil viele ihrer Vertreter im Gegensatz zu den Sauergräsern und Binsengewächsen wertvolles Futter für das Vieh liefern («süß schmecken») und von diesem gerne gefressen werden. Es gibt auch einige Arten, die für Garten- und Parkanlagen kultiviert werden.

Einige unserer wichtigsten Nahrungsmittel wie **Weizen** (■ *Triticum aestivum*), **Gerste** (■ *Hordeum vulgare*), **Roggen** (■ *Secale cereale*), **Hafer** (■ *Avena sativa*), **Mais** (■ *Zea mays*), **Reis**, **Bambus**, **Zuckerrohr** und **Hirse** gehören in diese Familie. In die Unterfamilie Bambusoideae gehören einige der über 100 Gattungen, die wir als Bambus bezeichnen. Sie sind bis auf Europa und die Antarktis weltweit verbreitet, und einige Arten liefern in ihrer Heimat wertvolles Baumaterial.

In der heimischen Flora gibt es knapp 70 Gattungen mit über 200 Arten. Die meisten von ihnen sind auf unseren Wiesen und Weiden verbreitet. Die an den Küsten von Nord- und Ostsee verbreiteten Gräser wie **Strandhafer** *(■ Ammophila arenaria)* und **Strandroggen** (■ *Leymus arenarius*) festigen als Pionierpflanzen mit ihren weitreichenden Ausläufern den Sand der Dünen. Sie werden auch zur Dünenbefestigung gepflanzt und sind tolerant gegenüber Salzbelastungen.

Zuckerrohr
(Saccharum officinarum)

■ Weizen
(Triticum aestivum)

■ Mais
(Zea mays)

Eines der größten Süßgräser unserer Heimat mit unglaublicher Wuchskraft ist das **Schilf** (■ ■ *Phragmites australis*). Es kann täglich bis zu 3 cm wachsen und bis zu 4 m hoch werden. Es wächst am Ufer stehender und langsam fließender, nährstoffreicher Gewässer und auch als Grundwasserzeiger auf feuchten und nährstoffreichen Wiesen. Es trägt zur Selbstreinigung der Gewässer bei und wird auch in Pflanzenkläranlagen eingesetzt. Schilf liefert ein gutes Beispiel für die Selbstregulationskraft der Natur. Die Raupen der **Schilfeule** *(Nonagria typhae)* klettern in die Stängel und fressen von innen die Halme und Vegetationskegel. Im nächsten Jahr bildet das Schilf aus dem Wurzelstock der geschädigten Pflanzen heraus für die Verpuppung der Raupen zu enge Halme, sodass die Raupen sich dort nicht mehr entwickeln können und das Gleichgewicht wieder hergestellt wird. Die Halme werden auch heute noch zum Eindecken der Reetdächer geschnitten.

■ **Windhalm** *(Apera spica-venti)*, Rispe und Ligula

■ **Gerste** *(Hordeum vulgare)*, Öhrchen

■ ■ **Schilf** *(Phragmites australis)*, Haarkranz, Ausläufer und Lebensraum

Blätter

Einige Süßgräser besitzen viele gute vegetative Merkmale, sodass sie mit etwas Erfahrung auch im blütenlosen Zustand bestimmbar sind. Der Standort und die Wuchsform liefern ebenfalls wichtige Hinweise für die Bestimmung.

Gräser bilden meist flache Wurzeln ohne Haupt- und Nebentriebe. Es gibt einjährige, mehrjährige und ausdauernde Süßgräser. Die **Einjährigen** schließen ihren Vegetationszyklus innerhalb weniger Monate ab und überstehen die ungünstige Jahreszeit als Samen im Boden **(Therophyten)**. Sie bilden neben den blühenden Trieben meist keine sterilen, beblätterten Seitenäste. Sie wachsen vereinzelt oder in Büscheln – im Gegensatz zu den ausdauernden Gräsern, die meist dichte Rasen oder Horste (Horstgräser) bilden. Zu ihnen gehören vor allem Arten wie das **Einjährige Rispengras** (■■ *Poa annua*), der **Windhalm** (■ *Apera spica-venti*), die **Faden-Fingerhirse** (■ *Digitaria ischaemum*) und die **Hühnerhirse** (■ *Echinochloa crus-galli*), die in Gärten, auf Äckern und frisch umgebrochenen Böden im Siedlungsbereich wachsen.

Diese licht- und wärmeliebende Pflanze ist vor allem in den Städten auf wärmebegünstigten Standorten verbreitet.

■■ Beispiel
Mäuse-Gerste
(Hordeum murinum)

Einjähriges Gras mit fein verzweigten Wurzeln

Die **zweijährigen Gräser** keimen in der Vegetationszeit des ersten Jahres und bilden im folgenden Jahr Blüten und Samen. Ausdauernde Arten können sehr alt werden. Es gibt einige mit winterharten Blattrosetten und andere, die ihre Reservestoffe vor dem Winter (ebenso wie viele ausdauernde Kräuter) in die unterirdischen Speicherorgane transportieren und im Frühjahr neu austreiben. Einige von ihnen bilden neben blühenden auch nicht blühende Triebe. Während Gräser ohne oder mit kurzen Ausläufern ± dichte **Horste** bilden, wachsen Gräser, die **Ausläufer (Stolonen)** bilden, überwiegend **rasenförmig**. Mit ihrer unterirdischen Sprossachse (Rhizom) können sie durch die neu gebildeten Ausläufer rasch neue Standorte besiedeln und sich stark ausbreiten. Das **Weiße** oder **Kriechende Straußgras** (■ ■ *Agrostis stolonifera*) verdankt diesen Stolonen seinen Namen. Einige Arten haben ein großes Regenerationspotenzial und können aus abgetrennten Ausläuferfragmenten neue Pflanzen bilden, wie z. B. die **Gewöhnliche** oder **Kriechende Quecke** (■ ■ *Elymus repens*).

Alle Süßgräser haben einen **hohlen** und ± **runden Stängel**, der **Halm** heißt. Bei einigen Arten ist er abgeflacht – jedoch nie 3-kantig wie bei den Sauergräsern. Charakteristisch ist die Gliederung in **Knoten (Nodien)** und die dazwischenliegenden Abschnitte, die sog. **Internodien**. An den Merkmalen der Knoten können die beiden ähnlichen Honiggräser unterschieden werden: Während das **Wollige Honiggras** (■ ■ *Holcus lanatus*) insgesamt weich behaart ist, beschränkt sich die Behaarung des **Weichen Honiggrases** (■ *Holcus mollis*) überwiegend auf die Knoten. Beim **Blauen Pfeifengras** (■ ■ *Molinia caerulea*) befinden sich die Knoten dicht am Erdboden, und der Halm ist knoten- und blattlos. Da es auf moorigen Standorten den Anschluss an den mineralischen Untergrund braucht, weist es in Hochmooren auf einen gestörten Torfkörper hin.

■ ■ **Wolliges Honiggras** *(Holcus lanatus)*, Rispe, Ligula und Knoten

■ **Weiches Honiggras** *(Holcus mollis)*

Horstgras:
Rasen-Schmiele *(Deschampsia cespitosa)*

Festigt mit Ausläufern den Sand:
Strand-Quecke *(Elymus pycnanthus)*

Regelmäßig gemähte Flächen werden hauptsächlich von Gräsern und einigen ausdauernden Blütenpflanzen besiedelt, die ihre Lebensweise an die Mahd anpassen können. Ohne Bewirtschaftung würden diese Wiesen langfristig wieder vom Wald erobert werden. Die meisten Süßgräser haben eine hohe **Regenerationskraft,** mit der sie die Mahd überstehen. Diese verdanken sie ihrem von der Basis ausgehenden Wachstum. Darüber hinaus können sie sich durch die zahlreichen Knoten wieder aufrichten. Knicken die Halme um, werden die Knoten angeregt, auf der unten liegenden Seite schneller zu wachsen als auf der Oberseite. Dadurch richtet sich der Halm wieder auf. Allerdings gibt es sehr viele verschiedene Typen von Grünland. Je nach Ausgangsgestein, Boden, Bewirtschaftungsweise sowie Klima und Höhenlage entwickeln sich von der Küste bis zu den alpinen Matten ganz unterschiedliche Grasfluren. Während beispielsweise **Lolch** *(Lolium),* **Wiesen-Knäuelgras** (*Dactylis glomerata*), **Gewöhnliches Wiesen-Rispengras** (*Poa pratensis*) und **Gewöhnliches Rispengras** (*Poa trivialis*) mit häufiger Mahd und nährstoffreichen Böden gut zurechtkommen, reagiert der **Flaum-Wiesenhafer** (*Helictotrichon pubescens*) empfindlich auf Beweidung oder Überdüngung. Der **Wiesen-Goldhafer** (*Trisetum flavescens*) ist auf Wiesen und Weiden der Mittel- und Hochgebirge (bis 2400 m) beschränkt.

Die parallelnervigen Blätter werden stets an den Knoten gebildet und stehen wechselständig 2-zeilig am Halm, d. h. abwechselnd nach rechts und links. Die Blätter umschließen im ersten Teil, der sog. **Blattscheide**, den Halm. Danach stehen sie vom Halm ab, diesen Bereich nennt man **Blattspreite**. Einige Gräser können ihre Blattspreite bei Trockenheit einrollen. Beispielsweise bei der **Rasen-Schmiele** (■ ■ *Deschampsia cespitosa*) liegen die Spaltöffnungen in tiefer liegenden Rinnen. Beim Einrollen wird so die Verdunstung effektiv eingeschränkt. Wegen der 7 deutlichen Riefen der Blattspreite soll dieses Gras nach dem gestreiften, offiziellen Anzug von Gustav Stresemann auch «Stresemanngras» genannt werden.

Die Blattscheide kann offen oder verwachsen sein. An der Übergangsstelle von der Blattscheide in die Blattspreite kann ein **Blatthäutchen** stehen, die sog. **Ligula**. Sie ist sehr variabel und kann auch als Haarkranz ausgebildet sein oder fehlen. Sie liefert wichtige Merkmale für die Bestimmung. Gegenüber der Ligula gibt es bei einigen Arten sog. **Öhrchen**, auch diese können fehlen oder sichelförmig aussehen – sie liefern ebenso wie die Ligula wichtige Hinweise für die Artbestimmung.

Ährengräser

- Ährchen ungestielt (sitzend) am Halm
- Blütenstand schmal

Gattungen und Art (Beispiele)

- Quecke *(Elymus)*
- Zwenke *(Brachypodium)*
- Gerste *(Hordeum)*
- Borstgras *(Nardus stricta)*

Ährenrispengräser

- Ährchen sehr kurz gestielt und dicht gedrängt
- Blütenstand walzenförmig

Gattungen (Beispiele)

- Fuchsschwanz *(Alopecurus)*
- Ruchgras *(Anthoxanthum)*
- Lieschgras *(Phleum)*
- Glanzgras *(Phalaris)*
- Kammgras *(Cynosurus)*

Trauben- und Rispengräser

- Ährchen meist lang gestielt und verzweigt
- Blütenstand ausgebreitet

Gattungen (Beispiele)

- Rispengras *(Poa)*
- Trespe *(Bromus)*
- Schwingel *(Festuca)*
- Straußgras *(Agrostis)*
- Schilfrohr *(Phragmites)*

Blüten

Süßgräser sind generell windblütig. Der Aufbau der Blüten ist typisch für die ganze Familie und recht einheitlich. Der Blütenstand setzt sich aus vielen **Ährchen** zusammen. Diese sind wiederum aus Einzelblüten aufgebaut. Es gibt jedoch auch einblütige Ährchen. Je nachdem, wie die Ährchen im Blütenstand am Halm verteilt stehen und ob sie gestielt oder ungestielt sind, wird der Blütenstand als **Ähre**, **Ährenrispe** oder **Rispe** bezeichnet. Bei den Ährengräsern befinden sich die Ährchen ungestielt (sitzend) am Halm. Die Ährenrispengräser haben sehr kurz gestielte Ährchen. Die Ährchen stehen so dicht gedrängt, dass der Blütenstand insgesamt walzenförmig wirkt. Sie haben sozusagen eine «vermittelnde» Stellung zwischen den beiden anderen Gruppen.

Die Trauben- und Rispengräser sind durch lang gestielte und verzweigte Ährchen gekennzeichnet. Bei den Traubengräsern sind die gestielten Ährchen unverzweigt – teils wird diese Unterscheidung auch nicht vorgenommen und diese Arten mit zu den Rispengräsern gestellt.

Die einzelnen Blüten sitzen an der sog. **Ährchenachse** und haben einen typischen Aufbau. Zwei Hüllspelzen umschließen das gesamte Ährchen, seltener kann es auch nur eine sein.

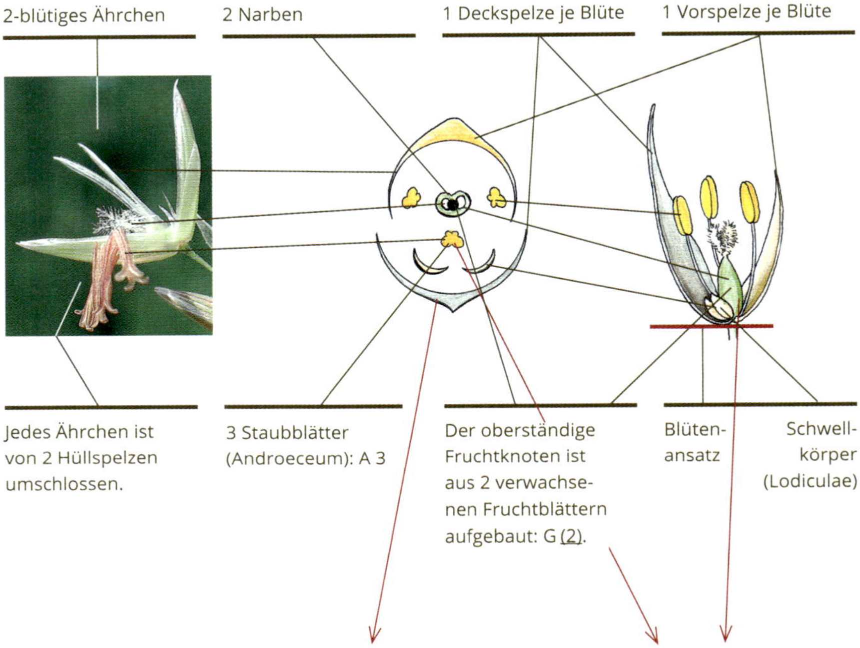

Blütenformel **Lodiculae oder Schwellkörper 2 A 3 G (2)**

Lodiculae oder Schwellkörper 2 Staubblätter 3 Fruchtblätter (2)

Jede Blüte ist von jeweils einer **Deck-** und einer **Vorspelze** umgeben. Oft sind die Deckspelzen begrannt – daher kann man an der Anzahl der **Grannen** die Anzahl der Blüten in einem Ährchen erkennen. Beim **Gewöhnlichen Federgras** (■ *Stipa pennata*) ist die bis über 40 cm lange Granne federig behaart und dient der Ausbreitung durch den Wind. Auch am Grunde der Blüten können Haare an der Ährchenachse stehen. Sie sind beispielsweise typisch für die Gattung **Reitgras** *(Calamagrostis)* mit einblütigen Ährchen. Die Länge dieser Haare im Verhältnis zu den Deckspelzen liefert wichtige Merkmale für die Unterscheidung der einzelnen Arten. Während diese Haare beim **Berg-Reitgras** (■ ■ *Calamagrostis varia*) kürzer sind als die Deckspelzen, ragen sie beim **Land-Reitgras** (■ *Calamagrostis epigejos*) über diese hinaus.

Vor den Staubblättern stehen zwei **Schwellkörper**, die sog. **Lodiculae**. Sie drücken zur Reifezeit die Spelzen so weit auseinander, dass die Bestäubung stattfinden kann.

Die **Wald-Zwenke** *(Brachypodium sylvaticum)* wächst auf eher beschatteten und feuchten Standorten in Laubwäldern bis 1200 m Höhe.

Die **Fieder-Zwenke** *(Brachypodium pinnatum)* besiedelt Magerrasen, lichte Wälder und Wegränder auf kalkhaltigen Lehm- und Lössböden.

Das **Borstgras** *(Nardus stricta)* hat borstenförmig eingerollte Blätter und nur eine Narbe. Es wächst auf saurem Grünland in Bergregionen.

Die **Hunds-Quecke** *(Elymus caninus)* bildet im Gegensatz zur Kriechenden Quecke keine Ausläufer. Sie wächst in schattigen Gebüschen und Wäldern.

Die **Kriechende Quecke** *(Elymus repens)* wächst an Wegrändern und auf Äckern mit nährstoffreichen Böden bis in subalpine Höhenlagen.

Die **Hühnerhirse** *(Echinochloa crus-galli)* wächst auf nährstoffreichen Ruderalplätzen mit feuchten Böden und ist frostempfindlich.

Der «Blütenstaub» (Pollenkörner) wird an 3 Staubblättern je Blüte gebildet. Sie entlassen die Pollenkörner in den Wind. So gelangt er zum Fruchtknoten, der mit seiner feinen, federigen Narbe die Pollenkörner aus der Luft «filtert». Der oberständige Fruchtknoten ist aus 2 miteinander verwachsenen Fruchtblättern aufgebaut und wird von den beiden Narben gekrönt.

Frucht

Aus dem oberständigen Fruchtknoten entwickeln sich zur Reifezeit kleine Nüsschen, sog. **Karyopsen**. Die Samenschale und die Fruchthülle sind dünnwandig und beherbergen je Frucht eine Samenanlage. Die Deck- und Vorspelzen bleiben häufig erhalten und übernehmen die Verbreitung durch Ausbildung von Flug- oder Klettmechanismen. Beim **Flug-Hafer** *(Avena fatua)* sind die Karyopsen dicht behaart und bis zu 20 Jahre keimfähig. Eine bei Gräsern selten verwirklichte Strategie findet sich beim **Nickenden Perlgras** (■ ■ *Melica nutans*). Hier gibt es **Ölkörper (Elaiosomen),** die von Ameisen gefressen werden und so die Verbreitungseinheit mit den Karyopsen verschleppen. Sie fallen zur Reifezeit mit dem gesamten 1- bis 2-blütigen Ährchen ab.

Flug-Hafer *(Avena fatua)*

■ Gewöhnliches Federgras *(Stipa pennata)*

■ ■ Nickendes Perlgras *(Melica nutans)*

■ Land-Reitgras *(Calamagrostis epigejos)*

Ausgewählte Arten der Ährenrispengräser

Der **Wiesen-Fuchsschwanz** *(Alopecurus pratensis)* hat einen guten Futterwert und ist auf eher feuchten Wirtschaftwiesen weit verbreitet.

Das **Duftende Ruchgras** *(Anthoxanthum odoratum)* hat einen hohen Cumarin-Gehalt und duftet vor allem getrocknet stark nach Waldmeister.

Beim **Wiesen-Lieschgras** *(Phleum pratense)* haben die Hüllspelzen eine an Stiefelknechte (Hilfsmittel zum Schuhausziehen) erinnernde Form.

Das **Wiesen-Kammgras** *(Cynosurus cristatus)* hat eine kammförmige Hülle (steriles Ährchen mit leeren Spelzen) unter den Ährchen (Name).

Das **Rohr-Glanzgras** *(Phalaris arundinacea)* ist ein schilfartiges Ufergras, das durch die häutige Ligula vom Schilf unterschieden werden kann.

Das **Gewöhnliche Alpen-Lieschgras** *(Phleum alpinum)* kommt seltener in einer roten Variante vor. Es wächst in den Alpen bis zur alpinen Stufe.

Die wichtigsten Familien-Merkmale auf einen Blick

- Hohler, runder Halm – gegliedert in Knoten (Nodien) und Internodien
- Blätter 2-zeilig angeordnet, oft mit Blatthäutchen (Ligula)
- Überwiegend zwittrige Blüten vom Wind bestäubt
- Blüten meist 2-zeilig in 2 Hüllspelzen (seltener 1) im Ährchen
- Ährchen in Ähren, Ährenrispen oder Rispen
- Blütenhülle abgewandelt zu Deck- und Vorspelzen
- Oberständiger Fruchtknoten aus 2 Fruchtblättern
- Karyopsen (Nussfrüchte)

Verwechslungsmöglichkeiten

Sauergräser und Binsengewächse können auf den ersten Blick sehr ähnlich aussehen. Innerhalb der Binsengewächse besteht vor allem Verwechslungsmöglichkeit mit der Gattung Hainsimse, bei der sich die Behaarung auf die Blattränder beschränkt und die einen ganz anderen Blütenaufbau haben. In Parks und Gärten werden viele verschiedene Bambus-Arten gepflanzt. Sie gehören in eine andere Unterfamilie (Bambusoideae) der Süßgräser und sind meist an ihrem enormen Wuchs und den verholzten Halmen leicht zu unterscheiden.

Verwechslung möglich mit folgenden Familien — **Vergleich** Süßgräser

Sauergräser
- Stängel ohne Knoten
- 3-zeilige Blattstellung
- Blütenstand in der Achsel von Hüllblättern

Binsengewächse
- Stängel ohne Knoten
- Blätter mit Mark gefüllt und 3-zeilig
- 6 Perigonblätter

Bambusgewächse
- Verholzte Halme
- Einige Arten sterben nach der Blüte ab
- Hüllspelzen oft reduziert

Ausgewählte Arten der Rispengräser

Beim **Wiesen-Knäuelgras** *(Dactylis glomerata)* stehen die Ährchen am Ende der Rispenäste knäuelig gehäuft. Daran ist diese Art leicht kenntlich.

Bevor die Rispe des **Wolligen Honiggrases** *(Holcus lanatus)* zur Blütezeit voll entfaltet ist, sieht es einem Ährenrispengras ähnlich.

Die **Rasen-Schmiele** *(Deschampsia* oder *Avenella flexuosa)* hat geschlängelte, oft rötliche Rispenäste und stielrunde, fadenförmige Blätter.

Das **Rote** oder **Haar-Straußgras** *(Agrostis capillaris)* hat meist rötlich-violette Ährchen und ein nur bis 1,5 mm langes Blatthäutchen (Ligula).

Das **Weiche Flattergras** *(Milium effusum)* wurde früher als Getreideersatz verwendet, seit dieser Zeit wird es auch **Waldhirse** genannt.

Beim **Glatthafer**, **Französischen Raygras** oder **Fromental** *(Arrhenatherum elatius)* entspringt die gekniete Granne auf dem Rücken der unteren der beiden Deckspelzen.

TRESPE

BROMUS

Wehrlose oder Unbegrannte Trespe *(Bromus inermis)*

Taube Trespe *(Bromus sterilis)*

Allgemeines und Verbreitung

Trespen sind weltweit verbreitet, und es gibt insgesamt etwa 100 Arten. In der heimischen Flora gedeihen davon ungefähr 20 Arten. Ihr wissenschaftlicher Name *Bromus* ist von griechisch «bromos» = «Hafer» abgeleitet und wurde auf die gesamte Gattung übertragen. Es gibt in dieser Gattung einjährige Ruderalpflanzen wie beispielsweise die **Weiche** oder **Gersten-Trespe** (■ ■ *Bromus hordeaceus*) und **Taube Trespe** (■ ■ *Bromus sterilis*). Einige Arten wie z. B. die **Aufrechte Trespe** (■ ■ *Bromus erectus*) sind typische Mähwiesenpflanzen, die schnell von anderen Arten verdrängt werden, wenn die Mahd wegfällt. Diese Art wird auch an Böschungen gepflanzt. Im Wald sind vor allem ausdauernde Arten wie die **Wald-** oder **Ästige Trespe** (■ *Bromus ramosus*) zu finden – sie ist mit über 1,5 m Höhe die größte Art in dieser Gattung.

Blätter

In dieser Gattung gibt es rasen- und horstbildende Arten. Die Wuchsform liefert für die Bestimmung der Arten wichtige Hinweise. So können beispielsweise die recht ähnliche **Aufrechte Trespe** (■ ■ *Bromus erectus*) ohne Ausläufer und die **Wehrlose Trespe** (■ *Bromus inermis*), auch Unbegrannte Trespe genannt, auseinandergehalten werden, da Letztere meist Ausläufer bildet. Sie ist ein Kriechwurzelpionier und Tiefwurzler und wird zur Befestigung und Begrünung von Straßenböschungen gepflanzt. Vor allem auf trockenen, basenreichen Standorten wird sie auch als Futtergras gepflanzt und in speziellen Formen für trockene Regionen kultiviert.

Die **geschlossene Blattscheide** ist ein gutes Merkmal der Gattung. Während sich bei der Mehrzahl der Süßgräser die Blattscheiden am Halm überlappen und mit dem Fingernagel «aufschieben» lassen, entspringen sie hier am Knoten als geschlossener Ring. Oft sind sie behaart. Die Blätter sind in den Knospen gerollt. Die **Ligula (Blatthäutchen)** ist oft als häutiger Saum ausgebildet. **Öhrchen** gibt es nur bei den Wald-Arten, der **Wald-** oder **Ästigen** *(Bromus ramosus)* und **Benekens Trespe** *(Bromus benekenii)*.

Blüten

Alle Arten sind **Rispengräser** mit verzweigtem Blütenstand. Die Rispen können allerdings reduziert sein. Die **Gersten-Trespe** zeigt sehr gut die Anpassungsfähigkeit an ihren Standort: Je nach Nährstoffangebot wird sie 5–80 cm hoch, und es gibt Kümmerformen mit nur einem Ährchen. Jedes Ährchen setzt sich aus mehreren Blüten zusammen. Neben zwittrigen Blüten kommen auch reduzierte, sterile Blüten vor, meist sind es die oberen Blüten im Ährchen. Die beiden **Hüllspelzen** sind ungleich lang und insgesamt kürzer als das Ährchen. Oft sind sie ebenso wie die Deckspelzen von einem **häutigen Rand** (Hautsaum) gesäumt. Überwiegend sind die Deckspelzen gerundet, bei vielen Arten tragen sie lange **Grannen**. Diese entspringen häufig auf dem Rücken der Deckspelze. Die Vorspelzen sind zarter als die Deckspelzen.

Frucht

Die Karyopsen (Nussfrüchtchen) sind bei den meisten Arten dicht in die Vor- und Deckspelzen eingeschlossen (Spelzfrüchte). Sie fallen als einzelne Blüten aus dem Ährchen. Die **Roggen-Trespe** *(Bromus secalinus)* ist die Art mit den größten Ährchen und wurde bereits in der Jungsteinzeit als Getreide genutzt. Die Früchte werden hier von den Spelzen fest umschlossen. Viele Arten wie beispielsweise die **Taube Trespe** (■■ *Bromus sterilis*) verbreiten sich über am Fell der Tiere anhaftende Bohrfrüchte.

■■ Weiche oder Gersten-Trespe *(Bromus hordeaceus)*

■■ Taube Trespe *(Bromus sterilis)*

Die wichtigsten Gattungs-Merkmale auf einen Blick

- Verwachsene (geschlossene) Blattscheide
- Blattscheide und Blattspreite häufig behaart
- Blätter in Knospenlage gerollt
- Rispengras
- Mehrblütige Ährchen
- Deckspelzen mit oder ohne Granne
- Granne teils etwas unterhalb der Deckspelze beginnend

Verwechslungsmöglichkeiten

Auf den ersten Blick können im Wald wachsende Trespen mit dem **Riesen-Schwingel** *(Festuca gigantea)* mit kahlen Blattscheiden und der **Wald-Zwenke** *(Brachypodium sylvaticum)*, einem Ährengras, verwechselt werden. Die **Wald-** oder **Ästige Trespe** *(Bromus ramosus)* kann auch ohne Blütenstand an den behaarten, verwachsenen Blattscheiden bzw. Öhrchen unterschieden werden. Auf Wiesen sind behaarte Arten wie beispielsweise die Honiggräser Trespen ähnlich – sie haben wie die meisten anderen Süßgräser jedoch offene Blattscheiden und weniger Blüten im Ährchen.

Verwechslung möglich mit folgenden Gattungen und Arten		**Vergleich** Trespe
Schwingel ➾ Offene Blattscheide ➾ Meist unbehaart		
Fieder-Zwenke ➾ Blattöhrchen fehlen ➾ Ährengras		
Honiggras ➾ Samtige Behaarung ➾ Ährchen nur mit 1–2 Blüten		

SCHWINGEL

FESTUCA

Rohr-Schwingel *(Festuca arundinacea)*

Wiesen-Schwingel *(Festuca pratensis)*

Allgemeines und Verbreitung

Diese Gattung ist mit über 200 Arten kosmopolitisch verbreitet, von denen etwa 15 in Mitteleuropa vorkommen. Hierbei ist allerdings zu berücksichtigen, dass die meisten dieser Arten in zahlreiche Klein- oder Unterarten aufgeteilt werden. Für eine detaillierte Bestimmung ist Spezialliteratur erforderlich.

Der wissenschaftlich Name *Festuca* heißt lateinisch «Grashalm», und «Schwingel» ist abgeleitet von «schwingen» und bezieht sich auf die im Wind leicht schwankenden, dünnen Halme. Die Gräser dieser Gattung besiedeln viele verschiedene Standorte von der Ebene bis in alpine Höhenlagen. Manche Arten sind gute Bodenfestiger und Rasenbildner. Der **Rot-Schwingel** (■■ *Festuca rubra*) ist ein gutes Futtergras, das in vielen Sorten kultiviert wird – z. B. für Salzwiesen, zur Begrünung von Sandflächen oder Bergweiden. Es gibt auch Waldbewohner wie den **Wald-Schwingel** *(Festuca altissima)* und den **Riesen-Schwingel** *(Festuca gigantea)*.

Formenreiche Artengruppe mit verschiedenen ökologischen Ansprüchen, die teils als Bodenfestiger, Futter- oder Ziergras gezüchtet werden.

■■ Beispiel
Rot-Schwingel
(Festuca rubra)

Hier bewurzeln sich die Ausläufer, und man hat Wurzelsysteme von 250 m Durchmesser beobachtet.

Blätter

Die Blätter sind je nach Standort flach ausgebreitet über borstlich aufgerollt bis hin zu haarfein. Es gibt auch Arten, bei denen die Stängelblätter ± ausgebreitet und die Grundblätter borstlich sind, wie z. B. den **Rot-Schwingel**. Die Blattscheiden können kahl oder behaart sein, und es gibt Arten mit und ohne Öhrchen.

Bei der Mehrzahl der Arten ist die Blattscheide im Gegensatz zu den **Trespen** *(Bromus)* zumindest im oberen Bereich offen. Neben Arten, die dichte Horste bilden, gibt es einige mit Ausläufern.

Viele Arten haben als Anpassung an nährstoffarme Standorte borstenförmig eingerollte Blätter und sind durch **Sklerenchymfasern** versteift. Diese durch Nährstoffmangel ausgelösten morphologischen Veränderungen werden als **Peinomorphosen** bezeichnet. Ein **Wachsüberzug (Cuticula)** und Haare auf den Blättern sowie in die Blattrinne eingesenkte Spaltöffnungen sind weitere Anpassungserscheinungen an diese meist ebenfalls trockenen und Wind und Wetter ausgesetzten Standorte. So wird die Verdunstung minimiert, und als weiterer Schutz hüllen die abgestorbenen Blätter die Pflanze ein («Strohmantel»). Durch diese morphologischen Anpassungen kann beispielsweise der **Walliser Schwingel** (■ *Festuca valesiaca*) auf trockenen Rasen und Weiden bis in alpine Höhenlagen hinaufsteigen. Allerdings gibt es einige Arten mit borstenförmigen Blättern, und die Bestimmung ist oft kniffelig. Neben den Merkmalen des **Blatthäutchens (Ligula)** sind die Form des Blattquerschnittes (kreisrund bis V-förmig) und die Anordnung der Versteifungen und der Leitbündel charakteristisch für die verschiedenen Arten bzw. Unterarten. Allerdings sind diese nur im Mikroskop gut sichtbar, und eine sichere Unterscheidung ohne diese Merkmale ist oft kaum möglich.

Blüten

Die Vertreter dieser Gattung sind **Rispengräser** mit **mehrblütigen Ährchen**. Die beiden Hüllspelzen sind stets kürzer als das Ährchen und oft unterschiedlich lang. Bei vielen Arten sind die Deckspelzen begrannt. Vor allem die dem Sonnenlicht zugewandte Seite der Ährchen ist bei den im Alpenraum verbreiteten Arten dunkelviolett überlaufen.

Frucht

Die **Karyopsen** (Nüsschenfrüchte) bleiben überwiegend von den kurz- bis langgrannigen Spelzen umgeben. Sie werden als Ballonflieger, Klett- oder Wasserhafter verbreitet. Bei manchen Arten, wie z. B. dem **Schaf-Schwingel** *(Festuca ovina)*, ist neben der generativen Vermehrung auch die vegetative über Brutknospen im Fruchtstand **(Pseudoviviparie)** möglich.

Die wichtigsten Gattungs-Merkmale auf einen Blick

- Zumindest im oberen Teil offene Blattscheide
- Rispengras mit mehrblütigen Ährchen
- Hüllspelzen kürzer als das Ährchen
- Deckspelze oft mit Granne, in diese auslaufend oder seltener auch unbegrannt

Verwechslungsmöglichkeiten

Arten mit borstigen Blättern werden am ehesten mit **Rasen-Schmiele** *(Avenella/Deschampsia flexuosa)*, **Schmalblättrigem Rispengras** *(Poa angustifolia)* oder **Borstgras** *(Nardus stricta)* verwechselt. Im Wald wachsende Arten sehen **Wald-Trespe** *(Bromus ramosus)*, **Waldgerste** *(Hordelymus europaeus)* und **Wald-Zwenke** *(Brachypodium sylvaticum)* ähnlich. Vegetativ sehen sich auch Arten mit unterschiedlich aufgebauten Blütenständen ähnlich wie z. B. **Wiesen-Schwingel** *(Festuca pratensis)* und **Lolch/Raygras** *(Lolium)* oder **Rohr-Schwingel** *(Festuca arundinacea)* und **Quecke** *(Elymus repens)*.

Verwechslung möglich mit folgenden Gattungen und Arten		**Vergleich** Schwingel
Trespe ⇨ Geschlossene Blattscheide ⇨ Meist behaart		
Borstgras ⇨ Ährengras		
Quecke ⇨ Ährengras		
Rasen-Schmiele ⇨ Borstige Blätter sich ölig anfühlend		

GATTUNG

RISPENGRAS

POA

Alpen-Rispengras *(Poa alpina)*

Allgemeines und Verbreitung

Weltweit gibt es in dieser Gattung etwa 200 Arten, von denen gut 20 in der heimischen Flora verbreitet sind. *«Poa»* ist die griechische Bezeichnung für «Gras», und der deutsche Name «Rispengras» bezieht sich auf die Form des Blütenstandes.

Blätter

Rispengräser sind kleine bis mittelgroße Arten. Nur sehr wenige von ihnen sind einjährig, wie z. B. das dementsprechend benannte **Einjährige Rispengras** (*Poa annua*). Es ist von der Ebene bis 2400 m Höhe auf Trittrasen und Ruderalplätzen nahezu aller Art verbreitet und inzwischen weltweit verschleppt. Es ist auch als Sportrasengras beliebt. Diese Rasenpflanze ist durch den knickig aufsteigenden Wuchs gegen Schnitt besonders unempfindlich. Gleichzeitig bewurzeln sich die Triebe an den Knoten und verbreiten sich so effektiv.

Die überwiegende Anzahl der Arten ist **ausdauernd** wie die am häufigsten anzutreffenden Arten: das **Wiesen-Rispengras** (*Poa pratensis*) und das **Gewöhnliche Rispengras** (*Poa trivialis*). Beides sind sehr gute Futtergräser, die auch als Untergras gutes Heu liefern. An der unterschiedlich langen Ligula können diese beiden ähnlichen Arten leicht unterschieden werden.

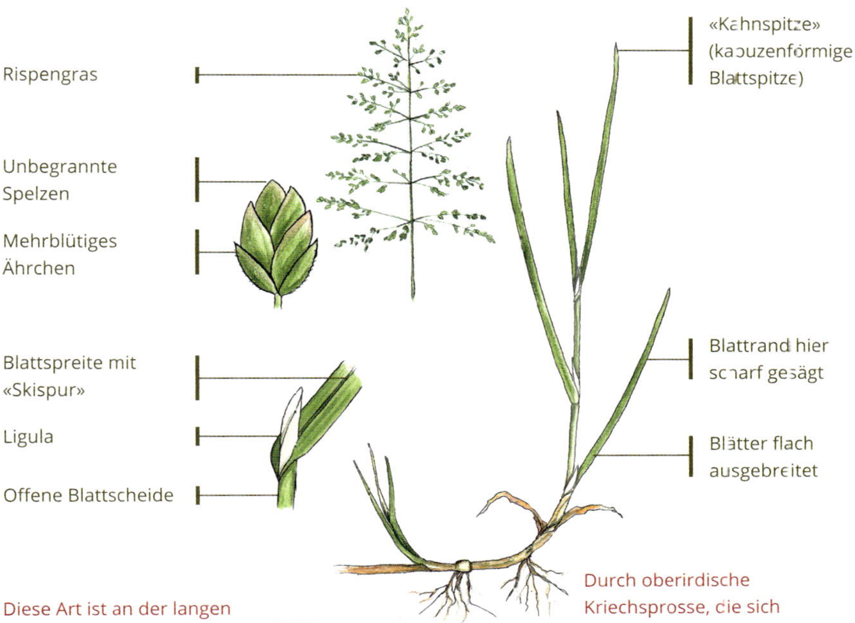

Diese Art ist an der langen Ligula (Blatthäutchen) gut von anderen Arten der Gattung zu unterscheiden.

Beispiel
Gewöhnliches Rispengras
(Poa trivialis)

Durch oberirdische Kriechsprosse, die sich an den Knoten bewurzeln, bildet diese Art einen dichten Rasen.

In den Höhenlagen der Alpen liefert das **Alpen-Rispengras** (■ *Poa alpina*) wertvolles Futtergras. Es wächst als Horstpflanze auf alpinen und subalpinen Fettwiesen und bevorzugt etwas feuchte und vor allem stickstoffreiche Böden – auf Lägerfluren gedeiht es oft in Massenbeständen.

Die Blätter sind überwiegend flach ausgebreitet und nicht borstig. Sie liegen in der Knospenlage gefaltet und haben nach dem Entfalten einen **deutlichen Mittelnerv** – da dieser meist 2-reihig erscheint, wird er umgangssprachlich auch als **Skispur** bezeichnet. Die Halme bzw. unteren Blattscheiden sind bei einigen Arten stark abgeflacht, wie beispielsweise beim **Flachen** oder **Platthalm-** *(Poa compressa)* und **Berg-** oder **Wald-Rispengras** *(Poa chaixii)*. An der am Grunde zwiebelartig verdickten Stängelbasis kann man das **Zwiebel-** oder **Knollen-Rispengras** *(Poa bulbosa)* gut erkennen. Die Blattspitze ist meist kapuzenförmig zusammengezogen – da dies an einen Schiffsrumpf erinnert, wird sie auch **Kahnspitze** genannt.

Die Stängel sind stets beblättert. Für das **Hain-Rispengras** (■ *Poa nemoralis*) sind die meist waagerecht abstehenden Blätter charakteristisch. An der Übergangsstelle von der in der Regel offenen Blattscheide in die Spreite ist ein ± langes **Blatthäutchen (Ligula)** ausgebildet. Beim **Gewöhnlichen Rispengras** (■ ■ *Poa trivialis*) kann es über 5 mm lang werden.

Durch Pilzbefall mit *Epichloe typhina* sind vor allem beim Hain-Rispengras, aber auch bei anderen Gräsern, oft muffartige Hüllen um den Stängel zu beobachten.

Pilzbefall *(Epichloe typhina)*

■ ■ **Wiesen-Rispengras** *(Poa pratensis)*, Kahnspitze und Skispur

Blüten

Der Blütenstand ist stets eine Rispe mit mehrblütigen Ährchen. Die beiden Hüllspelzen sind kürzer als das im Umriss **eiförmige bis elliptische Ährchen**. Die Deckspelzen sind überwiegend **unbegrannt**. Die Hüll- und Deckspelzen sind oft hautrandig, d. h., sie sind von einem ± schmalen, weißlich-durchsichtigen Saum umrandet.

Vor allem in den Höhenlagen und bei starker Sonneneinstrahlung können die Ährchen durch Anthocyane violett überlaufen sein, dies ist beim **Alpen-Rispengras** besonders deutlich ausgeprägt. Beim **Einjährigen Rispengras** ist auch Selbstbestäubung möglich. Diese weltweit verbreitete Art wächst ohne Wachstums- und Blühperiodizität. Die Früchte reifen ganzjährig, und die jungen Pflanzen können bereits nach 45–60 Tagen zur Blüte gelangen.

Frucht

Meist fallen die Nussfrüchtchen (Karyopsen) einzeln aus den Hüllspelzen und bleiben von den steifhaarigen Deck- und Vorspelzen umgeben. Sie werden auf ganz verschiedenen Wegen verbreitet. Die Spelzen bieten dem Wind Angriffsfläche, sodass sie auch ohne direkte Flugorgane verweht werden können. Sie können die Darmpassage bei Huftieren unbeschadet überstehen und werden auch von Ameisen fortgetragen. Einige verbreiten sich auch als Wasserhafter oder bleiben im Reifenprofil von Fahrzeugen und den Hufen der Tiere haften und werden so verschleppt. Bei manchen Arten wie beispielsweise dem **Wiesen-** *(Poa pratensis)* und **Gewöhnlichen Rispengras** *(Poa trivialis)* haben die Spelzfrüchte spezielle Klebzotten für die Anhaftung. Letztere Art kann sich auch vegetativ vermehren, indem sich niederliegende Triebe bewurzeln. Bei Arten im Gebirge, wo die Vegetationsperiode nur kurz ist, wie z. B. dem **Alpen-Rispengras** *(Poa alpina)*, entwickeln sich die meisten Ährchenanlagen zu **Brutknospen (Bulbillen)**. Beim Herabneigen bewurzeln sich diese Brutpflänzchen und dienen der vegetativen Vermehrung **(Pseudoviviparie)**. Die Früchte und Brutknospen werden als Schneeläufer auch durch den Wind verbreitet.

Einjähriges Rispengras *(Poa annua)*, hautrandige Spelzen

Alpen-Rispengras *(Poa alpina)*, «Pseudoviviparie»

Die wichtigsten Gattungs-Merkmale auf einen Blick

- Blätter ± flach ausgebreitet (nicht borstenförmig)
- Blattspreite mit «Skispur»
- Blattspitze ± kapuzenförmig («Kahnspitze»)
- Halme bzw. untere Blattscheiden teils abgeflacht
- Ligula meist deutlich ausgeprägt
- Rispengras
- Ährchen mehrblütig und ± elliptisch bis eiförmig
- Deckspelzen meist ohne Grannen

Verwechslungsmöglichkeiten

Rispengräser sind im Grünland weit verbreitet, und ohne die Blütenstände ist es oft auf den ersten Blick nicht einfach, Arten und Gattungen auseinanderzuhalten. Beim genaueren Hinschauen helfen die «Kahnspitze» und «Skispur» zur Unterscheidung. Abgeflachte Blattspreiten gibt es auch nicht nur in dieser Gattung – vor allem das ebenfalls weit verbreitete **Knäuelgras** *(Dactylis glomerata)* ist daran gut zu erkennen. Die Arten der Gattung **Straußgras** *(Agrostis)* mit ihren feinen, einblütigen Ährchen sehen vor allem dem filigraneren **Gewöhnlichen Rispengras** *(Poa trivialis)* ähnlich.

Verwechslung möglich mit folgenden Gattungen und Arten		**Vergleich** Rispengras
Schwingel → «Kahnspitze» und «Skispur» fehlen → Meist begrannt		
Straußgras → «Kahnspitze» und «Skispur» fehlen → Ährchen einblütig		
Knäuelgras → «Kahnspitze» und «Skispur» fehlen → Ährchen knäuelig gehäuft		

Das **Berg-Rispengras** *(Poa chaixii)* wird auch Wald-Rispengras genannt. Die Triebe sind an der Basis abgeflacht. Hier kann man sehr schön die 2-zeilige Wuchsform der Süßgräser sehen. Dieses teils wintergrüne, in Horsten wachsende Gras ist frosthart.

Beim **Hain-Rispengras** *(Poa nemoralis)* stehen die Spreite der Stängelblätter steif nach oben oder fast waagerecht ab – daher wird es auch «Wegweisergras» genannt. Es wächst als lockerhorstige Pflanze oft mit kurzen Ausläufern in lichten Laubwäldern und Gebüschen.

Das **Einjährige Rispengras** *(Poa annua)* ist eine der wenigen einjährigen Arten in dieser Gattung. Es ist von der Ebene bis fast in die alpine Stufe weit verbreitet. Die Blatthäutchen laufen an den Blattscheiden etwas herab.

Die Ligula des **Wiesen-Rispengrases** *(Poa pratensis)* ist kürzer als die des Gewöhnlichen Rispengrases *(Poa trivialis)*. Das Wiesen-Rispengras ist eines der wertvollsten Futtergräser und besonders schnee- und trockenheitsverträglich.

LOLCH, RAYGRAS

LOLIUM

Ausdauernder Lolch oder Englisches Raygras *(Lolium perenne)*

Vielblütiger Lolch oder Italienisches Raygras *(Lolium multiflorum)*

Allgemeines und Verbreitung

Die knapp 10 Arten dieser Gattung sind weltweit verbreitet, und es gibt einige Hybride. In Mitteleuropa wachsen 5 Arten. Diese Gattung ist nahe mit dem **Schwingel** *(Festuca)* verwandt, und der **Wiesen-Schwingel** *(Festuca pratensis)* kann Bastarde mit dem **Vielblütigen** *(Lolium multiflorum)* und **Ausdauernden Lolch** *(Lolium perenne)* bilden, die sogenannten **Lolch-** oder **Bastardschwingel** *(× Festulolium).*

Der Name **Lolium** stammt aus der Römerzeit und bezieht sich auf den **Taumel-Lolch** *(Lolium temulentum),* nach dem die gesamte Gattung den deutschen Namen Lolch und den lateinischen *Lolium* beibehalten hat. Daneben werden sie auch **Weidel-** oder **Raygras** genannt. Ersteres ist eine Ableitung von Weidegras und bezieht sich auf den Futterwert – im Grünland gehören sie zu unseren wichtigsten Weidegräsern. Aus dem englischen Sprachgebrauch hat sich der Name **Raygras** eingebürgert, der auf engl. «rye» für «Roggen» zurückgeht. Er bezieht sich vor allem auf die beiden häufigsten Arten, das **Englische Raygras** *(Lolium perenne)* und das **Italienische Raygras** *(Lolium multiflorum),* die auch **Ausdauernder Lolch** und **Vielblütiger Lolch** genannt werden. Ersterer ist ein ausdauerndes, rasenbildendes Gras, das als Kulturbegleiter auf nährstoffreichen, beweideten Wiesen gedeiht. In England wird es seit mehr als 300 Jahren kultiviert und in vielen artenarmen Rasenmischungen ausgesät. Inzwischen ist diese Art nahezu weltweit verschleppt. Der aus dem Mittelmeergebiet stammende **Vielblütige Lolch** ist meist zweijährig (bis ausdauernd) und eines der raschwüchsigsten Futtergräser. Er wird in vielen Sorten gezüchtet und ist vor allem im einjährigen Kleegrasbau beliebt.

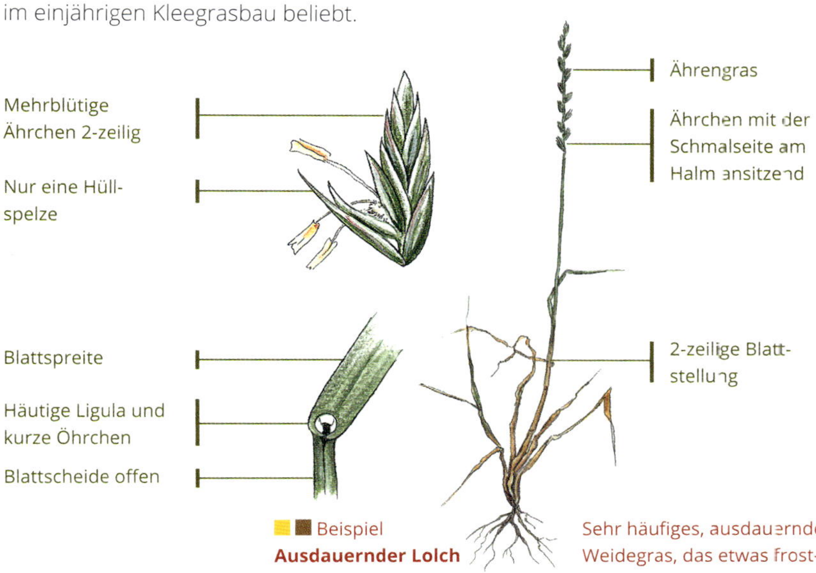

Beispiel
Ausdauernder Lolch oder **Englisches Raygras** *(Lolium perenne)*

Bevorzugt nährstoffreiche, schwere Böden.

Sehr häufiges, ausdauerndes Weidegras, das etwas frostempfindlich ist und nicht über 1500 m Höhe gedeiht.

Blätter

Die Gräser dieser Gattung wachsen niederliegend bis aufrecht. Auch die horstartigen Pflanzen sind durch kurze Ausläufer netzartig verbunden. Die Halme haben stets **kahle Knoten**. Es gibt in dieser Gattung auch selten gewordene, einjährige Ackerwildkräuter wie beispielsweise den **Taumel-Lolch** *(Lolium temulentum)*.

Die Blattscheiden sind an den blühenden Trieben stets offen. Das **Blatthäutchen (Ligula)** ist überwiegend als häutiger Saum ausgebildet. Am Übergang von der Blattscheide zur Blattspreite können **Öhrchen** vorhanden sein oder fehlen. Beim Ausdauernden Lolch *(Lolium perenne)* sind sie beispielsweise kurz und beim Vielblütigen Lolch *(Lolium multiflorum)* lang geöhrt. Alle Arten haben ausgebreitete Blätter.

Blüten

Die Blütenstände sind **endständige Ähren**, d. h., die Ährchen stehen ungestielt am Halm. Sie sind wechselständig und **2-zeilig** ausgerichtet. Auch die Blüten innerhalb eines Ährchens stehen 2-zeilig an der Ährchenachse, die Ährchen wirken dadurch zusammengedrückt. Sie stehen mit der schmalen Seite dem Halm zugewandt – dies ist ein wichtiges Unterscheidungsmerkmal zu anderen Ährengräsern, vor allem den **Quecken** *(Elymus* bzw. *Agropyron)*. An dieser Seite fehlt die Hüllspelze, sodass nur eine ausgebildet ist und das Ährchen sozusagen von der Außenseite umhüllt wird. Sie kann kürzer als das Ährchen sein oder nahezu dessen Länge erreichen – dies liefert wichtige Hinweise für die Artbestimmung.

Die Ährchen sind stets mehrblütig. Die obersten Blüten können verkümmert sein. Die Deckspelzen können eine Granne tragen. In diesem Fall kann aus der Anzahl der Grannen auf die Anzahl der Blüten geschlossen werden. Die Vorspelzen sind überwiegend ebenso lang wie die Deckspelzen.

Frucht

Die **Nussfrüchtchen (Karyopsen)** sind mit der Vorspelze verwachsen. Die Ährchenachse kann zur Fruchtreife zerfallen oder erhalten bleiben und zur Klettausbreitung beitragen.

Die Früchte vor allem des **Taumel-** und **Vielblütigen Lolchs** werden häufig von dem **Pilz** *Endoconidium temulentum* befallen. Der Pilz produziert ein stark giftiges Alkaloid, das zu Schwindel (Taumeln), Erbrechen und Sehstörungen führt. Bevor die Saatgutreinigung noch nicht so effektiv war wie heute, gelangten die Samen häufig ins Getreide und verursachten bei Mensch und Tier Vergiftungen, die zu dem Namen Taumel-Lolch geführt haben. Dieses Gras war schon im Alten Ägypten bekannt und wurde in einem 4000 Jahre alten Grab gefunden. In der Bibel findet sich auch ein Hinweis auf dieses «Unkraut».

Die wichtigsten Gattungs-Merkmale auf einen Blick

- Verwachsene Blattscheide
- Knoten kahl
- Ährengras
- Ähren einzeln an der Spitze des Halmes
- Ährchen 2-zeilig
- Ährchen mehrblütig
- Ährchen mit der Schmalseite der Ährenachse zugekehrt (längs ansitzend)
- Nur eine Hüllspelze

Verwechslungsmöglichkeiten

Im blühenden Zustand sind Verwechslungen vor allem mit anderen Ährengräsern möglich, dies sind vor allem **Quecken** *(Elymus)* und **Kammgras** *(Cynosurus)*. Ohne die Blütenstände sieht vor allem der Vielblütige Lolch Wiesengräsern wie dem **Wiesen-Schwingel** *(Festuca pratensis)* ähnlich. Beide besitzen sichelförmige Öhrchen, doch im Vergleich zum Wiesen-Schwingel sind die Blätter des Vielblütigen Lolchs stärker gekielt, oberseits deutlicher gerieft und unterseits stärker glänzend.

Verwechslung möglich mit folgenden Gattungen und Arten		**Vergleich** Lolch
Quecke Breitseite der Ährenachse am Halm ansitzend 2 ± gleich lange Hüllspelzen		
Kammgras Am Grunde der Ährchen steht eine leere, kammförmige Hülle		
Schwingel Rispengras 2 Hüllspelzen		

FAMILIE

ROHRKOLBENGEWÄCHSE

TYPHACEAE

In dieser Familie sind alle Vertreter Sumpf- oder Wasserpflanzen. Es gibt die beiden Gattungen **Igelkolben** *(Sparganium)* und **Rohrkolben** *(Typha)*, von denen in der heimischen Flora jeweils ca. 5 Arten verbreitet sind. Die schmalen Blätter stehen wechselständig und 2-zeilig am Stängel. Die getrenntgeschlechtlichen Blüten sind einhäusig verteilt, sie stehen zu vielen in kompakten männlichen und weiblichen Blütenständen an einer Pflanze zusammen und reifen meist nacheinander heran. Zur Reifezeit bilden sich winzige nussartige Schließfrüchte.

Reife männliche (links) und weibliche (rechts) Blütenstände des **Igelkolbens**

Der **Breitblättrige Rohrkolben** *(Typha latifolia)* besitzt als Anpassung an den feuchten Standort in allen Teilen außer dem Kolben Durchlüftungsgewebe (Aerenchym). Die Samenwolle diente früher als Ersatz für Bettfedern und das Rhizom als Schweinefutter.

Der **Schmalblättrige Rohrkolben** *(Typha angustifolia)* hat schmalere Blätter bis 1 cm Breite. Die weiblichen sind von den männlichen Blütenständen deutlich abgesetzt. Er bevorzugt etwas nährstoffärmere Standorte in wärmebegünstigteren Lagen und ist seltener.

Der **Einfache Igelkolben** *(Sparganium emersum)* besiedelt ähnliche Standorte wie der Ästige Igelkolben, ist jedoch seltener. Er ist unverzweigt, und die Blätter sind schmaler. Sie werden teils auch im Wasser flutend ausgebildet.

Der **Ästige Igelkolben** *(Sparganium erectum)* hat einen verzweigten Stängel. Er gedeiht an Seen, Gräben und in Röhrichten. Als Fraßschutz besitzen die Blätter nadelförmige Calciumoxalat-Kristalle (Raphiden).

EUDIKOTYLEDONEN

Nach der traditionellen Taxanomie bildeten die Dikotyledonen, auch Zweikeimblättrigen genannt, eine eigene Klasse der Bedecktsamer. Sie wurden nach der Anzahl ihrer beiden Keimblätter von den Monokotyledonen (Einkeimblättrigen) abgetrennt. Aufgrund der phylogenetischen Erkenntnisse stellen sie im Gegensatz zu den Monokotyledonen aber keine natürliche Verwandtschaftsgruppe dar.

Die **Eudikotyledonen** vereinigen mit rund 210 000 Arten eine enorme Vielfalt, daher gibt es nur wenige gemeinsame morphologische Merkmale. Dazu zählt der Pollen mit 3 charakteristischen Furchen oder eine davon abgeleitete Form, die aber nur in einer elektromikroskopischen Aufnahme sichtbar werden. Die Eudikotyledonen werden vereinfacht in 3 größere Gruppen gegliedert: Ursprüngliche Eudikotyledonen, Superrosiden und Superasteriden. Dabei spielen nebst morphologischen vor allem molekularbiologische Merkmale eine zentrale Rolle.

Die Blüten der **Ursprünglichen Eudikotyledonen** sind oft 4- oder 5-zählig und bei etlichen Vertretern sind die Blütenorgane, wie beispielsweise die Staubblätter, zahlreich vorhanden. Sie umfassen sowohl Gehölze, wie etwa Buchsbaumgewächse, als auch krautige Pflanzen wie Hahnenfuß- und Mohngewächse.

Ursprüngliche Eudikotyledonen (von links nach rechts):
Akelei (Hahnenfußgewächs), **Buchsbaum** (Buchsbaumgewächs), **Mohn** (Mohngewächs)

Die **Superrosiden** haben oft auffällige Nebenblätter und meist eine aus Kelch und Krone bestehende doppelte Blütenhülle. Ihre Kronblätter sind meist frei und die Staubblätter oft in zwei Kreisen angeordnet. Zu ihnen gehören Kräuter, Sträucher und Bäume. Viele Arten stammen aus Pflanzenfamilien, die in Mitteleuropa weit verbreitet sind, dazu zählen Rosengewächse, Schmetterlingsblütler, Buchengewächse, Kreuzblütler oder Malvengewächse.

Superasteriden bilden gemeinsam mit den Superrosiden die artenreichste Gruppe innerhalb der Eudikotyledonen. Sie wachsen sowohl krautig wie auch als Gehölze. Viele Vertreter haben keine Nebenblätter. Die häufig 5-zähligen Blüten lassen sich in Kelch- und Kronblätter unterscheiden, wobei Letztere oftmals verwachsen sind. Es ist oft nur ein einziger Staubblattkreis vorhanden, und der Fruchtknoten ist oft oberständig. Zu den Superasteriden gehören Lippenblütler, Enzian- und Nachtschattengewächse, Doldenblütler, Glockenblumengewächse und die namensgebenden Korbblütler.

Superrosiden (von links nach rechts): Weißdorn (Rosengewächs), Wundklee (Schmetterlingsblütler, Rot-Buche (Buchengewächs)

Superasteriden (von links nach rechts): Teufelskralle (Glockenblumengewächs), Stranddistel (Doldenblütler) und Sonnenblume (Korbblütler)

BERBERITZENGEWÄCHSE

BERBERIDACEAE

Die Berberitzengewächse werden auch Sauerdorngewächse genannt. Neben Sträuchern gibt es auch krautige Arten unter ihnen, einige sind an Trockenheit angepasste Arten der asiatischen Wüstengebiete. Die Blüten sind stets radiär und oft 3-zählig. Neben Beeren gibt es auch Balg- und Nussfrüchte. In Mitteleuropa ist von den weltweit rund 700 Arten aus 14 Gattungen nur die **Berberitze** *(Berberis vulgaris)* heimisch. Daneben findet man in Garten- und Parkanlagen häufig weitere Arten aus dieser Gattung, die meisten von ihnen stammen aus dem asiatischen Raum. Aus Südeuropa ist die Alpen-Sockenblume in die Südalpen eingewandert.

Gewöhnliche Berberitze *(Berberis vulgaris)*

Von der **Gewöhnlichen Berberitze** *(Berberis vulgaris)* sind alle Teile außer den Früchten durch Alkaloide giftig. Die Beeren werden zu Saft, Likör und Süßspeisen verarbeitet und für Tee getrocknet.

Die **Alpen-Sockenblume** *(Epimedium alpinum)* ist in den Südalpen verbreitet und bevorzugt schattige, warme Laubwälder bis 1200 m und wird auch als Zierpflanze kultiviert.

Die **Mahonie** *(Mahonia aquifolium)* stammt aus Amerika und wird in Parkanlagen gepflanzt. Die sauren, essbaren Beeren können als Saft, Likör und zu Süßspeise verarbeitet werden.

Julianas Berberitze *(Berberis julianae)* heißt auch Großblättrige Berberitze und stammt aus China. Sie ist vor allem als Heckenpflanze in Gärten und Parkanlagen beliebt.

MOHNGEWÄCHSE

PAPAVERACEAE

In dieser Familie gibt es weltweit rund 40 Gattungen mit 770 Arten, von denen knapp 10 Arten aus 3 Gattungen in Mitteleuropa heimisch sind. Es sind Kräuter oder Stauden mit wechselständigen, meist fiederig eingeschnittenen oder zusammengesetzten Blättern. Ihre Besonderheit ist der **Milchsaft**. Die beiden Kelchblätter fallen manchmal sehr früh ab. Eine 4-zählige Blüte besitzen auch die Nachtkerzen- und Rötegewächse sowie die Kreuzblütler – ihnen fehlt der Milchsaft. Die Frucht ist beim **Schöllkraut** eine Schote und beim **Mohn** eine Kapsel. An der Zahl der Narbenstrahlen wird beim Mohn kenntlich, aus wie vielen Fruchtblättern er sich zusammensetzt. In jedem Fruchtblatt bilden sich unzählige kleine Samen, die zur Reifezeit durch Löcher unterhalb der Narbenscheibe vom Wind ausgeblasen werden.

Schöllkraut *(Chelidonium majus)*

Klatsch-Mohn *(Papaver rhoeas)*

Die roten Kronblätter des **Saat-Mohns** *(Papaver dubium)* reflektieren das UV-Licht. Die meisten Insekten sind allerdings rotblind, was die Seltenheit roter Blüten erklärt.

Der **Schlaf-Mohn** *(Papaver somniferum)* hat im Gegensatz zu anderen Mohn-Arten ungeteilte, graugrüne Blätter mit Wachsüberzug. Eine Kapsel liefert etwa 2000 alkaloidfreie Samen.

Der einjährige **Klatsch-Mohn** *(Papaver rhoeas)* ist seit dem Neolithikum ein Kulturbegleiter. Die gesamte frische Pflanze außer Blüte und Samen ist schwach giftig.

Durch den orangefarbenen Milchsaft ist das giftige **Schöllkraut** *(Chelidonium majus)* unverwechselbar. Die Samen tragen für Ameisen nahrhafte Anhängsel.

CH 400 | DE Silber

FAMILIE

HAHNENFUSSGEWÄCHSE

RANUNCULACEAE

Sumpf-Dotterblume *(Caltha palustris)* Blauer Eisenhut *(Aconitum napellus)*

Allgemeines und Verbreitung

Die Hahnenfußgewächse sind hauptsächlich auf der Nordhalbkugel verbreitet, und es gibt weltweit über 40 Gattungen mit rund 2350 Arten. In der heimischen Flora kommen davon annähernd 20 Gattungen mit etwa 90 Arten vor. Viele von ihnen wachsen in den Gebirgsregionen. Außerdem gibt es einige Wasserpflanzen unter ihnen. Sie gehören ausschließlich der Gattung **Hahnenfuß** *(Ranunculus)* an. Die einjährigen Ackerwildkräuter aus der Familie, wie beispielsweise **Acker-Hahnenfuß** *(Ranunculus arvensis)*, **Mäuseschwänzchen** *(Myosurus minimus)*, **Feldrittersporn** *(Consolida)* und **Adonisröschen** *(Adonis)*, sind heute selten geworden, und einige von ihnen stehen unter Naturschutz. In der Gattung **Waldrebe** *(Clematis)* gibt es als einzige der heimischen Arten verholzende Pflanzen. Diese Lianen sind durch ihre gegenständigen Blätter für diese Familie zusätzlich recht untypisch.

Charakteristisch für die Vertreter dieser Familie ist der schwach giftige Wirkstoff Proteanemonin. Er ist in der überwiegenden Anzahl der Hahnenfußgewächse enthalten und vermutlich ein Fraßschutz, außerdem ist er wirksam gegen Pilzbefall. Beim Trocknen geht die Giftwirkung verloren, da das Protoanemonin dann in das ungiftige Anemonin abgebaut wird.

Gewöhnliche Waldrebe

Gewöhnliche Küchenschelle

Winterling (2×)

Stinkende Nieswurz

Leberblümchen

Wolfs-Eisenhut

Blauer Eisenhut

Gewöhnliche Akelei

Sumpf-Dotterblume

Kleine Wiesenraute

Darüber hinaus enthalten einige Arten weitaus stärkere Giftstoffe, die für den Menschen tödlich sein können. Dies ist beispielsweise bei den Arten der Gattung **Eisenhut** *(Aconitum)* der Fall. Der griechischen Sage nach sind diese tödlich giftigen Pflanzen aus dem Speichel des Höllenhunds Kerberos entstanden, dem Wächter der Tore zur Unterwelt. Während diese Arten Alkaloide (bes. Aconitin) enthalten, sind die **Küchenschellen** *(Pulsatilla)* durch Glykoside (neben Proteanemonin und Saponinen) stark giftig. Beide werden in der Heilkunde homöopathisch eingesetzt.

Blätter

Bis auf die **Waldrebe** *(Clematis)* mit gegenständigen Blättern haben die Hahnenfußgewächse wechsel- oder grundständige Blätter. Ihre Form ist sehr vielgestaltig. Oft sind sie gefiedert, gefingert oder handförmig eingeschnitten. Sie können aber auch ungeteilt sein. Nebenblätter gibt es bei ihnen nie – dies ist ein gutes Unterscheidungsmerkmal zu den teils ähnlichen Rosengewächsen, die stets Nebenblätter besitzen. Allerdings kann der Blattstiel einiger Hahnenfußgewächse eine scheidenartig verbreiterte Basis haben, was dann Nebenblättern ähnelt. Dies ist beispielsweise der Fall bei **Wiesenraute** *(Thalictrum)*, **Akelei** *(Aquilegia)* und **Wasserhahnenfuß** *(Ranunculus aquatilis)*. Sie besitzen jedoch niemals Zipfel oder abstehende Blattteile, wie dies bei echten Nebenblättern meist der Fall ist.

■ Beispiel
Acker-Rittersporn
(Consolida regalis)

Stark giftiges, einjähriges Ackerwildkraut, das durch intensive Landwirtschaft selten geworden ist

Blüte

Die Blüten sind in dieser Familie sehr variabel und können radiär oder zygomorph (mit nur einer Symmetrie-Ebene) sein. Meist sind sie auffällig gefärbt. Neben gelben und violetten Blüten gibt es auch häufig weiße. Entsprechend vielfältig sind auch die Bestäuber und die Bestäubungsmechanismen. Sie bieten Pollen und Nektar für verschiedene Insekten an. Die gespornten oder helmförmigen Blüten werden von Bestäubern mit langen Rüsseln wie Schmetterlingen besucht oder aber von Hummeln, die so kräftig sind, dass sie die helmförmige Oberlippe hochdrücken können, um an den Nektar zu gelangen. Beim **Eisenhut** *(Aconitum)* sind die Kronblätter zu nektarbildenden Honigblättern umgewandelt. Die Kelchblätter übernehmen die Schaufunktion. Das obere ist helmförmig, und die seitlichen schützen die Staub- und Fruchtblätter. Die beiden unteren farbigen Kelchblätter dienen als Landeplattform für Hummeln und andere Bestäuber.

Bei vielen Gattungen wie **Küchenschelle** *(Pulsatilla)* und **Windröschen** *(Anemone)* gibt es ein Perigon, d. h., bei der Blütenhülle können keine Kelch- und Kronblätter unterschieden werden. Die allgemeine Blütenformel für diese Familie zeigt nur wenige konstante Merkmale:

Blütenformel *** oder ↓ P5–∞ oder K 2–∞ C 5–∞ A ∞ G $\underline{1–∞}$**

*** oder ↓ Perigonbl. 5 bis ∞ oder Kelchbl. 2 bis ∞ Kronbl. 5 bis ∞ Staubbl. ∞ Fruchtbl. $\underline{1 bis ∞}$**

Blattbasis der **Akeleiblättrigen Wiesenraute** *(Thalictrum aquilegiifolium)*

Blüte des **Gescheckten Eisenhutes** *(Aconitum variegatum)*

Nektarblätter von **Grüner Nieswurz** (oben) und **Christrose** (unten)

Nektarblätter von **Winterling** (oben) und **Trollblume** (unten, ohne Kronblätter)

Die Anzahl der Kronblätter beträgt oft 5 oder 6, es können jedoch auch mehr sein, wie beispielsweise beim **Scharbockskraut** *(Ranunculus ficaria* oder *Ficaria verna).* Übereinstimmende Merkmale der verschiedenen Blüten sind die vielen Staubblätter. Die Nektar absondernden Drüsen bzw. Kronblätter sind bei dieser Familie stark entwickelt. Bei der Gattung **Hahnenfuß** *(Ranunculus)* beispielsweise sind die Nektarblätter blumenblattartig ausgebildet und tragen am Grund eine kleine Nektardrüse. Sie glänzen stark und werden auch als «Honigblätter» bezeichnet. Die Nektarblätter können aber auch unscheinbar zwischen den Staubblättern und den Kronblättern verborgen sein und sind dann erst zu sehen, wenn man die Kronblätter entfernt. Ein Beispiel dafür ist die **Trollblume** *(Trollius europaeus),* deren Kronblätter sich kugelig zusammenneigen und sich nie ganz öffnen. Die bestäubenden Schwebfliegen dringen in die Blüte ein und ernähren sich von Pollen und Nektar. Es gibt aber auch Arten ohne Nektardrüsen mit glanzlosen Kronblättern wie die **Sumpf-Dotterblume** *(Caltha palustris).* Der Fruchtknoten ist stets oberständig. Allerdings kann er aus einem oder mehreren Fruchtblättern aufgebaut sein. Besteht er aus mehreren Fruchtblättern, so sind diese stets frei, d. h., sie bilden keine gemeinsame Frucht.

Frucht

Das **Ährige Christophskraut** (■ *Actaea spicata*) ist eine der wenigen heimischen Arten mit nur einem Fruchtblatt. Zur Reifezeit bildet sich hier eine vielsamige Beere. Dies ist für diese Familie eine außergewöhnliche Fruchtform, da die meisten Vertreter Balg- oder Nussfrüchte bilden. Der **Feldrittersporn** *(Consolida)* besitzt auch nur ein Fruchtblatt. Hier bilden sich zur Reifezeit Balgfrüchte. Bei den meisten anderen Arten gibt es viele oberständige Fruchtblätter, die jeweils eine einzelne vielsamige Balg- oder einsamige Nussfrucht bilden. Wenn die einzelnen Fruchtblätter wie hier nicht miteinander verwachsen sind, spricht man von Chorikarpie.

Bei der **Waldrebe** *(Clematis)* und der **Küchenschelle** *(Pulsatilla)* sind die Früchte mit hygroskopischen Haaren versehen. Sie stehen bei Trockenheit an den reifen Früchten ab und dienen der Windverbreitung. Bei feuchtem Wetter haften sie am Fell der Tiere.

Nussfrüchte von **Clematis** (oben) und Balgfrüchte des **Winterlings** (unten)

Balgfrüchte von **Feldrittersporn** (oben) und **Sumpf-Dotterblume** (unten)

Die wichtigsten Familien-Merkmale auf einen Blick

- Überwiegend krautige Pflanzen (Ausnahme *Clematis*)
- Blätter überwiegend wechselständig (Ausnahme *Clematis*)
- Giftig durch Protoanemonin
- Nebenblätter fehlen
- Viele Staubblätter
- Häufig Perigon, oft 5 Kronblätter
- Oft mit Nektarblättern (Glanzüberzug)
- Fruchtknoten oberständig
- Häufig viele freie Fruchtblätter (selten 1)

Verwechslungsmöglichkeiten

Die Arten mit 5-zähligen Blüten können am ehesten mit Rosengewächsen verwechselt werden, diese besitzen jedoch stets Nebenblätter. Die Blüte mancher Hahnenfußgewächse ist ein Perigon ähnlich dem einiger Einkeimblättriger. Wegen der netznervigen Blattnervatur kann man beide Gruppen kaum verwechseln. Die handförmigen Blätter einiger Eisenhut- und Hahnenfuß-Arten sehen denen mancher Storchschnabelgewächse ähnlich, die des Christophskrauts denen des Geißbarts, eines Rosengewächses. Die fein gefiederten Blätter der Adonisröschen ähneln denen einiger Doldengewächse wie z. B. Bärwurz.

Verwechslung möglich mit folgenden Familien — **Vergleich** Hahnenfußgewächse

Rosengewächse
- Nebenblätter
- Nie mit Glanzüberzug auf den Kronblättern

Storchschnabelgewächse
- Nebenblätter
- Kronblätter meist rosa, blau bis violett
- Frucht lang geschnäbelt

Doldengewächse
- Doldiger Blütenstand
- Ätherische Öle (intensiver Duft)

Ausgewählte Arten

Der **Gelbe Eisenhut** *(Aconitum lycoctonum)* heißt auch Wolfs-Eisenhut und ist eine der giftigsten Pflanzen unserer Heimat. Mit ihm wurden früher Pfeile und Köder bestrichen.

Die giftige **Stinkende Nieswurz** *(Helleborus foetidus)* wurde im Mittelalter nahezu als Universalmittel verwendet. Der deutsche Name verrät die Nutzung als Niespulver.

Die **Europäische Trollblume** *(Trollius europaeus)* gedeiht auf Bergwiesen. Ihre teils über 10 Blütenkronblätter neigen sich kugelig zusammen und öffnen sich nie ganz.

Die **Gewöhnliche Waldrebe** *(Clematis vitalba)* ist die einzige heimische Liane dieser Familie. Eine weitere Besonderheit der Gattung sind die gegenständigen Blätter.

Bei der **Gewöhnlichen Akelei** *(Aquilegia vulgaris)* stehen die gespornten Nektarblätter zwischen den Blütenkronblättern und erhöhen die Attraktivität der Blüte.

Die **Akeleiblättrige Wiesenraute** *(Thalictrum aquilegiifolium)* hat viele kleine Blüten in Rispen. Die Staubblätter sind unterhalb der Staubbeutel keulig verdickt.

GATTUNG

WINDRÖSCHEN

ANEMONE

Die **Kronen-Anemone** *(Anemone coronaria)* ist im Mittelmeerraum verbreitet und wird in Gärten gepflanzt.

Die **Herbst-Anemone** *(Anemone hupehensis)* stammt aus dem asiatischen Raum und wird als Zierpflanze kultiviert.

Allgemeines und Verbreitung

Weltweit gibt es in dieser Gattung etwa 120 Arten, die meisten sind auf der Nordhalbkugel verbreitet. 5 Arten sind in Mitteleuropa heimisch. Früher wurden auch die **Küchenschellen** *(Pulsatilla)* und **Leberblümchen** *(Hepatica)* mit in diese Gattung gestellt. Einige der fremdländischen Arten sind bei uns als Zierpflanzen importiert und häufig in Gärten- und Parkanlagen gepflanzt, wie beispielsweise die asiatische **Herbst-Anemone** *(Anemone hupehensis)* und die aus dem Mittelmeergebiet stammende **Kronen-Anemone** *(Anemone coronaria)*.

Die heimischen Arten, das **Busch-Windröschen** *(Anemone nemorosa)* und das **Gelbe Windröschen** *(Anemone ranunculoides)*, sind mit ihrem Entwicklungszyklus optimal an das Leben im Wald angepasst. Sie entfalten ihre Blätter und Blüten im zeitigen Frühjahr, wenn das Blätterdach der Bäume noch genügend Licht auf den Boden gelangen lässt. Sobald die Bäume ihre Kronen schließen, werden die in den Blättern gebildeten Nährstoffe in den unterirdischen, als Überdauerungs- und Speicherorgan stark verdickten Rhizomen für den Austrieb im nächsten Frühjahr gespeichert. Dann ziehen die oberirdischen Triebe ganz ein, und ab etwa August sind keine oberirdischen Teile der Pflanzen mehr sichtbar.

Wie nahezu alle Hahnenfußgewächse enthalten auch die Vertreter dieser Gattung **Protoanemonin** und sind frisch giftig. Durch Erhitzen oder Trocknen geht die Giftwirkung verloren.

Busch-Windröschen (gesamte Pflanze mit Hochblättern und Grundblatt)

Herbst-Anemone (Stängel- und Grundblatt)

Blätter

Alle Arten dieser Gattung sind ausdauernde Pflanzen, die nicht über 50 cm groß werden. Die Laubblätter sind überwiegend grundständig. Am obersten Knoten werden unterhalb der Blüte am Stängel 3 quirlständige Blätter gebildet, sie werden als **Hochblattquirl (Scheinquirl)** bezeichnet. Diese können wie beispielsweise beim **Großen Windröschen** *(Anemone sylvestris)* auch relativ weit von der Blüte entfernt stehen, hier etwa in der Mitte des Stängels der bis 40 cm großen Pflanze. Die übrigen Laubblätter sind stets gestielt und entspringen dem Rhizom. Sie sind überwiegend zusammengesetzt (gefingert oder gefiedert).

Blüten

Während das **Busch-Windröschen** *(Anemone nemorosa)* nur einen Blütenstängel besitzt, gibt es beim **Großen Windröschen** *(Anemone sylvestris)* meist mehrere. Beim **Gelben Windröschen** *(Anemone ranunculoides)* stehen meist 2 Blüten an jedem Trieb, es können seltener bis zu 5 sein.

Beispiel
Busch-Windröschen
(Anemone nemorosa)

Diese Art ist giftig und wurde als Pfeilgift verwendet.

Das verdickte Rhizom als Speicherorgan ermöglicht den frühen Austrieb im Frühjahr.

Die Blüten sind stets radiär-symmetrisch und zwittrig. Die Blüten der heimischen Arten sind weiß oder gelb, außerhalb Mitteleuropas gibt es auch rosafarbene bis rote, blaue, violette und sogar grüne Blüten. Die Blütenhülle ist bei den heimischen Arten stets einfach, d. h., es gibt ein **Perigon** aus gleichgestalteten, weißen oder gelben Blütenhüllblättern. Ihre Anzahl schwankt selbst innerhalb einer Art. Beim Busch-Windröschen sind es überwiegend 6 Perigonblätter, doch es kommen auch häufig Blüten mit 7 oder 8 vor. Nachts und bei kühler Witterung schließen sich die Blüten. Dies geschieht, indem die Außenseite bei kühlen Temperaturen schneller wächst als die Innenseite. Dadurch werden die Blüten auch mit jedem Öffnen und Schließen etwas größer. Es gibt stets viele Staubblätter und viele oberständige, freie Fruchtblätter.

Frucht

Zur Reifezeit entwickeln sich aus den einzelnen oberständigen Fruchtblättern Nussfrüchte. In jedem freien Fruchtblatt wird stets nur ein Samen gebildet. Beim **Busch-Windröschen** *(Anemone nemorosa)* tragen die einsamigen Nüsschen Ölkörper (Elaiosomen) für die Ausbreitung durch Ameisen. Beim **Großen Windröschen** *(Anemone sylvestris)* sind die Nussfrüchtchen von einem Haarfilz umgeben und werden vom Wind verbreitet. Bei Nässe haften sie auch am Fell der Tiere. Der Griffel wird zur Fruchtzeit nicht verlängert, dies ist ein gutes Unterscheidungsmerkmal zur Gattung **Küchenschelle** *(Pulsatilla)*. Bis ein Samen gekeimt und eine neue Pflanze zur Blüte gelangt, vergehen 10 bis 15 Jahre. Ausbreitung findet vor allem über Seitensprosse statt, die vom Rhizom ausgehen. Oft gehören über 100 Blütentriebe zu einer Pflanze.

Busch-Windröschen *(Anemone nemorosa)* mit abweichender Anzahl von Perigonblättern

Die wichtigsten Gattungs-Merkmale auf einen Blick

- Hochblattquirl
- Giftig durch Proteanemonin
- Blüten weiß oder gelb
- Perigon aus gleichgestalteten Blütenhüllblättern
- Griffel sich nicht federig verlängernd
- Frucht einsamige Nüsschen

Verwechslungsmöglichkeiten

6-zählige Blüten als Perigon gibt es auch bei einigen Einkeimblättrigen, diese unterscheiden sich jedoch in der Blattform und Blattnervatur. Viele von ihnen sind ebenfalls Frühjahrsblüher. Das Gelbe Windröschen verdankt seinen wissenschaftlichen Artnamen *ranunculoides* («hahnenfußartig») der Ähnlichkeit mit Vertretern dieser Gattung *(Ranunculus).* Die Blätter des Busch-Windröschens können mit denen von Moschuskraut und Lerchensporn verwechselt werden.

Verwechslung möglich mit folgenden Pflanzen		**Vergleich** Windröschen
Einkeimblättrige ⇨ Parallelnervige Blätter ⇨ Blätter niemals geteilt ⇨ Fruchtblätter verwachsen ⇨ Weniger Staubblätter		
Hahnenfuß ⇨ Kronblätter meist mit Nektardrüsen am Grund ⇨ Glänzende Kronblätter ⇨ Doppelte Blütenhülle		
Küchenschelle ⇨ Griffel zur Fruchtzeit stark verlängert und behaart ⇨ Pflanze in allen Teilen stark behaart		
Moschuskraut ⇨ Unauffällige, würfelförmige Blütenstände ⇨ 1- bis 3-kernige Früchte		

Das **Gelbe Windröschen** *(Anemone ranunculoides)* wächst in Au- und Laubwäldern und bevorzugt Kalk- und Lehmböden. Es ist seltener zu finden als das Busch-Windröschen.

Das **Busch-Windröschen** *(Anemone nemorosa)* wächst in Laubwäldern und Gebüschen. Es ist giftig, und früher wurde der Presssaft als Pfeilgift verwendet.

Das **Große Windröschen** *(Anemone sylvestris)* wird bis 50 cm groß und wächst in lichten Wäldern und auf Halbtrockenrasen. Es bevorzugt wärmebegünstigte und kalkhaltige Standorte bis 1600 m Höhenlage.

Das **Apennin-Windröschen** *(Anemone apennina)* ist im Mittelmeerraum verbreitet und verwildert bei uns gelegentlich aus Gärten. Es wird auch als weiße Varietät *(Anemone apennina* var. *albiflora)* kultiviert.

CH 600

GATTUNG

KÜCHENSCHELLE
PULSATILLA

Schwefel-Küchenschelle
(Pulsatilla alpina subsp. *apiifolia)*

Frühlings-Küchenschelle
(Pulsatilla vernalis)

Allgemeines und Verbreitung

In dieser vor allem auf der Nordhalbkugel verbreiteten Gattung gibt es etwa 30 Arten, von denen weniger als 10 in der heimischen Flora vorkommen. Die **Alpen-Küchenschelle** (■ *Pulsatilla alpina*) wird in 2 Unterarten unterteilt, von denen die **Schwefel-Küchenschelle** (■ *Pulsatilla alpina* subsp. *apiifolia*) an ihren gelben Blüten leicht zu erkennen ist. Küchenschellen reagieren empfindlich auf Überdüngung und sind in den letzten Jahrzehnten selten geworden. Alle Arten stehen unter Naturschutz. Ihren wissenschaftlichen Namen verdanken sie den an eine Glocke erinnernden Blüten (lat. «pulsare» = «schlagen» bzw. eine Glocke oder «Schelle» läuten). Diesen Ursprung hat auch ihr weiterer Name **Kuhschelle** – so könnte Küchenschelle sich auch von ursprünglich Kü«h»chenschelle ableiten. Ein weiterer, in der Schweiz gebräuchlicher Name ist **Anemone** – ursprünglich wurden die Gattungen *Pulsatilla* und *Anemone* nicht getrennt.

Die Arten dieser Gattung sind durch **Protoanemonin** (teils auch Saponine und Glykoside) giftig. Die Wirkstoffe reizen die Haut und Schleimhäute. Bei empfindlichen Personen kann bereits der Hautkontakt zu Blasenbildung und Entzündungen führen. In der Antike fanden die Küchenschellen Anwendung als Heilmittel. Heute wird die **Gewöhnliche Küchenschelle** *(Pulsatilla vulgaris)* in der Homöopathie genutzt.

Blätter

Küchenschellen sind stets ausdauernde Pflanzen mit kräftigem Rhizom als Überdauerungsorgan. Ähnlich wie bei den Windröschen gibt es einen **Hochblattquirl (Scheinquirl)** aus 3 blattartigen Hochblättern unterhalb des Blütenstandes. Sie können am Grund miteinander verwachsen sein. Sie sind ebenso wie die jungen Triebe dicht behaart und dienen den heranwachsenden Blüten als Schutz. Die bereits früh im Jahr gebildeten Knospen werden durch die abgestorbenen Rosettenblätter geschützt. Die gestielten Grundblätter sind überwiegend fein gefiedert und ebenfalls behaart. Sie treiben gleichzeitig mit den Blüten aus.

Hochblattquirl vor und nach der Blütenentfaltung

Fruchtstand

Blüten

Die Blüten sind stets zwittrig und radiär-symmetrisch. Sie stehen überwiegend einzeln am Ende des Stängels. Die Blütenfarbe ist weiß, rosafarben, violett oder gelb. Die rosa bis violetten Blüten sind durch Anthocyan und die gelben durch Flavonoide gefärbt. Die Blütenhülle ist ein **Perigon** aus gleichgestalteten Kelch- und Kronblättern, die in 2 Kreisen stehen. Außen sind sie meist lang behaart. Sie schließen sich nachts durch Wachstumsbewegungen. Es gibt zahlreiche Staubblätter und zahlreiche, freie und oberständige Fruchtblätter. Die Griffel verlängern sich nach der Blütezeit stark. Den Blütenbesuchern, überwiegend Hummeln und Bienen, wird von den meisten Arten reichlich Nektar und Pollen angeboten. Allerdings gibt es auch Arten wie die **Alpen-Küchenschelle** *(Pulsatilla alpina),* die meist keinen Nektar produziert.

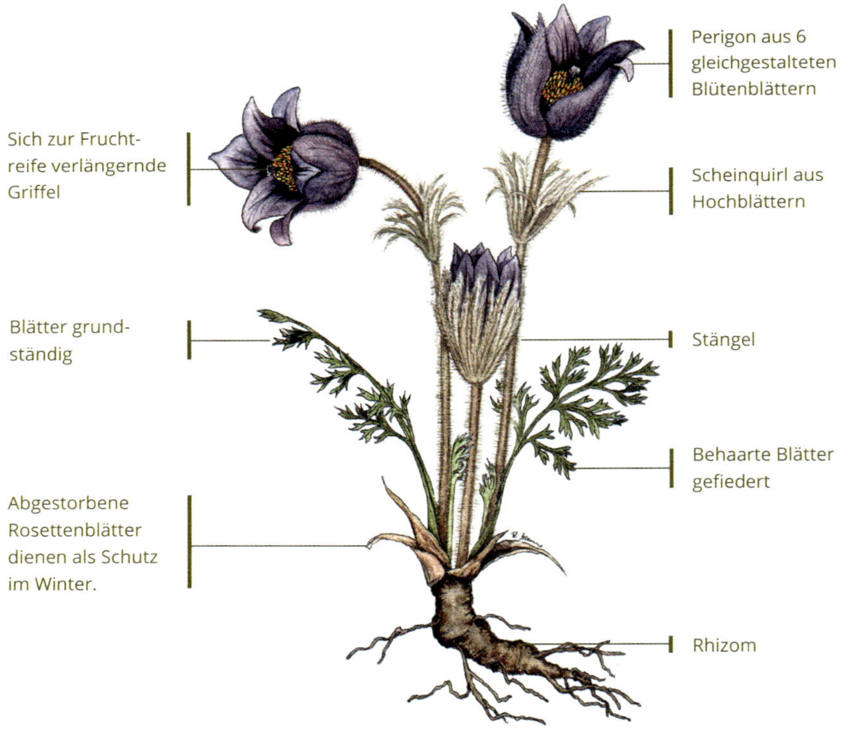

Die unterirdische Sprossachse (Rhizom) dient diesem Frühblüher als Nährstoffspeicher.

Beispiel
Gewöhnliche Küchenschelle
(Pulsatilla vulgaris)

Diese Art ist stark giftig und wird in der Homöopathie eingesetzt.

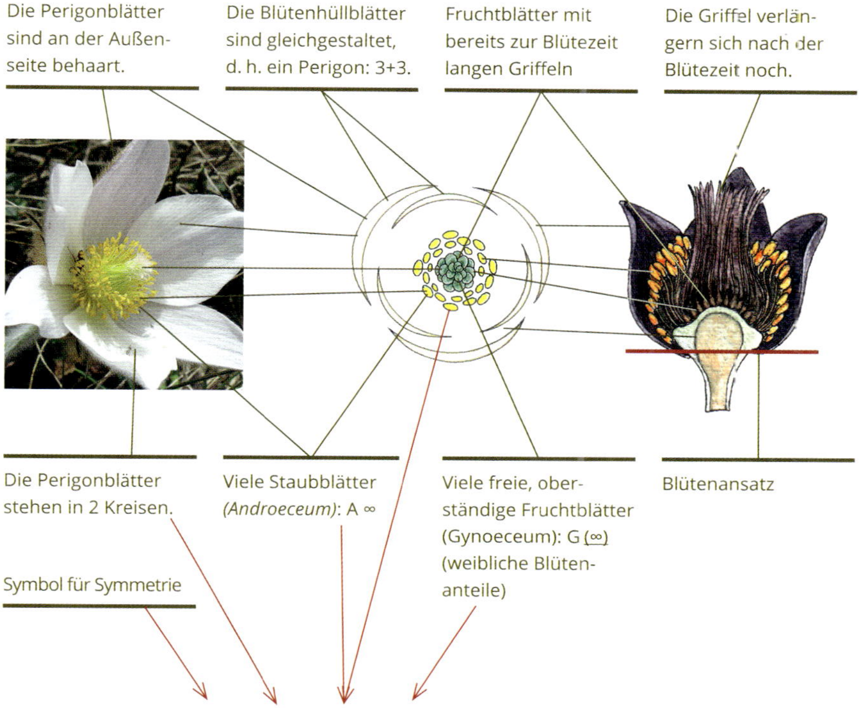

Blütenformel *** P 3+3 A ∞ G $\underline{\infty}$**

*** Perigonblätter 3+3 Staubblätter ∞ Fruchtblätter $\underline{\infty}$**

Frucht

Aus jedem der freien Fruchtblätter entwickelt sich ein kleines, spindelförmiges **Nüsschen**, das durch den verlängerten, behaarten Griffel verbreitet wird (Federschweifflieger). Die Haare sind hygroskopisch und spreizen sich bei Trockenheit. Durch diese hygroskopischen Bewegungen kriechen die Früchte über die Erdoberfläche und können sich auch in den Boden bohren. Bei Feuchtigkeit haften sie zudem am Fell der Tiere und werden von ihnen verschleppt.

Die Pflanze mit dem schopfartigen, zottigen Fruchtstand war den Menschen früher unheimlich und wurde Teufels- oder Bocksbart genannt. Der Fruchtstand hieß «Hexenbesen» und wuchs dem Aberglauben nach dort, wo eine Hexe vom Himmel geschossen wurde.

Die wichtigsten Gattungs-Merkmale auf einen Blick

- Hochblattquirl
- Geteilte Grundblätter
- Alle Teile stark behaart
- Griffel zur Fruchtreife stark verlängert und federig behaart
- 6 Perigonblätter
- Frucht einsamige Nüsschen

Verwechslungsmöglichkeiten

Die Küchenschellen mit ihrem 6-zähligen Perigon und der frühen Austriebszeit erinnern ein wenig an Einkeimblättrige wie beispielsweise Krokusse. Die langen, federig behaarten Griffel sind typisch für diese Gattung und ein gutes Unterscheidungsmerkmal zu den ähnlichen Windröschen *(Anemone)*. Allerdings gibt es diese auch bei einigen Rosengewächsen in der Gattung Nelkenwurz *(Geum)*. Die fein gefiederten Blätter einiger Doldengewächse wie beispielsweise Wilde Möhre, Sesel oder Rauhaar-Laserkraut können denen von Küchenschellen ähnlich sehen.

Verwechslung möglich mit folgenden Pflanzen		**Vergleich** Küchenschelle
Einkeimblättrige - Parallelnervige Blätter - Blätter niemals geteilt - Fruchtblätter verwachsen - Weniger Staubblätter		
Windröschen - Griffel zur Fruchtzeit nicht federig verlängert - Pflanze weniger stark behaart		
Nelkenwurz - Nebenblätter - Weniger stark behaart - Blätter nicht so fein gefiedert		
Doldengewächse - Kronblätter frei - Blätter wechselständig		

Die **Frühlings-Küchenschelle** *(Pulsatilla vernalis)* bevorzugt saure und stickstoffarme Böden auf lichten Standorten. Die weißen Blüten sind außen oft violett überlaufen.

Die **Schwefel- Küchenschelle** *(Pulsatilla alpina* subsp. *apiifolia)* wächst auf Silikat-Magerrasen. Sie ist an ihren auffälligen, gelben Blüten leicht zu erkennen.

Die **Gewöhnliche Küchenschelle** *(Pulsatilla vulgaris)* wächst als Trockenpflanze in lichten Kiefernwäldern und Magerrasen in sonniger Hanglage auf kalkreichen Böden.

Hallers Küchenschelle *(Pulsatilla halleri)* wächst in den Seealpen und der Steiermark in subalpinen bis alpinen Höhenlagen bis 3000 m auf kalkhaltigen Böden und in Felsspalten.

GATTUNG

HAHNENFUSS

RANUNCULUS

Gletscher-Hahnenfuß *(Ranunculus glacialis)* Scharfer Hahnenfuß *(Ranunculus acris)*

Allgemeines und Verbreitung

Die Gliederung dieser Gattung wird kontrovers diskutiert, und so schwanken die Angaben zur Artenzahl weltweit von 300 bis über 600. Hahnenfußarten sind bis auf die Antarktis von tropischen bis in hochalpine und arktische Klimazonen verbreitet, in den Tropen sind sie auf die Bergregionen beschränkt. In der heimischen Flora gibt es knapp 50 Arten. Sie sind von der Ebene bis in alpine Höhenlagen zu finden. Der **Gletscher-Hahnenfuß** *(Ranunculus glacialis)* gehört zu den am höchsten aufsteigenden Blütenpflanzen in den Alpen. Er kann bis über 4200 m hoch gedeihen und auf Standorten überleben, die während acht Monaten schneebedeckt sind. Der **Alpen-Hahnenfuß** (*Ranunculus alpestris*) ist ihm ähnlich, er erreicht aber nur 2900 m und ist auf kalkhaltigen, feuchten Rasen und Felsen zu finden.

Der Standort kann für die Bestimmung der Arten wichtige Hinweise liefern. So schließen sich die beiden ähnlichen Arten **Platanenblättriger Hahnenfuß** (*Ranunculus platanifolius*) auf Kalkgestein und **Eisenhutblättriger Hahnenfuß** (*Ranunculus aconitifolius*) auf Silikatgestein durch ihre Ansprüche an das anstehende Gestein gegenseitig aus, d. h., sie sind ökologisch vikariierend. In Bezug auf die Höhenstufe (Höhenvikarianz) ist dies entsprechend der Fall beim in der Ebene verbreiteten **Scharfen Hahnenfuß** (*Ranunculus acris*) und dem montan verbreiteten **Berg-Hahnenfuß** (*Ranunculus montanus*).

Kriechender Hahnenfuß (4×)

Scharfer Hahnenfuß — Scharbockskraut — Zungen-Hahnenfuß — Berg-Hahnenfuß — Gletscher-Hahnenfuß

Es gibt in dieser Gattung auch einige Wasserpflanzen. Die Bezeichnung Hahnenfuß leitet sich von der vogelfußähnlichen Gestalt mancher Grundblätter ab. Der wissenschaftliche Name nimmt Bezug auf den Lebensraum einiger Arten, in dem auch Frösche leben (lat. «rana» = «Frosch» bzw. «ranunculus» = «Fröschchen»). Einige Gartenformen werden auch Ranunkel genannt.

Nahezu alle Hahnenfuß-Arten sind durch Protoanemonin frisch giftig und schmecken beißend scharf. Das Weidevieh meidet sie. Die Giftstoffe verlieren sich beim Trocknen und sind im Heu nicht mehr vorhanden. Bei empfindlichen Personen kann die Berührung mit dem Schleim der abgeschnittenen Stängel Hautreizungen (Wiesendermatitis) hervorrufen, diese heilen ohne Narbenbildung wieder ab. Aus dem frischen Kraut des **Knolligen Hahnenfußes** *(Ranunculus bulbosus)* wird ein Homöopathikum gewonnen, das vor allem Reizerscheinungen im Kopfbereich (Augen, Nase, Rachen) und Atembeschwerden und Hautausschläge lindert.

Beispiel
Kriechender Hahnenfuß
(Ranunculus repens)

Frisch ist diese Art – wie die meisten der Gattung – durch Protoanemonin (Scharfstoff) giftig.

Diese Art bildet lange Ausläufer, daher auch der Name «kriechend».

Blätter

Es gibt einjährige und ausdauernde Arten. Die Blätter sind – wie für die Familie typisch – stets wechselständig und ohne Nebenblätter. An der Ansatzstelle vom Blattstiel an den Stängel kann eine Blattscheide ausgebildet sein. Die Blätter sind sehr variabel – und dies auch teilweise innerhalb einer Art, wie beispielsweise beim **Kriechenden Hahnenfuß** (■ ■ *Ranunculus repens*). Es gibt Arten, wie z. B. den **Zungen-** *(Ranunculus lingua)*, **Brennenden** (■ *Ranunculus flammula*) und **Wegerich-Hahnenfuß** (■ *Ranunculus kuepferi*) mit lineal-lanzettlichen Blättern. Viele Arten haben gefingerte oder gefiederte Blätter mit tief eingeschnittenen Abschnitten. Die Blätter können kahl oder wie beispielsweise beim **Wolligen Hahnenfuß** (■ *Ranunculus lanuginosus*) stark behaart sein. Bei der Bestimmung ist es wichtig, Grundblätter anzuschauen, da die Stängelblätter nach oben hin immer einfacher werden und kurz unterhalb der Blüte meist bei allen Arten lanzettlich sind.

Die im Wasser lebenden Arten wie der **Flutende Wasserhahnenfuß** *(Ranunculus fluitans)* sind durch ihre langen, bandartigen Riemenblätter bestens an fließende Gewässer angepasst. Der **Gewöhnliche Wasserhahnenfuß** (■ *Ranunculus aquatilis*) hat neben ausgebreiteten Schwimmblättern haarförmig zerteilte Wasserblätter für eine größere Oberfläche zur besseren Nährstoffaufnahme und zum Gasaustausch. Seine Anpassungsfähigkeit geht so weit, dass er beim Trockenfallen des Standortes eine Landform mit kurzen Stängeln und dickeren Blättern bilden kann. Allerdings ist diese nicht winterfest. Eine Besonderheit des **Spreizenden Wasserhahnenfußes** *(Ranunculus circinatus)* ist, dass die feinen Unterwasserblätter nicht kollabieren, wenn sie aus dem Wasser genommen werden. Diese Wasserpflanzen liefern Laichplätze für Wassertiere und sind als Sauerstoffproduzenten wichtig.

■ **Wasserhahnenfuß** *(Ranunculus aquatilis)*

Blatt und Blüte, **Spreizender Wasserhahnenfuß** *(Ranunculus circinatus)*

Blüten

Die Blüten sind stets zwittrig und radiär-symmetrisch. Mit Ausnahme des **Scharbockskrautes** (■■ *Ranunculus ficaria*), das auch einer eigenen Gattung *Ficaria* zugeordnet wird, sind die Hahnenfuß-Blüten 5-zählig. Die Blütenhülle ist in Kelch- und Kronblätter gegliedert. Die Kronblätter sind gelb oder weiß (selten rosa oder rötlich) und stets frei. Die Kronblätter haben am Grund häufig gelbe Saftmale, was die Attraktivität für die bestäubenden Insekten erhöht. Am Grund der durch einen Glanzüberzug wie eingefettet wirkenden Kronblätter befindet sich eine Nektar absondernde Drüse. Diese Blütenblätter sind umgebildete Staubblätter, die häufig als **Nektarblätter** oder **Honigblätter** bezeichnet werden. Die gelben Blüten sind durch Karotinoide gefärbt. Da einige Bereiche der Blüte das UV-Licht stärker reflektieren als andere, nehmen die Insekten sie anders wahr als das menschliche Auge. Diese Saftmale und «Zeichnungen» kann man sich als Markierungen («Landebahnen») für die Bestäuber vorstellen. Die meisten Arten bieten Pollen und Nektar an und werden von vielen verschiedenen, ganz unterschiedlichen Insekten bestäubt, da die Blüten frei zugänglich sind. Es gibt viele Staubblätter und viele freie, oberständige Fruchtblätter.

■■ Blüte sowie Brut- und Wurzelknöllchen, **Scharbockskraut** (*Ranunculus ficaria* bzw. *Ficaria verna*)

Stachelfrüchtiger Hahnenfuß *(Ranunculus muricatus)*

Nektardrüse am Grunde eines Kronblattes

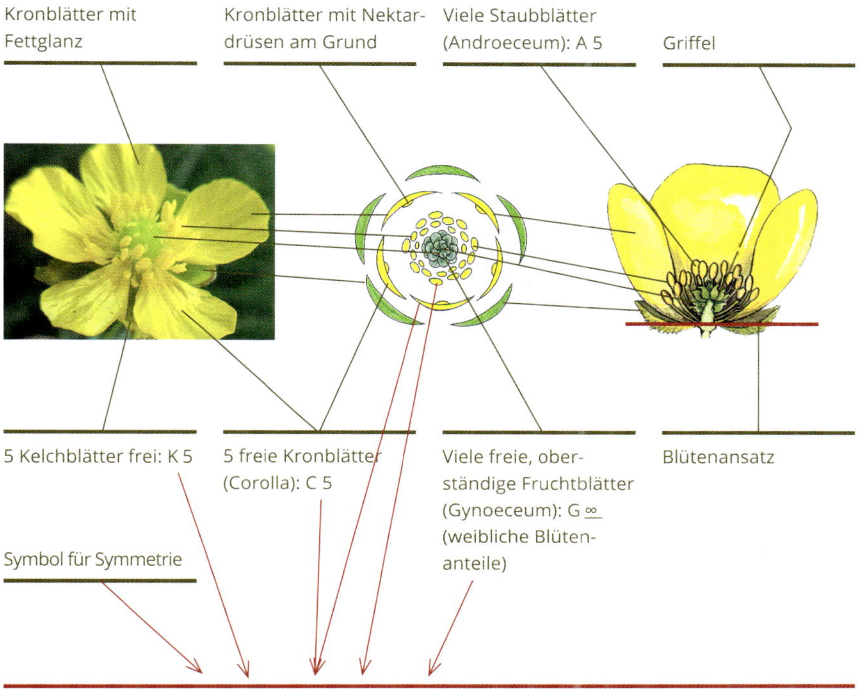

Blütenformel **$* K 5 C 5 A \infty G \underline{\infty}$**

$*$ Kelchblätter 5 Kronblätter 5 Staubblätter ∞ Fruchtblätter $\underline{\infty}$

Frucht

Auf dem Blütenboden stehen viele freie Fruchtblätter, und jedes bildet zur Reifezeit eine **Nussfrucht (Achäne)**. In jedem Fruchtblatt wird ein Samen gebildet. Die Oberfläche dieser Früchte kann glatt, behaart, warzig oder mit hakeligen Fortsätzen für die Klettverbreitung ausgestattet sein. Die Früchte der im Wasser lebenden Arten werden als Schwimmfrüchte oder durch Haftung am Gefieder der Wasservögel verbreitet.

Neben der geschlechtlichen Vermehrung findet auch häufig vegetative Vermehrung statt. Bei den im Wasser flutenden Arten können sich abgerissene Stängelabschnitte bewurzeln, das **Scharbockskraut** *(Ranunculus ficaria* bzw. *Ficaria verna)* bildet Brutknospen (Bulbillen) und der **Kriechende Hahnenfuß** *(Ranunculus repens)* lange Ausläufer.

Die wichtigsten Gattungs-Merkmale auf einen Blick

- Krautige Pflanzen, zum Teil Wasserpflanzen
- Blätter wechselständig
- Nebenblätter fehlen
- Blüten gelb oder seltener weiß
- Viele Staubblätter
- Doppelte Blütenhülle (Kelch- und Kronblätter)
- Meist 5 Kronblätter
- Nektardrüsen am Grund der Kronblätter
- Kronblätter mit Glanzüberzug
- Viele freie, oberständige Fruchtblätter

Verwechslungsmöglichkeiten

Die ebenfalls gelb blühenden Fingerkraut-Arten aus der Familie der Rosengewächse sehen einigen Hahnenfuß-Arten ähnlich, Rosengewächse haben jedoch Nebenblätter und nie einen Glanzüberzug auf den Kronblättern. Hahnenfuß-Arten mit handförmig geteilten Blättern können mit denen der Trollblume oder Sterndolde sowie Storchschnabel- und Eisenhut-Arten verwechselt werden. Die schmalen Blätter des Wegerich- und Brennenden Hahnenfußes erinnern an die der Einkeimblättrigen.

Verwechslung möglich mit folgenden Pflanzen		**Vergleich** Hahnenfuß
Fingerkraut - Nebenblätter - Kronblätter ohne Glanzüberzug		
Storchschnabel - Nebenblätter - Frucht lang geschnäbelt - Blüten meist rosa, blau bis violett		
Einkeimblättrige - Blüten 3- oder 6-zählig - Weniger Staubblätter		

Der **Gewöhnliche Wasserhahnenfuß** *(Ranunculus aquatilis)* hat auf der Oberfläche aufliegende rundliche und unter Wasser haarförmig zerteilte Blätter.

Der **Gold-Hahnenfuß** *(Ranunculus auricomus)* hat rundliche, tief eingeschnittene Grundblätter. Die Stängelblätter besitzen lineale Zipfel.

Der **Brennende Hahnenfuß** *(Ranunculus flammula)* heißt auch Kleiner Sumpf-Hahnenfuß. Er hat schmale Blätter und wächst auf sandigen Ufern und in Flutrasen.

Der **Berg-Hahnenfuß** *(Ranunculus montanus)* wächst auf Wiesen, in lichten Wäldern und auf Schutthalden. Er bevorzugt kalkhaltige, eher feuchte Böden bis 2800 m.

Der **Eisenhutblättrige Hahnenfuß** *(Ranunculus aconitifolius)* wächst an Bachrändern und in feuchten Wäldern und Hochstaudenfluren auf Silikatgestein.

Beim **Knolligen Hahnenfuß** *(Ranunculus bulbosus)* sind die Kelchblätter zurückgeschlagen. Er wächst an Wegen und auf mageren Weiden und Wiesen.

FAMILIE

DICKBLATTGEWÄCHSE

CRASSULACEAE

Das **Drüsen-Aeonium** *(Aeonium glandulosum)* ist auf Madeira endemisch und wächst an senkrechten Felswänden.

Allgemeines und Verbreitung

Weltweit gibt es in dieser Familie etwa 1400 Arten in 35 Gattungen. Es sind überwiegend immergrüne, sukkulente ausdauernde Kräuter oder Stauden, seltener einjährige Pflanzen oder kleine Bäume mit sukkulenten Stämmen. Sie sind bis auf die Antarktis sowie Australien und Polynesien weltweit zu finden, ihren Verbreitungsschwerpunkt haben sie jedoch in den Trockengebieten der Erde. Bei uns sind ca. 30 Arten heimisch. Einige Dickblattgewächse sind als Zierpflanzen und für die Bepflanzung von Gründächern beliebt. Es gibt auch medizinisch verwendete Arten unter ihnen wie beispielsweise die **Rosenwurz** *(Rhodiola rosea)* zur Steigerung der Leistungsfähigkeit und **Dach-Hauswurz** *(Sempervivum tectorum)* u. a. bei Insektenstichen und zur Linderung von Schmerzen bei Quetschungen.

Blätter

Die heimischen Arten sind ausschließlich Kräuter mit fleischigen Blättern. Die Blätter können wechsel- oder seltener gegenständig oder in Wirteln angeordnet sein. Nebenblätter gibt es nicht. Auch die Sprossachse (Stängel) ist meist fleischig verdickt. Einige Arten bilden neben dem blühenden Trieb an seitlichen Ausläufern neue Rosetten. Der Blattrand ist glatt, wellig gebuchtet oder gesägt. Die dicken, saftigen Blätter dieser Arten dienen als **Wasserspeicher**. Außerdem ist ihre Oberfläche meist durch einen **Wachsüberzug** (Cuticula) vor Verdunstung geschützt. Beides ist eine Anpassung an die trockenen, stark besonnten Standorte.

Dach-Hauswurz *(Sempervivum tectorum)*, Stängel- (oben) und Rosettenblätter (unten)

Fetthenne *(Sedum)* (oben) und Venusnabel *(Umbilicus)* (unten)

Auch ihr Stoffwechsel ist an Trockenheit bestens angepasst. Sie sind typische **CAM-Pflanzen**, d. h., sie betreiben Fotosynthese nach Art des «Crassulacean Acid Metabolism» – die Besonderheit dieses Stoffwechsels ist, dass die Spaltöffnungen nicht – wie sonst üblich – tagsüber für die Aufnahme von Kohlenstoffdioxid und Abgabe von Sauerstoff geöffnet sind, sondern nachts. Um dies zu ermöglichen, wird das aufgenommene CO_2 in Vakuolen in Form von Apfelsäure «zwischengespeichert», CO_2-Aufnahme und -verarbeitung sind zeitlich voneinander getrennt. Vorteil der Tatsache, dass die Spaltöffnungen tags geschlossen bleiben, ist eine stark reduzierte Verdunstung.

Blüten

Die radiär-symmetrischen Blüten stehen einzeln oder zu mehreren in rispigen Blütenständen am Ende des Stängels. Die Kelch- und Kronblätter setzen an einem **becherförmigen Blütenboden (Hypanthium)** an. Die Kelchblätter sind stets kürzer als die Kronblätter. Bis auf die **Rosenwurz** *(Rhodiola rosea)* mit meist 4-zähligen, eingeschlechtlichen Blüten sind die heimischen Arten zwittrig. Die Blüten haben 5 oder mehr Kronblätter. Die Anzahl der Staubblätter entspricht der Anzahl der Kronblätter, oder es sind doppelt so viele. Auch die Anzahl der Fruchtblätter entspricht oft der Anzahl der Kronblätter.

Beispiel
Die **Große Fetthenne** *(Hylotelephium telephium)* heißt auch **Riesen-Fettkraut** und wird teils zur Gattung *Sedum* gestellt.

Wie die meisten Vertreter dieser Familie wächst diese Art auf trockenen Standorten, vor allem Felsen und Mauern, aber auch in trockenen Wäldern und an Wegrändern.

Die Fruchtblätter sind oberständig und meist etwas in den Blütenbecher eingesenkt. Sie sind höchstens an ihrer Basis verwachsen. Jedes der Fruchtblätter trägt einen Griffel, der meist mit einer kopfigen Narbe endet. Die Blüten werden von Insekten bestäubt. Meist befinden sich an der Basis der Fruchtblätter Schuppen, die Nektar abgeben (Nektarschuppen).

Frucht

Aus jedem oberständigen Fruchtblatt entwickelt sich eine **Balgfrucht**, d. h., die Frucht öffnet sich an der Bauchnaht. In jedem Fruchtblatt werden viele Samen gebildet.

Die wichtigsten Familien-Merkmale auf einen Blick

- Meist trockene, sonnige Standorte (CAM-Stoffwechsel)
- Sukkulent: dickfleischige Blätter und Cuticula (Wachsüberzug)
- Nebenblätter fehlen
- Meist zwittrige Blüten gelb, weiß bis rosafarben oder rötlich
- Doppelte Blütenhülle (Kelch- und Kronblätter)
- Becherförmiger Blütenboden (Hypanthium)
- 5–18 Kronblätter (Ausnahme: Rosenwurz 4)
- Staubblätter so viele oder doppelt so viele wie Kronblätter
- Oberständige, freie Fruchtblätter bilden Balgfrüchte

Verwechslungsmöglichkeiten

Diese Familie ist eng mit den Steinbrechgewächsen verwandt und ihnen recht ähnlich. Bei den im Folgenden vorgestellten Gattungen **Mauerpfeffer** *(Sedum)* und **Hauswurz** *(Sempervivum)* werden die jeweiligen Verwechslungsmöglichkeiten beschrieben. Außerdem erinnern Mittagsblumen und Kakteen an Dickblattgewächse, sie sind in Mitteleuropa jedoch nicht heimisch.

Rosenwurz *(Rhodiola rosea)*

Behaarte Fetthenne *(Sedum pilosum)*

HAUSWURZ

SEMPERVIVUM

Die **Wulfen-Hauswurz** *(Sempervivum wulfenii)* wird in Kulturformen eingekreuzt – daher gibt es Hybriden mit abweichenden Blütenfarben (rechts).

Allgemeines und Verbreitung

Weltweit gibt es über 60 Arten, von denen die meisten in Süd- und Südosteuropa sowie Südwestasien beheimatet sind. Ihren Namen verdanken sie den immergrünen Blättern: lat. «semper» = «immer» und «vivus» = «lebend». In der heimischen Flora gibt es etwa 5 Arten.

Im germanischen Glauben war die **Dach-Hauswurz** *(Sempervivum tectorum)* dem Jupiter und Donnergott Donar zugeordnet. Sie wurde auch «Donarsbart» und «Jupiterbart» genannt und als Schutz vor Blitzeinschlag auf die Dächer gepflanzt. Die Wurzel wurde arzneilich verwendet. Heute kommt sie noch in der Volksmedizin und Homöopathie zum Einsatz. Durch Reinigung von alten Mauern und Gemäuern sind einige Arten selten geworden. Alle Arten der Gattung stehen unter Naturschutz.

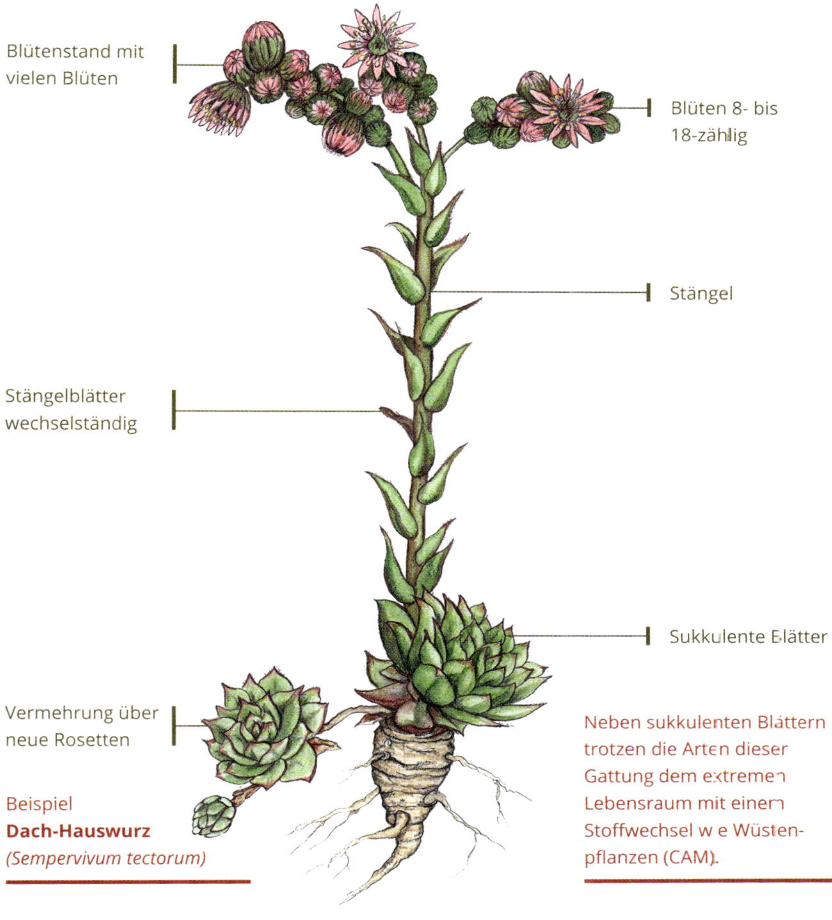

Beispiel
Dach-Hauswurz
(Sempervivum tectorum)

Neben sukkulenten Blättern trotzen die Arten dieser Gattung dem extremen Lebensraum mit einem Stoffwechsel wie Wüstenpflanzen (CAM).

Blätter

Wie alle Vertreter der Dickblattgewächse haben die Arten der Gattung Hauswurz eine **sukkulente Gestalt**, d. h., sie haben dickfleischige Blätter, in denen sie Wasser speichern können, und eine dicke Cuticula (Wachsüberzug) als Verdunstungsschutz. Die meisten Arten bilden dichte Polster über Ausläufer, an denen neue Rosetten heranwachsen. Die Hauptrosette stirbt nach der Fruchtreife ab.

Bei der **Spinnweb-Hauswurz** *(Sempervivum arachnoideum)* sind die Blätter spinnwebartig behaart. Die Behaarung dient als Schutz vor der intensiven Sonneneinstrahlung in den meist hochgelegenen Silikatfelsen und Magerrasen, in denen diese Art gedeiht.

Dach-Hauswurz *(Sempervivum tectorum)*, Knospe erblühend und Rosette

Berg-Hauswurz *(Sempervivum montanur*

Spinnweb-Hauswurz *(Sempervivum arachnoideum)*, Blütenstand und Rosette

Wulfen-Hauswurz *(Sempervivum wulfenii)*

Blüten

Die radiären Blüten stehen meist in dichten Blütenstanden, meist sind es **Wickel**. Diese Wickel können auch verzweigt sein. Die Blüten haben 8–18 Kelch- und Kronblätter und sind überwiegend rötlich, seltener auch gelb bis grünlich-weiß. Die Anzahl der Staubblätter beträgt doppelt so viele wie Kronblätter. Sie stehen in 2 Kreisen. Es gibt ebenso viele Fruchtblätter wie Kronblätter. An ihrer Basis befinden sich Drüsenschuppen, die Nektar für die bestäubenden Insekten produzieren.

Frucht

Je Blüte entwickeln sich zahlreiche **Balgfrüchte** mit winzigen Samen, die teilweise frei von Nährgewebe sind. Ausbreitung findet auch über die Tochterrosetten statt. Sie können sich in ihrer kugeligen Form durch Herabrollen an einem Hang leicht ausbreiten und im Winter auch auf dem Schnee verweht werden.

Gleich viele Kelchblätter und Kronblätter

Kelch- und Kronblätter je 8–18, hier sind es je 12.

Staubblätter doppelt so viele wie Kronblätter (2 Kreise): A 12+12

Je Fruchtblatt eine Balgfrucht mit zahlreichen Samen

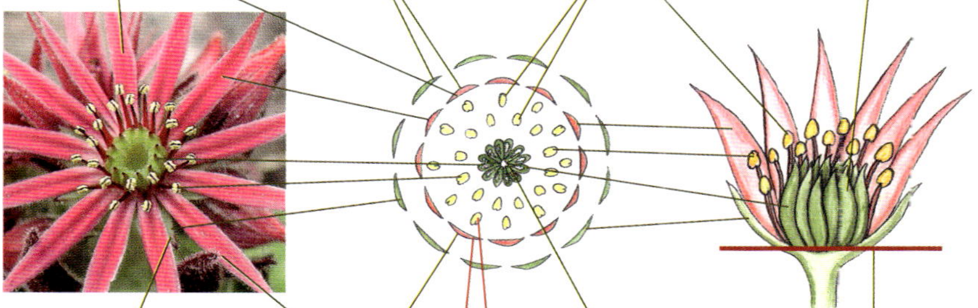

8–18 Kelchblätter (hier 12): K 12

8–18 freie Kronblätter (Corolla): hier C 12

So viele oberständige Fruchtblätter (Gynoeceum) wie Kronblätter: hier G 12 (weibliche Blütenanteile)

Blütenansatz

Symbol für Symmetrie

Blütenformel *** K 8–18 C 8–18 A 16–36 G 8–18**

*** Kelchblätter 8–18 Kronblätter 8–18 Staubblätter 16–36 Fruchtblätter 8–18**

Die wichtigsten Gattungs-Merkmale auf einen Blick

- Blüten meist in dichten Wickeln
- Blüten mit 8–18 Kronblättern
- Blüten rötlich oder gelb bis grünlich-weiß
- Doppelt so viele Staubblätter wie Kronblätter in 2 Kreisen
- Fruchtblätter so viele wie Kronblätter
- Balgfrüchte mit winzigen Samen

Verwechslungsmöglichkeiten

Durch die Kombination von dickfleischigen Blattrosetten und Blüten mit mehr als 5 Kronblättern ist diese Gattung recht leicht kenntlich. Wenn nur die Rosetten zu sehen sind, können die Blattrosetten der Hauswurzen am ehesten mit denen der **Steinbrechgewächse** verwechselt werden. Auch die der Gattung **Mannsschild** *(Androsace)* sehen ähnlich aus, deren Vertreter können auf ähnlichen Standorten in den Alpen gedeihen. In Garten- und Parkanlagen können auch sukkulente Pflanzen aus dem Mittelmeerraum, wie beispielsweise die Mittagsblumen oder Kakteen, an Hauswurzen erinnern. Heimische Arten gibt es unter ihnen nicht.

Verwechslung möglich mit folgenden Familien und Gattungen		**Vergleich** Hauswurz
Steinbrechgewächse ➪ 5 Kronblätter ➪ 2 Fruchtblätter (Griffel) ➪ Kapselfrüchte		
Mannsschild ➪ 5 Kronblätter ➪ Kapselfrüchte		
Mittagsblumen ➪ Keine heimischen Arten ➪ Mehr Blütenblätter		

■ Die **Berg-Hauswurz** *(Sempervivum montanum)* ist in Magerrasen auf Silikatgestein und in Steinschutt bis 3000 m Höhe zu finden. Ihre Kronblätter sind außen drüsig behaart.

Die **Großblütige Hauswurz** *(Sempervivum grandiflorum)* duftet intensiv harzartig. Sie verdankt ihren Namen den besonders großen Blüten (Durchmesser 3–4 cm).

Die **Dach-Hauswurz** *(Sempervivum tectorum)* heißt auch Echte Hauswurz. Sie ist formenreich und wird häufig zur Begrünung von Dächern, in Steingärten und auf Mauern gepflanzt.

Die **Wulfen-Hauswurz** *(Sempervivum wulfenii)* hat am Rand bewimperte Blätter. Sie wächst auf Magerrasen und in Steinschutthalden der Ostalpen auf kalkarmen Standorten.

GATTUNG

MAUERPFEFFER, FETTHENNE

SEDUM

Weißer Mauerpfeffer *(Sedum album)*

Allgemeines und Verbreitung

In dieser Gattung gibt es weltweit ca. 400 Arten, von denen in Mitteleuropa etwa 40 gedeihen. Viele von ihnen sind sukkulent und an trockene und sonnige Standorte angepasst. Im deutschen Sprachgebrauch werden sie Fetthenne oder Mauerpfeffer genannt. Diese Namen beziehen sich auf den Standort bzw. die Gestalt. Einige Arten sind in Steingärten und zur Begrünung von Dächern beliebt.

Auch in dieser Gattung ist die Diskussion um die Einordnung einiger Arten noch nicht abgeschlossen. Während die **Große Fetthenne** in der Schweiz als *Sedum telephium* hierher gestellt wird, wird sie in Deutschland als *Hylotelephium telephium* (siehe Abbildung auf Seite 264) der Gattung *Hylotelephium* zugeordnet, deren Vertreter flache Blätter haben.

Blätter

Die Vertreter dieser Gattung sind meist ausdauernde, seltener auch ein- oder zweijährige Pflanzen. Einige Arten vermehren sich über unterirdische Sprossachsen (Rhizome) und bilden Polster. Die in der Regel einfachen Blätter sind häufig sehr klein und **sukkulent**, d. h., sie haben in ihrem Inneren **Wasserspeichergewebe**. Außen hilft eine dicke **Wachsschicht** (Cuticula), den Wasserverlust durch Verdunstung auf den sonnigen und trockenen Standorten gering zu halten.

Scharfer Mauerpfeffer *(Sedum acre)*

Felsen-Mauerpfeffer *(Sedum rupestre)*

Weißer Mauerpfeffer *(Sedum album)*

Ihre Anpassung und Überlebensfähigkeit geht so weit, dass sie sogar getrocknet im Herbar weiterwachsen. Auch ihr Stoffwechsel ist an Trockenheit bestens angepasst. Sie sind typische **CAM-Pflanzen**, d. h., sie betreiben Fotosynthese nach Art des «Crassulacean Acid Metabolism» (siehe Seite 264), eine weitere Möglichkeit, den Wasserverlust zu minimieren, da die Spaltöffnungen tags geschlossen bleiben können.

Die Blattstellung ist überwiegend wechselständig, die Blätter können aber auch gegenständig sein oder wirtelig (quirlständig) am Stängel stehen. Der Blattrand ist in der Regel glatt. Die **Felsen-Fetthenne** *(Sedum rupestre)* wird auch Felsen-Mauerpfeffer oder Tripmadam genannt. Sie hat stielrunde, stachelspitzige Blätter und wurde in einigen Regionen sogar für die Verwendung in der Küche angebaut.

An sonnigen Standorten sind die Blätter einiger Arten häufig rötlich überlaufen. Diese Farbe wird durch Pigmente hervorgerufen, die vor der hohen UV-Strahlung schützen. Beim **Scharfen Mauerpfeffer** (■ ■ *Sedum acre*) sterben die Blütentriebe nach der Blüte ab. Der charakteristische, namensgebende, pfefferartig scharfe Geschmack dieser Art geht auf giftige Piperidin-Alkaloide und bisher unbekannte Scharfstoffe zurück. Die Wirkung ist reizend und betäubend, sie geht beim Trocknen verloren.

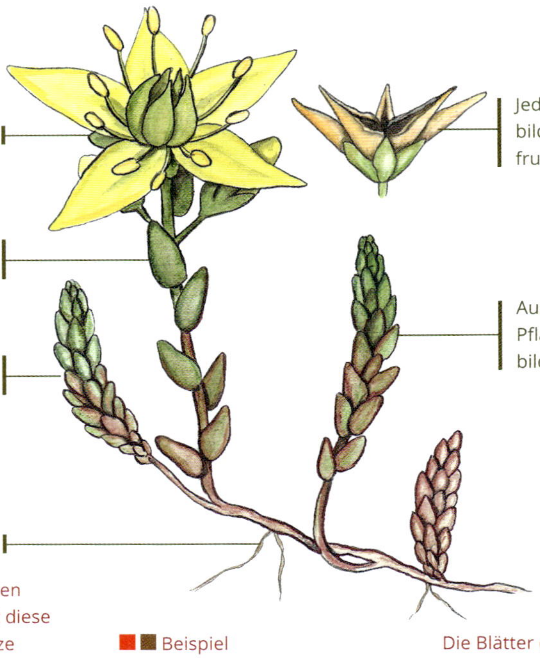

Wie die meisten Arten der Gattung wächst diese Art als Pionierpflanze auf trockenen, sonnigen Standorten.

■ ■ Beispiel
Scharfer Mauerpfeffer
(Sedum acre)

Die Blätter dieser Art schmecken scharf und sind leicht giftig.

Blüten

Die zwittrigen, radiären Blüten sind 5-zählig. Sie besitzen 5 Staubblätter in einem Kreis oder 10 Staubblätter, die in 2 Kreisen stehen. In der Regel werden den bestäubenden Insekten Nektar und Pollen angeboten. Der Nektar ist in den geöffneten Blüten leicht zugänglich, und so werden die Vertreter der Gattung Mauerpfeffer von Insekten aller Art bestäubt.

Frucht

Je Blüte entwickeln sich 5 **Balgfrüchte**. Bei Regen werden die kleinen Samen durch auftreffende Tropfen ausgespült und fortgeschleudert. Sie können auch als Regenschwemmling fortgespült und so über weite Distanzen transportiert werden. Die Samen brauchen Licht zur Keimung. Außerdem findet vegetative Vermehrung über sich bewurzelnde Stängelabschnitte statt.

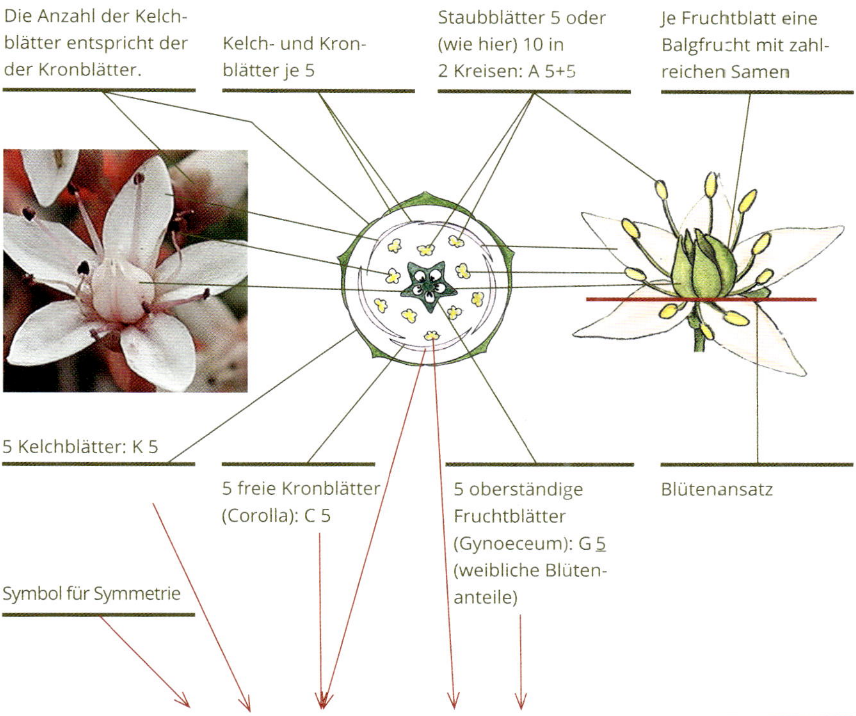

Blütenformel **∗ K 5 C 5 A 5 oder 5+5 G 5**

∗ Kelchblätter 5 Kronblätter 5 Staubblätter 5 oder 5+5 Fruchtblätter 5

Die wichtigsten Gattungs-Merkmale auf einen Blick

- Vorliebe für trockene, besonnte Standorte
- Blätter meist klein und sukkulent
- Blüten meist weiß, gelb oder rötlich
- Zwittrige Blüten 5-zählig
- 5 oder 10 Staubblätter
- 5 Fruchtblätter und Balgfrüchte

Verwechslungsmöglichkeiten

Die einzelnen Arten innerhalb dieser Gattung sind teils nicht leicht auseinanderzuhalten. Die in Deutschland in eine eigene Gattung gestellte **Große Fetthenne** *(Hylotelephium telephium)* sowie eingewanderte Arten wie die **Glanzfetthenne** *(Phedimus spurius)* und die **Rosenwurz** *(Rhodiola rosea)* sind eng mit den Mauerpfeffer-Arten verwandt. Auch die als Zierpflanze beliebte **Kamtschatka-Fetthenne** wird teils als *Sedum kamtschaticum* in diese Gattung oder als *Phedimus kamtschaticum* zu der Gattung Glanzfetthenne gestellt.

Verwechslung möglich mit folgenden Arten — **Vergleich** Mauerpfeffer

Große Fetthenne
- Blätter flach ausgebreitet
- Blätter bis 10 cm lang

Rosenwurz
- Blätter flach
- Blüten eingeschlechtlich
- Blüten 4-zählig

Glanzfetthenne
- Rasenbildende Arten mit ± flach ausgebreiteten Blättern

Der **Weiße Mauerpfeffer** *(Sedum album)* hat neben Blütentrieben sterile Blattrosetten. Er ist die wichtigste Futterpflanze für die Raupen des Apollofalters.

Der **Dickblatt-Mauerpfeffer** *(Sedum dasyphyllum)* hat blaugrüne Blätter, deren Oberseite flacher ist als die stark gewölbte Unterseite. Die Stängel sind im oberen Teil drüsig behaart.

Der **Scharfe Mauerpfeffer** *(Sedum acre)* ist eine der häufigsten Arten und auch entlang von Straßen verbreitet. Er ist durch den scharfen Geschmack leicht kenntlich.

Der **Dunkle Mauerpfeffer** *(Sedum atratum)* ist eine der einjährigen Arten mit ausschließlich Blütentrieben. Er wächst auf Kalkfelsen und in Schuttfluren bis 3000 m Höhe.

FAMILIE

STACHELBEERGEWÄCHSE

GROSSULARIACEAE

In dieser Familie mit weltweit ca. 150 Arten gibt es nur die Gattung *Ribes,* zu der die **Stachel-** und **Johannisbeeren** zählen. Ihr wissenschaftlicher Name bezieht sich auf die Früchte und ist von lateinisch «grossus» für «dick» abgeleitet. Der deutsche Name Johannisbeere bezieht sich auf den Tag der Fruchtreife um den Johannistag (24. Juni). Alle heimischen Vertreter sind sommergrüne Sträucher. Sie werden seit dem 16. Jahrhundert wegen ihrer wohlschmeckenden Früchte und als Ziergehölz in zahlreichen Sorten kultiviert. Es gibt Arten mit und ohne Stacheln. Die einfachen Blätter sind wechselständig und meist 3- oder 5-lappig. Viele haben einen aromatischen Geruch. Die 5-zähligen Blüten stehen in meist hängenden Trauben zusammen. Der Blütenbecher ist meist über den unterständigen Fruchtknoten hinaus verlängert. Zur Reifezeit entwickeln sich Beerenfrüchte mit vielen Samen. Die Beeren aller Arten sind essbar, doch es sind nicht alle wohlschmeckend.

Die **Stachelbeere** *(Ribes uva-crispa)* ist eine der bewehrten Arten.

Ausgewählte Arten

Die **Felsen-Johannisbeere** *(Ribes petraeum)* heißt auch Berg-Johannisbeere und wächst in schattigen Bergwäldern. Sie hat rote, säuerlich schmeckende Früchte.

Die **Alpen-Johannisbeere** *(Ribes alpinum)* ist eine der zweihäusigen Arten. Ihre Beeren schmecken fade. Sie wächst auf lichten, buschigen Abhängen bis knapp 2000 m Höhe.

Die **Rote Johannisbeere** *(Ribes rubrum)* gedeiht wild in Auwäldern. Ihre säuerlich schmeckenden Früchte sind von alters her begehrt, und diese Art ist eine beliebte Kulturpflanze.

Die **Blut-Johannisbeere** *(Ribes sanguineum* var. *glutinosum)* stammt aus Nordamerika und wird bei uns als Zierpflanze in mehreren Varietäten kultiviert.

FAMILIE

STEINBRECHGEWÄCHSE

SAXIFRAGACEAE

■ Moos-Steinbrech *(Saxifraga bryoides)* ■ ■ Wechselblättriges Milzkraut *(Chrysosplenium alternifolium)*

Allgemeines und Verbreitung

In dieser Familie gibt es etwa 640 vor allem auf der Nordhalbkugel verbreitete Arten in knapp 35 Gattungen. Die meisten sind in den Berglagen heimisch. In Mitteleuropa gibt es die beiden Gattungen **Milzkraut** *(Chrysosplenium)* mit 2 Arten und **Steinbrech** *(Saxifraga)* mit über 30 Arten. Der Name Steinbrech ist von «quia saxa frangit» abgeleitet, was übersetzt «weil er die Felsen bricht» bedeutet. Früher wurden einige Arten medizinisch gegen Blasensteine eingesetzt. Die Milzkräuter sind auch in der Ebene an Bachufern und in Quellfluren zu finden, während die meisten Steinbrech-Arten in den Alpen wachsen. Viele von ihnen sind vor allem in Steingärten beliebte Zierpflanzen.

Blätter

Bis auf den einjährigen **Dreifinger-Steinbrech** *(Saxifraga tridactylites)* sind alle Arten der Gattung ausdauernd. Bis auf diese Art stehen alle Steinbrech-Arten unter Naturschutz. Der Dreifinger-Steinbrech hat sich in den letzten Jahren vor allem entlang der Bahndämme ausgebreitet. Bei einigen Arten hat man den für die Dickblattgewächse und Wüstenpflanzen charakteristischen CAM-Stoffwechsel beobachtet.

Viele Arten vermehren sich über unterirdische Sprossachsen (Rhizome), die an Ausläufern dichte Polster mit oft sukkulenten Blättern bilden. Die oberirdischen Teile sind häufig behaart, meist mit mehrzelligen Haaren. Beim **Knöllchen-Steinbrech** *(Saxifraga granulata)* bilden sich in den Achseln abgestorbener Rosettenblätter Brutknöllchen für die vegetative Vermehrung.

Wechselblättriges Milzkraut

Knöllchen-Steinbrech

Rundblättriger Steinbrech

Meist sind die Blätter an den aufrechten Blütentrieben wechselständig, seltener gegenständig. Bei der Gattung **Milzkraut** *(Chrysosplenium)* ist dies ein wichtiges Unterscheidungsmerkmal der beiden heimischen Arten, die nach ihrer Blattstellung **Wechselblättriges Milzkraut** *(Chrysosplenium alternifolium)* und **Gegenblättriges Milzkraut** *(Chrysosplenium oppositifolium)* genannt werden. Die Gattung verdankt ihren Namen den gelben Hochblättern («chrysos» = «Gold») und den milzförmigen Laubblättern («splen» = «Milz»). Beide Arten haben kleine Blüten und Kapselfrüchte mit zahlreichen Samen. Sie vermehren sich auch vegetativ durch Ausläufer bzw. niederliegende Triebe.

Die Blätter der Steinbrechgewächse sind meist einfach, seltener können sie auch geteilt sein. Es gibt Blätter mit glattem Rand (ganzrandig) ebenso wie gesägte oder gekerbte. Häufig besitzen sie **Hydathoden** (wasserabscheidende Drüsen). Diese befinden sich beispielsweise beim **Trauben-Steinbrech** *(Saxifraga paniculata)* in den Winkeln der Blattzähne. Da diese Art kalkhaltige Standorte bevorzugt und aktiv kalkhaltiges Wasser ausscheidet, bleiben dort nach der Verdunstung des Wassers «Kalkschüppchen» oder «Kalkgrübchen» zurück.

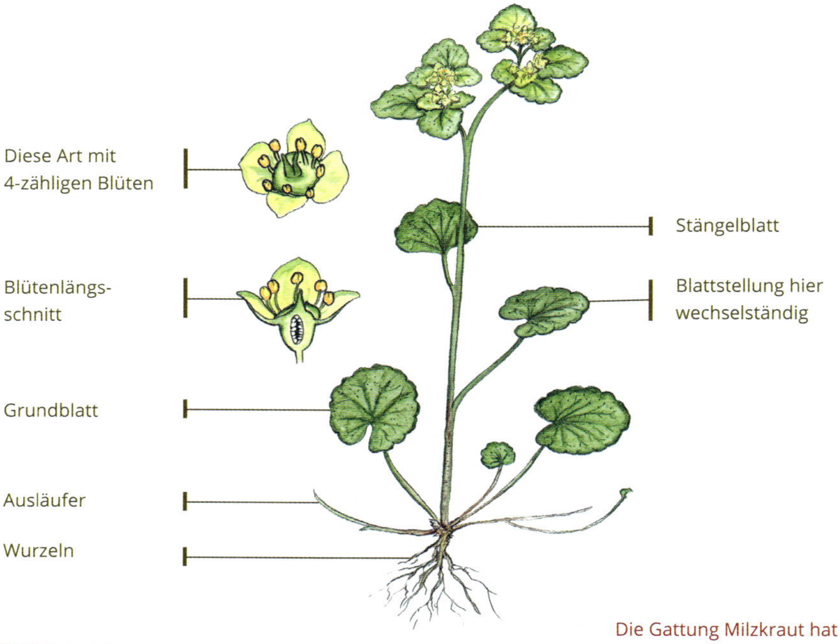

Beispiel
Wechselblättriges Milzkraut
(Chrysosplenium alternifolium)

Standort sind feuchte, schattige Wälder, vor allem entlang von Bachläufen.

Die Gattung Milzkraut hat kleine 4-zählige Blüten, die von gelben Hochblättern umgeben sind.

Blüten

Die Blüten sind stets radiär und zwittrig. Die Blüten der Gattung **Milzkraut** haben eine einfache Blütenhülle, sind 4-zählig mit 2 Kreisen von je 4 Staubblättern und stehen in gelblichen Hochblättern. Die doppelte Blütenhülle der Gattung **Steinbrech** ist 5-zählig. Die Kronblätter sind meist weiß, rot, gelb oder grünlich. In der Regel gibt es 10 Staubblätter, die in 2 Kreisen stehen, also doppelt so viele wie Kronblätter. Seltener kann es auch nur ein Kreis mit 5 Staubblättern sein. Die Blüten sind ausgeprägt vormännlich, und die Griffel entfalten sich erst, nachdem der Blütenstaub entlassen ist. Gelbe Flecke (Saftmale) am Grunde der Kronblätter verstärken die Attraktivität der Blüten für die bestäubenden Insekten, vor allem nachdem die Staubbeutel abgeworfen sind. So wird verhindert, dass die Insekten vor allem die reifen, männlichen Blüten aufsuchen und die weiblichen meiden. Der ober- bis unterständige Fruchtknoten ist aus 2 Fruchtblättern aufgebaut und an der Basis verwachsen. Einige Arten besitzen ein **Griffelpolster (Diskus)**, hier wird der Nektar zum Anlocken und Verköstigen der bestäubenden Insekten abgegeben.

Frucht

Aus den Fruchtblättern entwickeln sich zur Reifezeit fachspaltige **Kapselfrüchte** mit meist vielen sehr kleinen Samen. Bei Regen werden die kleinen Samen durch auftreffende Tropfen ausgespült und fortgeschleudert.

Wechselblättriges Milzkraut *(Chrysosplenium alternifolium)*, Blüten

Gegenblättriges Milzkraut *(Chrysosplenium oppositifolium)*, Früchte

Die wichtigsten Familien-Merkmale auf einen Blick

- Kräuter oder Stauden
- Blätter oft wechsel- oder grundständig, teils gegenständig
- Einige Arten bilden Poster
- Keine Nebenblätter
- Blüten meist weiß, rot, gelb oder grünlich
- Blüten zwittrig, 4- oder 5-zählig
- Meist doppelte Blütenhülle (Kelch- und Kronblätter)
- Meist 10 Staubblätter (in 2 Kreisen), seltener 5 oder 8
- In der Regel 2 an der Basis verwachsene Fruchtblätter
- Kapselfrüchte

Verwechslungsmöglichkeiten

Milzkräuter erinnern mit ihren gelblichen Hochblättern an Wolfsmilchgewächse. Kleine 4-zählige Blüten besitzt auch das Moschuskraut, das auf ähnlichen Standorten in Auwäldern gedeiht. Im blütenlosen Zustand erinnern die rundlichen Blätter der Milzkräuter an die von Gundermann, Nelkenwurz oder Knoblauchsrauke, zumal diese auch entlang der Bachufer wachsen können. Ansonsten werden Steinbrechgewächse am ehesten mit Dickblattgewächsen verwechselt.

Verwechslung möglich mit folgenden Familien und Arten		**Vergleich** Steinbrechgewächse
Wolfsmilch → Milchsaft → Blütenaufbau und Früchte anders		
Moschuskraut → Ohne gelbliche Hochblätter → Geteilte Blätter		
Dickblattgewächse → 5 oder mehr Griffel und Fruchtblätter → Balgfrüchte		

Das **Wechselblättrige Milzkraut** *(Chrysosplenium alternifolium)* ist häufiger als das Gegenblättrige Milzkraut, beide können auch gemeinsam die selben Standorte besiedeln.

Das **Gegenblättrige Milzkraut** *(Chrysosplenium oppositifolium)* wächst an schattigen, feuchten Bereichen in Wäldern und an Bachläufen auf kalkarmen Böden.

Der **Filzige Steinbrech** *(Saxifraga porophylla)* wächst auf felsigen Standorten im südlichen Apennin (Italien). Er verdankt seinen Namen der starken Behaarung auf Blüten und Stängel.

Der **Rasen-Steinbrech** *(Saxifraga rosacea)* wird auch als Zierpflanze mit rosafarbenen Blüten für Steingärten kultiviert. Wild wächst er in Felsspalten und auf Steinschutt.

STEINBRECH

SAXIFRAGA

■ Trauben-Steinbrech *(Saxifraga paniculata)*

Strauß- oder Pracht-Steinbrech *(Saxifraga cotyledon)*

Allgemeines und Verbreitung

In dieser Gattung gibt es weltweit etwa 400 Arten, von denen über 30 in Mitteleuropa heimisch sind. Viele von ihnen sind in den Steinschuttfluren und auf felsigen Standorten der Alpen beheimatet. Dort wachsen sie häufig in Felsspalten, und es sieht so aus, als ob sie die Felsen spalten könnten – so sind sie zu ihrem Namen gekommen. Auch der wissenschaftliche Gattungsname hat diesen Ursprung («saxum» = «Stein» und «frangere» = «brechen»). Der **Gegenblättrige Steinbrech** *(Saxifraga oppositifolia)* hält in den Schweizer Alpen (Wallis) aktuell den Höhenrekord mit 4507 m.

Einige Arten sind beliebt als Zierpflanzen, vor allem als Bodendecker und in Steingärten. Früher wurden manche Arten medizinisch und kulinarisch verwendet. Heute stehen alle außer dem **Dreifinger-Steinbrech** *(Saxifraga tridactylites)* unter Naturschutz. Die meisten Steinbrech-Arten sind ausdauernd, eine Ausnahme hiervon sind der zweijährige **Kies-Steinbrech** *(Saxifraga mutata)* und der **Dreifinger-Steinbrech**, die einzige heimische Art dieser Gattung, die einjährig ist. Eine weitere Besonderheit sind die Drüsenhaare am Stängel, an denen aufkriechende Insekten kleben bleiben. Es wird diskutiert, ob die Pflanze die Zersetzungsprodukte der Insekten aufnimmt und damit zu den fleischfressenden Pflanzen gezählt werden kann.

Rosette und «Kalkgrübchen», **Strauß-** oder **Pracht-Steinbrech** *(Saxifraga cotyledon)*

Trauben-Steinbrech *(Saxifraga paniculata)*

Krusten-Steinbrech *(Saxifraga crustata)*

Blätter

Viele Arten bilden dichte, immergrüne Polster und haben sukkulente Blätter, d. h., sie besitzen Wasserspeichergewebe. Zusätzlich sind die Blätter durch eine dicke, schützende Wachsschicht (Cuticula) geschützt. Einige Arten bilden neben den wintergrünen Rosetten Blütentriebe mit sommergrünen Blättern. Manche Arten haben auch ausschließlich sommergrüne Blätter. Diese sind überwiegend wechselständig am Stängel verteilt, oft gibt es zusätzlich grundständige Blätter. Der Blattrand kann glatt, gezähnt oder gelappt sein. Typisch für viele Arten sind die Kalkgrübchen am Blattrand, wasserabscheidende Hydathoden (Drüsen). Sie befinden sich in den Winkeln der Blattzähne.

Ausdauernde Pflanze mit grundständigen Blättern, die in Rosetten stehen und drüsig behaart sind.

■ Beispiel
Mannsschild-Steinbrech
(Saxifraga androsacea)

Standort sind alpine Schneetälchen und Felsschutt auf kalkreichem Gestein bis knapp 3500 m.

Blüten

Meist stehen mehrere Blüten in einem gemeinsamen Blütenstand zusammen, der rispig, traubig oder zymös (Hauptachse mit einer Blüte endend) verzweigt ist. Die zwittrigen, 5-zähligen Blüten sind weiß, rot, gelb oder grünlich. Die freien Kronblätter sind höchstens an der Basis verwachsen. Es gibt doppelt so viele Staubblätter wie Kronblätter, die in 2 Kreisen stehen, also 10. Die beiden Fruchtblätter sind halbunter- oder oberständig und zumindest an der Basis verwachsen. Im oberen Bereich sind sie stets frei. Bei vielen Arten gibt es ein Griffelpolster (Diskus), das Nektar absondert, um Insekten anzulocken.

Frucht

Zur Reifezeit bilden sich aus den 2 an der Basis verwachsenen Fruchtblättern Kapselfrüchte, die zahlreiche Samen enthalten.

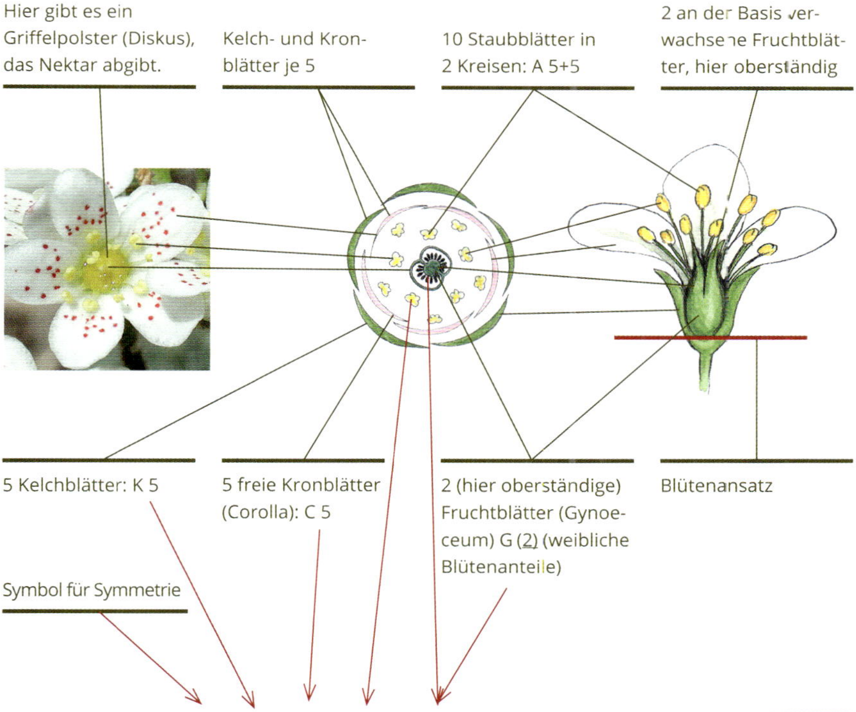

Blütenformel *** K 5 C 5 A 5+5 G (2)**

*** Kelchblätter 5 Kronblätter 5 Staubblätter 5+5 Fruchtblätter (2)**

Die wichtigsten Gattungs-Merkmale auf einen Blick

- Standort meist in den Bergregionen der Alpen
- Blätter oft mit «Kalkgrübchen»
- Viele Arten bilden Polster mit Blattrosetten
- Blüten meist weiß, rot, gelb oder grünlich
- Blüte 5-zählig mit doppelter Hülle (Kelch- und Kronblätter)
- 10 Staubblätter (in 2 Kreisen)
- 2 Fruchtblätter bilden Kapselfrüchte
- Nahezu alle Arten stehen unter Naturschutz

Verwechslungsmöglichkeiten

Der polsterförmige Wuchs ist eine Anpassung an den extremen Lebensraum und findet sich auch in anderen Familien, die jedoch abweichende Blütenmerkmale haben. Die Rosetten einiger Arten sind vor allem denen der Gattung Hauswurz ähnlich, und die Blätter des Bach-Steinbrechs erinnern an die der Fetthennen.

Verwechslung möglich mit folgenden Familien und Gattungen		**Vergleich** Steinbrech
Mannsschild - Kronblätter an der Basis zur Röhre verwachsen - Fruchtblätter vollständig verwachsen		
Nelkengewächse - Blätter gegenständig - Fruchtblätter vollständig verwachsen		
Kreuzblütler - 4-zählige Blüten - Oft scharfer Geschmack durch Senföle		
Hauswurz - Blätter meist bewimpert - Blüten mit mehr als 5 Kronblättern - Balgfrüchte		

Der **Gegenblättrige Steinbrech** *(Saxifraga oppositifolia)*, auch Roter Steinbrech, ist an seinen gegenständigen Blättern kenntlich. Er ist in den Alpen bis 3800 m zu finden.

Der **Bach-Steinbrech** *(Saxifraga aizoides)* wird auch Quell- oder Fetthennen-Steinbrech genannt. Er wächst in Quellfluren, an nassen Felsen und Bachufern auf Kalkstandorten.

Der **Blaugrüne Steinbrech** *(Saxifraga caesia)* bildet Polster aus starren Blättern mit Kalkdrüsen und besiedelt Felsspalten und Schuttfluren auf kalkhaltigem Gestein.

Der **Knöllchen-Steinbrech** *(Saxifraga granulata)* ist drüsig-klebrig behaart. Er wächst auf mageren Wiesen. An den Grundblättern bildet er Brutzwiebeln (Knöllchen).

Der **Stern-Steinbrech** *(Saxifraga stellaris)* hat gelbe oder rote, punktförmige Saftmale am Grunde der Kronblätter. Er bildet an Ausläufern neue Blattrosetten aus.

Der **Rundblättrige Steinbrech** *(Saxifraga rotundifolia)* hat relativ große und dünnfleischige Blätter. Er wächst auf schattigen und feuchten Standorten bis 2500 m Höhenlage.

CH 400 DE Silber

FAMILIE

SCHMETTERLINGS-BLÜTLER

FABACEAE

■ Berg-Esparsette *(Onobrychis montana)* ■ Besenginster *(Cytisus scoparius)*

Allgemeines und Verbreitung

Diese Familie ist eine der artenreichsten. Die systematische Stellung befindet sich in ständiger Diskussion. Auch ihr Name hat sich im Laufe der Zeit von **Leguminosen** (Papilionaceae) zu Schmetterlingsblütlern (Fabaceae) gewandelt. Auf der übergeordneten Ebene der Ordnung werden sie uneinheitlich als **Hülsenfrüchtler** (Leguminosae) oder **Schmetterlingsblütenartige** (Fabales) bezeichnet. So schwanken bei den verschiedenen Autoren auch die Angaben zur Artenzahl erheblich, und es gibt weltweit zwischen 400–750 Gattungen mit 10 000 bis 19 500 Arten. Sie werden in 3 Unterfamilien aufgeteilt, die meisten von ihnen gehören zu den **Schmetterlingsblütlern im engeren Sinne** (Faboideae). Die Unterfamilien unterscheiden sich vor allem im Blütenaufbau. Hier werden nur Letztere mit einheitlichem Blütenaufbau beschrieben. Sie sind über die ganze Erde verbreitet, und es gibt einjährige und ausdauernde Kräuter ebenso wie Gehölze und Lianen. In den tropischen Gebieten wachsen viele Lianen und Bäume mit auffällig gefärbten Blüten. In den Steppen und Wüsten sind vor allem dornige Stauden und Zwergsträucher mit langen Pfahlwurzeln zu finden. Im Mittelmeergebiet gibt es eine Vielzahl einjähriger Arten. In der heimischen Flora gedeihen etwa 30 Gattungen und 150 Arten. Es sind überwiegend Kräuter und Stauden.

Färber-Ginster

Dorniger Hauhechel

Strauch-Kronwicke

Goldregen (Trieb)

Lupine

Sumpf- (Trieb links) und Gew. Hornklee (2 Blätter rechts)

Robinie

Besenginster (Zweig)

Blasenstrauch (Zweig)

Alpen-Süßklee

Schmetterlingsblütler findet man von trockenen bis zu sumpfigen Lebensräumen, und es gibt zahlreiche Arten, die vor allem in Hochlagen anzutreffen sind.

- Der **Alpen-Tragant** *(Astragalus alpinus)* wächst auf steinigen, kalkreichen Rasen in subalpinen bis alpinen Höhenlagen.
- Der **Berg-Spitzkiel** *(Oxytropis jacquinii)* ist bis 3000 m Höhe vor allem auf kalkhaltigem Gestein zu finden.
- Der **Alpen-Spitzkiel** *(Oxytropis campestris)* gedeiht in arktischen und alpinen Regionen in Schuttfluren und auf Magerrasen mit meist kalkhaltigem Untergrund.

Alle Arten leben in Symbiose mit Knöllchenbakterien, die den Stickstoff aus der Bodenluft fixieren und in eine für die Pflanzen verfügbare Form umwandeln. Dieser wird dann in den eiweißreichen Samen gespeichert oder an den Boden abgegeben. Einige Arten wie beispielsweise **Hornklee** *(Lotus)* und **Lupine** *(Lupinus)* werden zur Bodenverbesserung auf nährstoffarme Böden an Böschungen oder als Zwischenfrucht zur Gründüngung gepflanzt. Sie können bis zu 100 kg Stickstoff pro Hektar und Monat fixieren. In von Natur aus nährstoffarmen Lebensräumen kann ihre Ausbreitung daher auch zu einer erheblichen Veränderung der Standortbedingungen führen – wie beispielsweise an der Ausbreitung der Lupinen in der Rhön (Deutschland) zu beobachten ist.

Bei allen Arten dieser Familie befinden sich an den Wurzeln Knöllchenbakterien, die Stickstoff aus der Luft in eine für die Pflanze verfügbare Form umwandeln.

Standort sind lichte Gebüsche, Waldränder und Halbtrockenrasen auf kalkreichen Böden.

Beispiel
Bunte Kronwicke
(Securigera varia)

Die **Gewöhnliche Robinie** *(Robinia pseudoacacia)* heißt auch Falsche Akazie oder Silberregen. Alle Teile dieses bis 30 m hohen Baumes sind giftig, bis auf die stark duftenden Blüten und die Samen. Die Nebenblätter sind zu Dornen umgewandelt.

Der **Goldregen** *(Laburnum anagyroides)* wird bis zu 30 Jahre alt und 7 m hoch. Er ist in allen Teilen und besonders den Früchten sehr stark giftig. Seine Heimat liegt in Südeuropa und Südwestasien, bei uns wird er mindestens seit dem 16. Jh. kultiviert.

Der **Besenginster** *(Cytisus scoparius)* ist in allen Teilen durch Alkaloide giftig. Früher diente er zum Besenbinden (Name), als Räucher-, Heil- und Färbepflanze. Dieser 2–3 m hohe Strauch mit den rutenförmigen Zweigen wächst auf bodensauren Böden.

Die **Silber-Akazie** *(Acacia dealbata)* heißt auch Falsche Mimose. Sie stammt aus Australien und gedeiht in Mitteleuropa in wärmeren Lagen südlich der Alpen.

Der **Dornige Hauhechel** *(Ononis spinosa)* ist ein 10–80 cm hoher, dorniger Halbstrauch. Er wächst auf Magerrasen und an Böschungen auf nährstoffarmen und kalkhaltigen Böden.

Der **Blasenstrauch** *(Colutea arborescens)* verdankt seinen Namen den aufgeblasenen Hülsen. Er wächst an Hängen und in Felsfluren auf meist trockenen Kalkböden.

Blätter

Die Blätter sind stets wechselständig. Dort, wo der Blattstiel am Stängel oder Zweig sitzt, befinden sich immer **Nebenblätter**, sie werden auch **Stipeln** genannt. Bei einigen Gehölzen können sie unscheinbar sein und nach dem Laubaustrieb abfallen. Sie können auch in paarweise stehende **Dornen** umgewandelt sein, wie beispielsweise bei der **Robinie** *(Robinia pseudoacacia)*. An der Ansatzstelle der Neben- und Fiederblätter können sich «Gelenke» befinden, mit denen die Blätter oder Blattfiedern Bewegungen ausführen können (Pulvinus). Mit diesen Blattbewegungen kann beispielsweise die Robinie das Sonnenlicht optimal ausnutzen. Bei diffusem Licht sind die Fiederblättchen weit ausgebreitet, und bei starker Sonneneinstrahlung richten sie sich als Überhitzungsschutz so aus, dass die exponierte Blattfläche abnimmt. Nachts hängen die Blattfiedern in «Schlafstellung» herab.

Vor allem bei den Kräutern können die **Nebenblätter** auffällig entwickelt sein und wie Fiederblättchen aussehen. Die Blätter sind bei allen Arten zusammengesetzt. Allerdings kann die Anzahl der Fiederblättchen bis auf die Endfieder reduziert sein, wie beispielsweise beim **Klee** *(Trifolium)* oder einigen **Ginster-Arten** (z. B. ■ *Genista tinctoria*). Die Blätter können paarig oder unpaarig gefiedert sein, d. h., am Ende kann eine Endfieder vorhanden sein oder fehlen. Für die Bestimmung spielt es oft eine Rolle, ob die Endfieder gestielt oder ungestielt ist. Im letzteren Falle werden die Blätter auch als gefingert bezeichnet. Die Endabschnitte (entweder nur die Endfieder oder auch weitere Fiederblättchen) können zu Ranken umgebildet sein. Bei stark reduzierten Blättern sind auch die grünen Triebe zur Fotosynthese fähig.

■ **Besenginster** *(Cytisus scoparius)*, grüne Zweige

■ ■ **Hornklee** *(Lotus corniculatus)*, Nebenblätter

■ ■ **Robinie** *(Robinia pseudoacacia)*, Dornen

Blüte

Der Aufbau der Einzelblüten ist einheitlich und charakteristisch für alle Schmetterlingsblütler, ihre Anordnung dagegen sehr vielfältig. Überwiegend stehen die Blüten in **offenen Trauben**. Die Stängelglieder oder Blütenstiele können so stark gestaucht sein, dass der Blütenstand eine Ähre ist oder aussieht wie Köpfchen oder Dolden.

Es gibt stets eine doppelte Blütenhülle aus Kelch und Kronblättern. Beide sind 5-zählig, allerdings ist dies in den zygomorphen Blüten mit einer Symmetrie-Ebene oft nicht leicht zu erkennen. Die 5 Kelchblätter sind stets miteinander verwachsen und umschließen die inneren Blütenelemente.

Die «Schmetterlingsblüten» haben oft besonders «einfallsreiche» und oft hoch spezialisierte Bestäubungsmechanismen entwickelt und sind nicht für jedes Insekt zugänglich. Weit verbreitet sind bei der Bestäubung der «Explosionsmechanismus» und der «Klappmechanismus». Ersteren beobachtet man beispielsweise beim **Besenginster** *(Cytisus scoparius)*. Der «Klappmechanismus» ist typisch für die Gattung **Ginster** *(Genista)*.

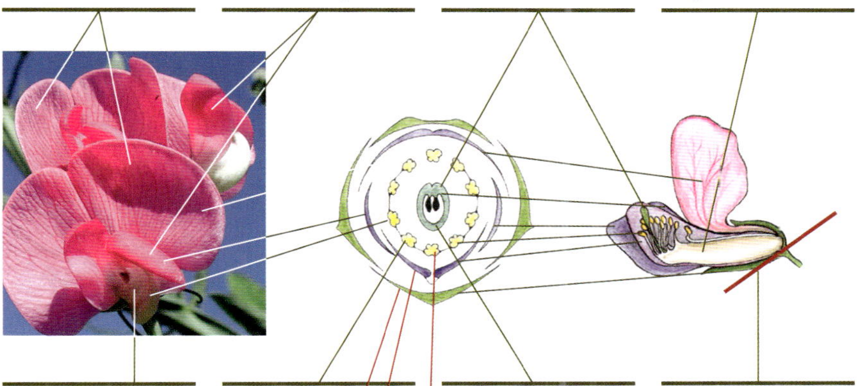

Blütenformel **↓ K (5) C 5 A 10 oder (9)+1 G 1**

↓ Kelchblätter (5) Kronblätter 5 Staubblätter 10 oder (9)+1 Fruchtblatt 1

Für die Unterscheidung einiger Arten liefern die Zahl der Kelchnerven, die Länge und Form seiner Zähne und die Behaarung bei manchen Gattungen wichtige Merkmale. Die Kronblätter sind stets als **Fahne**, **Flügel** und **Schiffchen** ausgebildet. Die Fahne ist das oberste Kronblatt. Es ist zusammen mit den seitlichen Kronblättern (Flügeln) für die auffällige Schaufunktion der Blüte zuständig. Das Schiffchen setzt sich aus 2 miteinander verwachsenen Kronblättern zusammen. In ihm sind die Staubblätter und der Fruchtknoten verborgen. Eine schöne Beschreibung der Blütenelemente liefert Rousseau (2003): Die Fahne schützt als «Regenschirm, die anderen vor Wind und Wetter». Die Flügel sind die «Ohrenschoner», und im Schiffchen verbirgt sich «das Schatzkästchen, sicher vor allen Gewitterstürmen geschützt».

Es gibt stets 10 Staubblätter, deren Staubfäden zu einer Röhre verwachsen sind. Diese **Staubfadenröhre** umschließt den Fruchtknoten. Bei einigen Gattungen sind alle 10 Staubfäden zu einer Röhre verwachsen, wie beispielsweise bei den Platterbsen *(Lathyrus)*. Bei anderen, wie z. B. den Wicken *(Vicia)*, bilden nur 9 Staubfäden die Staubfadenröhre, der 10. Staubfaden ist frei und die Röhre daher nach oben offen. Um dies zu erkennen, ist es ratsam, die Blütenkronblätter aus der Blüte zu entfernen und dann zu untersuchen, ob sich im oberen Teil auf der Staubfadenröhre ein Staubfaden zur Seite schieben lässt. Da der freie Staubfaden den anderen meist sehr dicht aufliegt, ist dies rein optisch schwer zu beurteilen. Sind alle 10 Staubfäden verwachsen, dann ist es auch mit «Gewalt» nicht möglich, einen zu isolieren (zur Seite zu schieben), ohne die gesamte Röhre zu zerstören.

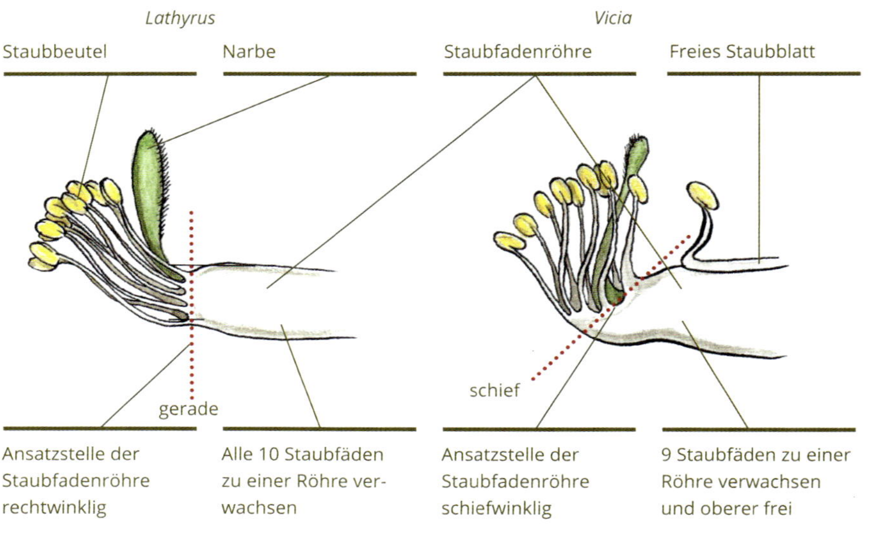

Am Ende der Staubfäden stehen die Staubbeutel. Zwischen der Staubfadenröhre und den Staubbeuteln gibt es einen Bereich, in dem die Staubfäden frei zu sehen sind. Dort, wo die verwachsene Staubfadenröhre endet, bilden die Ansatzstellen der Staubfäden einen Winkel. Dieser kann rechtwinklig (ca. 90°) oder schiefwinklig (ca. 45°) sein. Auch dies unterscheidet beispielsweise die Platterbsen (mit rechtwinkliger Ansatzstelle) von den Wicken mit schiefwinkligem Ansatz. Im Innern der Staubfadenröhre befindet sich der **oberständige Fruchtknoten**. Er ist stets aus einem Fruchtblatt aufgebaut. Am oberen Ende geht er in den langen Griffel über, der am oberen Ende, das aus der Staubfadenröhre herausragt, eine meist kopfige Narbe trägt.

Frucht

Aus dem einen oberständigen Fruchtblatt bildet sich die charakteristische Frucht der Schmetterlingsblütler, eine **Hülse**. In der Regel werden in jeder Hülse mehrere Samen gebildet. Zur Reifezeit öffnet sie sich an der Bauch- und Rückennaht. Im Unterschied zur Schote der Kreuzblütler gibt es keine Trennwand (Scheidewand) und die Samen sind nur an einer Seite angeheftet. Sie haben einen besonders hohen Fett- und Eiweißgehalt, und viele Arten liefern wichtige Nahrungsmittel mit hoher wirtschaftlicher Bedeutung wie Erbse, Bohne, Erdnuss, Soja und Klee. Sie dienen als Gemüse für die menschliche Ernährung oder werden als Viehfutter kultiviert. Für die fleischarme, vegane oder vegetarische Ernährung nimmt ihre Bedeutung ständig zu. Den hohen Eiweißgehalt verdanken sie den Knöllchenbakterien, die in Symbiose mit den Pflanzenwurzeln leben. Einige Hülsenfrüchte, wie z. B. Bohnen, sind im rohen Zustand für den Menschen giftig und müssen vor dem Verzehr erhitzt werden.

Strauch-Kronwicke, Staubfadenröhre

Lupine, Hülse mit Same

Goldregen, Hülse mit Same

Die wichtigsten Familien-Merkmale auf einen Blick

- Kräuter und Gehölze
- Symbiose mit Knöllchenbakterien
- Blätter stets wechselständig
- Stets Nebenblätter vorhanden
- Teils mit Ranken oder Gehölze mit Dornen
- Blätter gefiedert oder gefingert
- Doppelte Blütenhülle
- Schmetterlingsblüten mit Flügel, Fahne und Schiffchen
- 10 Staubblätter (alle oder 9 zur Röhre verwachsen)
- Hülsenfrüchte mit meist mehreren, eiweißreichen Samen

Verwechslungsmöglichkeiten

Umgangssprachlich werden die Früchte der Schmetterlingsblütler auch Schoten genannt – botanisch gesehen ist dies jedoch nicht richtig. Achtet man nicht auf die Trennwand der Schoten, so sehen die Früchte der Kreuzblütler den Hülsen tatsächlich recht ähnlich. Von den Blättern und Nebenblättern her sind vor allem die Bäume und Sträucher mit Rosengewächsen zu verwechseln. Die Blüten erinnern an die der Lippenblütler, doch von ihrer Gestalt her sind beide leicht zu unterscheiden.

Verwechslung möglich mit folgenden Familien		**Vergleich** Schmetterlingsblütler
Kreuzblütler Schotenfrüchte mit Mittelwand Radiäre, 4-zählige Blüten Keine Nebenblätter		
Rosengewächse Radiäre, 5-zählige Blüten Keine Hülsenfrüchte		
Lippenblütler Blätter gegenständig Alle Kronblätter verwachsen 4-geteilter Fruchtknoten		

Der **Echte Wundklee** *(Anthyllis vulneraria)* hat eine auffallend große Endfieder. Seine Blüten wurden zur Wundbehandlung (Name) und gegen Husten eingesetzt. Er ist sehr formenreich und wächst auf Trockenrasen und an Böschungen auf Kalkböden.

Der **Hufeisenklee** *(Hippocrepis comosa)* wird bis 25 cm groß. Sein Stängel ist an der Basis oft leicht verholzt. Er wächst in sonnigen Magerrasen, an Böschungen, Erdanrissen und auf steinigen, kalkhaltigen Böden in lichten Wäldern bis über 2000 m Höhe.

Der **Alpen-Süßklee** *(Hedysarum hedysaroides)* wird bis 50 cm groß. Er wächst auf Wiesen, Weiden und in Zwergstrauchheiden auf kalkhaltigen Böden. Die unpaarig gefiederten Blätter haben 5–9 Fiederpaare, und eine Blütentraube trägt bis zu 35 Blüten.

Der **Sumpf-Hornklee** *(Lotus pedunculatus)* wächst meist auf feuchten, halbschattigen Standorten an Ufern und in feuchtem Grünland. Typisch ist der hohle Stängel.

Der **Gletscher-Tragant** *(Astragalus frigidus)* heißt auch **Gletscherlinse** und wächst auf feuchten, kalkhaltigen Böden bis in alpine Höhen und in arktischen Regionen.

Die **Saat-Esparsette** *(Onobrychis viciifolia)* heißt auch Futter-Esparsette. Sie wird seit dem 16. Jh. als Trockenfutterpflanze und als Bodenverbesserer kultiviert.

CH 400 | DE Silber

GATTUNG

PLATTERBSE

LATHYRUS

Frühlings-Platterbse *(Lathyrus vernus)*

Allgemeines und Verbreitung

Weltweit gibt es über 150 Arten. Die Gattung hat ihren Verbreitungsschwerpunkt im östlichen Mittelmeergebiet und in den gemäßigten Zonen der Nordhalbkugel, einige Arten gedeihen auch außerhalb der Tropen in Afrika und Amerika. In der heimischen Flora gibt es knapp 20 Arten.

Der Name dieser Gattung bezieht sich auf die abgeplatteten Samen bzw. die noch zur Reifezeit flachen Hülsenfrüchte. Im umgangssprachlichen Gebrauch geht es hier munter mit den **Wicken** *(Vicia)* durcheinander, wenn beispielsweise die **Duftende Platterbse** *(Lathyrus odoratus)* «Duft-Wicke» oder «Gartenwicke» genannt wird. Sie ist neben der **Breitblättrigen Platterbse** *(Lathyrus latifolius)* eine der Zierpflanzen, die für Gartenanlagen kultiviert werden, vor allem zur Begrünung von Zäunen.

Die Samen einiger Arten dieser Gattung sind schwach giftig, und der Verzehr führt zu «Lathyrismus», einer neurologischen Erkrankung. Sie kommt vor allem in den Trockengebieten der Erde vor, wenn das Mehl der **Saat-Platterbse** *(Lathyrus sativus)* zum Hauptnahrungsmittel wird. Vom Vieh werden einige Arten aufgrund ihrer Bitterstoffe verschmäht, wie beispielsweise die **Wiesen-Platterbse** *(Lathyrus pratensis).* Die Blätter und Triebspitzen vieler Arten können als Gemüse zubereitet werden, roh sollte man jedoch auf ihren Genuss verzichten. Platterbsen gedeihen (wie alle Schmetterlingsblütler) in einer Symbiose mit Stickstoff fixierenden Bakterien, die in den Wurzelknöllchen leben. Einige Arten werden als Gründüngung und zur Bodenverbesserung gepflanzt.

Breitblättrige Platterbse

Wiesen-Platterbse (Trieb und Blatt)

Frühlings-Platterbse (Trieb)

Blätter

Platterbsen sind einjährige oder ausdauernde Kräuter mit wechselständigen Blättern. Ihre Stängel und **Blattstiele sind häufig geflügelt**, wie z. B. bei der **Wald-Platterbse** *(Lathyrus sylvestris).* Die ursprünglich paarig gefiederten Blätter können stark reduziert sein. So hat die **Wiesen-Platterbse** *(Lathyrus pratensis)* beispielsweise nur ein Fiederpaar. Die Endfiedern sind häufig zu Ranken umgebildet, seltener steht am Ende der Fieder nur ein Spitzchen. Bei der **Ranken-Platterbse** *(Lathyrus aphaca)* sind die Blätter komplett zu Ranken geworden. Die Fotosynthese wird hier von den vergrößerten Nebenblättern und dem Stängel übernommen. Die Nebenblätter sind in der Regel krautig ausgebildet und gut entwickelt, meist allerdings kleiner als die Fiederblättchen. Dies unterscheidet sie von der Gattung **Hornklee** *(Lotus),* bei der die Nebenblätter sich kaum von den Fiederblättchen unterscheiden.

Vermehrung findet bei vielen Arten über unterirdische Ausläufer statt. Die **Knollen-Platterbse** *(Lathyrus tuberosus)* hat als Speicherorgan Wurzelknollen. Sie werden am Ende der Ausläufer gebildet und brauchen bis zu ihrer Entwicklung oft 3–4 Jahre. Früher wurden sie ähnlich wie «Erdnüsse» als Gemüse angebaut. Die im Handel erhältlichen Erdnüsse stammen jedoch von einem Schmetterlingsblütler einer anderen Gattung *(Arachis hypogaea).* Dort erntet man auch keine Wurzelknollen, sondern Hülsenfrüchte mit ihren Samen, die nahe am Erdreich gebildet werden.

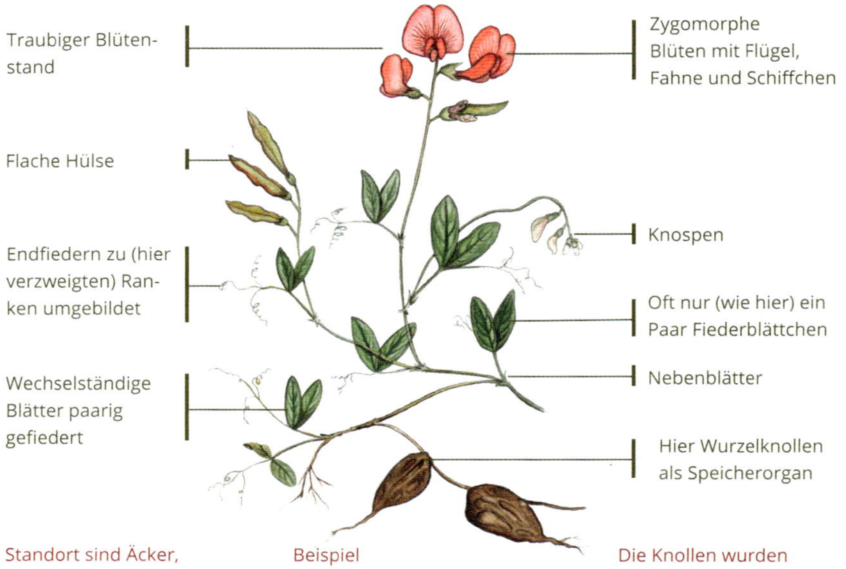

Standort sind Äcker, Weinberge und grasige Wegränder.

Beispiel **Knollen-Platterbse** *(Lathyrus tuberosus)*

Die Knollen wurden früher als Gemüse verzehrt.

Blüten

Die Blüten stehen meist in Trauben von wenigen bis zu 30 Einzelblüten. Alle 10 Staubfäden sind zu einer Röhre verwachsen, die vorne gerade endet. Dies ist ein gutes Unterscheidungsmerkmal zur ähnlichen Gattung **Wicke** *(Vicia)* mit schräg endender Staubfadenröhre, bei der zudem das obere Staubblatt frei ist. Die Staubbeutel geben den Blütenstaub oft, noch bevor die Griffel voll entwickelt sind, im Inneren des Schiffchens an die bürstenartigen Haare des Griffels (Griffelbürste) ab. Wenn eine Hummel auf dem Schiffchen landet, schnellt der Griffel heraus und bepudert das Insekt. Nach zahlreichen Blütenbesuchen ist der Blütenstaub abgetragen, und erst danach ist die Narbe empfangsbereit. So wird Selbstbefruchtung verhindert. Bei vielen Arten wie z. B. der **Wiesen-Platterbse** *(Lathyrus pratensis)* können die Blüten nur von kräftigen Insekten wie Hummeln und Großbienen geöffnet werden. Die Blüten der **Wald-Platterbse** *(Lathyrus sylvestris)* sind durch Drehung von Schiffchen und Griffel asymmetrisch, sodass der Nektar nicht so leicht von den bestäubenden Insekten erreicht wird (Intelligenzblume).

Frucht

Die aus dem oberständigen Fruchtknoten hervorgehenden Hülsenfrüchte sind meist länglich und abgeflacht. Sie beherbergen meist 2 bis mehrere Samen. Beispielsweise bei der **Wiesen-** *(Lathyrus pratensis)* und **Frühlings-Platterbse** *(Lathyrus vernus)* sind die Hülsen schwarz gefärbt und können dadurch besonders gut Wärme aufnehmen. Die Samen der **Frühlings-Platterbse** *(Lathyrus vernus)* werden von Ameisen verschleppt.

Breitblättrige Platterbse *(Lathyrus latifolius)*, Staubfadenröhre, Blüte und geflügelter Stängel mit Nebenblatt

Die wichtigsten Gattungs-Merkmale auf einen Blick

- Stängel häufig geflügelt
- Paarig gefiederte Blätter
- Endfieder meist zu Ranken umgebildet
- Nebenblätter krautig
- 10 Staubfäden zur Röhre verwachsen
- Staubfadenröhre gerade endend
- Flache Samen und Hülsen

Verwechslungsmöglichkeiten

Platterbsen werden vor allem mit Wicken *(Vicia)* verwechselt. Ähnlich sehen ihnen auch andere Gattungen und Arten innerhalb der Schmetterlingsblütler, vor allem krautige Pflanzen mit gefiederten Blättern wie Hornklee *(Lotus)*, Wundklee *(Anthyllis)*, Tragant *(Astragalus)*, Esparsette *(Onobrychis)* und Spitzkiel *(Oxytropis)*.

Verwechslung möglich mit folgenden Gattungen		**Vergleich** Platterbse
Wicke - 9 verwachsene und ein freies Staubblatt - Staubblattröhre schief endend		
Hornklee - Nebenblätter ähnlich gestaltet wie Fiederblättchen - Keine Ranken		
Tragant - Blätter unpaarig gefiedert (mit Endfieder) - Keine Ranken		
Wundklee - Große Endfieder - Kopfiger Blütenstand		

Die **Frühlings-Platterbse** *(Lathyrus vernus)* ist eine charakteristische Pflanze der Edellaubwälder. Die Blüten wechseln ihre Farbe von anfangs purpur über bläulich zu blaugrün.

Die **Wiesen-Platterbse** *(Lathyrus pratensis)* wächst in feuchten Wiesen und lichten Wäldern. Ihre Blüten können nur von kräftigen Insekten bestäubt werden (Kraftblume).

Die **Duftende Platterbse** *(Lathyrus odoratus)* stammt aus dem Mittelmeergebiet. Sie wird seit dem 18. Jh. als Zierpflanze in zahlreichen Zuchtsorten kultiviert.

Die **Wald-Platterbse** *(Lathyrus sylvestris)* hat einen 1–4 mm breit geflügelten Stängel. Sie wächst in Gebüschen, an Flussufern und in Geröllfeldern bis in subalpine Höhenlagen.

CH 400 | DE Silber

GATTUNG

SCHNECKENKLEE

MEDICAGO

Saat-Luzerne *(Medicago sativa)* Strauch-Schneckenklee *(Medicago arborea)*

Allgemeines und Verbreitung

Weltweit gibt es in dieser Gattung etwa 70 Arten. Die meisten von ihnen sind einjährige oder ausdauernde, niedrigwüchsige, leicht verholzte oder krautige Pflanzen. Der **Strauch-Schneckenklee** *(Medicago arborea)* ist mit etwa einem Meter Größe einer der wenigen strauchartigen Vertreter. Der Verbreitungsschwerpunkt liegt im mediterranen Raum. Von den annähernd 10 Arten, die in der heimischen Flora zu finden sind, stammt etwa die Hälfte ebenfalls aus dem Mittelmeergebiet. Einige von ihnen werden als Futterpflanze kultiviert, wie beispielsweise die **Saat-Luzerne** *(Medicago sativa).* Diese auch als **Alfalfa** bezeichnete Art stammt aus der Region des östlichen Mittelmeerraumes bis Westasien. Als Anpassung an trockene Standorte, in denen häufig nur in der Tiefe Wasser zur Verfügung steht, können ihre Wurzeln bis 5 m tief in den Boden wachsen. Die Saat-Luzerne lebt hochspezifisch mit den **Knöllchenbakterien** namens *Rhizobium meliloti* in Symbiose. Diese ermöglichen es ihr, bis zu 300 kg Stickstoff pro Hektar und Jahr zu binden. Daher wird sie gerne zur Bodenverbesserung und Böschungsbefestigung gepflanzt. Weiterhin enthält sie Saponine (Medicagensäure), die für Fische und Insekten besonders giftig sind. Beim Vieh kann es nur zu Vergiftungen kommen, wenn sie besonders große Mengen verzehren. Sie wurde seit der Antike als Futterpflanze angebaut und ist heute weltweit verbreitet. Man findet sie häufig aus Kulturen verwildert. Die Samen sind als Keimsprossen im Handel erhältlich. Heute wird meist ein Bastard *(Medicago x varia)* aus der Saat-Luzerne mit dem Sichelklee *(Medicago falcata),* auch Gelbe Luzerne genannt, kultiviert.

Hopfenklee (Trieb)

Saat-Luzerne

Blätter

In der heimischen Flora gibt es nur krautige, einjährige oder ausdauernde Arten. Sie sind in der Regel verzweigt. Die wechselständigen Blätter sind stets 3-zählig gefiedert, wobei die Endfieder länger gestielt ist als die Seitenfieder. Die Fiederblättchen können ein kleines «Stachelspitzchen» am Ende tragen. Der Blattrand ist fein gezähnt. Die stets vorhandenen Nebenblätter sind häufig mit dem Blattstiel verwachsen. Ranken gibt es nicht.

Blüten

Die Blüten sind überwiegend gelb oder bläulich-violett. Sie können sehr klein sein, meist sind sie kurz gestielt. Sie stehen zu mehreren in köpfchenförmigen Trauben. Diese befinden sich häufig in den Blattachseln der verzweigten Triebe. Das Schiffchen ist meist kürzer als die Flügel. Darin liegen gut geschützt die Staubblätter und der Fruchtknoten. Von den 10 Staubblättern sind 9 zur Röhre verwachsen und das obere frei. An der Unterseite der Staubfadenröhre befindet sich ein «Schnellgewebe», das unter Zelldruck (Turgor) steht. Wird auf das Schiffchen gedrückt, schnellt die Säule mit Staubblättern und Griffel nach oben. Dadurch bekommen die bestäubenden Insekten einen «Kinnhaken» verpasst. Bei Bienen kann man beobachten, dass diese diesen Schlag nicht mögen und lernfähig sind. Bei weiteren Blütenbesuchen gelangen Insekten mit ausreichend langem Rüssel von der Seite an den Nektar, ohne die Blüten zu bestäuben.

Weltweit angebaut als Viehfutter und Sprossensaat, verwildert gelegentlich.

Beispiel
Saat-Luzerne
(Medicago sativa)

Die Blütenfarbe dieser formenreichen Kulturpflanze reicht von rosa über blauviolett bis zu purpurfarben.

Frucht

Aus dem einen, oberständigen Fruchtblatt entwickelt sich die schneckenartig verdrehte Hülse, der diese Gattung ihren Namen verdankt. Von stark gekrümmt bis zu komplett eingerollt gibt es alle Formen. In der Regel befinden sich in jeder Hülse mehrere Samen. Beim **Hopfenklee** *(Medicago lupulina)* sind sie ausnahmsweise einsamig. Die Früchte fallen meist als Ganzes von der Pflanze. Sie können mit stacheligen Auswüchsen versehen sein, die der Anhaftung am Fell der Tiere für die Verbreitung dienen – sie werden auch «Kletthülsen» genannt. Die Früchte des **Zwerg-Schneckenklees** *(Medicago minina)* haften durch 2 Stachelreihen besonders gut am Fell der Tiere. Der **Sichelklee** *(Medicago falcata),* auch Gelbe Luzerne genannt, bildet eine Ausnahme, denn hier bleiben die Hülsen an der Pflanze und entlassen die Samen. Besonders im Mittelmeergebiet gibt es weitere Arten, die auffällig gewundene Früchte haben. Die Form und Beschaffenheit der Hülsen liefern wichtige Merkmale für die Bestimmung der verschiedenen Arten dieser Gattung. An ihnen kann man sie auch gut von denen der Gattung **Klee** *(Trifolium)* unterscheiden. Ein weiteres Unterscheidungsmerkmal dieser beiden Gattungen liefert die Blütenkrone nach dem Verblühen. Während die Krone beim Klee an der Frucht erhalten bleibt und zur Windverbreitung beiträgt, fällt sie beim Schneckenklee ab.

abischer Schneckenklee *(Medicago arabica)*

Zwerg-Schneckenklee *(Medicago minina)*

Scheiben-Schneckenklee *(Medicago orbicularis)*

Saat-Luzerne *(Medicago sativa)*

Hopfenklee *(Medicago lupulina)*

Scheiben-Schneckenklee *(Medicago orbicularis)*

Die wichtigsten Gattungs-Merkmale auf einen Blick

- Krautige Pflanzen
- Blätter 3-zählig
- Endfieder länger gestielt als die Seitenfiedern
- Blattrand gezähnt; Blatt mit aufgesetztem Spitzchen
- Keine Ranken
- Blüten gelb oder bläulich-violett
- Blüten in ± köpfchenförmigen Trauben
- 9 Staubfäden verwachsen und das obere frei
- Hülsen gekrümmt oder schneckenartig eingerollt

Verwechslungsmöglichkeiten

Wie schon die Ähnlichkeit des Namens Hopfenklee mit Klee *(Trifolium),* Honigklee *(Melilotus)* und Hornklee *(Lotus)* vermuten lässt, sind dies die Gattungen, mit denen die verschiedenen Arten der Gattung Schneckenklee am ehesten verwechselt werden. Sie alle haben 3-zählige Blätter und auch recht ähnliche Blüten und Blütenstände. Die Strauchwicke *(Hippocrepis emerus)* hat ähnliche Blüten, aber gefiederte Blätter.

Verwechslung möglich mit folgenden Gattungen		**Vergleich** Schneckenklee
Klee - Kronblätter bleiben an der Frucht erhalten - Frucht nicht sichel- oder schneckenförmig		
Hornklee - Nebenblätter ähnlich gestaltet wie Fiederblättchen - Blüten stets gelb		
Honigklee - Längere Blütentrauben - Blüten weiß oder gelb (nie blau oder violett) - «Waldmeisterduft»		

Der **Sichelklee** *(Medicago falcata)* wird auch **Gelbe Luzerne** genannt. Er wächst als Rohbodenpionier auf kalkhaltigen, mageren Böden in sonnigen Lagen wie Gebüsch- und Waldränder.

Die **Saat-Luzerne** *(Medicago sativa)* wird unter dem Namen «Alfalfa» als Sprossen gezogen. Es ist eine formenreiche Kulturpflanze, die auf kalk- und nährstoffreichen Böden verwildert.

Der **Hopfenklee** *(Medicago lupulina)* gedeiht nahezu in ganz Europa, meist findet man ihn auf trockenen Wiesen und Wegrändern mit kalkhaltigen Böden. Er ist formenreich.

Der **Strauch-Schneckenklee** *(Medicago arborea)* ist im mediterranen Raum heimisch. Er wird als Futter- und Gemüsepflanze kultiviert, seltener findet man ihn auch als Zierstrauch.

GATTUNG

HONIGKLEE, STEINKLEE

MELILOTUS

Weißer Honigklee *(Melilotus albus)* Echter Honigklee *(Melilotus officinalis)*

Allgemeines und Verbreitung

Die Gattung wird auch **Steinklee** genannt. Der Verbreitungsschwerpunkt der weltweit etwa 20 Arten reicht vom Mittelmeerraum bis Zentralasien. In Mitteleuropa findet man etwa 5 Arten, die häufigsten sind der **Weiße Honigklee** *(Melilotus albus)* und der **Echte Honigklee** *(Melilotus officinalis)*. Letzterer wird häufig mit dem **Hohen Honigklee** *(Melilotus altissimus)* verwechselt.

In der Medizin schätzt man den Echten Honigklee seit alters her vor allem zur Stärkung der Blutgefäße und setzt ihn u. a. vorbeugend gegen Thrombose, bei Venenleiden, Prellungen und Krämpfen ein. Der Artname «officinalis» weist darauf hin, dass diese Pflanze bereits im Altertum arzneilich gehandelt wurde. d. h., «officinell» war. Durch die Wurzelknöllchen im Boden tragen alle Arten dieser Gattung zur Bodenverbesserung bei bzw. reichern den Boden mit Stickstoff an. In der Landwirtschaft kultiviert man Honigklee als Weidepflanze, Bienenweide, zur Gründüngung und aufgrund des ausgedehnten Wurzelwerkes auch zur Befestigung von Böschungen.

Typisch für diese Gattung ist der Gehalt an Cumarin-Glykosiden, vor allem Melilotin. Es wird beim Trocknen in Cumarin umgewandelt und entwickelt einen waldmeisterartigen Duft. Dieses Aroma schätzt man auch in der Wildkräuterküche, Aromatherapie und Kosmetik. Diese Stoffe sind allerdings leicht giftig, inzwischen hat man cumarinfreie Sorten gezüchtet. Der wissenschaftliche Gattungsname bezieht sich auf den Honigduft der Blüten («meli» = «Honig», «lotos» = «Klee»).

Weißer Honigklee (Blatt und Trieb)

Echter Honigklee

Blätter

Die wechselständigen Blätter sind stets 3-zählig. Die Fiederblättchen sind oval bis verkehrt eiförmig, d. h. in der Mitte oder oberhalb der Mitte am breitesten. Die Endfieder ist gestielt und der Blattrand gezähnt. Nachts legen sich die Fiedern durch Blattgelenke zusammen (Nyktinastie). Die Nebenblätter sind mit dem Blattstiel verwachsen. Die Arten dieser Gattung sind ein- bis zweijährig.

Blüten

Die kleinen Blüten stehen in langen, ± hängenden Trauben in den Achseln von winzigen Tragblättern. Sie sind weiß oder gelb. Die Flügel können an der Basis mit dem Schiffchen verwachsen sein. Die Bestäubung erfolgt über einen Klappmechanismus. Die Kronröhre ist bei den meisten Arten nur kurz, daher gelangen auch kurzrüsselige Insekten an den Nektar. Beim **Echten Honigklee** *(Melilotus officinalis)* sind die Blüten sehr nektarreich und duften intensiv. Bei den gelben Arten wie diesem und dem ähnlichen **Hohen Honigklee** *(Melilotus altissimus)* ist die Blütenfarbe auf Karotinoide zurückzuführen. Bei Letzterem sind Fahne, Flügel und Schiffchen etwa gleich lang, während beim Echten Honigklee Fahne und Flügel länger sind als das Schiffchen.

Frucht

Aus dem oberständigen Fruchtknoten entwickelt sich zur Reifezeit die für diese Familie typische Hülse. Echter und Hoher Steinklee lassen sich daran gut unterscheiden: Beim Echten Steinklee ist sie kahl und enthält 5–8 Samen, beim Hohen Steinklee ist sie kurz anliegend behaart und beherbergt in der Regel 2 Samen.

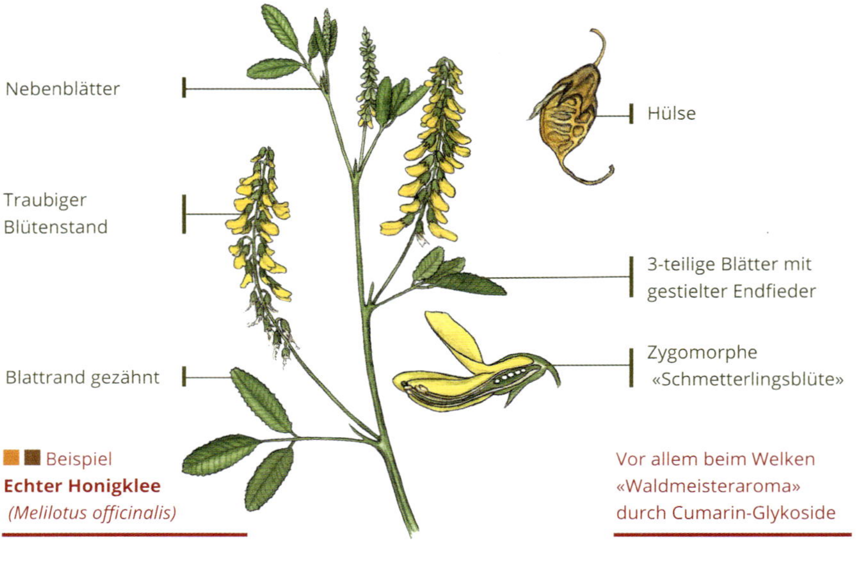

Beispiel
Echter Honigklee
(Melilotus officinalis)

Vor allem beim Welken «Waldmeisteraroma» durch Cumarin-Glykoside

Die wichtigsten Gattungs-Merkmale auf einen Blick

- Waldmeisterartiger Duft, vor allem beim Welken
- Blätter stets 3-zählig
- Gestielte Endfieder
- Blattrand gezähnt
- Kleine Blüten in langen Trauben
- Blüten weiß oder gelb
- Hülse in der Regel mehrsamig

Verwechslungsmöglichkeiten

Durch die langen Trauben in Kombination mit den 3-zähligen Blättern ist diese Gattung gut gekennzeichnet, und Verwechslungsgefahr besteht in erster Linie innerhalb dieser Gattung. Der Blütenstand erinnert ein wenig an den von Wicken *(Vicia)*, Tragant *(Astragalus)*, Esparsette *(Onobrychis)* oder Spitzkiel *(Oxytropis)*. Deren Blätter sind überwiegend mehrfach gefiedert, und ihre Einzelblüten sind meist größer und stehen in kompakteren Blütenständen. Durch den aufrechten, strauchförmigen Wuchs ähneln die gelb blühenden Arten auf den ersten Blick «echten Sträuchern» wie Ginster *(Genista)* oder Besenginster *(Cytisus scorparius)*. Die Blätter gleichen vor allem denen von Schneckenklee *(Medicago)*, Klee *(Trifolium)* oder Hornklee *(Lotus)*.

Verwechslung möglich mit folgenden Gattungen — **Vergleich** Honigklee

Wicke
- Blätter mit mehreren Fiederpaaren
- Ohne «Waldmeisterduft»

Schneckenklee
- Früchte schnecken- oder sichelförmig
- Ohne «Waldmeisterduft»

Ginster
- Verholzende Triebe
- Blätter
- Ohne «Waldmeisterduft»

KLEE

TRIFOLIUM

Weiß- oder Kriechender Klee *(Trifolium repens)* Inkarnat-Klee *(Trifolium incarnatum)*

Allgemeines und Verbreitung

Klee lernen die meisten Kinder bereits in jungen Jahren kennen und machen sich auf die Suche nach 4-blättrigen Kleeblättern als Glücksbringer. Im Christentum stehen die 3-zähligen Blätter für die Dreifaltigkeit, und auch in der Poesie und Kunst gibt es zahlreiche Verse und Bilder mit diesem Motiv. Auch ihren wissenschaftlichen Namen verdankt diese Gattung den 3-teiligen Blättern («tres» = «3», «folium» = «Blatt»). Der Begriff «Klee» wird umgangssprachlich allerdings auch für andere Gattungen verwendet. Der **Sauerklee** (*Oxalis acetosella,* ein Sauerkleegewächs) und **Fieberklee** (*Menyanthes trifoliata,* ein Fieberkleegewächs) gehören nicht einmal in die Familie der Schmetterlingsblütler und zeichnen sich durch ganz andere Blüten aus.

Vertreter der weltweit knapp 300 Klee-Arten sind wild mit Ausnahme Australiens und Antarktikas auf allen Kontinenten zu finden. In Australien wurden verschiedene Arten vom Menschen eingeführt. Der Schwerpunkt der Verbreitung liegt im Mittelmeergebiet. In der heimischen Flora kommen natürlich ca. 30 Arten vor. Sie sind überwiegend im Grünland auf Wiesen, Weiden und an grasigen Wegrändern zu finden. Einige Arten werden als Futterpflanze kultiviert, wie beispielsweise **Feld-Klee** *(Trifolium campestre)* und der auch **Wiesen-Klee** genannte **Rot-Klee** *(Trifolium pratense).* Letzterer ist seit dem 16. Jh. in Kultur und wird inzwischen weltweit angebaut. Allerdings kann übermäßig verfütterter Klee je nach Jahreszeit und Witterung zu leichten Vergiftungen beim Vieh führen – vor allem Rinder sind bei Verfütterung von nassem Klee gefährdet.

Kriechender Klee (Blatt und Trieb) Rot-Klee (2×) Zweifelhafter Klee Feld-Klee Hasen-Klee

Verschiedene Arten schätzt man zur Bodenverbesserung. Bereits in der Dreifelderwirtschaft wurde im 18. Jh. das Brachjahr durch Kleesaat ersetzt. Während die meisten mit Schmetterlingsblütlern in Symbiose lebenden Bakterien (vor allem aus der Gattung *Rhizobium*) mit vielen Arten vergesellschaftet sind, gibt es in dieser Gattung auch einige Spezialisten, die sich auf bestimmte Klee-Arten spezialisiert haben, wie beispielsweise *Rhizobium trifolii* auf den **Wiesen-Klee** *(Trifolium pratense)*. Seltener wird Klee auch als Bienenweide und für medizinische Verwendung angebaut. Der Rot-Klee wird seit Langem wegen der Gerbstoffe bei Durchfall, Schleimhautentzündungen und zur Wundbehandlung eingesetzt. In jüngster Zeit gewinnt er immer mehr Bedeutung als Mittel gegen Wechseljahresbeschwerden.

Diese Art wird medizinisch verwendet. Blüten und Blätter bereichern die Wildkräuterküche. Es gibt keine giftigen Arten in dieser Gattung.

Beispiel
Rot- oder **Wiesen-Klee**
(Trifolium pratense)

Standort sind Wiesen und Wegränder auf frischen, nährstoffreichen Böden. Diese Art wird kultiviert.

Blätter

Die meisten Arten sind ausdauernd, daneben gibt es einige einjährige und in Ausnahmefällen auch zweijährige Arten. Es sind überwiegend krautige Pflanzen, die sich von Grund an verzweigen, seltener entspringen die Blätter einer kriechenden Sprossachse (Rhizom), wie z. B. beim **Kriechenden Klee** *(Trifolium repens),* der auch Weiß-Klee genannt wird. Er bewurzelt sich an den Knoten und bildet weitläufige Rasen.

Die Blätter sind 3-zählig gefiedert oder gefingert, je nachdem, ob die Endfieder gestielt ist oder nicht. Streng genommen spricht man bei gestielten Endfiedern von gefiederten Blättern und von gefingerten, wenn alle Fiederchen einem gemeinsamen Punkt entspringen. Wie für die gesamte Familie charakteristisch, sind die Blätter wechselständig, allerdings sind die Sprosse bei einigen Arten im Bereich der Blütenstände gestaucht, sodass die Blätter hier gegenständig stehen. Hier gibt es auch reduzierte Blätter, die nicht voll entwickelt und daher nicht 3-zählig sind. Bei einigen Arten weichen die Grundblätter in Form und Gestalt von den Stängelblättern ab.

Nachts legen sich die Fiedern bei vielen Arten durch Blattgelenke zusammen (Nyktinastie). Die Nebenblätter sind recht variabel und liefern in Bezug auf ihre Behaarung, Größe und Aderung gute Merkmale für die Bestimmung. Sie sind stets kleiner als die Fiederblättchen, dies ist ein gutes Merkmal zur Unterscheidung der Gattung Hornklee *(Lotus).* Auch die Behaarung ist sehr unterschiedlich. Von kahlen bis zu in allen Teilen dicht behaarten Arten gibt es alle Übergänge. Der **Hasen-Klee** *(Trifolium arvense)* ist eine der am stärksten behaarten Arten. Der Blattrand kann ganzrandig oder fein bis grob gezähnt sein.

Nebenblätter, **Hasen-** (oben) und **Rot-Klee** (unten)

Bastard- (oben) und **Stern-Klee** (unten)

Blüten

Die Blüten stehen in kopfigen bis ährigen Blütenständen. Sie sind meist weiß, gelb, rosa oder rötlich. Oft wechseln sie beim Verblühen ihre Farbe, sodass der Blütenstand zweifarbig erscheint. Die gelben Arten erscheinen den Bestäubern oft zweifarbig, da sich UV-reflektierende und UV-absorbierende Bereiche in der Blüte abwechseln, wie z. B. beim **Feld-Klee** *(Trifolium campestre).* Diese Art ist eine gute Bienenweide, allerdings braucht es einige Blütenbesuche – für 1 kg Honig werden ca. 20 Mio. Blüten angeflogen. Die meisten Arten stellen den Insekten Nektar und Pollen zur Verfügung. Die Bestäubung erfolgt über einen Klappmechanismus, bei dem das landende Insekt auf Fahne und Flügel drückt und dadurch die Narben und die Staubfadenröhre aus der Blüte heraus und gegen die Bauchseite des Insektes drückt. Nach dem Blütenbesuch geht die Blüte in die Ausgangsstellung zurück. Um Selbstbefruchtung zu vermeiden, werden die Narben erst empfangsbereit, nachdem der Blütenstaub abgegeben ist.

Der Kelch ist stets verwachsen. Die Länge seiner Zähne, die Nervatur und Behaarung liefert bei einigen Arten wichtige Merkmale für die Bestimmung. Beim **Hasen-Klee** *(Trifolium arvense)* ist er beispielsweise stark behaart und länger als die Blütenkrone. Die Kronblätter sind bei allen Arten am Grunde zu einer Röhre verwachsen. Die Fahne ist bei einigen Arten wie beispielsweise dem **Zweifelhaften Klee** *(Trifolium dubium)* gefaltet und bei anderen wie z. B. dem **Feld-Klee** *(Trifolium campestre)* gefurcht. Dieser Unterschied spielt vor allem bei der Bestimmung der kleinen, gelb blühenden Arten eine Rolle.

Erdhummeln gelangen mit ihren kurzen Rüsseln nicht durch diese Kronröhre an den Nektar und rauben diesen von außen, indem sie ein Loch in die Krone beißen. Dadurch wird er auch anderen Insekten zugänglich. Von den 10 Staubblättern sind 9 zur **Staubfadenröhre** verwachsen, und das obere Staubblatt ist frei. Die Blütenkrone fällt nach dem Blühen nicht ab und bleibt an der Frucht erhalten.

Hasen-Klee *(Trifolium arvense),* Blüten und Kelch

Feld-Klee *(Trifolium campestre),* Fahne gefurcht

Zweifelhafter Klee *(Trifolium dubium),* Fahne gefaltet

Frucht

Aus dem einen, oberständigen Fruchtblatt entwickelt sich eine Hülse, die meist kaum länger ist als der Kelch oder sogar kürzer als dieser. Der Kelch und die an der Frucht erhalten bleibende, verblühte Krone tragen bei vielen Arten zur Verbreitung bei. Beispielsweise dient beim **Hasen-Klee** *(Trifolium arvense)* der behaarte Kelch als Flugorgan für die 1- bis 2-samigen Hülsen, die kaum aufspringen. Sie krümmen sich bei wechselnder Trockenheit bzw. Feuchtigkeit und haften auch an Fell und Federn der Tiere.

Neben den ursprünglichen, an zwei Seiten aufreißenden Hülsen mit mehreren Samen haben sich in der Gattung Klee im Laufe der Evolution weitere Fruchtformen entwickelt, einsamige Hülsen mit nur einer «Nahtstelle» bis hin zu einsamigen Nüssen. Ein Beispiel für Letztere ist der **Feld-Klee** *(Trifolium campestre)*, dessen Früchte von der durch Lufteinschlüsse flugfähigen Krone umgeben bleiben und als Ballonflieger verweht werden. Daneben verbreiten sie sich auch als Regenschwemmling und über Regenwürmer. Die Samen bleiben (wie bei vielen Schmetterlingsblütlern) bei den meisten Arten lange keimfähig, beim **Rot-Klee** *(Trifolium pratense)* bis zu 100 Jahre und länger.

■ **Feld-** (*Trifolium campestre*, oben) und ■ ■ **Zweifelhafter Klee** (*Trifolium dubium*, unten)

Erdbeer- (*Trifolium fragiferum*, oben) und **Stern-Klee** (*Trifolium stellatum*, unten)

Die wichtigsten Gattungs-Merkmale auf einen Blick

- Wuchsort meist im Grünland
- Krautige Pflanzen
- Blätter 3-teilig
- Nebenblätter kleiner als Fiederblättchen
- Blüten in kopfigen bis ährigen Blütenständen
- Blütenfarbe weiß, gelb, rosa bis purpurrot
- Oft Farbwechsel beim Verblühen
- Kronblätter bleiben an der Frucht erhalten
- Hülsen oft kaum so lang wie oder kürzer als der Kelch

Verwechslungsmöglichkeiten

Sauerklee *(Oxalis)* und Fieberklee *(Menyanthes)* haben einen ähnlichen Namen und 3-zählige Blätter, ihre Blüten zeigen, dass sie nicht einmal in diese Familie gehören. Verwechselt wird Klee am ehesten mit anderen Gattungen der Schmetterlingsblütler.

Verwechslung möglich mit folgenden Gattungen		**Vergleich** Klee
Sauerklee - Blüten radiär - Kapselfrüchte - Saurer Geschmack durch Oxalsäure		
Fieberklee - Blätter groß - Wächst an Gewässerufern - Blüten radiär		
Hornklee - Nebenblätter ± so groß wie die Fiederblättchen - Früchte meist größer		
Hopfenklee - Krone nicht bleibend - Früchte schnecken- oder sichelförmig gewunden		

Der **Bastard-Klee** *(Trifolium hybridum)* hat zuerst weiße und später rosafarbene Blüten. Diese Art ist aus Kulturen verwildert und gedeiht auf mäßig nährstoffreichen Wiesen, an Wegrändern und auf Äckern. Die Blütenstiele sind meist länger als die Kelchröhre.

Der **Alpen-Klee** *(Trifolium alpinum)* hat nur grundständige Blätter und bildet keine oberirdischen Stängel. Die Blüten sind auffällig und wohlriechend. Standort sind Bergwiesen und Zwergstrauchheiden auf kalkarmen Böden in subalpin-alpinen Höhenlagen.

Der **Kriechende** oder **Weiß-Klee** *(Trifolium repens)* besitzt Gelenke, mit denen die Blätter dem Tageslauf folgen können, um die Sonneneinstrahlung optimal auszunutzen. Er kann durch die kriechenden Stängel auf oft gemähten Wiesen überdauern.

Der **Braun-Klee** *(Trifolium badium)* gedeiht in subalpinen (bis alpinen) Höhenlagen in Quellfluren und auf feuchten Wiesen und Weiden mit kalkhaltigen Böden.

Der **Mittlere** oder **Zickzack-Klee** *(Trifolium medium)* hat ± sitzende, rosafarbene Blüten, die keinen Farbwechsel haben. Standort sind lichte Wälder, Gebüsche, Wegränder.

Der **Berg-Klee** *(Trifolium montanum)* hat weiße Blüten, die oft etwas gelblich (selten rötlich) aussehen. Standort sind Magerwiesen, Weiden, und lichte Wälder.

GATTUNG

WICKE

VICIA

Schmalblättrige Wicke *(Vicia angustifolia)*

Haarfahnen-Wicke *(Vicia hybrida)*

Allgemeines und Verbreitung

Weltweit gibt es knapp 150 Arten, die in verschiedene Sektionen unterteilt werden können. Verbreitungsschwerpunkt sind die gemäßigten Gebiete der Nordhalbkugel. In der heimischen Flora wachsen knapp 30 Arten. Die umgangssprachlich «Duft-Wicke» oder «Gartenwicke» genannte Zierpflanze gehört nicht in diese Gattung, sie heißt botanisch korrekt Duftende Platterbse *(Lathyrus odoratus)* und gehört zu den Platterbsen *(Lathyrus).* Einige Arten beider Gattungen werden wie diese Kletterstaude wegen ihres kletternden und rankenden Wuchses als rankende Begrünung an Zäune und Geländer gepflanzt. Andere Arten sind wertvolle Futterpflanzen. Die aus dem Vorderen Orient stammende **Saubohne** *(Vicia faba)* wird auch Pferdebohne genannt und als Futter- und Gemüsepflanze kultiviert. Ihre Samen sind roh giftig. Auch das Verfüttern großer Mengen der **Vogel-Wicke** *(Vicia cracca)* kann zu Vergiftungen beim Vieh führen. Die **Saat-** oder **Futter-Wicke** *(Vicia sativa)* wird als Futter und Gründünger angebaut – wie alle Arten der Schmetterlingsblütler gedeiht sie in Symbiose mit symbiontischen Stickstoff bindenden Bakterien.

Blätter

Wicken sind krautige Pflanzen, sie können einjährig oder ausdauernd sein. Typisch für diese Gattung sind die paarig gefiederten Blätter mit mehreren Paaren von Fiederblättern. In der Regel stehen am Ende gefiederte Ranken. Es sind umgebildete Fiedern, die auch Wickelranken genannt werden. Sie führen kreisende Bewegungen durch, um sich durch Bewegungsreize (Thigmonastie) anzuhaften bzw. eine Struktur, beispielsweise einen Halm, zu umwickeln. Seltener können diese Ranken fehlen und nur Stachelspitzchen am Ende der Fiederblättchen stehen, beispielsweise bei der Heide-Wicke *(Vicia orobus).*

Zaun-Wicke (Trieb) — Vogel-Wicke — Wald-Wicke — Schmalblättrige Wicke — Rauhaarige Wicke

Der Blattrand kann glatt oder gezähnt sein. Es gibt stets Nebenblätter, sie sind meist unscheinbar. Bei der **Zaun-** *(Vicia sepium)* und **Saat-** oder **Futter-Wicke** *(Vicia sativa)* befinden sich an der Unterseite der Nebenblätter extraflorale Nektarien. Hier wird für Ameisen, die ihre Wirtspflanzen vor Fressfeinden schützen, Nektar abgegeben.

Blüten

Die Blüten stehen zu mehreren, meist einseitswendig ausgerichtet, in Trauben, seltener sind es nur 1–2 Blüten. Ihre Farbe ist meist blauviolett, rosa oder purpurfarben, daneben auch weiß oder gelb. Die Fahne wird in **Platte** (der ausgebreitete obere Teil) und **Nagel** (der in den Kelch reichende Teil) untergliedert – für die Bestimmung der Arten kann das Längenverhältnis von Platte zu Nagel herangezogen werden.

Bei den «Schiffchenblumen mit Bürsteneinrichtung» wird der Blütenstaub meist schon in der Knospe auf die behaarten Griffel (Griffelbürste) abgegeben. Das Gewicht der landenden Insekten lässt das Schiffchen nach unten klappen, und die Griffelbürste klappt an den Bauch des Bestäubers. Nach einigen Besuchen durch verschiedene Insekten ist der Blütenstaub abgetragen – dann erst wird die Narbe empfängnisbereit. Sie wird nun klebrig, um den von anderen Blüten herbeigetragenen Blütenstaub optimal aufzufangen. Besucht werden die Blüten vor allem von Bienen und Faltern. Erdhummeln haben zu kurze Rüssel, um an den Nektar zu gelangen, sie beißen oft ein Loch in die Blüte und machen so den Weg auch für weitere Nektarräuber frei wie z. B. Honigbienen.

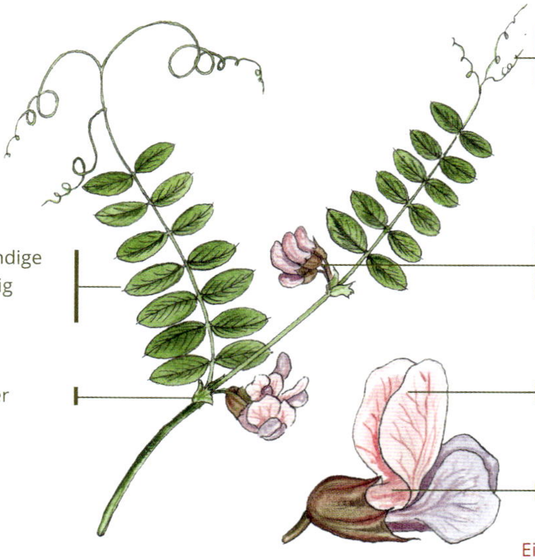

An der Unterseite der Nebenblätter befinden sich extraflorale Nektarien.

Beispiel **Zaun-Wicke** *(Vicia sepium)*

Eiweißreiche Futterpflanze, die wild auf Fettwiesen, in Äckern und an Wegrändern wächst.

Bei manchen Arten, wie z. B. der **Zaun-Wicke** *(Vicia sepium)*, sind die Kronblätter der Blüten so fest, dass nur kräftige Insekten diese öffnen können, um an den Nektar zu gelangen (Kraftblume). Auch hier findet man Nektarräuber wie Erdhummeln.

Von den 10 Staubblättern sind 9 Staubfäden zur Staubfadenröhre verwachsen, das obere Staubblatt ist frei. Die Staubfadenröhre ist vorne schief abgeschnitten. Beides sind gute Unterscheidungsmerkmale, um diese Gattung von den ähnlichen Platterbsen *(Lathyrus)* mit 10 verwachsenen Staubfäden und gerade abgeschnittener Staubfadenröhre zu unterscheiden. Wie für die Familie charakteristisch, gibt es ein oberständiges Fruchtblatt.

Frucht

Aus dem oberständigen Fruchtknoten bilden sich zur Reifezeit abgeflachte Hülsen mit 2–8 Samen. Die Anzahl der Samen und die Behaarung der Hülse liefern Merkmale für die Bestimmung der Arten. So lassen sich beispielsweise die ähnliche **Rauhaarige** oder **Behaarte Wicke** *(Vicia hirsuta)* mit behaarten Hülsen, die jeweils 2 Samen enthalten, von der **Viersamigen Wicke** *(Vicia tetrasperma)* mit kahlen Hülsen und 4 Samen unterscheiden. Die Hülsen sind als Wärmespeicher oft schwarz, wie z. B. bei der **Vogel-Wicke** *(Vicia cracca)*. Wenn die Fruchtwände trocken sind, streuen sie die Samen von sich, dabei erreichen sie Reichweiten von 1–2 m. Die kugeligen Samen sind eiweißreich, sie rollen auf entsprechendem Untergrund von alleine weiter (Rollsamen). Die meisten Arten vermehren sich auch über Ausläufer.

Viersamige Wicke *(Vicia tetrasperma)* ■ Rauhaarige oder Behaarte Wicke *(Vicia hirsuta)*

Die wichtigsten Gattungs-Merkmale auf einen Blick

- Krautige Pflanzen
- Blätter paarig gefiedert
- Meist gefiederte Ranken
- Blüten gestielt in überwiegend einseitswendig ausgerichteten Trauben
- Blütenfarbe weiß, gelb oder rosa, violett bis purpurfarben
- 9 Staubfäden zur Staubfadenröhre verwachsen, 1 frei
- Staubfadenröhre vorn schief endend
- ± flache Hülsen mit 2–8 Samen

Verwechslungsmöglichkeiten

Wicken sind am ehesten mit Platterbsen zu verwechseln. Wicken besitzen keine geflügelten Stängel und in der Regel mehr und rundlichere Fiederblättchen als diese – blühend sind beide an der Staubfadenröhre kenntlich. Ähnlich sehen ihnen auch andere Gattungen innerhalb der Schmetterlingsblütler, vor allem krautige Pflanzen mit gefiederten Blättern wie Hornklee *(Lotus)*, Wundklee *(Anthyllus)*, Tragant *(Astragalus)*, Esparsette *(Onobrychis)* und Spitzkiel *(Oxytropis)*.

Verwechslung möglich mit folgenden Gattungen		**Vergleich** Wicke
Platterbse - Alle 10 Staubfäden verwachsen und Staubfadenröhre vorne gerade - Weniger Fiederpaare		
Esparsette - Blätter unpaarig gefiedert - Keine Ranken - Blütenstand meist allseitswendig		
Tragant - Blätter unpaarig gefiedert - Keine Ranken - Blütenstand meist allseitswendig		

Als die **Vogel-Wicke** *(Vicia cracca)* im Getreide durch geringe Saatgutreinignung noch häufiger als Unkraut beigemischt war, wurden die im Vergleich zum Getreide kleineren Samen den Vögeln überlassen. Sie sind für diese ein begehrtes Futter – daher der Name.

Die **Rauhaarige** oder **Behaarte Wicke** *(Vicia hirsuta)* hat ähnlich kleine Blüten wie die Viersamige Wicke. An ihren behaarten Hülsen mit den 2 Samen ist sie von der Viersamigen Wicke mit kahlen Früchten (und 4 Samen) zu unterscheiden. Sie wächst auf Äckern und an Wegrainen.

Die **Zaun-Wicke** *(Vicia sepium)* hat ungleich lange Kelchzähne und 3–6 kurz gestielte, schmutzig-violette Blüten. Standort sind Fettwiesen und Wegränder. Die jung kurz behaarte Hülse ist reif schwarz glänzend.

Die **Saat-** oder **Futter-Wicke** *(Vicia sativa)* besitzt wie die Zaun-Wicke extraflorale Nektarien auf der Unterseite der Nebenblätter. Sie hat gleich lange Kelchzähne, und die blau-violetten Blüten stehen zu 1–2 in den Blattachseln.

KREUZBLUMENGEWÄCHSE

POLYGALACEAE

In dieser nahezu weltweit verbreiteten Familie gibt es 21 Gattungen mit etwa 900 Arten. Es sind insgesamt recht vielgestaltige Kräuter und Gehölze mit wechsel- oder gegenständigen Blättern. Die Gattung **Kreuzblume** *(Polygala)* ist die artenreichste und am weitesten verbreitete von ihnen, sie beinhaltet in der heimischen Flora etwa 10 Arten. Bei ihnen sind die Blätter oval bis lanzettlich und ganzrandig. Die Blüten stehen in jeweils einem Tragblatt und 2 Vorblättern. Die beiden seitlichen der 5 Kelchblätter ähneln Kronblättern (Flügel). Die 3 Kronblätter sind hinten verwachsen, und das mittlere trägt vorne ein gefranstes Anhängsel. Es gibt 8 Staubblätter, die unten röhrig verwachsen sind. Die Frucht ist flach und herzförmig.

Buchsblättrige Kreuzblume *(Polygala chamaebuxus)*

Wiesen-Kreuzblume *(Polygala vulgaris)*

Die **Buchsblättrige Kreuzblume** *(Polygala chamaebuxus)* wird auch Alpen-Zwergbuchs genannt. Meist verändert sie ihre Blütenfarbe von gelb und weiß zu purpur und gelb. Sie kann auch von Anfang an rosa und gelb blühen. Diese bis 25 cm hohe Pflanze ist an der Basis verholzt. Sie verzweigt sich gleich am Boden und wächst niederliegend. Standort sind Magerrasen, lichte Wälder und Gebüsche in den Bergen. In den Kapselfrüchten bilden sich Samen mit fettreichen Anhängseln (Elaiosom), die den Ameisen als Nahrung dienen.

Die **Wiesen-Kreuzblume** *(Polygala vulgaris)* hat nur wechselständige Stängelblätter ohne bitteren Geschmack, die unteren Stängelblätter sind nicht rosettig gehäuft. Die Blüten sind blau bis violett, seltener auch rötlich oder weißlich.

Die unteren Stängelblätter der **Sumpf-Kreuzblume** *(Polygala amarella)* sind rosettig gehäuft. Sie haben einen bitteren Geschmack. Standort sind feuchte Rasenflächen und Flachmoore bis in subalpine Höhenlagen.

HANFGEWÄCHSE

CANNABACEAE

Die Vertreter dieser Familie sind nahezu weltweit verbreitet. Es sind 8 Gattungen mit rund 100 Arten. Die meisten sind ausdauernde Pflanzen, es gibt auch einige Gehölze oder Lianen. Die Blätter haben stets einen gesägten Rand und besitzen Nebenblätter, ansonsten sind Gestalt und Blattstellung sehr vielfältig. Die radiär-symmetrischen, 5-zähligen Blüten sind eingeschlechtlich. Die Einzelblüten sind häufig reduziert (meist fehlen die Kronblätter) und unscheinbar, sie stehen in Blütenständen zusammen, die überwiegend zweihäusig verteilt sind, d. h., es gibt männliche und weibliche Pflanzen. Die Bestäubung erfolgt durch den Wind. Zur Reifezeit werden Stein- oder Nussfrüchte gebildet. In der heimischen Flora gedeiht nur der Hopfen.

Weibliche (links) und männliche Blütenstände des **Hopfens** *(Humulus lupulus)*

Der **Hopfen** *(Humulus lupulus)* ist eine bis 4 m lange Liane und wird auch «Weidenwolf» genannt. Hierauf bezieht sich der lat. Artname («lupus» = «Wolf»). Blätter und Stängel tragen hakelige Borsten. Wild findet man ihn in Auwäldern, seit dem 8. Jh. wird er zum Bierbrauen kultiviert. Seit ca. 150 Jahren schätzt man seine Wirkstoffe auch in der Phytotherapie – vor allem bei unregelmäßigem Periodenzyklus, zur Milchbildung und bei Wechseljahresbeschwerden. Durch die Gerb- und Bitterstoffe wirkt er zudem appetitanregend, verdauungsfördernd, antibakteriell und beruhigend. Verwendet werden die weiblichen Blütenzapfen kurz vor der Vollreife.

Hanf *(Cannabis sativa)* hat eine bis zu 8000 Jahre zurückreichende Geschichte als Aphrodisiakum und Heilmittel. Bis Mitte des 19. Jh. galt er als eines der wirksamsten Haus- und Volksarzneimittel, u. a. als narkotisches Mittel. Im Orient spielt er in vielen Regionen als Berauschungsmittel eine ähnliche Rolle wie bei uns Alkohol. Außerdem wurden aus den Bastfasern der Stängel Seile und Kleidung hergestellt. Heute haben die Fasern vor allem eine Bedeutung für die Herstellung von Spezialpapieren sowie Verbund- und Dämmstoffen.

FAMILIE

ÖLWEIDENGEWÄCHSE

ELAEAGNACEAE

Weltweit gibt es in dieser Familie 3 Gattungen mit rund 60 Arten, die meisten sind dornige Sträucher. Einige Ölweidengewächse haben – wie der Sanddorn – essbare und vitaminreiche Früchte. In einigen Regionen der Erde werden sie wild gesammelt oder angebaut. Es gibt auch Ziergehölze unter ihnen, die kultiviert werden. Da sie in Symbiose mit den Stickstoff fixierenden Knöllchenbakterien *Frankia* leben, können sie auch auf armen Böden wachsen und eignen sich zur Rekultivierung. Hier wird vor allem die **Schmalblättrige Ölweide** *(Elaeagnus angustifolia)* gepflanzt. In der heimischen Flora ist nur der **Sanddorn** *(Hippophae rhamnoides)* vertreten.

Schmalblättrige Ölweide *(Elaeagnus angustifolia)*

Dornige Ölweide *(Elaeagnus pungens)*

Ausgewählte Art

Der **Sanddorn** *(Hippophae rhamnoides)* wird bis 6 m groß und ist mit harten Dornen stark bewehrt. Er blüht vor dem Laubaustrieb und wird vom Wind bestäubt. Als zweihäusiger (diözischer) Strauch sind die unscheinbaren Blüten auf verschiedenen Sträuchern. Links sind weibliche und rechts männliche Blütenstände zu sehen. Typisch sind auch die bronze- bis silbergrauen Schuppen (Schildhaare). Der Sanddorn ist ein lichtbedürftiges Gehölz, das im Dünenbereich an den Küsten und im Binnenland auf Kiesschotter wächst. Er wird zur Bodenbefestigung gepflanzt und verwildert. Eine Symbiose mit Luftstickstoff bindenden Bakterien ermöglicht die Besiedelung nährstoffarmer Böden. Die aromatischen, vitaminreichen Beeren liefern Saft, Liköre, Süßspeisen und Marmeladen. Sie sind auch eine wertvolle Nahrung für Tiere. Die Samen überstehen die Darmpassage unbeschadet – so werden sie vor allem durch Vögel verbreitet. Die Sträucher vermehren sich auch über Wurzelsprosse.

FAMILIE

KREUZDORNGEWÄCHSE

RHAMNACEAE

Die weltweit etwa 55 Gattungen mit rund 950 Arten haben ihren Verbreitungsschwerpunkt in den Subtropen und Tropen. Es sind immergrüne oder laubabwerfende Gehölze und Lianen, seltener auch einmal Kräuter. Die meisten sind mit Dornen bewehrt. Die einfachen Blätter sind überwiegend wechselständig. Die Blüten sind stets radiär und meist klein und 4- oder 5-zählig. Die Anzahl der Staubblätter entspricht der Anzahl der Kronblätter. Zur Fruchtzeit entwickeln sich aus den 2–3 (selten 5) verwachsenen Fruchtblättern verschiedene Früchte. Bei den 5 heimischen Arten sind es Beeren. Einige werden wie **Faulbaum** *(Frangula alnus)* und **Echter Kreuzdorn** *(Rhamnus cathartica)* medizinisch verwendet.

Immergrüner Kreuzdorn *(Rhamnus alaternus)*

Faulbaum *(Frangula alnus)*

Der **Purgier-Kreuzdorn** *(Rhamnus cathartica)* heißt auch **Echter Kreuzdorn**. Er wächst auf meist kalkhaltigen Böden in Gebüschen und lichten Wäldern. Die Beeren werden als mildes Abführmittel medizinisch verwendet.

Der **Faulbaum** *(Frangula alnus)* heißt wegen des fauligen Geruches der Rinde auch Stinkbaum. Die Früchte reifen nicht gleichzeitig, sodass an einem Strauch nebeneinander verschieden reife Früchte zu finden sind.

Der **Alpen-Kreuzdorn** *(Rhamnus alpina)* ist eine der unbewehrten Arten. Er wächst strauchförmig und wird bis 4 m hoch. Standort sind kalkhaltige Böden in den Berglagen, in Deutschland kommt er nicht wild vor.

Der **Felsen-Kreuzdorn** *(Rhamnus saxatilis)* ist mit nur 1–3 cm langen Blättern und einer Höhe bis zu 1,5 m neben dem Zwerg-Kreuzdorn der kleinste heimische Vertreter. Er ist sparrig verzweigt und gedeiht auf kalkhaltigen Böden.

CH 400 DE Silber

FAMILIE

ROSENGEWÄCHSE

ROSACEAE

Guttationstropfen des **Gewöhnlichen Frauenmantels** *(Alchemilla vulgaris)*

Blütenstand des **Kleinen Wiesenknopfs** *(Sanguisorba minor)*

Allgemeines und Verbreitung

Die etwa 90 Gattungen mit knapp 3000 Arten dieser Familie sind überwiegend in den gemäßigten Zonen der nördlichen Erdhalbkugel verbreitet, unter ihnen sind zahlreiche Gehölze. Zu ihnen gehören viele einheimische und mediterrane **Obstsorten**, wie z. B. Zwetschge, Hagebutte, Quitte, Pfirsich, Apfel, Birne, Brombeere, Himbeere, Kirsche, Mandel und Pflaume. Der Holz-Apfel (■ *Malus sylvestris*) und die Wild-Birne (■ *Pyrus pyraster*) sind die Stammformen unserer zahlreichen Kulturformen von Äpfeln und Birnen.

In der heimischen Flora gedeihen ungefähr 25 Gattungen mit über 120 Arten – allerdings sind einige von ihnen sog. Sammelarten, die in zahlreiche Unterarten unterteilt werden. Alleine die **Brombeere** (*Rubus fruticosus* agg.) kann in 300–400 Klein- bzw. Unterarten aufgeteilt werden.

Typisch für diese Familie ist der hohe Gehalt an **Gerbstoffen**. Deshalb werden einige ihrer Vertreter seit alters in der Medizin geschätzt, z. B. Blutwurz *(Potentilla erecta)* und Weißdorn *(Crataegus)*. Letzterer enthält zusätzlich Procyanidine, die kräftigend auf das Herz wirken. Das Fruchtfleisch vieler Arten ist essbar. Die Kerne einiger Arten sind giftig. Sie enthalten – wie beispielsweise bei Bitter-Mandeln *(Prunus dulcis* var. *amara)* – cyanogene Glycoside (vor allem Amygdalin und Prunasin), aus denen durch Spaltung giftige Blausäure entsteht. Für die Pflanze dienen diese Samenöle (statt Stärke) als Speicher.

Rosengewächse besiedeln viele Lebensräume, und es sind einige Gebirgspflanzen dabei.

■ Der **Alpen-Gelbling** *(Sibbaldia procumbens)* gedeiht auf alpinen Rasen und in Schneetälchen bis über 3000 m Höhe.

■ Die **Berg-Nelkenwurz** *(Geum montanum)* ist vor allem auf subalpinen und alpinen Rasen zu finden. Im Gegensatz zur ebenfalls in alpinen Regionen beheimateten **Kriechenden Nelkenwurz** *(Geum reptans)* bildet sie keine Ausläufer.

■ Die **Silberwurz** *(Dryas octopetala)* kommt auf kalkhaltigem Felsschutt und steinigen Rasen von 1200 bis 2500 m Höhe vor.
Der **Alpen-Frauenmantel** (*Alchemilla alpina* agg.) heißt auch Silikat-Frauenmantel, weil er Rasen auf Silikatgestein und Silikatfelsen besiedelt.

■ Die **Kahle Steinmispel** *(Cotoneaster integerrimus)* oder Felsen-Zwergmispel ist an felsigen Berghängen und auf Blockschutt auf kalkreichen Böden beheimatet, sie wird auch in Parks und Gärten gepflanzt.

■ Die **Echte Felsenbirne** *(Amelanchier ovalis)* oder Felsenmispel besiedelt felsige Berghänge von der Ebene bis in alpine Höhen, sie wird auch als Zierpflanze kultiviert.

Blätter

Die Blätter sind stets wechselständig. Ansonsten sind sie vielgestaltig und können einfach, tief eingeschnitten, gefingert oder gefiedert sein. Typisch sind die **Nebenblätter**, die bei nahezu allen heimischen Arten vorhanden sind. An ihnen lassen sich die krautigen Vertreter gut von den teils recht ähnlichen Hahnenfußgewächsen unterscheiden. Bei den Obstgehölzen und Sträuchern fallen sie jedoch häufig früh ab und sind dann zum Ende der Vegetationszeit nicht mehr zu sehen.

An den Blattspitzen kann man nach feuchtwarmen Nächten oft Wassertröpfchen sehen. Die Pflanze gibt diese aktiv über die Leitungsbahnen ab, um die Zufuhr von Wasser mit den darin gelösten Nährstoffen weiter zu gewährleisten, auch wenn die Verdunstung über die Blattoberfläche durch die hohe Luftfeuchtigkeit gering ist. Dieses Phänomen heißt **Guttation** und ist bei der Gattung **Frauenmantel** *(Alchemilla)* besonders häufig zu beobachten. Die Alchemisten verwendeten diese Tropfen für ihre Versuche, daher stammt der wissenschaftliche Name *Alchemilla*.

Odermennig — Mispel — Holz-Apfel — Quitte — Zierquitte — Silberwurz (2×)

Großer- (links) und Kleiner Wiesenknopf — Alpen- (links) und Gewöhnlicher Frauenmantel — Kahle Steinmispel (Trieb) — Weidenblättriger Spierstrauch (links) und Frühlings-Spiere

Wald-Erdbeere — Kleines Mädesüß — Echtes Mädesüß Grund- und Stängelblatt — Kriech- (links) und Bach-Nelkenwurz — Echte Nelkenwurz Stängel- und 2 Grundblätter

Beispiel
Zweigriffeliger Weißdorn *(Crataegus laevigata)*

Standort sind Waldränder und Hecken.

Die Früchte wurden früher als Kaffee- und Mehersatz für «Müllersbrot» gemahlen. Weißdorn wird auch als Heilpflanze geschätzt.

Blüten

Die Blüten sind überwiegend gelb, weiß, rosa oder rot und stets radiär. Kelch- und Kronblätter (doppelte Blütenhülle) sind frei, nie verwachsen oder gespornt. Meist sind die Blüten zwittrig und 5-zählig.

Es gibt jedoch auch eingeschlechtliche Blüten, wie z. B. bei der Gattung **Wiesenknopf** *(Sanguisorba)*. Hier gibt es in den kopfigen Blütenständen neben zwittrigen meist auch rein weibliche oder männliche Blüten. Eine weitere Besonderheit dieser Gattung ist, das sie vom Wind und nicht von Insekten bestäubt werden. Daher sind die Einzelblüten unscheinbar, sie stehen in kopfigen Blütenständen zusammen.

Der Kelch besitzt häufig einen Außenkelch, er setzt sich dann aus 5 äußeren, meist kleineren und 5 inneren, «normalen» Kelchblättern zusammen. Dies ist neben den Nebenblättern ein gutes Unterscheidungsmerkmal zu den Hahnenfußgewächsen, die nie einen Außenkelch ausbilden. Meist gibt es zahlreiche Staubblätter, häufig sind es 20. In Bezug auf den Fruchtknoten gibt es eine große Vielfalt. Er ist häufig oberständig, kann aber auch unter-, halbunter- oder mittelständig sein. Es gibt Arten mit nur einem Fruchtblatt, wie beispielsweise den **Eingriffeligen Weißdorn** (*Crataegus monogyna*), der dieses Merkmal im Namen trägt. Der Fruchtknoten kann auch aus vielen Fruchtblättern aufgebaut sein, wobei die einzelnen Fruchtblätter sowohl frei als auch miteinander verwachsen sein können.

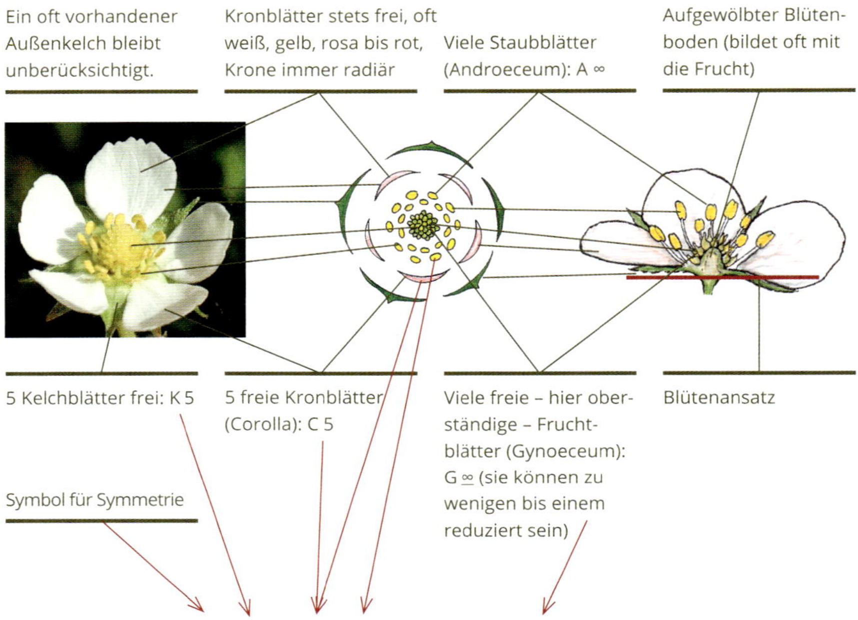

Blütenformel *** K 5 C 5 A ∞ G 1–∞ hier $\underline{\infty}$**

*** Kelchblätter 5 Kronblätter 5 Staubblätter ∞ Fruchtblätter 1–∞**

Frucht

So vielgestaltig wie der Fruchtknoten sind auch die Früchte. Gibt es nur ein Fruchtblatt, so sind die Früchte meist **Steinfrüchte** wie beispielsweise bei der Kirsche (*Prunus* spec.). Der Blütenboden ist häufig mit an der Bildung der Frucht beteiligt, wie beispielsweise bei der Erdbeere *(Fragaria)*. Hier sitzen die einzelnen **Nussfrüchtchen** auf dem kegelförmigen und fleischig gewordenen Blütenboden. Es handelt sich in diesem Fall also nicht, wie der allgemeine Sprachgebrauch nahelegt, um eine Beere, sondern um eine Sammelnussfrucht. Echte Beeren gibt es bei den Rosengewächsen keine. Auch die Früchte der Brom- und Himbeeren *(Rubus fruticosus* und *idaeus)* sind **Sammelfrüchte**, in diesem Fall sitzen die Steinfrüchte auf dem aufgewölbten Blütenboden. Bei den Sammelfrüchten der Rosen, den «Hagebutten», sitzen die einzelnen Nüsschen im Inneren des krugförmigen und fleischig gewordenen Blütenbodens.

Hauptsächlich nach der Fruchtform (Bau und Lage des Fruchtknotens) sowie der Anzahl der Fruchtblätter wurde diese Familie traditionell in 4 Unterfamilien untergliedert, die nach der neuen Systematik überholt ist. Da sie jedoch einen guten Überblick über die verschiedenen Merkmalskombinationen gibt, wird sie hier tabellarisch vorgestellt.

Die evolutionsgeschichtlich ursprüngliche Gruppe sind die **Spierstrauchgewächse** (Spiraeoideae) mit Balgfrüchten. Als nächster Entwicklungsschritt hat sich innerhalb der **Rosenartigen im engeren Sinn** (Rosoideae) ein becherförmiger Blütenboden (Hypanthium) entwickelt, wie bei der **Rose** *(Rosa)* mit frei im Blütenboden stehenden Sammelnussfrüchten zu sehen. Die weniger entwickelten Arten wie **Mädesüß** *(Filipendula)* und **Nelkenwurz** *(Geum)* besitzen diesen noch nicht. Die **Kernobstgewächse** (Maloideae) bilden Steinkerne, wie beim **Weißdorn** *(Crataegus)*, oder die Fruchtblätter werden pergamentartig und bilden die typischen Apfelfrüchte. Die **Steinobstgewächse** (Prunoideae) sind evolutionsgeschichtlich am höchsten entwickelt. Bei ihnen wird die äußere Fruchtwand fleischig und durch Anthocyane gefärbt.

Spierstrauchgewächse Spiraeoideae	**Rosengewächse im engeren Sinn** Rosoideae	**Kernobstgewächse** Maloideae (aktuell: Pyrinae)	**Steinobstgewächse** Prunoideae
➾ Relativ ursprüngliche Arten ➾ Nebenblätter fehlen ➾ Meist 2–5 freie, oberständige Fruchtblätter (selten 1 oder bis 13) ➾ Jedes Fruchtblatt bildet eine Balgfrucht.	➾ Krautige oder verholzte Arten ➾ Blätter oft zusammengesetzt ➾ Mehrere oberständige Fruchtblätter ➾ Sammelfrüchte oder trockene Nussfrüchte mit häufig verlängertem Griffel	➾ Holzpflanzen ➾ Nebenblätter früh abfallend ➾ Apfelfrüchte aus oft 5 unterständigen Fruchtblättern ➾ Krugförmiger Blütenbecher, d. h., Fruchtfleisch aus dem Blütenboden gebildet	➾ Holzpflanzen ➾ Einsamige Steinfrüchte ➾ Ein Fruchtblatt ➾ Innere Fruchtwand bildet den Kern ➾ Äußere Fruchtwand wird fleischig ➾ Hypanthium (becherförmiger Blütenboden)

Beispiele ➾ Spiersträucher *(Spiraea)* ➾ Geißbart *(Aruncus)*	**Beispiele** ➾ Nelkenwurz *(Geum)* ➾ Mädesüß *(Filipendula)* ➾ Erdbeere *(Fragaria)* ➾ Rose *(Rosa)* ➾ Brombeere *(Rubus)* ➾ Fingerkraut *(Potentilla)*	**Beispiele** ➾ Apfel *(Malus)* ➾ Birne *(Pyrus)* ➾ Quitte *(Cydonia)* ➾ Mehlbeere *(Sorbus)* ➾ Felsenbirne *(Amelanchier)* ➾ Apfelbeere *(Aronia)*	**Beispiele** ➾ Nur die eine Gattung *Prunus* mit vielen Obstgehölzen wie Pflaume, Pfirsich, Aprikose, Mandel, Kirsche, Traubenkirsche, Kirschlorbeer

Die wichtigsten Familien-Merkmale auf einen Blick

- Kräuter und Gehölze
- Zahlreiche Obstsorten
- Oft mit Gerbstoffen
- Blätter wechselständig
- Meist mit Nebenblättern
- Blüten gelb, weiß, rosa oder rot
- Kronblätter frei und Blüten radiär
- Doppelte Blütenhülle, oft mit Außenkelch
- Zahlreiche, stets freie Staubblätter (häufig 20)

Verwechslungsmöglichkeiten

Weder die 5-zähligen Blüten noch die Nebenblätter reichen zur Charakterisierung der Rosengewächse aus, da beide auch in anderen Familien vorkommen. Hier kommt es auf die Kombination verschiedener Merkmale an.

Verwechslung möglich mit folgenden Familien		**Vergleich** Rosengewächse
Malvengewächse ⇨ Staubfäden zur Säule verwachsen ⇨ Nebenblätter klein und häufig früh abfallend		
Hahnenfußgewächse ⇨ Kronblätter oft mit Glanzüberzug ⇨ Keine Nebenblätter		
Geraniengewächse ⇨ Verlängerte Frucht mit Schleudermechanismus		
Schmetterlingsblütler ⇨ Zygomorpher typischer Blütenaufbau ⇨ Hülsenfrüchte		

Das **Echte Mädesüß** *(Filipendula ulmaria)* wird seit dem Altertum als Heil-, Schutz- Räucher- und Zauberkraut verwendet. Das erstmals 1897 produzierte Aspirin verdankt dieser damals als *«Spiraea ulmaria»* bezeichneten Pflanze seinen Namen.

Der **Kleine Odermennig** *(Agrimonia eupatoria)* hat hakelige Früchte zur Anhaftung im Fell der Tiere. Er wächst an Wegrainen mit nicht allzu nährstoffreichen Böden und meidet saure, schattige Standorte. Er wird seit alters her als Heilmittel geschätzt.

Die **Wald-Erdbeere** *(Fragaria vesca)* hat Sammelnussfrüchte, die winzigen Nüsschen sitzen auf dem fleischig gewordenen Blütenboden. Sie gedeiht in lichten Wäldern auf feuchten, durchlässigen, nährstoff- und humusreichen Böden.

Die **Echte Nelkenwurz** *(Geum urbanum)* ist eine seit alters geschätzte Heilpflanze, die ähnlich verwendet wurde wie die aus Indonesien stammenden Gewürznelken.

Die **Bach-Nelkenwurz** *(Geum rivale)* wächst in Au- und Bruchwäldern. Wie bei allen Arten der Gattung verlängern sich die Griffel nach der Blüte für die Klettverbreitung.

Die **Kriechende Nelkenwurz** *(Geum reptans)* heißt auch Gletscher-Nelkenwurz. Sie wächst als Pionier auf feuchten Schutthalden (Schuttwanderer) und meidet kalkreiche Böden.

CH 600 DE Silber

GATTUNG

BROMBEERE, HIMBEERE & VERWANDTE

RUBUS

Moltebeere
(*Rubus chamaemorus*)

Brombeere
(*Rubus fruticosus* bzw. *Rubus* sect. *Rubus*)

Allgemeines und Verbreitung

Die Anzahl der Arten ist schwer zu fassen, da die **Brombeere** (*Rubus fruticosus* agg.) eine formenreiche Artengruppe ist, von der alleine in Mitteleuropa über 400 Kleinarten beschrieben sind. Darüber hinaus gibt es untereinander und mit der **Kratzbeere** *(Rubus caesius)* Mischformen. Die Bestimmung dieser Arten erfordert Spezialliteratur. Lässt man diese unberücksichtigt, gibt es in Mitteleuropa 5 Arten. Ihr wissenschaftlicher Name «Rubus» geht auf «reub» von «reißen» zurück und bezieht sich auf die Stacheln, an denen man sich reißt.

Blätter

Bis auf **Steinbeere** *(Rubus saxatilis)* und **Moltebeere** *(Rubus chamaemorus)* sind die Stängel der Vertreter in dieser Gattung verholzt. Jedes Jahr wachsen die neuen Triebe aus der unterirdischen Sprossachse (Rhizom). Bei vielen Arten handelt es sich um **Pseudophanerophyten (Scheinsträucher)**. Die Triebe sind zweijährig. Im 1. Jahr wachsen sie in die Höhe, im 2. Jahr werden an seitlichen Kurztrieben Blüten gebildet. Nach der Fruchtreife sterben die Triebe ab. Die Triebe sind stets durch meist rückwärts gerichtete Stacheln (Auswüchse des Abschlussgewebes) bewehrt. Diese dienen wie bei den Rosen als Fraßschutz und zum Verhaken und Verankern der rankenden Triebe. Unter günstigen Bedingungen können **Brombeeren** (*Rubus fruticosus* agg.) bis 5 m in Bäume hinaufwachsen und Triebe bilden, die dann ebenso weit wieder herabhängen. Sie können sich am Erdboden bewurzeln und neue Triebe bilden. Die Stängel sind meist grün und tragen zur Fotosynthese bei. Die wechselständigen Blätter sind bei den meisten Arten gefiedert und besitzen 5 Fiederblättchen.

Steinbeere

Brombeere (3x)

Himbeere

Die Nebenblätter können schmal und unscheinbar sein. **Himbeeren** *(Rubus idaeus)* haben eine hellere Blattunterseite. Daran lassen sie sich leicht von den Brombeeren mit meist mehr oder weniger grünen Blattunterseiten unterscheiden. Für viele Tiere spielen diese Arten nicht nur wegen der nahrhaften Früchte, sondern auch als Nistplatz und Lebensraum eine wichtige Rolle.

Blüten

Die 5-zähligen Blüten stehen einzeln oder in Blütenständen (Trauben oder Rispen) zusammen. Die Kronblätter sind meist weiß bis rosa oder rot. Es sind stets 5 Kelchblätter vorhanden. Es gibt zahlreiche Staubblätter und Fruchtblätter. Letztere sitzen auf dem meist aufgewölbten Blütenboden.

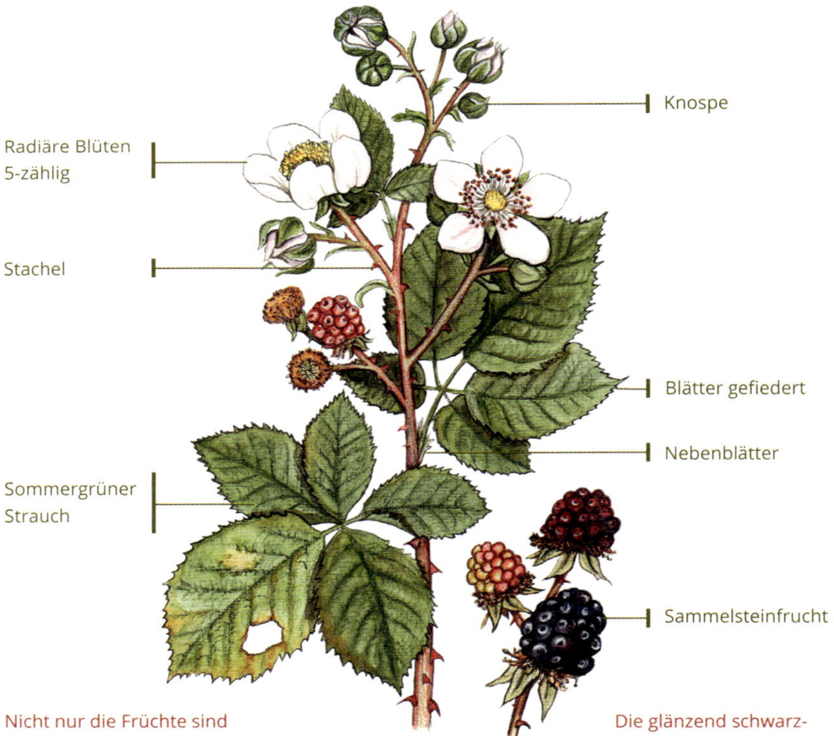

Nicht nur die Früchte sind beliebt, auch die Blätter bereichern Teemischungen und werden medizinisch verwendet.

■ Beispiel
Brombeere
(*Rubus fruticosus* agg. bzw. *Rubus* sect. *Rubus*)

Die glänzend schwarzblauen Sammelsteinfrüchte fallen mit dem kegelförmigen Blütenboden ab.

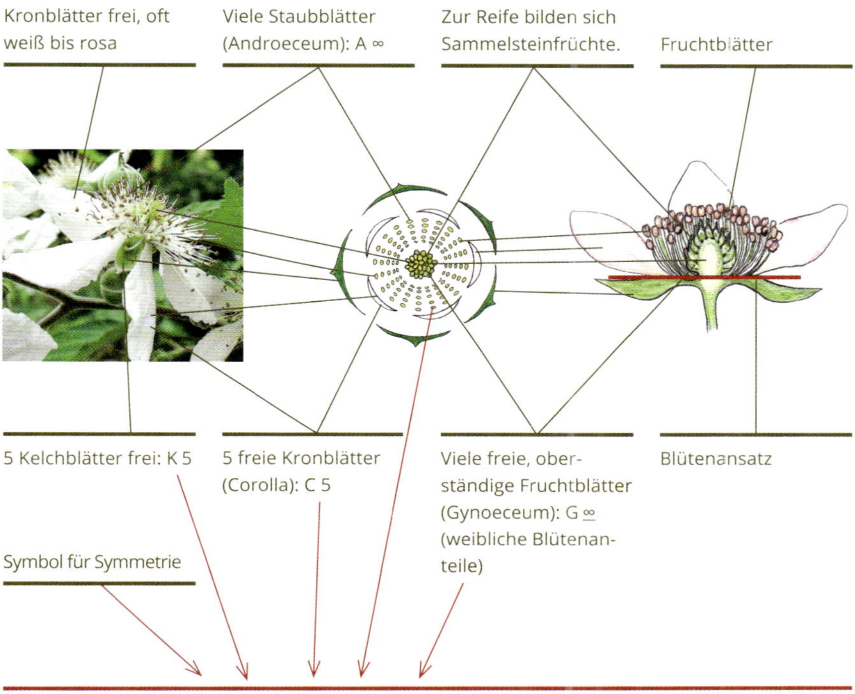

Blütenformel *** K 5 C 5 A ∞ G ∞**

*** Kelchblätter 5 Kronblätter 5 Staubblätter ∞ Fruchtblätter ∞**

Frucht

Die Früchte setzen sich aus mehreren oberständigen Fruchtblättern zusammen. Das, was wir allgemein als Beeren verzehren, sind botanisch gesehen Sammelsteinfrüchte, d. h., viele einzelne Steinfrüchte befinden sich auf dem gewölbten, fleischigen Blütenboden. Bei der Himbeere lösen sich die Früchte vom Blütenboden, während sie sich bei den anderen Arten der Gattung als gesamte Frucht vom Strauch lösen. Die rote, bläulich-violette Farbe der Früchte geht auf Anthocyane zurück. Die Früchte aller Arten sind vitaminreich und schmackhaft. Sie werden von Menschen und Tieren verzehrt. Verbreitet werden sie vor allem von Vögeln, Schnecken und Säugern, die sich von den «Beeren» ernähren und die Steinfrüchtchen unbeschadet und keimfähig wieder ausscheiden.

Die wichtigsten Gattungs-Merkmale auf einen Blick

- Meist verholzte, sommergrüne Arten
- Überwiegend mit Stacheln
- Stängel meist grün
- Blätter in der Regel gefiedert mit 5 Fiederblättchen
- Blüten 5-zählig
- Blüten meist weiß bis rosa
- Zahlreiche Staubblätter
- Zahlreiche Fruchtblätter
- Sammelsteinfrüchte

Verwechslungsmöglichkeiten

Himbeeren und Brombeeren werden vor allem untereinander leicht verwechselt. An den hellen Blattunterseiten und wenigen weichen Stacheln ist die Himbeere gut zu unterscheiden. Kratzbeeren sind durch den abwischbaren Belag gekennzeichnet. Darüber hinaus sehen die Blätter denen von Rosen besonders ähnlich. 5-zählige Blüten gibt es bei einigen Gehölzen, die jedoch alle andere Früchte bilden. Die Wildformen von Apfel und Birnen können mit Dornen (keine Stacheln) bewehrt sein, haben jedoch stets einfache Blätter und keine zweijährigen Triebe.

Verwechslung möglich mit folgenden Gattungen		**Vergleich** Him- oder Brombeere
Rose ➾ Sammelnussfrüchte (Hagebutten) ➾ Ohne zweijährige Triebe		
Weißdorn ➾ Blätter einfach, eingeschnitten oder gelappt, aber nicht gefiedert ➾ Apfelfrucht		
Birne ➾ Apfelfrucht ➾ Blätter einfach ➾ Ohne zweijährige Triebe		

Die **Kratzbeere** *(Rubus caesius)* wird auch Kroatzbeere oder Bereifte Brombeere genannt. Sie verdankt ihren Namen dem abwischbaren Wachsüberzug von Früchten und Stängel.

Bei der **Steinbeere** *(Rubus saxatilis)* reifen oft nur wenige der Steinfrüchte, und oft besteht die Sammelfrucht nur aus einer einzigen. Standort sind steinige, lichte Wälder auf kalkhaltigen Böden.

Die **Moltebeere** *(Rubus chamaemorus)* wird auch Mult- oder Torfbeere genannt. Sie wird kaum größer als 30 cm und gedeiht in nördlichen Regionen in Mooren und an Moorrändern.

Die **Himbeere** *(Rubus idaeus)* hat unterseits weißfilzige Blätter. Die Stacheln sind kurz und nicht hakig. Standort sind Wälder und Kahlschläge. Himbeeren werden auch kultiviert.

CH 600 DE Silber

ROSE

ROSA

Hunds-Rose
(Rosa canina)

Stacheldraht-Rose
(Rosa sericea subsp. *oemeiensis* f. *pteracantha)*

Allgemeines und Verbreitung

Diese Gattung ist mit weltweit etwa 200 Arten relativ groß und kann weiter in Untergattungen untergliedert werden. Allerdings befindet sich die Gliederung der systematischen Stellung von Unter- oder Sammelarten und ihre Zugehörigkeit zu Gattungen, Untergattungen oder Sektionen in der Diskussion. Schwerpunkt der Verbreitung liegt auf der Nordhalbkugel. In der heimischen Flora gedeihen ca. 30 Arten. Sie sind als Lichtpflanzen vor allem auf felsigen und offenen Standorten zu finden. Als die Menschen in einer bis dahin vor allem durch Wald geprägten Landschaft sesshaft wurden und durch Rodung Freiflächen geschaffen haben, förderte dies auch die Verbreitung der Rosen. Inzwischen sind ihre Lebensräume durch Intensivierung der Landwirtschaft jedoch teilweise wieder selten geworden, und einige Rosenarten gelten als gefährdet oder vom Aussterben bedroht.

Feld- oder Kriechende Rose (Zweig)

Essig-Rose

Bereifte oder Hecht-Rose

Alpen-Hagrose

Filzige Rose

Hunds-Rose

Wein-Rose

Kartoffel-Rose

Reichstachelige oder Bibernell-Rose

Als Sinnbild der Liebe ranken um Rosen viele Legenden und Mythen. Rosen und Rosengärten sind seit alters her Inspiration für Gärtner, Poeten und Künstler. Die Rosen werden je nach Farbe mit unterschiedlichen Botschaften belegt und zu zahlreichen Anlässen verschenkt. Viele Arten werden wegen ihrer Schönheit, ihres Duftes und ihrer Inhaltsstoffe seit dem Altertum kultiviert. Das Rosenöl schätzt man in der Aromatherapie ebenso wie in der Parfumindustrie und Kosmetik. Für 1 g Rosenöl braucht man 700 g Kronblätter. Das Rosenwasser ist ein Nebenprodukt der Ölherstellung und wird ebenfalls medizinisch, kulinarisch und kosmetisch verwendet.

Alle heimischen Rosen sind sommergrüne Sträucher. Dies ist die häufigste Art. Sie wächst in Gebüschen, lichten Wäldern und an Wegrändern.

Beispiel
Hunds-Rose
(Rosa canina)

Diese Art vermehrt sich auch vegetativ durch unterirdische Ausläufer und herabhängende Zweige, die sich bewurzeln.

Blätter

Alle Vertreter sind aufrechte oder kletternde Sträucher. Die bei uns heimischen Arten sind ausschließlich sommergrün, unter den angepflanzten Arten gibt es auch immergrüne. Rosen sind allesamt durch **Stacheln** bewehrt. Im Gegensatz zu Dornen, Auswüchsen aus dem Holz, werden Stacheln als Emergenzen von Abschlussgewebe gebildet. Sie können bei einer Art einheitlich (homoeacanth) oder auch verschieden aussehen (heteracanth), oft sind sie hakig gekrümmt. Der Pflanze dienen sie vor allem als Fraßschutz und bei den klimmenden Arten für die Verankerung. Für die Bestimmung liefern sie wichtige Merkmale. Triebe und Blätter können einfach oder drüsig behaart sein. Einige Arten besitzen Drüsen, die auch außerhalb der Blüten einen intensiven Duft absondern. Die wechselständigen Blätter sind stets unpaarig gefiedert, d. h., jedes Blatt schließt mit einer Endfieder ab. Überwiegend gibt es 5–9 Fiederblättchen. An der Basis stehen stets Nebenblätter, meist sind sie mit dem Blattstiel verwachsen. Der Blattrand ist in der Regel gesägt.

Häufig findet man die auch «Schlafäpfel» genannten **Gallen**. Sie sind jeweils für die verschiedene Arten von Gallwespen oder Gallmücken typisch. Durch die Eiablage des Insektes angeregt, bildet die Pflanze Gewebe (die Galle). In dieser wächst die Larve heran und schlüpft als flugfähiges Tier.

Schlafapfel (oben), **Alpen-Hagrose** (*Rosa pendulina*, unten)

Stacheln von **Essig-** (*Rosa gallica*, oben) und **Kartoffel-Rose** (*Rosa rugosa*, unten)

Wein-Rose (*Rosa rubiginosa*), Nebenblatt (oben) und Stacheln (unten)

Blüten

Die Blüten sind stets 5-zählig und auffällig. Meist sind die freien Kronblätter durch Anthocyane rosa bis rot gefärbt, seltener auch weiß oder gelb. Die Blüten stehen einzeln end- oder seitenständig oder auch zu mehreren in verzweigten Blütenständen. Bei den meisten Arten sondern sie einen intensiven Duft ab. Die Kelchblätter können fiederteilig und asymmetrisch sein, häufig sind sie behaart oder mit Drüsen besetzt. Einen Außenkelch gibt es nicht. Die Staubblätter sind zahlreich. Bei den gefüllten Blüten der Kulturformen sind die Staubblätter in Kronblätter umgewandelt. Der Blütenbecher beherbergt zahlreiche freie Fruchtblätter, deren Griffel mit der meist kopfigen Narbe aus dem krugförmigen Blütenboden herausragen. Im oberen Teil verengt sich der Blütenbecher zu einem Diskus, der die Staubblätter umgibt; Nektar produziert dieser bei den meisten Arten kaum. Die Blüten werden vor allem von Pollen sammelnden Insekten bestäubt. Neben Bienen sind dies überwiegend Fliegen und Schwebfliegen.

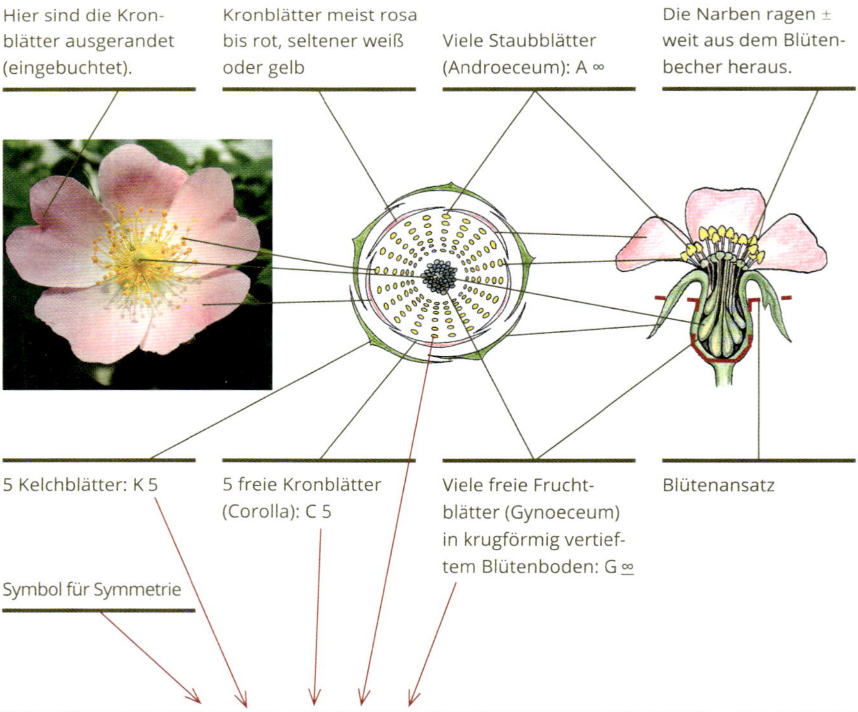

Blütenformel **$* \; K\,5 \; C\,5 \; A\,\infty \; G\,\underline{\infty}$**

$*$ Kelchblätter 5 Kronblätter 5 Staubblätter ∞ Fruchtblätter $\underline{\infty}$

Frucht

Die Früchte der Rosen heißen Hagebutten. Botanisch gesehen sind es Sammelnussfrüchte, deren einzelne einsamige Nüsschen («Kerne») im krugförmig vertieften Blütenboden eingesenkt heranreifen. Innen ist der Blütenbecher oft behaart. Die äußere Wand wird fleischig, sie kann auch behaart oder drüsig sein. Das Fehlen oder Vorhandensein dieser Drüsen spielt ebenso wie die Farbe und Form der Hagebutte eine wichtige Rolle bei der Bestimmung. Bei den meisten Arten sind die Früchte zur Fruchtreife durch Karotinoide rot bis orange gefärbt, seltener auch braun bis schwarz. Die Hagebutten spielen mit ihrem hohen Vitamin-Gehalt eine wichtige Rolle für die Ernährung von Mensch und Tier. Die Kerne überstehen die Darmpassage der Tiere unbeschadet, und so werden Rosen von Vögeln, aber auch Säugetieren wie z. B. Mäusen und Füchsen verbreitet. Auch der Mensch schätzt die Früchte medizinisch und kulinarisch und verarbeitet sie zu Marmelade, Gelee, Süßspeisen, Likören und Tee.

Feld- oder **Kriechende Rose** (*Rosa arvensis*, oben), **Bereifte** oder **Hecht-Rose** (*Rosa glauca*, unten)

Alpen-Hagrose (*Rosa pendulina, oben*), **Reichstachelige** oder **Bibernell-Rose** (*Rosa spinosissima*, unten)

Die wichtigsten Gattungs-Merkmale auf einen Blick

- Sommergrüne Sträucher
- Stets mit Stacheln bewehrt
- Blätter unpaarig gefiedert
- Blattrand gesägt
- Blüten 5-zählig, meist rosa bis rot, seltener weiß oder gelb
- Kein Außenkelch
- Zahlreiche freie Fruchtblätter im Blütenbecher
- Sammelnussfrüchte (Hagebutten)

Verwechslungsmöglichkeiten

Rosen sind auch untereinander leicht zu verwechseln und häufig nur zur Fruchtreife anhand der Hagebutten sicher zu bestimmen. Darüber hinaus erinnern die Blüten an die von Zistrosen, die Früchte ein wenig an Berberitzen, und die Blätter sehen denen von Himbeeren und Brombeeren (Gattung *Rubus*) ähnlich.

Verwechslung möglich mit folgenden Gattungen und Arten		**Vergleich** Rose
Zistrose - Blätter gegenständig - Nebenblätter fehlen - Blüten sehen häufig wie «zerknittert» aus		
Berberitze - Blüten 3-zählig - Dornen (keine Stacheln) - Blätter einfach		
Himbeere - Sammelsteinfrucht - Blätter unterseits weißlich		
Brombeere - Sammelsteinfrucht		

Die **Kartoffel-Rose** *(Rosa rugosa)* stammt aus Osteuropa und Asien und wurde vor dem 2. Weltkrieg auf den Ostfriesischen Inseln als Tarnung der Bunker gepflanzt. Wegen ihrer hohen Salzverträglichkeit wird sie häufig als Straßenbegleitgrün eingesetzt.

■ Die **Alpen-Hagrose** *(Rosa pendulina)* heißt auch **Gebirgs-Rose**. Sie wächst in Gebirgsregionen in offenen Gebüschen, Felsfluren, auf alpinen Grasmatten sowie in sonnigen und offenen Wäldern. Sie steigt ca. bis zur Baumgrenze in die Höhenlagen hinauf.

Die **Bibernell-Rose** *(Rosa spinosissima)* wird auch Dünen- oder **Reichstachelige Rose** genannt. Sie gedeiht meist auf kalkhaltigen, felsigen und steinigen Standorten bis in alpine Höhenlagen. Sie wird auch entlang der Straßen als Zierstrauch gepflanzt.

Die **Essig-Rose** *(Rosa gallica)* ist mit geraden und gekrümmten Stacheln bewehrt. Sie ist die Stammart der «Zentrifolien», historisch beliebter und häufig gekreuzter Arten.

Die **Acker-Rose** *(Rosa agrestis)* ist kaum oberhalb von 1200 m Höhe zu finden. Sie bevorzugt nicht zu trockene Gebüsche und Waldränder meist auf kalkhaltigen Böden.

Die **Vogesen-Rose** *(Rosa dumalis)* wird auch Blaugrüne Rose genannt. Sie bevorzugt sonnige, offene Wälder und Gebüsche von der montanen bis in subalpine Höhenlagen.

CH 400 DE Silber

GATTUNG

FINGERKRAUT

POTENTILLA

Sumpf-Blutauge
(Potentilla palustris)

Gold-Fingerkraut
(Potentilla aurea)

Allgemeines und Verbreitung

In Mitteleuropa sind etwa 30 Arten der weltweit ca. 500 Fingerkräuter heimisch. Ihr Verbreitungsschwerpunkt liegt auf der nördlichen Hemisphäre in den gemäßigten sowie alpinen und arktischen Gebieten. Auch einige der in der heimischen Flora gedeihenden Arten sind bestens an die rauen Bedingungen im Hochgebirge angepasst. Fingerkräuter werden auch für Park- und Gartenanlagen als Zierpflanze kultiviert. Sie sind eng mit den Erdbeeren *(Fragaria)* verwandt, und die Abgrenzung dieser beiden Gattungen wird unterschiedlich gehandhabt. Dazu kommt, dass es auch Mischformen (Bastarde) dieser beiden Gattungen gibt. Einige Fingerkräuter werden den Gattungen Comarum, Dasiphora und Drymocallis zugeordnet.

Der wissenschaftliche Name *Potentilla* leitet sich von der Heilkraft einiger Arten ab («potentia» = «Kraft»). So ist beispielsweise das **Aufrechte Fingerkraut** *(Potentilla erecta)* seit alters her vor allem wegen der magenschonenden Gerbstoffe ein geschätztes Heilkraut. Es wird auch Tormentill oder Blutwurz genannt.

Aufrechtes Fingerkraut (Trieb und Blatt)

Gänse-Fingerkraut

Erdbeer-Fingerkraut

Sumpf-Blutauge

Silber-Fingerkraut

Kriechendes Fingerkraut

Blätter

Die meisten Arten sind ausdauernde Kräuter, seltener gibt es auch einjährige oder verholzte Arten. In der heimischen Flora ist das **Strauch-Fingerkraut** *(Potentilla fruticosa)* der einzige Strauch. Von diesem häufig kultivierten Strauch gibt es zahlreiche Kulturformen – er wird auch als *Dasiphora fruticosa* in die Gattung Fingerstrauch gestellt. Ihren Namen verdanken die Vertreter dieser Gattung den meist fingerförmig geteilten Blättern. Sie sind überwiegend mindestens 5-zählig gefingert, ausnahmsweise können sie auch gefiedert sein, wie z. B. beim **Gänse-Fingerkraut** *(Potentilla anserina)*. Bei dieser Art stehen sie in einer grundständigen Rosette, die lange Ausläufer für die vegetative Vermehrung bildet. Ein Merkmal dieser Art ist die silbrige Behaarung auf der Blattunterseite. Sie ist bei einigen Arten zu finden, vor allem auf Standorten mit hoher Sonneneinstrahlung wie z. B. im Hochgebirge. Die Blätter biegen sich bei Trockenheit und Hitze ein und reflektieren so Licht und Wärme.

Es gibt auch Fingerkräuter mit 3-zähligen Blättern, wie beispielsweise das **Erdbeer-Fingerkraut** *(Potentilla sterilis)*. Es hat außerdem weiße Blüten und sieht Wald-Erdbeeren tatsächlich zum Verwechseln ähnlich. Es bildet jedoch keine schmackhaften Erdbeeren, da ihm der fleischige Blütenboden fehlt. Wie für die Familie typisch, haben alle Arten stets Nebenblätter, sie sind mehr oder weniger stark mit den Blattstielen verwachsen.

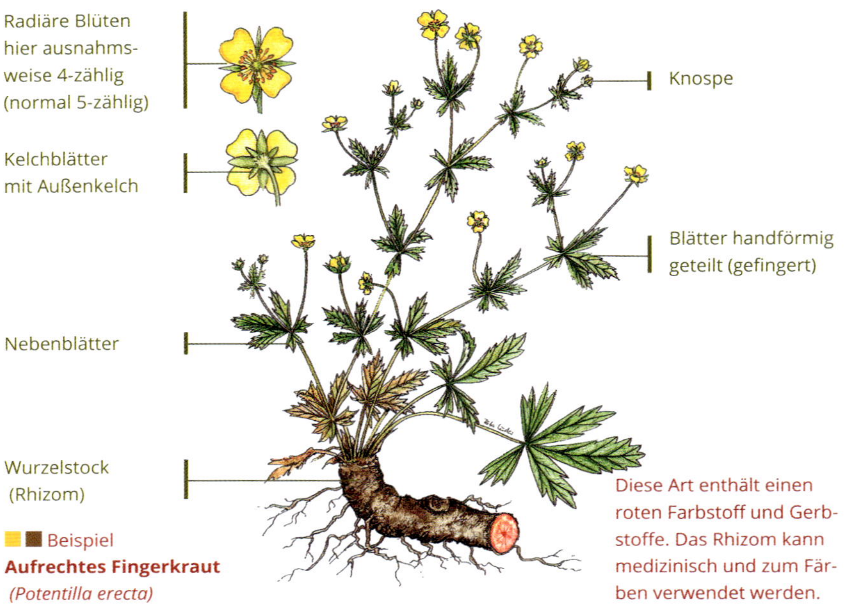

Beispiel
Aufrechtes Fingerkraut
(Potentilla erecta)

Diese Art enthält einen roten Farbstoff und Gerbstoffe. Das Rhizom kann medizinisch und zum Färben verwendet werden.

Blüten

Die Blüten sind überwiegend gelb, aber auch weiß, rosa oder braun-rötlich. Die gelben Blüten haben oft für das menschliche Auge unsichtbare Saftmale die von den Insekten im UV-Bereich wahrgenommen werden und den Weg zum Nektar weisen. Ein Beispiel hierfür ist das **Gänse-Fingerkraut** *(Potentilla anserina)*. Bis auf das **Aufrechte Fingerkraut** *(Potentilla erecta)* mit 4-zähligen sind die Blüten 5-zählig. Bei einigen Arten sind die Kronblätter ausgerandet, d. h., an ihrer Spitze gibt es eine Einbuchtung. Die Blüten stehen einzeln oder in wenig verzweigten Blütenständen. Neben den Kelchblättern ist ein Außenkelch vorhanden. Meist gibt es 20 Staubblätter und viele freie Fruchtblätter. Der Blütenboden kann behaart sein. Oft ist er kegel- bis kuppelförmig aufgewölbt.

Frucht

Aus den freien Fruchtblättern entwickeln sich einsamige Nussfrüchte. Sie lösen sich zur Reifezeit vom meist kegeligen Blütenboden. Bei einigen Arten haften sie feucht am Fell oder den Federn der Tiere und werden durch diese verbreitet, andere werden von Ameisen verschleppt, wie beispielsweise beim **Frühlings-Fingerkraut** *(Potentilla verna)*. Einige Arten vermehren sich auch über Ausläufer oder Wurzelsprosse.

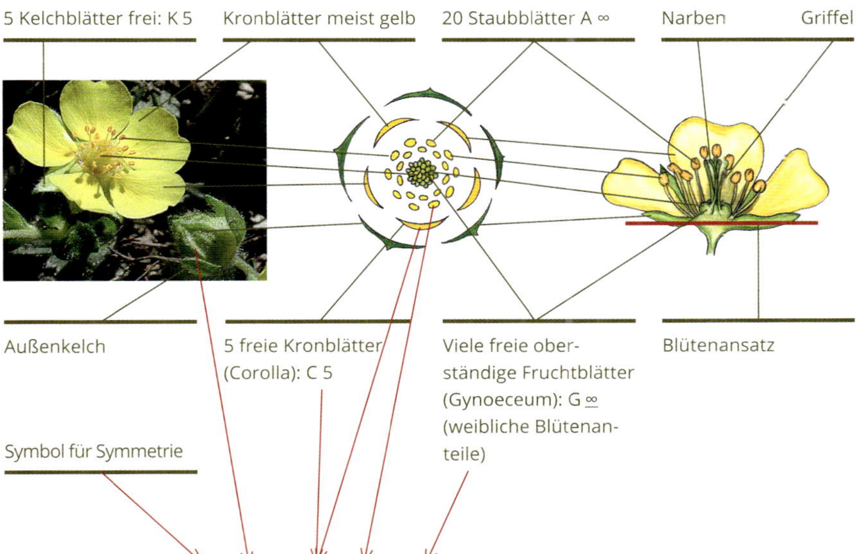

Blütenformel *** K 5 C 5 A 20 G $\underline{\infty}$**

*** Kelchblätter 5 Kronblätter 5 Staubblätter 20 Fruchtblätter $\underline{\infty}$**

Die wichtigsten Gattungs-Merkmale auf einen Blick

- Ausdauernde Kräuter
- Blätter überwiegend gefingert (handförmig)
- Teils silbrige Blattunterseite
- Blüten meist gelb, seltener weiß, rosa oder braun-rötlich
- Blüten in der Regel 5-zählig
- Kelch mit Außenkelch
- Meist 20 Staubblätter
- Viele freie Fruchtblätter auf oft aufgewölbtem Blütenboden
- Viele einsamige Nussfrüchte

Verwechslungsmöglichkeiten

Einige Arten sehen mit ihren hübschen, gelben Blüten Arten unterschiedlicher Familien ähnlich. Die handförmigen Blätter werden vor allem mit Storchschnabel- oder Malvengewächsen verwechselt – ebenso mit anderen Rosengewächsen wie Erdbeere oder Odermennig mit Gänse-Fingerkraut.

Verwechslung möglich mit folgenden Familien und Gattungen **Vergleich** Fingerkraut

Erdbeere
- Fleischiger Blütenboden bildet Sammelnussfrucht
- Fiederblätter stärker überlappend

Hahnenfuß
- Oft mit Glanzüberzug
- Nebenblätter fehlen
- Kein Außenkelch
- Blätter selten handförmig

Zistrosengewächse
- Kronblätter wirken oft «zerknittert»
- Gegenständige, einfache Blätter

Nelkenwurz
- Griffel zur Fruchtreife verlängert

Das **Frühlings-Fingerkraut** *(Potentilla verna)* verdankt seinen Namen der frühen Blütezeit von März bis Mai. Es ist formenreich. Die rasenbildende Art wächst bevorzugt an lichten und trockenen Böschungen, Wegrändern und felsigen Standorten.

Das **Erdbeer-Fingerkraut** *(Potentilla sterilis)* ist an den ausgerandeten, voneinander entfernt stehenden Kronblättern und den sich kaum überlappenden Blattfiedern zu erkennen. Es wächst in krautreichen Wäldern und auf buschigen Hängen.

Beim **Kriechenden Fingerkraut** *(Potentilla reptans)* sind alle Stängel ausläuferartig. An den Knoten werden neue Wurzeln und neue Triebe gebildet. Es gedeiht an Gräben, auf Wiesen und an Wegrändern auf meist nährstoffreichen Böden.

Das **Gänse-Fingerkraut** *(Potentilla anserina)* ist eine der wenigen Arten mit gefiederten Blättern. Es vermehrt sich über lange Ausläufer und wächst auf nährstoffreichem Grünland.

Das **Silber-Fingerkraut** *(Potentilla argentea)* verdankt seinen Namen der silbrigen Blattunterseite – eine Anpassung an den sonnigen, trockenen und steinigen Wuchsort.

Crantz' Fingerkraut *(Potentilla crantzii)* wächst von der subalpinen bis in alpine Höhenlagen. Es bevorzugt magere Rasenflächen auf kalkhaltigen Standorten.

GATTUNG

MEHLBEERE, VOGELBEERE

SORBUS

Vogelbeere oder Eberesche *(Sorbus aucuparia)*

Allgemeines und Verbreitung

Die etwa 80 Arten dieser Gattung (ohne Kleinarten) sind vor allem auf der Nordhalbkugel verbreitet. 7 Arten gibt es von ihnen in der heimischen Flora. Sie haben keinen gemeinsamen deutschen Gattungsnamen und werden meist als Mehl- oder Vogelbeere angesprochen. Zu ihnen gehören neben diesen beiden der **Speierling** *(Sorbus domestica)* und die **Elsbeere** *(Sorbus torminalis)*. Wegen ihrer hübschen Blüten, der Früchte oder ihrer Laubfärbung werden einige Ziergehölze dieser Gattung aus Amerika oder Japan importiert und in Garten- und Parkanlangen gepflanzt. Alle heimischen Arten sind sommergrüne Gehölze, sie können strauch- oder baumartig wachsen. Die meisten von ihnen erobern als Pioniere lichte Standorte, die durch Sturm, Brand oder in den Höhenlagen natürlicherweise baumfrei sind. Sie schaffen es, auch unter extremen Bedingungen zu wachsen, wie beispielsweise in felsigen und humusarmen Hanglagen. Allerdings sind einige empfindlich gegenüber trockenen Perioden und werfen dann meist frühzeitig das Laub ab. Arten dieser Gattung findet man in den Alpen bis zur Baumgrenze und nach Norden hin bis in baumfreie Gebiete. Als Reservestoff ist der Zuckeralkohol Sorbit für diese Gattung charakteristisch.

Echte Mehlbeere

Schwedische Mehlbeere

Zwerg-Mehlbeere

Speierling

Vogelbeere

Elsbeere

Blätter

Die wechselständigen Blätter können einfach oder gefiedert sein. Der Blattrand ist meist gesägt und die Blattflächen oft behaart. Die Nebenblätter fallen in der Regel früh ab. Dornen oder Stacheln gibt es in dieser Gattung nicht.Die **Zwerg-Mehlbeere** *(Sorbus chamaemespilus)* heißt auch Zwergmispel und ist mit bis zu 3 m Höhe die kleinste der heimischen Arten.

Blüten

Die 5-zähligen Blüten stehen in vielblütigen **Schirmrispen** zusammen (bis über 300 Einzelblüten), die meist am Ende der Zweige stehen. Sie sind weiß, gelb-weißlich oder rosa-weißlich. Bei den meisten Arten duften sie intensiv. Der durchdringende Geruch der **Vogelbeere** oder **Eberesche** *(Sorbus aucuparia)* geht auf Trimethylamin zurück. Kelchblätter sind stets vorhanden und häufig flaumig bis wollig behaart. Einen Außenkelch gibt es nicht. Die 15–20 Staubblätter sind ungleich lang und stehen in 2 Kreisen auf dem meist krug- bis glockenförmigen Blütenbecher (Hypanthium). Die 2–5 Fruchtblätter sind unter- bis mittelständig und ± mit dem Blütenbecher verwachsen. Entsprechend der Anzahl der Fruchtblätter gibt es 2 bis 5 Griffel. In jedem Fruchtfach befinden sich 2 fruchtbare Samenanlagen.

Diese Art wächst als Pioniergehölz auf Lichtungen, Brachen, in Hecken und an Waldrändern bis an die Baumgrenze.

Beispiel
Vogelbeere oder **Eberesche** *(Sorbus aucuparia)*

Die Früchte vieler Arten werden in der Heilkunde geschätzt und sind eine wichtige Nahrung für Tiere.

Frucht

Die Früchte sind einzeln relativ klein, doch im gesamten Fruchtstand liefern sie im Herbst meist einen auffälligen Blickfang. Sie sind grün, gelb bis orange, rot oder braun. Ihre Farbe verdanken sie Karotinoiden. Botanisch gesehen sind die Früchte keine Beeren, sondern **Apfelfrüchte**. Bei ihnen bildet die Blütenachse das Fruchtfleisch. Es umgibt die zur Reifezeit pergamentartigen Fruchtblätter (das Kerngehäuse). Jede Kammer enthält 1–2 Samen. Die Fruchtschale ist bei einigen Arten wie beispielsweise der **Elsbeere** *(Sorbus torminalis)* durch kleine Lentizellen punktiert. Auf den Früchten bleiben meist die Reste der Kelchblätter zurück. Für Vögel und Säuger stellen sie eine wichtige Nahrungsquelle dar. Die Kerne überstehen die Darmpassage unbeschadet, sie werden bei einigen Arten aber auch von Eichhörnchen und Vögeln gesammelt und versteckt. Die unreifen Früchte beispielsweise der **Vogelbeere** *(Sorbus aucuparia)* sind für den Menschen durch Parasorbinsäure schwach giftig. Beim Erhitzen geht die Giftwirkung verloren. Sie können wie die Früchte einiger anderer Arten zu Likör, Marmelade und Süßspeisen verarbeitet werden.

Echte Mehlbeere (*Sorbus aria*, oben) und **Elsbeere** (*Sorbus torminalis*, unten)

Speierling *(Sorbus domestica)*, Frucht und Blüte (unten)

Die wichtigsten Gattungs-Merkmale auf einen Blick

- Sommergrüne Gehölze, meist Pionierpflanzen
- Blätter einfach oder gefiedert, oft behaart
- Blattrand meist gesägt
- Keine Stacheln oder Dornen
- Blüten 5-zählig, weiß, gelb-weißlich oder rosa-weißlich
- Blüten in vielblütigen Schirmrispen
- 15–20 Staubblätter in 2 Kreisen
- 2–5 Fruchtblätter unter- bis mittelständig
- Apfelfrüchte

Verwechslungsmöglichkeiten

Am ähnlichsten sehen diese Arten anderen verholzenden Rosengewächsen, und hier steht an oberster Stelle der Weißdorn mit ähnlichen Früchten und fiederig-gelappten bis eingeschnittenen Blättern.

Verwechslung möglich mit folgenden Gattungen		**Vergleich** Mehlbeere, Vogelbeere
Weißdorn - Blätter stets einfach und ± eingeschnitten - Dornen - Keine Schirmrispen		
Brombeere - Sammelsteinfrüchte - Stacheln - Keine Schirmrispen		
Rose - Blüten größer - Hagebutten - Blätter stets gefiedert - Stacheln		
Kirsche - Blätter einfach und nicht tief geteilt oder gefiedert - Einsamige Steinfrucht - Keine Schirmrispen		

Der **Speierling** *(Sorbus domestica)* hat essbare Früchte, die recht gerbstoffreich sind und herb schmecken. Sie werden in der Phytotherapie verwendet und zu Marmelade oder Spirituosen verarbeitet. Das Holz liefert wertvolles Möbel-, Furnier-, Schnitz- und Drechselholz.

Die **Echte Mehlbeere** *(Sorbus aria)* hat weiß behaarte Blattunterseiten und wächst in sonnigen, lichten Wäldern und an Felsen, bevorzugt auf kalkhaltigen Böden sommerwarmer Standorte. Die Mehlbeere wird seit dem Altertum kultiviert, und es gibt zahlreiche Kultursorten.

Die **Elsbeere** *(Sorbus torminalis)* wird bis zu 30 m groß. Sie hat sehr hartes Holz, das im Instrumentenbau und als Furnier geschätzt wird. Im Elsass ist der aus den Früchten gewonnene Schnaps «Alisier» beliebt.

Die **Zwerg-Mehlbeere** *(Sorbus chamaemespilus)* heißt auch **Zwergmispel** oder Berg-Mehlbeere. Sie ist in den Gebirgen Mittel- und Südeuropas beheimatet und gedeiht dort auf sommerwarmen Standorten in Höhenlagen bis 2000 m.

GATTUNG

KIRSCHE, PFLAUME, SCHWARZDORN

PRUNUS

Schlehe oder Schwarzdorn *(Prunus spinosa)*

Kirschpflaume *(Prunus cerasifera)*

Allgemeines und Verbreitung

Weltweit zählt man aktuell über 500 Arten. Sie sind hauptsächlich auf der Nordhalbkugel verbreitet, einige von ihnen gedeihen auch in den tropischen Regionen. In diese Gattung gehören die seit alters her kultivierten Obstsorten wie Pflaume, Zwetschge, Pfirsich, Mirabelle, Aprikose, Kirsche und Mandel. Es gibt auch einige Ziergehölze. Alle der ca. 10 in Mitteleuropa heimischen Arten sind laubabwerfende Gehölze. Der häufig als Zierstrauch gepflanzte **Kirschlorbeer** *(Prunus laurocerasus)* ist eine der immergrünen Arten, er stammt aus der Region von Bulgarien bis zum Kaukasus. Sämtliche Vertreter wachsen unterirdisch mit Pilzen verbunden in Lebensgemeinschaft (Mykorrhiza). Die Japanische Zierkirsche *(Prunus serrulata)* wird mit gefüllten Blüten kultiviert und teilweise auf Stämme der **Süß-Kirsche** *(Prunus avium)* gepfropft.

Blätter

Einige Arten sind durch Dornen stark bewehrt, wie beispielsweise die **Schlehe** *(Prunus spinosa)*, auch Schwarzdorn genannt. Die Blätter sind stets einfach und wechselständig. Sie sind meist kahl, und der Blattrand ist überwiegend gesägt, er kann aber auch glatt sein. Der Blattstiel trägt meist an der Übergangsstelle zur Blattspreite auffällige **Drüsenhöcker**. Das sind sogenannte **extraflorale Nektarien (Nektardrüsen)**. Sie belohnen als «Polizistenfutter» Ameisen, die Schädlinge (vor allem Raupen) fernhalten. In den ersten Wochen nach dem Laubaustrieb geben sie besonders viel «Zuckerwasser» ab. Die Nebenblätter fallen oft früh ab. In den Blättern – ebenso wie in Spross und Wurzeln – kommen bei einigen Arten cyanogene Glycoside (hier vor allem Prunasin) vor, das sind Verbindungen, die bei der enzymatischen Spaltung in Verbindung mit Wasser Blausäure freisetzen. Die Pflanze schützt sich so davor, von Insekten gefressen und von parasitischen Pilzen angegriffen zu werden. Bei einigen Arten findet man zuweilen sogenannte Hexenbesen, das sind Zweigbüschel, die in ihrem Wachstum gehemmt werden und an Misteln erinnern. Dies wird durch den Pilz *Taphrina cerasi* hervorgerufen.

Gew. Traubenkirsche (Zweig) | Kirschpflaume (Zweig) | Kirschlorbeer (Zweig) | Herbst- oder Späte Traubenkirsche | Schlehe oder Schwarzdorn | Steinweichsel oder Felsenkirsche

Viele Arten schätzt man aufgrund ihrer vitaminreichen und schmackhaften Früchte in Küche und Heilkunde.

Beispiel
Schlehe oder **Schwarzdorn** *(Prunus spinosa)*

Diese Art blüht vor dem Laubaustrieb und ist dann besonders auffällig – und eine wichtige Nahrungsquelle für Insekten.

Blüten

Die Blüten sind meist weiß bis rosa. Sie stehen einzeln oder zu mehreren in Blütenständen zusammen. Oft stehen sie zu wenigen seitlich in Kurztrieben. Die Traubenkirschen verdanken ihren Namen der traubigen Anordnung ihrer Blüten und Früchte. Bei einigen Arten treiben die Blüten vor den Laubblättern aus, wie beispielsweise bei **Schlehe** *(Prunus spinosa)* und **Kirschpflaume** *(Prunus cerasifera)*. Die Blüten sind stets 5-zählig und in Kelch- und Blütenkrone gegliedert. Es gibt einen krugförmigen Blütenbecher (Hypanthium), der Nektar absondert. In ihm befindet sich der mittelständige Fruchtknoten. Er wird stets nur aus einem Fruchtblatt gebildet. Nach der Blütezeit wird der Fruchtbecher bei vielen Arten durch ein ringförmiges Abtrennungsgewebe abgeworfen. Der Nektar ist für die bestäubenden Insekten meist leicht zugänglich, und so werden die Blüten von zahlreichen verschiedenen Arten bestäubt. Die Staubblätter produzieren meist auch reichlich Pollenkörner und stellen eine wichtige Nahrung für Honigbienen dar. In einer Studie hat man herausgefunden, dass eine einzige Biene eine Millionen Pollenkörner sammelt.

Frucht

Aus den einzelnen Fruchtblättern entwickeln sich **einsamige Steinfrüchte**. Die Fruchtwand (Perikarp) ist bei der Fruchtreife in drei Schichten gegliedert: Im Inneren bildet das verholzte Endokarp den Stein, der den eigentlichen Samen enthält. Darauf folgt das Fruchtfleisch (Mesokarp) und schließlich das Abschlussgewebe (Exokarp). Letzteres kann von einer abwischbaren Wachsschicht überzogen sein, wie beispielsweise bei Zwetschge und Pflaume. Bei den meisten Arten sind die Früchte essbar und stellen für Menschen und Tiere eine wertvolle und vitaminreiche Nahrung dar. Die Kerne überstehen die Darmpassage unbeschadet und werden vor allem von Vögeln, aber auch Mäusen, Eichhörnchen etc. verbreitet, die das Fruchtfleisch fressen. Die Steinkerne sind bei allen Arten durch cyanogene Glycoside (hier vor allem Amygdalin) teilweise stark giftig. Für Kernbeißer sind jedoch gerade die Kerne beispielsweise der **Süß-Kirsche** *(Prunus avium)* eine wichtige Nahrung – sie spalten die Kerne und fressen die Samen. Da sie jedoch auch Vorräte anlegen, tragen sie ebenfalls zur Verbreitung mit bei. Neben der Verbreitung über die Früchte können sich einige Arten durch unterirdische Wurzelsprosse ebenfalls erfolgreich ausbreiten, wie beispielsweise die **Schlehe** *(Prunus spinosa)*.

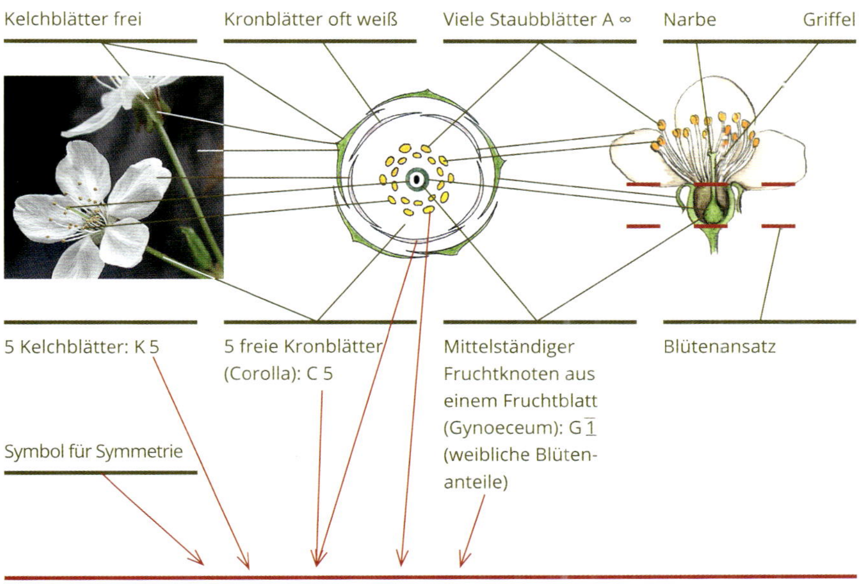

Blütenformel *** K 5 C 5 A 10–∞ G 1**

*** Kelchblätter 5 Kronblätter 5 Staubblätter 10–∞ Fruchtblatt 1**

Die wichtigsten Gattungs-Merkmale auf einen Blick

- Laubabwerfende Gehölze, viele Obstsorten
- Blätter einfach
- Blattrand überwiegend gesägt
- Häufig Nektardrüsen am Blattstiel
- Enthalten meist cyanogene Glycoside
- Blüten weiß bis rosa
- Blüten stets 5-zählig
- Krugförmiger Blütenbecher (Hypanthium)
- Ein Fruchtblatt bildet einsamige Steinfrucht

Verwechslungsmöglichkeiten

Blüten und Früchte der Arten dieser Gattung sehen denen anderer Rosengewächse ähnlich. Vor allem die Früchte können auch mit denen von Sträuchern aus anderen Familien verwechselt werden.

Verwechslung möglich mit folgenden Familien und Arten		**Vergleich** Kirsche
Weißdorn - Blätter eingeschnitten - Apfelfrüchte (beim Eingriffeligen Weißdorn mit nur einem Kern)		
Felsenbirne - längere Kronblätter - Apfelfrüchte		
Kreuzdorngewächse - Blüten unscheinbar - Beerenähnliche Steinfrüchte mit 2–4 Kernen		
Hartriegel - Blätter gegenständig - Blattadern zur Spitze gebogen - 4-zählige Blüten		

Die **Süß-Kirsche** oder **Vogel-Kirsche** *(Prunus avium)* wird bis zu 20 m hoch und knapp 100 Jahre alt. Sie ist die Stammform der Süß-Kirschen. Neben den Früchten schätzt man auch das Holz im Möbelbau, zum Drechseln und zur Herstellung von Musikinstrumenten.

Die Früchte der **Gew.** oder **Frühen Traubenkirsche** *(Prunus padus)* können zu Likör und Gelee verarbeitet werden. Die runzeligen Kerne sind giftig. Sie liefern Unterscheidungsmerkmale zur Späten Traubenkirsche mit glatten Kernen und glänzenden, glatten Blättern.

Die **Weichsel-Kirsche** *(Prunus mahaleb)* heißt auch **Felsenkirsche** oder **Steinweichsel**. Sie stammt aus dem Mittelmeergebiet und asiatischen Raum. Die gemahlenen Kerne werden in Asien als Gewürz (Mahlab) angeboten.

Die **Lorbeer-Kirsche** *(Prunus laurocerasus)*, auch **Kirschlorbeer** genannt, ist ein immergrüner Zierstrauch aus Kleinasien. Bis auf das Fruchtfleisch sind alle Teile giftig, in der Türkei gelten die Beeren als Delikatesse.

ULMENGEWÄCHSE

ULMACEAE

In dieser Familie mit weltweit 7 Gattungen und 45 Arten gibt es überwiegend laubabwerfende Bäume und ein paar Sträucher. Ihr Verbreitungsschwerpunkt liegt in den gemäßigten Breiten der Nordhalbkugel. Typisch ist der deutlich asymmetrische Blattgrund (Spreitenbasis) der stets einfachen und wechselständigen Blätter. Bei den meisten Arten stehen sie 2-zeilig ausgerichtet. Die unscheinbaren 4- bis 5-zähligen Blüten werden vom Wind bestäubt und blühen meist vor dem Laubaustrieb. Die Früchte (Flügelnüsse) sind von einem Flügelsaum umgeben. Vor der Fruchtreife betreiben sie Fotosynthese, der Flügelsaum dient als Flugorgan zur Windverbreitung der reifen Früchte. In Mitteleuropa ist nur die Gattung **Ulme** *(Ulmus)* mit Berg-, Flatter- und Feld-Ulme heimisch. Die Ulmenbestände haben durch das **Ulmensterben** stark abgenommen, eine Pilzerkrankung *(Ophiostoma ulmi),* die sich seit 1920 in Europa ausbreitete. Die durch den Ulmensplintkäfer übertragenen Pilzsporen gelangen in das Innere des Baumes, und die Pilzhyphen verstopfen die Wasserleitbahnen. Nachdem die Krankheit zunächst als überwunden galt, kam es Ende der 1960er-Jahre zu einer zweiten Sterbewelle durch den aus Kanada eingeschleppten Pilz *Ophiostoma novo-ulmi.*

Früchte und Knospe, **Berg-Ulme** *(Ulmus glabra)*

Blattansatz, **Flatter-Ulme** *(Ulmus laevis)*

■ Die **Feld-Ulme** *(Ulmus minor)* wird auch Rot-Rüster genannt. Ihre Früchte sind elliptisch bis verkehrt eiförmig, und der Samen befindet sich oberhalb der Mitte der Frucht. Die jungen Zweige sind häufig durch Korkleisten geflügelt. Rinde und Blätter der Ulmen enthalten Gerb- und Bitterstoffe und lindern Entzündungen, Durchfall und helfen bei der Wundheilung.

■ Die Blüten und Früchte der **Flatter-Ulme** *(Ulmus laevis)* sind lang gestielt und flattern leicht im Wind, daher der Name. Die Früchte sind am Rand behaart.

■ ■ Die **Berg-Ulme** *(Ulmus glabra)* gedeiht vor allem in Schlucht- und Hangwäldern bis 1400 m Höhenlage. Der Samen liegt bei ihr in der Mitte der breit elliptischen Frucht.

BRENNNESSELGEWÄCHSE

URTICACEAE

Vertreter dieser Familie sind mit mehr als 2600 Arten aus über 50 Gattungen bis auf die arktischen Klimazonen weltweit verbreitet. In der mitteleuropäischen Flora sind nur die Gattungen **Brennnessel** *(Urtica)* und **Glaskraut** *(Parietaria)* mit je 2 Arten heimisch. Erstere sind an ihren Brennhaaren leicht zu erkennen. Die Glaskräuter besitzen diese nicht. Der Name «Glaskraut» bezieht sich auf die ehemalige Verwendung ihrer Asche zur Glasreinigung. Die Blüten der Brennnesselgewächse sind meist klein und unscheinbar. Um die durch den Wind verbreiteten Pollenkörner auffangen zu können, sind die Narben in den weiblichen Blüten meist federartig geteilt. Zur Reifezeit bildet sich bei den heimischen Arten aus dem meist einen, oberständigen Fruchtblatt eine Nussfrucht (Achäne). In den männlichen Blütenknospen sind die Staubfäden meist nach innen gebogen. Reif stehen sie durch Zelldruck (Turgor) unter Spannung, sodass eine winzige Berührung reicht, um die Staubbeutel explosionsartig zu entleeren. Bei Sonnenschein ist das Aufplatzen der Blüten auch ohne Berührung durch den freigesetzten Blütenstaub zu beobachten.

Große Brennnessel *(Urtica dioica)* Aufrechtes Glaskraut *(Parietaria officinalis)*

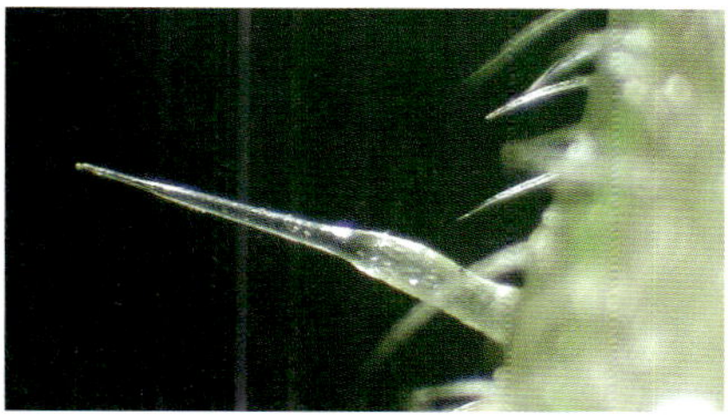

Bei der **Großen Brennnessel** *(Urtica dioica)* sind die 4-zähligen Blüten zweihäusig verteilt, d. h., es gibt männliche (oben) und weibliche (unten) Pflanzen. Als Nährstoffzeiger gedeiht sie entlang der Wegränder, an Ufern, in Auwäldern und im Siedlungsbereich von der Ebene bis zu 2300 m. Sie ist eine der ältesten Heil-, Räucher-, Zauber- und Küchenpflanzen. Bis ins 18. Jh. war sie eine bedeutende Faserpflanze, aus der Stoffe, Garne, Netze und Stricke hergestellt wurden. Sie ist eine wichtige Nährpflanze für zahlreiche Schmetterlingsraupen.

Die **Pillen-Brennnessel** *(Urtica pilulifera)* wird auch Römische Nessel genannt. Sie gedeiht im Mittelmeergebiet und wurde früher als Stärkungsmittel in Apotheken vertrieben.

Die **Kleine Brennnessel** *(Urtica urens)* ist einjährig und vor allem auf Äckern und nährstoffreichen Böden verbreitet. Sie hat glänzende, kleinere Blätter.

FAMILIE

BIRKENGEWÄCHSE

BETULACEAE

Hänge-Birke *(Betula pendula)*

Grün-Erle, weibliche Blütenkätzchen *(Alnus viridis* oder *Alnus alnobetula)*

Allgemeines und Verbreitung

Weltweit gibt es in dieser Familie 6 Gattungen mit insgesamt knapp 170 Arten, die ihren Verbreitungsschwerpunkt auf der nördlichen Erdhalbkugel haben. Sie sind eng mit den Buchengewächsen verwandt, allerdings gibt es unter ihnen ausschließlich laubabwerfende Bäume und Sträucher. Neben der namensgebenden Gattung **Birke** *(Betula)* mit ca. 40 Arten sind dies die Gattungen **Hasel** *(Corylus)* mit ca. 15 Arten, **Erle** *(Alnus)* mit ca. 30 Arten, **Hopfenbuche** *(Ostrya)* mit etwa 10 Arten und **Hainbuche** *(Carpinus)* mit etwa 25 Arten. Allerdings sind nur wenige Arten heimisch.

Aus der Gattung **Hasel** *(Corylus)* ist die **Gewöhnliche Hasel** *(Corylus avellana)* die einzige heimische Art. Bei der Wiederbesiedelung nach den Eiszeiten vor ca. 8000 Jahren hat sie Deutschland nahezu flächendenkend beherrscht. Als Pionierpflanze hatte sie in dem damals wärmeren und trockenen Klima optimale Bedingungen, sich auszubreiten. Danach sind die größeren Laubbäume eingewandert und haben die Haselsträucher an die Waldränder und auf Brachflächen verdrängt.

Schwarz-Erle

Grau-Erle (Zweig)

Grün-Erle (Zweig)

Hasel (Zweig)

Hopfenbuche

Hänge-Birke

Moor-Birke (Zweig)

Zwerg-Birke (Zweig)

Hainbuche (Zweig)

Aus der Gattung **Hainbuche** *(Carpinus)* gedeiht in der heimischen Flora nur die **Gewöhnliche Hainbuche** *(Carpinus betulus).* Ihr Name leitet sich vom althochdeutschen Begriff «haganbuoche» ab und weist auf ihre Verwendung als «Einzäunung» oder «Hecke» («hag») hin. Die Hainbuche zeichnet sich durch ein hohes Stockausschlagvermögen aus. Sie wurde für die Anlage von Hecken (Hagebüsche) und zur Gewinnung von Laubstreu und Brennholz verwendet. Dadurch wurde sie zur Zeit der «Waldweide» von der Jungsteinzeit bis ins Mittelalter in der Ausbreitung begünstigt. Man findet heute noch einige der bizarren und knorrigen Baumgestalten, die als Zeichen der ehemaligen Waldwirtschaft geblieben sind. Eine wirkliche «Buche» (Gattung *Fagus*) ist diese Art nicht, da sie in verschiedene Familien gehören. Allerdings stehen beide mit der Tradition des Buchdrucks in Verbindung. Das sehr harte und dauerhafte Holz der Hainbuche wurde wie auch das Holz der Buche als Druckstock verwendet. Buchenstäbe *(Fagus sylvatica)* dienten, lange bevor es den Buchdruck gab, zum Orakeln, und man hat aus «Buchenstäben» (Buchstaben) die Zukunft gelesen.

Hainbuche *(Carpinus betulus),* Blütenkätzchen (weibliche Blüten Foto unten), Laubengang und Frucht

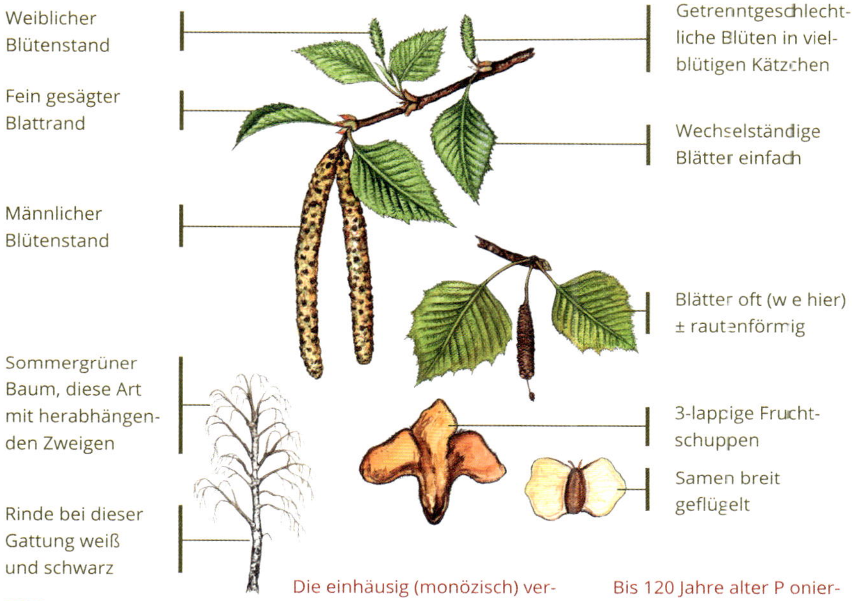

Beispiel
Hänge-Birke
(Betula pendula)

Die einhäusig (monözisch) verteilten Blüten stehen in Kätzchen zusammen und werden vom Wind bestäubt.

Bis 120 Jahre alter Pionierbaum, der (wie alle Vertreter der Gattung) am weißen Stamm kenntlich ist

Die Birken-Arten sind meist schon von Weitem am markanten, weißlichen Stamm mit der schwarzen Zeichnung zu erkennen. Die helle Rinde ist vor allem in kalten Klimazonen ein Schutz vor Zellschädigung, wenn die Sonne im Frühling von den Schneeflächen reflektiert wird und eine dunkle Rinde leicht überhitzen könnte. In Mitteleuropa sind von dieser Gattung 4 Arten heimisch, allerdings sind **Zwerg-** *(Betula nana)* und **Niedrige** oder **Strauch-Birke** *(Betula humilis)* kleinwüchsig und nur in den Alpenregionen und im hohen Norden verbreitet. Die **Moor-Birke** *(Betula pubescens)* ist ebenso wie die am weitesten verbreitete **Hänge-Birke** *(Betula pendula)* ein Pionierbaum, der gut mit Nässe und Nährstoffarmut sowie sauren Böden zurechtkommt. Erstere ist unempfindlicher gegen Winterfröste und kann Temperaturen unter –40 °C überstehen. In der Taiga (boreale Nadelwaldzone) bildet sie die Waldgrenze, und in den Alpen ist sie bis etwa 2000 m Höhe verbreitet.

In der Gattung **Erle** *(Alnus)* sind 4 Arten heimisch. Bei ihrer Unterscheidung ist die Struktur der Rinde hilfreich, sie ist beispielsweise bei der **Grau-Erle** *(Alnus incana)* viel glatter als bei der **Schwarz-Erle** *(Alnus glutinosa)*. Auch der Standort liefert wichtige Bestimmungsmerkmale. Die **Grün-Erle** *(Alnus viridis* oder *A. alnobetula)* hat biegsame Äste, die das Gewicht des Schnees gut abfedern, ohne zu brechen, und eine hohe Fähigkeit zum Stockausschlag. So ist sie optimal an die Lebensbedingungen der lawinengefährdeten Regionen der Gebirge (die sog. Krummholzstufe) angepasst. Sie ist in den Alpen bis etwa 2500 m eines der wichtigsten Gehölze an feuchten Hängen und Bachrändern und trägt als Pioniergehölz wesentlich zur Festigung rutschungsgefährdeter Hänge bei. Für ihren Lebensraum sind alle genannten Arten von großer Bedeutung. So leben in einer Schwarz-Erle über 150 Insektenarten (davon ca. 75 Schmetterlingsarten) und mehrere Dutzend Vogelarten. Eine Besonderheit der **Erlen** *(Alnus)* ist die **Symbiose mit Stickstoff fixierenden Bakterien**. Diese Actinomyceten namens *Frankia alni* leben in den kugelförmigen Wurzelknöllchen der Baumwurzeln. Sie binden den Stickstoff aus der Luft und machen ihn für die Bäume verfügbar. Dadurch gedeihen Erlen auf nährstoffarmen Standorten und eignen sich zur Rohbodenkultivierung, z. B. auf Abraumhalden.

Alle Arten der Familie leben über ihr Wurzelwerk in Lebensgemeinschaft zu beiderseitigem Vorteil (Symbiose) mit **Pilzen (Mykorrhiza)**. An Birken oder Erlen hat man z. B. an einem einzigen Baum 70 bis über 100 Großpilzarten gefunden, die unterirdisch über die Wurzeln verbunden leben.

Blätter

Gemeinsames Familienmerkmal sind die einfachen, gestielten Blätter mit dem gezähnten oder gesägten Blattrand. Häufig sind sie rautenförmig. Die Blattstellung ist stets wechselständig, dabei können die Blätter sowohl 2-zeilig (d. h. in einer Ebene) oder schraubig (spiralig) angeordnet sein. Es gibt stets Nebenblätter (Stipeln), diese können jedoch früh abfallen oder klein und unauffällig sein. Wuchsform und Behaarung können für die Artbestimmung herangezogen werden. Die **Hänge-Birke** *(Betula pendula)* besitzt ± herabhängende Zweige und kahle Blätter, während die **Moor-Birke** *(Betula pubescens)* aufrecht verzweigt ist und ihre Blätter und jungen Triebe behaart sind. Da sie aber zur Bastardisierung neigen, ist die Bestimmung oft schwierig. In Parkanlagen werden zudem Sorten mit besonderen Wuchsformen kultiviert.

Moor-Birke *(Betula pubescens)*, Behaarung

Schwarz-Erle *(Alnus glutinosa)*, Knöllchen und frisches Holz

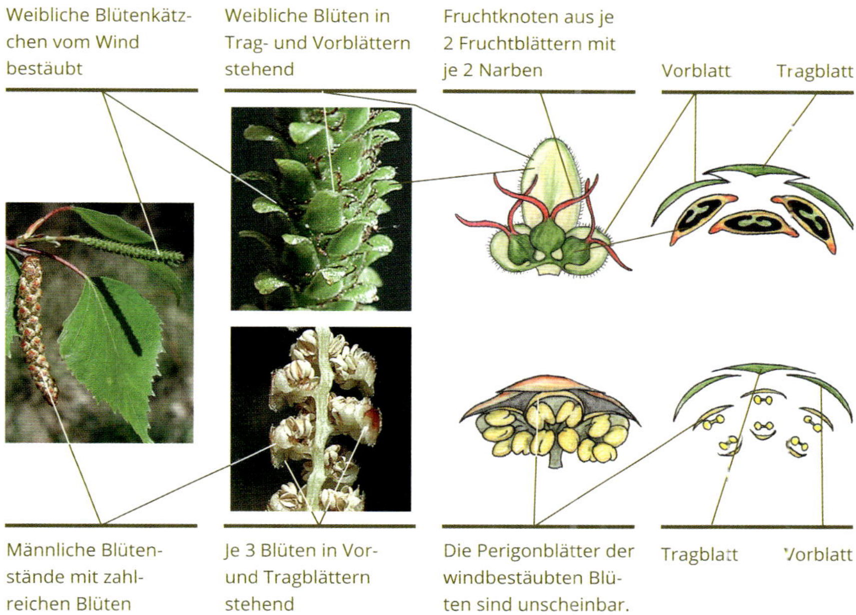

Blüten

Die unscheinbaren Blüten werden vom Wind bestäubt, sie sind stets getrenntgeschlechtlich, und die Pflanze ist einhäusig, d. h., es gibt an einem Baum weibliche und **männliche Blütenstände**. Die Blütezeit liegt meist vor dem Laubaustrieb, damit der Blütenstaub ungehindert vom Blattwerk verbreitet wird. Die Blüten sind klein und sehr einfach gebaut. Entsprechend ist die Blütenhülle sehr unauffällig (unscheinbares Perigon) oder fehlt ganz. Mehrere Blüten sind zu einem Blütenstand, sogenanntes Kätzchen, zusammengefasst. Die männlichen Kätzchen hängen meist herab. In jedem Tragblatt befinden sich 1–3 Blüten, jede von ihnen mit 2–4 Staubblättern. Bei der Birke stehen je Blüte 2 Staubblätter in einem unauffälligen Perigon. Sie können enorme Mengen von Pollenkörnern bilden. Jedes männliche Kätzchen kann 5 Millionen Pollenkörner freisetzen – und die Flugweite beträgt bis zu 2000 km.

Die **weiblichen Kätzchen** sind je nach Gattung unterschiedlich aufgebaut. Ihre Einzelblüten bestehen oft nur aus dem unterständigen Fruchtknoten. Er ist aus 2 Fruchtblättern aufgebaut und trägt entsprechend 2 Narben. Bei den Gattungen **Birke** *(Betula)* und **Erle** *(Alnus)* gibt es keine Blütenhülle, hier stehen jeweils 2 *(Alnus)* oder 3 *(Betula)* in der Achsel von Hochblättern. Die Hochblätter verwachsen nach der Blüte mit den beiden Vorblättern und dem Tragblatt zu Fruchtschuppen, die verholzen.

Bei der Gattung **Hasel** *(Corylus)* setzen sich die weiblichen Fruchtstände aus nur wenigen Blüten mit unscheinbarer Blütenhülle zusammen. An den roten Narben sind sie von den ansonsten sehr ähnlichen Laubblattknospen gut zu unterscheiden.

Die männlichen Blütenstände der Gattungen **Hainbuche** *(Carpinus)* und **Hopfenbuche** *(Ostrya)* sind hängende Kätzchen. Die Blüten sind perigonlos, auch Vorblätter fehlen. Sie stehen jeweils einzeln in der Achsel von Tragblättern. Die weiblichen Blütenstände sind lockere Ähren (Hainbuche) oder lockere Kätzchen (Hopfenbuche). Die Blüten stehen jeweils zu 2 in der Achsel hinfälliger Tragblätter und haben ein einfaches Perigon. Die Vorblätter gleichen in der Gestalt eher normalen, grünen Laubblättern. Sie betreiben Fotosynthese und versorgen die heranreifende Frucht mit Assimilaten.

Frucht

Alle Gattungen bilden zur Reifezeit einsamige Nussfrüchte. Bei einigen, wie den **Erlen** *(Alnus)* und **Birken** *(Betula)*, ist die Nuss winzig klein und geflügelt. Sie wird vom Wind verbreitet. Die reifen Fruchtstände der Birke zerfallen komplett, während bei den Erlen die Deckschuppen verholzen und als gesamte Zapfen erhalten bleiben, nachdem die Samen ausgefallen sind. Die beidseitigen Flügel an den Nüssen sind bei beiden Gattungen aus Auswüchsen der Fruchtwand hervorgegangen. Bei der Birke kann ein Kätzchen 450 Nüsschen bilden. Sie fallen zusammen mit den 3-lappigen Fruchtschuppen (aus Hochblättern und Tragblättern gebildet) ab. Diese hohe Samenproduktion stellt sicher, dass einige der winzig kleinen Samen auf geeignetem Boden zum Keimen landen. Eine frei stehende, alte Moor-Birke kann bis zu 4 kg Samen produzieren – alle nebeneinandergelegt würden eine Strecke von 60 km ergeben oder eine Fläche von 180 m².

Da **Erlen** *(Alnus)* die einzigen Laubbäume mit verholzenden Fruchtzapfen sind, kann man sie daran besonders im Winter leicht erkennen.

Hopfenbuche *(Ostrya carpinifolia)* Hasel *(Corylus avellana)*

Bei der Gattung **Hasel** *(Corylus)* ist die einsamige Nuss von einer sackartigen Fruchthülle umgeben, die sich aus den Trag- und Vorblättern entwickelt. Sie liefert gute Bestimmungsmerkmale. Beispielsweise ist die Hülle bei der **Baum-Hasel** *(Corylus colurna)* besonders kraus und grob gefranst und bei der **Schnabelnuss** *(Corylus cornuta)* besonders lang, daher der Name. Bei der aus Südosteuropa stammenden **Lambertsnuss** *(Corylus maxima)* umschließt die Fruchthülle die Nuss röhrenförmig. Diese Art ist der Hauptlieferant unserer im Handel erhältlichen Haselnüsse.

Bei der **Hainbuche** *(Carpinus)* ist die Nuss ebenfalls von einer Hülle umgeben, das laubig ist und zuerst Fotosynthese betreibt und später der Windverbreitung dient. Bei starkem Wind werden die relativ schweren Nüsse ziemlich weit verbreitet. Sie dienen verschiedenen Nagetieren als Nahrung.

Früchte von **Schwarz-Erle** (*Alnus glutinosa*, oben), **Hänge-Birke** (*Betula pendula*, Mitte) und **Hopfenbuche** (*Ostrya*, unten)

Gewöhnliche Hasel (*Corylus avellana*, oben), **Baum-Hasel** (*Corylus colurna*, Mitte) und **Schnabelnuss** (*Corylus cornuta*, unten)

Die wichtigsten Familien-Merkmale auf einen Blick

- Laubabwerfende Bäume und Sträucher
- Einfache Blätter wechselständig
- Blattrand gezähnt oder gesägt
- Hinfällige Nebenblätter (Stipeln)
- Windbestäubte, unscheinbare Blüten getrenntgeschlechtlich
- Pflanze einhäusig
- Blütezeit meist vor dem Laubaustrieb
- Kätzchen als Blütenstände
- Männliche Kätzchen meist herabhängend
- 1–3 Blüten je Tragblatt
- Unterständiger Fruchtknoten aus 2 Fruchtblättern (2 Narben)
- Einsamige Nussfrüchte oft winzig klein und geflügelt

Verwechslungsmöglichkeiten

Am ehesten sind die Hainbuche und Hopfenbuche mit der namensverwandten Rot-Buche zu verwechseln. Darüber hinaus besteht vor allem Ähnlichkeit einiger Arten mit Weidengewächsen oder Ulmen.

Verwechslung möglich mit folgenden Arten und Familien		**Vergleich** Birkengewächse
Rot-Buche ➾ Stamm glatt ➾ Blätter kaum gesägt ➾ Bucheckern im Frucht-becher		
Ulme ➾ Blattgrund asymmetrisch ➾ Blüten 4- bis 5-zählig ➾ Frucht rundliche Flügel-nüsse		
Weidengewächse ➾ Meist zweihäusig ➾ Früchte mit Haarschopf ➾ Knospen oft «silbrig» aufblühend		

Als Pionierbaum keimt die **Moor-Birke** *(Betula pubescens)* auf lichten Flächen und erobert rasch neu entstandene Lebensräume. Ihre jungen Zweige und Blätter sind flaumig behaart. Die Zweige stehen starr aufrecht, und die Rinde ist meist grauer als bei der Hänge-Birke.

Die **Hainbuche** *(Carpinus betulus)* wanderte nach den Eiszeiten ab ca. 7000 v. Chr. in Mitteleuropa ein. Sie ist subozeanisch verbreitet und erreicht in Südschweden ihre Nordgrenze. Während sie bei uns bis 1000 m Höhe gedeiht, wächst sie dort in Meereshöhe.

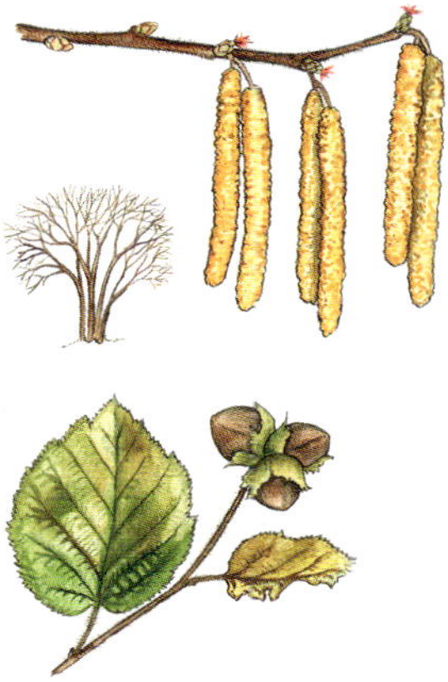

Die **Gewöhnliche Hasel** *(Corylus avellana)* wird auch Haselnuss genannt. Ihre Kätzchen und Blätter werden volksmedizinisch verwendet. Die Nüsse unterstützen das Immunsystem und sind gut für die Leistung des Gehirns und der Nerven.

Die **Schwarz-Erle** *(Alnus glutinosa)* mit ihrer Vorliebe für feuchte und sumpfige Gebiete war den Menschen früher unheimlich, denn ihr Holz läuft an Schnittstellen blutrot an.

Die **Hopfenbuche** *(Ostrya carpinifolia)* ist die Charakterbaumart der laubabwerfenden Trockenwälder im Mittelmeergebiet und in submediterranen Alpenregionen an Südhängen.

Die **Grau-Erle** *(Alnus incana)* wird auch Weiß-Erle genannt. Sie gedeiht auf kalkhaltigen Standorten in Auwäldern und an Flussufern bis etwa 1800 m Höhenlage.

FAMILIE

BUCHENGEWÄCHSE

FAGACEAE

Rot-Buche *(Fagus sylvatica)*

Allgemeines und Verbreitung

Aller Vertreter dieser Familie sind Holzgewächse, überwiegend sind es Bäume. Mit Ausnahme der Tropen und Südafrikas sind die knapp 950 Arten aus weniger als 8 Gattungen weltweit verbreitet. Ihr Verbreitungsschwerpunkt liegt auf der nördlichen Erdhalbkugel. Mit den 3 heimischen Gattungen **Buche** *(Fagus)*, **Eiche** *(Quercus)* und **Esskastanie** *(Castanea)* gehören zu ihnen einige der wichtigsten Waldbaumarten, die wertvolles Holz für die Bau- und Möbelindustrie liefern. Die **Esskastanie** *(Castanea sativa)* stammt ursprünglich allerdings aus Kleinasien, doch da sie im Laufe der vergangenen Jahrtausende nach Europa gelangte, wird sie nicht als «Neubürger» betrachtet. Die Ähnlichkeiten der Früchte und des Namens mit der Rosskastanie *(Aesculus hippocastanum)* täuschen: Die Rosskastanie gehört in die Familie der Seifenbaumgewächse (Sapindaceae), und im Gegensatz zu den Nussfrüchten der Esskastanie bildet diese Kapselfrüchte.

Die in Mitteleuropa heimischen Arten sind laubabwerfende, sommergrüne Bäume – in den Subtropen gibt es einige immergrüne Vertreter. Die Rot-Buche *(Fagus sylvatica)* hat die Eiszeiten im Mittelmeerraum überdauert. Danach begann ihre erfolgreiche Rückeroberung des europäischen Verbreitungsgebietes, und heute ist sie aus unseren Wäldern nicht mehr wegzudenken.

Rot-Buche

Esskastanie

Rot-Eiche

Stein-Eiche

Sumpf-Eiche

Trauben-Eiche

Flaum-Eiche

Stiel-Eiche

Die Gattung **Eiche** *(Quercus)* ist eine der bedeutendsten heimischen Laubbaumgattungen. Von den weltweit etwa 400 Arten kommen die meisten in Nordamerika vor, einige von ihnen findet man neben den heimischen Arten auch als eingeführte Forstbäume in unseren Wäldern. Eichen können ein stattliches Alter von bis zu 1000 Jahren erreichen und sind auch entwicklungsgeschichtlich recht alt. Im Laufe der Zeit hat sich eine beeindruckende Koevolution mit vielen verschiedenen Organismen entwickelt. Die Krone einer alten Eiche kann 1000 verschiedenen Insekten-Arten Lebensraum bieten. Mit seinen Wurzeln kann ein einzelner Baum mit 100 verschiedenen Pilzarten in Symbiose (Mykorrhiza) leben, wie beispielsweise Steinpilz und Fliegenpilz. Auch das gerbstoffreiche Eichenlaub ist bei der Zersetzung auf die Mithilfe von Pilzen angewiesen. Dies sind Pilzarten wie beispielsweise Schwindlinge, die keine Mykorrhiza ausbilden, sondern als «Müllabfuhr des Waldes» (Saprobionten) die organische Masse wieder in Humus verwandeln.

Stiel-Eiche *(Quercus robur)*, Früchte, Winterknospen, männliche Blüten und 850 Jahre alter Baum auf Öland

Kork-Eiche (*Quercus suber*, oben) und **Zerr-Eiche** (*Quercus cerris*, unten)

Blätter

Die Blätter sind stets einfach, und es gibt bei allen Arten Nebenblätter (Stipeln). Letztere dienen im Winter als Knospenschutz, nach dem Austrieb fallen sie rasch ab. Die wechselständigen Blätter stehen 2-zeilig oder schraubig (spiralig) am Zweig. Der Blattrand kann sowohl ganzrandig als auch gezähnt, gekerbt oder fiederig-gelappt sein. Die bei uns heimischen Eichen sind an ihren typischen gebuchteten Blättern gut zu erkennen. Ihr Name **Stiel-** *(Quercus robur)* und **Trauben-Eiche** *(Quercus petraea)* bezieht sich nicht auf die Blätter, sondern auf die Früchte. Wenn man dies beachtet, verwundert es auch nicht mehr, warum die am häufigsten verbreitete Stiel-Eiche nahezu ungestielte Blätter besitzt, während die der Trauben-Eiche einen längeren Blattstiel haben. Da es zwischen diesen beiden Arten zu Kreuzungen kommen kann, ist eine sichere Unterscheidung jedoch manchmal schwierig. Weiterhin gibt es im Mittelmeergebiet Arten dieser Gattung, deren Blätter nicht gelappt sind. So erinnern die gezähnten Blätter der **Stein-Eiche** *(Quercus ilex)*, **Kork-Eiche** *(Quercus suber)* und **Stech-** oder **Kermes-Eiche** *(Quercus coccifera)* eher an die der Stechpalmen *(Ilex)*.

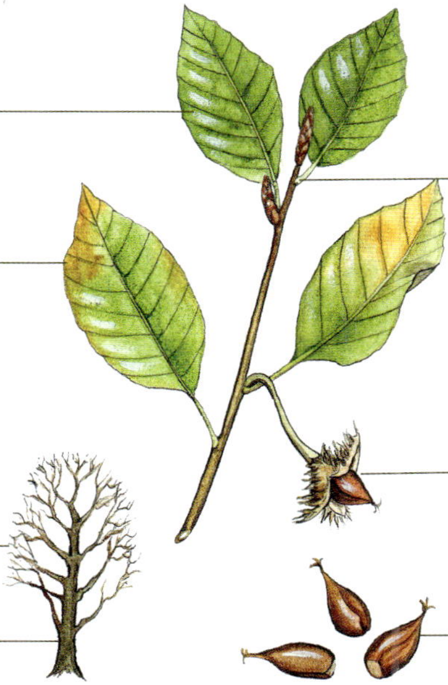

Beispiel
Rot-Buche
(Fagus sylvatica)

Die einhäusig (monözisch) verteilten Blüten sind unscheinbar und werden vom Wind bestäubt.

Häufigster Baum mitteleuropäischer Wälder mit einer Verbreitung von Südskandinavien bis nach Sizilien

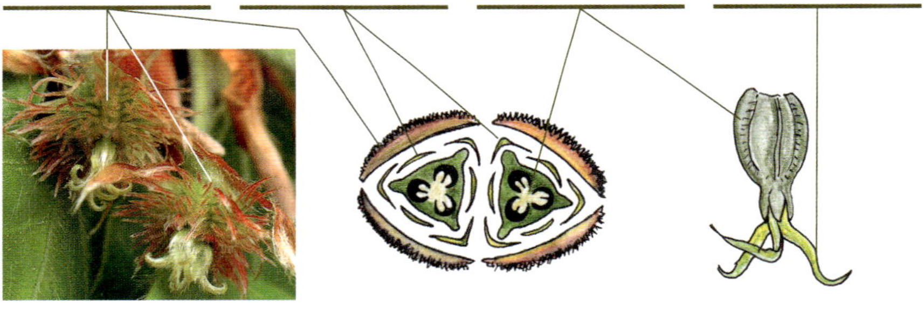

Blüten

Die meisten Arten werden vom Wind bestäubt und haben unscheinbare, meist getrenntgeschlechtliche Blüten. Die männlichen und weiblichen Blütenstände stehen meist an einer Pflanze, d. h., die Bäume sind einhäusig (monözisch). Bei der auf der südlichen Erdhalbkugel verbreiteten und in Parks gepflanzten **Südbuche** *(Nothofagus antarctica),* die heute zur Familie der Nothofagaceae gestellt wird, sind die Blüten zweihäusig verteilt.

Die Blütenhülle ist unscheinbar, sie kann ganz fehlen oder aus 4–7 Perigonblättern aufgebaut sein. In den männlichen Blütenständen stehen viele einzelne Blüten in Ähren oder Kätzchen zusammen. Sie sind meist walzenförmig und länglich. Jede der Einzelblüten besitzt 4–7 Staubblätter, in Ausnahmefällen auch mehr (bis zu 40). Bei den verschiedenen Arten der **Eichen** *(Quercus)* sind es meist 6, und bei der **Rot-Buche** *(Fagus sylvatica)* sind es 7. Die Blütenstände hängen zur Blütezeit herab und entlassen eine riesige Anzahl von Pollenkörnern in die Luft. Bei den meisten Arten tragen die weiblichen Blütenstände weniger Blüten als die männlichen, häufig sind es nur bis zu 3 Blüten. Bei ihnen ist der unterständige Fruchtknoten meist aus 3 (seltener 6) Fruchtblättern aufgebaut – dies ist an der Anzahl der Griffel erkennbar.

Frucht

Aus den verwachsenen, unterständigen Fruchtblättern bilden sich einsamige Nüsse, die stets von einem becherförmigen Fruchtbecher (Cupula) umschlossen sind. Bei der **Esskastanie** *(Castanea sativa)* und **Rot-Buche** *(Fagus sylvatica)* sind jeweils 2–3 Nüsse von einer Cupula umschlossen. Bei den **Eichen** *(Quercus)* steht jede Frucht in einem einzelnen Fruchtbecher. Zur Reifezeit umschließt der ± schuppenförmige Becher hier auch nur noch den unteren Teil der länglichen bis ovalen Frucht.

Die Nussfrucht hat meist eine ledrige und feste Schale (das Perikarp). Die darin eingeschlossenen Samen sind sehr groß, und die Kotyledonen (Keimblätter im Embryonalstadium der Frucht) sind sehr öl- und proteinreich. Sie stellen eine wichtige und beliebte Futterquelle für viele Tiere da. So werden sie z. B. von Eichhörnchen, Eichelhähern, Tannenhähern und Spechten verschleppt und als Wintervorrat versteckt. Früher haben die Menschen diese Waldfrüchte auch für viele verschiedene Zwecke genutzt. Eicheln wurden entbittert und wie Getreide zum Backen verwendet und als Kaffee-Ersatz geröstet. Sie dienten auch als Schweinefutter, und die Gerbstoffe aus der Rinde wurden für die Gerberei und in der Heilkunde geschätzt. Auch die Früchte der **Rot-Buche** *(Fagus sylvatica)* wurden – ebenso wie die Blätter – für die menschliche Ernährung genutzt. Aus den ölhaltigen Bucheckern wurde Speiseöl gewonnen (ca. 30 kg Öl aus 100 kg Früchten).

Heute hat nur noch die **Esskastanie** *(Castanea sativa)* ihren Platz auf dem Speisezettel des Menschen behauptet. Die «Maronen» waren in einigen Regionen Südeuropas noch vor den Kartoffeln ein Grundnahrungsmittel – heute sind sie eher eine Delikatesse. Um reife Früchte zu bilden, braucht die Esskastanie eine relativ lange Vegetationsperiode und ein mildes Klima, weshalb sie in Mitteleuropa vor allem in Weinbaugebieten vorkommt.

Esskastanie *(Castanea sativa)*, Blüten oben rechts weiblich, unten männlich

Die wichtigsten Familien-Merkmale auf einen Blick

- Sommergrüne Bäume
- Einfache Blätter wechselständig
- Hinfällige Nebenblätter (Stipeln)
- Windbestäubung
- Getrenntgeschlechtliche Blüten, Pflanze meist einhäusig
- Blütenhülle unscheinbar oder fehlend
- Männliche Blütenstände in Ähren oder Kätzchen
- Unterständiger Fruchtknoten aus 3 (selten 6) Fruchtblättern
- Nussfrüchte von becherförmigen Fruchtbechern (Cupula) umschlossen

Verwechslungsmöglichkeiten

Die Vertreter dieser Familie sind zu allen Jahreszeiten gut zu erkennen, wenn man auf die Details von Blüten, Früchten, Knospen und Blättern achtet. Die Rot-Buche hat nicht nur einen ähnlichen Namen wie die Hainbuche, sie sieht ihr auf den ersten Blick auch recht ähnlich. Dies gilt auch für die südlich verbreitete Hopfenbuche. Am Blüten- und Fruchtstand sind beide gut zu unterscheiden. Weiterhin gibt es im Mittelmeergebiet Eichen, deren Blätter an Stechpalmen erinnern.

Verwechslung möglich mit folgenden Arten		**Vergleich** Buchengewächse
Hainbuche - Blattrand stärker gesägt - Stamm nicht glatt - Männliche Blüten in länglichen Kätzchen		
Hopfenbuche - Blattrand stärker gesägt - Fruchtzapfen - Männliche Blüten in länglichen Kätzchen		
Stechpalme - Weiße Blüten - Rote Früchte - Strauch		

Bei der **Esskastanie** *(Castanea sativa)* stehen die männlichen Blüten perlschnurartig an langen Kätzchen. Die 1–4 weiblichen Blüten stehen am Grund der männlichen Blütenkätzchen.

Die **Stiel-Eiche** *(Quercus robur)* ist in Mitteleuropa die am weitesten verbreitete Art dieser Gattung. Die Blätter sind am Grunde herzförmig geöhrt, der Fruchtstand ist lang gestielt.

Bei der **Flaum-Eiche** *(Quercus pubescens)* sind Fruchtbecher und junge Triebe filzig behaart, die Blattunterseiten sternhaarig. Standort sind sonnige Hügel und steinige Abhänge.

Die **Trauben-Eiche** *(Quercus petraea)* verdankt ihren Namen dem traubigen, kurz gestielten Blütenstand. Die Blätter sind länger gestielt als bei der Stiel-Eiche.

FAMILIE

WALNUSSGEWÄCHSE

JUGLANDACEAE

Die Vertreter dieser relativ kleinen Familie (9 Gattungen mit insgesamt 50 Arten) sind auf der Nordhalbkugel in Amerika und Eurasien heimisch. Es sind alles Gehölze. Die meisten Arten enthalten relativ viele Gerbstoffe. Die Blätter sind meist sommergrün und gefiedert. Die Bäume sind überwiegend einhäusig, d. h., männliche und weibliche Blütenstände stehen an einer Pflanze. Die Blüten haben keine Kronblätter, die männlichen befinden sich in Kätzchen, die weiblichen in Ähren. Aus den unauffälligen, unterständigen Fruchtknoten reifen die typischen Nussfrüchte heran.

Winterknospe und Blattwerk, **Butternuss** *(Juglans cinerea)*

■ ■ Die **Echte Walnuss** *(Juglans regia)* ist in SO-Europa und Asien heimisch. Sie wird bei uns häufig angepflanzt und verwildert in lichten Wäldern. Sie wird 30 m hoch und 600 Jahre alt. Das gekammerte Mark der jungen Zweige und die gerieben stark würzig duftenden Blätter sind gute Erkennungsmerkmale. Der Baum lieferte von alters her vielerlei Nützliches für das tägliche Leben. Das zähe und elastische Holz wird seit Langem im Möbelbau geschätzt und die Nussöle wurden in der Ölmalerei verwendet. Die Blätter wurden als Tabakersatz geraucht und für Tee getrocknet. Die Walnüsse sind seit alters beliebt. Sie werden roh genossen oder in deftige Gerichte gegeben. Extrakte der Blätter werden medizinisch eingesetzt.

FAMILIE

SPINDELBAUMGEWÄCHSE

CELASTRACEAE

Der Verbreitungsschwerpunkt der knapp 100 Gattungen mit etwa 1350 Arten liegt in den Tropen. In der heimischen Flora gibt es nur die Gattungen **Pfaffenhütchen** *(Euonymus)* und **Herzblatt** *(Parnassia)*. Diese beiden sehr unterschiedlichen Gattungen zeigen bereits, wie vielfältig diese Familie ist. Auch unter den Gehölzen gibt es immergrüne und laubabwerfende Arten. Einige sind beliebte Zierpflanzen. Die Blüten sind radiär und oft unscheinbar. Häufig gibt es einen flachen bis polsterförmigen Diskus, der Nektar absondert. Die Früchte sind vielgestaltig.

Sumpf-Herzblatt *(Parnassia palustris)*

Pfaffenhütchen *(Euonymus europaeus)*

Das **Sumpf-Herzblatt** *(Parnassia palustris)* ist die einzige Art dieser Gattung in Mitteleuropa. Die 5 Staubblätter reifen nacheinander heran und werden abgeworfen, nachdem der Blütenstaub abgegeben ist. Erst danach wird die Narbe empfangsbereit. Ein Kreis von Staubblättern ist zu Staminodien umgebildet, das sind mit Drüsen besetzte «Attrappen», die ein großes Nektarangebot vortäuschen (Fliegentäuschblume). Die dunkleren Adern sind Saftmale. Standort sind sumpfige Wiesen sowie Quellfluren und Flachmoore.

Das **Pfaffenhütchen** *(Euonymus europaeus)*, auch Spindelstrauch genannt, hat rosafarbene Kapselfrüchte, die sich mit 4 Klappen öffnen – sie erinnern an die Kopfbedeckung katholischer Geistlicher (Name). Die weißen Samen sind von einem orangefarbenen Samenmantel (Arillus) umgeben. Die Blüten sondern über einen fleischigen Diskus Nektar ab. Blütenbesucher sind meist Ameisen und Fliegen. Die grünen Zweige haben ± geflügelte Korkleisten.

FAMILIE

SAUERKLEEGEWÄCHSE

OXALIDACEAE

Mit Ausnahme der Kältegebiete der Erde findet man Vertreter dieser etwa 570 Arten aus 5 Gattungen umfassenden Familie weltweit, die meisten von ihnen wachsen in den Tropen und Subtropen. Dort gibt es neben einjährigen Kräutern und Stauden auch Gehölze und Lianen. In Mitteleuropa ist nur der **Wald-Sauerklee** *(Oxalis acetosella)* heimisch. Einige Arten sind eingewandert und eingebürgert. Typisch sind die 3-zähligen Blätter, die 5-zähligen, radiären Blüten und der für die Familie typische Gehalt an Oxalsäure. Diese verleiht den Blättern und Blüten ihren frischen Geschmack, und so sind diese Arten in der Wildkräuterküche beliebt – allerdings sollten sie nur in Maßen und nicht über einen langen Zeitraum gegessen werden.

Wald-Sauerklee *(Oxalis acetosella)*

Amerikanischer Sauerklee *(Oxalis articulata)*

Ausgewählte Arten

■ ■ Der **Wald-Sauerklee** *(Oxalis acetosella)* bricht trotz seiner Kleinheit von nur 5–15 cm Größe viele Rekorde: Er ist die schattenverträglichste heimische Blütenpflanze und kommt mit 1/160 des Tageslichtes aus. Die Kapselfrüchte katapultieren die Samen zur Reifezeit mit einem stärkeren Druck als dem von Autoreifen bis zu 2,3 m von sich. Wenn es regnet oder zu trocken wird, legen sich die spaltöffnungstragenden Blattunterseiten zusammen. So sind sie vor zu starker Verdunstung und ebenso vor dem Aufprall der Regentropfen geschützt. Der Sauerklee ist ein Moderhumuszeiger in sauren und nicht zu trockenen Wäldern.

■ Der **Aufrechte** oder **Steife Sauerklee** *(Oxalis stricta)* ist aus Nordamerika eingeschleppt und eingebürgert. Er gedeiht (wie 2 weitere eingewanderte Arten mit gelben Blüten) in Gärten, Äckern und im Siedlungsbereich. Es ist eine einjährige bis ausdauernde Art, die an der Blütenfarbe und dem verzweigten Wuchs vom heimischen Sauerklee unterschieden wird.

FAMILIE

WOLFSMILCHGEWÄCHSE

EUPHORBIACEAE

Baum-Wolfsmilch *(Euphorbia dendroides)*

Wald-Bingelkraut *(Mercurialis perennis)*

Allgemeines und Verbreitung

Der Verbreitungsschwerpunkt der weltweit etwa 6250 Arten aus knapp 210 Gattungen liegt in den Tropen, wo viele Bäume und Sträucher dazugehören. In Afrika gibt es einige Wolfsmilchgewächse, die als Anpassung an den trocken-heißen Standort Kakteen ähneln. Aus dem in Südamerika heimischen Kautschukbaum *(Hevea brasiliensis)* wird Naturgummi hergestellt.

In Mitteleuropa sind die etwa 25 heimischen Arten ausschließlich krautige Pflanzen. Sie gehören in die beiden recht unterschiedlichen Gattungen **Wolfsmilch** *(Euphorbia)* und **Bingelkraut** *(Mercurialis)*. Milchsaft gibt es nur in der Gattung Wolfsmilch. Er dient der Pflanze als Wundverschluss nach Verletzungen. Außerdem ist er bei allen Arten mehr oder weniger stark giftig und stellt für die Pflanze einen Fraßschutz dar.

Blätter

Die Blätter sind bei der Gattung Wolfsmilch wechsel- und bei der Gattung Bingelkraut gegenständig. Sie sind stets einfach, Nebenblätter können fehlen oder vorhanden sein. Unter den im Mittelmeergebiet und in Wüstengebieten verbreiteten Arten sind Dornen weit verbreitet.

Garten-Wolfsmilch (Stängel und Blütenstand)

Wald-Bingelkraut (Ober- und Unterseite)

Blüten

Die eingeschlechtlichen Blüten sind ein- oder zweihäusig verteilt, d. h., die männlichen und weiblichen Blüten befinden sich auf einer oder zwei getrennten Pflanzen. Sie sind in der Regel radiär und meist sehr einfach gebaut. Die männlichen Blüten besitzen ein oder mehrere Staubblätter und die weiblichen Blüten einen aus 2 oder 3 Fruchtblättern aufgebauten, oberständigen Fruchtknoten.

Frucht

Aus dem oberständigen Fruchtknoten entwickeln sich zur Reifezeit Kapseln. Ihre Oberfläche kann glatt, mit Warzen besetzt oder von fein- oder grobkörniger Struktur sein.

Zeigerpflanze für Sickerwasser in Auwäldern und krautreichen Wäldern mit nährstoff- und basenreichen Böden

Beispiel
Wald-Bingelkraut
(Mercurialis perennis)

Traditionelle Heilpflanze – «bingeln» (von «pinkeln») bezieht sich auf die harntreibende Wirkung. Der lat. Name leitet sich ab vom quecksilberartigen Glanz der trockenen Blätter (lat. «mercurium» = «Quecksilber»).

Die wichtigsten Familien-Merkmale auf einen Blick

- Krautige Pflanzen
- Blätter stets einfach
- Blüten eingeschlechtlich
- Blüten meist radiär und einfach gebaut
- Oberständiger Fruchtknoten bildet Kapselfrüchte

Verwechslungsmöglichkeiten

Die Blätter der Bingelkräuter ähneln denen von Springkraut *(Impatiens)* oder Hexenkraut *(Circaea).* Durch den Milchsaft sind die Arten der Gattung Wolfsmilch gut gekennzeichnet und von Arten mit ähnlichen Blättern wie Leinkraut *(Linaria)* oder Seidelbast *(Daphne)* zu trennen, ihre Blüten erinnern an die der Milzkräuter *(Chrysosplenium).*

Verwechslung möglich mit folgenden Gattungen		**Vergleich** Wolfsmilchgewächse
Springkraut Glasiger Stängel Zygomorphe, zwittrige Blüten Kein Milchsaft		
Hexenkraut Weiße, 4-zählige Blüten Unterständiger Fruchtknoten Kein Milchsaft		
Milzkraut Rundliche Blätter Kein Milchsaft Anderer Blütenaufbau		
Leinkraut Zygomorphe, zwittrige Blüten Kein Milchsaft		
Seidelbast 4-zählige, zwittrige Blüten Steinfrüchte Verholzende Pflanzen Kein Milchsaft		

CH 400 DE Silber

GATTUNG

WOLFSMILCH

EUPHORBIA

Fischfang-Wolfsmilch *(Euphorbia piscatoria)*

Zypressenblättrige Wolfsmilch *(Euphorbia cyparissias)*

Allgemeines und Verbreitung

Mit weltweit etwa 2000 Arten ist diese Gattung eine der artenreichsten. In den Trockengebieten der Erde gibt es kakteenartige und stammsukkulente Arten, bei denen die Nebenblätter zu Dornen umgebildet sind. Die krautigen Pflanzen haben ihren Verbreitungsschwerpunkt in den gemäßigten und tropischen Zonen der Erde. Von den über 20 in Mitteleuropa vorkommenden Arten sind einige aus dem mediterranen bis asiatischen Raum eingewandert. Es sind allesamt krautige Pflanzen ohne Dornen.

Der wissenschaftliche Gattungsname geht auf Euphorbos zurück, den Leibarzt des Königs Juba von Mauretanien (50 v. Chr.). Früher wurde der **Milchsaft** einiger Arten vor allem gegen Warzen verwendet, allerdings sind die Wirkstoffe (vor allem Diterpenester) stark reizend für Haut und Schleimhäute, sodass eine medizinische Anwendung der Vergangenheit angehört. Für die Pflanze dient der giftige Milchsaft als Fraßschutz und zum Wundverschluss. Er steht unter Druck und tritt bei Verletzung sofort aus, innerhalb weniger Minuten trocknet er ein und verschließt das verwundete Gewebe. Alle Arten führen Milchsaft und werden vom Weidevieh gemieden. Auch durch das Heu kann es zu Vergiftungen kommen, da die Giftwirkung beim Trocknen erhalten bleibt. Die Raupen des Wolfsmilchschwärmers *(Hyles euphorbiae)* sind immun gegen diese Gifte und profitieren sogar von ihnen, indem sie durch das Fressen dieser Pflanzen die Giftstoffe aufnehmen und selber giftig werden. So schützen sie sich vor potenziellen Jägern.

Dornbusch-Wolfsmilch *(Euphorbia acanthothamnos)*

Zypressenblättrige Wolfsmilch *(Euphorbia cyparissias)*

Blätter

Die heimischen Arten sind einjährige oder ausdauernde Kräuter, seltener sind sie zweijährig. Ihre einfachen Blätter sind meist wechselständig und ganzrandig, es kommen jedoch auch gegen- und quirlständige Arten vor. Seltener kann der Blattrand gezähnt sein. Meist sind die Blätter schmal lineal-länglich oder rundlich bis eiförmig. Sie sitzen dem Stängel an oder sind kurz gestielt.

Bei der **Zypressenblättrigen Wolfsmilch** *(Euphorbia cyparissias)* findet man häufig Missbildungen, die vom Erbsenrostpilz *(Uromyces pisi)* hervorgerufen werden. Durch den Befall verkürzen sich die Blätter, und die Pflanzen bilden keine Blüten mehr aus.

Einjährige Art mit schwach entwickeltem Wurzelwerk

Beispiel
Sonnenwend-Wolfsmilch
(Euphorbia helioscopia)

Der Blütenstand wird durch Wachstumsbewegungen nach dem Sonnenstand ausgerichtet (Fotonastie), daher der Name.

Blüten

Die meist einfachen Blüten ohne Blütenhülle sind eingeschlechtlich und zu charakteristischen Scheinblüten zusammengefasst, dem **Cyathium**. Die Attraktivität wird durch die Nektardrüsen, Hochblätter und die Bildung komplexer Blütenstände erreicht.

Das Cyathium ist von meist gelben oder hellgrünen **Hochblättern** umgeben, die auch Deck- oder Tragblätter genannt werden. Ein Blütenstand (Scheindolde) setzt sich meist aus mehreren Teilblütenständen zusammen, in diesen «Strahlen» stehen jeweils mehrere Cyathien in Hochblättern zusammen. Jedes Cyathium beherbergt in einer **kelchartigen Hülle (Hüllbecher)** zentral eine heraushängende weibliche Blüte und mehrere männliche Blüten. Die weibliche Blüte besteht nur aus dem Fruchtknoten, und die männlichen besitzen jeweils nur ein Staubblatt. Der Fruchtknoten ist überwiegend aus 3 Fruchtblättern (seltener 2) aufgebaut und trägt entsprechend 3 Narben. Umgeben ist der Hüllbecher von 4–5 **Nektarien (Nektardrüsen).** Sie sondern honigduftenden Nektar zum Anlocken der Insekten ab und werden gelegentlich auch als Honigdrüsen oder einfach nur Drüsen bezeichnet. Diese Nektarien können rundlich, sichel- oder halbmondförmig sein, ihre Form ist ein wichtiges Bestimmungsmerkmal. Bei einigen Arten laufen sie an beiden Enden in sog. Hörner aus, diese können verdickt sein. In der Regel sind die Blüten vorweiblich, d. h., die Staubblätter geben erst Pollen ab, nachdem die Narbe befruchtet ist. Wenn die Narbe empfangsbereit ist, sind sie meist kaum zu sehen.

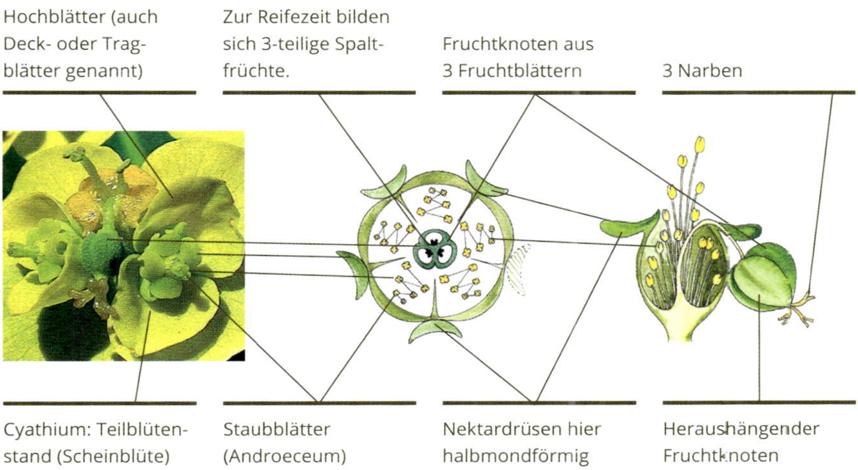

Frucht

Aus dem Fruchtknoten entwickeln sich 3-teilige **Kapselfrüchte.** Diese auch als Spaltfrüchte bezeichneten «Springfrüchte» enthalten zahlreiche Samen. Zur Reifezeit reißen sie explosiv auf und schleudern die Samen mehrere Meter von der Mutterpflanze weg. Bei einigen Arten tragen die Samen nahrhafte Anhängsel, die vor allem Ameisen als Nahrung dienen. Mit dem Verschleppen der Samen tragen sie zur Verbreitung bei. Diese **Anhängsel (Elaiosomen)** werden bei dieser Gattung auch Caruncula genannt. Die Oberfläche der Kapseln kann glatt, drüsig oder mit Warzen besetzt sein und liefert wichtige Merkmale für die Bestimmung.

Die wichtigsten Gattungs-Merkmale auf einen Blick

- Krautige Pflanzen mit Milchsaft
- Einfache Blätter sitzend oder kurz gestielt
- Cyathium in Hochblättern stehend
- Weibliche Blüten heraushängend und von männlichen umgeben
- Nektardrüsen
- 3-teilige Kapselfrüchte

Zypressenblättrige Wolfsmilch *(Euphorbia cyparissias)* mit Rostpilz (oben), **Dornige Wolfsmilch** *(Euphorbia spinosa)*, Früchte (unten)

Nektardrüsen, **Esels-Wolfsmilch** (*Euphorbia esula*, oben) und **Garten-Wolfsmilch** (*Euphorbia peplus*, unten)

Myrten-Wolfsmilch (*Euphorbia myrsinites*, oben) und **Baum-Wolfsmilch** (*Euphorbia dendroides*, unten)

Die **Mandelblättrige Wolfsmilch** *(Euphorbia amygdaloides)* ist eine bis 70 cm hohe, ausdauernde Pflanze, die mit grünen Blättern überwintert. Sie gedeiht in Au- und Laubwäldern auf lehm- und kalkhaltigen Böden.

Die **Garten-Wolfsmilch** *(Euphorbia peplus)* ist eine einjährige, bis 20 cm große Pflanze. Sie wächst in Wiesen, auf Äckern, in Gebüschen, an Ufern und im Siedlungsbereich auf nährstoffreichen Böden.

Die **Zypressenblättrige Wolfsmilch** *(Euphorbia cyparissias)* hat gelbe Hochblätter, die mit fortschreitender Blütezeit zunehmend rötlich werden. Standort sind trockene, sandige Böden und steiniges Grünland.

Die **Vielfarbige Wolfsmilch** *(Euphorbia epithymoides)* wächst in trockenen Gebüschen und an Waldsäumen auf kalkhaltigen Böden. Die Kapselfrüchte tragen fadenförmige Warzen, die sich zur Reifezeit oben rot färben.

JOHANNISKRAUTGEWÄCHSE

HYPERICACEAE

Weltweit gibt es 6 Gattungen mit ca. 590 Arten, von denen bei uns nur die Gattung Johanniskraut *(Hypericum)* mit knapp 10 Arten heimisch ist. Wegen ihrer haltbaren Triebe, die bis in den Winter Wind und Wetter trotzen, werden die Vertreter dieser Gattung auch Hartheu genannt. Die Blätter sind gegenständig und sitzend. Nebenblätter gibt es nicht. Bei einigen Arten sind die Öldrüsen in den Blättern bereits ohne Lupe zu erkennen. Dadurch sehen die Blätter durchscheinend punktiert aus. Die zwittrigen Blüten sind stets radiär und 5-zählig. Die Staubblätter stehen in 3 oder 5 Bündeln zusammen. Zur Reifezeit bilden sich Kapselfrüchte mit vielen Samen.

Geflecktes Hartheu *(Hypericum maculatum)* | Echtes Johanniskraut *(Hypericum perforatum)*

Das **Echte Johanniskraut** *(Hypericum perforatum)* ist eine Pionierpflanze und Magerkeitszeiger in Wiesen, Heiden, lichten Wäldern und Gebüschsäumen. Die Ölbehälter in den Blättern sind mit bloßem Auge sichtbar – besonders gut im Gegenlicht. Durch die entzündungshemmenden, antibakteriellen, durchblutungsfördernden, schmerzlindernden, beruhigenden und Kreislauf und Verdauungssystem anregenden Eigenschaften sowie die aufhellende Wirkung bei Verstimmungszuständen und Depressionen ist es ein wichtiges Heilkraut. Um diese seit alters beliebte Heilpflanze ranken sich viele Legenden, so wird der beim Zerdrücken der Blüten und Ölbehälter austretende rote Saft als «Blut Christi» gedeutet. Die Wirkstoffe werden als «Rotöl» ausgezogen, das in der Küche oder als Hautpflegemittel und Einreibung gegen Sonnenbrand und zur Wundbehandlung verwendet werden kann.

LEINGEWÄCHSE

LINACEAE

Diese Familie umfasst weltweit etwa 255 Arten aus 10 Gattungen, in der heimischen Flora sind nur die Gattung **Lein** *(Linum)* mit weniger als 10 Arten und die monotypische Gattung *Radiola* mit dem **Zwergflachs** *(Radiola linoides)* verbreitet. Die Gattung Lein zeichnet sich durch radiäre Blüten mit je 5 Kelch-, Kron- und Staubblättern aus. Die Staubblätter sind am Grunde verwachsen. Auch der oberständige Fruchtknoten ist aus 5 Fruchtblättern aufgebaut und trägt 5 Narben. Zur Reifezeit bilden sich 5-fächerige Kapseln. **Flachs** *(Linum usitatissimum)* spielte eine große Rolle als Textilfaser, wurde jedoch bis Ende des 19. Jh. nahezu vollständig durch Baumwolle ersetzt. Die Samen sind als Abführ- und Lebensmittel beliebt, und auch das Leinöl wird als Speiseöl und zur Herstellung von Ölfarben geschätzt.

Flachs *(Linum usitatissimum)*

Der **Alpen-Lein** *(Linum alpinum)* wächst auf felsigen Hängen und Rasen mit kalkhaltigem Untergrund von der montanen bis in alpine Höhenlagen. Er hat eiförmige Narben, und sein bis 30 cm hoher Stängel ist dicht beblättert.

Der **Wild-Lein** *(Linum bienne)* hat neben Trieben mit Blüten auch sterile Sprosse. Die Blüten sind hellblau und die Narben fadenförmig. Vermutlich ist dies die Stammform des angebauten Flachses. Standort sind Trockenrasen auf Kalk.

Der **Österreichische Lein** *(Linum austriacum)* ist von Mitteleuropa bis über den Mittelmeerraum nach Nordafrika und Vorderasien verbreitet. Die Blütenstiele sind bei dieser Art nach dem Verblühen abwärts gebogen.

Der **Purgier-Lein** *(Linum catharticum)* wird auch Wiesen-Lein genannt. Diese einjährige Art ist an den gegenständigen Blättern leicht zu erkennen. Er ist formenreich und wächst auf Moorwiesen und Magerrasen.

FAMILIE

WEIDENGEWÄCHSE

SALICACEAE

Purpur-Weide *(Salix purpurea)*,
männlicher Blütenstand

Korb-Weide *(Salix viminalis)*
mit Schwefelporlingen

Allgemeines und Verbreitung

Mit Ausnahme von Australien und Neuguinea sind Vertreter dieser Familie weltweit verbreitet. Von den etwa 1220 Arten aus 56 Gattungen ist der überwiegende Teil in den gemäßigten Zonen der nördlichen Hemisphäre zu finden. Sie haben eine deutliche Vorliebe für feuchte Standorte. Einige Arten wachsen im Bereich der Baumgrenze und in den Tundren. Die heimischen Arten gehören in die Gattung **Weide** (*Salix,* etwa 30 Arten) und **Pappel** (*Populus,* etwa 5 Arten), es sind allesamt sommergrüne Gehölze. Die meisten von ihnen sind raschwüchsige Pionierpflanzen, die vor allem an Ufern rasch neue Lebensräume erobern.

Blätter

Die sommergrünen Blätter dieser strauch- und baumförmig wachsenden Gehölze sind in der Regel einfach, seltener einmal sind sie wenig geteilt bzw. ± gebuchtet wie bei der **Silber-Pappel** *(Populus alba).* Sie sind wechselständig – häufig spiralig – am Zweig angeordnet. Die Nebenblätter können auffällig ausgebildet sein oder nach dem Knospenaustrieb rasch abfallen.

Schwarz-Pappel (Zweig)

Zitter-Pappel

Silber-Pappel

Reif-Weide (Zweig)

Ohr-Weide (Zweig)

Mandel-Weide (Zweig)

Bruch-Weide (Zweig)

Blüten

Die Blütenstände beider Gattungen sind **Kätzchen**. Sie sind stets getrenntgeschlechtlich und zweihäusig (diözisch), d. h., dass es auf einer Pflanze entweder nur weibliche oder nur männliche Kätzchen gibt. Die einzelnen Blüten sind einfach aufgebaut, sie befinden sich ohne Blütenhülle in den Achseln von Tragblättern. Die Blüten der **Pappeln** *(Populus)* werden durch den Wind und die der **Weiden** *(Salix)* in der Regel von Insekten bestäubt. Die Blütezeit liegt bei den Pappeln und vielen Weiden vor dem Laubaustrieb. Einige Weiden sind wichtige «Bienenfutterpflanzen» im zeitigen Frühjahr, andere entwickeln ihre Blüten erst nach der Blattentfaltung.

Frucht

Aus dem Fruchtknoten entwickelt sich zur Reifezeit eine **Kapselfrucht.** Sie enthält zahlreiche, winzige Samen, die mit einem **Haarschopf** ausgestattet sind. Sie werden durch den Wind verbreitet.

Blüten in aufrechten Kätzchen, Pflanze zweihäusig (diözisch)

Einfache Blätter rund, rhombisch bis (wie hier) länglich

Wechselständige Blätter hier spiralig am Zweig

Alle Arten sind Gehölze, dies ist ein bis 1 m hoher Strauch.

Einige Arten werden medizinisch verwendet.

Beispiel
Kriech- oder **Moor-Weide**
(Salix repens)

Standort sind feuchte Magerrasen, Heideflächen und Flachmoore.

Die wichtigsten Familien-Merkmale auf einen Blick

- Sommergrüne, verholzte Bäume und Sträucher
- Vorliebe für feuchte Standorte
- Blätter wechselständig
- Blätter überwiegend einfach
- Nebenblätter auffällig oder unscheinbar
- Blüten in Kätzchen
- Zweihäusig (diözisch)
- Blütenhülle fehlt
- Kapselfrüchte mit vielen winzigen Samen mit Haarschopf

Verwechslungsmöglichkeiten

Weidengewächse als solche zu erkennen, ist meist kein Problem. Die Bestimmung der Arten ist wegen häufiger Bastardbildung oft kritisch. Es gibt zahlreiche Hybride, die Merkmale beider «Eltern» in sich vereinen, sodass die Zuordung schwer ist. Die Verwechslungsmöglichkeiten werden bei der Beschreibung der Gattungen vorgestellt. Hier folgt eine Übersicht über die Merkmale, in denen sich diese beiden Gattungen vor allem unterscheiden.

Weide *Salix*	**Pappel** *Populus*
Sträucher und Bäume	Bäume
Tiefreichendes Wurzelsystem	Flache Wurzelteller
Ungeteilte Blätter oval bis länglich	Blätter ± 3-eckig, rhombisch bis gebuchtet
Winterknospen mit einer Knospenschuppe	Winterknospen mit mehreren Schuppen
Nebenblätter häufig auffällig entwickelt	Nebenblätter unauffällig und hinfällig
Silbrig austreibende Kätzchen	Blütezeit vor dem Laubaustrieb
Kätzchen meist ± aufrecht	Kätzchen hängend
Blüten von Insekten bestäubt	Windbestäubte Blüten

CH 400 DE Silber

GATTUNG

WEIDE

SALIX

Sal-Weide *(Salix caprea)* Lavendel-Weide *(Salix elaeagnos)*

Allgemeines und Verbreitung

Mit weltweit etwa 450 Arten ist dies eine recht umfangreiche Gattung. Etwa 30 von ihnen gedeihen in der heimischen Flora. Man findet diese nur wenige Zentimeter großen Zwergsträucher oder bis 30 m hohen Bäume vor allem auf feuchten Standorten. Es gibt auch einige Spezialisten für extreme Höhenlagen unter ihnen, wie beispielsweise die **Schweizer Weide** (■ *Salix helvetica*).

Mit ihren schmalen Blättern und biegsamen Zweigen sind diese Gehölze bestens an das Leben im Hochwasserbereich entlang der Gewässer angepasst. Auch ihren Namen verdanken sie ihren elastischen Zweigen – «wida» bedeutet althochdeutsch «die Biegsame». Bei Überflutung geben die biegsamen Äste sehr lange nach, bevor sie brechen, und halten so auch starken Wasserströmungen lange stand. Die stromlinienförmigen Blätter reduzieren den Wasserwiderstand. Brechen die Zweige dann doch einmal ab, so haben die Äste eine Regenerationskraft wie bei keiner anderen Gehölzart, sie treiben einfach neu aus und bewurzeln sich.

Silber-Weide (2×)

Fahl-Weide (Zweig)

Lavendel-Weide (2×)

Korb-Weide (Zweig)

Sal-Weide (Zweig)

Grau-Weide (Zweig)

Purpur-Weide (Zweig)

Diese Strategie hat die **Bruch-Weide** *(Salix × fragilis)* «perfektioniert». Ihre an sich biegsamen Zweige brechen an den Ansatzstellen wie an Sollbruchstellen sehr leicht, sie schlagen, vom Wasser vertrieben, neu aus und dienen so der Eroberung neuer Standorte. Ihr kräftiges und verzweigtes Wurzelwerk festigt das Erdreich und schützt vor Erosion. Daher werden Weiden auch zur Böschungs- und Uferbefestigung gepflanzt. Früher wurden einige Arten regelmäßig geschnitten, und aus ihren Zweigen wurden Körbe, Zäune und ganze Hauswände als Gerüst für die Lehmbauten geflochten. Lebende Laubhütten, Eingangsportale oder Labyrinthe sind auch heute noch beliebte Strukturelemente in Parkanlagen und Gärten. Wie für Pioniergehölze typisch, sind diese Arten raschwüchsig und werden maximal 100 Jahre alt.

Die Rinde lässt sich im Frühjahr leicht vom Holz lösen. Dies hat man sich früher zur Herstellung von Flechtmaterialien und Flöten zu Nutze gemacht. Bei einigen Arten befinden sich auf dem Holz hervortretende Längsstreifen. Ihr Fehlen oder Vorhandensein und ihre Länge liefern gute Merkmale für die Bestimmung der Arten. Um sie zu erkennen, muss die Rinde vom inneren Holzteil entfernt werden. Auch die Beschaffenheit der Stammrinde ist von Art zu Art unterschiedlich und wird für die Bestimmung herangezogen. Die **Sal-Weide** *(Salix caprea)* ist z. B. an der rautenförmig aufreißenden Rinde zu erkennen, und bei der **Mandel-Weide** *(Salix triandra)* löst sie sich in großen Platten.

Männliche und weibliche Blüten zweihäusig verteilt. Hier erblühen die Staubbeutel violett (Name) und später gelb.

Beispiel **Purpur-Weide** *(Salix purpurea)*

Traditionelle Heilpflanze mit hohem Salicylsäure-Gehalt

Weiden haben dank ihrer schmerzstillenden, entwässernden und fiebersenkenden Wirkstoffe (Salicylsäure) eine lange Tradition in der Heilkunde. Ursprünglich wurden die Rinde oder auch die Blätter verwendet. 1838 wurde durch einen chemischen Prozess (Veresterung) erstmals Acetylsalicylsäure hergestellt und damit die Wirksamkeit gesteigert. Bayer hat 1899 dann das erste Medikament mit diesem Wirkstoff (Aspirin®) auf den Markt gebracht. Während ursprünglich noch pflanzliche Wirkstoffe als Ausgangsbasis dienten, werden die auf Acetylsalicylsäure basierenden Medikamente inzwischen synthetisch hergestellt. Sie werden weltweit bei Schmerzen und zur Blutverdünnung angewandt.

Blätter

Bei den einfachen Blättern gibt es von nahezu kreisrund bis hin zu sehr schmal elliptisch alle Übergänge. Die Nebenblätter (Stipeln) können sehr groß ausgebildet sein, wie z. B. bei der **Ohr-Weide** *(Salix aurita)*, oder seltener fehlen oder früh abfallen. Die wechselständigen Blätter sind in der Regel spiralig um den Zweig angeordnet, dabei hat jedes fünfte Blatt wieder dieselbe Ausrichtung. Der Blattrand ist glatt bis gesägt, zwischen oder auf den Zähnen können Drüsen sitzen. Im Winter sind Weiden an ihren kapuzenartigen Knospen mit einer Knospenschuppe zu erkennen.

Sal-Weide *(Salix caprea)*, rautenförmige Rinde

Mandel-Weide *(Salix triandra)*, plattig abblätternde Rinde

Bruch-Weide *(Salix × fragilis)* Blattrand mit Drüsen

Sal-Weid *(Salix caprea)*, Holz ohne Striemen

Grau-Weide *(Salix cinerea)*, Holz mit Striemen

Ohr-Weide *(Salix aurita)*, Nebenblätter

Blüten

Die Blüten sind zweihäusig (diözisch) verteilt. Die Kätzchen beider Geschlechter stehen meist aufrecht. Sie setzen sich aus vielen einzelnen Blüten ohne Blütenhülle zusammen. Da sie von Insekten bestäubt werden, besitzen sie **Nektardrüsen** an ihrer Basis. Für Hummeln und Bienen sind vor allem die vor dem Laubaustrieb blühenden Arten eine wichtige Nahrungsquelle, wie beispielsweise **Sal-** *(Salix caprea),* **Grau-** *(S. cinerea),* **Korb-** *(S. viminalis)* und **Reif-Weide** *(S. daphnoides).*

Die männlichen und weiblichen Geschlechtsorgane sitzen jeweils in der Achsel eines Tragblattes. Da die Tragblätter ± silbrig behaart sind, verleihen sie den Blütenständen beim Aufblühen ihren charakteristischen, seidigen Schimmer. Die Tragblätter der männlichen und weiblichen Pflanzen sehen bei einer Art ± gleich aus. Sie unterscheiden sich jedoch bei den verschiedenen Weiden, und ihre Form und Farbe liefern Merkmale für die Bestimmung. Bei den männlichen Blüten befinden sich in der Regel 2 Staubblätter in jedem Tragblatt, bei der **Mandel-Weide** *(Salix triandra)* sind es beispielsweise ausnahmsweise 3. Bei den weiblichen Blüten setzt sich der Fruchtknoten aus 2 verwachsenen Fruchtblättern zusammen. Hier liefern die Länge und Form von Narben und Griffel Merkmale für die Bestimmung der einzelnen Arten.

Frucht

In den weiblichen Blütenkätzchen reifen nach gut einem Monat Kapselfrüchte heran. Sie beherbergen viele winzige Samen. Zur Reifezeit springen sie auf, sodass die Samen mit ihrem Haarschopf vom Wind verweht werden. Durch die große Anzahl der Samen sind oft die gesamten Zweige von dieser «Samenwolle» umsponnen. Da die winzigen Samen nur wenig Nährgewebe besitzen, sind die Keimlinge relativ anfällig für Austrocknung. Auch in bereits bewachsenen Flächen sind sie nicht besonders konkurrenzkräftig. Haben sie aber erst einmal Fuß gefasst, wachsen sie schnell heran und bilden bereits ab dem 4. Lebensjahr Blüten und Früchte.

Spieß-Weide *(Salix hastata)*, Fruchtstände mit Samenwolle

Ohr-Weide *(Salix aurita)*, Kapselfrüchte mit Samen

Die wichtigsten Gattungs-Merkmale auf einen Blick

- Gehölze (Zwergsträucher bis Bäume)
- Vorliebe für feuchte Standorte
- Biegsame Zweige mit hoher Regenerationskraft
- Hoher Salicylsäure-Gehalt
- Wechselständige Blätter spiralig
- Blätter kreisrund bis schmal elliptisch
- Nebenblätter oft auffällig
- Kapuzenartige Winterknospen mit einer Knospenschuppe
- Blütenknospe seidig-silbrig entfaltend
- Blütenkätzchen meist aufrecht, von Insekten bestäubt
- Männliche Blüten mit meist 2 Staubblättern je Tragblatt
- Fruchtknoten aus 2 verwachsenen Fruchtblättern
- Kapselfrüchte
- Winzige Samen mit Haarschopf

Verwechslungsmöglichkeiten

Die Bestimmung von Weiden ist durch die veränderlichen vegetativen Merkmale und häufige Bastardbildung kniffelig, Blüten erleichtern die Bestimmung. Die Zwergsträucher der Höhenlagen können für krautige Pflanzen gehalten werden. Verwechselt werden die strauchartigen Weiden vor allem mit Gagel *(Myrica gale)*, Seidelbast *(Daphne)*, Faulbaum *(Frangula alnus)*, Zistrosen *(Cistus)* oder Ölweiden *(Elaeagnus)*.

Verwechslung möglich mit folgender Gattung und Art		**Vergleich** Weide
Gagel ➾ Aromatisch duftende Blätter ➾ Blätter mit Harzdrüsen		
Seidelbast ➾ 4-zählige Blüten auffällig und nicht in Kätzchen ➾ Steinfrüchte		

Die **Grau-Weide** *(Salix cinerea)* hat jung samtig behaarte Zweige. Es ist ein mittelhoher Strauch, der in Mooren und Sümpfen gedeiht.

Die **Silber-Weide** *(Salix alba)* wurde früher ebenso wie die Korb-Weide zur Gewinnung von Zweigen für Flechtwerk «auf den Kopf» gesetzt.

Die **Ohr-Weide** *(Salix aurita)* wird bis 3 m hoch und wächst in Flachmooren und Quellsümpfen. Ihren Namen verdankt sie den Nebenblättern.

Die **Stumpfblättrige Weide** *(Salix retusa)* ist ein niederliegender Spalierstrauch, dessen Zweige sich dem Boden oder Fels anschmiegen.

Die **Kraut-Weide** *(Salix herbacea)* ist ein teppichartig wachsender, kriechender Zwergstrauch. Die Kapselfrüchte werden zur Reife rot.

Die **Netz-Weide** *(Salix reticulata)* heißt auch Netzblättrige Weide. Ihr Name bezieht sich auf das ausgeprägte Nervennetz der glänzenden Blattoberseite.

GATTUNG

PAPPEL

POPULUS

Schwarz-Pappel *(Populus nigra)*

Allgemeines und Verbreitung

Die um die 50 Pappel-Arten sind nahezu weltweit verbreitet. Es sind sommergrüne Bäume, die Wuchshöhen von bis zu 45 m erreichen können. Seltener (und außerhalb der heimischen Flora) gibt es einige Sträucher. Der Verbreitungsschwerpunkt liegt auf der Nordhalbkugel auf feuchten Standorten. Bei uns sind **Schwarz-Pappel** *(Populus nigra),* **Silber-Pappel** *(Populus alba)* und **Zitter-Pappel** *(Populus tremula)* heimisch. Darüber hinaus gibt es Hybride, wie beispielsweise die **Grau-Pappel** *(Populus × canescens),* die aus der Kreuzung von Silber- *(Populus alba)* und Zitter-Pappel *(Populus tremula)* hervorgegangen ist. Es gibt auch Hybride von heimischen mit eingewanderten Arten, wie z. B. die **Kanadische Pappel** *(Populus × canadensis),* die aus Schwarz- *(Populus nigra)* und Kanadischer Schwarz-Pappel *(Populus deltoides)* entstanden ist.

Das Wurzelwerk der Pappeln ist im Gegensatz zu dem tiefreichenden der Weiden nur flach ausgebreitet. Häufig sieht man entlang von Bächen, die dem Wind ausgesetzt sind, nach einem Sturm die flachen Wurzelteller der von der Gewalt des Windes entwurzelten Bäume. Ihre Regenerationskraft steht nicht hinter der der Weiden zurück, und beide werden in sogenannten Kurzumtriebskulturen zur Erzeugung von Biomasse angebaut, das erzeugte Holz wird gehackt und energetisch verwertet.

Pappeln haben in der Regel eine **aufrechte Wuchsform.** Sie sind die **schnellwüchsigsten** aller mitteleuropäischen Bäume, und ihr jährlicher Zuwachs kann über 1 m Höhe und über 2 cm Stammumfang betragen. Ihr Holz ist entsprechend leicht und weich, es wird vor allem für Kisten und Streichhölzer verwendet.

Schwarz-Pappel (Zweig)

Zitter-Pappel (Zweig)

Silber-Pappel (Unter- und Oberseite)

Blätter

Die Blätter sind stets wechselständig und meist lang gestielt. Oft sind sie einfach und ± dreieckig, rhombisch oder gelappt. Die Nebenblätter sind hinfällig, d. h., sie fallen nach dem Knospenaustrieb rasch ab. Die **Zitter-Pappel** *(Populus tremula)* wird auch Espe oder Aspe genannt, und die Redewendung «zittern wie Espenlaub» bezieht sich auf ihre sich beim kleinsten Luftzug bewegenden Blätter. Durch die Blattbewegung wird die Verdunstung und damit die Nährstoffversorgung gesteigert. Hervorgerufen wird dies durch seitlich zusammengedrückte Blattstiele, die winklig am Ast sitzen, sodass sich die Blätter nahezu in ständiger Bewegung befinden.

Aus den bei vielen Arten klebrigen Winterknospen wurde traditionell in der Heilkunde «Pappelsalbe» hergestellt, die unter anderem zur Wundheilung angewandt wurde.

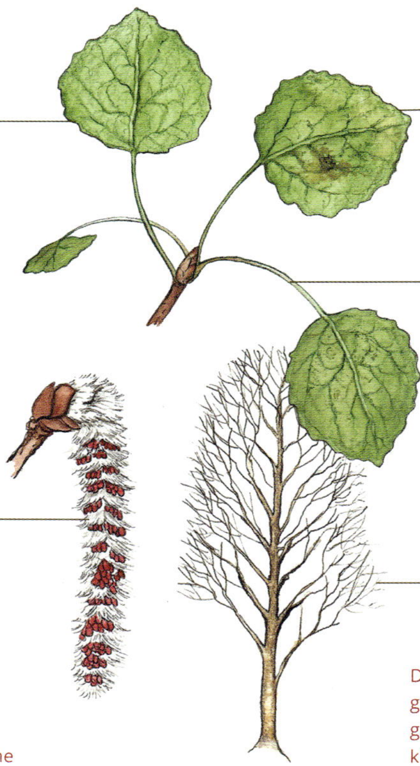

Männliche und weibliche Blüten zweihäusig verteilt und in herabhängenden Blütenkätzchen

Beispiel **Zitter-Pappel** *(Populus tremula)*

Durch seitlich zusammengedrückte Blattstiele bewegen sich die Blätter beim kleinsten Luftzug – dies erhöht die Verdunstung und damit die Nährstoffversorgung.

Blüten

Alle heimischen und die meisten der weltweit verbreiteten Arten sind zweihäusig (diözisch), eine Ausnahme ist z. B. die in China beheimatete **Chinesische** oder **Großblatt-Pappel** *(Populus lasiocarpa),* die dort ein wichtiger Holzlieferant ist.

Die Blütenkätzchen werden in der Regel vom Wind bestäubt, und es gibt keine Nektardrüsen. Allerdings gibt es Insekten wie Bienen oder Hummeln, die beim Sammeln des Blütenstaubes mit zur Bestäubung beitragen. Dies wurde z. B. bei der heimischen **Schwarz-Pappel** *(Populus nigra)* beobachtet. Die produzierte Pollenmenge ist bei den meisten Arten sehr groß.

Die weiblichen und männlichen Kätzchen sehen sich sehr ähnlich und hängen meist schlaff herab. Die Blüten haben keine eigentliche Blütenhülle, sie sind jedoch von einem becherförmigen **Diskus** umgeben. In jeder der männlichen Blüten sind jeweils 8–30 Staubblätter von diesem Diskus umgeben. Sie befinden sich stets in der Achsel eines Tragblattes, das am Rand gezähnt oder fransig zerschlitzt ist. Das Tragblatt fällt meist schon während der Blütenentwicklung ab.

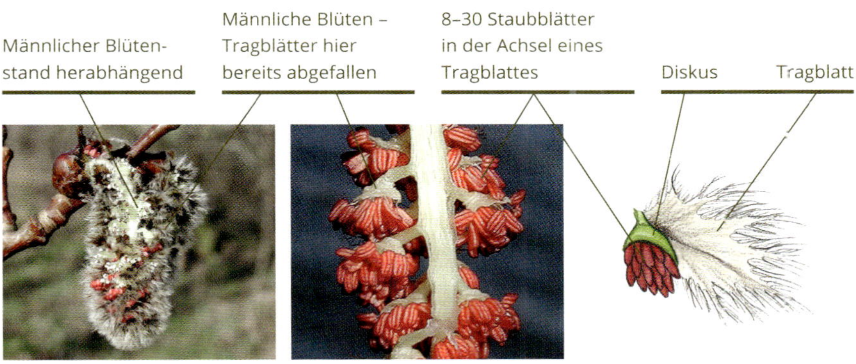

Auch die weiblichen Blütenkätzchen beherbergen viele einzelne Blüten. Hier befindet sich der aus 2–4 verwachsenen Fruchtblättern aufgebaute Fruchtknoten ebenfalls in einem Diskus. Der Griffel trägt entsprechend der Anzahl der Fruchtblätter 2–4 Narben.

Frucht

Aus dem Fruchtknoten entwickeln sich zur Reifezeit in den Kapselfrüchten viele winzige Samen ohne Nährgewebe. Mit ihrem **Haarschopf** können sie bis zu 15 km weit vom Wind getragen werden. Die große Anzahl der Samen hat die Menschen in Notzeiten dazu gebracht, diese «Pappelwolle» zur Zellulosegewinnung zu nutzen. Ein Baum kann 26 Millionen Samen produzieren – damit stehen Pappeln bei den heimischen Pflanzen bezüglich der Fruchtbarkeit an erster Stelle.

Die wichtigsten Gattungs-Merkmale auf einen Blick

- Sommergrüne Bäume mit ± aufrechter Wuchsform
- Meist auf feuchten Standorten
- Wechselständige Blätter ± dreieckig, rhombisch oder gelappt
- Nebenblätter hinfällig
- Hängende Kätzchen vom Wind bestäubt (Nektardrüsen fehlen)
- Blüten in fransigen Tragblättern, diese oft früh abfallend
- 8–30 Staubblätter je männlicher Blüte, vom Diskus umgeben
- 2–4 verwachsene Fruchtblätter bilden Kapselfrüchte
- Winzige Samen mit Haarschopf

Verwechslungsmöglichkeiten

Pappeln teilen ihre Vorliebe für feuchte Standorte neben Weiden vor allem mit Erlen *(Alnus)*. Da diese ebenfalls einfache, wechselständige Blätter besitzen, können sie miteinander verwechselt werden. An den Erlen sind das ganze Jahr über die dunklen, verholzten Fruchtzapfen sichtbar, außerdem sind die Blüten nicht zweihäusig verteilt.

Verwechslung möglich mit folgender Gattung

Erle
- Verholzte Fruchtzapfen das ganze Jahr sichtbar
- Zweige weniger aufrecht

Vergleich Pappel

Die **Silber-Pappel** *(Populus alba)* ist ein 30–35 m hoher Baum mit buchtig gelappten, unterseits weißfilzigen Blättern. Die Tragblätter sind wenig bewimpert. Sie wächst wild in Auwäldern und wird auch angepflanzt.

Die **Zitter-Pappel** *(Populus tremula)* heißt auch Espe. Ihre Blätter sind fast kreisrund und grob gebuchtet. Die Rinde ist gelbgrau und die Tragblätter am Rand lang bewimpert. Diese Art ist eine Futterpflanze für viele Schmetterlinge.

Die **Schwarz-Pappel** *(Populus nigra)* verdankt ihren Namen der schwarzen Rinde. Früher wurden die Blätter zum Färben und als Viehfutter verwendet, die Samenwolle diente als Füllung für Decken und Kissen.

Die **Grau-Pappel** *(Populus × canescens)* ist ein natürlich entstandener Bastard aus Silber- *(Populus alba)* und Zitter-Pappel *(Populus tremula)*. Typisch sind die graue, ± eckig-rissige Rinde und die jung silbrig behaarten Blätter.

FAMILIE

VEILCHENGEWÄCHSE

VIOLACEAE

Wald-Veilchen *(Viola reichenbachiana)*

Zweiblütiges Veilchen oder Gelbes Berg-Veilchen *(Viola biflora)*

Allgemeines und Verbreitung

Veilchen symbolisieren Demut und Bescheidenheit. Sie sind mit vielen Mythen und Legenden verbunden, und im Mittelalter feierte man im Frühjahr das erste blühende Veilchen mit einem rauschenden Fest. Unter den weltweit etwa 30 Gattungen mit 980 Arten gibt es krautige und verholzende Halbsträucher, Bäume, Sträucher und sogar Lianen. In Mitteleuropa ist nur die Gattung **Veilchen** *(Viola)* mit ca. 20 Arten heimisch. Es sind allesamt Kräuter. Die meisten von ihnen sind ausdauernd, seltener gibt es einjährige Arten. Viele von ihnen wachsen in lichten Wäldern, Gebüschen und auf Wiesen. Es gibt einige Spezialisten für trockene, feuchte Standorte und auch extreme Höhenlagen. So wächst das **Langsporn-Veilchen** (■ *Viola calcarata*), auch **Langsporniges Stiefmütterchen** genannt, auf Felsen oder steinigen Matten auf Dolomitgestein von 1600–3000 m Höhe.

Es gibt einige Zierpflanzen unter ihnen, die als Frühjahrsblüher beliebt sind. Das **Garten-Stiefmütterchen** *(Viola × wittrockiana)* ist um 1850 aus Züchtung aus dem **Wilden** oder **Feld-Stiefmütterchen** (■■ *Viola tricolor*) in Kreuzung mit weiteren Arten hervorgegangen. Stiefmütterchen gibt es inzwischen in vielen Farben und Zuchtformen. Die Blüten schätzt man seit dem Altertum auch als Aroma für Süßwaren und Spirituosen. Das **Duft-** oder **Wohlriechende Veilchen** (■ *Viola odorata*) und das **Acker-Stiefmütterchen** (■ *Viola arvensis*) schätzt man bis heute in der Phytotherapie und Kosmetik. Während Ersteres seinen Namen dem feinen Blütenduft verdankt, ist beim Acker-Stiefmütterchen der starke Geruch nach Salicylsäure charakteristisch.

Blätter

Die wechselständigen Blätter sind mit Ausnahme des **Fieder-Veilchens** *(Viola pinnata)* einfach. Viele Arten verzweigen sich von der Basis an, die Blätter können auch grundständig sein. Die Blätter sind überwiegend herzförmig. Der Blattrand kann glatt oder gesägt sein. Die **Nebenblätter** sind meist auffällig ausgebildet, sie können gefranst oder fiederschnittig sein. Am Blütenstängel befinden sich jeweils 2 **Vorblätter**. Je nach Art befinden sich diese ober- oder unterhalb der Mitte des Stängels.

Acker-Stiefmütterchen

Duft- oder Wohlriechendes Veilchen (Trieb und Blatt)

Sumpf-Veilchen (ohne Nebenblätter)

Diese Art stammt aus Südeuropa. Standort sind Lehmböden in milden Klimalagen.

Beispiel
Duft- oder **Wohlriechendes Veilchen**
(Viola odorata)

Diese Art vermehrt sich über Samen und Ausläufer.

Blüte

Meist stehen die zwittrigen Blüten einzeln und lang gestielt in den Blattachseln. Sie sind zygomorph (eine Spiegelebene) und 5-zählig. Es gibt eine doppelte Blütenhülle aus 5 freien Kelch- und 5 Kronblättern. Das untere (vordere) Kronblatt ist in der Regel gespornt. Den Namen Stiefmütterchen verdanken einige Arten der Anordnung ihrer Kelch- und Kronblätter. Die Stiefmutter (vorderes Kronblatt) hat es sich gleich auf 2 Stühlen (2 Kelchblätter) gemütlich gemacht. Ihre Töchter (seitliche Kronblätter) haben jeweils einen eigenen Stuhl (Kelchblatt), während sich die Stieftöchter (die beiden oberen Kronblätter) einen Stuhl (Kelchblatt) teilen.

Die Nektar absondernden, **orangefarbenen Fortsätze** befinden sich auf den Staubblättern **(Staubblattänhängsel)**, 2 von ihnen ragen in den **Sporn** hinein. Der Sporn dient ihnen sozusagen als «Safthalter». Der zentral in der Blüte gelegene Fruchtknoten setzt sich aus 3 oberständigen Fruchtblättern zusammen und trägt eine Narbe, die aus den Anhängseln herausragt. Die Blüten werden von Insekten bestäubt. Beim Blütenbesuch berührt das Insekt zuerst die Narbe. Durch diese Berührung weichen die Anhängsel der Staubblätter auseinander, und der kegelförmige Hohlraum öffnet sich. Dringt das Insekt weiter in die Blüte vor, um den Nektar

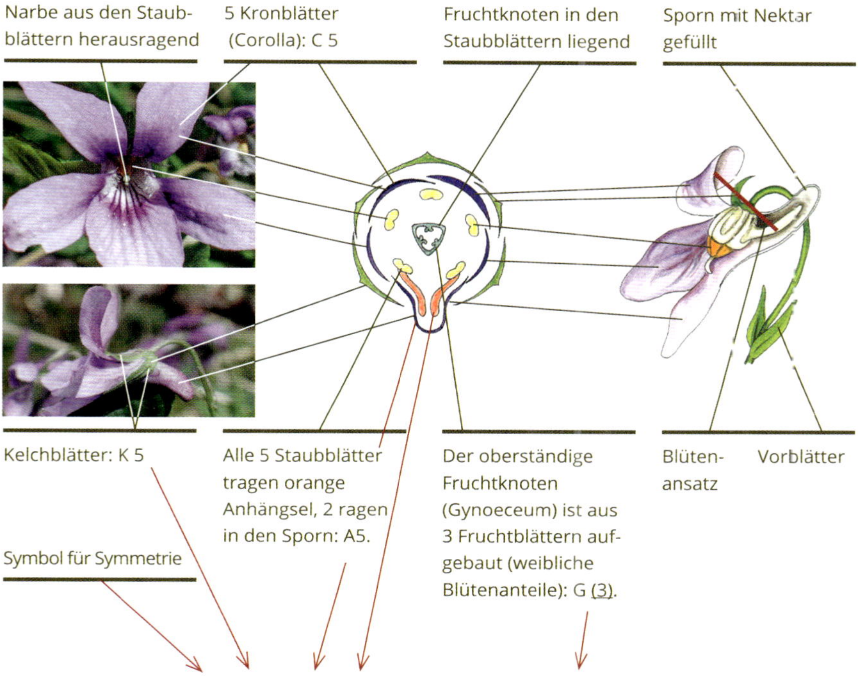

Blütenformel **↓ K 5 C 5 A 5 G (3)**

↓ Kelchblätter 5 Kronblätter 5 Staubblätter 5 Fruchtblätter (3)

im Sporn zu erreichen, rieselt ihm nun der Blütenstaub auf den Rücken. Beim Besuch der nächsten Blüte gelangen die Pollenkörner an die Narbe. Unterschiedliche Reifezeiten der männlichen und weiblichen Geschlechtsorgane verhindern in der Regel Selbstbefruchtung, um Inzucht zu verhindern. Es gibt jedoch auch Arten, bei denen neben Fremdbestäubung auch Selbstbestäubung (Autogamie) in geschlossen bleibenden Blüten (Kleistogamie) vorkommt, vor allem bei den einjährigen Arten.

Frucht

Aus dem oberständigen Fruchtknoten bildet sich eine 3-teilige Kapsel, die zahlreiche Samen enthält. Meist tragen die Samen nahrhafte Anhängsel, die Ameisen als Nahrung dienen. So verschleppen diese die Samen und sorgen für die Verbreitung. Allerdings ist die Verbreitung durch einen speziellen Mechanismus auch ohne die Hilfe der Ameisen relativ erfolgreich. Sie werden aus der Kapsel so ähnlich fortgeschleudert, wie wir Kirschkerne zwischen Daumen und Zeigefinger wegschnippen. Beim Trocknen drücken die Fruchtkapseln nach innen und «schnippen» die Samen bis zu 3 Meter weit.

Die wichtigsten Familien-Merkmale auf einen Blick

- Kräuter, meist ausdauernd, seltener einjährig
- Blätter wechselständig
- Blätter einfach und oft grundständig
- Überwiegend herzförmige Blätter
- Nebenblätter oft auffällig ausgebildet
- Blütenstängel mit 2 Vorblättern
- Zwittrige Blüten zygomorph und 5-zählig
- Doppelte Blütenhülle
- Sporn
- 5 Staubblätter mit Anhängsel
- 3 oberständige Fruchtblätter
- 3-teilige Kapselfrüchte mit zahlreichen Samen

Verwechslungsmöglichkeiten

Die Bestimmung der Arten in dieser Gattung ist vor allem durch die Neigung zur Hybridbildung nicht immer einfach. Die Blüten sind charakteristisch und kaum zu verwechseln, die Blätter sehen denen der Alpenglöckchen *(Soldanella),* Haselwurz *(Asarum)* und Sumpf-Herzblatt *(Parnassia)* ähnlich.

Verwechslung möglich mit folgenden Gattungen		**Vergleich** Veilchengewächse
Sumpf-Herzblatt ⇨ Weiße, radiäre Blüten		
Alpenglöckchen ⇨ Radiäre violette, glöckchenförmige Blüten		
Haselwurz ⇨ Unangenehmer Geruch ⇨ Bräunliche, radiäre Blüten		

Das **Wilde** oder **Feld-Stiefmütterchen** *(Viola tricolor)* gedeiht auf Wiesen und Wegrändern auf sandigen und mageren, eher sauren Böden.

Das **Acker-Stiefmütterchen** *(Viola arvensis)* hat große, fiederschnittige Nebenblätter. Es ist einjährig und wächst auf Äckern und an Wegrändern.

Das **Sumpf-Veilchen** *(Viola palustris)* hat relativ breite Blätter. Standort sind feuchte Böden, vor allem Hoch- und Flachmoore.

Das **Raue Veilchen** *(Viola hirta)* heißt auch Behaartes Veilchen. Es ist eine Rosettenpflanze auf meist kalkhaltigen Böden in mittleren Berglagen.

Das **Langsporn-Veilchen** *(Viola calcarata)* heißt auch Langsporniges Stiefmütterchen. Es ist in den Höhenlagen auf kalkhaltigen Böden verbreitet.

Das **Hain-Veilchen** *(Viola riviniana)* hat einen weißlichen Sporn. Nektarräuber beißen ein Loch in ihn, um an den Nektar zu gelangen.

CH 400 | DE Silber

FAMILIE

STORCHSCHNABEL-GEWÄCHSE

GERANIACEAE

Gewöhnlicher Reiherschnabel *(Erodium cicutarium)*

Allgemeines und Verbreitung

Von den weltweit je nach Autor 5–10 Gattungen entfallen die meisten der ca. 750 bis 830 Arten auf die Gattungen **Storchschnabel** *(Geranium)*, **Pelargonien** *(Pelargonium)* und **Reiherschnabel** *(Erodium)*. Die meisten Arten gedeihen in den gemäßigten und warmen Klimazonen. Im südlichen Afrika sind sie weit verbreitet und ein wichtiger Bestandteil der Kapflora. Dort gibt es neben einjährigen und ausdauernden, krautigen Pflanzen auch einige Sträucher und sukkulente Arten. Viele von ihnen enthalten ätherische Öle, und einige von ihnen sind auch als Duft- und Aromapflanzen beliebte Zierpflanzen.

In Mitteleuropa heimisch sind nur die beiden Gattungen Reiher- und Storchschnabel mit zusammen ca. 20 Arten. Es sind allesamt Kräuter oder Stauden.

Blätter

Die Blätter sind meist wechselständig, zur Basis des Stängels hin werden sie häufig auch gegenständig – allerdings ist nur in Ausnahmefällen das gesamte Blattwerk gegenständig aufgebaut. Oft gibt es neben den Blättern am blühenden Trieb auch eine Rosette mit meist lang gestielten Grundblättern. Sie entspringen direkt an der Basis der Pflanze am Erdboden. Da die Stängelblätter oft einfacher aufgebaut und stärker zerschlitzt sind als die Grundblätter, liefern diese für die Bestimmung wichtige Merkmale.

Die stets vorhandenen Nebenblätter sind an den Stängelblättern wiederum besser zu erkennen.

Die Blätter sind meist handförmig eingeschnitten oder gefiedert. Der Stängel und die Blütenstiele sind stets behaart, meist auch die Blätter. Die Behaarung des Stängels spielt bei der Bestimmung oft auch eine wichtige Rolle. Es gibt einige Arten, die neben normalen auch Drüsenhaare tragen.

Blutroter Storchschnabel

Wiesen-Storchschnabel

Wald-Storchschnabel

Weicher Storchschnabel

Stinkender Storchschnabel

Blüte

Bei einigen Arten stehen die Blüten einzeln in den Achseln von Laub- oder Hochblättern. Das sind Blätter im Bereich des Blütenstandes, die anders gestaltet sind als die normalen Blätter und die Attraktivität der Blüten steigern. Vor allem außerhalb Mitteleuropas gibt es einige Vertreter dieser Familie mit Hochblättern.

Die Blüten können auch zu mehreren oder paarweise in zusammengesetzten, zymösen oder doldigen Blütenständen stehen. Von zymösen Blütenständen spricht man, wenn bei verzweigten Blütenständen die jeweilige Hauptachse mit einer Blüte endet, und bei einer Dolde entspringen mehrere Blüten an einem gemeinsamen Punkt.

Beispiel
Gew. Reiherschnabel
(Erodium cicutarium)

Die Blüten sind meist zwittrig und haben eine doppelte Blütenhülle aus Kelch- und Kronblättern. Sie sind immer 5-zählig und meist radiär – bei den in Europa nicht heimischen Pelargonien auch zygomorph. Die Kelch- und Kronblätter sind frei. Die 10 Staubblätter sind in zwei Kreisen angeordnet. Die Staubfäden können am Grunde verwachsen sein, die Staubbeutel sind stets frei. Von den 10 Staubblättern können 5 zu Staminodien reduziert, d. h. unfruchtbar, sein.

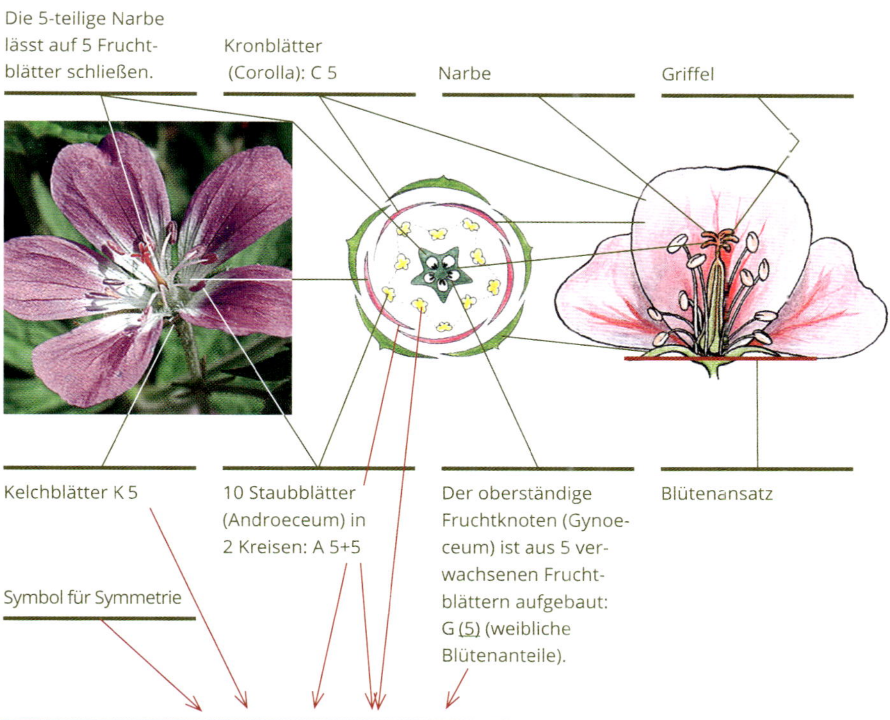

Blütenformel *** K 5 C 5 A 5+5 G (5)**

*** Kelchblätter 5 Kronblätter 5 Staubblätter 5+5 Fruchtblätter (5)**

Frucht

Die fünf Fruchtblätter sind bis zur Spitze (Griffel) zu einem oberständigen Fruchtknoten verwachsen. Am oberen Abschnitt teilt er sich in fünf Narben, die auf die Anzahl der fünf Fruchtblätter hinweisen. Mit zunehmender Fruchtreife verlängert sich die Frucht sukzessive und gleicht dann immer mehr einem Reiher- oder Storchschnabel. Auch der wissenschaftliche Name *Geranium* leitet sich von einem langschnäbeligen Vogel ab (gr. «geranos» = «Kranich»). Zur Reifezeit zerfällt die Frucht in einsamige Teilfrüchte. Im unteren Teil trägt jedes der fünf Fruchtblätter einen Samen, der mit einem Schleudermechanismus verbreitet wird. Dabei werden die Teilfrüchte (einsamigen Kapselfrüchte) explosionsartig von der stehen bleibenden Mittelsäule fortgeschleudert.

Bei der Gattung Reiherschnabel *(Erodium)* bleibt der Samen mit den Teilfrüchten (den grannenähnlichen Schnabelteilen) fest verwachsen und in sie eingeschlossen. Je nach Wassergehalt verändert sich die Granne dieser «Bohrfrucht», die den Samen in den Boden eindreht. Trocken ist sie schraubig aufgerollt, und feucht streckt sie sich wieder. Dabei verhindern widerhakenartige, steife Borsten auf der Frucht das Herausdrehen aus dem Boden.

Bohrfrüchte des **Gew. Reiherschnabels** *(Erodium cicutarium)*

Fruchtstand des **Wiesen-Storchschnabels** *(Geranium pratense)*

Die wichtigsten Familien-Merkmale auf einen Blick

- Freie Blütenblätter in doppelter Blütenhülle
- 5-zählige Blüten mit 10 Staubblättern in zwei Kreisen
- Oberständiger Fruchtknoten, schnabelartig verlängerte Frucht
- Behaarte Stängel und Blütenstiele
- Oft handförmig geteilte und meist behaarte Blätter

Verwechslungsmöglichkeiten

Einige Familien haben 5-zählige Blüten, die Frucht ist ein gutes Unterscheidungsmerkmal. Handförmige Blätter gibt es auch z. B. bei Eisenhut, Fingerkraut und Hahnenfuß. Die gefiederten Blätter des Stinkenden Storchschnabels und der Reiherschnabel-Arten ähneln den Blättern mancher Doldenblütler.

Verwechslung möglich mit folgenden Familien		**Vergleich** Storchschnabelgewächse
Rosengewächse ➾ Viele Staubblätter		
Raublattgewächse ➾ 4-geteilter Fruchtknoten (Klausenbildung) ➾ ungeteilte, ganzrandige Blätter		
Hahnenfußgewächse ➾ Viele Staubblätter ➾ Meist viele freie Fruchtblätter		
Nelkengewächse ➾ Gegenständige, schmale Blätter		
Doldenblütler ➾ Doldiger Blütenstand		

GATTUNG

STORCHSCHNABEL

GERANIUM

Wiesen-Storchschnabel
(Geranium pratense) mit Drüsenhaaren

Allgemeines und Verbreitung

Die Gattung Storchschnabel ist auf allen Kontinenten verbreitet und mit ca. 400 Arten die artenreichste innerhalb der Familie. Viele von ihnen werden seit Langem als Beet- und Balkonpflanzen kultiviert. Umgangssprachlich zählen zu ihnen auch die als Zierpflanzen beliebten Pelargonien. Tatsächlich wurde diese in Mitteleuropa nicht heimische Gattung bis ins 18. Jh. zur Gattung *Geranium* gezählt. Beide Gattungen unterscheiden sich vor allem im Blütenaufbau: Die Gattung *Geranium* hat radiäre Blüten und die Gattung *Pelargonium* zygomorphe, d. h. nur eine Symmetrie-Ebene.

In Mitteleuropa gedeihen wild ca. 20 Storchschnabel-Arten, viele weitere werden als Zierpflanzen in Gärten gepflanzt. Die heimischen Arten sind ein- bis zweijährige oder ausdauernde Kräuter und Stauden.

Viele Arten gedeihen auf feuchten Böden. Es gibt einige Arten, die mit stickstoff- und salzreichen Böden gut zurechtkommen und auf Ruderalflächen und Äckern zu finden sind.

Blätter

Die meisten Arten wachsen buschig oder horstartig, d. h., sie bilden an einem Stängel blühende Triebe aus und haben zusätzlich Grundblätter, die direkt an der Basis der Pflanze gebildet werden. Die relativ großen Grundblätter ermöglichen eine gute Licht- und Wasseraufnahme und unterdrücken am Standort konkurrierende Pflanzen in ihrem Wachstum. Oft biegen sich die Blattstiele der unteren Blätter an den Gelenken nach unten. Sie bleiben auch nach dem Absterben der Blattspreite erhalten und stützen die Pflanze. Dies ist vor allem auf Felsen und instabilen Standorten von Vorteil. Viele Arten haben zusätzlich verdickte Blattgelenke, mit denen sie ihre Blätter nach dem Licht ausrichten können (Fotonastie). Beim Stinkenden Storchschnabel ist dies besonders gut zu beobachten. Er besiedelt eine weite Bandbreite von schattigen Standorten bis zum Wachstum im vollen Sonnenlicht. Bei starker Sonneneinstrahlung bildet er Lichtschutzpigmente, dadurch werden die Blätter dunkelrot gefärbt.

Blattgelenke und Blätter des **Stinkenden Storchschnabels** *(Geranium robertianum)*

Einige Arten, z. B. der Stinkende Storchschnabel, enthalten ätherische Öle und haben einen intensiven Duft, die meisten von ihnen gedeihen jedoch nicht in Europa.

Wie bei den Familienmerkmalen beschrieben, sind die Blätter – oft auch die Blattstiele, Blütenstiele und Stängel – meist behaart. Häufig gibt es zusätzlich Drüsenhaare, wodurch sich z. B. der Blütenstiel des Wiesen-Storchschnabels klebrig anfühlt.

Die Blätter tragen stets Nebenblätter und sind gestielt. Oft sind sie handförmig gefingert und haben 5–7 tief fiederspaltige Abschnitte. Die Grundblätter sind oft stärker geteilt als die etwas einfacher gestalteten Stängelblätter. Oft sind die oberen Blätter wechselständig und im unteren Stängelabschnitt gegenständig angeordnet.

Blüte

Meist stehen zwei gestielte Blüten jeweils in der Achsel eines Tragblattes, seltener kommen einzelne Blüten vor. Die radiären Blüten sind wie für die Familie typisch 5-zählig mit freien Kelch- und Kronblättern. Die oft behaarten Kelchblätter vergrößern sich meist bis zur Fruchtreife und schützen die heranreifenden Früchte. Die Blüten sind meist rosa bis violett, weißlich oder blau, teilweise auch mit braunen Farbanteilen. Oft ist eine Aderung in den Kronblättern zu erkennen.

Beispiel **Kleiner Storchschnabel** *(Geranium pusillum)*

Die Kronblätter können am Ende abgerundet oder ausgerandet sein, dies spielt bei der Bestimmung der Arten eine wichtige Rolle. Die 10 Staubblätter stehen in zwei Kreisen. Die Basis der Staubfäden ist an den Rändern häufig behaart. Meist befindet sich zwischen je zwei Kronblättern ein Nektarium, d. h. eine scheibenförmige Verdickung der Blütenachse (Diskus).

Männliche und weibliche Blütenanteile gelangen nacheinander zur Reife, um Selbstbefruchtung zu verhindern. Hier ist der **Blutrote Storchschnabel** *(Geranium sanguineum)* mit reifen Staubblättern (links) und reifen Narben (rechts) zu sehen.

Frucht

Aus den 5 verwachsenen, oberständigen Fruchtblättern entwickelt sich die namensgebende lange Frucht. Am Grunde jedes Fruchtblattes befinden sich 2 Samenanlagen, von denen nur eine heranreift. Zur Reifezeit werden die Samen katapultartig von der sich in 5 Fächer aufspaltenden Mittelsäule geschleudert, oft mehrere Meter weit.

Ausgewählte Arten

Der **Weiche Storchschnabel** *(Geranium molle)* ist einjährig und ähnelt dem Kleinen Storchschnabel *(Geranium pusillum)*, der jedoch nicht nur anliegend behaart ist. Er wächst wie dieser meist im Siedlungsbereich der Menschen.

Der **Schlitzblättrige Storchschnabel** *(Geranium dissectum)* ist meist einjährig, kann aber auch zweijährig wachsen. Seinen Namen verdankt er den tief eingeschnittenen Blättern. Er ist in Äckern, an Wegrändern und in Gärten zu finden.

Der **Sumpf-Storchschnabel** *(Geranium palustre)* ist ein sog. Spreizklimmer, d. h., er stützt sich mit seinen sparrig verzweigten Stängeln zwischen anderen Pflanzen ab. Er wächst in Hochstaudenfluren, auf feuchten Wiesen und an Bächen.

Den **Wald-Storchschnabel** *(Geranium sylvaticum)* findet man auf sickerfeuchten Bergwiesen, in Hochstaudenfluren und Mischwäldern auf nicht zu trockenen Böden. Er ist dem Wiesen-Storchschnabel mit derberen Blättern und hellen blauen Blüten recht ähnlich. Die Blätter ähneln Sterndolde, Trollblume und Eisenhut.

Der **Rundblättrige Storchschnabel** *(Geranium rotundifolium)* stammt vermutlich aus dem Mittelmeerraum und ist inzwischen nahezu weltweit verbreitet. Er wächst vor allem in Weinbau-Gebieten. Die Blätter ähneln dem Behaarten und Pyrenäen-Storchschnabel, beide haben ausgerandete Blütenblätter.

Der ursprünglich in den Pyrenäen, dem Kaukasus, Südeuropa und den Südalpen heimische **Pyrenäen-Storchschnabel** *(Geranium pyrenaicum)* ist vermutlich als verwilderte Zierpflanze nach Mitteleuropa gelangt. Er ist in Unkrautfluren, an Mauern und Böschungen auf nährstoffreichen Böden zu finden.

Verwechslungsmöglichkeiten

Es gibt auch in anderen Familien Arten mit handförmig geteilten Blättern, die denen einiger Storchschnabel-Arten ähnlich sehen können.

Verwechslung möglich mit folgenden Gattungen und Arten		
Trollblume ➾ Viele Staubblätter ➾ Viele freie Fruchtblätter ➾ Keine Nebenblätter		
Eisenhut ➾ Zygomorphe Blüten ➾ Ungeteilte, ganzrandige Blätter ➾ Keine Nebenblätter		
Hahnenfuß ➾ Viele Staubblätter ➾ Viele freie Fruchtblätter ➾ Keine Nebenblätter		
Malve ➾ Verwachsene Staubfäden ➾ Spaltfrüchte		
Fingerkraut ➾ Viele Staubblätter ➾ Viele Fruchtblätter		
Sterndolde ➾ Doldiger Blütenstand ➾ Unterständiger Fruchtknoten		
Sanikel ➾ Doldiger Blütenstand ➾ Unterständiger Fruchtknoten		

WEIDERICHGEWÄCHSE

LYTHRACEAE

In dieser Familie gibt es weltweit knapp 30 Gattungen mit etwa 620 Arten. Der Verbreitungsschwerpunkt liegt in den Tropen und Subtropen. Es gibt unter ihnen von krautigen Pflanzen bis zu Bäumen und von Wasser- zu Trockenpflanzen viele Wuchsformen. Die Blüten sind 4- oder 6-zählig. In Mitteleuropa findet man von ihnen lediglich 4 Arten: den sehr seltenen **Ysopblättrigen Weiderich** *(Lythrum hyssopifolia)*, den verbreiteten **Blut-Weiderich** *(Lythrum salicaria)*, die **Wassernuss** *(Trapa natans)* und den **Sumpfquendel** *(Lythrum portula)*, Letzterer wird als *Peplis portula* teils auch der Gattung *Peplis* zugeordnet.

Die Wurzeln werden volksmedizinisch zur Blutstillung, bei Vergiftungen und Durchfällen eingesetzt.

Beispiel
Blut-Weiderich
(Lythrum salicaria)

Der **Blut-Weiderich** *(Lythrum salicaria)* ist an feuchten Standorten und Ufern zu finden. Er wird von zahlreichen Insekten bestäubt und bietet nicht nur Schmetterlingen reichhaltig Nektar. Eine Besonderheit ist, dass es bei ihm 3 Blütenformen gibt, deren Staubblätter und Griffel unterschiedlich lang sind.

Den **Sumpfquendel** *(Lythrum portula,* auch *Peplis portula)* findet man von Skandinavien bis zum Mittelmeer auf wechselfeuchten, kalkarmen Überschwemmungsböden. Die Samen keimen im Wasser, und nach dem Trockenfallen des Standortes gelangt die Pflanze zur Blüte.

Die einjährige **Wassernuss** *(Trapa natans)* wurde seit dem Altertum als Nahrung verwendet. Sie ist in Mitteleuropa selten geworden und steht unter Naturschutz. Ihre schwimmenden Blattrosetten findet man in stehenden Gewässern in wärmebegünstigten Gebieten.

NACHTKERZEN-GEWÄCHSE

ONAGRACEAE

Die **Zweijährige Nachtkerze** *(Oenothera biennis)* öffnet ihre gelben Blütenblätter zur Dämmerung in wenigen Sekunden. Gleich mit dem Öffnen verströmen die Blüten einen intensiven, betörenden Duft, der Nachtfalter auch aus großer Entfernung anlockt. Sie bleiben die Nacht über geöffnet und welken im Laufe des nächsten Tages. Tagsüber werden die Blüten auch von Bienen, Hummeln, Tagfaltern und Schwebfliegen besucht, die beim Fressen der Pollen die Blüten bestäuben.

Allgemeines und Verbreitung

Weltweit gibt es in dieser Familie über 20 Gattungen mit mehr als 650 Arten. Es gibt ein-, zweijährige und ausdauernde Arten. Die meisten von ihnen sind krautige Pflanzen oder Sträucher. Die als Zierpflanze beliebten Fuchsien *(Fuchsia)* sind verholzende Pflanzen, die meisten von ihnen Sträucher und seltener auch Bäume bis zu 30 m Höhe. Sie stammen meist aus den Bergwäldern Mittel- und Südamerikas. Sie werden dort überwiegend von Kolibris bestäubt. Einheimisch sind bei uns ca. 30 Arten aus 4 Gattungen, es sind allesamt Kräuter oder Stauden.

Ihren Namen verdankt diese Familie den Arten, die, wie beispielsweise die Nachtkerze (Gattung *Oenothera*), ihre Blüten erst abends öffnen. Da sich eine Blüte in sehr kurzer Zeit öffnet (innerhalb weniger als einer Minute), ist es spannend, dieses «Blütenspektakel» zum Sonnenuntergang zu beobachten.

Blätter

Alle heimischen Nachtkerzengewächse haben ungeteilte Blätter. Diese können sowohl gegen- (Hexenkraut) als auch wechselständig (Nachtkerzen) sein. Der Blattrand ist glatt bis gezähnt. Nebenblätter können fehlen oder vorhanden sein. Einige Arten sind zweijährig, d. h., im 1. Jahr wird eine Blattrosette gebildet, aus der im 2. Jahr die blühende Pflanze heranwächst.

Außerhalb Mitteleuropas gibt es auch Arten mit fiederspaltigen Blättern und spiraliger oder quirlständiger Anordnung der Blätter.

Großes Hexenkraut — Schmalblättriges Weidenröschen — Zottiges Weidenröschen — Zweijährige Nachtkerze, Grundblattrosette und Stängelblatt

Blüte

Bei den heimischen Arten stehen in einem Blütenstand meist mehrere Einzelblüten in einem traubigen bis ährigen Blütenstand zusammen. Bei der Gattung Nachtkerze sitzt jede Blüte in der Achsel eines Tragblattes. Der Aufbau der zwittrigen Einzelblüten ist überwiegend einheitlich und häufig in allen Teilen 4-zählig. Es gibt eine doppelte Blütenhülle, d. h. Kelch und Blütenblätter. Die Kronblätter können frei oder miteinander verwachsen sein. Auffällig ist der aus den Kelchblättern heraus gebildete, röhrige Blütenbecher, der den unterständigen Fruchtknoten verlängert. Oft hat er die Farbe der Blütenblätter. Er heißt botanisch **Hypanthium** und wird gelegentlich auch als Tubus oder Kelchröhre bezeichnet. Dadurch wirkt der Fruchtknoten auf den ersten Blick eher wie ein Blütenstiel. An der Basis dieses Hypanthiums befindet sich ein nektarausscheidender Diskus. Daher erreichen nur Insekten mit langem Rüssel den Nektar. Allerdings gibt es auch Nektarräuber, die die Kelchröhre aufbeißen, um an den Nektar zu kommen.

Beispiel
Gewöhnliche oder
Zweijährige Nachtkerze
(Oenothera biennis)

Die fleischige Wurzel kann wie Schwarzwurzeln zubereitet werden.

Der Griffel reicht weit aus der Blütenkrone heraus, er hat eine 4-lappige, gekeulte oder kugelige Narbe. Vor allem bei der Bestimmung der Weidenröschen-Arten ist es wichtig, ob die Narbe keulig oder 4-teilig ist. Diese ist ebenso wie die Staubbeutel vielen verschiedenen bestäubenden Insekten zugänglich. Umgeben ist der Griffel von den 8 freien Staubblättern (selten 2 – wie beispielsweise beim Hexenkraut – oder 4), die in 2 Kreisen angeordnet sind. Meist ragen sie ebenfalls aus der Krone heraus, obwohl sie deutlich kürzer sind als der Griffel.

Die großen, gelben Blütenkronblätter der **Gewöhnlichen** oder **Zweijährigen Nachtkerze** *(Oenothera biennis)* sind nicht nur kandiert sehr lecker. Einzeln vom Blütenboden gezupft, können sich noch die Samen entwickeln.

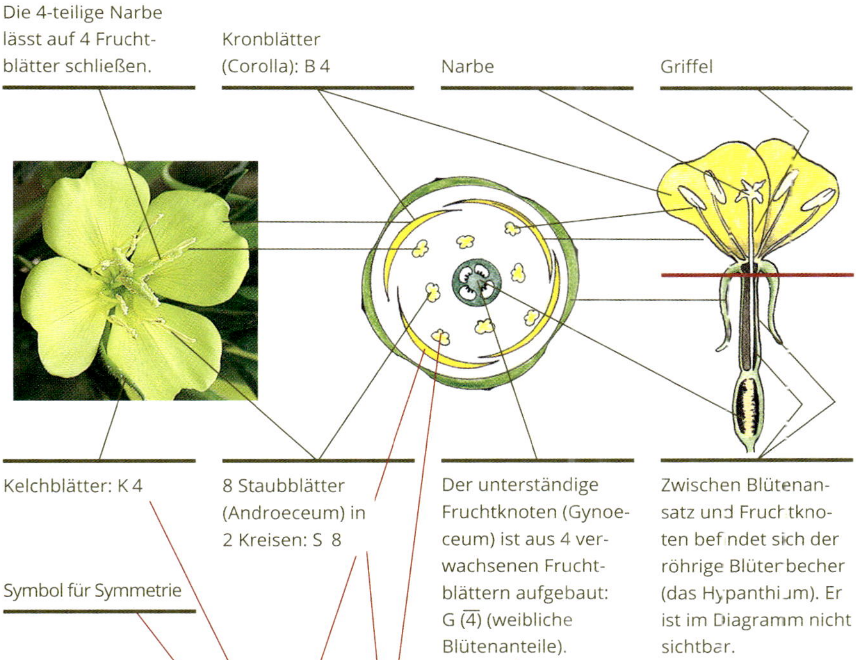

Blütenformel *** K 4 C 4 A meist 8 G $\overline{(4)}$**

*** Kelchblätter 4 Kronblätter 4 Staubblätter 8 Fruchtblätter $\overline{(4)}$**

Bei der Gattung Hexenkraut *(Circaea)* sind die Blüten zygomorph und in allen Teilen 2-zählig, d. h., es gibt jeweils 2 Kelchblätter, 2 Kronblätter, 2 Staubblätter und 2 Fruchtblätter. Viele Blüten sitzen ohne Tragblätter in einer Traube zusammen. Auch hier gibt es ein Hypanthium, durch das der unterständige Fruchtknoten stielartig unter dem Blütenansatz sitzt. Bestäuber sind vor allem Schwebfliegen.

Frucht

Bei den Gattungen Weidenröschen und Nachtkerze bilden sich aus den 4 verwachsenen Fruchtblättern zur Reifezeit Kapseln mit 4 Fächern. Sie enthalten zahlreiche kleine Samen. Bei den Weidenröschen sind diese mit einem Haarschopf versehen, der eine Ausbreitung mit dem Wind über weite Distanzen ermöglicht. Bei den Hexenkräutern sind es Nussfrüchte (Achänen) mit je 2 Samen. Die außerhalb Mitteleuropas verbreiteten Fuchsien bilden Beerenfrüchte.

Das **Große Hexenkraut** *(Circaea lutetiana)* hat 2-zählige Blüten mit nur einer Symmetrie-Ebene.

Die **Gew.** oder **Zweijährige Nachtkerze** *(Oenothera biennis)* hat sich ab 1620 von NO-Amerika aus entlang des Bahnnetzes in Mitteleuropa ausgebreitet. In jeder Kapsel werden unzählige winzige Samen gebildet.

Die wichtigsten Familien-Merkmale auf einen Blick

- Doppelte Blütenhülle
- Meist 4-zählige Blüten
- Meist 8 Staubblätter
- Unterständiger Fruchtknoten
- Ungeteilte Blätter

Verwechslungsmöglichkeiten

4-zählige Blüten besitzen auch die Mohn- und Rötegewächse sowie die Kreuzblütler.

Verwechslung möglich mit folgenden Familien		**Vergleich** Nachtkerzengewächse
Mohngewächse Oberständiger Fruchtknoten Milchsaft Viele Staubblätter		
Rötegewächse Verwachsene Kronblätter		
Quirlständige Blätter		
Kreuzblütler 6 Staubblätter (4 lange und 2 kurze)		
Oberständiger Fruchtknoten entwickelt sich zur Schote mit Scheidewand	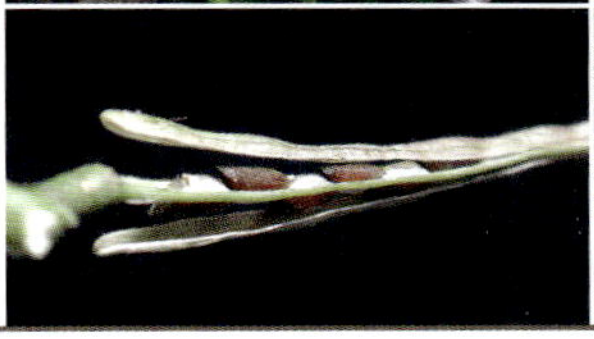	

DE
Silber

WEIDENRÖSCHEN

EPILOBIUM

Aufplatzende Fruchtkapseln des **Berg-Weidenröschens** *(Epilobium montanum)* mit vielen Samen, die durch den Haarschopf vom Wind über weite Distanzen verbreitet werden.

Zottiges Weidenröschen *(Epilobium hirsutum)* mit vierteiliger Narbe

Allgemeines und Verbreitung

Weltweit gibt es in der Gattung Weidenröschen etwa 190 Arten. Sie sind überwiegend in den gemäßigten Breiten Nordamerikas und Eurasiens zu finden. In Mitteleuropa gedeihen knapp 30 Arten. Die meisten von ihnen sind ausdauernde, krautige Pflanzen.

Blätter

Die Wuchsform kann niederliegend bis aufrecht sein. Die Blätter aller heimischen Arten sind ungeteilt. Der Stängel und die Blätter können behaart sein. Der Blattrand kann glatt bis gezähnt sein. Bei vielen Arten sind die Blätter gegenständig, oftmals ist auch ein Wechsel der Blattstellung entlang des Stängels zu beobachten. So sind sie beispielsweise beim **Zottigen Weidenröschen** (■ *Epilobium hirsutum*) im unteren Stängelabschnitt nahezu kreuzgegenständig und im oberen Stängelabschnitt überwiegend wechselständig. Nebenblätter kommen nicht vor.

Die wenigen Arten mit durchgängig wechselständigen Blättern, wie beispielsweise das **Schmalblättrige Weidenrösschen** (■■ *Epilobium angustifolium,* auch Wald-Weidenröschen genannt), werden nach Ansicht einiger Autoren in eine eigenständige Gattung *(Chamaenerion)* gestellt.

Blüten

Die Blütenfarbe der heimischen Arten reicht von weißlich über kräftig rosa bis zu rötlich-violett. Der Blütenstand setzt sich meist aus mehreren Einzelblüten in einem traubigen bis ährigen Blütenstand zusammen. Die zwittrigen Einzelblüten sind in allen Teilen 4-zählig. Es gibt eine doppelte Blütenhülle, d. h. Kelch und Blütenblätter. Die Kelchblätter bilden einen röhrigen Blütenbecher, der den unterständigen Fruchtknoten verlängert. Meist ist er ebenfalls rötlich gefärbt. Er wird botanisch Hypanthium genannt und gelegentlich auch als Tubus oder Kelchröhre bezeichnet. Auf den ersten Blick wirkt der Fruchtknoten daher wie ein Blütenstiel. Der Nektar wird an der Basis dieses Blütenbechers abgegeben und kann nur von Insekten mit langem Rüssel erreicht werden. Nektarräuber beißen die Kelchröhre auf, um an den Nektar zu kommen. Der aufrechte Griffel endet in einer einfachen, keulen- bis kugelförmigen oder in einer 4-teiligen Narbe. Dies ist ein wichtiges Unterscheidungsmerkmal für die Bestimmung der einzelnen Arten. Die Staubbeutel ist vielen verschiedenen bestäubenden Insekten zugänglich, die die Pollenkörner als Nahrung schätzen. Um den Griffel herum befinden sich die 8 freien Staubblätter, die in 2 Kreisen stehen. Meist ragen sie ebenfalls aus der Krone heraus, obwohl sie deutlich kürzer sind als der Griffel. Sie reifen nacheinander heran, um Selbstbestäubung zu vermeiden.

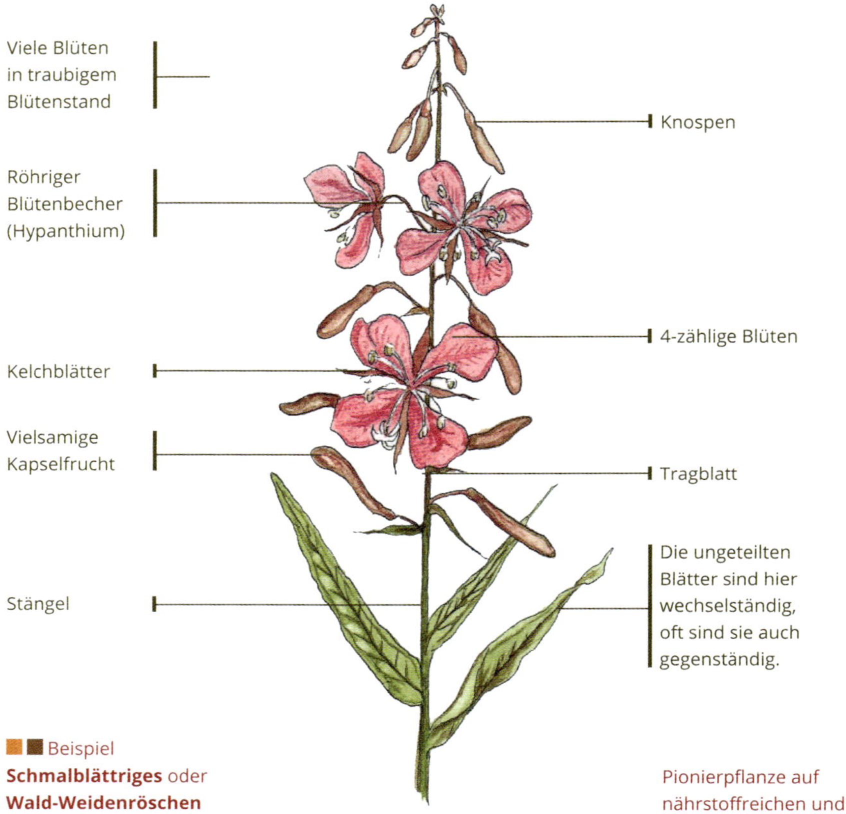

Beispiel
Schmalblättriges oder **Wald-Weidenröschen** *(Epilobium angustifolium)*

Pionierpflanze auf nährstoffreichen und kalkarmen Böden

Die Kronblätter können ausgerandet oder rundlich sein. Bei manchen Arten sind sie vorne weit eingeschnitten, sodass es fast so aussieht, als ob es sich um doppelt so viele Kronblätter handeln würde. Dieses sind ebenfalls Merkmale für die Bestimmung der einzelnen Arten. Die Blütenformel ist auf Seite 463 abgebildet.

Frucht

Aus den 4 verwachsenen Fruchtblättern entwickeln sich zur Reifezeit Kapselfrüchte mit 4 Fächern. Sie enthalten zahlreiche kleine Samen, die mit einem seidigen Haarschopf für die Windverbreitung versehen sind. So werden sie über weite Distanzen verweht.

Beim **Schmalblättrigen** oder **Wald-Weidenröschen** wird die Attraktivität für die Insekten durch farbige Kelchblätter, Hypanthium und Frucht gesteigert. Da nur wenig Nektar angeboten wird, besucht eine Biene pro Minute 20–30 Blüten. Selbstbefruchtung wird verhindert, indem die Staubbeutel heranreifen, bevor die Narbe empfangsbereit ist. Wenn die Narbe die 4 Narbenstrahlen entfaltet, sind die Staubblätter bereits verwelkt und der Blütenpollen abgegeben (vormännliche Blüten). Die Blüten blühen von unten nach oben auf. Da vor allem die Hummeln systematisch bei den unteren Blüten beginnen, um sich dann nach oben vorzuarbeiten, befruchtet kein eigener Pollen die Narben.

Schmalblättriges Weidenröschen *(Epilobium angustifolium)*, empfangsbereite Narbe (links) und Pollenreife (rechts)

Hummelbesuch, **Schmalblättriges Weidenröschen**

Sumpf-Weidenröschen *(Epilobium palustre)* mit kopfiger Narbe

Die wichtigsten Gattungs-Merkmale auf einen Blick

- Krautige Pflanzen
- Doppelte Blütenhülle (Kelch und Krone)
- 4-zählige Blüten
- 8 Staubblätter
- Röhriger Blütenbecher (Hypanthium)
- Unterständiger Fruchtknoten
- Ungeteilte, oft gegenständige Blätter

Verwechslungsmöglichkeiten

Blühend kann das **Schmalblättrige Weidenröschen** auf den ersten Blick für **Blut-Weiderich** *(Lythrum salicaria)* gehalten werden. Die Blätter ähneln Arten der Gattung Goldrute *(Solidago)*. Diese Art lässt sich leicht bestimmen, doch insgesamt ist die Bestimmung der zahlreichen Arten innerhalb der Gattung Weidenröschen in der Praxis häufig problematisch, vor allem auch, weil sie stark zur Bildung von Bastarden (Hybriden) neigen.

Verwechslung möglich mit folgenden Gattungen		**Vergleich** Weidenröschen
Blutweiderich - Blüten meist kurz gestielt - 5 oder 6 Kronblätter - 3 Blütentypen - Samen ohne Haarschopf		
- Blätter gegen- oder quirlständig		
Goldruten - Gelbe Korbblüten - Früchte: Achänen mit Pappus		
- Stets wechselständige Blätter		

Das **Zottige Weidenröschen** *(Epiloboium hirsutum)* hat im unteren Stängelabschnitt nahezu kreuzgegenständige Blätter, nach oben hin sind sie überwiegend wechselständig.

Das **Kleinblütige Weidenröschen** *(Epilobium parviflorum)* ist kaum verzweigt. Es hat behaarte Blätter. Die unteren sind gegen-, die oberen meist wechselständig.

Das **Schmalblättrige** oder **Wald-Weidenröschen** *(Epilobium angustifolium)* wird auch Trümmerblümchen genannt. Als Pionierpflanze gedeiht es an Wegen, auf Trümmergrundstücken, Brandstellen, an Ufern und auf Waldschlägen auf nährstoffreichen und kalkarmen Böden (bis 2000 m).

Das **Berg-Weidenröschen** *(Epilobium montanum)* ist eine der Arten mit ausgerandeten Kronblättern und einer 4-teiligen Narbe.

SEIFENBAUMGEWÄCHSE

SAPINDACEAE

Die weltweit etwa 1860 Arten aus gut 140 Gattungen sind vor allem in den Tropen verbreitet. In Mitteleuropa sind nur die Gattungen **Rosskastanie** *(Aesculus)* und **Ahorn** *(Acer)* heimisch. Es sind sommergrüne Bäume oder Sträucher mit gegenständigen, meist handförmig gelappten Blättern. Typisch für die Gattung Ahorn sind die jeweils einseitig geflügelten Nussfrüchte.

Der **Berg-Ahorn** *(Acer pseudoplatanus)* ist der größte und älteste der heimischen Vertreter.

Gewöhnliche Rosskastanie *(Aesculus hippocastanum)*

Rosskastanie

Berg-Ahorn

Spitz-Ahorn

Schneeballblättriger Ahorn

Feld-Ahorn

Der **Schneeballblättrige Ahorn** *(Acer opalus)* ist ein bis zu 10 m (selten 20 m) hoher Baum oder Strauch. Er ist vor allem in Nordafrika und den Flaumeichenwäldern und Gebirgen des Mittelmeerraumes verbreitet. Nördlich der Alpen sind die natürlichen Vorkommen auf die mildesten Lagen beschränkt.

Der **Spitz-Ahorn** *(Acer platanoides)* wird bis zu 200 Jahre alt und steigt bis ca. 700 m in die Gebirge hinauf. Er ist an den spitz ausgezogenen Blattlappen und dem weißen Milchsaft leicht zu erkennen, da die anderen Arten diesen bei Verletzung nicht absondern. Er ist eine wichtige Futterpflanze für Bienen.

Der **Feld-Ahorn** *(Acer campestre)* ist mit einer Höhe bis zu 15 m einer der kleinsten der heimischen Arten. Kenntlich ist er an den kleinen Blättern mit den fünf rundlichen Lappen. Er gedeiht von der Ebene bis zu 500 m Höhe.

Der **Berg-Ahorn** *(Acer pseudoplatanus)* steigt am weitesten in die Gebirge auf (bis zu 1500 m). Früher wurde der Blutungssaft ähnlich verwendet wie Ahornsirup des nordamerikanischen Zucker-Ahorns *(Acer saccharum)*.

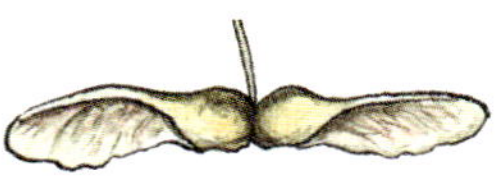

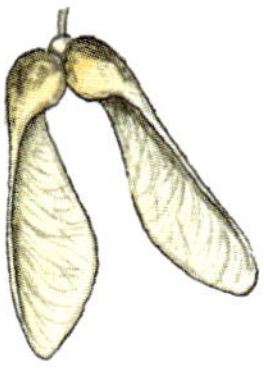

ZISTROSENGEWÄCHSE

CISTACEAE

Der Verbreitungsschwerpunkt der weltweit etwa 170 Arten aus 9 Gattungen liegt im Mittelmeergebiet. Es sind überwiegend Zwerg- und Halbsträucher, aber auch einige Kräuter. Alle haben radiäre 5-zählige Blüten und viele von ihnen 3 größere und 2 kleinere Kelchblätter. Staubblätter gibt es sehr viele. Zur Reifezeit werden Kapselfrüchte gebildet. Von den knapp 10 Gattungen sind die artenreichsten die Zistrosen *(Cistus)* und Sonnenröschen *(Helianthemum)*. In der heimischen Flora gibt es etwa 10 Arten. Das **Gewöhnliche Sonnenröschen** *(Helianthemum nummularium)* ist am weitesten verbreitet. Die **Heideröschen** (Gattung *Fumana*) mit ähnlichen Blüten haben nadelförmige Blätter. Das **Gefleckte Sandröschen** *(Tuberaria guttata)* ist einjährig, hat sitzende Stängelblätter und meist einen dunklen Fleck auf den Kronblättern.

Sonnenröschen *(Helianthemum origanifolium)*

Kleinblütige Zistrose *(Cistus parviflorus)*

Ausgewählte Arten

Das **Gewöhnliche Sonnenröschen** *(Helianthemum nummularium)* hat als Anpassung an die sonnigen, trockenen Standorte umgerollte Blattränder und eine glänzende Blattoberseite. Es bevorzugt kalkhaltige Böden.

Das **Gefleckte Sandröschen** *(Tuberaria guttata)* ist einjährig und wächst in Süd- und Mitteleuropa auf sonnigen, trockenen Standorten, allerdings ist es in Deutschland vom Aussterben bedroht. Meist sind die Kronblätter gefleckt.

Das **Alpen-Sonnenröschen** *(Helianthemum alpestre)* ist kleiner als das Gewöhnliche Sonnenröschen. Darüber hinaus ist es durch das Fehlen der Nebenblätter gut von Letzterem mit Nebenblättern zu unterscheiden.

Die **Salbeiblättrige Zistrose** *(Cistus salviifolius)* wächst im Mittelmeerraum an trockenen Felshängen. Es ist ein aromatisch duftender Strauch, der bis 1 m hoch wird. Die Kronblätter können für Tee gesammelt werden.

MALVENGEWÄCHSE

MALVACEAE

Nachdem u. a. die Lindengewächse als Unterfamilie zu den Malvengewächsen gehören, gibt es weltweit in dieser Familie über 4200 Arten aus über 240 Gattungen, darunter Kräuter, Stauden, Sträucher und Gehölze. Die etwa 10 heimischen Arten gehören zu den Gattungen **Linde** *(Tilia)*, **Eibisch** *(Althaea)*, **Malve** *(Malva)* und **Stockrose** *(Alcea)*. Zur Gattung Hibiskus *(Hibiscus)* gehören einige beliebte Zierpflanzen, z. B. die Stundenblume. Malven und Linden sind seit alters traditionelle Heilpflanzen.

Charakteristisch für diese Familie sind die oft handförmigen, gelappten oder geteilten, wechselständigen Blätter, die radiären, meist 5-zähligen Blüten mit dem Außenkelch und der oberständige Fruchtknoten. Die Nebenblätter fallen früh ab.

Garten- oder Gewöhnliche Stockrose *(Alcea rosea)*

Winter-Linde *(Tilia cordata)*

Ausgewählte Arten

Die **Winter-Linde** *(Tilia cordata)* ist an den bräunlichen Haaren in den Blattachseln von der Sommer-Linde mit weißen Haaren zu unterscheiden, allerdings bilden sie Bastarde. Die jungen Blätter eignen sich für Salate. Die Blütenknospen und die unreifen Früchte lassen sich in Essig und Öl einlegen. Die Blüten aromatisieren Süßspeisen und Getränke. Der bis 30 m hohe und 1000 Jahre alte Baum wächst wild in Au-, Laubmisch- und Hangwäldern bis 1500 m Höhe.

Die **Sommer-Linde** *(Tilia platyphyllos)* ist seltener als die Winter-Linde. Für die kulinarische Verwendung oder als Heilpflanze können beide Arten gleichwertig verwendet werden. Die duftenden Blüten werden vor allem von Bienen und Hummeln besucht. Ein Baum kann bis zu 60 000 Blüten tragen. Ein Tee aus den Blüten ist wegen seiner schweißtreibenden und krampfstillenden Eigenschaften unter anderem beliebt zur Abwehr grippaler Infekte.

MALVE

MALVA

■ Moschus- oder Bisam-Malve *(Malva moschata)* ■ ■ Wilde Malve *(Malva sylvestris)*

Allgemeines und Verbreitung

Malven gedeihen in Europa, Asien und Nordafrika mit etwa 20 Arten. Von der bei uns wachsenden 7 Arten sind einige aus Asien und dem Mittelmeerraum eingewandert, wie beispielsweise die südeuropäische **Sigmarswurz** *(Malva alcea),* **Weg-** oder **Kleine Malve** *(Malva neglecta)* und **Wilde Malve** *(Malva sylvestris).*

Von Letzterer werden die Blätter wegen ihres hohen Schleimstoff-Gehaltes traditionell in der Medizin eingesetzt, vor allem als reizlinderndes Mittel bei Husten. Die Blüten werden wegen ihrer färbenden Eigenschaften vielen Teemischungen beigefügt. Sie werden auch zum Färben von Lebensmitteln verwendet.

Blätter

Die bei uns wachsenden Malven-Arten sind einjährig, zweijährig oder ausdauernd. Die Blätter sind stets wechselständig. Überwiegend sind sie **handförmig** eingeschnitten oder gelappt – und dann handnervig. Bei einigen Arten unterscheiden sich die unteren Laubblätter von den oberen, beispielsweise sind bei der **Moschus-** oder **Bisam-Malve** *(Malva moschata)* die unteren Blätter nur grob bis zur Hälfte handförmig geteilt und die oberen stärker tiefer und feiner eingeschnitten.

Nebenblätter sind vorhanden, sie sind jedoch häufig klein oder hinfällig (fallen früh ab). Die Blätter sind meist ± gestielt. Die meisten Arten richten ihre Blattflächen senkrecht zur Einfallsrichtung des Sonnenlichtes aus. Es wurde beobachtet, dass ihre Blattstellung während des gesamten Tagesverlaufes nicht mehr als 15 Grad vom jeweiligen Sonnenstand abwich.

Wilde Malve (2×)

Moschus- oder Bisam-Malve

Sigmarswurz (3×)

Die Blütenfarbstoffe bereichern Teemischungen und färben Lebensmittel.

Beispiel **Wilde Malve** *(Malva sylvestris)*

Traditionelle Heilpflanze mit hohem Gehalt an Schleimstoffen

Blüten

Die Blüten sind überwiegend auffällig und groß. Sie sind stets radiär und **5-zählig.** Die Kronblätter sind am oberen Ende oft eingekerbt oder eingebuchtet (ausgerandet). Die Blütenfarbe reicht von weiß über rosa bis zu violett oder purpurfarben. Diese Farben gehen auf **Anthocyane** zurück, die sich je nach Säuregehalt rosa, violett bis blau färben. Dies lässt sich sehr gut nachvollziehen, indem Kronblätter in Wasser ausgezogen und dann mit Säure oder Lauge versetzt werden (Indikatorfunktion). Die 5 verwachsenen Kelchblätter sind in der Regel von einem **Außenkelch** umgeben, der im Laufe der Evolution aus umgebildeten Hochblättern entstanden ist.

Die Fäden der Staubblätter sind stets zu einer Röhre (Columna) verwachsen, die den Fruchtknoten und Griffel umschließen. Die Staubbeutel sind frei, und die Narben ragen aus der Staubfadenröhre heraus. Am Grunde können die Staubblätter mit den Kronblättern verbunden sein.

Der oberständige Fruchtknoten ist aus 3 bis vielen Fruchtblättern aufgebaut. Entsprechend endet der Griffel mit 3 bis vielen Narben. In der Regel sind die Blüten vormännlich, d. h., die Narben bleiben in der Staubfadenröhre verborgen, bis die Pollenkörner abgegeben sind, erst danach entfalten sie sich und werden sichtbar und empfangsbereit.

Frucht

Aus dem oberständigen Fruchtknoten entwickelt sich eine vielsamige **Kapsel**, die entsprechend der Anzahl der Fruchtblätter aus 3 bis vielen **Teilfrüchten** aufgebaut ist und zur Reifezeit zerfällt. Jede Teilfrucht enthält einen Samen. Die Frucht reift im Schutz des Kelches heran. Sie ähnelt einem kleinen Käselaib, dies hat den Malven auch den Namen «Käsepappel» eingebracht. Das «Papp» bezieht sich in diesem Fall auf Brei, da die Teilfrüchtchen zur Reifezeit bei Regen breiartig werden. Sie werden vom Regen verschwemmt oder haften am Fell der Tiere und werden so verbreitet. Bei der **Sigmarswurz** *(Malva alcea)* verbreiten sich die Teilfrüchte als Flügelflieger mit dem Wind oder sie haften bei Regen ebenfalls am Tierfell.

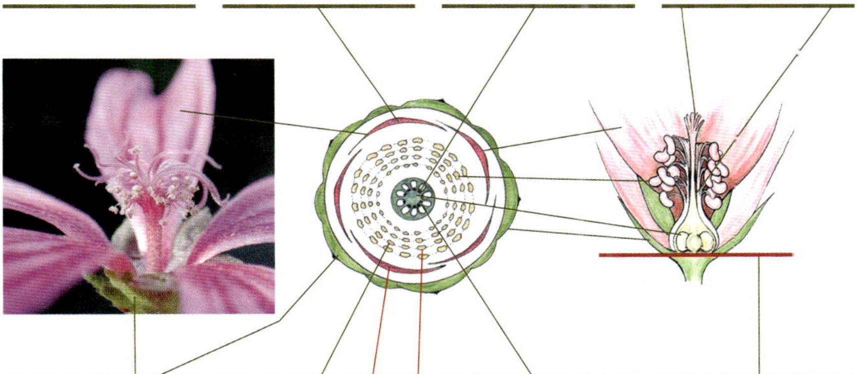

Blütenformel *** K (5) C 5 A (5-∞) G 3-∞**

*** Kelchblätter (5) Kronblätter 5 Staubblätter (5-∞) Fruchtblätter 3-∞**

Die wichtigsten Gattungs-Merkmale auf einen Blick

- Krautige Pflanzen
- Oft hoher Schleimstoff-Gehalt
- Blätter wechselständig und meist handförmig eingeschnitten
- Nebenblätter oft hinfällig
- Blüten radiär und 5-zählig, meist rosa bis violett
- Kelch meist mit Außenkelch
- Verwachsene Staubfadenröhre
- Fruchtknoten oberständig
- Kapsel in Teilfrüchte zerfallend

Verwechslungsmöglichkeiten

Durch den Außenkelch und die 5-zähligen Blüten erinnern Malven an Rosengewächse, sie sehen auch Storchschnabelgewächsen ähnlich. Bei beiden sind die Staubfäden nie säulenartig verwachsen.

Verwechslung möglich mit folgenden Familien		**Vergleich** Malve
Rosengewächse Staubfäden frei Oft viele freie Fruchtblätter Verschiedene Früchte		
Nebenblätter meist auffälliger		
Storchschnabelgewächse Staubfäden frei Fruchtknoten zur Blütezeit bereits länglich Kein Außenkelch		
Früchte schnabelartig verlängert		

Die **Moschus-** oder **Bisam-Malve** *(Malva moschata)* hat weiße oder rosafarbene Blüten, die vor allem beim Welken nach Moschus duften. Die Früchte sind dicht behaart. Standort sind Gebüsche, trockene Wiesen und Wege.

Die **Wilde Malve** *(Malva sylvestris)* wird auch Käsepappel genannt, dies bezieht sich auf die käselaibförmigen Früchte. Die rosa-violetten Kronblätter haben dunklere Streifen. Standort sind Wegränder und Ruderalfluren.

Die **Weg-** oder **Kleine Malve** *(Malva neglecta)* hat relativ kleine Blüten (1 cm lange Kronblätter). Sie wächst auf stickstoffreichen Böden im Siedlungsbereich und entlang der Wege.

Die **Sigmarswurz** *(Malva alcea)* heißt auch Rosen-Malve. Sie unterscheidet sich durch die Sternhaare auf dem Stängel und die glatten Früchte von der ähnlichen Moschus-Malve.

FAMILIE

SEIDELBASTGEWÄCHSE

THYMELAEACEAE

Die weltweit etwa 910 Arten aus 45 Gattungen sind meist verholzende Pflanzen, außerhalb Europas gibt es einige Bäume mit typisch faseriger Rinde. In Mitteleuropa gibt es die Gattung **Spatzenzunge** *(Thymelaea)*, von der nur die Kleine Spatzenzunge *(Thymelaea passerina)* in Mitteleuropa heimisch ist, und die Gattung **Seidelbast** *(Daphne)* mit 5 Arten. Die Blätter sind wechselständig. Die radiären Blüten sind 4- oder 5-zählig. Der Kelch ist kronblattartig, und die «echten» Kronblätter fehlen. Die Kelchblätter gehen bei den meisten Arten in den verwachsenen Blütenbecher (Hypanthium) über. Seidelbast ist die einzige in Mitteleuropa heimische Gattung, bei der die Blüten direkt am Stamm gebildet werden (Kauliflorie). Es gibt Stein- oder Nussfrüchte. Alle heimischen Arten sind stark giftig, die meisten stehen unter Naturschutz.

Flaumiger Seidelbast *(Daphne cneorum)*

Behaarte Spatzenzunge *(Thymelaea hirsuta)*

Der **Gewöhnliche Seidelbast** *(Daphne mezereum)* wird auch **Kellerhals** genannt. Dies kommt vom mittelhochdeutschen «kellen» – was so viel wie quälen bedeutet und das würgende und brennende Gefühl einer Vergiftung beschreibt. Bereits der Verzehr von 10–12 Beeren kann für den Menschen tödlich sein. Bachstelzen und Drosseln fressen das Fruchtfleisch. Sie speien die Steinkerne wieder aus und tragen dadurch zur Verbreitung des Strauches bei. Er wird bis 1 m hoch und wächst als Kalkzeiger in krautreichen Wäldern bis zu 2000 m Höhe.

Der **Gestreifte Seidelbast** *(Daphne striata)* wird bis 15 cm hoch und gedeiht in subalpinen und alpinen Höhenlagen auf kalkreichen, steinigen Böden in lichten Wäldern und Zwergstrauchheiden sowie auf Felsschutt. Kenntlich ist er an den kahlen Kelchröhren und Zweigen. Die stark giftigen Früchte sind orangerot und später braunorange gefärbt.

CH 400 DE Silber

FAMILIE

KREUZBLÜTLER

BRASSICACEAE

Quendelblättrige Gänsekresse *(Arabis serpillifolia)*, mit Sternhaaren

In einem Blütenstand reifen, wie hier beim **Färberwaid** *(Istatis tinctoria)*, nacheinander Blüten und Früchte heran.

Allgemeines und Verbreitung

Diese Familie ist vor allem auf der nördlichen Erdhalbkugel außerhalb der Tropen verbreitet. Von den weltweit etwa 330 Gattungen mit ca. 3630 Arten gibt es in Mitteleuropa ca. 55 Gattungen mit über 200 Arten. Viele von ihnen sind einjährige Kräuter oder Stauden und sog. Ruderalpflanzen, d. h., sie gedeihen auf den immer wieder neu entstehenden Freiflächen wie Abbaugeländen, Bauplätzen, Äckern und Wegrändern. Die Bezeichnung leitet sich von lateinisch rudera: «Schutt» ab, salopp ausgedrückt könnte man sie auch «Trümmerflora» nennen. Ursprünglich sind sie auf Schotterbänken und Abrisskanten der Gewässerufer gewachsen. Viele haben die für diese Standorte typische Tendenz zur Kurzlebigkeit und Selbstbestäubung. So gibt es auch einige Alpenpflanzen, die bis in Hochgebirgslagen gedeihen und auf den ständig bewegten Geröllhalden und in Felsspalten wachsen. Eine Anpassung an diesen extremen Lebensraum mit einer intensiven Sonneneinstrahlung sind Haare und Sternhaare. Meist bilden sie sich aus einer einzelnen Zelle der Epidermis und verzweigen sich. Sie reduzieren die Lichtbrechung und damit die Verdunstung.

- Das **Immergrüne Felsenblümchen** *(Draba aizoides)* wächst auf kalkhaltigem Steinschutt und in Felsspalten. Durch die immergrünen, ledrigen Blätter ist es an diese extremen Standorte bestens angepasst.
- Ähnliche Standorte besiedelt die **Alpen-Gänsekresse** *(Arabis alpina),* die neben aufrechten Blütentrieben auch sterile Rosetten ausbildet, die Blätter sind durch Sternhaare rau behaart.
- Das **Felsen-Kugelschötchen** *(Kernera saxatilis)* bildet lange Rhizome, mit denen es auf steinigen Rasen den Boden festigt.
- Die **Gämskresse** *(Pritzelago alpina)* wächst polsterförmig auf Felsschutt.

Blätter

Die wechselständigen Blätter tragen nie Nebenblätter. Ihre Form ist insgesamt sehr variabel, und es gibt neben ungeteilten auch fiederschnittige und gefiederte Blätter. Bei den Arten mit fiederschnittigen Blättern variieren sie auch innerhalb der einzelnen Arten oft sehr.

Schaumkraut · Acker-Hellerkraut · Stängel- und Grundblatt Färberwaid · Hederich · Gewöhnliche Sumpfkresse (2×) · Acker-Senf

Für die Bestimmung ist der Geruch der frischen, zwischen den Fingern zerriebenen Blätter hilfreich. Die Senföl-Glykoside sind für den scharfen Geschmack oder Geruch verantwortlich, sie werden in fast allen Kreuzblütlern in mehr oder weniger großen Mengen produziert. Viele unserer Kulturpflanzen wie z. B. **Raps** (■ *Brassica napus*), Blumen-, Rosen-, Grün-, Rot- und Weißkohl, aber auch Rettich, Kohlrabi, Meerrettich, Senf und Kresse gehören in diese Familie.

Blüte

Die Blütenfarbe ist meist gelb oder weiß, seltener auch rosa bis violett. Die Blüten stehen meist in Trauben. An der Spitze wächst der Blütenstand lange weiter, und so befinden sich häufig gleichzeitig Blüten und Früchte an einer Pflanze. Tragblätter, d. h. grüne Blätter im Bereich des Blütenstandes, fehlen meist.

Scharfer Geschmack durch Senföle

Beispiel
Schmalblättriger Doppelsame
(Diplotaxis tenuifolia)

Standort oft an Wegrändern, Äckern, Schuttplätzen und im Siedlungsbereich

Die Kreuzblütler sind eine der wenigen Familien, bei denen ein Blick in die Blüte die Zugehörigkeit verrät. Den kreuzweise stehenden, freien Blütenblättern verdankt sie ihren deutschen Namen Kreuzblütler – auch den inzwischen veralteten, wissenschaftlichen Namen Cruciferae («Kreuzträger»). So stehen die 4 Kelchblätter kreuzweise zu den Blütenkronblättern, d. h., die Kelchblätter sitzen nicht vor den Kronblättern, sondern stehen sozusagen auf «Lücke». Die charakteristische Besonderheit dieser Familie sind die 4 langen und 2 kurzen Staubblätter. Diesen charakteristischen Blütenaufbau gibt es nur bei dieser Familie.

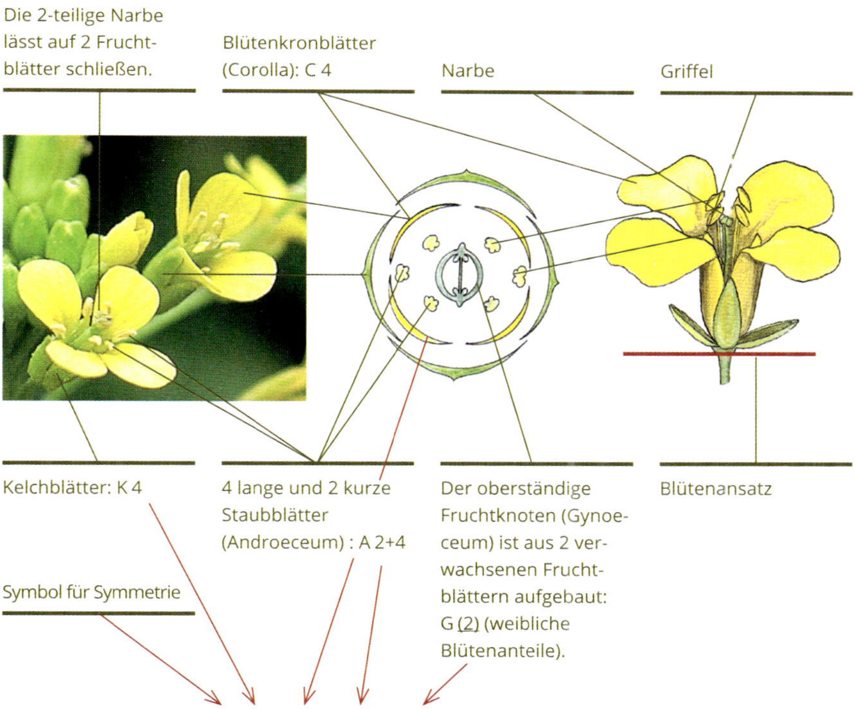

Blütenformel **+ K 4 C 4 A 2+4 G (2)**

+ Kelchblätter 4 Blütenkronblätter 4 Staubblätter 2+4 Fruchtblätter (2)

Frucht

Die Frucht ist ebenfalls typisch für die Kreuzblütler. Sie entwickelt sich aus zwei verwachsenen Fruchtblättern. In der Mitte wird eine dünne Scheidewand gebildet. An ihr entwickeln sich die Samen, und sie bleibt nach dem Herausfallen der Samen erhalten. Die Samen sind ein- oder zweireihig angeordnet. Die Anzahl der gebildeten Samen kann sehr groß sein. Eine einzelne Pflanze des **Acker-Täschelkrautes** *(Thlaspi arvense),* auch Acker-Hellerkraut genannt, kann 1000 Samen produzieren. Beim **Acker-Senf** *(Sinapis arvensis)* sind es sogar bis zu 25 000 Samen und bei dem **Hirtentäschelkraut** *(Capsella bursa-pastoris)* 15 000 bis 20 000. Der vordere Abschnitt der Frucht, der nach dem Ablösen der Klappen erhalten bleibt, wird Schnabel genannt.

Bei den Früchten wird zwischen Schote und Schötchen unterschieden. Dies ist keine Größenangabe, sondern das Verhältnis zwischen Länge und Breite der Früchte ist entscheidend. Eine rundliche Frucht, die weniger als 3-mal so lang wie breit ist, wird unabhängig von ihrer Größe als Schötchen bezeichnet. So sind die bis zu 5 cm breiten Früchte der **Garten-Mondviole** (auch Silberblatt, *Lunaria annua*) ungeachtet ihrer Größe Schötchen. Eine längliche Frucht, die mehr als 2-mal so lang wie breit ist, heißt Schote. An einer Pflanze reifen meist viele Blüten nacheinander heran, sodass für die Bestimmung gleichzeitig Blüten und Früchte mit ihren speziellen Merkmalen an einem Blütenstand zu sehen sind. Die Früchte sind in Größe und Form sehr vielgestaltig und für die Bestimmung äußerst wichtig.

Garten-Mondviole *(Lunaria annua),* Schötchen mit Scheidewand und Samen

Knoblauchsrauke *(Alliaria petiolata),* Schote

Hederich *(Raphanus raphanistrum),* perlschnurartige Schote

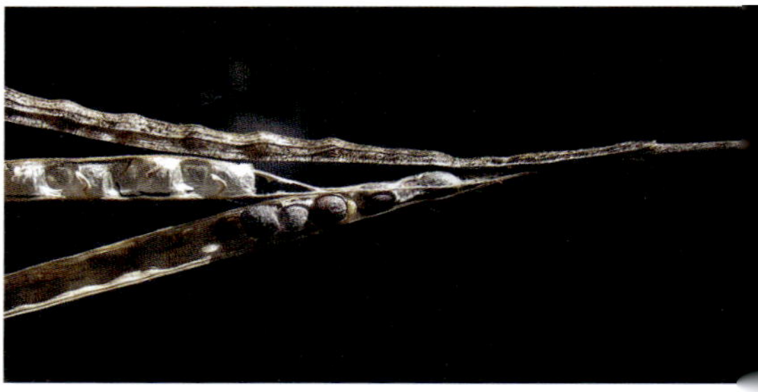

Acker-Senf *(Sinapis arvensis),* Frucht mit «Schnabel»

Die **Knoblauchsrauke** *(Alliaria petiolata)* heißt auch **Knoblauchhederich**. Sie hat bis 7 cm lange Schoten. Gute Merkmale sind auch der knoblauchartige Geruch und Geschmack, besonders beim Zerreiben der Blätter.

Ebenfalls charakteristische Früchte hat das **Hirtentäschelkraut** *(Capsella bursa-pastoris)*. Allerdings sind diese nach dem Abfallen der Fruchtwände nicht mehr zu erkennen, da dann nur die mittlere Scheidewand stehen bleibt.

Das **Glatte** oder **Gewöhnliche Brillenschötchen** *(Biscutella laevigata)* ist an den Früchten ebenfalls sehr leicht zu erkennen. Sie sehen aus wie Brillen und haben dieser Alpenpflanze ihren Namen gegeben.

Die **Acker-Schmalwand** *(Arabidopsis thaliana)*, auch **Schotenkresse** genannt, ist ein Ackerwildkraut auf sandigen Böden und gedeiht auch in offenen lockeren Magerrasen.

Das **Acker-Täschelkraut** *(Thlaspi arvense)* wird auch **Acker-Hellerkraut** oder Acker-Pfennigkraut genannt, es verdankt diesen Namen den charakteristischen, bis 1,5 cm breiten, runden Schötchen mit dem 3–5 mm breiten geflügelten Saum. Sie erinnern mit ihrer runden Form an Geldstücke (Heller oder Pfennige).

Das **Rundblättrige Heller-** oder **Täschelkraut** *(Thlaspi rotundifolium)* hat viel kleinere (bis 8 mm lange) ungeflügelte Schötchen und gedeiht in der Alpenregion bis 3400 m auf Kalkschutthalden.

Die wichtigsten Familien-Merkmale auf einen Blick

- Wechselständige Blätter ohne Nebenblätter
- Durch Senföle meist scharfer Geschmack und Geruch
- 4-zählige Blüten mit freien Blütenblättern
- Staubblätter 6 (4 lange und 2 kurze)
- Fruchtknoten oberständig

Verwechslungsmöglichkeiten

4-zählige Blüten gibt es auch bei z. B. Nachtkerzen-, Mohn- und Rötegewächsen. Hier ist die Zahl und Anordnung der Staubblätter eine gute Unterscheidungshilfe.

Verwechslung möglich mit folgenden Familien		**Vergleich** Kreuzblütler
Mohngewächse ⇨ Viele Staubblätter		
Rötegewächse ⇨ Unterständiger Fruchtknoten		
⇨ Quirlständige Blätter		
Nachtkerzen ⇨ Unterständiger Fruchtknoten		

Auf den ersten Blick sehen Schoten den Hülsen der Schmetterlingsblütler (sie werden auch Hülsenfrüchtler genannt) oder den Balgfrüchten der Hahnenfußgewächse ähnlich. Beiden fehlt jedoch die Scheidewand in der Mitte. Die Balgfrüchte reißen nur an der Verwachsungslinie der Bauchnaht auf – also nur auf einer Seite.

Vielblättrige Lupine *(Lupinus polyphyllos)*, Familie der Schmetterlingsblütler – zu sehen sind die den Schoten ähnlichen Hülsenfrüchte.

Sumpf-Dotterblume *(Caltha palustris)*: Balgfrucht, hier von einer Vertreterin der Hahnenfußgewächse

Weitere Arten aus der Familie der Kreuzblütler

Nachtviole *(Hesperis matronalis)*

Barbarakraut oder Winterkresse *(Barbarea vulgaris)*

Frühlings-Hungerblümchen *(Draba* oder *Erophila verna)*

Weg-Rauke *(Sisymbrium officinale)*

GATTUNG

SCHAUMKRAUT, ZAHNWURZ

CARDAMINE

Wiesen-Schaumkraut
(Cardamine pratensis)

Zwiebel-Zahnwurz
(Cardamine bulbifera)

Allgemeines und Verbreitung

Die Gattung *Cardamine* ist weltweit verbreitet und umfasst etwa 200 Arten, von denen ca. 20 in Mitteleuropa gedeihen. Die Gattung Zahnwurz *(Dentaria)* mit weltweit ca. 50 Arten wurde bis vor Kurzem als eigenständige Gattung geführt. Nach der aktuellen Systematik wird sie als Untergattung in die Gattung Schaumkraut gestellt.

Den Namen Schaumkraut verdankt diese Gattung den Schaumzikaden (meist), deren Larven geschützt vor Austrocknung und Fressfeinden in selbst erzeugten Schaumnestern an den Stängeln der Pflanzen leben.

Blätter

Es gibt in dieser Gattung einjährige, zweijährige und ausdauernde Arten. Die meisten von ihnen haben eine Grundblattrosette und zusätzlich einen wechselständig beblätterten Stängel. Die Blätter sind meist gefiedert und können gestielt oder sitzend sein. Doch kommen wie z. B. beim **Alpen-Schaumkraut** *(Cardamine alpina)* auch ungeteilte und beim **Dreiblättrigen Schaumkraut** *(Cardamine trifolia)* und den Zahnwurzen auch dreigeteilte und gefingerte Blätter vor. Dies ist allerdings die Ausnahme. Die Blätter sind nie geöhrt oder stängelumfassend. Der Blattrand ist glatt, gezähnt oder gelappt.

Nebenblätter gibt es in der ganzen Familie nicht. Die Blätter können behaart sein, es gibt in dieser Gattung jedoch keine Arten mit Sternhaaren. Daran ist diese Gattung von einigen Arten der ansonsten recht ähnlichen Gattung *Cardaminopsis* gut zu unterscheiden. Allerdings braucht man, um Sternhaare zu erkennen, eine gute Lupe.

Sand-Schaumkresse *(Cardaminopsis arenosa),* Sternhaare

Gelege einer **Schaumzikade**

Blätter rechts: **Bitteres** (oben) und **Wiesen-Schaumkraut** (Grund- und Stängelblatt, unten)

Beispiel **Wiesen-Schaumkraut** *(Cardamine pratensis)*

Das **Wiesen-Schaumkraut** *(Cardamine pratensis)* wird – ebenso wie viele andere Arten der Gattung – von zahlreichen Insekten bestäubt.

Blüte

Der Blütenstand ist vielblütig, meist handelt es sich um eine Traube. Tragblätter gibt es nicht. Die für die Familie typischen Kreuzblüten können weiß, gelblich oder rötlich bis violett sein. Meist sind die Blütenblätter über 1 cm lang. Die Staubbeutel sind gelb oder violett. Der Griffel ist meist verlängert und endet mit einer kopfigen, leicht 2-lappigen Narbe.

Frucht

Die Früchte sind stets Schoten, d. h. stabförmig (mehr als 3-mal so lang wie breit). In jeder Schote werden mehrere Samen gebildet. Da sie nicht in die Scheidewand eingesenkt sind, sind die Schoten über den Samen höckrig. Zur Reifezeit sind die Schoten stets länger als die Fruchtstiele. Bei dem meisten Arten stehen die Früchte zur Reifezeit durch einen hohen Druck im Zellinnern (Turgormechanismus) unter Spannung und öffnen sich explosionsartig. Bei einigen Arten rollen sich die Fruchtklappen beim Öffnen spiralig zusammen.

Das **Wiesen-Schaumkraut** *(Cardamine pratensis)* kann an den Fiedern der Grundblätter Brutpflänzchen (sog. Selbstableger oder Blattembryonen) bilden.

Beim **Spring-Schaumkraut** *(Cardamine impatiens)* können die Blütenblätter fehlen. Die Samen springen bei Berührung bis 2 m (selten bis 5) weit (Saftdruckstreuer).

Das **Vielstänglige** oder **Behaarte Schaumkraut** *(Cardamine hirsuta)* ist einjährig und braucht zur Fruchtreife nur wenige Wochen. Es hat nur 4 Staubblätter.

Das **Resedablättrige Schaumkraut** *(Cardamine resedifolia)* hat relativ fleischige Blätter, eine Anpassung an den subalpin-alpinen Lebensraum in kalkarmen Felsspalten und auf Schutt.

Das **Bittere Schaumkraut** *(Cardamine amara)* ist leicht mit Brunnenkresse zu verwechseln. Erkennungsmerkmale sind die violetten Staubbeutel und die bei der Brunnenkresse stärker vergrößerte Endfieder.

Das **Wald-Schaumkraut** *(Cardamine flexuosa)* ist leicht mit dem Vielstängligen zu verwechseln, es ist allerdings größer und hat 4–10 Stängelblätter – beim Vielstängligen sind es nur 2–4.

Zahnwurz (ehemals *Dentaria*)

Die Untergattung Zahnwurz unterscheidet sich vor allem durch das ausläuferartige Sprosssystem (Rhizom) mit den zahnförmigen Niederblattnarben, von denen sich der Name **Zwiebel-** oder **Knöllchentragende Zahnwurz** *(Cardamine bulbifera)* ableitet. Außerdem bildet dieser Rhizom-Geophyt im Blütenstandsbereich sogenannte Bulbillen. Das sind Brutzwiebeln (oder auch Brutknospen genannt), die statt Seitensprossen in den Blattachseln gebildet werden. Sie werden von Ameisen verschleppt und tragen neben der vegetativen Vermehrung zur Verbreitung bei. Die Samen sind meist steril. Am deutschen Namen sind die ehemals getrennten Gattungen Zahnwurz und Schaumkraut immer noch zu erkennen, der wissenschaftliche Gattungsname lautet nun für beide *Cardamine,* sodass diese ehemalige Trennung hier nicht mehr ersichtlich ist. In der Untergattung Zahnwurz gibt es gefingerte Blätter und einen Blattquirl unterhalb des Blütenstandes, was bei den «echten» Schaumkräutern nicht der Fall ist. Dadurch erinnern einige dieser Arten entfernt an die Windröschen (Gattung *Anemone* innerhalb der Hahnenfußgewächse) mit Blattquirlen. Den violett blühenden Arten recht ähnlich ist die **Gewöhnliche Nachtviole** *(Hesperis matronalis),* ebenfalls ein Kreuzblütler. An der Narbe mit den beiden aneinanderliegenden Lappen (Lupe!) und den einfachen Blättern ist sie leicht von Arten der Untergattung Zahnwurz zu unterscheiden.

Zwiebel- oder Knöllchentragende Zahnwurz *(Cardamine bulbifera)*

Die **Fingerblättrige Zahnwurz** *(Cardamine pentaphyllos)* sieht ohne Blüten Hahnenfußgewächsen ähnlich. Sie gedeiht in den feuchten Buchenwäldern der Alpen und Mittelgebirge.

Die **Neunblättrige Zahnwurz** *(Cardamine enneaphyllos)* hat doppelt 3-zählig gefiederte Blätter. Sie ist ebenfalls eine Pflanze der schattigen Laubwälder der Mittelgebirgen und Alpen.

FAMILIE

SANDELHOLZGEWÄCHSE

SANTALACEAE

Diese Familie mit über 40 Gattungen und etwa 1000 Arten ist nahezu weltweit verbreitet. Die meisten Arten gedeihen in den Tropen. Die namensgebende Gattung Sandelholz *(Santalum)* liefert Sandelholz und Sandelholzöl, die vor allem als Räuchermittel und zur Parfümherstellung verwendet werden.

Die Blätter sind häufig reduziert, und bei manchen Arten übernimmt die Sprossachse die Fotosynthese. Die krautigen Arten sind Halbschmarotzer (Hemiparasiten), daneben gibt es viele verholzte Sträucher und einige Bäume. Die Blüten sind meist klein und stehen zu mehreren in Blütenständen zusammen. Sie können zwittrig oder eingeschlechtlich und zwei- (diözisch) oder seltener einhäusig (monözisch) verteilt sein. Aus dem unterständigen Fruchtknoten entwickeln sich zur Reifezeit Beeren, einsamige Steinfrüchte oder Nüsse. In der heimischen Flora sind die Gattungen Mistel *(Viscum)* und Leinblatt *(Thesium),* auch Bergflachs genannt, beheimatet. Beide sind Halbschmarotzer, d. h., sie besitzen selber Blattgrün zur Fotosynthese und zapfen zusätzlich die Wurzeln benachbarter Pflanzen bzw. ihren Wirtsbaum durch Haustorien (Saugorgane) an. Während die Leinblatt-Arten niederliegende bis aufrechte, krautige Pflanzen sind, gedeiht die Mistel auf Bäumen.

Mistel *(Viscum album)*

Die **Mistel** *(Viscum album)* wächst als Halbschmarotzer auf anderen Gehölzen und kann bis zu 1 m Durchmesser erreichen. Die lederigen, gegenständigen Blätter wachsen an einer gleichmäßig gabelig verzweigten Sprossachse. Die Mistel ist zweihäusig, d. h., es gibt männliche und weibliche Blüten auf getrennten Exemplaren.

Das **Alpen-Leinblatt** *(Thesium alpinum)* heißt auch **Alpen-Bergflachs**. Es gedeiht in den Gebirgen Mittel- und Südeuropas.

FUCHSSCHWANZGEWÄCHSE

AMARANTHACEAE

Sie ertragen relativ hohe Mineralsalzkonzentrationen und besiedeln häufig die Küstenregionen und die versalzten Böden der Wüsten und Halbwüsten. Von den weltweit ca. 165 Gattungen mit mehr als 2000 Arten sind in Mitteleuropa etwa 10 Gattungen mit insgesamt gut 50 Arten heimisch. In diese Familie gehören viele Gemüse wie beispielsweise Spinat, Zuckerrübe, Mangold und Rote Bete.

Die bedeutendsten heimischen Gattungen Melde *(Atriplex)* und Gänsefuß *(Chenopodium)* sind mit Ausnahme des Guten Heinrichs *(Chenopodium bonus-henricus)* einjährig. Die kleinen und unscheinbaren Blüten stehen in komplexen Blütenständen zusammen. Die meist 5 Perigonblätter (gleichgestaltete Kelch- und Kronblätter) sind grünlich bis rötlich. Nach der Blüte vergrößert sich der oberständige Fruchtknoten und bildet Nussfrüchte, die mehr oder weniger von der Blütenhülle umgeben sind und zusammen mit dieser abfallen. Für die Bestimmung sind die Früchte wichtig.

Einjährige Pflanze

Beispiel
Weißer Gänsefuß
(Chenopodium album)

Nebenblätter und Ochrea fehlen.

Der **Gute Heinrich** *(Chenopodium bonus-henricus)* wird auch Wilder Spinat genannt und seit alters entsprechend als Gemüse verwendet. Als Kulturfolger wanderte er von den Lägerfluren der Berge in dörfliche Bereiche ein und wächst dort auf stickstoffreichen Böden in der Nähe der Siedlungen und auf Brachflächen.

Der **Weiße Gänsefuß** *(Chenopodium album)* ist ein Ackerwildkraut, das umgangssprachlich auch als Melde bezeichnet wird. Melden sind eine andere Gattung *(Atriplex)*.

Die **Spreizende** oder **Gewöhnliche Melde** *(Atriplex patula)* ist einhäusig. Die Nussfrucht wird von zwei teilweise verwachsenen Vorblättern umhüllt.

CH 400 DE Silber

FAMILIE

NELKENGEWÄCHSE

CARYOPHYLLACEAE

Eine der giftigsten heimischen Pflanzen und das giftigste Nelkengewächs Mitteleuropas ist die **Kornrade** *(Agrostemma githago)*. Typisch sind die 5-zähligen Blüten, die von den Kelchblättern überragt werden. Die Kornrade ist mit dem Ackerbau aus Südeuropa eingewandert. Dank verbesserter Saatgutreinigung gibt es heute so gut wie keine Vergiftungen mehr. Durch Herbizide ist diese Pflanze fast ausgerottet.

Allgemeines und Verbreitung

Die Vertreter dieser Familie findet man weltweit in allen Klimazonen. Die meisten der mehr als 80 Gattungen mit über 2600 Arten gedeihen im Mittelmeergebiet. Einige von ihnen schätzt man als Zierpflanze. Die meisten Arten sind einjährig, es gibt aber auch einige zweijährige oder ausdauernde krautige Arten. Nur wenige sind verholzte Pflanzen, d. h. Sträucher, Halbsträucher und Lianen. Heimisch sind ca. 25 Gattungen mit über 120 Arten. Einige von ihnen sind einjährig und gedeihen auf Äckern und Brachflächen. Es gibt auch zahlreiche Polsterpflanzen unter ihnen, die bis weit in die Gebirge hinaufsteigen.

- Das **Zweiblütige Sandkraut** *(Arenaria biflora)* wächst in Schneetälchen, auf Geröll und Schutt und kalkarmen Rasen bis in alpine Höhenstufen.
- Das **Quendelblättrige Sandkraut** *(Arenaria serpyllifolia)* wächst an trockenen, sandigen Standorten in Trockenrasen, entlang der Wege und Ackerränder, aber auch auf Mauern und in Pflasterritzen bis in subalpine Höhenstufen.
- Die **Frühlings-Miere** *(Minuartia verna)* gedeiht meist auf kalkhaltigen Böden auf Felsschutt, in steinigen Rasen und kommt bis in alpine Höhenstufen vor.

Das **Rote Seifenkraut** *(Saponaria ocymoides)* wächst meist auf Kalk an felsigen Hängen in wärmeren Lagen. Es ist auch als Zierpflanze beliebt und wird in Steingärten und auf Trockenmauern gepflanzt.

Die **Zwerg-Miere** *(Minuartia sedoides)* bildet bis in die alpine Höhenstufe dichte Polster, die gegen Dürre und Windschliff relativ unempfindlich sind. Es ist eine Pionierpflanze, die auf Kalk und Silikat zu finden ist.

Diese recht umfangreiche Familie wird nach morphologischen Kriterien in drei Unterfamilien geteilt. Dabei wird vor allem das Vorhandensein oder Fehlen von Nebenblättern sowie der Kelch (verwachsene oder freie Kelchblätter) betrachtet. Allerdings ist diese Systematik nach aktuellen, phylogenetischen Gesichtspunkten in die Diskussion geraten. Doch unabhängig davon, ob diese Einteilung systematisch Bestand hat oder nicht, kann es interessant sein, dass es in dieser Familie folgende Gruppen gibt:

Mieren-Verwandtschaft
Alsinoideae

- Keine Nebenblätter
- Kelchblätter frei
- Blütenkrone weiß oder fehlend
- Häufig tief zweispaltige Kronblätter, keine Stieltellerblüten mit Nagel und Platte

Gattungen
- Hornkraut *(Cerastium)*
- Sternmiere *(Stellaria)*
- Sandkraut *(Arenaria)*
- Nabelmiere *(Moehringia)*
- Wasserdarm *(Myosoton)*
- Mastkraut *(Sagina)*

Spark-Verwandtschaft
Paronychioideae

- Häutige Nebenblätter vorhanden
- Kelchblätter frei
- Blätter können auch wechselständig sein
- Meist nur Kelchblätter
- Nussfrüchte (als Ergebnis der Reduktion der mehrsamigen Kapsel)

Gattungen
- Bruchkraut *(Herniaria)*
- Spark *(Spergula)*
- Schuppenmiere *(Spergularia)*

Nelken-Verwandtschaft
Silenoideae

- Keine Nebenblätter
- Kelchblätter verwachsen (oft röhrenförmig)
- Bei eingeschlechtlichen Blüten häufig Reste des jeweils anderen Geschlechts vorhanden.
- Oft paarige Schuppenblätter (Hochblätter)

Gattungen
- Leimkraut *(Silene)*
- Pechnelke *(Lychnis)*
- Nelke *(Dianthus)*
- Kornrade *(Agrostemma)*
- Seifenkraut *(Saponaria)*
- Gipskraut *(Gypsophila)*

Blätter

Die Blätter der Nelkengewächse sind ungeteilt und ganzrandig, oft sind sie länglich und sitzend (ohne Blattstiel). Sie sind meist kreuzgegenständig (dekussiert) angeordnet, d. h., zwei aufeinanderfolgende Blattpaare stehen jeweils rechtwinklig zueinander. Die beiden an einem Knoten entspringenden Blätter können am Grunde miteinander verwachsen sein (Gamophyllie). Die Blätter können ein-, 3- oder mehrnervig sein. Die grasartig schmalen Blätter einiger Arten haben nur einen Mittelnerv oder mehrere parallele Hauptnerven. Dadurch kann man besonders die einjährigen Arten für Einkeimblättrige Pflanzen halten. Diese haben jedoch 3-zählige Blüten. Nebenblätter sind unter diesen selten und nur in der Gruppe der **Spark-Verwandtschaft** (Paronychioideae) vorhanden.

Für die Bestimmung ist die Wuchsform wichtig. Es gibt vor allem in den Höhenlagen polsterförmige und teppichbildende Arten, wie beispielsweise einige **Mieren** *(Minuartia),* **Bruchkräuter** *(Herniaria)* und das **Stängellose Leimkraut** *(Silene acaulis).* Als Schutz vor Verdunstung und hoher Sonneneinstrahlung tragen einige der Bergpflanzen eine dichte Behaarung. Es gibt aber auch bei Nelkengewächsen in der Ebene einige Arten, die völlig oder teilweise behaart sind, sodass die Behaarung für die Bestimmung wichtige Hinweise liefert. Bei einigen Arten ist nur der Blattrand bewimpert.

Großblütige Sternmiere | Kornrade | Kriechendes Gipskraut | Seifenkraut | Rote Licht- oder Waldnelke | Weiße Licht oder Waldnelke | Vogelmiere

Einige Arten enthalten Saponine und werden in der Kosmetik und Naturheilkunde geschätzt. Das **Echte** oder **Gewöhnliche Seifenkraut** *(Saponaria officinalis)* verdankt diesen Wirkstoffen seinen Namen. Lateinisch «Sapo» steht für «Seife» und die schäumende Wirkung der Saponine. Bis zur Einführung synthetischer Detergentien zu Beginn des 20. Jh. wurde Seifenkraut zum Entfetten von Schafwolle, zum Bleichen von Garn, als technisches Waschmittel und als Seife für Haut und Haare sowie als Heilkraut verwendet. Innerlich angewandt wurde es als schleimlösendes Mittel bei Husten, außerdem bei Hämorrhoiden, Verstopfung, Blasen- und Nierenerkrankungen. Zusätzliche besitzt es fungizide (das Pilzwachstum hemmende) Wirkung und wird in der Naturheilkunde als Umschlag oder Salbe u. a. bei Hautentzündungen, juckenden Ekzemen, Schuppenflechte und zur Wundheilung eingesetzt.

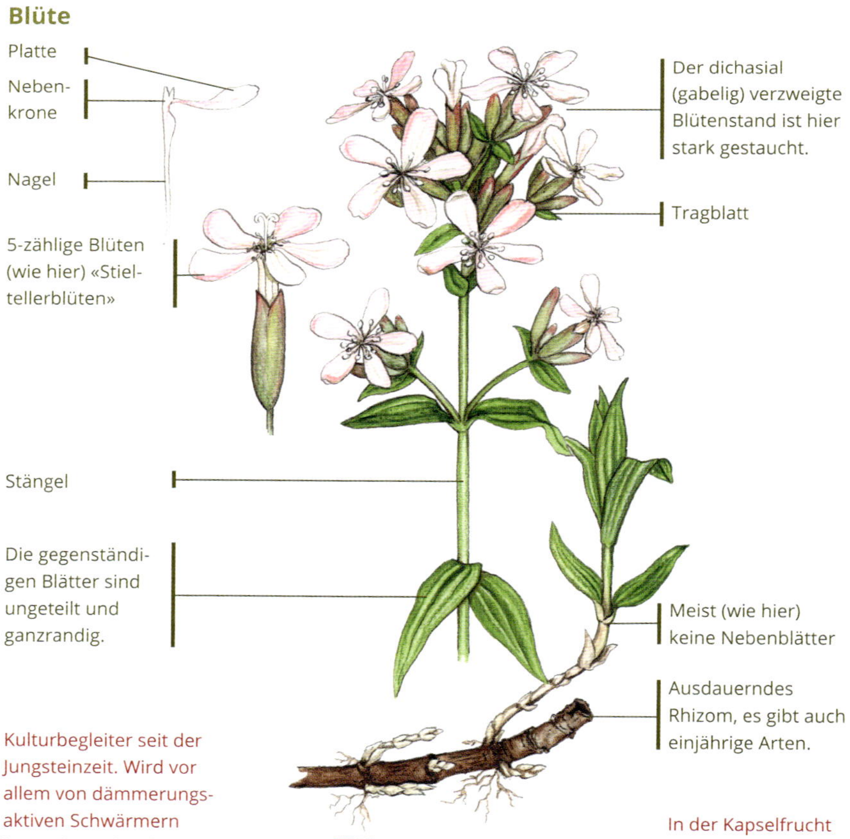

Kulturbegleiter seit der Jungsteinzeit. Wird vor allem von dämmerungsaktiven Schwärmern bestäubt und duftet abends am intensivsten.

Beispiel **Seifenkraut** *(Saponaria officinalis)*

In der Kapselfrucht entwickeln sich viele Samen.

Die Blütenstände sind stets geschlossen und haben keine durchgehende Hauptachse (zymös). Die Hauptachse schließt mit einer Endblüte ab, unterhalb derer in den Achseln von Tragblättern 2 Seitenäste entspringen. Der Blütenstand wird an diesen beiden seitlichen Ästen fortgesetzt. Diesen speziellen Aufbau nennt man **Dichasium**, und er ist typisch für diese Familie. Allerdings kann das Dichasium zu einem Wickel, einer Scheindolde (Doldenspurre) oder Einzelblüte reduziert sein.

Einige Nelkengewächse haben eingeschlechtliche Blüten, d. h., es gibt entweder nur Staubblätter (männliche Blüte) oder nur einen Fruchtknoten (weibliche Blüte). Die Blüten können einhäusig (weibliche und männliche Blüten auf einer Pflanze) oder zweihäusig (beide auf getrennten Pflanzen) verteilt sein. Manchmal befinden sich in den Blüten noch Reste des anderen Geschlechts, die jedoch nicht fruchtbar sind.

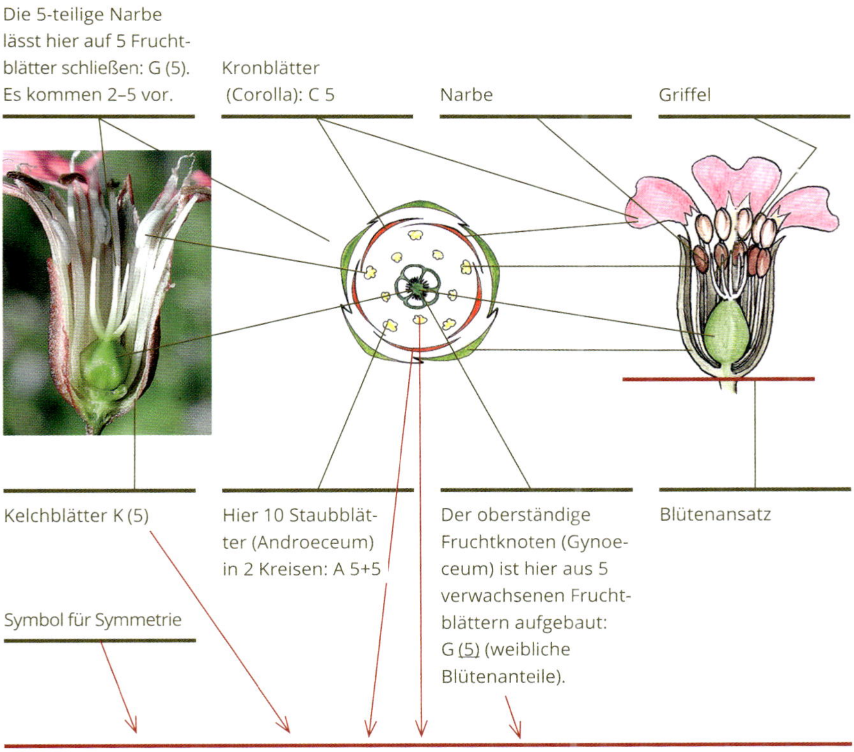

Blütenformel * **K 5 oder K (5) C 5 A 5–10 G <u>(2–5)</u>**

*** Kelchblätter 5 oder (5) Kronblätter 5 Staubblätter 5–10 Fruchtblätter <u>(2–5)</u>**

Die Blüten sind 5-zählig aufgebaut. Die 5 Kelchblätter können frei oder verwachsen sein (s. oben). Die ebenfalls 5 Kronblätter sind stets frei. Sie sind häufig in «Platte» und «Nagel» gegliedert. Die Übergangsstelle vom Nagel in die Platte wird als «Nebenkrone» (Ligula) bezeichnet, wenn dort kronenartige Fortsätze ausgebildet sind. Die Kronblätter sind bei einigen Arten so tief eingeschnitten, dass die Blüten 10-zählig erscheinen. Beim Herauszupfen einzelner Kronblätter wird dies deutlich.

Durch den Stempel und die Staubblätter ist die Blütenkrone oft so weit verengt, dass nur Insekten mit langem Rüssel, wie z. B. Schmetterlinge, in diese «Stieltellerblumen» eindringen können. Einige von ihnen werden von Nachtfaltern bestäubt. Es sind vor allem Arten mit blassen Blüten, die sich nachmittags bis abends öffnen. Sie sondern reichlich Nektar ab und haben einen intensiven Duft.

Ursprünglich gibt es in dieser Familie 10 Staubblätter, die in 2 Kreisen stehen. Sie sind frei und höchstens an der Basis mit den Kronblättern verwachsen. Die Anzahl der Staubblätter kann selten bis auf 5 (maximal auf nur eins) reduziert sein.

Blüten mit Nebenkrone

5 tief geteilte Kronblätter

Frucht

Ursprünglich setzt sich der oberständige Fruchtknoten aus 5 freien Fruchtblättern zusammen. Allerdings sind diese im Laufe der Evolution auf 3 (Gattungen *Silene* und *Stellaria)* oder 2 (Gattung *Dianthus)* reduziert. An der Anzahl der Narben bzw. Griffel lässt sich die Anzahl der Fruchtblätter bestimmen, aus denen der oberständige Fruchtknoten aufgebaut ist. Zur Reifezeit entwickelt sich eine Kapselfrucht, in der viele einzelne Samen gebildet werden. Die Fruchtkapsel ist mit Zähnchen verschlossen, die sich bei feuchtem Wetter schließen und bei Trockenheit nach außen krümmen, sodass die Samen entlassen werden.

Die **Rote Schuppenmiere** *(Spergularia rubra)* ist ein Flachwurzler und gedeiht als Bodenverdichtungs- und Säurezeiger an Wegen, auf Äckern und Ufern auf kalkarmen, sandigen Böden. Neben zwittrigen Blüten gibt es auf einer Pflanze häufig auch weibliche Blüten.

Den Namen Gipskraut verdankt diese Gattung – zu der auch das **Kriechende Gipskraut** *(Gypsophila repens)* gehört – der Eigenschaft, auch auf Gipsgestein zu wachsen. Einige Gipskräuter enthalten in den Wurzeln Saponine und wurden früher als Feinwaschmittel verwendet.

Die **Dreinervige Nabelmiere** *(Moehringia trinervia)* mit rundherum anliegend behaartem Stängel ist leicht mit der Vogelmiere zu verwechseln. Während die Vogelmiere in Gärten und Äckern vorkommt, wächst die Nabelmiere an schattigen feuchten Stellen in Wäldern und Gebüschen.

Das **Kahle Bruchkraut** *(Herniaria glabra)* wächst dicht am Boden und ist sehr trittfest. Ursprünglich war es auf Sandtrockenrasen und in Heiden verbreitet. Inzwischen findet man es häufig im Siedlungsbereich in Pflasterritzen und an sandigen und kiesigen Wegen und Dämmen.

Die wichtigsten Familien-Merkmale auf einen Blick

- Einfache, oft schmale, gegenständige Blätter
- 5-zählige Blüten mit doppelter Blütenhülle
- 5 freie Blütenkronblätter
- Meist 10 Staubblätter in zwei Kreisen
- Oberständiger Fruchtknoten bildet Kapselfrüchte

Verwechslungsmöglichkeiten

Die schmalen Blätter erinnern an die parallelnervigen Blätter der Einkeimblättrigen oder einiger anderer Arten und Gattungen. Familien mit 5-zähligen Blüten gibt es ebenfalls mehrere, die meisten haben jedoch nicht so schmale, einfache Blätter.

Mögliche Verwechslungen		Vergleich Nelkengewächse
Einkeimblättrige ➾ 3- bzw. 6-zählige Blüten ➾ Grund- oder wechselständige Blätter		
Tausendgüldenkraut ➾ Verwachsene Kronblätter ➾ 2 Narben ➾ 2-klappige Kapselfrüchte		
Bocksbart ➾ Wechselständige Blätter ➾ Blüten in Körbchen ➾ Nussfrüchte (Achänen)		
Linum ➾ Wechselständige Blätter ➾ Blütenstand kein Dichasium		
Steinbrechgewächse ➾ Meist wechselständige Blätter ➾ Blütenstand kein Dichasium		

Die **Salzmiere** *(Honckenya peploides)* wächst am Spülsaum der Küsten und heißt auch Strandportulak. Es ist eine immergrüne Pflanze, die mit den sukkulenten Blättern der Überflutung durch Meerwasser, der prallen Sonne, Sandverwehungen und starken Winden trotzt.

Das **Niederliegende Mastkraut** *(Sagina procumbens)* ist durch die meist 4-zähligen Blüten nicht leicht als Nelkengewächs zu erkennen. Es ist ziemlich resistent gegen mechanische Beanspruchung und bildet rasenartige Polster in Pflasterritzen und an Wegrändern.

Beim **Einjährigen Knäuel** *(Scleranthus annuus)* sind die Hochblätter meist länger als die Blüten. Die Blüten stehen in Knäueln zusammen, denen dieses Ackerwildkraut seinen Namen verdankt.

Beim **Acker-Spark** *(Spergula arvensis)* stehen die gegenständigen Blätter so stark gestaucht, dass sie wie ein Blattquirl aussehen. Er wächst als Versauerungszeiger in Äckern.

CH 400 | DE Silber

GATTUNG

STERNMIERE

STELLARIA

■ Große Sternmiere *(Stellaria holostea)* ■ Gras-Sternmiere *(Stellaria graminea)*

Allgemeines und Verbreitung

Weltweit gibt es zwischen 120 und 200 Arten. Die meisten von ihnen sind auf der nördlichen Hemisphäre in den gemäßigten Gebieten beheimatet. In Mitteleuropa gibt es etwa 10 Arten. Ihren Namen verdanken sie den sternförmigen, weißen Blüten.

Trieb und Blätter

Es sind einjährige bis ausdauernde, krautige Pflanzen. Einige von ihnen haben ein Rhizom (unterirdische Sprossachse) als unterirdisches Speicherorgan. Bei einigen Arten kann der 4-kantige Stängel als Bestimmungsmerkmal herangezogen werden. Bei vielen Arten lässt sich der innere Leitbündelstrang wie ein «Darm» aus dem Stängel ziehen. Der Wasserdarm ist so zu seinem Namen gekommen. Da dies bei einigen Arten – wie z. B. auch der Vogelmiere, die analog auch «Hühnerdarm» genannt wird – möglich ist, kann es nicht als Alleinstellungsmerkmal bei der Bestimmung herangezogen werden.

Die Blätter sind – typisch für diese Familie – einfach und gegenständig. Sie können sitzend oder gestielt am Stängel stehen.

Triebe und Blätter der Großen Sternmiere (links) und Vogelmiere (rechts).

Kapselfrüchte mit mehreren Samen

Beispiel
Gewöhnliche Vogelmiere
(Stellaria media)

Die Vogelmiere hat keine Blüh- und Wachstumsperiodizität und wächst in milden Wintern das ganze Jahr über.

Blüte

Der Blütenstand ist das für die Familie typische Dichasium, d. h., der Haupttrieb endet mit einer Blüte und die Seitentriebe wachsen weiter. Seltener stehen ein oder zwei Blüten in den Achseln der Tragblätter. Die Tragblätter können trockenhäutig sein, d. h., sie sind komplett oder nur am Rand eher pergamentartig und nicht komplett grün und laubblattartig.

Die zwittrigen Blüten sind typisch 5-zählig und in Kelch und Blütenkrone gegliedert. Für die Bestimmung liefert die Länge der Kronblätter im Verhältnis zu den Kelchblättern wichtige Merkmale. Selten einmal kommen auch nur weibliche Blüten vor. Die meist grünen Kelchblätter sind frei. Sie liegen nach der Blütezeit der heranreifenden Kapselfrucht an. Die oft weißen Kronblätter sind frei und tief 2-spaltig.

Die 10 freien fruchtbaren Staubblätter stehen in 2 Kreisen und haben an ihrer Basis häufig Nektardrüsen. Bei der Vogelmiere wird nur bei sonnigem Wetter Nektar produziert. Bei Regen bleiben die Blüten geschlossen. Die Blüten werden nicht besonders intensiv von Insekten besucht, und es ist auch Selbstbestäubung möglich.

Der verwachsene Fruchtknoten der heimischen Arten ist aus 3 Fruchtblättern aufgebaut und trägt entsprechend 3 Griffel (genau genommen Narben). Die Blüte ist den Insekten frei zugänglich und wird durch verschiedene Arten bestäubt, seltener findet Selbstbestäubung statt.

Frucht

Die Kapselfrüchte sind kugelig bis zylindrisch und haben ein Fach, in dem zahlreiche Samen gebildet werden. Sie öffnen sich zur Reifezeit meist mit 6 Klappen. Die Samen sind überwiegend rundlich bis nierenförmig und auf der Oberfläche strukturiert, sie werden durch den Wind verbreitet, der Kelch dient als Windfang.

Haarleiste, **Gewöhnliche Vogelmiere** *(Stellaria media)*

Kapselfrucht, **Große Sternmiere** *(Stellaria holostea)*

Der Leitbündelstrang in der Mitte des Stängels lässt sich bei einigen Arten wie ein «Darm» ziehen. Hier ist die **Hain-Sternmiere** *(Stellaria nemorum)* zu sehen, dies ist jedoch nicht so ein charakteristisches Bestimmungsmerkmal wie die Haarleiste der Vogelmiere. Allerdings gibt es eine solche auch bei der Bleichen Vogelmiere *(Stellaria pallida)*, die etwas wärmeliebend und seltener ist.

Die wichtigsten Gattungs-Merkmale auf einen Blick

- Keine Nebenblätter
- Kelchblätter frei
- Fruchtknoten aus meist 3 Fruchtblättern (mit 3 Griffeln)
- Weiße Blüten meist tief eingeschnitten

Verwechslungsmöglichkeiten

Die tief geteilten, weißen Blüten sind in Kombination mit den vegetativen Merkmalen für diese Gattung recht typisch. Am ähnlichsten sind die Arten der Gattung Hornkraut. Wenn man die Blüten außer Acht lässt, ähneln einige Arten auch anderen Gattungen und die schmalblättrigen Arten Einkeimblättrigen.

Verwechslungen möglich mit folgenden Arten und Gattungen		**Vergleich** Sternmiere
Wasserdarm 5 Griffel Stängel im unteren Bereich 4-kantig		
Dreinervige Nabelmiere 3 Hauptnerven		
Leimkraut Kelch verwachsen Nebenkrone		
Gipskraut Kelch verwachsen		
Hornkraut Meist stärker behaart Meist 5 Griffel		

Die **Gewöhnliche Vogelmiere** *(Stellaria media)* wird gerne von Volierenvögeln und Geflügel gefressen, daher der Name. Die Vogelmiere ist recht formenreich und gedeiht in Weinbergen, auf Äckern und in Gärten auf feuchten, nährstoffreichen Böden.

Die **Große Sternmiere** *(Stellaria holostea)* heißt auch Echte Sternmiere. Sie kommt vor allem in der Ebene vor und ist an ihren doppelt so langen Kron- wie Kelchblättern und den über 5 cm langen, schmalen und recht steifen Blättern gut zu erkennen.

Die **Hain-Sternmiere** *(Stellaria nemorum)* gedeiht auf nährstoffreichen und feuchten Böden in Laubwäldern und an Säumen von Bächen und Flüssen.

Die **Gras-Sternmiere** *(Stellaria graminea)* ähnelt der Großen Sternmiere, ist jedoch zierlicher und hat schmalere Blätter. Sie wächst in mageren Wiesen, an Wegen und in Mooren.

CH 400 | DE Silber

GATTUNG

HORNKRAUT

CERASTIUM

■ Einblütiges Hornkraut *(Cerastium uniflorum)*

Aufrechtes Acker-Hornkraut *(Cerastium arvense* subsp. *strictum)*

Allgemeines und Verbreitung

Weltweit gibt es in dieser Gattung etwa 100 Arten. Der Verbreitungsschwerpunkt liegt auf der nördlichen Erdhälfte in den gemäßigten bis kühlen Regionen. In Mitteleuropa kommen ca. 25 Arten vor. Einige von ihnen sind als Pionierpflanzen in den Höhenlagen oberhalb der Baumgrenze beheimatet. Sie bilden dort polsterbildende Rasen oder festigen als Schuttkriecher das lockere Geröll.

Das **Aufrechte Acker-Hornkraut** wird als Unterart *Cerastium arvense* subsp. *strictum* oder auch eigene Art *Cerastium strictum* angesehen. Es wird nur ca. 5 cm groß und wächst im Alpenvorland und in den Alpen in Felsen und steinigen Matten bis 3000 m Höhenlage.

- Das **Einblütige Hornkraut** *(Cerastium uniflorum)* ist zottig und drüsig behaart. Neben den Blütentrieben mit der namensgebenden einzelnen Blüte gibt es zahlreiche sterile Triebe. Diese Alpenpflanze ist über der Waldgrenze bis in Höhen über 3000 m zu finden und bildet auf kalkfreien Schutthalden und Moränenflächen Pionierrasen.
- Das **Breitblättrige Hornkraut** *(Cerastium latifolium)* ist ebenso wie das Einblütige Hornkraut in den alpinen Höhenstufen der Alpen beheimatet. Dieser Schuttkriecher besiedelt vor allem kalkreiche Moränen und Felsschutt.

Für die Bestimmung der beiden letztgenannten und weiterer Arten empfiehlt es sich, die Bodenbeschaffenheit (Kalk oder Silikat) mit heranzuziehen. Einige Alpenpflanzen werden als Zierpflanzen und Bodendecker für Steingärten kultiviert. Doch auch in der Ebene sind Vertreter dieser Gattung beheimatet. Sie sind ebenso in Wiesen und auf Weiden oder als Pionierpflanzen auf Brachen und im Siedlungsbereich zu finden.

Das **Silberhornkraut** *(Cerastium biebersteinii)* stammt von der Halbinsel Krim. Es ist eine schnellwüchsige Staude mit teppichartigem Wuchs.

Das **Filzige Hornkraut** *(Cerastium tomentosum)* wird ebenso wie das Silberhornkraut als Zierpflanze kultiviert.

Blätter

In dieser Gattung gibt es nur krautige Pflanzen, sie sind einjährig oder ausdauernd. Meist sind die Stängel ein- oder mehrfach verzweigt, behaart und gleichmäßig beblättert. Einige Arten sind in den Höhenlagen der Alpen einer hohen Sonneneinstrahlung ausgesetzt. Hier dient die Behaarung der Blätter als Strahlungsschutz, ebenso wie bei einigen in der Ebene verbreiteten Arten auf Mager- und Trockenrasen. Die einfachen Blätter können hellgrün, gelbgrün, graugrün oder dunkelgrün sein. Sie sind immer ganzrandig und linealisch bis elliptisch oder eiförmig. Im Bereich des Blütenstandes gibt es Tragblätter. Sie sind meist etwas kleiner als die Laubblätter, und oft haben sie trockenhäutige Ränder. Für die Bestimmung liefern sie wichtige Merkmale.

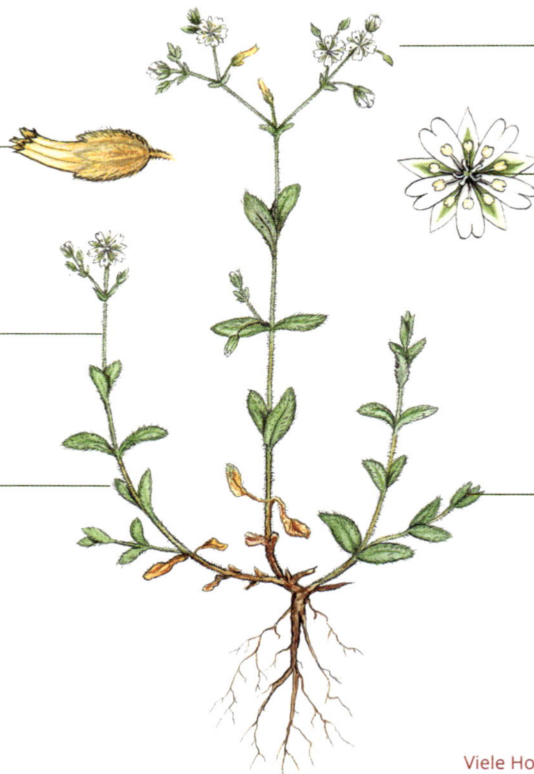

In der Kapselfrucht entwickeln sich zahlreiche Samen.

Beispiel
Gewöhnliches Hornkraut
(Cerastium fontanum)

Viele Hornkräuter sind (wie hier) mehrjährig und haben dünne Pfahlwurzeln.

Blüte

Die 5-zähligen Blüten haben einen Kelch und eine weiße Blütenkrone. Kelch- und Kronblätter sind frei und Letztere meist tief ausgerandet. Für die Artbestimmung ist es interessant, ob die Kronblätter so lang wie oder länger als die Kelchblätter sind.

Im Vergleich mit der Gattung **Sternmiere** *(Stellaria)* sind die Kronblätter nicht so tief eingeschnitten, auch dies liefert wichtige Hinweise für die Bestimmung. Meist gibt es 5 Griffel, seltener kommen 3 oder 4 vor (außerhalb Mitteleuropas auch 6). Neben den vormännlichen zwittrigen Blüten kann es bei einigen Arten auch kleinere, rein weibliche Blüten geben. Sie werden überwiegend von Fliegen und kleineren Hautflüglern bestäubt.

Frucht

Den Namen Hornkraut hat diese Gattung bekommen, weil sich die Kapselfrucht zur Reife hornartig verlängert. Sie enthält zahlreiche kugelige oder nierenförmige Samen. Die Kapselfrucht öffnet sich mit doppelt so vielen Zähnen, wie Griffel vorhanden sind, also meist 10.

Gewöhnliches Hornkraut *(Cerastium fontanum),* Blüte und trockenhäutiges Tragblatt

Gewöhnliches Hornkraut *(Cerastium fontanum),* Frucht und Samen

Die wichtigsten Gattungs-Merkmale auf einen Blick

- Keine Nebenblätter
- Freie Kelchblätter
- Behaarter Stängel und meist auch Blätter behaart
- Weiße Kronblätter meist ausgerandet (± tief eingeschnitten)
- Meist 5 Narben
- Tragblätter oft trockenhäutig

Verwechslungsmöglichkeiten

Die tief ausgerandeten, weißen Blüten haben auch die Sternmieren und seltener auch einmal andere Nelkengewächse. 5-zählige Blüten gibt es in einigen Familien, allerdings meist nicht mit gegenständigen, schmalen Blättern.

Verwechslungen möglich mit folgenden Gattungen		**Vergleich** Hornkraut
Miere ⇨ 3 Griffel ⇨ Kronblätter nicht ausgerandet		
Steinbrech ⇨ Meist wechselständige Blätter ⇨ Blüten nicht ausgerandet und kein Dichasium		
Leimkraut ⇨ Kelch verwachsen ⇨ Nebenkrone		
Sternmiere ⇨ Meist weniger behaart ⇨ 3 Griffel		

Das **Acker-Hornkraut** *(Cerastium arvense)* wächst auf Felsschutt, in wechselfeuchten Wiesen, Sandtrockenrasen und im Siedlungsbereich an Wegrändern. Die Behaarung der Blätter ist ein Schutz vor starker Sonneneinstrahlung. Die Art wird in verschiedenen Kultursorten als Zierpflanze kultiviert.

Das **Gewöhnliche** oder **Quellen-Hornkraut** *(Cerastium fontanum)* wird in mehrere Unterarten untergliedert. Diese «Sammelart» ist weit verbreitet und wächst vor allem als Pionierpflanze und Lehmzeiger auf Brachflächen. Der Stängel ist stark behaart und die Früchte für die Gattung typisch «hornartig».

Das **Knäuel-Hornkraut** *(Cerastium glomeratum)* hat einen geknäuelten Blütenstand und neben einfachen auch drüsige Haare. Es wächst in feuchten Gebüschen, an Ufern und Wegen.

GATTUNG

LEIMKRAUT, LICHTNELKE

SILENE

Die **Kalk-Polsternelke** *(Silene acaulis)*, auch **Stängelloses Leimkraut** genannt, ist eine polsterbildende Art mit pfriemlichen, lederigen, spitzen Blättern. Dadurch ist sie gut an die Witterungsverhältnisse ihres alpinen Standortes (bis über 2500 m) angepasst. Ein Polster kann über 100 Jahre alt werden.

Innerhalb dieser Gattung gab es einige systematische Veränderungen, sodass die botanischen Namen und die Gattungszugehörigkeit teilweise oft umgestellt wurden. Derzeit werden hier auch die ehemals als *Lychnis* (**Pechnelken**), *Cucubalus* (**Taubenkropf**) und *Melandrium* (**Licht-** oder **Waldnelken**) abgetrennten Gattungen eingerechnet. Entsprechend gibt es in dieser Gattung keinen für alle Arten passenden deutschen Namen. Die **Leimkräuter** und **Pechnelken** verdanken ihren Namen dem klebrigen Leimring unterhalb der Stängelknoten. Einige Arten dieser Gattung werden in Bezug auf die Zeit ihrer Blütenöffnung als **Licht-** und andere als **Nachtnelken** bezeichnet. Die polsterbildenden Arten dieser Gattung werden auch Polsternelken genannt und andere Arten ihrem Standort entsprechend Waldnelken.

Allgemeines und Verbreitung

Weltweit gibt es ca. 700 Arten, von denen die meisten in den gemäßigten Breiten der nördlichen Hemisphäre vorkommen. In Europa sind es etwa 175 Arten, allerdings sind davon die meisten im Mittelmeergebiet heimisch. In der mitteleuropäischen Flora sind es ca. 25 Arten.

Blätter

Alle heimischen Vertreter dieser Gattung sind krautig, einige von ihnen sind ein- bis zweijährig und viele ausdauernd. Die gegenständigen Blätter sind im oberen Teil des Stängels oft sitzend und zur Basis hin gestielt. Ihre Form reicht von lanzettlich bis zu eiförmig oder elliptisch. Seltener einmal gibt es auch nahezu stängellose Arten wie beispielsweise die **Kalk-Polsternelke** *(Silene acaulis)*, auch Stängelloses Leimkraut genannt. Die Blätter können kahl oder behaart sein.

Klatschnelke
(Trieb und Blatt)

Rote Licht- oder Waldnelke
(Ober- und Unterseite)

Weiße
Lichtnelke

Die **Pechnelke** *(Silene viscaria)* hat als Aufkriechschutz einen klebrigen Leimring unterhalb des Blütenstandes.

Dichasial verzweigt, d. h., die Hauptachse endet mit einer Blüte und die Seitentriebe wachsen weiter.

Beispiel
Rote Licht- oder **Waldnelke**
(Silene dioica)

Die Blüten sind häufig eingeschlechtlich.

Blüte

Es gibt zwittrige und eingeschlechtliche Blüten, die meist zweihäusig (diözisch, männliche und weibliche auf getrennten Pflanzen) verteilt sind. Meist stehen sie in dichasial verzweigten Blütenständen zusammen, seltener auch einmal einzeln.

Die Blüten sind 5-zählig und in Kelch und Blütenkrone gegliedert. Die meist 10-nervigen Kelchblätter sind stets verwachsen. Die Kelchzähne können bewimpert sein oder einen häutigen Rand haben. Bei der **Weißen Lichtnelke** (*Silene pratensis* oder *latifolia*) sehen die Kelchblätter der männlichen und weiblichen Blüten unterschiedlich aus: die männlichen sind 10- und die weiblichen 20-nervig. Bei einigen Arten liefert die Nervatur der Kelchblätter wichtige Merkmale für die Artbestimmung.

Weibliche Blüten der **Roten Licht- oder Waldnelke** *(Silene dioica)*

Männliche Blüten der **Roten Licht-** oder **Waldnelke**

Die Blütenfarbe reicht von weiß über rosa bis zu rot und purpur. Die Farbstoffe sind Anthocyane. Die Arten mit auffälligen Blütenfarben werden meist tagsüber von Schmetterlingen bestäubt. Einige weiße Arten werden von Nachtfaltern besucht.

Die Kronblätter können ungeteilt oder in 2 oder 4 Lappen zerschlitzt sein. Sie sind charakteristisch in Nagel und Platte gegliedert. An der Übergangsstelle vom «Nagel» in die «Platte» befindet sich häufig eine Nebenkrone. Sie dient als Einkriechschutz gegen kleinere Insekten.

Die 10 Staubblätter stehen in 2 Kreisen. Die Staubbeutel können von einem **Brandpilz** *(Microbotryum violaceum)* befallen werden. Sie produzieren dann statt der Pollenkörner Pilzsporen, die von den Bestäubern auf weitere Blüten übertragen werden.

Der oberständige Fruchtknoten ist aus 3 oder 5 Fruchtblättern aufgebaut. Ihre Anzahl ist mit der Anzahl der Griffel identisch und daran gut zu erkennen.

Zwittrige Blüte der **Kuckucks-Lichtnelke** *(Silene flos-cuculi)*

Kelch und Fruchtknoten der **Klatschnelke** *(Silene vulgaris)*

Die Blüten der **Weißen Licht-** oder **Waldnelke** *(Silene pratensis* oder *Silene latifolia* subsp. *alba)* öffnen sich spät nachmittags und schließen sich in der Dämmerung bereits wieder. Die kurze Blütenzeit wird durch einen intensiven Duft ausgeglichen. Diese ein- oder zweijährige Halbrosettenpflanze gedeiht auf nährstoffreichen, mäßig trockenen Standorten im Siedlungsbereich und bevorzugt wärmebegünstigte Standorte. In den Bergen steigt sie nicht über 600 m Höhe hinauf.

Frucht

In der Kapselfrucht werden zahlreiche kleine Samen gebildet. Entsprechend der Anzahl der Fruchtblätter öffnet sich die Kapsel mit ebenso oder doppelt so vielen Zähnchen, also 5, 6 oder 10. Bei Trockenheit öffnen sich die Zähnchen und bei Feuchtigkeit schließen sie sich wieder. Die Samen tragen gleichmäßig in Reihen oder Spiralen angeordnete Ornamente. Für die Betrachtung empfiehlt sich eine gute Lupe.

An den Stängeln der **Kuckucks-Lichtnelke** *(Silene flos-cuculi* oder *Lychnis flos-cuculi)* befinden sich oft Gelege von Schaumzikaden. Sie werden mit der Rückkehr des Kuckucks in Verbindung gebracht und umgangssprachlich «Kuckucksspeichel» genannt. Durch Entwässerung und Intensivierung der Landwirtschaft ist der Lebensraum dieser Art, feuchte Wiesen und Flachmoore, stark zurückgegangen. Als Aufkriechschutz gegen kleine Insekten sind die Blütenstängel unter den Knoten klebrig. Verwechselt werden kann diese Art am ehesten mit der Pracht-Nelke.

Die wichtigsten Gattungs-Merkmale auf einen Blick

- Keine Nebenblätter
- Kelchblätter verwachsen
- Fruchtknoten aus 3 oder 5 Fruchtblättern (mit 3 oder 5 Griffeln)
- Meist mit Nebenkrone

Verwechslungsmöglichkeiten

Einige Arten sehen sich innerhalb dieser Gattung recht ähnlich. 5-zählige Blüten haben einige Familien, hier helfen die ungeteilten, gegenständigen Blätter bei der Unterscheidung. Ohne Blüten erinnern schmalblättrige Arten an Einkeimblättrige.

Verwechslungen möglich mit folgenden Gattungen		**Vergleich** Leimkraut
Einkeimblättrige ➾ 3- bzw. 6-zählige Blüten ➾ Grund- oder wechselständige Blätter		
Seifenkraut ➾ Meist 2 Griffel		
Nelke ➾ Schuppenförmige Hochblätter (Außenkelch) ➾ Keine Nebenkrone		
Hornkraut ➾ Freie Kelchblätter ➾ Keine Nebenkrone		
Gipskraut ➾ Keine Nebenkrone ➾ 2 Griffel		

Das **Felsen-Leimkraut** *(Silene rupestris)* wächst seinem Namen entsprechend an felsigen Hängen, aber auch in Trockenrasen und in kiesigen Bächen auf Silikat. Es steigt bis in 2900 m Höhe empor. Die verzweigten Stängel und Blütenstände werden kaum höher als 25 cm.

Das **Nickende Leimkraut** *(Silene nutans)* wächst als ausdauernde Pflanze in Magerrasen und lichten Wäldern. Es wird von Nachtfaltern bestäubt und verströmt nach der Blütenöffnung gegen Abend einen intensiven Duft. Tagsüber sind die Kronblätter eingerollt.

Die **Rote Licht-** oder **Waldnelke** *(Silene dioica)* wächst in Wiesen und Wäldern auf feuchten, nährstoff- und basenreichen Böden, bis 2400 m. Bestäuber sind vor allem Schmetterlinge und Hummeln mit langen Rüsseln.

Die **Klatschnelke** *(Silene vulgaris, ehem. S. cucubalus)* heißt auch Taubenkropf-Leimkraut oder Aufgeblasenes Leimkraut. Sie gedeiht als Rohbodenpionier in lückigen Magerrasen und an Böschungen.

GATTUNG

NELKE

DIANTHUS

Eine Polsternelke aus Südosteuropa
(Dianthus simulans)

Kartäuser-Nelke
(Dianthus carthusianorum)

Allgemeines und Verbreitung

Die Gattung Nelke *(Dianthus)* enthält weltweit 320 bis 600 Arten, die überwiegend in den gemäßigten Gebieten der nördlichen Erdhalbkugel vorkommen. Die meisten von ihnen gedeihen im Mittelmeergebiet. In der mitteleuropäischen Flora gibt es ca. 15 Arten. Viele von ihnen gedeihen auf Mager- und Trockenrasen, in lichten Wäldern und Heiden auf sonnigen, mageren Böden. Durch den Rückgang der Schafbeweidung sind auch diese Lebensräume seltener geworden, und in Deutschland stehen alle Arten dieser Gattung unter Naturschutz. Es gibt auch Arten, die feuchte Standorte besiedeln, wie z. B. die **Pracht-Nelke** *(Dianthus superbus)*. Viele Nelken sind Hemikryptophyten (wintergrüne Halbrosettenpflanzen, bei dieser Art als bodennahe Langtriebe) in Mooren, Pfeifengraswiesen und sauren, feuchten Wäldern.

Der botanische Gattungsname *Dianthus* bedeutet auf altgriechisch «Zeus-Blume» («dios» = Genitiv von «Zeus» und «anthos» = «Blüte») und ist auf die Blütenpracht und den Duft der Nelken zurückzuführen. Viele von ihnen werden als Zierpflanzen kultiviert, und es gibt unzählige registrierte Sorten von Nelken. Einige von ihnen sind beliebte Schnittblumen.

Durch das ätherische Öl Eugenol haben viele Nelkenblüten einen angenehmen Duft. Es ist der gleiche Wirkstoff, der in dem medizinisch verwendeten Nelkenöl enthalten ist. Dieser wird allerdings vom **Gewürznelkenbaum** *(Syzygium aromaticum)* aus der Familie der Myrtengewächse gewonnen.

Die weißen Nelken gelten symbolisch als Zeichen für Ehe und Liebe. Die rote Nelke steht für den Sozialismus. In der französischen Revolution galten sie als Zeichen für den Widerstand. Daneben stehen Nelken auch für Freundschaft.

Blätter

Nelken sind überwiegend ausdauernde Pflanzen, seltener sind sie auch ein- oder zweijährig. Es sind allesamt krautige Pflanzen, und einige von ihnen bilden Polster. Die Blätter können sitzend oder gestielt sein. Sie sind stets einfach und schmal, lanzettlich bis eiförmig und oft einnervig. Sie stehen – wie für die ganze Familie charakteristisch – gegenständig an meist aufrechten Stängeln. Einige Arten besiedeln sonnige und trockene Standorte. Sie haben Trockenheitsanpassungen in Form von sehr schmalen, derben Blättern mit schützender Cuticula, einer von der Epidermis abgesonderten Schutzschicht aus Wachs.

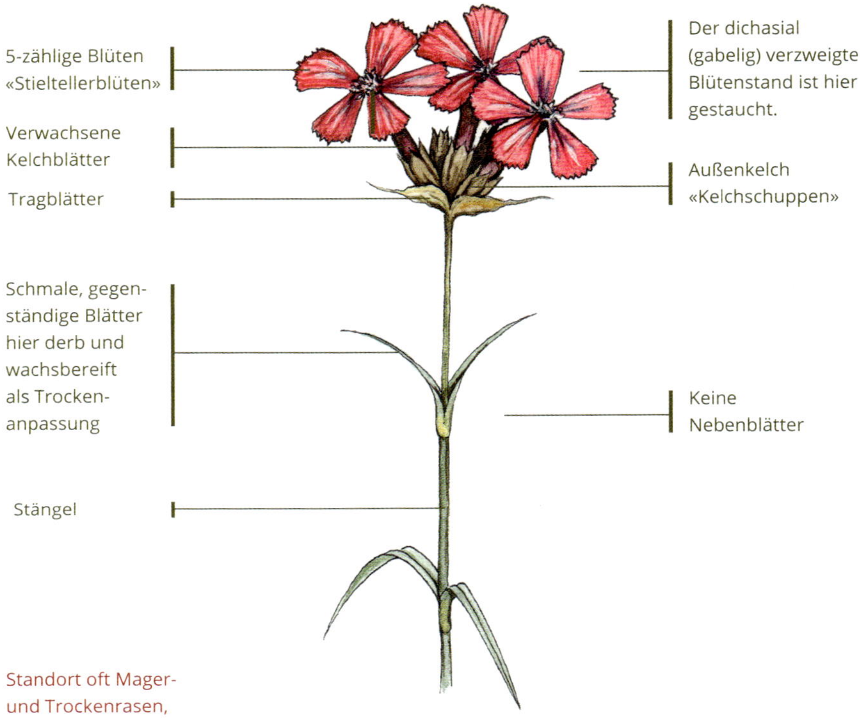

Standort oft Mager- und Trockenrasen, lichte Wälder und Heiden auf sonnigen, mageren Böden

Beispiel **Kartäuser-Nelke** *(Dianthus carthusianorum)*

In der Kapselfrucht entwickeln sich viele Samen.

Blüte

Die Blüten können einzeln am Ende des Stängels stehen oder zu mehreren zusammen in endständigen Blütenständen. Dies liefert wichtige Hinweise für die Artbestimmung. Die Blütenstände sind dichasial verzweigt, können aber so gestaucht sein, dass sie kopfig gehäuft stehen. Tragblätter können fehlen oder vorhanden sein. Am Grunde der Blüten gibt es trockene Deckblätter (Hochblätter), die oft schuppenförmig sind. Dieser «Außenkelch» wird auch als «Kelchschuppen» bezeichnet. Er verhindert den Nektarraub von außen durch unbefugte Blütenbesucher, die ein Loch durch Kelch- und Kronblätter beißen könnten.

Die zwittrigen Blüten sind typisch 5-zählig. Seltener gibt es auch eingeschlechtliche, meist weibliche Blüten. Dies ist vor allem bei der **Heide-Nelke** *(Dianthus deltoides)* der Fall. Die 5 Kelchblätter sind röhrig verwachsen und oft rötlich überlaufen. An der Spitze haben sie 5 Zähne, die stets kürzer sind als die Kelchröhre. Die 5 Kronblätter sind genagelt und meist zerschlitzt oder gezähnt.

Die Blüten sind weiß oder durch Anthocyane rosa, rot bis purpur gefärbt. Einige haben eine gefleckte oder gestrichelte Zeichnung (Saftmale). Manche Arten haben «Bärte» (Haare) am Grunde der Kronblätter, sie schützen den Nektar und dürfen nicht mit einer Nebenkrone verwechselt werden, die es bei dieser Gattung nicht gibt. Einige Arten duften stark.

Die 10 Staubblätter stehen in 2 Kreisen. An ihrer Basis gibt es meist Nektarien. Der oberständige Fruchtknoten ist aus 2 verwachsenen Fruchtblättern aufgebaut. Erkennen kann man sie an den beiden Narben. Die Blüten sind vormännlich, d. h., zuerst reifen die Staubblätter heran, bevor danach die Narben empfangsbereit werden. Staubbeutel und Narben ragen aus der Kronröhre heraus.

Frucht

Die im Kelch heranreifende Kapselfrucht ist eiförmig bis zylindrisch. In ihr können über 100 Samen gebildet werden. Zur Reifezeit öffnet sich die Kapsel mit 4 Zähnen oder kurzen Klappen, sodass die Samen frei werden. Bei Feuchtigkeit schließen sich die Zähne wieder und schützen die Samen vor Nässe. Die Samen werden als Regenschwemmlinge und Wasserhafter durch Wind und Tiere verbreitet. Viele Nelken sind Lichtkeimer. Meist findet auch Vermehrung durch die Rhizome statt.

Kartäuser-Nelke *(Dianthus carthusianorum)*

Blüte und Frucht, **Heide-Nelke** *(Dianthus deltoides)*

Die wichtigsten Gattungs-Merkmale auf einen Blick

- Keine Nebenblätter
- Meist schmale, gegenständige Blätter
- Kelchblätter verwachsen
- 2 Fruchtblätter mit 2 Griffeln
- Außenkelch (Kelchschuppen)

Verwechslungsmöglichkeiten

Wie alle Nelkengewächse, so kann man besonders diese Gattung wegen ihrer schmalen Blätter mit Einkeimblättrigen Pflanzen verwechseln – vor allem, wenn sie nicht blühen. Ansonsten sehen sie anderen Gattungen innerhalb der Familie recht ähnlich.

Verwechslungen möglich mit folgenden Gattungen		**Vergleich** Nelke
Einkeimblättrige ➪ 3- bzw. 6-zählige Blüten ➪ Grund- oder wechselständige Blätter		
Leimkraut ➪ Außenkelch fehlt		
➪ Nebenkrone		
➪ Oft breitere Blätter		
Kornrade ➪ Lange Kelchblätter ➪ Kronblätter nicht zerschlitzt		

Blütenökologische Versuche mit der **Pracht-Nelke** *(Dianthus superbus)* haben gezeigt, dass die stärker zerschlitzten Blüten bevorzugt besucht werden. Die «Bärte» am Grunde der Blüten schützen den Nektar. Bestäuber sind vor allem Taubenschwänzchen.

Die **Stein-Nelke** *(Dianthus sylvestris)* wächst in Trockenrasen und auf felsigen Hängen und gedeiht in den Alpen bis 2800 m Höhenlage. Die auffälligen Blüten stehen einzeln am Ende der Stängel. Neben den Blütentrieben gibt es zahlreiche, dicht stehende, sterile Rosetten.

Die **Heide-Nelke** *(Dianthus deltoides)* hat als Saftmale weiße Punkte und einen dunkleren Ring auf den Kronblättern. Sie wächst in Heiden, auf Mager- und Trockenrasen und meidet kalkhaltige Böden.

Der **Kartäuser-Nelke** *(Dianthus carthusianorum)* fehlt die Zeichnung auf den Kronblättern. Sie gedeiht auf Trockenrasen, Heiden, Felsspalten und Böschungen in sonnigen Lagen auf meist kalkreichen Böden.

SONNENTAUGEWÄCHSE

DROSERACEAE

Die Vertreter dieser Familie sind krautige, fleischfressende Pflanzen. 2 der 3 Gattungen, **Venusfliegenfalle** *(Dionaea muscipula)* und **Wasserfalle** *(Aldrovanda vesiculosa),* sind monotypisch, d. h., es gibt jeweils nur diese eine Art. Die meisten der weltweit ca. 180 Arten der Gattung **Sonnentau** *(Drosera)* gedeihen in Australien, Südamerika und Südafrika. Während die ersten beiden Arten ihre Beute mithilfe einer Klappfalle fangen, gibt es in der Gattung Sonnentau ausschließlich Klebfallen.

Die zusätzliche Verwertung tierischer Eiweiße ist eine Anpassung an die nährstoffarmen Standorte. Die in Mitteleuropa heimischen 3 Arten stehen unter Naturschutz. Da sie untereinander Hybride bilden, ist die Bestimmung nicht immer leicht.

Langblättriger und ■ Rundblättriger Sonnentau *(Drosera longifolia* und *Drosera rotundifolia)*

Der **Rundblättrige Sonnentau** *(Drosera rotundifolia)* ist anhand der kreisrunden Blätter gut zu erkennen. Er gedeiht in Hochmooren auf Torfmoospolstern.

Meist stehen mehrere radiäre, zwittrige Blüten in einem Wickel zusammen. Aus dem oberständigen Fruchtknoten entwickeln sich Kapselfrüchte.

FAMILIE

KNÖTERICHGEWÄCHSE

POLYGONACEAE

■ Alpen-Säuerling *(Oxyria digyna)* Buchweizen *(Fagopyrum esculentum)*

Allgemeines und Verbreitung

Weltweit gibt es knapp 50 Gattungen mit rund 1200 Arten, die vor allem die nördliche gemäßigte Zone besiedeln. Einheimisch sind 5 Gattungen mit ca. 40 Arten. Buchweizen und Rhabarber stammen ursprünglich aus Asien und sind inzwischen auch bei uns bedeutende Kulturpflanzen. Der Buchweizen verdankt seinen Namen den Früchten, die aussehen wie Bucheckern und sich vermahlen lassen wie Weizen.

Mit der Gattung Flügel- oder Staudenknöterich (botanisch *Reynoutria* oder *Fallopia*) sind zwei Neophyten mit enormer Wuchskraft aus dem asiatischen Raum nach Europa eingewandert. Der **Sachalin-Staudenknöterich** *(Reynoutria sachalinensis)* bildet im Frühjahr aus den bis zu 2 m tief reichenden Wurzelstöcken täglich bis zu 30 cm lange Triebe, die innerhalb weniger Wochen mehrere Meter Höhe erreichen. Er ist durch die großen Blätter und den kräftigen Wuchs höchstens mit dem **Japanischen Flügel-** oder **Staudenknöterich** *(Reynoutria japonica)* mit etwas kleinerer und nicht herzförmigen Blättern zu verwechseln. In Mitteleuropa haben diese beiden Arten kaum Fraßfeinde. Die jungen Triebe der auch als Japanischer Rhabarber bezeichneten Pflanzen können im Frühjahr ähnlich wie Spargel als Pfannengemüse zubereitet, als Süßspeise ähnlich Rhabarber verarbeitet oder in Essig und Öl einlegt werden.

Die beiden Gattungen **Ampfer** *(Rumex)* und **Knöterich** *(Polygonum)* sind sowohl weltweit als auch in der heimischen Flora häufig. Unter ihnen sind auch einige schmackhafte Wildpflanzen, die seit alters als Gemüse verzehrt wurden, wie beispielsweise der Sauer-Ampfer.

Die Gattung Säuerling ist nur mit der einen Art **Alpen-Säuerling** *(Oxyria digyna)* vertreten. Es ist eine Pionierpflanze, die in kalkarmen Schneetälchen und auf feuchtem Felsschutt bis über 3000 m Höhe wächst.

Wasserpfeffer | Japanischer Flügel- oder Staudenknöterich | Fluss- oder Riesen-Ampfer | Sauer-Ampfer | Sachalin-Flügel- oder Staudenknöterich

Beispiel
Gewöhnlicher Vogel-Knöterich
(Polygonum aviculare)

Viele Arten besiedeln (wie diese trittfeste Kriechpflanze) Unkrautfluren und Wegränder.

Blätter

Die heimischen Knöterichgewächse sind Kräuter, Stauden und etwas seltener Windenpflanzen. Die wechselständigen Blätter sind meist ganzrandig. Sie werden meist an verdickten Knoten gebildet. Typisch für die Familie ist die **Ochrea**, eine von den Nebenblättern gebildete Röhre am Grunde der Blätter, die den Stängel umfasst und auch als Nebenblattscheide bezeichnet wird. Am besten sichtbar ist sie an jungen Pflanzen. Durch diese Ochrea ist die Familie sehr leicht zu erkennen. Sie kann unterschiedlich ausgebildet sein und liefert Merkmale für die Artbestimmung.

Vogel-Knöterich (*Polygonum aviculare*)

Floh- oder Pfirsichblättriger Knöterich (*Polygonum persicaria* oder *Persicaria maculosa*)

Blüten

Die kleinen und unscheinbaren Blüten befinden sich in zusammengesetzten Blütenständen. Es gibt sowohl Arten mit zwittrigen Blüten als auch solche mit eingeschlechtlichen, die meisten sind windblütig. Während die Blüten der **Ampfer-Arten** *(Rumex)* meist grün und rötlich überlaufen sind, haben die meisten **Knöterich-Arten** *(Polygonum)* weißliche oder rosafarbene Blüten. Beide Gattungen werden nachfolgend ausführlich vorgestellt.

Meist sind die 6 Kelch- und Kronblätter gleichgestaltet (Perigon) und in 2 Kreisen angeordnet. Es kommen auch 3- bis 5-zählige Blüten vor, beispielsweise ist das Perigon der Gattung **Knöterich** *(Polygonum)* 5-zählig, das des **Säuerlings** *(Oxyria)* 4-zählig. Die Anzahl der Staubblätter entspricht meist der Anzahl der Perigonblätter.

Frucht

Der Fruchtknoten ist oberständig und aus 3 verwachsenen Fruchtblättern aufgebaut. Zur Reifezeit entwickelt er sich zur Nussfrucht. Entsprechend der Anzahl der Fruchtblätter ist die Frucht 3-kantig. Die äußeren Perigonblätter bleiben meist bis zur Fruchtreife erhalten und fallen mit den Früchten zusammen ab. Seltener sind 2 oder 4 Fruchtblätter an der Ausbildung der Frucht beteiligt. Die Fruchtmerkmale sind bei vielen Arten wichtig für die Bestimmung, vor allem bei der Gattung Ampfer.

Japanischer Stauden- oder Flügelknöterich *(Reynoutria japonica)*

Buchweizen *(Fagopyrum esculentum)*

Wiesen-Sauerampfer *(Rumex acetosa)*

Stumpfblättriger Ampfer *(Rumex obtusifolius)*

Die wichtigsten Familien-Merkmale auf einen Blick

- Wechselständige Blätter
- Blätter einfach und meist ganzrandig
- Oft verdickte Knoten
- Nebenblattscheide (Ochrea)
- Kleine Blüten in zusammengesetzten Blütenständen
- Perigonblätter 5 (ein Kreis) oder 6 (2 Kreise)
- Staubblätter so viele wie Perigonblätter
- Perigonblätter bleiben meist erhalten und fallen zusammen mit der kleinen Nussfrucht ab.

Verwechslungsmöglichkeiten

Vertreter der Amarantgewächse – hier vor allem die Gattung Gänsefuß *(Chenopodium)* – sehen auf den ersten Blick recht ähnlich aus. Den Säuerling kann man mit dem Venusnabel verwechseln.

Verwechslung möglich mit folgenden Gattungen		**Vergleich** Knöterichgewächse
Gänsefuß Ohne Ochrea Oft «gänsefußähnliche» Blätter		
Stets 5 Perigonblätter Stets 2 Narben (und Fruchtblätter)		
Venusnabel 5 röhrig verwachsene Perigonblätter (4 beim Säuerling)		
10 Staubblätter Blätter schildförmig «genabelt» (Name!)		

Der **Schlangen-Knöterich** *(Polygonum bistorta)* wird je nach systematischer Auffassung in die Gattung *Bistorta (Bistorta officinalis)* oder auch *Persicaria (Persicaria bistorta)* gestellt.

Auch beim **Floh-** oder **Pfirsichblättrigen Knöterich** *(Polygonum persicaria)* ist die systematische Stellung umstritten, er wird auch als *Persicaria maculosa* bezeichnet.

Der **Japanische Staudenknöterich** *(Reynoutria japonica)* wird systematisch alternativ in der Gattung *Fallopia (Fallopia japonica)* geführt. Er heißt auch einfach Japanknöterich.

Der **Sachalin-Staudenknöterich** *(Reynoutria sachalinensis)* ist noch etwas größer als und nicht ganz so weit verbreitet wie der Japanische Staudenknöterich.

KNÖTERICH

POLYGONUM

Der **Knöllchen-Knöterich** *(Polygonum viviparum* oder *Bistorta vivipara)* ist ein Glazialrelikt, der sich nach den Eiszeiten in die nordischen Regionen und Hochgebirge zurückgezogen hat.

Mit dem **Kerzen-Knöterich** *(Polygonum amplexicaule oder Bistorta amplexicaulis)* aus dem Himalaja hat ein Knöterichgewächs den Einzug in unsere Gärten als Zierpflanze geschafft.

Allgemeines und Verbreitung

Die Systematik dieser Gattung wird unterschiedlich ausgelegt. Es gibt die Tendenz, in die Gattung *Polygonum* nur die Vogel-Knöteriche (heimisch hiervon nur der Vogel-Knöterich, *Polygonum aviculare,* mit mehreren Unterarten) zu stellen. Auch weitere Arten, die hier in der gemeinsamen Gattung Knöterich *(Polygonum)* stehen, werden teils als eigenständige Gattung *Persicaria* bzw. *Bistorta* betrachtet. Im Sinne dieser gemeinsamen Gattung gibt es weltweit über 150 Arten. In Mitteleuropa sind davon knapp 30 Arten zu finden.

Ihren botanischen Gattungsnamen verdanken sie den meist verdickten Knoten am Stängel. «Polys» leitet sich von griechisch «viel» und «gony» vom «Knie» im Sinne von «Knoten» ab.

Einige der Arten wie beispielsweise der Ampfer- und Pfirsichblättrige Knöterich sind alte Kulturfolger, die in der Steinzeit als Nutzpflanze verwendet wurden. Es gibt aber auch Arten, wie den Knöllchen-Knöterich, die extreme Standorte in den Bergen besiedeln, und Arten, die Wiesenstandorte bevorzugen. Einige bei uns nicht heimische Arten haben unsere Gärten sogar als Zierpflanzen erobert.

Blätter

Die bei uns heimischen Knöterich-Arten sind krautige Pflanzen. Sie sind einjährig oder ausdauernd. Die Blätter sind in der Regel wechselständig und länglich schmal bis elliptisch-eiförmig. Sie haben meist einen glatten Rand und können gestielt oder ungestielt sein.

Pfirsichblättriger Knöterich | Wasser-pfeffer | Ampfer-Knöterich | Schlangen-Knöterich | Knöllchen-Knöterich | Vogel-Knöterich (gesamter Trieb)

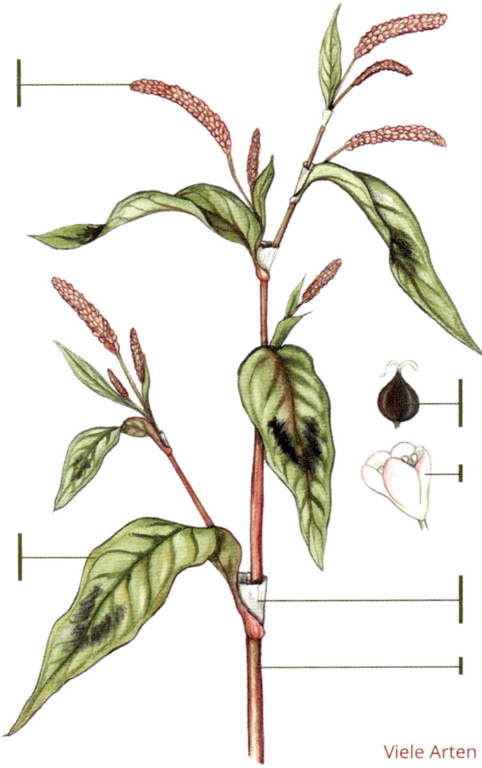

Beispiel
Ampfer-Knöterich
(*Polygonum lapathifolium* oder *Persicaria lapathifolia*)

Viele Arten besiedeln (wie diese) Unkrautfluren im Siedlungsbereich.

Typisch ist die Blattscheide (Ochrea), die stets am Ansatz eines Knotens vorhanden ist. Sie ist durch Umbildung der Nebenblätter entstanden und umschließt die Basis des entsprechenden Stängelabschnitts. Für die Arterkennung ist es entscheidend, ob die Ochrea kahl oder behaart ist, hier empfiehlt sich eine gute Lupe.

Einige Arten sind beliebte Wildgemüse mit mildem Aroma, wie beispielsweise der Schlangen- und Vogel-Knöterich. Letzterer verdankt seinen Namen seiner ehemaligen Verwendung als Vogelfutter. Früher wurde er in der Volksmedizin wegen seines Gehaltes an Kieselsäure, Gerbstoffen und Flavonoiden bei verschiedenen Krankheiten eingesetzt und als Knöterichpastillen verabreicht.

Viele Knöterich-Arten waren auch als Viehfutter beliebt. Der Schlangen-Knöterich liefert frisch wertvolle Nahrung für die Weidetiere. Im Gegensatz zu den meisten anderen Arten wächst er in feuchten Wiesen und nicht auf Ruderalstandorten.

Blüten

Die Blüten sind meist recht klein und stehen zu wenigen bis vielen in ährigen oder traubigen Blütenständen zusammen. Die Tragblätter haben ebenfalls eine Nebenblattscheide, die als **Ochreolae** bezeichnet wird. Sie kann ebenfalls bewimpert, gefranst oder unbehaart sein.

Die Blüten sind zwittrig und 5-zählig. Die Blütenhülle ist ein Perigon, d. h., es gibt keine Unterscheidung in Kelch- und Kronblätter. Die mehr oder weniger gleichgestalteten Perigonblätter sind weiß, grün oder rötlich. Es gibt 4 bis 8 Staubblätter, die meist frei und höchstens an der Basis verwachsen sind. Ihre Staubbeutel sind gelb, rosa oder rot. Meist befindet sich zwischen jeweils zwei Staubblättern eine Nektardrüse. Im Allgemeinen ist die Nektarproduktion der Blüten jedoch sehr gering, und es kommen nur wenig Blütenbesucher zur Bestäubung, darum kommt es häufig zu Selbstbestäubung. Entsprechend der Anzahl der Fruchtblätter gibt es 2 oder 3 Griffel mit kopfiger Narbe.

Früchte

Entsprechend der Anzahl der 2 oder 3 Fruchtblätter entwickeln sich zur Reifezeit Nussfrüchte, die 3-kantig (bei 3 Fruchtblättern) oder linsenförmig (bei 2 Fruchtblättern) sind. Die Nüsschen sind kahl, glänzend und dunkelbraun. Sie werden meist mitsamt dem Perigon verbreitet. Nach dem Verwesen der Perigonblätter bleiben von diesen nur die hakenförmigen Leitbündelstränge stehen und dienen der Klettausbreitung. Neben der Vermehrung über Früchte pflanzen sich Arten wie der **Knöllchen-Knöterich** zusätzlich über Brutknospen fort, die direkt unter dem Blütenstand gebildet werden.

Knöllchen-Knöterich *(Polygonum viviparum* oder *Bistorta vivipara),* Gestalt und Brutknöllchen

Die wichtigsten Gattungs-Merkmale auf einen Blick

- Blüten weiß, rosa oder rötlich
- Perigonblätter 5 (ein Kreis)
- Aufrechte Pflanzen (nicht windend oder rankend)

Verwechslungsmöglichkeiten

Ähnlich sind besonders Arten aus der Familie der Amaranthgewäche und hier vor allem die Gattungen Gänsefuß *(Chenopodium)* und Melde *(Atriplex)*. Auch in der eigenen Familie gibt es ähliche Gattungen mit wenigen Arten, wie beispielsweise Windenknöterich *(Fallopia)* und Staudenknöterich *(Reynoutria)*. Der Wasser-Knöterich *(Polygonum amphibium)* kann in einer Land- und Wasserform wachsen. Letztere sieht Laichkräutern sehr ähnlich, vor allem ohne die Blütenstände.

Verwechslung möglich mit folgenden Gattungen		**Vergleich** Knöterich
Gänsefuß ➾ Ohne Ochrea ➾ 2 Narben		
Ampfer ➾ 6 Perigonblätter ➾ Früchte gekielt oder geflügelt		
Melde ➾ Eingeschlechtliche Blüten ➾ 2 Vorblätter als «Fruchthülle»		
Windenknöterich ➾ Pflanze windend ➾ Früchte gekielt oder geflügelt		
Laichkraut ➾ 4-zählige Blüten ➾ Parallele Blattnervatur ➾ Wasserpflanzen		

Die Brutknospen des **Knöllchen-Knöterichs** *(Polygonum viviparum* oder *Bistorta vivipara)* treiben bereits im Sommer aus und fallen im Herbst als fertige Pflanzen ab. Er heißt auch Lebendgebärender Knöterich.

Der **Schlangen-Knöterich** *(Polygonum bistorta* oder *Bistorta officinalis)* ist am einzelnen, endständigen Blütenstand des unverzweigten Stängels leicht kenntlich. Er ist ein ausgezeichnetes Gemüse.

Der **Gewöhnliche Vogel-Knöterich** *(Polygonum aviculare)* diente seit alters als Futterpflanze für Vögel (lat. «avicularis» bedeutet «bei Vögeln beliebt»). Diese einjährige Pionierpflanze ist weltweit verbreitet.

Der **Ampfer-Knöterich** *(Polygonum lapathifolium* oder *Persicaria lapathifolia)* wächst an nährstoffreichen Ufern sowie Äckern und im Siedlungsbereich mit feuchten Böden. Er ähnelt dem Pfirsichblättrigen Knöterich sehr.

Beim **Pfirsichblättrigen Knöterich** *(Polygonum persicaria* oder *Persicaria maculosa)* ist die Ochrea im Gegensatz zum Ampfer-Knöterich behaart. Dies ist ein sichereres Merkmal als die Flecken auf den Blättern oder die Blütenfarbe.

Der **Wasser-Knöterich** *(Polygonum amphibium* oder *Persicaria amphibia)* kann als flutende Wasser- und aufrechte Landform wachsen. Von Laichkräutern *(Potamogeton)* unterscheidet er sich durch seine queradrige Nervatur.

AMPFER

RUMEX

Der **Fluss-Ampfer** *(Rumex hydrolapathum)* wird wegen seiner stattlichen Größe von bis zu über 2 m auch **Riesen-Ampfer** genannt.

Der **Krausblättrige Ampfer** *(Rumex crispus)* ist eine Pionierpflanze mit bis zu 3 m tiefen Wurzeln in Unkrautfluren, an Ufern und Wiesen.

Allgemeines und Verbreitung

Die Gattung Ampfer umfasst etwa 130 Arten, von denen der überwiegende Teil in den gemäßigten Breiten der nördlichen Hemisphäre vorkommt. Viele von ihnen besiedeln Ruderalstandorte im Siedlungsbereich. Es sind hauptsächlich ausdauernde, krautige Pflanzen.

Früher wurden sie auch Mönchsrhabarber genannt und haben den Speiseplan der Menschen bereichert. Den Wiesen-Sauerampfer haben die Seefahrer schon im antiken Griechenland geschätzt und im Mittelalter gegen Skorbut gegessen. Später ist er etwas aus der Mode gekommen, und es hieß, er würde den Läusebefall fördern – vermutlich, weil er eher eine Speise armer Leute war, die stärker unter Ungeziefer litten. Der Wiesen-Sauerampfer und andere Arten enthalten Oxalsäure, die, in großen Mengen genossen, zu Vergiftungen führt. Als Futterpflanzen für das Vieh sind die meisten Arten minderwertig. Häufig werden sie vom Vieh gemieden. Früher wurden auch die für unseren Gaumen zu bitteren Arten wie der Stumpfblättrige Ampfer durch Entbittern und Einlegen als Gemüse genutzt.

Blätter

Die Blätter sind – wie für die ganze Familie typisch – wechselständig und meist ganzrandig. Einige Arten haben einen mehr oder weniger pfeil- oder herzförmigen Blattgrund. Die Blätter entspringen meist verdickten Knoten. Sie besitzen ebenfalls die charakteristische Nebenblattscheide (Ochrea).

Wiesen-Sauerampfer (2×) Fluss-Ampfer Kleiner Sauerampfer Stumpfblättriger Ampfer

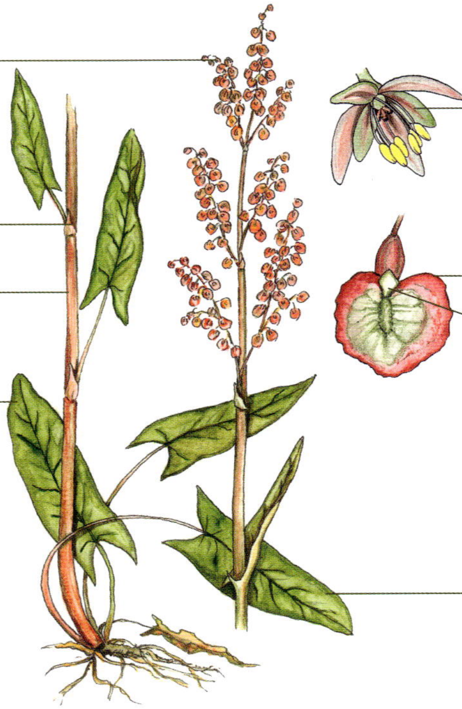

Beispiel
Wiesen-Sauerampfer
(Rumex acetosa)

Die meisten Arten sind (wie diese) ausdauernde Pflanzen.

Seit alters eine beliebte Wildgemüsepflanze

Die Bestimmung der Arten ist oft recht kniffelig und erfordert meist Merkmale von Blüten, Früchten und Grundblättern. Die Bestimmung der einzelnen Arten wird dadurch erschwert, dass sie häufig untereinander Bastarde bilden, bei denen sich die Merkmale von beiden Arten mischen.

Blüte

Viele kleine Blüten stehen in einem gemeinsamen Blütenstand zusammen. Meist sind die zwittrigen Blüten (und später auch die noch unreifen Früchte) mehr oder weniger rötlich überlaufen. Die 6 kleinen Blütenhüllblätter stehen in 2 Kreisen und sind meist ± gleichgestaltet, sodass sie nicht in Kelch- und Kronblätter unterschieden werden (Perigon). Die inneren bleiben an der Frucht erhalten und werden dann Valven genannt. Es gibt 6 Staubblätter. Der oberständige Fruchtknoten setzt sich aus 3 Fruchtblättern zusammen. Entsprechend sind 3 Narben vorhanden.

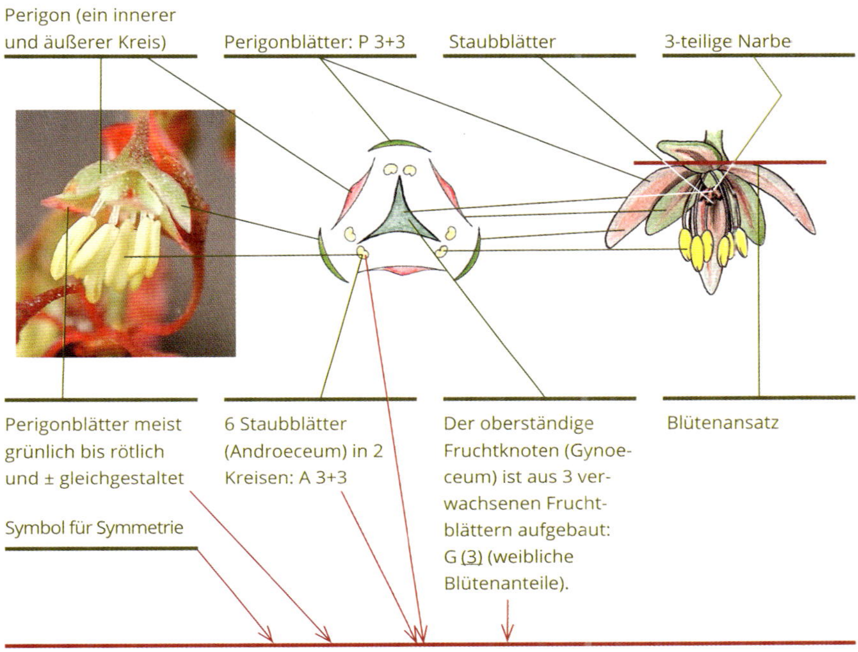

Blütenformel *** P 3+3 A 3+3 G (3)**

*** Perigonblätter 3+3 Staubblätter 3+3 Fruchtblätter (3)**

Frucht

Charakteristisch für die Gattung sind die sich vergrößernden und an der Frucht erhalten bleibenden 3 inneren Perigonblätter. Sie werden als Valven bezeichnet und hüllen die Frucht ein. Sie besitzen meist Verdickungen, die sog. Schwielen. Das Fehlen oder Vorhandensein dieser Schwielen und ihre Form und Anordnung spielen eine wichtige Rolle bei der Bestimmung der Arten.

Wiesen-Sauerampfer *(Rumex acetosa)*

Stumpfblättriger Ampfer *(Rumex obtusifolius)*

Krausblättriger Ampfer *(Rumex crispus)*

Die wichtigsten Gattungs-Merkmale auf einen Blick

- Kleine Blüten, meist grün-rot überlaufen
- Perigonblätter 6 (2 Kreise)
- An den Früchten bleiben die inneren Perigonblätter erhalten (Valven) und haben Schwielen ausgebildet.

Verwechslungsmöglichkeiten

Wie die Arten der Gattung Knöterich sehen auch Ampfer-Arten Vertretern aus der Familie der Amaranthgewächse ähnlich, vor allem den Gattungen Gänsefuß *(Chenopodium)* und Melde *(Atriplex)*. Gute Unterscheidungsmerkmale liefern die Früchte und die Anzahl der Perigonblätter. Hierbei ist eine gute Lupe hilfreich.

Verwechslung möglich mit folgenden Gattungen		**Vergleich** Ampfer
Gänsefuß Ohne Ochrea 2 Narben		
Früchte weder gekielt noch geflügelt		
Melde Eingeschlechtliche Blüten 2 Vorblätter als «Fruchthülle»		
Knöterich 5 Perigonblätter		
Früchte weder gekielt noch geflügelt		

Der **Schildblättrige Ampfer** *(Rumex scutatus)* wächst in Geröllhalden und auf steinigen, sonnigen Abhängen auf basenreichen Böden bis in die subalpine Höhenstufe.

Der **Alpen-Ampfer** *(Rumex alpinus)* ist mit über 1 m Größe und bis 50 cm langen Blättern eine der imposantesten Arten. Er besitzt keine Schwielen an den Früchten.

Der **Wiesen-Sauerampfer** *(Rumex acetosa)* ist eine der bekanntesten Arten. In der Mythologie ist er mit seinen pfeilförmigen Blättern ein Mittel gegen Liebeszauber.

Der **Krausblättrige Ampfer** *(Rumex crispus)* hat krause Blätter und ungezähnte Valven, er bildet Bastarde vor allem mit dem Stumpfblättrigen Ampfer.

Der **Stumpfblättrige Ampfer** *(Rumex obtusifolius)* wächst auf Wiesen vor allem im Bereich der Lägerfluren und ist ein Überdüngungszeiger.

Der **Kleine Sauerampfer** *(Rumex acetosella)* besiedelt nährstoffärmere Standorte als sein «großer Bruder». Entsprechend ist er kleinwüchsiger.

FAMILIE

HARTRIEGELGEWÄCHSE

CORNACEAE

Die meisten Vertreter dieser Familie mit 2 Gattungen und 85 Arten sind Sträucher und Bäume. Sie haben vor allem als Ziergehölze Bedeutung. Der wissenschaftliche Name diese Gattung leitete sich von «cornu» bzw. «cornum» für «Horn» und «Lanze» ab, die aus dem harten Holz dieses Gehölzes hergestellt wurden. Hartriegel bezieht sich auf die Eignung der Zweige für Querhölzer (Riegel) zum Verriegeln von Toren.

Die **Kornelkirsche** *(Cornus mas)* blüht vor dem Laubaustrieb.

■ Die zwittrigen Blüten sind 4-zählig. Bei der **Kornelkirsche** *(Cornus mas)* sind sie durch die frühe Austriebszeit vor den Blättern besonders attraktiv. Meist stehen mehrere in Dolden zusammen. Bestäuber sind vor allem Bienen und Fliegen.

Zur Reifezeit entwickeln sich aus dem unterständigen Fruchtknoten Steinfrüchte. Die der Kornelkirsche wurden seit der Steinzeit genutzt. Sie schmecken säuerlich und eignen sich für Getränke, Marmeladen und zum Einlegen. Die Kerne wurden als Kaffee-Ersatz geröstet.

■■ Die schwarzen Steinfrüchte des **Blutroten Hartriegels** *(Cornus sanguinea)* sind roh giftig. Der Strauch verbreitet sich intensiv über Wurzelausläufer und sich bewurzelnde abgesenkte Zweige. Die jungen Zweige enthalten Chlorophyll und betreiben Fotosynthese.

Bei den Hartriegel-Arten kann man beim vorsichtigen Auseinanderziehen der Blätter die Leitbündelstränge erkennen. Die gegenständigen Blätter sind meist ungeteilt und ganzrandig. Typisch sind die zur Blattspitze hin gebogenen Blattadern.

FAMILIE

BALSAMINENGEWÄCHSE
BALSAMINACEAE

Drüsiges Springkraut *(Impatiens glandulifera)*

Rührmichnichtan oder Wald-Springkraut *(Impatiens noli-tangere)*

Allgemeines und Verbreitung

Der Verbreitungsschwerpunkt dieser Familie mit weltweit 2 Gattungen und rund 1000 Arten liegt in den Bergregionen des tropischen und subtropischen Afrikas sowie in Madagaskar und Südasien. Einige Arten sind in vielen Gebieten der Erde außerhalb dieser Regionen als Neophyten eingewandert.

Die Gattung **Springkraut** *(Impatiens)* enthält weltweit ca. 500 Arten. Die einzige heimische Art ist das **Rührmichnichtan** *(Impatiens noli-tangere),* auch **Wald-Springkraut** genannt. Daneben sind ein paar weitere Arten als Neophyten in die mitteleuropäische Flora eingewandert. Am häufigsten sind die folgenden beiden Arten. Das **Kleinblütige Springkraut** *(Impatiens parviflora)* ist 1837 aus dem botanischen Garten in Berlin verwildert. Es stammt aus Nordostasien. Aus Ostindien und dem Himalaja eingewandert ist das **Drüsige Springkraut** *(Impatiens glandulifera).* 1839 kam es nach England, stark vermehrt hat es sich allerdings erst ab 1950. Die Blätter der Springkräuter sind leicht giftig. Den Namen Springkraut verdankt die Gattung den explosionsartig aufspringenden Kapselfrüchten. Sie enthalten zahlreiche essbare Samen mit nussartigem Aroma. Sie können roh oder als Backzutat genossen werden.

Blätter

Die in der heimischen Flora gedeihenden und verwilderten Arten sind allesamt einjährig und frostempfindlich. Sie sind an dem glasigen, saftreichen Stängel mit den deutlich verdickten Knoten gut zu erkennen. Die Blätter sind einfach und ohne Nebenblätter. Die bei uns anzutreffenden Arten unterscheiden sich in der Zähnung des Blattrandes, sodass sie auch ohne Blüten zu erkennen sind.

Drüsiges Springkraut

Rührmichnichtan oder Wald-Springkraut

Kleinblütiges Springkraut

Dieser konkurrenzstarke Neophyt aus Asien breitet sich vor allem auf feuchten Ruderalplätzen, entlang von Wasserläufen und auf Waldschlägen aus.

Beispiel
Drüsiges Springkraut
(Impatiens glandulifera)

Bis 2,5 m groß, ohne Blüten am bis 5 cm dicken Stängel und drüsigen Blattstiel kenntlich

Außer beim Drüsigen Springkraut mit 2- bis 3-zähligen Wirteln, sind die Blätter wechselständig. Am Blattrand befinden sich zahlreiche Wasserspalten (Hydathoden). Sie ermöglichen der Pflanze, durch **Guttation** aktiv Wasser aus dem Gewebe zu pressen. So kann der Stoffumsatz auch bei wasserdampfgesättigtem Klima aufrechterhalten werden, d. h., durch die aktive Abgabe von Flüssigkeit durch die Blätter kann neues Wasser mit den darin gelösten Nährstoffen in die Wurzeln aufgenommen und weiter in den Spross geleitet werden. An der Basis der Blattstiele können sich Saftdrüsen befinden, die Nektar abgeben (extraflorale Nektarien).

Rührmichnichtan *(Impatiens noli-tangere)*, glasiger Stängel

Drüsiges Springkraut *(Impatiens glandulifera)*, Saftdrüsen

Blüten

Die hübschen, zygomorphen Blüten haben dem Drüsigen Springkraut auch den Namen «Bauernorchidee» eingebracht. Bei allen Springkräutern sind von den ursprünglich 5 Kelchblättern durch Ausfall der beiden vorderen nur noch 3 vorhanden. Das obere Kelchblatt ist gespornt und wie die Blütenkrone gefärbt. In ihm befindet sich das Nektarium, und der Sporn dient als Safthalter. Von den 5 zygomorphen Kronblättern sind die seitlichen jeweils paarweise miteinander verbunden. Die 5 Staubblätter sind meist zu einer Röhre verwachsen. Die Narben entwickeln sich erst nach dem Abfallen der Staubblätter. Der oberständige Fruchtknoten setzt sich aus 5 verwachsenen Fruchtblättern zusammen.

Frucht

Die bei Berührung explosionsartig aufspringenden lang gezogenen Kapselfrüchte (Saftkapsel) sind typisch für die Gattung. Das Aufspringen wird durch einen hohen Zellsaftdruck (Turgor) und vorgebildete Nähte ermöglicht. Die saftigen Fruchtklappen rollen sich blitzschnell auf und schleudern die Samen bei den kleinen Arten über 3 m und beim Drüsigen Springkraut bis 7 m weit von der Mutterpflanze entfernt. Die nussartig schmeckenden Samen sind essbar.

Drüsiges Springkraut *(Impatiens glandulifera)*, links Fruchtstand, rechts oben Frucht

Kleinblütiges Springkraut *(Impatiens parviflora)*, Frucht

Die wichtigsten Familien-Merkmale auf einen Blick

- Glasiger Stängel
- Blätter einfach
- Zygomorphe Blüten mit Sporn
- Oberständiger Fruchtknoten
- Explosionsartig aufspringende Kapselfrüchte

Verwechslungsmöglichkeiten

Blühend sind diese Arten kaum verwechselbar. Ohne die hübschen Blüten sehen vor allem die beiden kleinwüchsigen Arten Hexenkraut und Immenblatt ähnlich aus. An den spitzeren Blättern kann das Kleinblütige Springkraut vom Rührmichnichtan unterschieden werden.

Verwechslung möglich mit folgender Art und Gattung		**Vergleich** Springkraut
Hexenkraut Stängel nicht glasig		
4-zählige Blüte Blüte ohne Sporn		
Immenblatt 4-kantiger Stängel		
Weiße Lippenblüten 4-teiliger Fruchtknoten (Klausenbildung)		

Das **Rührmichnichtan** *(Impatiens noli-tangere,* auf dem unteren Foto links) heißt auch **Wald-Springkraut** und wächst in schattigen, feuchten Wäldern auf gut durchlüfteten Böden. In den Alpen ist es bis ca. 1300 m Höhe zu finden.

Das **Kleinblütige Springkraut** *(Impatiens parviflora,* auf dem unteren Foto rechts) ist ein Stickstoffzeiger, der häufig in Siedlungsnähe auf frischen und nährstoffreichen Böden gedeiht. Im Wald wächst es häufig zusammen mit dem Rührmichnichtan.

FAMILIE

HEIDEKRAUTGEWÄCHSE

ERICACEAE

Bewimperte Alpenrose *(Rhododendron hirsutum)*

Alpenazalee *(Loiseleuria procumbens)*

Allgemeines und Verbreitung

Diese Pflanzenfamilie ist vor allem in den gemäßigten und kalten Klimazonen der Erde verbreitet. Es gibt weltweit ca. 125 Gattungen mit ca. 4250 Arten. Davon einheimisch sind etwa 10 Gattungen mit 20 Arten. Eine Landschaftsform, die Heidelandschaft, ist nach ihnen benannt. Sie ist typisch für die Altmoränengebiete im ozeanisch geprägten Klimabereich wie beispielsweise in Norddeutschland.

Die Heidekrautgewächse können auf diesen nährstoffarmen und sauren Böden wachsen, weil sie in einer Lebensgemeinschaft mit Pilzen leben. Unterirdisch sind ihre Wurzeln mit dem Pilzmyzel (dem eigentlichen Pilz) verbunden – diese Lebensform wird Mykorrhiza genannt. Es ist eine Gemeinschaft, von der beide profitieren (Symbiose). Der Pilz verbessert die Versorgung der Pflanzen mit Wasser und den darin gelösten Nährstoffen, als Gegenleistung erhält er die bei der Fotosynthese von der Pflanze gebildeten organischen Substanzen, überwiegend Zucker (Glukose). 95 Prozent der Pflanzen wachsen in einer Lebensgemeinschaft mit Pilzen und würden ohne diese Art des Zusammenlebens wesentlich schlechter gedeihen.

Blätter

Alle Heidekrautgewächse sind Holzpflanzen, und zwar Sträucher und Zwergsträucher. Sie haben meist immergrüne und ledrige Blätter, die ungeteilt und oft nadelförmig sind. Die Blattstellung ist meist wechselständig, sie können aber auch gegenständig sein wie beim Heidekraut *(Calluna vulgaris),* auch Besenheide genannt, oder quirlig (wirtelig) wie bei der Gattung *Erica.* Nebenblätter gibt es keine.

Rosmarinheide — Sumpf-Porst — Rostblättrige Alpenrose — Besenheide — Glockenheide — Heidelbeere

Beispiel
Immergrüne Bärentraube
(Arctostaphylos uva-ursi)

Blüte

Die Kronblätter sind – ebenso wie oft auch die Kelchblätter – meist miteinander verwachsen. Die Blüte ist meist radiärsymmetrisch und 4- oder 5-zählig, seltener leicht zygomorph. Staubblätter gibt es häufig 5 oder 10. Oft tragen sie als «Pollenschüttelapparat» hornartige Anhängsel, die an der Spitze Löcher aufweisen.

Rosmarinheide *(Andromeda polifolia)*

Besenheide *(Calluna vulgaris)*

Frucht

Die Frucht wird aus 4 oder 5 verwachsenen Fruchtblättern gebildet. Der Fruchtknoten kann sowohl ober- als auch unterständig sein. Zur Reifezeit entwickeln sich daraus Kapsel-, Beeren- oder Steinfrüchte. Viele Heidekrautgewächse wie Heidel- und Preiselbeere sind beliebte Beerensträucher, deren Früchte roh oder zu Marmelade oder Gelee verarbeitet geschätzt werden. Sie reifen meist im Sommer.

Die wichtigsten Familien-Merkmale auf einen Blick

- Doppelte Blütenhülle
- Ungeteilte, oft immergrüne und teils auch nadelförmige Blätter
- Verholzte Pflanzen, viele Zwergsträucher

Verwechslungsmöglichkeiten

Innerhalb der Familie kann es zwischen den einzelnen Arten am ehesten zu Verwechslungen kommen, beispielsweise zwischen Krähenbeere und Alpenazalee, Preiselbeere und Bärentraube sowie innerhalb der Gattungen Heidekraut (*Erica* und *Calluna*). Zwergsträucher gibt es auch in anderen Gattungen, deren ähnlichste Vertreter, die ebenfalls wenigstens teilweise verholzt sind, hier vorgestellt werden. Sie haben alle einen anderen Blütenaufbau.

Verwechslung möglich mit folgenden Gattungen und Familien		**Vergleich** Heidekrautgewächse
Kreuzblume Zygomorphe Blüte		
Zistrosengewächse «Zerknittert» wirkende Kronblätter Viele Staubblätter		
Thymian Zygomorphe Blüte Intensiv duftende Blätter		

Ausgewählte Arten

Die **Schwarze Krähenbeere** *(Empetrum nigrum)* wird vor allem in Nordeuropa roh und gekocht gegessen. Die Beeren wirken aufgrund des Gehaltes an Andrometoxin leicht berauschend und Schwindel erregend. Sie sind reich an Vitamin C und Gerbstoffen und werden volksmedizinisch bei Skorbut und Durchfall eingesetzt.

Besenheide oder **Heidekraut** *(Calluna vulgaris)* ist an nährstoffarme und extreme Standorte angepasst. Sie besitzt nadelähnliche Rollblätter mit nur wenigen Spaltöffnungen auf der Unterseite und eine dicke Oberhaut. Beides schränkt die Verdunstung ein und dient als Schutz vor starker Sonneneinstrahlung.

Die **Rostblättrige Alpenrose** *(Rhododendron ferrugineum)* hat unterseits rostbraune Blätter. Sie ist ein wichtiger Rohbodenpionier auf sauren Böden. Von der Bewimperten Alpenrose mit behaarten Blatträndern unterscheidet sie sich auch durch die Standortansprüche.

Die **Schnee-Heide** *(Erica carnea)* hat immergrüne, ledrige Blätter. Die Kelchblätter sind wie die Krone gefärbt. Die Schnee-Heide wächst auf Kalkböden in Zwergstrauchheiden im Bereich der Waldgrenze bis zu Höhen von 2700 m. Sie wird auch in Gärten als Zierpflanze kultiviert.

Die Heidelandschaft ist eine vom Menschen geschaffene Landschaftsform, die im Spätsommer zur Blütezeit des Heidekrautes am beeindruckendsten erscheint. In Norddeutschland sind die meisten Heideflächen durch die Plaggenwirtschaft entstanden. Die Lüneburger Heide, eigentlich eine potenzielle Waldlandschaft, geht auf diese Wirtschaftsform zurück. Hier wurden außerhalb der Ackerflächen Platten aus den oberen Bodenschichten (Plaggen) ausgestochen, die dann im Winter als Einstreu im Stall genutzt und im Frühjahr als Dünger auf den Acker gebracht wurden. Dieses ständige Abschälen des Oberbodens im Wald hat dazu geführt, dass die freigelegten Sandflächen der Erosion von Wind und Wasser ausgesetzt waren und die im Boden verbliebenen Nährstoffe ebenfalls abgetragen und ausgeschwemmt wurden. Bereits zur Bronzezeit hat es durch die Entwaldung erste Sandverwehungen gegeben, und im Spätmittelalter gab es große Binnendünen, deren Verwehungen zu Katastrophen und Ernteverlusten geführt haben.

Die sehr nährstoffarmen und sauren Böden konnten nur von an diese extremen Bedingungen angepassten Pflanzen besiedelt werden. Dies waren vor allem Heidekrautgewächse, Wacholder, Kiefern, Hänge-Birken und Draht-Schmiele. So hat sich eine ganz einzigartige, halb offene Heidelandschaft entwickelt. Sie ist ein wertvoller Lebensraum für die an diese Landschaft angepassten, häufig sehr seltenen Tier- und Pflanzenarten. Daher schätzt man heute diese historische Kulturlandschaft und verhindert die Wiederbewaldung durch eine angemessene Beweidung mit einheimischen Heidschnucken

HEIDELBEERE

VACCINIUM

Die **Rauschbeere** *(Vaccinium uliginosum)* wird auch Trunkel- oder Moorbeere genannt. Sie ist bis in Höhenlagen von 3000 m zu finden.

Allgemeines und Verbreitung

Die weltweit 450 bis 500 Arten in dieser Gattung sind vorwiegend auf der Nordhalbkugel verbreitet. In der heimischen Flora gibt es nur die 4 Arten Heidel-, Preisel-, Moos- und Rauschbeere. Letztere kann in zwei weitere Kleinarten unterschieden werden.

Blätter

In dieser Gattung gibt es immergrüne Arten wie beispielsweise die Preiselbeere und auch laubabwerfende wie die Heidelbeere. Alle Arten sind verholzt und haben wechselständige Blätter, die elliptisch bis ei- oder spatelförmig sind. Als Verdunstungsschutz sind sie oft lederig, und der Blattrand kann eingerollt sein. Er ist glatt oder gesägt.

Rauschbeere
(3 × Ober- und 1 × Unterseite)

Preiselbeere
(3 × Ober- und 1 × Unterseite)

Moosbeere
(Triebe)

Heidelbeere
(Herbstfärbung)

Die Früchte sind schmackhaft und gesund – wie bei den meisten Arten dieser Gattung.

Beispiel **Heidelbeere** *(Vaccinium myrtillus)*

Über das Wurzelwerk Symbiose mit Pilzen (Mykorrhiza)

Blüten

Die zwittrigen und radiär-symmetrischen Blüten stehen end- oder achselständig einzeln oder zu mehreren in traubigen Blütenständen. Sie sind 4-zählig (Moosbeere und Preiselbeere) oder 5-zählig (Heidel- und Rauschbeere). Die Kelchblätter sind meist unscheinbar und nur an der Basis verwachsen. Die Kronblätter sind bis auf die obersten Zipfel verwachsen und meist kugel- bis glockenförmig, bei der Moosbeere sind sie tief geteilt und zurückgeschlagen. Ihre Farbe ist weißlich, grünlich oder rosa-rötlich. Es gibt 2 Kreise mit je 4 oder 5 Staubblättern. Die Blüten haben einen ringförmigen Diskus. Die 4 oder 5 Fruchtblätter sind zu einem unterständigen Fruchtknoten verwachsen.

Moosbeere *(Vaccinium oxycoccos)*

Preiselbeere *(Vaccinium vitis-idaea)*

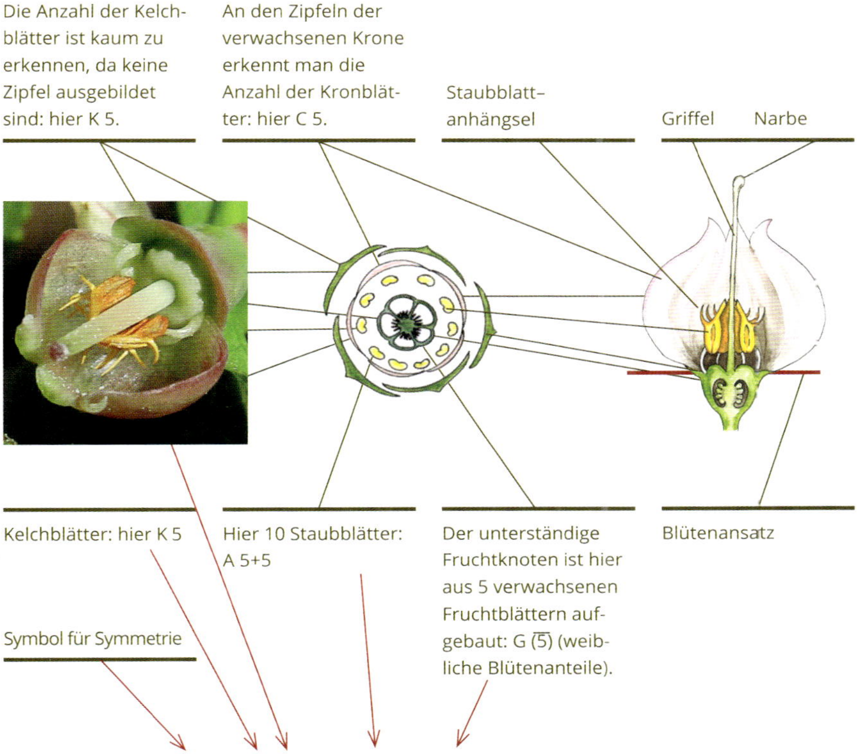

Blütenformel *** K 5 C (5) A 5+5 G $\overline{(5)}$** **Es gibt auch 4-zählige Arten**

*** Kelchblätter 5 Kronblätter (5) Staubblätter 5+5 Fruchtblätter $\overline{(5)}$**

Frucht

Aus dem unterständigen Fruchtknoten entwickeln sich Beerenfrüchte mit mehreren Samen. Zur Reifezeit sind sie rot oder blau. Sie können auch bereift sein, d. h., einen Wachsüberzug haben, wie beispielsweise die der Rauschbeere. Die Früchte der meisten Arten sind essbar und werden medizinisch verwendet. Die **Rauschbeere** hat einen umstrittenen Speisewert, der auf einer zu langen Lagerung der verderblichen Früchte beruhen könnte. Außerdem wird eine Infektion der Sträucher mit dem Pilz *Sclerotinia megalospora* für diese Wirkung verantwortlich gemacht – und auch hierdurch soll es nur beim Verzehr großer Mengen infizierter Beeren zu Rauschzuständen kommen. Denkbar ist auch, dass die Rauschzustände auf Verwechslungen oder Beimischungen mit den Früchten der **Schwarzen Krähenbeere** *(Empetrum nigrum)* beruhen.

Die wichtigsten Gattungs-Merkmale auf einen Blick

- 4- oder 5-zählige Blüten
- Unterständiger Fruchtknoten
- Beerenfrüchte
- Zwergsträucher

Verwechslungsmöglichkeiten

Innerhalb der Gattung kann es innerhalb der sommergrünen Heidel- und Rauschbeeren zu Verwechslungen kommen. Die Heidelbeere ist an ihrem kantigen grünen Stängel zu jeder Jahreszeit leicht kenntlich. Außerdem sind ihre Beeren und Blätter nicht bereift. Die immergrüne Preiselbeere ist an ihrer dunkel punktierten Blattunterseite (ebenfalls in allen Wachstumsphasen) gut zu erkennen und kann so von ähnlichen Arten wie Bärentraube oder dem Buchsblättrigen Kreuzblümchen (auch Zwergbuchs genannt) leicht unterschieden werden.

Verwechslung möglich mit folgenden Arten | **Vergleich** Preiselbeere

Buchsblättrige Kreuzblume
- Oberständiger Fruchtknoten
- Kapselfrüchte

- Zygomorphe Blüte

Bärentraube
- Fruchtknoten oberständig

- Ohne Punkte auf der Blattunterseite

Die **Preiselbeere** *(Vaccinium vitis-idaea)* wird medizinisch ähnlich wie die Bärentraube gegen Blasen- und Harnwegs-Erkrankungen eingesetzt. Sie besitzt weniger Gerbstoffe, ist daher aber verträglicher und wird kulinarisch für Süßspeisen, Liköre, Getränke und als Beilage vor allem für Wildgerichte eingesetzt.

Heidelbeeren *(Vaccinium myrtillus)* werden auch Blau- oder Bickbeeren genannt. Sie werden seit dem Altertum in vielfältigster Weise zu Marmelade, Likör und Süßspeisen verarbeitet. Früher hat man die Beeren in der Malerei verwendet. Bereits die Gallier haben mit dem Saft die Sklavenkleider blauviolett gefärbt.

Die **Rauschbeere** *(Vaccinium uliginosum)* kann ebenso wie die Heidelbeere gegessen werden, ist jedoch geschmackloser als diese. Sie ist durch die bereiften Beeren mit farblosem Saft, einen runderen Stängel und rundere Blätter zu unterscheiden.

Die **Gewöhnliche Moosbeere** *(Vaccinium oxycoccos)* wächst mit ihren feinen Trieben in Mooren auf Torfmoospolstern. Ihre vitaminreichen Beeren sind sehr lange haltbar und eine wertvolle Nahrung für Tiere. Früher wurden sie auch kulinarisch zubereitet.

PRIMELGEWÄCHSE

PRIMULACEAE

■ Das **Kleine Alpenglöckchen** *(Soldanella pusilla)* gedeiht in Schneetälchen und Rieselfluren bis über 3000 m Höhe. Es meidet kalkhaltige Böden und ist an den kurz eingeschnitten Blüten vom Großen Alpenglöckchen *(S. alpina)* mit bis zur Mitte eingeschnittenen Fransen zu unterscheiden.

■ Der **Alpen-Mannsschild** *(Androsace alpina)* ist in den Alpen endemisch, d. h., er gedeiht nicht außerhalb des Alpenraumes. Er besiedelt vor allem lange mit Schnee bedeckte Fels- und Schuttböden auf Silikat bis 4200 m Höhe. Damit ist er einer der «Top 10 der am höchsten aufsteigenden Alpenpflanzen».

Allgemeines und Verbreitung

Weltweit gibt es in der Familie der Primelgewächse über 50 Gattungen mit insgesamt knapp 2800 Arten. Sie sind von den Tropen bis in Regionen mit Dauerfrostböden verbreitet. Heimisch sind davon bei uns etwa 10 Gattungen mit ungefähr 40 Arten.

Viele Vertreter dieser Familie sind in den Alpen an die extremen Witterungsverhältnisse der alpinen und nivalen Höhenlagen bestens angepasst. Zu ihnen gehört die Gattung **Mannsschild** *(Androsace)* mit ca. 15 Arten in der heimischen Flora. Die meisten Arten sind stängellos (acaulescent) und trotzen in dichten Polstern den extremen Witterungsbedingungen der Höhenlagen. Falls am Stängel Blätter stehen, sind diese wechselständig angeordnet. Die zwittrigen Blüten sind radiär und 5-zählig. Zur Reifezeit bilden sich Kapselfrüchte mit meist geflügelten Samen. Bei der Bestimmung dieser Gattung ist es hilfreich zu wissen, ob die entsprechende Art auf Kalk oder Silikat wächst. Weiterhin spielen die Behaarung (einfache oder Sternhaare), der Blattrand und natürlich die Blütenfarbe eine Rolle.

- Der **Stumpfblättrige Mannsschild** *(Androsace obtusifolia)* ist eine ausdauernde Pflanze mit kurzen Stern- oder Gabelhaaren. Er kommt vor allem in alpinen Rasen in Silikatgebieten vor und gedeiht bis in 3500 m Höhe.
- Der **Bewimperte Mannsschild** *(Androsace chamaejasme)* besiedelt Windkanten, steinige, alpine Rasen und Felsspalten und ist sehr wind- und kälteresistent. Die Blätter und Blütenknospen überstehen Temperaturen bis –38 °C und Windstärken von 40 Meter pro Sekunde (= 144 km/h). Bestäubung und Nektarabsonderung findet nur bei günstigen Wetterbedingungen statt. Nach erfolgreicher Bestäubung wechselt die Farbe der gelben Saftmale zu karminrot – ein Signal für die Insekten, dass der Blütenbesuch nicht mehr lohnt.

  Der **Vandellis Mannsschild** *(Androsace vandellii)* bildet ähnlich dichte Polster wie der Schweizer Mannsschild. Die weißfilzige Behaarung durch unzählige Sternhaare und der Standort sind ein gutes Unterscheidungsmerkmal beider Arten. Vandellis Mannsschild wächst in Silikatgebieten in Felsspalten bis 3000 m Höhe.
- Der **Schweizer Mannsschild** *(Androsace helvetica)* zählt zu den typischsten Pflanzenarten der Alpen. Er bildet auf Kalkfelsen bis 3 cm hohe Polster aus behaarten (nie Sternhaare!), dachziegelig angeordneten Blättern. Er wächst an stark wetterexponierten Stellen und kann harschen Wetterlagen trotzen und bis 3700 m Höhe gedeihen. Die Polster werden über 50 Jahre alt und verankern sich mit starken Pfahlwurzeln im felsigen, kalkreichen Untergrund. Die abgestorbenen Blätter liefern Humus und speichern Wasser für Trockenperioden.

Blätter

Außerhalb Mitteleuropas gibt es in dieser Familie einige verholzte Arten, unter ihnen sind Halbsträucher ebenso zu finden wie Sträucher, Bäume und Lianen. Die heimischen Primelgewächse sind Kräuter oder Stauden. Einjährige Arten sind eher die Ausnahme. Einige Arten besitzen Rhizome (unterirdische Sprossachsen mit Speicherfunktion) oder Knollen. Die Blätter sind mit Ausnahme der **Wasserfeder** *(Hottonia palustris)* ungeteilt, und Nebenblätter sind nicht vorhanden. Der erste Gedanke, wenn es um Primelgewächse geht, fällt vermutlich auf die Schlüsselblumen. Bei ihnen stehen die Blätter, wie bei vielen Vertretern dieser Familie, in einer grundständigen Rosette, und der Blütenstängel ist blattlos. Die Blätter können jedoch auch wechsel- oder gegenständig sein. Die Blattränder sind glatt oder gezähnt.

Pfennigkraut (Trieb) — Acker-Gauchheil — Goldfelberich — Gewöhnlicher Gilbweiderich — Frühlings- und Wald-Schlüsselblume — Wasserfeder (Trieb)

Trotz seines Namens ist das **Alpenveilchen** *(Cyclamen purpurascens)* ein Primelgewächs mit immergrünen, grundständigen Blättern. Veilchen besitzen einen Sporn und Nebenblätter. Es ist eines der giftigsten Primelgewächse, und 8 g können bereits tödlich wirken, in der Knolle ist der Wirkstoffgehalt am größten. Ohne Blüten kann es Efeu oder Haselwurz ähnlich sehen. Der **Acker-Gauchheil** *(Anagallis arvensis)* hat gegenständige Blätter. Er wurde auch Nebelpflanze oder Wetterkraut genannt und zur Vorhersage des Wetters benutzt, da sich die Blüten bei aufziehendem Regen sehr früh schließen. Die Blüten sind meistens rot, können jedoch auch blau sein.

Alpenveilchen *(Cyclamen purpurascens)*

Wasserfeder *(Hottonia palustris)*

Acker-Gauchheil *(Anagallis arvensis)*

Die meisten Arten sind – wie diese – ausdauernde Stauden. Das Rhizom (Wurzelstock) dient als Speicherorgan und ermöglicht das zeitige Austreiben im Frühjahr.

Beispiel **Frühlings-Schlüsselblume** *(Primula veris)*

Viele Arten stehen – wie diese – unter Naturschutz.

Der Name «Primula» bezieht sich auf die frühe Blütezeit – «Primula veris» bedeutete im mittelalterlichen Sprachgebrauch soviel wie «Erste des Frühlings». Ihre Form hat Ähnlichkeit mit altgermanischen Schlüsseln. Schlüsselblumen öffnen der Legende nach die Pforten des Himmels und sind der germanischen Erdgöttin geweiht. Ihre Blätter bereichern jung Salate, und die Blüten sind – aus dem Kelch gezupft – eine essbare Dekoration. Allerdings stehen alle Arten der Gattung *Primula* in Deutschland unter Naturschutz.

Die **Frühlings-Schlüsselblume** *(Primula veris)* heißt auch Wiesen-Primel. Sie hat schwefelgelbe Blüten mit orangefarbenen Flecken, während die ähnliche **Wald-Schlüsselblume** *(Primula elatior)* hellgelbe Blüten mit orangefarbenem Ring besitzt. Ohne Blüten sind beide Arten (wie auch andere der Gattung) schwer zu unterscheiden. Im Alpenraum gibt es weitere Arten, die bis in alpine Lebensräume vordringen.

Blüte

Die Blüten der Primelgewächse sind stets radiär. Meist stehen sie zu mehreren in Rispen, Ähren, Dolden oder Trauben zusammen. Seltener gibt es Arten mit einzelnen Blüten. Der **Siebenstern** *(Trientalis europaea)* ist die einzige Art mit 7-zähliger Blüte. Üblicherweise sind die Blüten bei allen Primelgewächsen 5-zählig. Es gibt einen 5-zähligen Kelch und eine 5-zählige Blütenkrone, beide sind verwachsen. Die 5 Staubblätter sind mit den Kronblättern verwachsen. Die Verwachsung an der Blütenkrone wird am besten bei der Präparation einer Blüte sichtbar. Der oberständige Fruchtknoten ist aus 5 verwachsenen Fruchtblättern aufgebaut. Obwohl es 5 Fruchtblätter gibt, ist die Narbe auf dem einen Griffel kopfig, sodass ausnahmsweise an ihr nicht – wie sonst bei vielen Familien – auf die Anzahl der Fruchtblätter geschlossen werden kann.

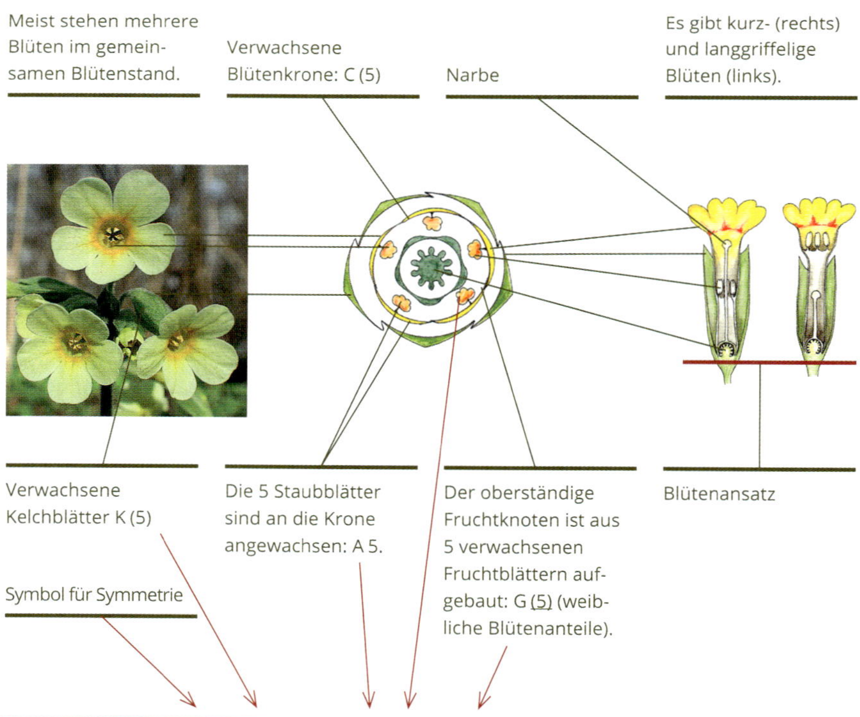

Blütenformel *** K (5) {C (5) A 5} G (5)**

*** Kelchblätter (5) {Kronblätter (5) Staubblätter 5} Fruchtblätter (5)**

Um Fremdbestäubung zu garantieren, gibt es in der Gattung Primel *(Primula)* einen besonderen Bestäubungsmechanismus durch sogenannte «heterostyle» Blüten, d. h. lang- und kurzgriffelige Exemplare innerhalb einer Art. Bei den Blüten mit langen Griffeln (rechtes Bild) sind die kürzeren Staubblätter in der Kronröhre verborgen. Bei den Blüten mit kurzen Griffeln ragen die Staubbeutel über den Griffel hinaus (links). Bestäubt ein Insekt eine kurzgriffelige Blüte, bepudert sie mit den Pollenkörnern ihren Kopf, ohne die Narbe zu erreichen. Landet sie danach auf einer langgriffeligen Blüte, überträgt sie den Pollen auf die Narbe, bevor ihr Rüssel den Nektar erreicht. Nun bleiben Pollenkörner dieser Blüte an ihrem Rüssel haften, die dann die nächste, kurzgriffelige Blüte bestäuben. Für eine erfolgreiche Bestäubung bedarf es einiger Blütenbesuche.

Kurzgriffelige Blüte

Langgriffelige Blüte

Frucht

Zur Reifezeit entwickelt sich aus dem oberständigen Fruchtknoten eine ungefächerte Kapsel mit zahlreichen, ölhaltigen Samen. Diese öffnet sich mit mehreren Zähnchen (Primel) oder an einer «Sollbruchstelle» wie z. B. beim Gauchheil.

Wald-Schlüsselblume *(Primula elatior)*

Acker-Gauchheil *(Anagallis arvensis)*

Die wichtigsten Familien-Merkmale auf einen Blick

- Meist ungeteilte Blätter
- Radiäre, zwittrige Blüten mit doppelter Blütenhülle
- 5 verwachsene Kronblätter
- 5 Staubblätter, oft an der Blütenkrone angewachsen
- Aus oberständigem Fruchtknoten bilden sich Kapselfrüchte.

Verwechslungsmöglichkeiten mit anderen Familien und Gattungen

Mit einer radiären, 5-zähligen Blütenkrone verwachsene Staubblätter gibt es auch bei Raublattgewächsen. Polsterpflanzen sind auch innerhalb anderer Familien zu finden, da dies eine Anpassung an den extremen Lebensraum der alpinen Höhenlagen ist.

Verwechslung möglich mit folgenden Gattungen und Familien		**Vergleich** Primelgewächse
Raublattgewächse 4-teiliger Fruchtknoten (Klausenbildung)		
Hauswurz Mehr als 5 Kronblätter		
Steinbrech 10 Staubblätter in 2 Kreisen, nicht an der Krone angewachsen		
Kreuzblütler 4-zählige Blüten mit 4 langen und 2 kurzen Staubblättern		
Nelkengewächse Staubblätter nicht an der Krone angewachsen		

Verwechslungsmöglichkeiten mit einzelnen Arten

Auch Arten, die keine Polster bilden, können im blütenlosen Zustand mit anderen Arten verwechselt werden – vor allem das Alpenveilchen, die Alpenglöckchen und Arten der Gattung Gilbweiderich. Beim Gewöhnlichen Gilbweiderich erschwert die Variabilität das Erkennen. Er wächst mit aufrechtem Stängel mit 3- oder 4-zähligen Blattquirlen ebenso wie in gegenständigen, überhängenden Trieben. Der Hain-Gilbweiderich sieht ohne Blüten dem Acker-Gauchheil ähnlich.

Verwechslung möglich mit folgenden Arten		**Vergleich** Primelgewächse
Efeu ⇨ Liane ⇨ Doldiger Blütenstand ⇨ Beerenfrüchte		
Haselwurz ⇨ Mehr als 5 Kronblätter		
Alpen-Säuerling ⇨ Freie Kronblätter		
Alpenlattich ⇨ Korbblütler mit vielen Blüten in gemeinsamem Blütenköpfchen		
Blut-Weiderich ⇨ Freie Kronblätter		
Sternmiere ⇨ Freie Kronblätter		

Die **Aurikel** *(Primula auricula)* ist die größte der alpinen Primeln. Die sukkulenten, immergrünen Blätter dienen als Stärkespeicher. Die Pflanze steigt in den Alpen bis 2900 m hinauf und gedeiht in Felsspalten, auf Schutt und in Steinrasen auf kalkhaltigen Standorten.

Die **Mehl-Primel** *(Primula farinosa)* verdankt ihren Namen dem weißen Belag auf den Blattunterseiten. Sie wächst von der Ebene bis ca. 2600 m Höhenlage. Sie ist in Flachmooren und an Bachufern auf feuchten, kalkhaltigen Böden verbreitet.

Die **Rote Felsen-Primel** *(Primula hirsuta)* heißt auch Behaarte Primel. Sie ist eine immergrüne Hochgebirgsart, die bis zu 3600 m Höhe in Geröllfluren, alpinen Rasen auf kalkfreien Felsstandorten zu finden ist.

Das **Große Alpenglöckchen** *(Soldanella alpina)* gedeiht auf kalkhaltigen Böden. Es kann neben dem Kleinen Alpenglöckchen ohne Blüten auch mit dem Sumpf-Herzblatt, Veilchen und dem Säuerling verwechselt werden.

Gattung Gilbweidereich *(Lysimachia)*

Die heimischen Arten dieser Gattung haben gelbe Blüten. Es ist eine der wenigen Gattungen, die den Insekten (Wildbienen) Öl statt Nektar als Belohnung für ihre Bestäubung anbieten. Die Wildbienen benutzen diese kalorienreiche Nahrung mit Pollen vermischt als Nährpaste für die Larven und für die Isolierung der Brutzellen gegen Feuchtigkeit.

Die meisten Arten wachsen auf feuchten Standorten. Der **Straußblütige Gilbweiderich** *(Lysimachia thyrsiflora)* ist im Uferbereich von Gewässern und auf feuchten Wiesen zu finden. Das **Pfennigkraut** *(Lysimachia nummularia)* ist ein Rohboden-Kriechpionier an Ufern und Wiesen auf feuchten, nährstoffreichen Lehmböden. Es ist auch eine bodendeckende Zierpflanze in Gärten und an Teichen. Der Artname bezieht sich auf die an ein Geldstück erinnernde Form der Blätter (lat. nummus = Münze), ebenso der deutsche Name. Ihm ähnlich ist der **Hain-Gilbweiderich** *(Lysimachia nemorum)* mit spitzeren Blättern. Standort sind Berg-, Schlucht- und Auwälder und Waldwege. Der **Gewöhnliche Gilbweiderich** *(Lysimachia vulgaris)* wächst als Tiefwurzler in feuchten Wäldern und Wiesen, an Grabenrändern und in Röhrichten.

Hain-Gilbweiderich *(Lysimachia nemorum)*

Pfennigkraut *(Lysimachia nummularia)*

Straußblütiger Gilbweiderich *(Lysimachia thyrsiflora)*

Gewöhnlicher Gilbweiderich *(Lysimachia vulgaris)*

FAMILIE

HUNDSGIFTGEWÄCHSE

APOCYNACEAE

Vertreter dieser Familie mit über 360 Gattungen und 5100 Arten gedeihen fast weltweit in den gemäßigten, subtropischen und tropischen Gebieten. Bei uns heimisch sind 2 Arten in der Gattung **Immergrün** *(Vinca)* und die **Schwalbenwurz** *(Vincetoxicum hirundinaria)*. Außerhalb Mitteleuropas gibt es neben krautigen Pflanzen einige Lianen, Bäume, Sträucher und Sukkulenten. Die Mehrzahl der Arten ist immergrün und hat gegenständige, ungeteilte und ganzrandige Blätter.

Die meist 5-zähligen Blüten haben 2 oberständige Fruchtblätter, aus denen sich je eine Balgfrucht bildet. Die Samen tragen oft ein Haarbüschel zur Verbreitung durch den Wind.

Die **Chinesische Baumschlinge** *(Periploca sepium)* wird in der traditionellen chinesischen Medizin gegen rheumatische Arthritis eingesetzt.

Das **Kleine Immergrün** *(Vinca minor)* ist ein niedriger Halbstrauch mit immergrünen Blättern, denen es seinen Namen verdankt. Neben vielen niederliegenden Trieben gibt es aufrechte Blütentriebe mit einzelnen, 5-zähligen Blüten. Die Kronblätter sind zu einer Röhre verwachsen, an deren Grund der Nektar abgegeben wird. Bestäuber sind Schmetterlinge, Bienen und Wollschweber. Die in den Doppel-Balgfrüchten gebildeten Samen tragen statt Haarschopf Nährgewebe für die Verbreitung durch Ameisen. Meist verbreitet sich die Pflanze über vegetative Ausläufer.

Die **Schwalbenwurz** *(Vincetoxicum hirundinaria)* gedeiht auf Kalk in wärmebegünstigten, lichten Wäldern und auf Trockenrasen. Früher wurde der Wurzelstock dieser Giftpflanze als Brechmittel verwendet. So leitet sich der Gattungsname vom lateinischen «vincere» («besiegen») und «toxicum» («Gift») ab. Der deutsche und lateinische Artname bezieht sich auf die Ähnlichkeit der mit einem Haarschopf versehenen Samen mit einer Schwalbe (lat. «hirundo» = «Schwalbe»). Früher wurde die Schwalbenwurz zur Fasergewinnung genutzt und feldmäßig angebaut.

FAMILIE

ENZIANGEWÄCHSE
GENTIANACEAE

In den Alpen ist der **Sumpf-** oder **Moor-Enzian** *(Swertia perennis)* der einzige Vertreter dieser Gattung. Im Gegensatz zu den Enzian-Arten der Gattung *Gentiana* sind die Kronblätter nicht verwachsen.

■ Der **Gelbe Enzian** *(Gentiana lutea)* kann 40–60 Jahre alt werden und gelangt erst mit ca. 10 Jahren zur Blühreife. Die fleischig verdickten Speicherwurzeln enthalten wertvolle Bitterstoffe und werden seit dem Altertum als Bittermittel genutzt.

Allgemeines und Verbreitung

Enziangewächse sind weltweit verbreitet, und es gibt sie von der gemäßigten Zone unserer Breiten bis in die Tropen. Die Familie umfasst etwa 100 Gattungen mit ungefähr 1730 Arten. Außerhalb Mitteleuropas gibt es ein paar Sträucher, Bäume und Lianen unter ihnen, der Großteil sind jedoch ausdauernde Stauden und ein- bis zweijährige Kräuter. Alle Arten der Gattung Enzian *(Gentiana)* stehen in Deutschland unter Naturschutz.

Die meisten Enziangewächse enthalten Bitterstoffe. Bitterstoffe gibt es auch in anderen Familien, doch sie sind sehr typisch für diese Familie. Da diese stoffwechselanregenden und verdauungsfördernden Inhaltsstoffe in der Heilkunde seit jeher geschätzt wurden, werden auch die Enziangewächse sehr geschätzt. Dies kommt vor allem im Namen der Gattung **Tausendgüldenkraut** *(Centaurium)* zum Ausdruck. Sie ist nach dem Zentauren Cheiron (lat. «Chiron») benannt, in der griechischen Mythologie ein Halbbruder des Zeus, der neben seinem Gerechtigkeitssinn und seiner Weisheit für seine Kenntnisse im Bereich der Heilkunde verehrt wurde. Auch der deutsche Name bedeutet «1000 Gulden wert» und widerspiegelt diese Wertschätzung. Die Gattung Tausendgüldenkraut erkennt man an den rosaroten Blüten, die sich nur bei Sonnenschein öffnen.

Blätter

Die meisten heimischen Arten sind Kräuter oder Stauden, einige von ihnen sind ein- bis zweijährig. Sie sind auf extremen Standorten zu finden, wie z. B. Magerrasen, Mooren oder in den Hochgebirgsregionen. Die Anpassung an diese extremen Lebensbedingungen schlagen sich auch in ihrer Gestalt nieder. Die Blätter übernehmen neben der Fotosynthese beispielsweise oft weitere lebenserhaltende Funktionen. Sie dienen als Schutz vor Kälte, und die aufrecht abstehenden Blätter an den kurzen Stängeln dienen zum Auffangen von Wasser. Über eine mittige Rinne leiten sie dieses in die Wurzelregion. Bei anderen, hochwüchsigeren Arten, wie beispielsweise dem **Gelben Enzian** *(Gentiana lutea)*, bilden die miteinander verwachsenen Blattscheiden Zisternen als Wasserspeicher.

Strand-Tausendgüldenkraut *(Centaurium littorale)*

Silikat-Glocken-Enzian *(Gentiana acaulis)*

Getüpfelter Enzian *(Gentiana punctata)*

Da die Hochgebirgspflanzen oft auch auf den bewegten Böden der Geröllhalden im Hochgebirge gedeihen, bilden sie kräftige Zugwurzeln aus, die auch kleineren Erdrutschen Stand halten. Die alpinen Arten sind meist niedrigwüchsige Stauden mit kurzen Stängeln. Sie bilden kurz über dem Boden flache Rosetten mit oft überproportional großen Blüten.

Allgemein kann man sagen, dass die Blätter der Enziangewächse überwiegend gegenständig sind oder sich in einer Rosette am Erdboden befinden. Manche Arten haben neben der Blattrosette auch Stängelblätter. Diese sind meist einfach, ganzrandig, unbehaart und ungestielt. Es gibt keine Nebenblätter. Die Bitterstoffe kommen bei viele Enzian-Arten auch in den Blättern vor – vermutlich ein Fraßschutz, denn sie werden vom Vieh meist nicht gefressen. So können sich diese Arten auch auf den beweideten Viehweiden der montanen Regionen behaupten. Durch Eutrophierung (übermäßigen Nährstoffeintrag) sind ihre Lebensräume gefährdet.

Beispiel
Frühlings-Enzian
(Gentiana verna)

Die meisten Arten sind ausdauernd und an extreme Standorte in den Höhenlagen angepasst.

Diese Art wächst in Wiesen und Weiden auf kalkhaltigen Böden. Sie ist durch zu hohen Nährstoffeintrag gefährdet und in Deutschland geschützt.

Blüten

Die überproportional großen Blüten überragen oft die gesamte Pflanze. Die großen Trichterblüten werden vor allem von Hummeln und Faltern bestäubt. Die durch Anthocyane blau blühenden Arten der subalpinen und alpinen Magerrasen sind vermutlich die bekanntesten von ihnen. Ihre reinblaue Blütenfarbe hat sie zu einem Symbol der Treue werden lassen. Obwohl viele Enziangewächse blau blühen, gibt es hier auch einige Ausnahmen mit anderen Blütenfarben.

Die Blüten sind zwittrig und befinden sich entweder einzeln am Ende des Stängels oder zu mehreren in end- oder achselständigen Blütenständen. Die Blütenstände können von einem Hochblatt umgeben sein – meist sind es einfache oder zusammengesetzte Dichasien, das ist eine regelmäßige Verzweigungsform, bei der jeweils zwei Seitentriebe weiterentwickelt werden und im Mitteltrieb eine Blüte steht. Sie ist außerdem typisch für die Nelkengewächse.

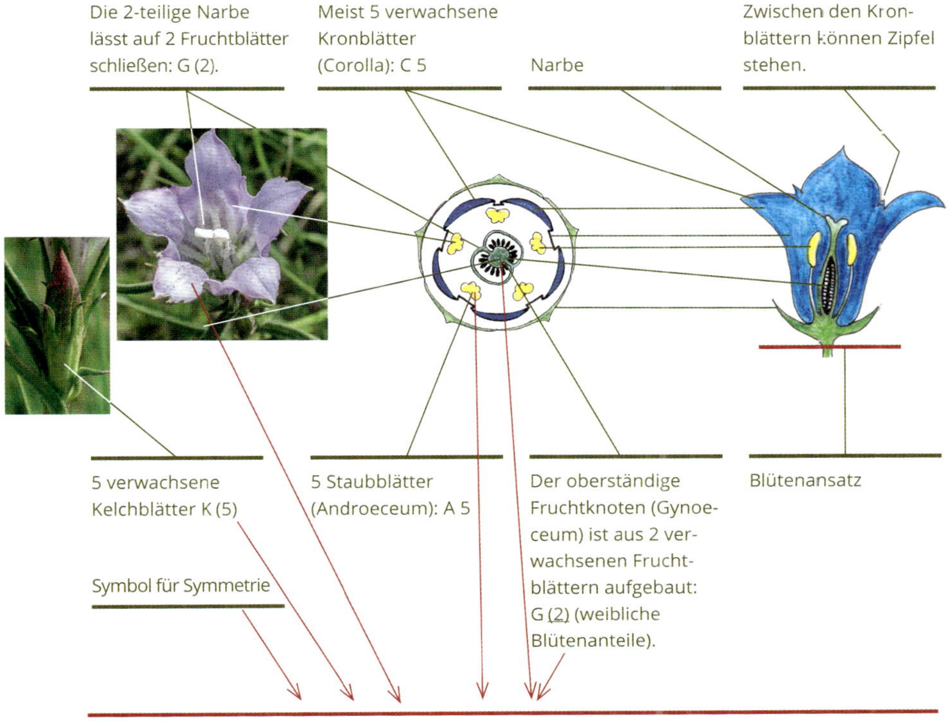

Blütenformel *** K (5) C (5) A 5 G (2)**

*** Kelchblätter (5) Kronblätter (5) Staubblätter 5 Fruchtblätter (2)**

Die Blütenkrone ist radiär und trichter-, teller- oder glockenförmig. Die Kelchblätter sind meist an der Basis verwachsen. Die Kronblätter sind ebenfalls verwachsen.

Die Staubblätter sind oft zumindest an der Basis mit der Blütenkrone verwachsen. Sie stehen zwischen den Kronblättern, und ihre Staubbeutel ragen nicht über diese hinaus. Die Anzahl der Kelch- und Staubblätter entspricht der Anzahl der Kronblätter, meist sind es 5. Die Staubfäden können geflügelt (seitlich verbreitert) sein. Einige seltenere Arten haben eine 4-zählige Blüte, und es kommen selten auch einmal bis zu 12-zählige Blüten vor. Die Bestäubung der meisten Arten übernehmen Insekten. Der oberständige Fruchtknoten ist aus zwei verwachsenen Fruchtblättern aufgebaut.

Die häufigsten ausdauernden Rosettenpflanzen sind **Clusius-** *(Gentiana clusii)* und **Silikat-Glocken-Enzian** *(Gentiana acaulis).* Beide haben blaue Blüten und sehen sich zum Verwechseln ähnlich. Der Silikat-Glocken-Enzian hat neben den punktförmigen Strichsaftmalen – die «Landebahnmarkierung» für die Insekten – auch grüne Flecken. Diese fehlen dem Clusius-Enzian. Außerdem gedeiht Clusius-Enzian vor allem auf Kalkböden, daher wird er auch Kalk-Glocken-Enzian genannt. Der Silikat-Glocken-Enzian bevorzugt eher saure Böden, er heißt auch Stängelloser Enzian oder Kochs Enzian.

Silikat-Glocken-Enzian *(Gentiana acaulis)*

Clusius-Enzian *(Gentiana clusii)*

Bei manchen Arten stehen zwischen den verwachsenen Kronblättern Zipfel sie können mehr oder weniger auffällig sein. Auch die Kronblätter selber können ausgefranst sein, der **Fransen-Enzian** *(Gentiana ciliata)* verdankt dieser Eigenschaft seinen Namen. Eine Besonderheit sind auch seine 4 Kronblätter.

Außerdem gibt es Arten mit bärtigen Schundschuppen. Diese bärtigen Anhängsel im Eingangsbereich der Blütenkrone versperren einkriechenden Insekten der Zugang. Die systematische Stellung dieser Enzian-Arten wird unterschiedlich gehandhabt. Sie werden teilweise als Untergattung betrachtet und als sogenannte Kranzenziane *(«Gentianella»* als Verkleinerungsform von *Gentiana*) abgetrennt. Die häufigste Art von ihnen ist der **Deutsche Enzian** *(Gentiana* bzw. *Gentianella germanica)*.

Frucht

Zur Reifezeit entwickelt sich eine Kapselfrucht, die meist viele kleine geflügelte oder ungeflügelte, ölreiche Samen enthält.

Frühlings-Enzian *(Gentiana verna)* mit Zipfeln

Fransen-Enzian *(Gentiana ciliata)* mit fransigen Kronblättern

Feld-Enzian *(Gentiana campestris)*

Deutscher Enzian *(Gentiana germanica)*

Die wichtigsten Familien-Merkmale auf einen Blick

- Meist gegenständige Blätter
- Blätter einfach, ganzrandig und meist parallelnervig
- Doppelte Blütenhülle mit verwachsenen Kronblättern
- Oberständiger Fruchtknoten
- Kapselfrüchte

Verwechslungsmöglichkeiten

Blühend sind vor allem die blauen Arten kaum verwechselbar. Die parallelnervigen Blätter erinnern an Einkeimblättrige. Das Tausendgüldenkraut ist Arten der Gattung Hartheu, wozu das Johanniskraut gehört, im vegetativen Zustand ähnlich.

Verwechslung möglich mit folgenden Gattungen und Familien		**Vergleich** Enziangewächse
Einkeimblättrig **Gattung Germer** Blüten 6-zählig Blätter wechselständig		
Einkeimblättrig **Gattung Lilie** Zwiebelpflanzen Blüten 6-zählig		
Wegerich Walzenförmiger Blütenstand aus vielen Einzelblüten		
Johanniskraut Freie, gelbe Blütenblätter Blätter mit Ölbehältern		
Nelkengewächse Blüten weiß oder ± rosa Freie Kronblätter und meist 10 Staubblätter		

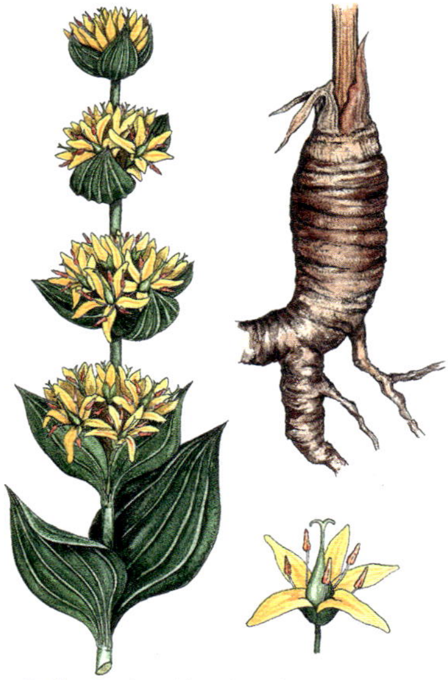

Der **Gelbe Enzian** *(Gentiana lutea)* ist eine der höherwüchsigen Arten der wechselfeuchten Magerrasen tieferer Bergregionen auf Kalkböden.

Der **Getüpfelte Enzian** *(Gentiana punctata)* wird auch Punktierter Enzian genannt. Er wächst in subalpinen bis alpinen Höhen auf meist sauren Böden auf lange schneebedeckten Flächen.

Der **Purpur-Enzian** *(Gentiana purpurea)* duftet nach Rosen und wird von Hummeln bestäubt. Er wächst ebenfalls auf kalkfreien Standorten in subalpinen bis alpinen Höhen.

Das **Echte Tausendgüldenkraut** *(Centaurium erythraea)* ist eine seit dem Altertum beliebte Heilpflanze trockener, magerer Standorte, die in Deutschland unter Naturschutz steht.

FAMILIE

RÖTEGEWÄCHSE

RUBIACEAE

Der **Färber-Waldmeister** *(Asperula tinctoria)* ist eine traditionelle Färbepflanze.

Der **Schein-** oder **Rosen-Waldmeister** *(Phuopsis stylosa)* ist eine der wenigen Arten mit 5-zähligen, kopfig gehäuften Blüten.

Allgemeines und Verbreitung

Die Rötegewächse, auch Krappgewächse genannt, sind vorwiegend im tropischen Klimabereich beheimatet. Weltweit gibt es ca. 590 Gattungen und 13 600 Arten. In den Tropen gibt es unter ihnen auch Bäume und Sträucher wie beispielsweise den Kaffee-Strauch und den Chinarinden-Baum. In der heimischen Flora gibt es 4 Gattungen mit knapp 40 Arten, von denen die meisten zur Gattung **Labkraut** *(Galium)* gehören und dort genauer vorgestellt werden. **Krapp** *(Rubia tinctorum)* aus dem östlichen Mittelmeerraum und Asien wurde schon vor 2000 Jahren als roter Farbstoff zum Färben genutzt, daher auch die Bezeichnung Färberröte.

Blätter

Die Rötegewächse der heimischen Flora sind ausschließlich Kräuter oder Stauden. Die Blätter stehen als Quirle am Stängel. Genau genommen sind es gegenständige Blätter mit Nebenblättern, die sich nicht von den Laubblättern unterscheiden, daher werden sie als «Scheinquirle» bezeichnet. Im blütenlosen Zustand kann man die meisten Arten anhand der vegetativen Merkmale unterscheiden.

Blaugrünes Labkraut *(Galium glaucum)*

Kahles Kreuzlabkraut *(Cruciata glabra)* Krapp *(Rubia tinctorum)*

Blüten

Die radiären Blüten sind meist klein und zu mehreren in einem Blütenstand – häufig sind es Thyrsen oder Rispen, seltener kommen auch Köpfchen vor, allerdings nicht in der heimischen Flora. Die doppelte Blütenhülle ist typischerweise 4-, seltener auch 3- oder 5-zählig. Im unteren Teil ist die Blütenkrone zu einer Röhre verwachsen. Der Kelch ist unscheinbar. Diagramm und Blütenformel siehe Gattung **Labkraut** *(Galium)*.

Frucht

Der unterständige Fruchtknoten setzt sich aus 2 verwachsenen Fruchtblättern zusammen, die zur Reifezeit wieder in 2 Teile zerfallen.

Die wichtigsten Familien-Merkmale auf einen Blick

- Blätter quirlständig
- Doppelte Blütenhülle mit unscheinbarem Kelch
- Meist 4-zählige, radiäre, verwachsene Blüte
- Unterständiger Fruchtknoten

Verwechslungsmöglichkeiten

4-zählige Blüten gibt es z. B. auch bei Nachtkerzen-, Mohn- und Kreuzblütengewächsen. Diese sind jedoch meist auffälliger. Durch die typischen Blattquirle sind die Vertreter dieser Familie ohnehin leicht zu erkennen. Schwieriger ist es dagegen, die einzelnen Arten und Gattungen voneinander zu trennen.

Verwechslung möglich mit folgenden Familien		**Vergleich** Rötegewächse
Mohngewächse ➾ Viele Staubblätter ➾ Blätter wechselständig ➾ Milchsaft		
Kreuzblütler ➾ Blätter wechselständig ➾ Kronblätter frei ➾ Frucht Schote		
Nachtkerzengewächse ➾ Kronblätter frei ➾ Blätter wechselständig		

■ Der **Hügel-Waldmeister** *(Asperula cynanchica)* wächst meist auf kalkreichen, trockenen Böden an Böschungen, in Gebüschsäumen, Waldrändern und in Kiefern-Trockenwäldern. Er gedeiht bis 1800 m Höhenlage. Nach Norden hin ist er selten.

■ Das **Gewöhnliche Kreuzlabkraut** *(Cruciata laevipes)* ist an den gelben Blüten und den gelbgrünen, behaarten 4-zähligen Blattquirlen leicht zu erkennen. Es gedeiht auf frischen, mäßig nährstoffreichen Böden in Gebüschen, lichten Laubwäldern und Säumen.

Die **Ackerröte** *(Sherardia arvensis)* ist die einzige Art dieser Gattung. Sie ist ein Kulturbegleiter aus dem Mittelmeerraum auf Äckern und Brachflächen. Allerdings ist sie durch Intensivierung der Landwirtschaft seltener geworden.

Krapp *(Rubia tinctorum)* wird auch Färberröte genannt. Sie ist eine traditionelle Färbepflanze, mit deren Wurzel rot gefärbt wurde. Heimat ist der Mittelmeerraum und Asien. Für die Familie eher untypisch sind die 5-zähligen Blüten.

LABKRAUT

GALIUM

Das **Echte Labkraut** *(Galium verum)* hat umgerollte Blattränder als Anpassung an trockene, magere Standorte.

Das **Schweizer Labkraut** *(Galium megalospermum)* ist eine der alpinen Gebirgspflanzen.

Allgemeines und Verbreitung

Die Gattung umfasst weltweit über 600 Arten. Die meisten von ihnen gedeihen im gemäßigten Klima auf der Nord- und Südhalbkugel. In Mitteleuropa heimisch sind von ihnen ca. 35 Arten. Ihr Name bezieht sich auf die Verwendung einiger Arten als Säuerungsmittel (Lab) bei der Käseherstellung. Auch die wissenschaftliche Bezeichnung «Galium» ist vom griechischen «gala» für Milch abgeleitet.

Die meisten Labkräuter enthalten in den Wurzeln den gleichen Farbstoff wie **Krapp** *(Rubia tinctorum),* die heimischen Arten allerdings in geringerer Menge als diese traditionelle Färbepflanze.

Labkräuter gibt es von der Ebene bis in alpine Höhenlagen. Sie sind auf Ruderalplätzen ebenso zu finden wie am Wegrand, auf Wiesen und in Wäldern.

Blätter

Die heimischen Arten dieser Gattung sind einjährige Kräuter oder Stauden. Viele von ihnen wachsen mit kletternden Trieben zwischen anderen Pflanzen. Einige haben stachelige, abwärts ausgerichtete Stacheln an den Blättern und Stängeln. Das **Kletten-Labkraut** *(Galium aparine)* verdankt ihnen seinen Namen.

Bei allen Arten stehen die Blätter in den für die Familie charakteristischen «Scheinquirlen». Sie werden so bezeichnet, da es sich bei einem Blattquirl um gegenständige Blätter mit gleichgestalteten Nebenblättern handelt. Beim **Echten Labkraut** *(Galium verum)* sind die ohnehin schon schmalen Blätter fast nadelähnlich.

Kletten-Labkraut

Echter Waldmeister

Wald-Labkraut

Echtes Labkraut

Im blütenlosen Zustand kann man die einzelnen Arten durch Merkmale dieser Blätter unterscheiden. Die Anzahl der Blätter an einem Quirl, das Vorhandensein oder Fehlen einer Stachelspitze und ein evtl. zurückgerollter Blattrand sind wichtige Merkmale. Ebenfalls wichtig für die Bestimmung ist, ob der Stängel kantig oder rund ist – er kann auch hakelig bestachelt sein.

Der **Echte Waldmeister** ist einer der bekanntesten Vertreter der Familie. Für die Verwendung in der Küche ist es wichtig, das Kraut vor der Blüte zu sammeln und welken zu lassen, damit sich aus den Cumarin-Glykosiden das aromatische Cumarin (Waldmeisteraroma) entwickelt. Da den frischen Blättern der typische Geruch fehlt, kann man ihn mit anderen Labkräutern verwechseln. Die meisten ähnlichen Arten besitzen jedoch verzweigte Triebe und wachsen höher. Der Mythologie nach diente er der Abwehr böser Geister. Sein Aroma ist auch heute noch sehr geschätzt. Für die Maibowle – ein klassisches Getränk, um das Frühjahr zu begrüßen – sollte man nicht mehr als einen kleinen Strauß nehmen und ihn nicht länger als eine Stunde ziehen lassen, um Kopfschmerzen zu vermeiden. Als Heilmittel wird das Kraut zur Blütezeit gesammelt. Die frischen, zerdrückten Blätter lassen das Blut in kleineren Schnittwunden sofort gerinnen. Die getrockneten Blätter wurden früher auf die Dielen und in die Schränke gehängt, um Insekten zu vertreiben und der Wäsche einen frischen Duft zu verleihen.

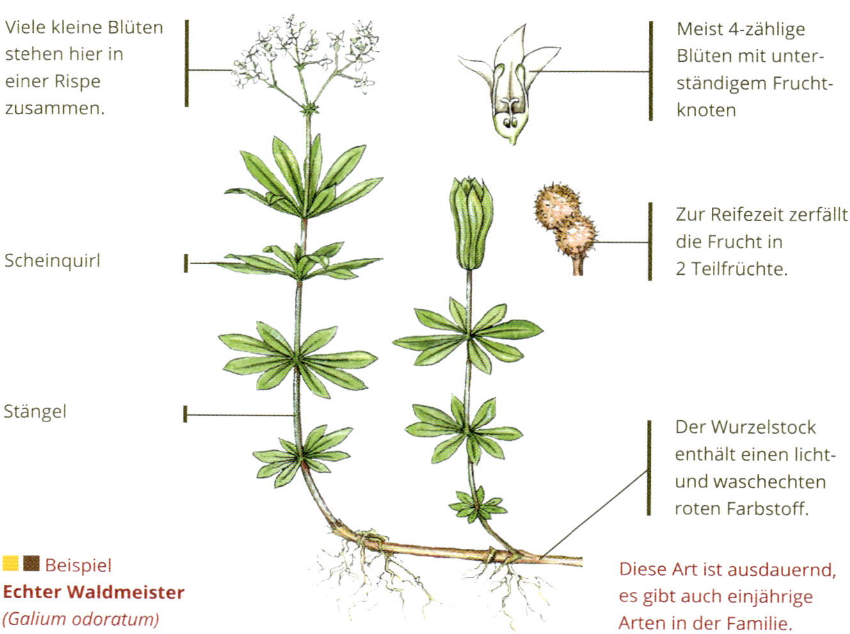

Beispiel
Echter Waldmeister
(Galium odoratum)

Diese Art ist ausdauernd, es gibt auch einjährige Arten in der Familie.

Blüten

Die radiären, kleinen Blüten sind, wie für die Familie typisch, 4-zählig und zu Blütenständen zusammengesetzt, meist handelt es sich um Thyrsen oder Rispen. Die Blütenfarbe ist überwiegend weiß, es gibt auch ein paar gelb blühende Arten und seltener auch rosafarbene.

Im unteren Teil ist die Blütenkrone stets zu einer Röhre verwachsen. Dies ist auf den ersten Blick nicht unbedingt gleich zu erkennen. Bei der Bestimmung darum am besten prüfen, ob sich ein Kronblatt einzeln aus der Blüte lösen lässt. Die 4 Staubblätter sind mit den Kronblättern verwachsen. Man erkennt dies ebenfalls am besten, indem die gesamte Krone vom Blütenboden gelöst und der Länge nach aufgetrennt wird. Der unterständige Fruchtknoten setzt sich aus 2 verwachsenen Fruchtblättern zusammen – kenntlich an der 2-teiligen Narbe.

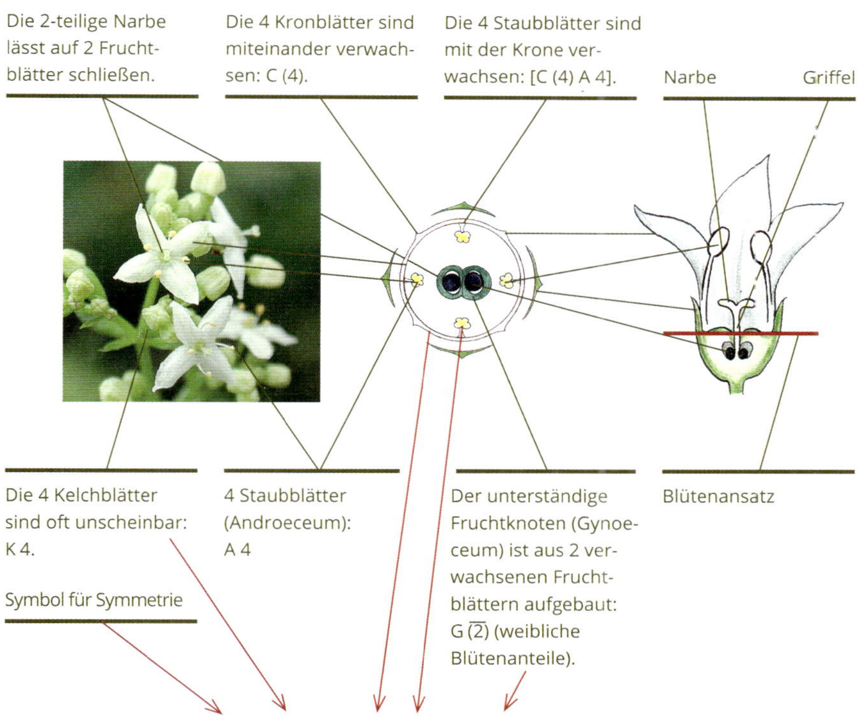

Blütenformel *** K 4 {C (4) A 4} G $\overline{(2)}$**

*** Kelchblätter 4 {Kronblätter (4) Staubblätter 4} Fruchtblätter $\overline{(2)}$**

Frucht

Die Früchte zerfallen reif in 2 Teile. Einige Arten, wie z. B. das **Kletten-Labkraut** *(Galium aparine)*, haben gebogene Borsten auf den Früchten. Sie bleiben im Fell der Tiere haften und dienen der Verbreitung. Solche Borsten gibt es auch bei anderen Arten. Um sie aufzuspüren, ist unsere Lippe ein viel feineres Tastorgan als die Finger – also mit allen Sinnen prüfen, ob sie vorhanden sind oder fehlen.

Die wichtigsten Gattungs-Merkmale auf einen Blick

- Blätter quirlständig
- 4-zählige, radiäre, verwachsene Blüte
- Unterständiger Fruchtknoten

Verwechslungsmöglichkeiten

Durch die typischen Blattquirle sind die Vertreter dieser Gattung leicht zu erkennen. Schwieriger ist es dagegen, die einzelnen Arten voneinander zu unterscheiden und von den wenigen Vertretern anderere Gattungen in dieser Familie abzutrennen. Hier ist es wichtig, auf die Anzahl der Blattquirle, eventuell vorhandene Behaarung, hakelige Borsten und die Eigenschaften des Stängels (rund oder eckig) zu achten. Natürlich spielt auch der Standort eine Rolle.

Kletten-Labkraut *(Galium aparine)*, Frucht

Gewöhnliches Wiesen-Labkraut *(Galium mollugo)*, Blattrand und Blattspitzen

Kletten-Labkraut, Stängel

Gewöhnliches Wiesen-Labkraut, Frucht

Das **Ungleichblättrige Labkraut** *(Galium anisophyllon)* wird auch Alpen-Labkraut genannt. Es wächst in den Mittelgebirgen und Alpen auf kalkhaltigen Rasen, Fels- und Geröllfluren.

Das **Gewöhnliche Wiesen-Labkraut** *(Galium mollugo)* ist in mehrere Unterarten unterteilt. Es wächst auf sonnigen Wiesen und Wegrändern mit nährstoffreichen und lehmigen Böden.

Das **Felsen-Labkraut** *(Galium saxatile)* kann niederliegend und aufrecht wachsen. Es besitzt 6 Blätter je Quirl. Standort sind saure Zwergstrauchheiden, Rasen und lichte Wälder.

Das **Sumpf-Labkraut** *(Galium palustre)* hat meist 4-zählige Blattquirle, seltener stehen 5 oder 6 Blätter in einem Quirl. Es wächst auf zeitweise überschwemmten Standorten.

RAUBLATTGEWÄCHSE

BORAGINACEAE

Die **Gewöhnliche** oder **Echte Hundszunge** *(Cynoglossum officinale)* wächst in sonnigen Unkrautfluren und wurde früher als Heilpflanze geschätzt.

Das **Echte Lungenkraut** *(Pulmonaria officinalis)* ist an den weiß gefleckten Blättern kenntlich. Es wächst in Gebüschen sowie Laub- und Mischwäldern.

Allgemeines und Verbreitung

Die Raublattgewächse sind eine sehr vielgestaltige Pflanzenfamilie – vor allem, wenn man ihre tropischen Vertreter berücksichtigt. Mit diesen zusammen sind es weltweit etwa 135 Gattungen mit über 2500 Arten. Es gibt sogar einige Holzgewächse und Lianen unter ihnen, die jedoch nicht in der heimischen Flora vorkommen. In Mitteleuropa heimisch sind knapp 20 Gattungen mit zusammen an die 50 Arten. Es sind allesamt Kräuter oder Stauden. Sie bevorzugen keine bestimmten Standorte, und einige sind sehr selten.

Blätter

Mit ihrer meist steifen Behaarung machen sie dem Familiennamen alle Ehre. Diese ist gleichzeitig ein gutes Erkennungsmerkmal. Vermutlich dienen die Haare den Pflanzen selber als Schneckenabwehr. Um diese Familie sicher zuzuordnen, sind allerdings weitere Merkmale wichtig, denn eine starke Behaarung gibt es auch bei anderen Pflanzenfamilien.

Typisch ist neben den Blattmerkmalen vor allem der 4-teilige Fruchtknoten (Klausenbildung). Zwischen den 4 einzelnen Teilfrüchten können Sie den Griffel erkennen. Wählen Sie für die Beobachtung eine möglichst reife Blüte. Zur Reifezeit wird dieses Merkmal immer deutlicher, vorher ist eine Lupe hilfreich.

Borretsch – Gewöhnlicher Natternkopf – Steinsame – Vergissmeinnicht – Echtes Lungenkraut – Natternzunge – Beinwell oder Wallwurz

Beispiel
Gewöhnlicher Beinwell oder **Echte Wallwurz** *(Symphytum officinale)*

Nährstoff- und Feuchtezeiger in Nasswiesen, Bruchwäldern und an Gewässerufern

Der wissenschaftliche Name des Beinwells, auch Wallwurz genannt, leitet sich von lateinisch «symphein» ab, was so viel wie «zusammenwachsen» bedeutet. Der Zusatz «officinale» verrät, dass es sich um eine offizinelle, d. h., in Apotheken gehandelte Arzneipflanze handelt – zumindest ehemals. Die innerliche Anwendung ist wegen des Gehalts an Pyrrolizidinalkaloiden umstritten. Mit den Schleimstoffen der Wurzel haben die Gerber Leder geschmeidig gemacht, die Weber und Spinner ihre Fasern für eine bessere Verarbeitung befeuchtet und Maler Farbpigmente angerührt. Die Blüten können auch weiß sein. Der **Futter-Beinwell** *(Symphytum × uplandicum)* wird auch **Comfrey** genannt. Er ist ein Bastard aus Rauem und Arznei-Beinwell. Sein Pyrrolizidinalkaloide-Gehalt ist geringer, sodass er ohne Bedenken verzehrt werden kann.

Comfrey

Acker-Ochsenzunge *(Anchusa arvensis)* mit gekrümmter Blütenkrone

Blüten

Die Blütenstände sind wie beim Beinwell und Vergissmeinnicht häufig schneckenförmig eingerollte Wickel. Meist sind die Blüten blau, violett oder rötlich, seltener auch gelb oder weißlich. Die Blüten sind meist radiär-symmetrisch, nur in Ausnahmefällen (Gattung **Natternkopf**) gibt es leicht zygomorphe Blüten.

Es gibt 5 Kelchblätter, die miteinander verwachsen sind. Sie bleiben bis zur Samenreife erhalten. Die 5 Kronblätter sind ebenfalls miteinander verwachsen und bilden im unteren Teil meist eine Blütenröhre aus. Da diese Röhre nicht immer gleich sichtbar ist, kann die Blüte auch scheinbar aus freien Kronblättern zusammengesetzt sein. Probieren Sie dies am besten aus, indem Sie eine Blüte aus dem Kelch zupfen und schauen, ob die Kronblätter sich gemeinsam lösen.

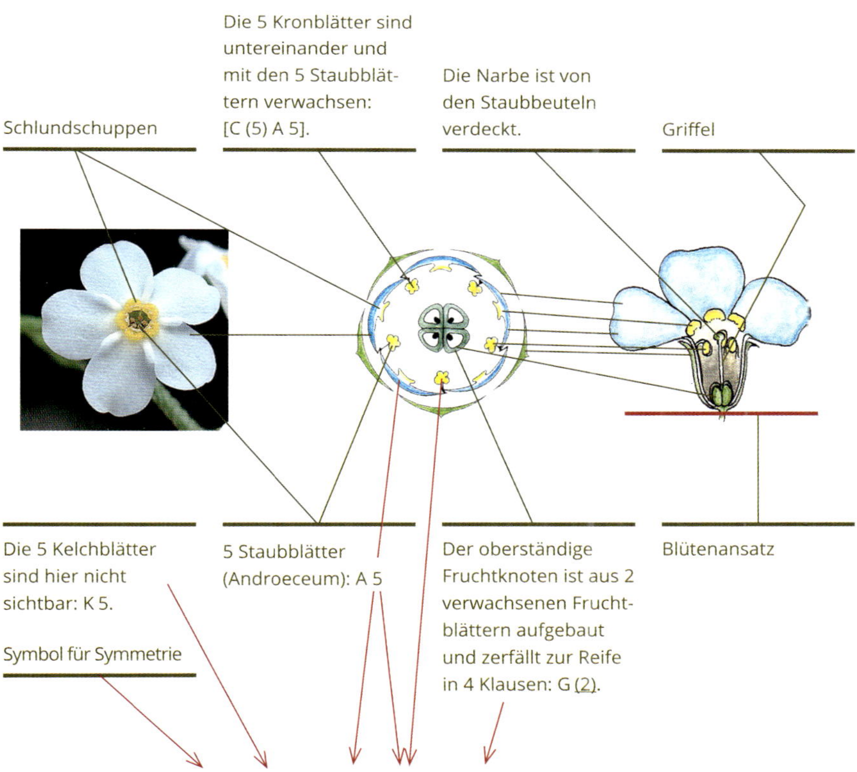

Blütenformel *** K (5) {C (5) A 5} G (2)** scheinbar **G (4)**

*** Kelchblätter (5) {Kronblätter (5) Staubblätter 5} Fruchtblätter (2)**

In der Kronröhre befinden sich häufig behaarte und anders als die Kronblätter gefärbte Ausstülpungen, die sogenannten **Schlundschuppen**. Sie verengen den Eingang der Blütenröhre und schützen Nektar und Blütenstaub vor Regen. Sie können mit Stacheln besetzt sein. So können die Insekten ihre langen Rüssel nur an der Spitze in die Blütenkrone einführen. Gleichzeitig müssen sie dabei die Staubbeutel auseinanderbiegen, sodass ihnen der trockene, mehlartige Blütenstaub auf den Kopf fällt. Erdhummeln haben einen zu kurzen Rüssel und gelangen nicht an den Nektar. Sie erbeuten ihn, indem sie von außen einen Zugang in die Blütenkrone beißen. Durch die Löcher dieser Nektarräuber gelangen dann auch andere Blütenbesucher (z. B. Käfer) an die begehrte Nahrung, ohne die Blüte zu bestäuben.

Die Staubbeutel sind mit den Kronblättern verwachsen, ähnlich wie dies auch bei den Lippenblütlern sowie den Primel- und Rötegewächsen der Fall ist. Am besten erkennen Sie dies, wenn Sie eine Blütenröhre vom Blütenboden lösen und der Länge nach auftrennen. So können Sie die Blütenkrone flächig betrachten und den Schlundschuppen und die Staubblätter gut erkennen.

Beinwell *(Symphytum officinale)*, Präparation

Ochsenzunge *(Anchusa officinalis)*, Schlundschuppen

Borretsch *(Borago officinalis)*, verwachsene Kronblätter

Vergissmeinnicht *(Myosotis palustris)*, verwachsene Krone mit Stielteller

Viele Raublattgewächse haben durch **Anthocyane** blau bis rötlich oder violett gefärbte Blüten. Diese Farbstoffe zeigen einen Farbumschlag mit zu- bzw. abnehmendem Säuregehalt (pH-Wert). Viele Blüten überdauern mehrere Tage und verändern im Laufe dieser Zeit ihre Farbe. Für die Insekten ist dies ein Hinweis auf den Reifezustand der Blüten, d. h. die Intensität der Nektarproduktion. Man kann dies an der Pflanze beobachten (oder Blüten in Wasser ausziehen) oder eine Blüte mit Lauge oder Säure beträufeln. Spannend ist es, eine Blüte auf einen Ameisenhaufen zu legen. Dort, wo die Ameisen die Blüte mit ihrer Säure markieren, läuft die Blüte rot an.

Frucht

Aus den beiden oberständigen Fruchtblättern entwickelt sich zur Reifezeit die 4-teilige Frucht (Klausenbildung). Entsprechend heißen die 4 hartschaligen Teilfrüchte (Nüsschen) Klausen. Dies kann man mit einer Lupe bereits vor der Samenreife erkennen, wenn man die Blütenkrone entfernt und in die Blüte hineinschaut. Zwischen den Teilfrüchten steht der Griffel mit der zweigeteilten Narbe. Ausnahmsweise gibt es auch Kapsel- oder Steinfrüchte, jedoch nicht bei den heimischen Arten. Beim aus Kalifornien als Bienenfutterpflanze und zur Gründüngung eingeführten **Büschelschön** *(Phacelia tanacetifolia)* werden 2-teilige Kapselfrüchte gebildet.

Kretische Hundszunge *(Cynoglossum creticum)*

Kletten-Igelsame *(Lappula squarrosa)*

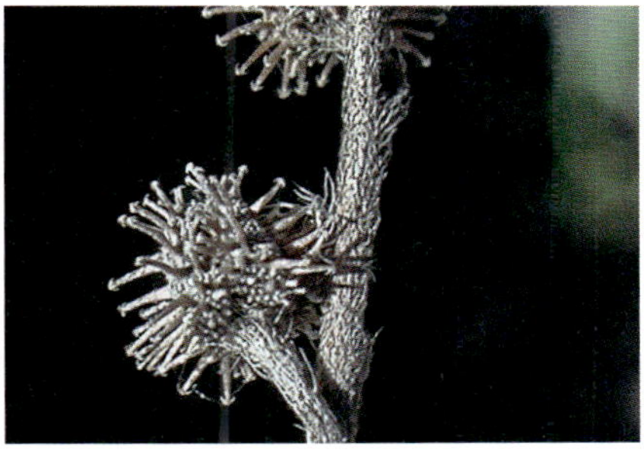

Borretsch *(Borago officinalis)*

Vergissmeinnicht *(Myosotis palustris)*

Die wichtigsten Familien-Merkmale auf einen Blick

- Behaarte Blätter
- Runder Stängel
- Einfache (ungeteilte) Blätter, wechselständig
- 5-zählige, meist radiäre Blüte
- Oberständiger Fruchtknoten
- Klausenbildung (4-geteilte Frucht)

Verwechslungsmöglichkeiten

Einen 4-teiligen Fruchtknoten gibt es auch bei den Lippenblütlern, doch diese haben stets gegenständige Blätter. Bei den Raublattgewächsen sind die Blätter immer wechselständig. Besitzt eine Pflanze neben der Behaarung den 4-teiligen Fruchtknoten und wechselständige Blätter, so kann es sich nur um ein Raublattgewächs handeln. Innerhalb der Familie ist das Alpen-Vergissmeinnicht leicht mit dem **Himmelsherold** *(Eritrichium nanum)* zu verwechseln. Die Arten der Gattung Vergissmeinnicht sehen der Gattung **Igelsame** *(Lappula)* und der **Nabelnuss** *(Omphalodes verna)* ähnlich.

Verwechslungsmöglichkeiten		**Vergleich** Raublattgewächse
Lippenblütler Zygomorphe Lippenblüten		
Blätter gegenständig 4-kantiger Stängel		
Igelsame Frucht mit widerhakigen Stacheln		
Nabelnuss Schlundschuppen weiß		

Das **Alpen-Vergissmeinnicht** *(Myosotis alpestris)* ist ausdauernd und wächst im Gebirge auf feuchten Böden in Rasen, auf Schotterflächen und in Blockhalden bis 3000 m Höhenlage.

Das **Acker-Vergissmeinnicht** *(Myosotis arvensis)* ist einjährig und auf Äckern, an Wegrändern und in Gebüschen zu finden. Der Kelch ist abstehend behaart.

Der **Gewöhnliche Natternkopf** *(Echium vulgare)* verdankt seinen Namen den aus den Blüten herausragenden Griffeln und Staubblättern, die an einen Schlangenkopf erinnern. Sie dienen den Insekten als Landeplatz.

Das **Dunkle** oder **Dunkelgrüne Lungenkraut** *(Pulmonaria obscura)* hat keine Blattflecken. Wegen der hohen Variabilität und Bastardbildung untereinander sind die Arten dieser Gattung oft schwer zu bestimmen.

WINDENGEWÄCHSE

CONVOLVULACEAE

Die meisten dieser vor allem in den Tropen verbreiteten Familie mit über 50 Gattungen und etwa 1660 Arten sind windende Pflanzen. Ihre Blüten mit trichterförmig verwachsenen Kronblättern sind meist 5-zählig. Die aus Mittelamerika stammende **Süßkartoffel** *(Ipomoea batatas)* ist ein Kulturgemüse mit zunehmender Beliebtheit. In Mitteleuropa gibt es 3 Gattungen mit zusammen weniger als 10 Arten. Die **Seide** *(Cuscuta)* ist die einzige parasitische Gattung der Familie. Von den weltweit über 200 Arten wachsen 5 in der heimischen Flora. Es sind Vollschmarotzer, die sich schon bei der Keimung ihre Wirtspflanzen suchen und über Haustorien (Saugfortsätze) an die zum Wachsen notwendigen Nährstoffe gelangen. Sie werden auch Teufelszwirn genannt und haben kleine, eher unscheinbare Blüten.

Teufelszwirn (*Cuscuta* spec.) wächst hier parasitisch auf Wolfsmilch.

Bei der **Acker-Winde** *(Convolvulus arvensis)* sind die Blüten oft rosa überlaufen. Die kleineren Vorblätter stehen weiter von der Blüte entfernt am Blütenstiel. Standort sind Äcker, Wegränder und Schuttplätze. Sie kommt besser mit trockenen Böden zurecht als die Zaumwinde.

Die **Echte Zaunwinde** *(Calystegia sepium)* ist an den größeren, stets rein weißen Blüten, den beiden großen Vorblättern, ihrer Vorliebe für nährstoffreiche, feuchte Standorte und den rundlicheren Blättern von der Acker-Winde zu unterscheiden.

Die **Nessel-Seide** *(Cuscuta europaea)* wächst auf feuchten und nährstoffreichen Standorten meist inmitten der Uferstauden. In den Alpen ist sie bis ca. 1500 m Höhenlage zu finden. Ihre Blüten sind meist 4-zählig und unscheinbar.

Die **Quendel-Seide** *(Cuscuta epithymum)* ist einjährig und 20–60 cm lang. Die Blätter sind zu winzigen Schuppen reduziert. Sie wächst in Magerrasen und Zwergstrauchheiden bis über 2000 m Höhe.

FAMILIE

NACHTSCHATTEN-GEWÄCHSE

SOLANACEAE

Bereits der Verzehr von 30–40 unreifen Beeren des **Bittersüßen Nachtschattens** *(Solanum dulcamara)* kann tödlich sein.

Die **Kartoffel** *(Solanum tuberosum)* ist eine der Kulturpflanzen aus der Familie. Alle Pflanzenteile außer den unterirdischen Sprossknollen sind stark giftig.

Allgemeines und Verbreitung

Es gibt weltweit etwa 100 Gattungen mit 2600 Arten. Viele von ihnen sind in den Tropen und in subtropischen Klimazonen beheimatet. In der heimischen Flora gibt es 4 Gattungen mit knapp 10 Arten. Die meisten sind Kräuter oder Stauden und selten Holzgewächse.

In dieser Familie gibt es einige hochgiftige Arten, und die verantwortlichen Wirkstoffe, die **Alkaloide**, sind geradezu charakteristisch für sie. Viele dieser Giftpflanzen waren Bestandteil der im Mittelalter verbreiteten Gift- und Liebestränke sowie der Flug- oder Hexensalben. Zur Zeit der Hexenprozesse wurden sie u. a. als Foltermittel eingesetzt, um den Gefangenen im Delirium Geständnisse zu entlocken. Zutaten waren neben Nachtschattengewächsen wie Alraune, Tollkirsche, Stechapfel und Bilsenkraut meist auch Mohn, Hanf oder Eisenhut. Sie wurden äußerlich aufgetragen, sodass die Wirkstoffe über die Haut und Schleimhaut aufgenommen zu Halluzinationen führten.

Für die Pflanze stellen die Alkaloide einen Schutz vor Pilzen, Viren, Bakterien und Tieren dar. Die Giftwirkung ist auf Tier und Mensch unterschiedlich. Viele für uns tödlich giftige Früchte werden von Vögeln gefressen und so von ihnen verbreitet. Weiterhin gibt es in dieser Familie viele Nahrungs-, Gewürz- und Genusspflanzen wie beispielsweise Tomate, Paprika, Peperoni und Tabak.

Blätter

Die Blätter sind wechselständig und können ungeteilt oder gefiedert sein. Nebenblätter gibt es nicht.

Stechapfel — Bauern-Tabak — Bittersüßer Nachtschatten — Schwarzer Nachtschatten

Beispiel **Bittersüßer Nachtschatten** *(Solanum dulcamara)*

Viele Arten sind wie diese stark giftig.

Diese Art hat einen leicht verholzten Stängel und wächst kletternd.

Blüte

Die radiären Blüten sind 5-zählig. Meist stehen mehrere von ihnen in einem gemeinsamen Blütenstand, häufig ist es ein Wickel. Die Kelchblätter bleiben an der Frucht erhalten, sie können frei oder verwachsen sein. Die 5 verwachsenen Kronblätter sind wiederum mit den ebenfalls 5 Staubblättern verwachsen. Der oberständige Fruchtknoten setzt sich aus 2 verwachsenen Fruchtblättern zusammen.

Tollkirsche *(Atropa bella-donna)*, Blüte längs und Beerenfrüchte

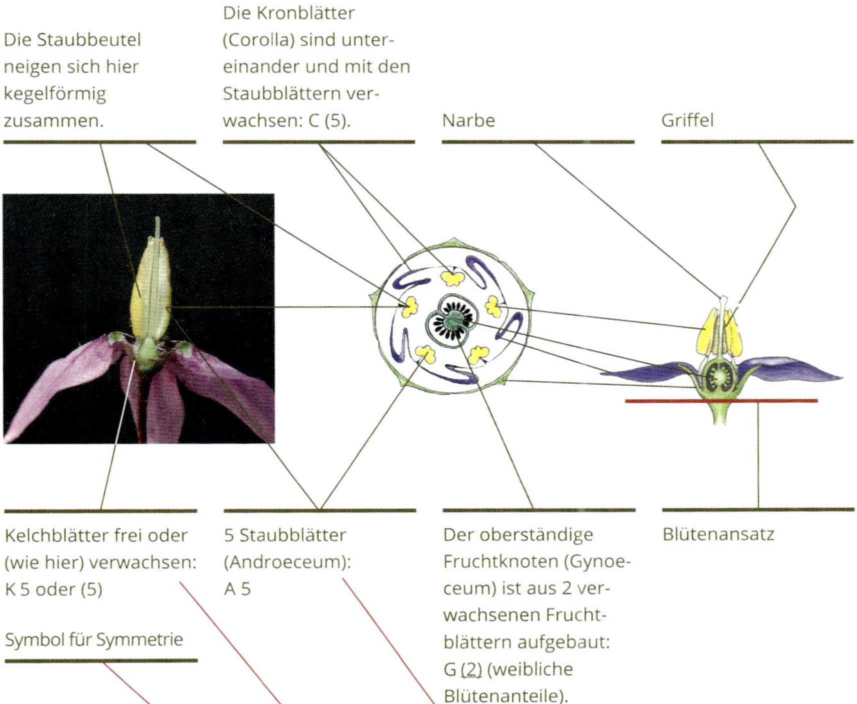

Blütenformel *** K 5 oder (5) {C (5) A 5} G (2)**

*** Kelchblätter 5 oder (5) {Kronblätter (5) Staubblätter 5} Fruchtblätter (2)**

Frucht

Zur Reifezeit bildet sich aus dem oberständigen Fruchtknoten entweder eine Kapsel oder eine Beere. Beide enthalten jeweils zahlreiche Samen.

Weißes Bilsenkraut *(Hyoscyamus albus)*

Schwarzes Bilsenkraut *(Hyoscyamus niger)*

Stechapfel *(Datura stramonium)*

Die wichtigsten Familien-Merkmale auf einen Blick

- Keine Nebenblätter
- 5-zählige, rädiäre Blüten
- Doppelte, verwachsene Blütenhülle
- Oberständiger Fruchtknoten bildet Beeren- oder Kapselfrüchte
- Kelchblätter zur Fruchtzeit meist noch vorhanden

Verwechslungsmöglichkeiten

5-zählige Blüten gibt es in vielen Familien, von denen die meisten jedoch freie Kronblätter haben. Die Blätter einiger Nachtschattengewächse können denen von Knöterich, Gänsefuß und breitblättrigen Vertretern der Korbblütler wie Alant oder Greiskraut-Arten mit einfachen Blättern ähneln.

Verwechslung möglich mit folgenden Familien und Gattungen		**Vergleich** Nachtschattengewächse
Glockenblumengewächse ⇨ Unterständiger Fruchtknoten		
Windengewächse ⇨ Stängel windend ⇨ Staubblätter nicht mit der Krone verwachsen		
Kürbisgewächse ⇨ Fruchtknoten unterständig ⇨ Meist mit Ranken		
Gänsefuß ⇨ Einzelne, kleine Blüten in gemeinsamem Blütenstand		
Knöterichgewächse ⇨ Blattscheide (Ochrea) ⇨ Kleine Blüten		

Die **Tollkirsche** *(Atropa bella-donna)* wurde wegen ihrer Pupillen erweiternden Wirkung als Schönheitsmittel verwendet. Ihr Gattungsname leitet sich von griechisch «Atropos» ab und bedeutet «unabwendbar tödlich». Sie wächst in Bergwäldern und Kahlschlägen auf Kalkböden.

Der **Bittersüße Nachtschatten** *(Solanum dulcamara)* wächst an Ufern und in Auwäldern. Diese Giftpflanze wird in der Heilkunde zur Anregung des Stoffwechsels und Linderung von Schmerzen eingesetzt, was im Namen Solanum zum Ausdruck kommt (lat. «solamen» = «Trost»).

Der stark giftige **Stechapfel** *(Datura stramonium)* stammt aus Mexiko und kommt bei uns auf Ruderalflächen verwildert vor. Die Blüte entfaltet sich zur Nacht und verströmt einen intensiven Duft, der Nachtfalter anlockt. Die Blüten sind weiß oder seltener blauviolett.

Der Giftgehalt des **Schwarzen Nachtschattens** *(Solanum nigrum)* schwankt je nach Reifegrad und Herkunft stark. In einigen Ländern werden die reifen Beeren als Gemüse genutzt. Diese einjährige Ackerpflanze wächst auch auf Ruderalflächen, an Wegrändern und in Gärten.

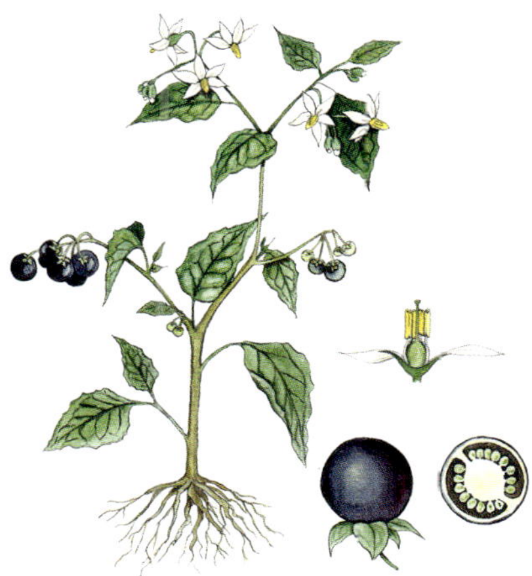

FAMILIE

LIPPENBLÜTLER

LAMIACEAE

Einige Blüten, z. B. die der **Hohlzähne** (hier *Galeopsis tetrahit*), können es durchaus mit der Schönheit von Orchideen aufnehmen.

Der **Berg-Gamander** *(Teucrium montanum)* ist an extreme Bedingungen angepasst und gedeiht in den Alpen bis 2400 m Höhe.

Allgemeines und Verbreitung

Diese Familie ist mit weltweit über 7500 Arten eine der artenreichsten. Sie gehören in über 240 Gattungen und sind in allen Klimazonen zu finden. Unter ihnen gibt es einjährige und ausdauernde Kräuter, Halbsträucher, Sträucher, Bäume und Lianen. Vor allem im Mittelmeergebiet gibt es viele Halb- oder Zwergsträucher wie Salbei, Lavendel, Rosmarin und Thymian.

Charakteristisch für diese Familie sind die ätherischen Öle, die vielen Arten einen aromatischen Duft verleihen. Sie werden oft in köpfchenförmigen Drüsen gebildet. Ihnen verdanken die Heil-, Gewürz- und Duftpflanzen wie beispielsweise Herzgespann, Bohnenkraut, Minze und Melisse ihre Wirksamkeit. Die einheimischen 25 Gattungen mit annähernd 100 Arten sind vorwiegend Kräuter und Stauden.

Blätter

Die Familie verdankt ihren Namen den lippenförmigen Blüten, aber ihre gesamte Gestalt ist charakteristisch. Der Stängel ist stets 4-kantig und die Blätter kreuzgegenständig (dekussiert), d. h., am Stängel aufeinanderfolgende Blattpaare stehen jeweils um 90° versetzt. Der Stängel ist oft hohl. Nebenblätter gibt es nicht. Die Blätter sind meist einfach und mehr oder weniger grob und tief gezähnt, gebuchtet oder gesägt, seltener auch ganzrandig. Sie sind meist gestielt, können aber auch sitzend und seltener stängelumfassend sein.

Braunelle (Trieb) · Echter Thymian · Echter Salbei · Zitronen-Melisse · Wiesen-Salbei · Gewöhnlicher Hohlzahn · Sumpf-Ziest · Wald-Ziest · Kriechender Günsel

Acker-Minze · Wasser-Minze · Echte Betonie · Gundermann · Oregano · Edel-Gamander · Wolfstrapp

Einige Gattungen haben durch den Gehalt an ätherischen Ölen einen typischen Duft. Die einzelnen Arten duften zwar etwas unterschiedlich, doch sind sie meist deutlich als ähnlich und zur Gattung gehörig wahrzunehmen. Gute Beispiele hierfür sind die Gattungen **Minze** *(Mentha)*, **Taubnessel** *(Lamium)*, **Thymian** *(Thymus)*, **Salbei** *(Salvia)* und **Ziest** *(Stachys)*, wobei der Geruch der letzten Gattung von den meisten Menschen als unangenehm empfunden wird. Meist reicht es, mit den Fingern an den Blättern zu reiben und danach an der Hand zu riechen. Deutlicher wird der Geruch beim Zerreiben eines Blattstückes. Einzelne Arten, die man am Geruch erkennen kann, sind u. a. **Oregano**, **Rosmarin**, **Zitronen-Melisse** und **Gundelrebe**.

Der **Wald-Ziest** hat einen intensiven Duft.

Eisenkraut-Salbei mit drüsiger Behaarung

Gewöhnlicher Dost wird von vielen Insekten bestäubt .

Gundelrebe ist am typischen Duft zu erkennen.

Wasser-Minze mit annähernd radiären Blüten

Feld-Thymian hat ein charakteristisches Aroma.

Blüte

Meist sind mehrere Blüten zu einem Blütenstand vereinigt, oft sind sie ungestielt und stehen in 2 kompakten Halbquirlen am Stängel in den Achseln von Tragblättern. Die 5-zähligen Blüten haben eine doppelte Blütenhülle. Der Kelch ist meist so weit verwachsen, dass die 5-Zähligkeit nur an den 5 Zipfeln erkennbar ist. Seltener sind die Kelchblätter zu 2 Kelchlippen verwachsen wie beim **Sumpf-Helmkraut** (■ *Scutellaria galericulata*). Sie bleiben bis zur Reifezeit erhalten. Sie können, wie z. B. beim **Klebrigen Salbei** (■ *Salvia glutinosa*), drüsig behaart sein. Die 5 Kronblätter sind ebenfalls verwachsen. Typischerweise ist die Krone zygomorph und in Ober- und Unterlippe gegliedert. Die Oberlippe wird von 2 und die Unterlippe von 3 Kronblättern gebildet. Bei einigen Arten sind die 3 Kronblätter noch als getrennte Zipfel zu erkennen. Der mittlere Lappen ist meist am größten. Die Oberlippe ist oft stark zurückgebildet. Seltener gibt es nahezu radiäre Blüten, wie beispielsweise bei der **Minze** *(Mentha)*.

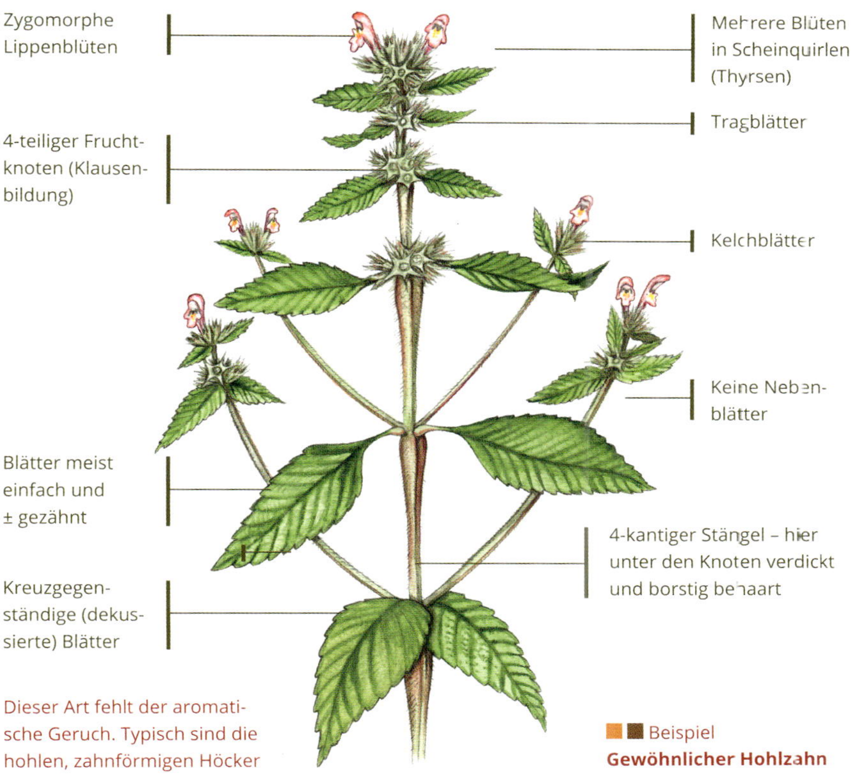

Dieser Art fehlt der aromatische Geruch. Typisch sind die hohlen, zahnförmigen Höcker der Unterlippe (Name!).

■■ Beispiel
Gewöhnlicher Hohlzahn
(Galeopsis tetrahit)

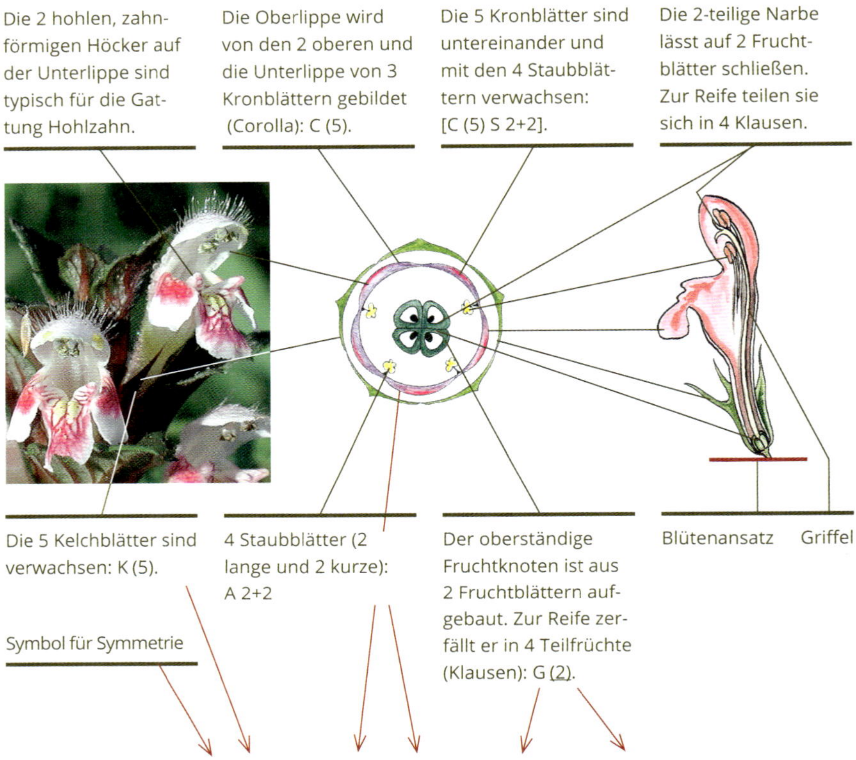

Blütenformel **↓ K (5) {C (5) A 2+2} G $\underline{(2)}$** scheinbar **G $\underline{(4)}$**

↓ Kelchblätter (5) {Kronblätter (5) Staubblätter 2+2} Fruchtblätter $\underline{(2)}$

Ursprünglich gibt es 5 Staubblätter. Meist ist eins reduziert, sodass nur noch 4 vorhanden sind, in der Regel sind 2 von ihnen länger als die anderen beiden. Seltener sind nur noch 2 Staubblätter vorhanden. Sie sind stets am Grunde mit der Blütenkrone verwachsen. Dies ist am besten zu erkennen, indem eine Blüte der Länge nach aufgetrennt und ausgebreitet betrachtet wird.

Viele Arten haben im Laufe der Evolution an die Blütenbesucher angepasste spezielle Bestäubungsmechanismen entwickelt. Die Unterlippe dient als Sitz für die bestäubenden Insekten. In der Oberlippe sind der Griffel und die beiden fruchtbaren Staubblätter verborgen. Die Blüten des **Wiesen-Salbei** *(Salvia pratensis)* beispielsweise besitzen einen Hebelmechanismus, der meist von Hummeln ausgelöst wird. Dieser Mechanismus lässt sich auch mit einem Stöckchen auslösen. Der Nektar ist nur langrüsseligen Insekten zugänglich. Wenn ein Bestäuber auf der Unterlippe landet, werden die Staubbeutel auf den Rücken des Insektes gedrückt und sie beladen dieses mit einer Portion Pollenkörner. Bei jeder Bestäubung wird nur ein Teil des Blütenstaubes abgegeben – die Blüte teilt diesen in etwa 12 Portionen ein. Der oberständige Fruchtknoten ist aus zwei verwachsenen Fruchtblättern aufgebaut.

Frucht

Die beiden verwachsenen Fruchtblätter sind durch falsche Scheidewände in 4 Nüsschen gegliedert (Klausenbildung). Dies ist bereits zur Blütezeit zu erkennen, wenn die Blütenkrone entfernt wird. Zwischen den 4 Klausen steht der Griffel.

Jedes Merkmal für sich – der 4-kantige Stängel, die kreuzgegenständige Blattstellung oder die Klausenbildung – gibt es auch bei anderen Pflanzenfamilien. In dieser Kombination kommt sie jedoch nur bei den Lippenblütlern vor. Wenn Sie also den typischen 4-teiligen Fruchtknoten bei einer Pflanze entdecken, verrät die Blattstellung die Zugehörigkeit: Bei gegenständigen Blättern handelt es sich um einen Lippenblütler, sind sie wechselständig, kann es nur ein Raublattgewächs sein.

Reifende Klausen beim **Wald-Ziest** (*Stachys sylvatica*, oben) und **Sumpf-Ziest** (*Stachys palustris*, unten)

Wiesen-Salbei (*Salvia pratensis*, oben) und **Aufrechter Ziest** (*Stachys recta*, unten)

Die wichtigsten Familien-Merkmale auf einen Blick

- 4-kantiger Stängel
- Kreuzgegenständige Blätter (dekussiert)
- Zygomorphe Blüten mit Unter- und Oberlippe
- Meist 4 Staubblätter
- Klausenbildung (4-geteilte, oberständige Frucht)

Verwechslungsmöglichkeiten

Zygomorphe Blüten gibt es in einigen Familien, ihnen fehlen jedoch die 4-teiligen Früchte. Dieses Merkmal ist sehr wichtig, auch um sie z. B. von der Gattung Braunwurz mit 4-kantigem Stängel und gegenständigen Blättern zu unterscheiden. Klausenbildung haben auch die Raublattgewächse, durch die wechselständigen Blätter sind sie leicht zu unterscheiden. Die Abgrenzung zum Eisenkraut ist schwieriger, da dieses ebenfalls Klausen ausbildet, gegenständige Blätter und einen 4-kantigen Stängel hat. Hier hilft die Blütenform, denn beim Eisenkraut fehlen Ober- und Unterlippe.

Verwechslung möglich mit folgenden Gattungen und Familien		**Vergleich** Lippenblütler
Eisenkraut ➾ Blüte ohne Ober- und Unterlippe		
Braunwurz ➾ Kapselfrüchte		
Orchideen ➾ Blätter parallelnervig ➾ Fruchtknoten unterständig, Kapselfrüchte		
Raublattgewächse ➾ Blätter wechselständig ➾ Stängel meist rund		

Der **Edel-Gamander** *(Teucrium chamaedrys)* ist ein Trockenheitszeiger und bevorzugt lichte, wärmebegünstigte Trockenrasen und steinige Hänge auf Kalkböden.

Das **Immenblatt** *(Melittis melissophyllum)* blüht weiß oder rosa. Es wächst in lichten Laub- und Nadelwäldern auf kalkhaltigen Böden. Stängel und Blattstiele sind behaart.

Bei der **Gewöhnlichen Braunelle** *(Prunella vulgaris)* ist der Kelch 2-lippig, der Blütenstand stark gestaucht, und die Tragblätter zwischen den Scheinquirlen sind sehr klein.

Alpen-Steinquendel *(Acinos alpinus)* duftet ähnlich wie Minze und wächst in steinigen Rasen, auf Schutt und an Hängen auf kalkhaltigen Böden.

Der **Pyramiden-Günsel** *(Ajuga pyramidalis)* wächst in den Gebirgen Europas. Seinen Namen verdankt er den pyramidenförmigen Blättern.

Der **Kriechende Günsel** *(Ajuga reptans)* verdankt seinen Namen den langen Ausläufern. Diese fehlen dem Pyramiden-Günsel.

TAUBNESSEL

LAMIUM

Die **Moschus-Taubnessel** *(Lamium moschatum)* hat panschierte Blätter.

Die **Riesen-Taubnessel** *(Lamium orvala)* heißt auch Großblütige Taubnessel oder Nesselkönig und ist mit bis zu 1 m eine der größten Arten.

Allgemeines und Verbreitung

Weltweit umfasst diese Gattung 25 bis 30 Arten, je nachdem, ob die Goldnesseln in diese Gattung gezählt werden oder nicht. Entsprechend sind es in der heimischen Flora 6 bis 10 Arten. Wie die ganze Familie, so verdankt diese Typusgattung ihren wissenschaftlichen Namen der Gestalt ihrer Blüten, dieser ist vom griechischen «lamós» für «Schlund» oder «Rachen» abgeleitet. Die meisten Taubnesseln wachsen auf stickstoffreichen Böden, man findet sie entlang der Weg- und Wiesenränder ebenso wie an Gräben und im Siedlungsbereich an Hecken und auf Schuttplätzen.

Blätter

Unter den Taubnesseln gibt es einjährige und ausdauernde Arten. Die kreuzgegenständigen, einfachen Blätter sind nesselartig behaart und am Rand gekerbt bis gezähnt. Die Blätter sind im unteren Stängelbereich oft länger gestielt als die oberen. Besonders deutlich ist dieser Unterschied bei der **Stängelumfassenden Taubnessel** *(Lamium amplexicaule)* ausgeprägt. Während ihre unteren Blätter lang gestielt sind, umfassen die oberen, ihrem Namen entsprechend, sitzend den Stängel und sind miteinander verwachsen. Die Tragblätter im Bereich des Blütenstandes sind bei der heimischen Arten meist ähnlich gefärbt und gestaltet wie die übrigen Laubblätter. Bei der **Purpurroten Taubnessel** *(Lamium purpureum),* auch Acker- oder Rote Taubnessel genannt, sind sie häufig rötlich überlaufen. Die Stängelkanten sind bei allen Arten der Gattung durch Festigunggewebe (Kollenchym) versteift. Einige Arten bilden Ausläufer.

Wie für die gesamte Familie typisch, so enthalten auch die Vertreter dieser Gattung ätherische Öle und haben einen aromatischen Geruch. Er ist bei allen Taubnesseln ähnlich, doch hat auch jede Art ihre eigene Duftkomponente. Während der Duft der meisten Arten als angenehm empfunden wird, gilt der Geruch der **Purpurroten Taubnessel** eher als unangenehm. Es gibt in dieser Gattung keine giftigen Arten, und ihre Blüten und Blätter bereichern die Wildkräuterküche.

Weiße Taubnessel (Stängel- und Tragblatt) | Stängelumfassende Taubnessel | Goldnessel | Gefleckte Taubnessel | Purpurrote Taubnessel

Blüten

In einem Halbquirl stehen zwischen 5 und 15 Blüten zusammen. Sie sind kurz gestielt bis fast sitzend. Ihre Tragblätter unterscheiden sich in der Gestalt nicht von den übrigen Blättern. Die 5 Kelchzipfel sind nahezu gleichgestaltet und meist lang und pfriemlich. Die Krone ist deutlich zweilippig und die Oberlippe helmförmig gebogen. Die Unterlippe hat in der Regel einen großen, mittleren Lappen, der vorne ausgerandet ist. Die seitlichen Zipfel sind unscheinbar oder fehlen. Oft ist die Blütenkrone auf der Außenseite behaart. Jede Blüte hat stets 4 fruchtbare Staubblätter, 2 kurze und 2 lange. Sie sind in der Krone verborgen.

Der Nektar wird am Grunde der Kronröhre abgegeben und nur von Insekten mit langen Rüsseln erreicht. Bei der Landung auf der Unterlippe wird ihnen von den Staubbeuteln der Rücken bestäubt. Viele Taubnesseln sind wichtige Nahrungslieferanten für Bienen.

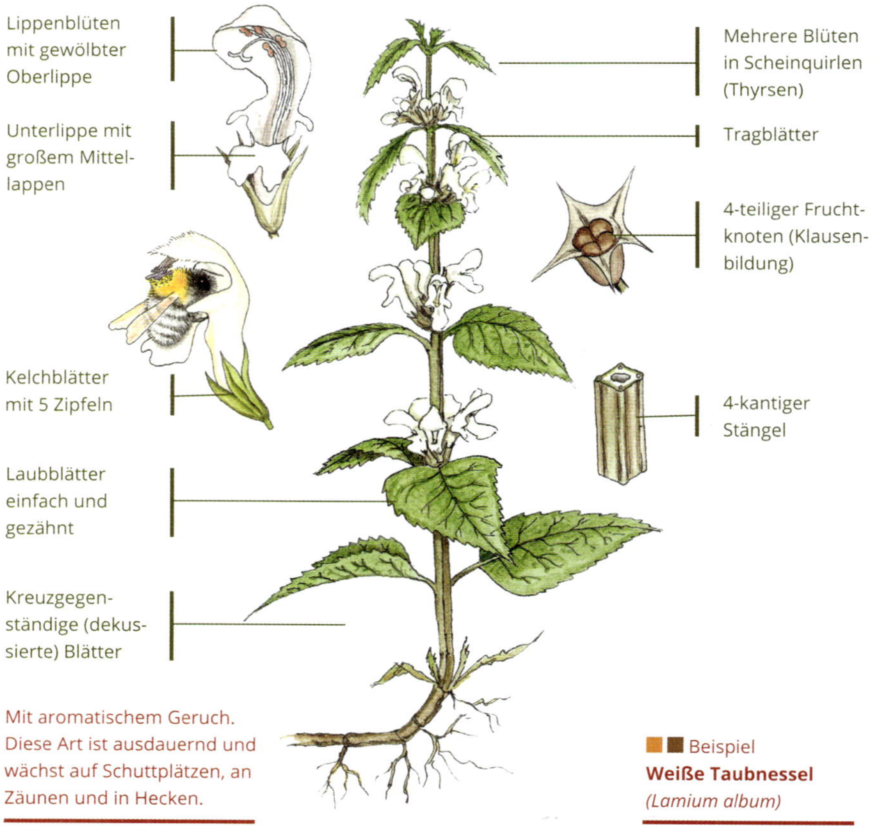

Mit aromatischem Geruch. Diese Art ist ausdauernd und wächst auf Schuttplätzen, an Zäunen und in Hecken.

Beispiel
Weiße Taubnessel
(Lamium album)

Frucht

Der Kelch schrumpft zur Reifezeit der Früchte, bleibt aber erhalten. In ihm befinden sich die aus dem oberständigen Fruchtknoten hervorgehenden Früchte. Jedes der 4 Nüsschen (Klausen) ist mit einem fettreichen Anhängsel ausgestattet (Elaiosom), das den Ameisen als Nahrung dient. Sie schleppen die Samen in ihren Bau, trennen das Elaiosom ab und bringen den für sie nutzlos gewordenen Rest, den fruchtbaren Samen, wieder hinaus.

Bei einjährigen Arten wie der **Purpurroten Taubnessel** wachsen aus den Samen in wenigen Wochen neue Pflanzen heran, sodass in einem Jahr 3–4 Generationen zur Reife gelangen. Neben Bestäubung durch Insekten wird erfolgreich auf Selbstbestäubung gesetzt. Meist entscheiden die Witterungsbedingungen, ob sich die Blüten öffnen und von Insekten besucht werden oder geschlossen bleiben und sich selbst bestäuben (Kleistogamie). Auch bei Selbstbestäubung werden erfolgreich Früchte gebildet.

Purpurrote Taubnessel *(Lamium purpureum)*

Weiße Taubnessel *(Lamium album)* mit behaarter Krone

Es ist nach wie vor umstritten, ob die **Goldnessel** in eine eigene Gattung *(Galeobdolon luteum)* gehört oder zu den Taubnesseln *(Lamium galeobdolon)* gezählt wird. Im Gegensatz zu den übrigen Arten der Gattung besitzt die Goldnessel gelbe Blüten mit 3-teiliger Unterlippe und kahle Staubbeutel. Sie ist formenreich und wird in mehrere Unterarten unterteilt.

Die wichtigsten Gattungs-Merkmale auf einen Blick

- Typischer aromatischer Geruch
- Nesselartige Blätter
- Oberlippe helmförmig gewölbt
- Unterlippe mit großem, meist ausgerandeten Mittellappen
- 4 fruchtbare Staubblätter, in der Oberlippe verborgen

Verwechslungsmöglichkeiten

Ohne Blüten sehen Taubnesseln Brennnesseln ähnlich. Diese haben jedoch nie auffällige, bunte Blüten. Ansonsten sind Taubnesseln vor allem mit anderen Arten und Gattungen der gleichen Familie zu verwechseln, vor allem im blütenlosen Zustand.

Verwechslungsmöglichkeiten		**Vergleich** Taubnessel
Brennnesselgewächse Unscheinbare Blüten Zweihäusig Brennhaare		
Stinknessel Eher unangenehmer Duft Oberlippe weniger helmförmig		
Immenblatt Kelch 2-lippig Blüten oft einseitswändig Oberlippe flacher		
Ziest Anderer Duft Unterlippe 3-teilig und kaum ausgerandet		
Hohlzahn Unterlippe mit hohlen Ausstülpungen Stängel unter den Knoten meist verdickt		

Bei der **Stängelumfassenden Taubnessel** *(Lamium amplexicaule)* sind die Tragblätter sitzend. Die Blütenkrone ragt weit aus dem Kelch heraus. Diese Art ist einjährig und gedeiht auf Äckern und Schuttplätzen. Mit bis zu 25 cm Höhe ist sie eine der kleineren Arten.

Die Flecken auf der Unterlippe der **Gefleckten Taubnessel** *(Lamium maculatum)* weisen den bestäubenden Insekten als «Saftmale» den Weg zum Nektar. Sie wächst auf nährstoffreichen Böden in Wäldern, Hecken und in Hochstaudenfluren.

Die **Weiße Taubnessel** *(Lamium album)* wurde früher als Frauenheilpflanze geschätzt. Heute wird sie in der Phytotherapie bei Beschwerden im Magen-Darm-Bereich und der oberen Atemwege eingesetzt.

Die **Purpurrote Taubnessel** *(Lamium purpureum)* ist eine der einjährigen Arten. Sie wächst in Äckern, auf Schuttplätzen und in Gärten auf nährstoffreichen Böden. Sie hat meist rot überlaufene Tragblätter.

WASSERSCHLAUCHGEWÄCHSE

LENTIBULARIACEAE

Alle Vertreter dieser Familie mit weltweit 3 Gattungen und über 310 Arten sind fleischfressend, viele von ihnen sind Wasserpflanzen. Sie besitzen spezielle Organe zum Fangen und Verdauen von Kleinstlebewesen. Damit ergänzen sie auf den nährstoffarmen Standorten ihre Nahrung. Die zygomorphen Blüten sind 5-zählig und stehen meist zu mehreren in traubigen Blütenständen. Nur die beiden Gattungen **Fettkräuter** *(Pinguicula),* auch **Fettblätter** genannt, und **Wasserschlauch** *(Utricularia)* kommen mit wenigen Arten in der heimischen Flora vor.

■ Gewöhnliches Fettkraut *(Pinguicula vulgaris)* ■ Wasserschlauch *(Utricularia vulgaris)*

Das **Alpen-Fettkraut** *(Pinguicula alpina)* wächst in Skandinavien und in den Alpen. Es wächst auf sickernassen Rieselfluren, steinigen Rasen und in Quellmooren bis 4100 m.

Das **Gewöhnliche Fettkraut** *(Pinguicula vulgaris)* ist auf der Blattoberfläche mit klebrigem Fangsekret überzogen, an dem Insekten und Pollen haften und verdaut werden.

In den Fangblasen des **Gew. Wasserschlauches** *(Utricularia vulgaris)* werden Kleinstlebewesen gefangen. In der Fangblase herrscht ein Unterdruck. Tasthaare vor der Eingangsklappe lösen bei Berührung das Öffnen aus. Mit dem einströmenden Wasser werden die winzigen Wassertiere gefangen und verdaut. Nach der Mahlzeit wird erneut ein Unterdruck erzeugt.

FAMILIE

ÖLBAUMGEWÄCHSE

OLEACEAE

Von den weltweit ca. 25 Gattungen mit knapp 800 Arten sind nur die beiden Gattungen **Esche** *(Fraxinus)* und **Liguster** *(Ligustrum)* heimisch. Gemeinsame Merkmale sind die gegenständigen Blätter, das Fehlen von Nebenblättern und radiäre, 4-zählige Blüten. Viele von ihnen haben eine doppelte Blütenhülle, es gibt auch Arten mit gleichgestalteter (Perigon) oder fehlender Blütenhülle, z. B. die windblütige **Gewöhnliche Esche**. Der Kelch ist oft ähnlich gefärbt wie die Krone, z. B. beim **Flieder** *(Syringa)*. Aus den beiden oberständigen Fruchtblättern bilden sich unterschiedliche Früchte. Bei **Flieder** und **Forsythie** *(Forsythia)* sind es Kapseln, beim **Ölbaum** *(Olea europaea)* eine Steinfrucht, bei **Liguster** und **Jasmin** *(Jasminum)* eine Beere und bei der **Esche** eine Flügelnuss. **Esche** und **Ölbaum** sind zwei bedeutende Holzlieferanten. Der Ölbaum wird auch Olivenbaum genannt und seit 4000 v. Chr. als Nutzpflanze kultiviert. Er ist ein wichtiges Element der mediterranen Vegetation und Kulturlandschaft.

Manna-Esche *(Fraxinus ornus)* Ölbaum *(Olea europaea)*

Ausgewählte Arten

In dieser Gattung mit weltweit ca. 65 Arten gibt es nur laubabwerfende Bäume und Sträucher. Die **Gewöhnlichen Esche** *(Fraxinus excelsior)* ist spätfrostgefährdet und die am spätesten austreibende heimische Baumart. Sie wird bis 40 m hoch und 300 Jahre alt.

Die **Manna-Esche** *(Fraxinus ornus)* wird auch Blumen-Esche genannt. Sie wird nur bis 8 m hoch und hat weiße Blüten in hängenden Rispen. Sie wächst südlich der Alpen und im Mittelmeergebiet in trockenen Mischwäldern. Sie wird als Zierbaum in Parks gepflanzt.

Von der Gattung Liguster mit ca. 25 Arten ist nur der **Gewöhnliche Liguster** *(Ligustrum vulgare)* in Europa heimisch. Die Farbstoffe der Beeren wurden zum Färben von Wolle, zum Anrühren von Farbpigmenten und zum Bemalen von Spielkarten verwendet.

Bis auf die **Balkan-Forsythie** *(Forsythia europaea)* stammen alle der knapp 10 Arten dieser Gattung aus Ostasien. Ihre leuchtend gelben Blüten erscheinen vor dem Blattaustrieb. Benannt sind sie nach dem königlichen Gärtner William Forsyth aus Großbritannien.

SOMMERWURZGEWÄCHSE

OROBANCHACEAE

In dieser Familie mit weltweit knapp 100 Gattungen und 1960 Arten gibt es Vollschmarotzer ohne Blattgrün und Halbschmarotzer, die einen Teil ihrer Nahrung über das Blattgrün selber produzieren und zusätzlich über spezielle Saugwurzeln Nährstoffe aus den Wurzeln ihrer Wirtspflanzen beziehen. Vollschmarotzer ohne grüne Blätter sind die Gattungen **Sommerwurz** *(Orobanche)* und **Schuppenwurz** *(Lathraea)*. Halbschmarotzer mit grünen Blättern sind die Gattungen **Augentrost** *(Euphrasia)*, **Wachtelweizen** *(Melampyrum)*, **Klappertopf** *(Rhinanthus)*, **Läusekraut** *(Pedicularis)* und **Zahntrost** *(Odontites)*. Die zygomorphen, überwiegend 5-zähligen Blüten stehen meist in ährigen oder traubigen Blütenständen und werden von Insekten bestäubt. Die oberständigen Fruchtblätter bilden Kapselfrüchte.

Echter oder Wiesen-Augentrost *(Euphrasia rostkoviana)*

Alpenhelm *(Bartsia alpina)*

■ ■ Der **Wiesen-Wachtelweizen** *(Melampyrum pratense)* wächst trotz seines Namens auch in lichten Wäldern, an Waldrändern und in Heiden auf sauren Böden.

■ Der **Wald-Wachtelweizen** *(Melampyrum sylvaticum)* unterscheidet sich vom Wiesen-Wachtelweizen durch die gedrungenere Blüte mit dem offenen Schlund.

■ Der **Zwerg-Augentrost** *(Euphrasia minima)* ist einjährig, bis 15 cm hoch und meist unverzweigt. Die Nahrung dient nahezu ausschließlich der Samenbildung.

Die **Schuppenwurz** *(Lathraea squamaria)* zapft die Wasserleitungsbahnen (Xylem) der Wirtspflanzen an. Sie gelangt erst im Alter von ca 10 Jahren zur Blüte.

GATTUNG

SOMMERWURZ

OROBANCHE

Sand-Sommerwurz
(Orobanche arenaria)

Sommerwurze, auch **Würger** genannt, gedeihen bis in alpine Höhenlagen.

Allgemeines und Verbreitung

Der Verbreitungsschwerpunkt liegt auf der Nordhalbkugel in den warmen und gemäßigten Klimabereichen. Weltweit gibt es etwa 200 Arten, von denen etwa 25 Arten in der heimischen Flora vorkommen. Es gibt unter ihnen einjährige und ausdauernde Arten.

In dieser Gattung gibt es ausschließlich Vollschmarotzer (Holoparasit) ohne Blattgrün. Sie parasitieren stets auf zweikeimblättrigen Wirtspflanzen und werden auch **Würger** genannt. Während einige Arten bestimmte Familien bevorzugen, sind andere streng an eine Art gebunden. In landwirtschaftlichen Kulturen und auf dem Grünland kann es zu Beeinträchtigungen der Kulturen durch den Verlust von Wasser und Nährstoffen kommen, dies spielt eher in den ärmeren Ländern Afrikas und Westasiens eine Rolle. Die heimischen Arten sind im Rückgang begriffen, meist als gefährdet eingestuft und schützenswert.

Ihr Name leitet sich vom griechischen «orobos» für «Kichererbse» und «anchein» für «würgen» ab und bezieht sich auf das häufige Vorkommen dieser Arten an Schmetterlingsblütlern, zu denen die Kichererbse gehört. Der deutsche Name bezieht sich auf das Sichtbarwerden der Blütentriebe im Sommer.

Bei der Bestimmung ist es wichtig, auf die umgebenden Pflanzen zu achten, da die bevorzugten Wirtspflanzen Hinweise auf die Art liefern!

Blätter

Die bleichen, gelblichen, rötlichen oder orange- bis ockerfarbenen Sprosse bilden keine Blätter mit Blattgrün aus. Ohne den grünen Blattfarbstoff Chlorophyll können sie keine Fotosynthese betreiben und folglich keine eigenen Zuckerverbindungen herstellen. Sie sind diesbezüglich vollständig auf die Nahrung über ihren Wirt angewiesen. Am Stängel befinden sich meist einige Schuppenblätter.

Die meisten Arten können oft über mehrere Jahre ausschließlich im Boden überdauern, ohne oberirdisch mit Blütentrieben in Erscheinung zu treten.

Sommerwurz-Arten auf Madeira (*Orobanche* spec.)

Die meisten Arten wachsen wie diese auf mageren Standorten, meist sind es Trocken- und Halbtrockenrasen.

Beispiel **Thymian-Sommerwurz, Thymian-Würger** oder **Weiße Sommerwurz** *(Orobanche alba)*

Vollschmarotzer ohne Blattgrün, der mit Saugwurzeln (Haustorien) die Leitungsbahnen anderer Pflanzen anzapft.

Blüten

Die Blüten stehen in den Achseln von schuppenförmigen Tragblättern in ährigen oder traubigen Blütenständen. Die Blüten werden von Insekten bestäubt. Einige Arten sondern einen intensiven Blütenduft ab, wie z. B. die **Nelken-Sommerwurz** *(Orobanche caryophyllacea),* deren Blüten gegen Abend intensiv nach Nelken duften. Sie wird nach ihren Wirtspflanzen, den Labkräutern (Gattung *Galium*), auch Labkraut-Würger genannt.

Die Blüten sind zwittrig und zygomorph. Der Kelch ist 2-, 4- oder 5-zählig. Zwischen dem Kelch und dem Hochblatt können 2 Vorblätter stehen. Allerdings kann ein 2-spaltiger Kelch wie Vorblätter wirken. Bei der Blütenkrone sind überwiegend 5 Kronblätter zu einer Röhre verwachsen. Es gibt 4 Staubblätter, allerdings kann ein steriles Staubblatt vorkommen. Die beiden oberständigen Fruchtblätter sind miteinander verwachsen. Die Bestimmung nach Blütenmerkmalen ist eine kniffelige Sache.

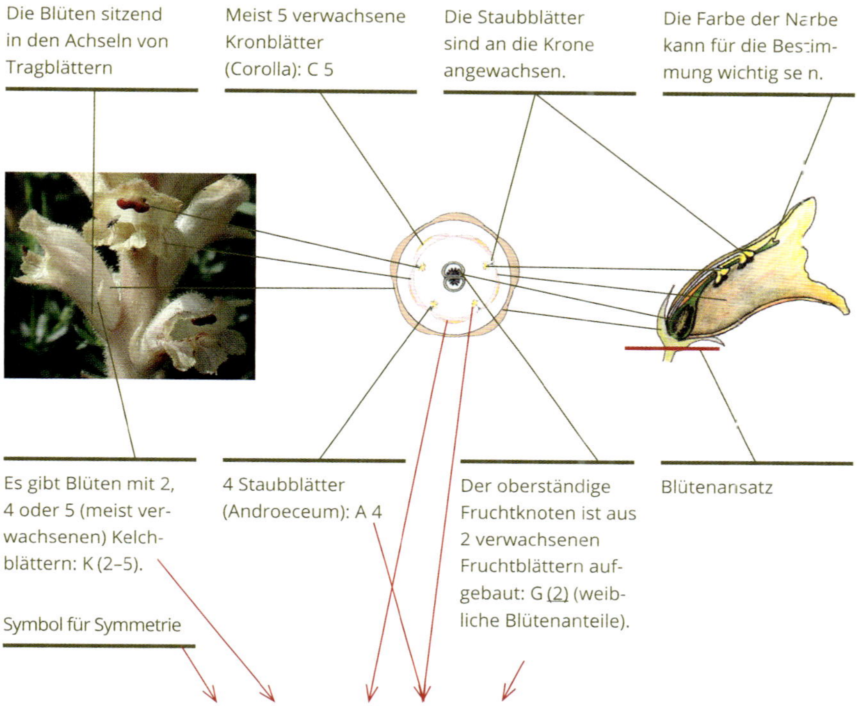

Blütenformel **↓ K (2–5) {C (5) A 4} G (2)**

↓ Kelchblätter (2–5) {Kronblätter (5) Staubblätter 4} Fruchtblätter (2)

Frucht

In den Kapselfrüchten werden unzählige Samen gebildet, bei einer Pflanze können es über 300 000 sein. Neben den Orchideensamen gehören sie zu den kleinsten Samen in der heimischen Flora. Sie werden vom Wind verbreitet und können Flugweiten von 100 km erreichen. Sie sind mehrere Jahre im Boden keimfähig. Das Brechen ihrer Keimruhe bedarf bestimmter, von der Wirtspflanze ausgeschiedener Stoffe. So wird sichergestellt, dass bei der Keimung der entsprechende Wirt in der Nähe wächst. Die Keimwurzel wächst auf die Wirtspflanze zu und bildet ein Haustorium, d. h. ein spezielles Saugorgan, mit dem es die Leitbündel anzapft. Von dieser Stelle der Wurzel aus beginnt das Wachstum, und es kann Jahre dauern, bis eine Sommerwurz oberirdische Sprosse bildet und zur Blüte gelangt.

Die wichtigsten Gattungs-Merkmale auf einen Blick

- Grüne Blätter fehlen
- Stängel mit unregelmäßig angeordneten Schuppenblättern
- Zygomorphe Blüten meist weißlich, gelb bis rötlich oder violett
- Blüten in der Achsel von Tragblättern in traubigem Blütenstand
- 4 Staubblätter
- Kapselfrüchte

Verwechslungsmöglichkeiten

Die Sommerwurze sind durch ihre auffällige Gestalt leicht zu erkennen. Allerdings gibt es auch in den Familien der Orchideengewächse und der Heidekrautgewächse Schmarotzer ohne Blattgrün. Sie unterscheiden sich durch den unterschiedlichen Blütenaufbau. Sehr ähnlich ist auch die Schuppenwurz aus der gleichen Familie der Sommerwurzgewächse.

Verwechslung möglich mit folgenden Arten		**Vergleich** Sommerwurz
Fichtenspargel Blütenstand nickend Wachsartige, ± radiäre, meist 4-zählige Blüten		
Nestwurz Typische Orchideenblüten		
Blattloser Widerbart Blüten gespornt		
Schuppenwurz Blütenstand einseitswendig		

Die **Nelken-Sommerwurz** *(Orobanche caryophyllacea)* wird auch Labkraut-Würger genannt. Sie duftet nach Nelken und schmarotzt auf Labkraut-Arten *(Galium).*

Die **Beifuß-Sommerwurz** *(Orobanche artemisiae-campestris)* parasitiert auf Feld-Beifuß *(Artemisia campestris)* und wächst in wärmebegünstigten Lagen auf kalkhaltigen Böden.

Die **Sand-Sommerwurz** *(Orobanche arenaria)* wächst auf kalkhaltigen Sandmagerrasen und schmarotzt auf Beifuß-Arten *(Artemisia).*

Die **Violette Sommerwurz** *(Orobanche purpurea)* parasitiert meist auf Schafgarbe, seltener auf anderen Korb- oder auch Lippenblütlern.

KLAPPERTOPF

RHINANTHUS

Zottiger Klappertopf *(Rhinanthus alectorolophus),* Blütenstand und fruchtend

Allgemeines und Verbreitung

Das Verbreitungsgebiet dieser Gattung liegt auf der Nordhalbkugel. Weltweit gibt es knapp 50 Arten, von denen knapp 10 Arten in der mitteleuropäischen Flora vorkommen. Ihren deutschen Namen verdanken sie den im Wind oder beim Schütteln im Kelch klappernden Früchten bzw. auch den in den reifen Kapseln klappernden Samen. Durch den Gehalt an Aucubin (ein Iridoid-Glycosid, auch Rhinanthin genannt) sind die meisten Arten für das Weidevieh giftig. Sie werden frisch in der Regel auch gemieden, und im Heu getrocknet ist der Wirkstoff unschädlich. Aucubin wirkt antibiotisch, sodass einige Arten vor allem in der Volksheilkunde medizinisch eingesetzt wurden.

Blätter

Sie sind allesamt einjährige **Halbschmarotzer** (Hemiparasiten), die auf mageren Standorten – meist Grünland – gedeihen. Sie besitzen zwar noch eigenes Blattgrün, mit dem sie Fotosynthese betreiben, doch ergänzen sie ihre Nahrung, indem sie mittels spezieller **Saugorgane** (Haustorien) über die Wurzeln die Leitungsbahnen (das Xylem) ihrer Wirtspflanzen anzapfen. Da sie so den auf den Wiesen und Weiden wachsenden Nachbarpflanzen schaden und deren Ertrag und Futterwert mindern, werden sie landläufig auch Weidenwolf, Milchdieb oder Milchschelm genannt. Im Gegensatz zu den Vertretern der Gattung Sommerwurz parasitieren sie vor allem auch auf Süßgräsern. Ihre Blätter sind stets einfach und gegenständig. Ihr Wurzelsystem ist nur schwach entwickelt.

Viele Arten haben einen sog. **Saisondimorphismus**, d. h., die im Frühjahr heranwachsenden Pflanzen (der Sommerökotyp) sehen anders aus als die später wachsenden (der Herbstökotyp). Weiterhin gibt es auch eine große Variabilität in Bezug auf die Standorte und Höhenlagen, sodass teilweise in Tal- und Gebirgsökotypen unterschieden wird. Systematisch werden diese Typen meist als Unterarten (Subspezies) erfasst und mit dem entsprechenden Zusatz «subsp.» hinter dem Namen versehen. Die im Frühjahr wachsenden Typen sind meist unverzweigt und haben weniger Knoten als die im Herbst wachsenden, stärker verzweigten Formen. Die im Tal wachsenden Pflanzen sind meist größer, reichblütiger und haben grüne bis gelbgrüne Blätter. Mit zunehmender Höhenlage nimmt die Verzweigung ab, und die Farbe der Blätter wird durch die Einlagerung von «Sonnenschutzpigmenten» dunkler bräunlich oder rötlich.

Zottiger Klappertopf, Abfolge von Stängel- zu Tragblättern

Grannen-Klappertopf (2×)

Beispiel
Zottiger Klappertopf
(Rhinanthus alectorolophus)

Halbschmarotzer mit Blattgrün, der mit Saugwurzeln (Haustorien) die Wirtspflanzen anzapft.

Blüten

Die zygomorphen, gelben Blüten stehen in der Achsel von Tragblättern am Ende der Stängel in traubigen Blütenständen. Oft sind sie einseitswendig ausgerichtet. Die Tragblätter sind häufig auffällig bleich und erhöhen so die Attraktivität für die Bestäuber. Die Blütenhülle ist stets doppelt, d. h., es gibt einen Kelch und eine Krone. Die 4 Kelchblätter sind verwachsen und bilden den typischen «Topf» um die heranreifende Frucht. Sie können kahl oder behaart sein.

Die ebenfalls verwachsenen Kronblätter bilden eine 2-lippige Krone. Die Oberlippe setzt sich aus 2 verwachsenen Kronblättern und die Unterlippe aus 3 Kronblättern zusammen, meist ist sie 3-lappig. Der rüsselartig aus dem Kelch herausragenden Helmspitze verdankt die Gattung ihren wissenschaftlichen Namen («rhinos» = Rüssel).

Kapselfrucht im Kelch

Fruchtstand

Samen

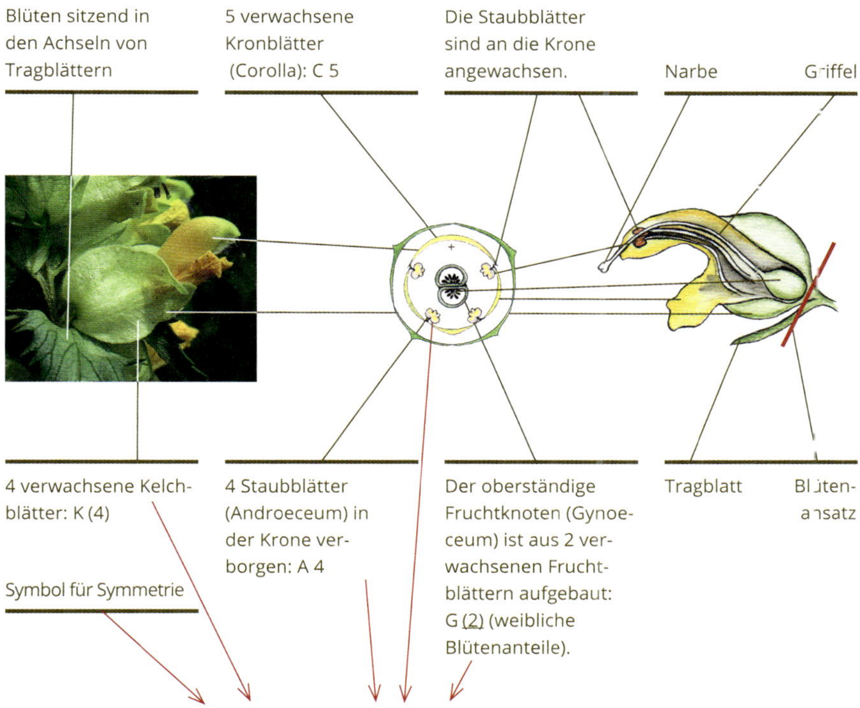

Blütenformel **↓ K (4) {C (5) A 4} G $\underline{(2)}$**

↓ Kelchblätter (4) {Kronblätter (5) Staubblätter 4} Fruchtblätter $\underline{(2)}$

Oft trägt die Oberlippe 2 (meist violette) Saftmale. Sie weisen den blütenbesuchenden Insekten den Weg zum Nektar. Da dieser am Blütengrund gebildet ist und die beiden Lippen meist eng aneinander liegen, ist er nur langrüsseligen Hummeln, Bienenverwandten und Faltern zugänglich. Erdhummeln begehen oft Nektarraub, indem sie seitlich ein Loch in Kelch und Krone beißen. Dadurch ist dieser dann auch anderen Insekten zugänglich. Es gibt 4 Staubblätter, die an der Kronröhre angewachsen sind. Die beiden verwachsenen Fruchtblätter sind oberständig. Die Narbe ragt meist aus der Oberlippe hervor, während die Staubblätter in dieser verborgen bleiben.

Frucht

Zur Reifezeit bilden sich aus den beiden oberständigen Fruchtblättern Kapselfrüchte. Meist wird in jedem Fruchtfach ein breit geflügelter Samen gebildet. Die Kapselfrüchte sind in den Kelch eingeschlossen, der noch lange erhalten bleibt

Die wichtigsten Gattungs-Merkmale auf einen Blick

- Einfache Blätter gesägt und gegenständig
- Kelchblätter verwachsen und auffällig
- Zygomorphe Blüten gelb
- Blüten in der Achsel von Tragblättern in traubigem Blütenstand
- 4 Staubblätter
- Kapselfrüchte in bleibenden Kelchblättern

Verwechslungsmöglichkeiten

Zygomorphe, gelbe Blüten gibt es auch in anderen Familien. Verwechslung ist auch möglich mit Arten der Gattung Wachtelweizen aus der gleichen Familie der Sommerwurzgewächse.

Verwechslung möglich mit folgenden Gattungen und Familien		**Vergleich** Klappertopf
Leinkraut ⇨ Blüten maskiert (Unterlippe ausgestülpt) ⇨ Blätter wechselständig		
Wachtelweizen ⇨ Kelchblätter unauffälliger ⇨ Blätter kaum gezähnt		
Lippenblütler ⇨ Stängel 4-kantig ⇨ Klausenbildung (4-teiliger Fruchtknoten)		
Schmetterlingsblütler ⇨ Blüten mit Flügel, Fahne und Schiffchen ⇨ Blätter meist geteilt ⇨ Hülsenfrüchte		
Orchideen ⇨ Blätter parallelnervig und ganzrandig ⇨ Blüten oft gespornt		

Der **Zottige Klappertopf** *(Rhinanthus alectorolophus)* verdankt seinen Namen der Behaarung von Kelch, Blättern und Stängel. Er parasitiert meist auf Süßgräsern und wächst in Halbtrockenrasen auf mageren, kalkhaltigen Böden und gedeiht in den Alpen bis 2300 m.

Der **Kleine Klappertopf** *(Rhinanthus minor)* wächst in kalkarmen Magerrasen und Flachmooren. Sein Kelch ist kahl (selten schwach behaart), ebenso Stängel und Blätter. Die Kronröhre ist kürzer als der Kelch, und der Zahn der Oberlippe ist weißlich.

Der **Große Klappertopf** *(Rhinanthus serotinus* oder *angustifolius)* hat einen kahlen Kelch. Er wird auch Schmalblättriger oder Kahler Klappertopf genannt.

Der **Grannen-Klappertopf** *(Rhinanthus glacialis)* ist eine der am weitesten in die alpine Zone vordringenden Arten. Seine Tragblätter haben grannenartig verlängerte Zähne.

GATTUNG

LÄUSEKRAUT

PEDICULARIS

Quirlblättriges Läusekraut
(Pedicularis verticillata)

Karlszepter
(Pedicularis sceptrum-carolinum)

Allgemeines und Verbreitung

Die insgesamt etwa 600 Arten dieser Gattung sind auf der nördlichen Hemisphäre verbreitet, über die Hälfte von ihnen gedeihen in asiatischen Bergregionen. Die meisten von ihnen sind dort endemisch, d. h., sie wachsen nur dort. In der mitteleuropäischen Flora gibt es knapp 20 Arten. Sie besiedeln überwiegend magere, teils feuchte Standorte und sind bis in alpine Höhenlagen anzutreffen.

Der Gattungsname bezieht sich auf die «Laus» (lateinisch pediculus = Laus) und kann mehrere Ursprünge haben. Läusekräuter wurden wegen ihres Aucubin-Gehaltes bei Mensch und Tier gegen Ungezieferbefall verwendet. Möglich ist auch, dass die gekräuselten Blätter wie von Läusen befallen aussehen und zu dem Namen geführt haben. Das Vieh meidet die giftigen Läusekräuter, da sie scharf schmecken. Bei den meisten Arten enthalten die Samen die meisten Giftstoffe.

In Deutschland sind alle Arten dieser Gattung unter Naturschutz gestellt.

Blätter

Läusekräuter sind einjährige oder ausdauernde, krautige Pflanzen. Alle Arten sind **Halbschmarotzer** (Hemiparasiten), die ihre Nährstoffversorgung durch das Anzapfen der Wurzeln von Wirtspflanzen über spezielle **Saugorgane** (Haustorien) ergänzen. Dies ermöglicht ihnen, auf trockenen und mageren Standorten zu gedeihen. Ihre Blätter sind quirl- oder wechselständig, seltener auch gegenständig, oder stehen in einer Rosette am Grunde des Stängels. Es gibt auch Arten, bei denen neben der Grundblattrosette Stängelblätter vorhanden sind. Die Grundblätter – und oft auch die ersten Stängelblätter – sind meist lang gestielt. Nach oben hin wird der Blattstiel kürzer, oft befinden sich die Blätter sitzend am Stängel. Die Blätter sind einfach oder doppelt fiederspaltig eingeschnitten und erinnern an die Wedel der Farne.

Karlszepter, Blattrosette

Kopfiges Läusekraut

Beblättertes Läusekraut

Gestutztes Läusekraut (Ober- und Unterseite)

Beispiel
Beblättertes oder **Blattreiches Läusekraut** *(Pedicularis foliosa)*

Halbschmarotzer (Hemiparasit) mit Blattgrün, der mit Saugwurzeln (Haustorien) seine Wirtspflanzen anzapft.

Blüte

Die Blüten sind überwiegend gelblich bis rot, purpurn oder rosafarben, seltener auch bräunlich, grünlich oder weißlich. Meist stehen sie zu mehreren in endständigen Blütenständen zusammen. Seltener stehen sie einzeln in den Blattachseln der Tragblätter. Die Tragblätter sind laubblattähnlich ausgebildet. Die Blüten sind zwittrig und zygomorph und besitzen stets einen Kelch. Die Kelchblätter sind röhrig bis glockenförmig verwachsen, und die Eigenschaften (Behaarung, Zähnelung, Form, Längen-Breiten-Verhältnis etc.) ihrer sichtbaren «Spitzen» (die Kelchzähne oder Kelchzipfel) sind wichtig für die Bestimmung der Läusekraut-Arten. Sie bleiben zur Reifezeit der Kapselfrüchte erhalten und dienen bei einigen Arten als Wind- und Regentropfenfänger für die von Wind und Regen verbreiteten Samen.

Die Kronblätter sind verwachsen und 2-lippig. Die Oberlippe ist helm- bis röhrenförmig zusammengedrückt und endet meist in einem Zähnchen oder Schnabel. Die Blüten stehen oft «schief» und erfordern für den Anflug eine gewisse Lernfähigkeit der Insekten. Der nektarabsondernde Diskus befindet sich am Grunde der Blüte, sodass es für das bestäubende Insekt einigen Kraftaufwands bedarf, die Öffnung

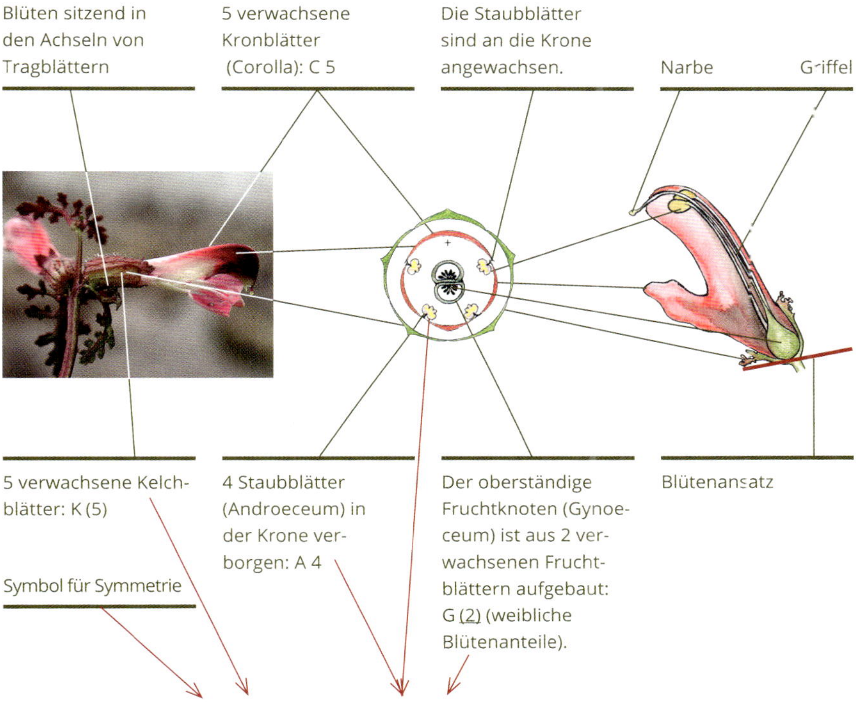

Blütenformel **↓ K (5) {C (5) A 4} G (2)**

↓ Kelchblätter (5) {Kronblätter (5) Staubblätter 4} Fruchtblätter (2)

der Kronröhre auseinanderzudrücken. Außerdem kommen nur langrüsselige Arten an den Nektar heran. Erdhummeln beißen von außen ein Loch in die Krone, um an den Nektar zu gelangen. Vor allem die alpinen Arten sind an die Bestäubung durch Hummeln angepasst.

In der Oberlippe sind die 4 Staubblätter geschützt wie in einer Kapuze verborgen. Sie sind am Grunde an die Krone angewachsen. Die beiden oberständigen Fruchtblätter sind verwachsen. Die Narbe ist meist kopfig.

Frucht

Aus dem oberständigen Fruchtknoten entwickeln sich Kapselfrüchte. Die Samen werden durch den Wind, Regen oder Tiere verbreitet. Bei einigen Arten sind sie für die Ausbreitung durch Ameisen mit nahrhaften Anhängseln versehen (Elaiosomen). Es gibt auch Arten mit hakeligen Anhängseln für die Anhaftung im Fell der Tiere.

Die wichtigsten Gattungs-Merkmale auf einen Blick

- Blätter fiederteilig bis gefiedert, oft mit Grundblattrosette
- Kelchblätter verwachsen
- Zygomorphe Blüten, 2-lippig
- Blüten meist gelblich bis rot oder purpurn
- Blüten in der Achsel von Tragblättern
- Blüten meist in traubigem Blütenstand
- 4 Staubblätter
- Kapselfrüchte in bleibenden Kelchblättern

Verwechslungsmöglichkeiten

Verwechselt werden können die Läusekräuter vor allem auch mit den Vertretern innerhalb der Gattung. Ähnlich 2-lippige, zygomorphe Blüten in traubigen Blütenständen gibt es aber auch in anderen Familien. Die Blätter einiger Arten ähneln denen von Farnen oder Doldenblütlern – und die Rosetten können denen distelartiger Korbblütler ähnlich sehen, sind jedoch nie bestachelt.

Verwechslung möglich mit folgenden Gattungen und Familien		**Vergleich** Läusekraut
Farne Sporenbildung auf den Unterseiten der Wedel Blätter oft mehrfach gefiedert		
Lippenblütler Stängel 4-kantig Klausenbildung (4-teiliger Fruchtknoten)		
Schmetterlingsblütler Blüten mit Flügel, Fahne und Schiffchen Blätter meist geteilt Hülsenfrüchte		
Orchideen Blätter parallelnervig und ganzrandig Blüten oft gespornt		

■ Das **Knollige Läusekraut** *(Pedicularis tuberosa)* wächst auf meist kalkfreien, mageren Wiesen und Weiden und ist in den Alpen bis 2700 m Höhe verbreitet. Seinen Namen verdankt es den Knollen an den Wurzeln.

■ Das **Quirlblättrige Läusekraut** *(Pedicularis verticillata)* wächst auf kalkreichen, steinigen, mageren und feuchten Böden bis 2800 m Höhenlage. Den Namen verdankt es den 3–4 am Stängel in Quirlen stehenden Blättern.

Der **Karlszepter** *(Pedicularis sceptrum-carolinum)* wird auch König-Karls-Läusekraut genannt. Mit bis zu 1 m Höhe ist es eine der größten heimischen Arten.

Das **Wald-** oder **Waldmoor-Läusekraut** *(Pedicularis sylvatica)* findet man in Wäldern und auf Feuchtwiesen und in Flach- und Quellmooren auf mageren, feuchten Böden.

FAMILIE

WEGERICHGEWÄCHSE

PLANTAGINACEAE

Das **Zimbelkraut** *(Cymbalaria muralis)* ist eine typische Mauerpflanze. Die gelben Saftmale der Unterlippe dienen als Staubbeutelattrappen.

Das **Alpen-Leinkraut** *(Linaria alpina)* ist eine Pflanze der Geröll- und Steinschuttfluren. Sie gedeiht bis über 4000 m Höhe.

Allgemeines und Verbreitung

Innerhalb dieser Familie gab es durch neuere stammesgeschichtliche und molekularbiologische Erkenntnisse eine starke Neugliederung. Ursprünglich gab es in der mitteleuropäischen Flora nur 2 Gattungen – **Wegerich** *(Plantago)* und **Strandling** *(Littorella uniflora),* wobei Letztere nur diese eine Art aufweist. Aktuell gehören auch die Familien der **Tannenwedelgewächse** (Hippuridaceae), **Wassersterngewächse** (Callitrichaceae), **Kugelblumengewächse** (Globulariaceae), ein Teil der **Braunwurzgewächse** (Scrophulariaceae) wie z. B. die Gattungen **Ehrenpreis** *(Veronica),* **Fingerhut** *(Digitalis),* **Leinkraut** *(Linaria)* und **Löwenmaul** *(Antirrhinum)* zu den Wegerichgewächsen. Damit umfasst diese Familie etwa 95 Gattungen mit rund 1900 Arten. Sie sind weltweit in allen Klimazonen beheimatet. In der mitteleuropäischen Flora gibt es knapp 20 Gattungen mit etwa 75 Arten.

Blätter

Die Wegerichgewächse sind eine vielgestaltige Gruppe, in der die Familienzugehörigkeit oft nur schwer zu erkennen ist. Die meisten von ihnen sind Kräuter, es gibt aber auch Sträucher und Wasserpflanzen. Ihre Blätter können sowohl gegen- als auch wechselständig sein, darüber hinaus auch grund- oder quirlständig. Sie sind meist einfach und nur in Ausnahmefällen fiederspaltig oder gefiedert. Nebenblätter sind nie vorhanden.

Echter oder Wald-Ehrenpreis | Breit-Wegerich | Gewöhnliches Leinkraut | Bachbungen-Ehrenpreis | Roter Fingerhut | Gamander-Ehrenpreis

Beispiel **Gewöhnliches** oder **Echtes Leinkraut** *(Linaria vulgaris)*

Diese Art ist ausdauend, es gibt auch Einjährige in dieser Familie.

Blüte

Einzelne Blüten sind die Ausnahme, meist stehen mehrere in ährigen oder kopfigen Blütenständen. In der Regel gibt es eine doppelte Blütenhülle. Mit Ausnahme vom einhäusigen **Tannenwedel** *(Hippuris vulgaris)* und manchen zweihäusigen Wegerich- und Ehrenpreis-Arten sind die Blüten zwittrig. Es gibt auch reduzierte Blüten wie z. B. beim **Wasserstern** *(Callitriche)*. Bei den heimischen Arten sind die Blüten ± zygomorph. Die Kelchblätter sind frei oder verwachsen. Die Kronblätter sind stets verwachsen. Häufig sind es 5, manchmal wie z. B. beim **Wegerich** oder den meisten **Ehrenpreis-Arten** auch nur 4. Staubblätter gibt es meist 4. Die Staubfäden können an die Krone angewachsen sein.

Es gibt windblütige Arten mit unscheinbaren Blüten und solche, die mit attraktiven Blüten Insekten für die Bestäubung anlocken und Nektar absondern. Einige von ihnen besitzen einen Sporn, in dem der Nektar gesammelt wird. Die sogenannten Maskenblumen, wie z. B. das **Löwenmaul**, verdecken den Eingang zum Nektar durch eine Ausstülpung der Unterlippe, sodass nur kräftige Insekten wie Hummeln an Pollen und Nektar gelangen. Die Blütenmale beim **Fingerhut** weisen den Insekten den Weg zum Nektar und täuschen gleichzeitig ein größeres Pollenangebot vor. Hummeln bieten die Blüten Regenschutz und einen Schlafplatz. Kleineren Insekten wird der Eingang durch hochstehende Sperrhaare verwehrt.

Mit Ausnahme vom Strandling gibt es stets 2 miteinander verwachsene, oberständige Fruchtblätter. Die Narbe ist 2-teilig oder kopfig.

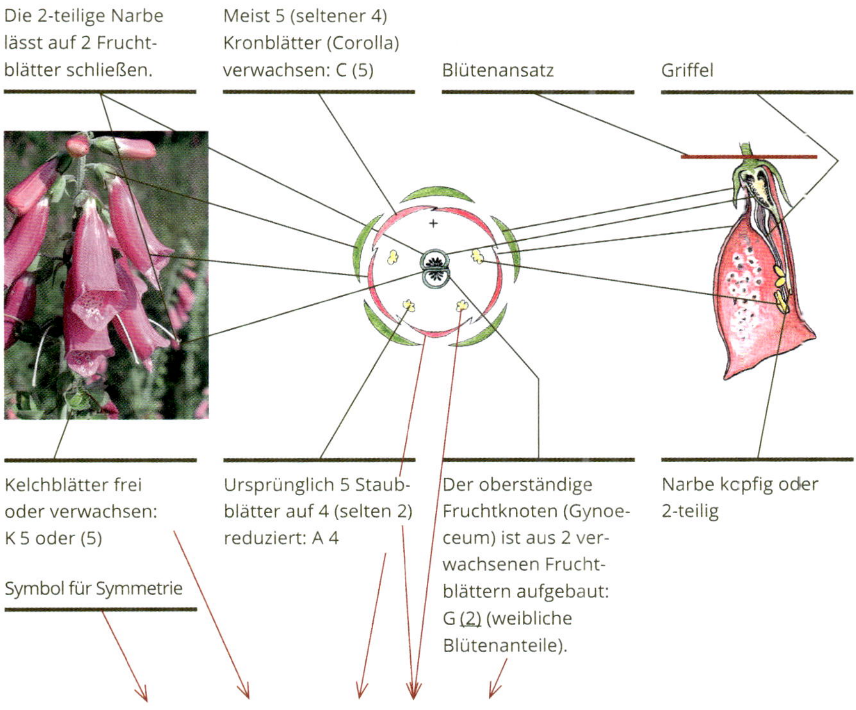

Blütenformel ↓ K 5 oder (5) C (5) A 4 G (2)

↓ Kelchblätter 5 oder (5) Kronblätter (5) Staubblätter 4 Fruchtblätter (2)

Frucht

Die beiden Fruchtblätter bilden zur Reifezeit in der Regel eine mehrsamige Kapsel. Die Samen sind meist klein, sie können für die Ausbreitung mit dem Wind geflügelt sein.

Roter Fingerhut *(Digitalis purpurea)*, geöffnete Kapsel und Samen

Acker-Löwenmaul *(Misopates orontium)*

Die wichtigsten Familien-Merkmale auf einen Blick

- Meist mehrere Blüten in einem Blütenstand
- Blätter meist einfach
- Blüten meist ± zygomorph und mit doppelter Blütenhülle
- Blüten meist 5-zählig mit verwachsener Krone, oft gespornt
- Oberständiger Fruchtknoten bildet Kapselfrüchte

Verwechslungsmöglichkeiten

Die kopfigen Blütenstände der Kugelblumen ähneln Korbblütlern oder Sandglöckchen. Arten mit zygomorphen Blüten erinnern an Lippen- oder Schmetterlingsblütler. Vegetativ ähneln die Blätter des Fingerhutes Beinwell oder Königskerzen, die Kugelblumen Weiden, Enzian oder Teufelsabbiss und die schmalblättrigen Leinkräuter Wolfsmilch, Lein oder Leinblatt. Wegerich und Ehrenpreis werden extra beschrieben.

Verwechslung möglich mit folgenden Familien und Gattungen		**Vergleich** Wegerichgewächse
Korbblütler - 4 freie Staubblätter - Meist nicht immergrün		
Lippenblütler - Intensiver Duft - Nie gespornte Blüte - Klausenbildung		
Schmetterlingsblütler - Blüte mit Flügel, Fahne und Schiffchen - Meist geteilte Blätter		
Königskerze - Meist wollige Staubfäden - Blätter oft stark behaart		
Wolfsmilch - Milchsaft - Typischer Blütenstand		

Das **Kleine Leinkraut** *(Chaenorhinum minus)*, auch Kleiner Orant genannt, wächst auf kalkhaltigen, sandigen oder steinigen Äckern und auf Ruderalstandorten im Siedlungsbereich. Nach Norden hin wird es seltener.

Der **Großblütige Fingerhut** *(Digitalis grandiflora)* hat den für die Gattung typischen einseitig ausgerichteten Blütenstand und große Blüten mit Saftmalen. Er ist wie alle heimischen Arten stark giftig.

Die **Herzblättrige Kugelblume** *(Globularia cordifolia)* gedeiht in den Alpen auf kalkhaltigen Böden bis 2800 m Höhe. Dieser niedrigwüchsige Spalierstrauch festigt mit seinen ausläuferartigen Sprossen den Boden und sammelt herabrieselnden Humus.

Die **Schaft-Kugelblume** *(Globularia nudicaulis)* wächst ebenfalls auf Kalkböden, allerdings nur bis 2600 m. Sie bildet keine Ausläufer. Ihre immergrünen, in einer Rosette stehenden Blätter sind vorne kaum oder nicht so stark ausgerandet wie die Herzblättrige Kugelblume.

GATTUNG

WEGERICH

PLANTAGO

Der **Strand-Wegerich** *(Plantago maritima)* erträgt mit seinen sukkulenten Blättern hohe Salzbelastungen.

Der **Schlangen-Wegerich** *(Plantago strictissima* oder *serpentina)* wächst in Gebirgswiesen und Steinschuttfluren bis 2600 m Höhe.

Allgemeines und Verbreitung

Von der Küste bis ins Hochgebirge – die Gattung Wegerich hat sich erfolgreich an die Bedingungen dort angepasst. Weltweit gibt es ca. 260 Arten, die in allen Klimazonen verbreitet sind, in den Tropen findet man sie seltener. Ihr Name leitet sich von lateinisch «planta» ab, was «Fußsohle» bedeutet. Auch im deutschen Namen findet sich der Schwerpunkt der Verbreitung entlang der Wege wieder. Da die Endung «-rich» altertümlich für «König» gebraucht wurde, könnte man den Namen auch mit «wegbeherrschende Pflanze» übersetzen. Die Indianer sollen den nach Amerika verschleppten und inzwischen kosmopolitischen Breit-Wegerich «Fußstapfen des Weißen Mannes» genannt haben, da er sich entlang der Wege verbreitet hat und dort besonders trittresistent und konkurrenzkräftig ist.

Blätter

So vielgestaltig die Familie insgesamt ist, so leicht ist es wiederum, einen Vertreter dieser Gattung zu erkennen, vor allem blühend. Die etwa 10 heimischen Arten sind einjährige oder ausdauernde, krautige Pflanzen. Typisch sind ihre parallel bzw. bogennervig verlaufenden Blattadern. Mit Ausnahme vom aus Amerika verwilderten **Strauch-Wegerich** und seltenen **Sand-Wegerich** befinden sie sich als Rosette am Grunde. Als Anpassung an die extremen Bedingungen in den Höhenlagen sowie die salzhaltigen, Wind- und Sandschliff ausgesetzten Standorte an der Küste sind die Blätter einiger Arten schmal und dickfleischig (sukkulent).

- Der **Alpen-Wegerich** *(Plantago alpina)* hat schmale, 3-nervige Blätter. Er gedeiht von der montanen bis in die alpine Stufe.
- Der **Berg-Wegerich** *(Plantago atrata)* steigt ebenfalls bis in alpine Höhenlagen und hat schmale Blätter. Im Gegensatz zum Alpen-Wegerich mit behaarter Kronröhre ist sie bei ihm kahl.

Krähenfuß-Wegerich (Rosette)

Spitz-Wegerich

Breit-Wegerich

Mittlerer Wegerich

Beispiel
Spitz-Wegerich
(Plantago lanceolata)

Viele Arten der Gattung wachsen wie diese auf verdichteten Böden entlang der Wege.

Viele Arten werden, wie z. B. der **Spitz-Wegerich**, seit alters als Heil- und Gemüsepflanzen geschätzt. Hauptwirkstoff ist das antibakteriell wirkende Aucubin. Es wirkt hustenlindernd, entzündungshemmend und juckreizstillend. Der Presssaft und angequetschte Blätter dienen als «Erste Hilfe» und «Naturpflaster» für kleine Wunden und Insektenstiche.

Blüte

Viele kleine Blüten stehen in köpfchen- bis walzenförmigen Ähren am Ende ± langer Schäfte zusammen. Die zwittrigen Blüten sind 4-zählig und unscheinbar. Der oberständige Fruchtknoten ist aus 2 verwachsenen Fruchtblättern aufgebaut. Meist reifen zuerst die Narben heran, bevor die weit aus der Blüte herausragenden Staubbeutel ihren Pollen abgeben (vorweiblich). Es gibt insekten- und windblütige Arten. Der Mittlere Wegerich wird von Insekten bestäubt und hat zur Steigerung der Attraktivität violette Staubblätter. Bei einigen Arten ist Selbstbestäubung möglich.

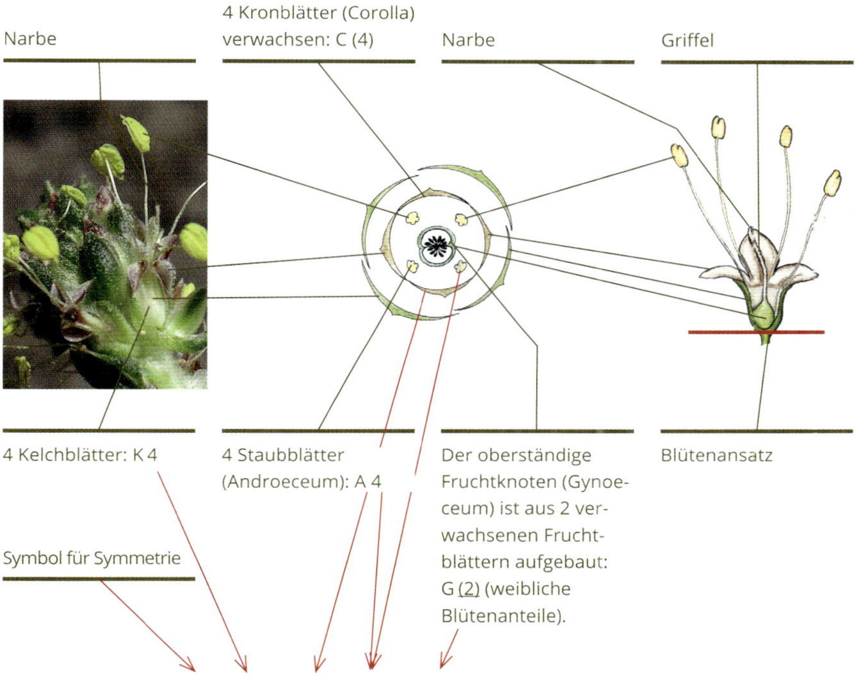

Blütenformel *** K 4 C (4) A 4 G <u>(2)</u>**

*** Kelchblätter 4 Kronblätter (4) Staubblätter 4 Fruchtblätter <u>(2)</u>**

Frucht

In den kleinen Kapselfrüchten werden mehrere Samen gebildet. Sie haben eine klebrige Schale, die bei Nässe aufquillt, so werden sie über Klebausbreitung verschleppt. Daneben kommt auch Bearbeitungsausbreitung durch Körnerfresser vor. Die Flohsamen der südlicher verbreiteten Wegerich-Art *Plantago ovata* werden wegen der hohen Quellfähigkeit wie Leinsamen als mildes Abführmittel geschätzt.

Spitz-Wegerich

Breit-Wegerich, Frucht- und Blütenstand

Die wichtigsten Gattungs-Merkmale auf einen Blick

- Parallel- bzw. bogennervige Blätter
- Meist Grundblattrosette
- 4-zählige Blüten
- Weit aus der Blüte herausragende Staubbeutel
- Blüten in rundlichen bis länglichen Ähren

Verwechslungsmöglichkeiten

Blühend ist ein Wegerich leicht als solcher zu erkennen. Ohne Blüten wird es schon schwieriger. Durch die für zweikeimblättrige Arten untypische Nervatur sind Verwechslungen vor allem mit Einkeimblättrigen möglich. Die schmalblättrigen Arten können mit Arten der Gattung Dreizack und Simsenlilie (ebenfalls Einkeimblättrige) verwechselt werden. Auch die Blätter einiger Enzian-Arten ähneln einem Wegerich.

Verwechslung möglich mit folgenden Familien und Gattungen		**Vergleich** Wegerich
Einkeimblättrige - 3- (bzw. 6-) zählige Blüten - Keine feinen Queradern in der Blattnervatur		
Simsenlilie - Blätter 2-zeilig «schwertförmig reitend» - 3-zählige Blüten		
Dreizack - 3-zählige Blüten - Mit Blatthäutchen (Ligula)		
Enzian - Radiäre Blüten mit farbiger Krone		

Beim **Mittleren Wegerich** *(Plantago media)* ist der Blütenstand (Ähre) kürzer als der Stängel. Die Staubfäden sind ± rosa bis violett. Die kurz gestielten Blätter sind locker behaart und 5- bis 7-nervig. Er wächst bevorzugt auf mageren, kalkhaltigen Böden entlang der Wegränder und auf Wiesen.

Der **Breit-Wegerich** *(Plantago major)* hat lang gestielte Blätter mit 3- bis 7-nerviger Spreite. Die längliche Ähre ist so lang wie ihr Schaft. Er verträgt starke Verdichtung und ist entlang von Wegrändern und auf Wiesen meist im Eingangsbereich mit höherer Trittbelastung zu finden. Er produziert 2–3 Mio. Pollenkörner.

Der in Europa beheimatete **Spitz-Wegerich** *(Plantago lanceolata)* ist inzwischen weltweit verbreitet. Er hat lanzettliche Blätter. Seine Blüten werden durch den Wind und Pollen suchende Insekten bestäubt. Seine Ähre ist viel kürzer als ihr Schaft. Vor dem Aufblühen sind die Ähren als Kapernersatz sehr lecker.

Der **Krähenfuß-Wegerich** *(Plantago coronopus)* wächst entlang der Küsten in Salzwiesen und auf feuchten, salz- und trittbelasteten Böden im Binnenland. Seine Blätter sind fiederteilig und behaart. Die Samen werden durch das Wasser oder Anhaftung am Fell von Tieren und am Gefieder von Vögeln ausgebreitet.

EHRENPREIS

VERONICA

Der **Gamander-Ehrenpreis** *(Veronica chamaedrys)* bildet nur an sonnigen Standorten Blüten.

Der **Nessel-Ehrenpreis** *(Veronica urticifolia)* wächst in den Gebirgen Mitteleuropas.

Allgemeines und Verbreitung

Von dieser artenreichen Gattung gibt es weltweit ca. 450 Arten. Von ihnen sind über 30 in Mitteleuropa heimisch. Der Gattungsname *Veronica* geht vermutlich auf die ehemalige Bezeichnung «vera unica (medicina)» für «die einzig wahre (Medizin)» zurück und bezieht sich auf den **Echten Ehrenpreis** *(Veronica officinalis).* Die Wertschätzung kommt auch im deutschen Namen zum Ausdruck.

Blätter

In dieser Gattung gibt es nur krautige Pflanzen, sie sind einjährig oder ausdauernd. Die Blätter sind stets einfach und ganzrandig bis gesägt, gebuchtet oder gezähnt. Sie sind meist gegenständig, seltener wechselständig und ausnahmsweise rosettig.

Blüte

Den verschiedenen Arten sieht man ihre Zugehörigkeit zu dieser Gattung häufig schon beim Blick auf ihre filigranen, typischen Blüten an. Sie sind zwittrig und meist blau, seltener auch weißlich bis rosa-violett. Meist stehen mehrere in ährigen Blütenständen zusammen in der Achsel von Tragblättern.

Es gibt Arten, bei denen die Blüten in seitlichen Trauben oder Ähren stehen und der Stängel mit Laubblättern abschließt. Bei anderen Arten stehen die Blüten einzeln in den Blattachseln von den sogenannten Tragblättern. Die Blüten können auch am Ende des Stängels in endständigen Trauben oder Ähren stehen. Wichtig für die Bestimmung ist weiterhin, ob sich der Blütenstand (Infloreszenz) deutlich vom beblätterten Stängel absetzt, d. h., ob die Tragblätter sich in ihrer Gestalt deutlich von den Laubblättern unterscheiden. Oft sind sie im Bereich des Blütenstandes viel kleiner und einfacher gestaltet als die normalen Laubblätter unterhalb des Blütenstandes. Dieser Übergang kann sich ganz allmählich vollziehen. Beide Bereiche können auch deutlich voneinander abgesetzt sein.

Efeu-Ehrenpreis (Trieb)

Bachbungen-Ehrenpreis

Gamander-Ehrenpreis (Trieb und Blatt)

Berg-Ehrenpreis (Trieb)

Echter oder Wald-Ehrenpreis (Trieb)

Beispiel
Bachbungen-Ehrenpreis
(Veronica beccabunga)

Diese Art ist eine Sumpf- oder Wasserpflanze auf feuchten Böden und an Ufern.

Es gibt Arten mit 4 und (selten) mit 5 Kelchblättern. Die meist 4 Kronblätter sind stets verwachsen und fallen bei Erschütterung sehr leicht ab. Hierauf bezieht sich der volkstümliche Name «Männertreu». Von den ursprünglich 4 sind noch 2 fruchtbare Staubblätter vorhanden. Meist sind sie an der Basis an die Krone angewachsen.

Die Zeichnungen der Kronblätter sind Saftmale für die bestäubenden Insekten. Der Nektar ist bei einigen Arten von einem Haarkranz verdeckt. Um Selbstbefruchtung zu verhindern, reifen bei vielen Arten zuerst die Narben und später die Staubblätter (vorweiblich). Daneben kommt auch Selbstbefruchtung vor.

Beim **Gamander-Ehrenpreis** kommt es häufig zu Gallbildungen durch die **Ehrenpreis-Gallmücke** *(Jaapiella veronicae)*. Dadurch wird der Blütenansatz verhindert. An den beiden Haarleisten ist er leicht zu erkennen.

Gamander-Ehrenpreis *(Veronica chamaedrys)* mit Gallbildung

Haarleisten

Die 2-teilige Narbe lässt auf 2 Fruchtblätter schließen.

Ursprünglich 5 Staubblätter auf 2 reduziert: A 2

Die Staubblätter sind am Grunde mit der Krone verwachsen.

Narbe

Griffel

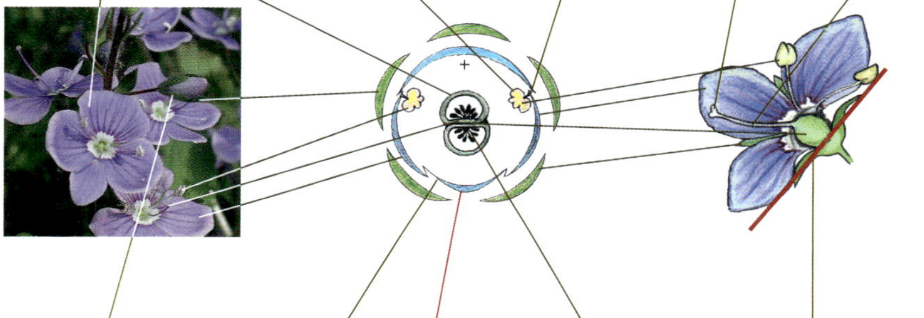

Kelchblätter 4 oder 5: K 4–5

Meist 4 (seltener 5) Kronblätter (Corolla) verwachsen: C (4)

Der oberständige Fruchtknoten (Gynoeceum) ist aus 2 verwachsenen Fruchtblättern aufgebaut: G $(\underline{2})$ (weibliche Blütenanteile).

Blütenansatz

Symbol für Symmetrie

Blütenformel **↓ K 4–5 {C (4) A 2} G $(\underline{2})$**

↓ Kelchblätter 4 oder 5 {Kronblätter (4) Staubblätter 2} Fruchtblätter $(\underline{2})$

Frucht

Aus den beiden oberständigen Fruchtblättern entwickeln sich Kapselfrüchte. Sie öffnen sich meist mit 2 Klappen. Viele Arten öffnen die Kapseln bei Feuchtigkeit, damit die Samen vom Regen fortgeschwemmt werden. Bei den am Wasser lebenden Arten sind sie schwimmfähig und werden mit dem Strom verbreitet. Die Samen einiger Arten werden auch durch Darmpassage von Weidetieren verbreitet.

■ Echter oder Wald-Ehrenpreis *(Veronica officinalis)*

■ Quendel-Ehrenpreis *(Veronica serpyllifolia)*

Die wichtigsten Gattungs-Merkmale auf einen Blick

- Blätter meist gegen- und seltener wechselständig
- Blätter einfach
- Blüten meist blau, seltener weißlich bis rosa-violett
- Blüten meist 4-zählig mit stets verwachsener Krone
- 2 Staubblätter

Verwechslungsmöglichkeiten

Einen Ehrenpreis als solchen zu erkennen, ist meist einfach, doch die Artbestimmung innerhalb dieser Gattung ist schon kniffeliger. Die Blätter einiger Arten ähneln denen von Lippenblütlern wie Gundelrebe oder Helmkraut, die des Nessel-Ehrenpreises denen von Braunwurz, und schmalblättrige Arten können ohne Blüten mit Nelkengewächsen verwechselt werden.

Verwechslung möglich mit folgenden Familien und Gattungen		**Vergleich** Ehrenpreis
Helmkraut - 4-kantiger Stängel - Klausenbildung (4-teiliger Fruchtknoten)		
Gundelrebe - Aromatischer Duft - Lippenblüten - Klausenbildung		
Nelkengewächse - Radiäre, 5-zählige Blüte - Kapselfrucht rund, sich mit Zähnen öffnend		
Braunwurz - Röhrig verwachsene Blüte mit Ober- und Unterlippe - 4 Staubblätter - 4-kantiger Stängel		

Ausgewählte Arten

Der **Faden-Ehrenpreis** *(Veronica filiformis)* stammt aus dem Kaukasus und hat sich seit 1930 in Mitteleuropa ausgebreitet.

Der **Gänseblümchen-, Maßlieb-** oder **Rosetten-Ehrenpreis** *(Veronica bellidioides)* ist ausdauernd und gedeiht in den Alpen bis über 3000 m.

Der einjährige **Feld-Ehrenpreis** *(Veronica arvensis)* wächst auf Äckern, im Siedlungsbereich und auf Grünflächen.

Der **Felsen-Ehrenpreis** *(Veronica fruticans)* ist eine ausdauernde Alpenpflanze, die auf steinigen Hängen und in Weiden bis 2400 m wächst.

Der einjährige **Persische Ehrenpreis** *(Veronica persica)* stammt aus Asien und ist seit 1800 eingebürgert. Er besiedelt Äcker und Schuttplätze.

Der **Efeu-Ehrenpreis** *(Veronica hederifolia)* hat Samen mit ölreichen Anhängseln (Elaoisomen), die von Ameisen verbreitet werden.

FAMILIE

BRAUNWURZGEWÄCHSE

SCROPHULARIACEAE

Ursprünglich war diese als Braunwurzgewächse oder Rachenblütler bezeichnete Familie viel umfangreicher. Nach neueren molekulargenetischen Erkenntnissen gehören einige der ehemals hier einsortierten Gattungen jetzt in die Familien der Wegerichgewächse und Sommerwurzgewächse. Von den nun weltweit ca. 60 Gattungen mit etwa 1830 Arten kommen in Mitteleuropa nur die Gattungen **Königskerze** *(Verbascum)*, **Braunwurz** *(Scrophularia)* und **Schmetterlingsstrauch** *(Buddleja)* vor. Letztere Gattung beinhaltet Sträucher, die in der heimischen Flora nur aus Kulturen verwildert bzw. angepflanzt gedeihen.

■ Knotige Braunwurz *(Scrophularia nodosa)* Schmalblättriger Sommerflieder *(Buddleja alternifolia)*

Der **Schmetterlingsstrauch** *(Buddleja davidii)* wird auch Sommerflieder genannt. Er wird bis 5 m hoch und hat bis 25 cm lange Blätter. Seit er 1928 das erste Mal in Deutschland entdeckt wurde, hat sich dieser sommergrüne Strauch entlang von Gleisen und Böschungen ausgebreitet und gilt in einigen Regionen als invasiv.

Der **Schmalblättrige Sommerflieder** *(Buddleja alternifolia)* hat wie alle Arten dieser Gattung verwachsene Kronblätter. Sie sondern einen starken Duft ab, der vor allem Schmetterlinge anlockt. Sie können, ebenso wie andere langrüsselige Insekten, an den tief in der Kronröhre verborgenen Nektar gelangen.

Arten mit gegenständigen Blättern wie die **Knotige Braunwurz** *(Scrophularia nodosa)* können auf den ersten Blick mit Lippenblütlern verwechselt werden. Die Kapselfrüchte der Braunwurzgewächse trennen beide Familien.

Die **Hunds-Braunwurz** *(Scrophularia canina)* wächst auf kalkhaltigen, steinigen Böden an Böschungen und Kiesbänken. Sie ist vor allem im Mittelmeergebiet verbreitet und wird nach Norden hin seltener.

KÖNIGSKERZE

VERBASCUM

Schwarze Königskerze *(Verbascum nigrum)* Pracht-Königskerze *(Verbascum speciosum)*

Allgemeines und Verbreitung

Weltweit gibt es etwa 300 Arten in dieser Gattung. Ihr Verbreitungsschwerpunkt liegt in Südosteuropa und Kleinasien. Die meisten Arten enthalten Schleimstoffe und Saponine, viele von ihnen werden als Heilpflanzen verwendet. Sie werden vor allem als auswurfförderndes und beruhigendes Mittel bei Husten und zur Wundbehandlung geschätzt. Den deutschen Gattungsnamen verdanken sie ihrer imposanten Erscheinung. Ihre volkstümlichen Namen Fackelblume, Feldkerze und Brennkraut leiten sich von ihrer ehemaligen Eignung als Fackel ab. Dazu wurden die verblühten, trockenen Pflanzen in Harz, Pech oder Wachs getaucht. Die wollig behaarten Blätter wurden, in Streifen geschnitten, als Lampendocht verwendet. Dies findet sich auch im wissenschaftlichen Namen der **Mehligen** oder **Lampen-Königskerze** *(Verbascum lychnitis)* wieder (gr. «lychnos» = «Lampe»). Sie heißt auch Heidefackel-Königskerze.

In Mitteleuropa gedeihen etwa 10 Arten. Die meisten von ihnen wachsen auf trockenen, mageren Standorten.

Blätter

Königskerzen können Wuchshöhen von über 2 m erreichen. Es sind mehr- oder zweijährige, krautige Halbrosettenpflanzen, d. h., neben einer Blattrosette am Boden sind zahlreiche Stängelblätter vorhanden. Einige Arten haben verzweigte Blütenstände, während andere eine durchgehende Hauptachse haben. Die einfachen Stängelblätter sind stets wechselständig und besitzen nie Nebenblätter. Als Schutz vor Verdunstung und hoher Sonneneinstrahlung sind sie bei den meisten Arten dicht behaart. Oft laufen sie weit am Stängel herab. Dies ist ebenfalls eine Anpassung an trockene Standorte, da so die oft geringen Niederschläge optimal am Stängel herab zum Wurzelwerk geleitet werden. Die Rosettenblätter richten sich nachts oft aufwärts.

Großblütige Königskerze — Schaben-Königskerze (Ober- und Unterseite) — Schwarze Königskerze (Ober- und Unterseite) — Lampen-Königskerze

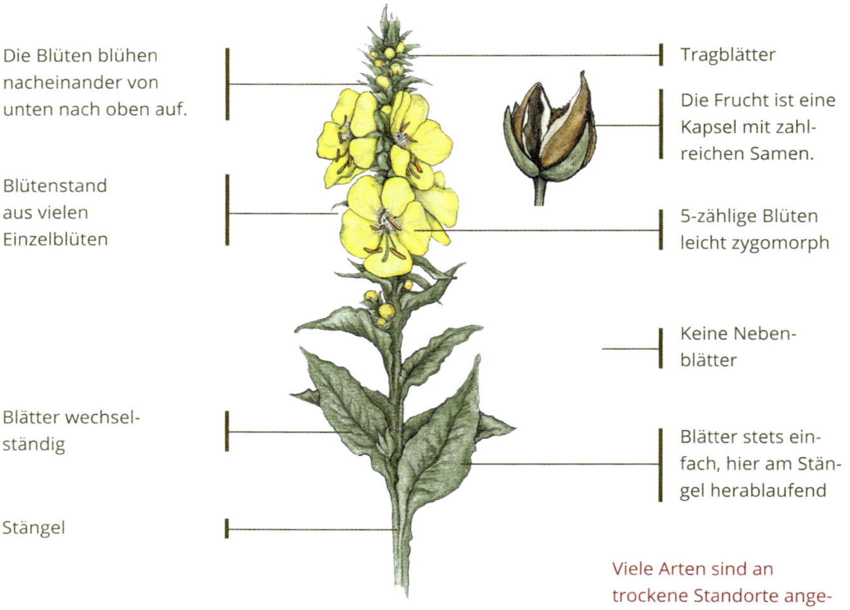

Viele Arten werden wie diese in der Medizin verwendet.

Beispiel
Großblütige Königskerze
(Verbascum densiflorum)

Viele Arten sind an trockene Standorte angepasst und trotzen mit ihren behaarten Blättern hoher Sonneneinstrahlung.

Blüte

Ihre Attraktivität verdanken die Köngiskerzen den zahlreichen Blüten in den ährigen Blütenständen. Meist stehen mehrere Blüten in der Achsel eines Tragblattes, bei der **Schaben-Königskerze** *(Verbascum blattaria)*, auch Schabenkraut genannt, ist es jeweils nur eine. Die meisten Arten haben durch Flavonoide gelb gefärbte Blüten mit hoher UV-Reflexion. Seltener sind sie weiß oder violett.

Die Einzelblüten sind leicht zygomorph und stets 5-zählig. Die Blütenhülle setzt sich aus 5 grünen Kelchblättern und den meist gelben Kronblättern zusammen. Die Kronblätter sind zumindest an der Basis miteinander verwachsen. Die 5 (seltener 4) Staubblätter können alle oder nur einige von ihnen wollig behaart sein. Die meist weißen und seltener gelben oder violetten Haare täuschen den bestäubenden Insekten ein größeres Pollenangebot vor. Außerdem wird den Bestäubern neben fruchtbarem Pollen teils «Verköstigungspollen» angeboten. Da er nicht für die Fortpflanzung produziert wird, bedeutet er für die Pflanze weniger Stoffeinsatz. Er dient den Insekten als Nahrung und schwächt gleichzeitig die Wirkung der Sonneneinstrahlung. Bei der **Schwarzen Königskerze** (■ *Verbascum nigrum*) sind die fruchtbaren Pollenkörner orange und die «Verköstigungspollen» dunkelrot, dadurch erscheinen die Blüten zusätzlich auffällig. Oft wird nur vormittags für eine relativ kurze Zeit Pollen abgegeben,

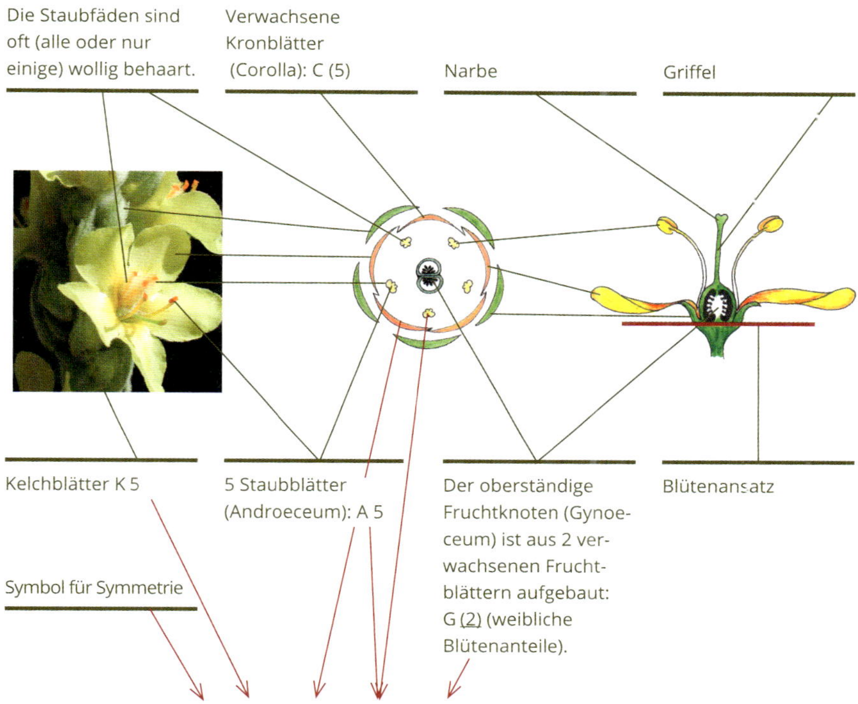

Blütenformel **↓ K 5 C (5) A 5 G (2)**

↓ Kelchblätter 5 Kronblätter (5) Staubblätter 5 Fruchtblätter (2)

wie beispielsweise bei der der **Großblütigen Königskerze** *(Verbascum densiflorum).* Diese Art setzt ganz auf die optische Attraktivität und stellt den Insekten keinen Nektar zur Verfügung. Bei anderen Arten, wie z. B. der **Schwarzen Königskerze**, gibt es eine geringe Nektarproduktion. Der Fruchtknoten setzt sich aus 2 oberständigen Fruchtblättern zusammen.

Frucht

Aus den beiden oberständigen Fruchtblättern entwickelt sich eine Kapselfrucht mit vielen kleinen Samen, in einer Kapsel können es bis zu 300 sein. Bei der Großblütigen Königskerze werden in den ca. 200 Blüten mit je 300 Samen von einer Pflanze insgesamt etwa 60 000 Samen produziert. Die Samen sind lange keimfähig. Sie sind durch Saponine giftig und wurden wegen ihrer betäubenden Wirkung auf Fische früher beim Fischfang eingesetzt.

Die wichtigsten Gattungs-Merkmale auf einen Blick

- Einfache Blätter wechselständig und oft wollig behaart
- Meist Grundblattrosette und Stängelblätter
- Stängelblätter oft herablaufend
- Leicht zygomorphe Blüten oft gelb (seltener weiß oder violett)
- Blüten in der Achsel von Tragblättern in ährigem Blütenstand
- Blüten 5-zählig
- Staubfäden alle oder nur einige wollig behaart
- Kapselfrüchte

Verwechslungsmöglichkeiten

Die Königskerzen sind zur Blütezeit durch ihre auffällige Gestalt leicht zu erkennen, ihre Blüten sind am ehesten mit Nachtkerzen zu verwechseln. Ihre teils stark behaarten Blätter erinnern an Raublattgewächse. Sie dürfen auf keinen Fall mit denen von Fingerhüten verwechselt werden.

Verwechslung möglich mit folgenden Gattungen und Familien		**Vergleich** Königskerze
Raublattgewächse - 4-teiliger Fruchtknoten (Klausen) - Blüten oft in Wickeln		
Nachtkerze - 4 Kronblätter - Unterständiger Fruchtknoten		
Fingerhut - Blütenkrone stärker verwachsen - Staubfäden nicht wollig		
- Blätter weniger behaart als die der meisten Königskerzen, nicht am Stängel herablaufend		

Ausgewählte Arten

Die **Kleinblütige Königskerze** *(Verbascum thapsus)* wird bis 2 m groß. Die beiden längeren Staubblätter sind kahl, die übrigen 3 sind kürzer und weißwollig behaart. Die Blätter laufen am Stängel herab. Die trockenen Stängel wurden in Wachs, Harz oder Pech getaucht als Fackel angezündet.

Die zweijährige **Lampen-Königskerze** *(Verbascum lychnitis)* heißt auch Mehlige Königskerze. Früher wurden die in Streifen geschnittenen Blätter in Wachs getaucht und als Docht benutzt. Bei dieser Art sind alle Staubfäden dicht weißwollig behaart. Sie wächst meist auf kalkhaltigen Böden an Weg- und Waldrändern.

Die **Violette Königskerze** *(Verbascum phoeniceum)* wächst in Halbtrockenrasen und lichten, trockenen Wäldern auf basenreichen, nährstoffarmen Böden.

Die **Schaben-Königskerze** *(Verbascum blattaria)* verdankt diesen Namen ihrer ehemaligen Verwendung zur Abwehr von Schadinsekten (lat. «blatta» heißt ebenfalls «Schabe»).

FAMILIE

EISENKRAUTGEWÄCHSE

VERBENACEAE

Diese Familie mit weltweit über 30 Gattungen und etwa 1000 Arten gehört in die gleiche Ordnung wie die Lippenblütler. Ihre enge Verwandtschaft zeigt sich im ähnlichen Blütenaufbau. Zwar fehlen die typisch zygomorphen Lippenblüten, doch ist die Blütenformel nahezu identisch. Allerdings bilden sich aus den beiden verwachsenen Fruchtblättern hier meist Stein- oder Kapselfrüchte. Bei der einzigen heimischen Art dieser Familie, dem **Echten Eisenkraut** *(Verbena officinalis)*, gibt es jedoch die für die Lippenblütler und Raublattgewächse typische Klausenbildung. Der beliebte Verbenentee stammt von der ursprünglich in Südamerika heimischen **Zitronenverbene** *(Aloysia citrodora)*. Sie gehört ebenso wie die als Zierpflanzen beliebten **Wandelröschen** *(Lantana)* zu den Eisenkrautgewächsen.

Wandelröschen *(Lantana camara)*

Patagonisches Eisenkraut *(Verbena bonariensis)*

Ausgewählte Art

■ Das **Echte Eisenkraut** *(Verbena officinalis)* ist seit der Steinzeit ein Kulturbegleiter. Es wächst als Stickstoffzeiger in Unkrautfluren und an Wegrändern auf frischen, sonnigen Standorten. Charakteristisch sind die gegenständigen Blätter und kleinen Blüten. Bei den Germanen war es Bestandteil der Hochzeitszeremonie und stand symbolisch für die Beständigkeit des Ehebundes. Auch den alten Römern war diese Pflanze heilig, und im Mittelalter war sie Bestandteil von Zaubersalben und diente als Altarschmuck. Als Räucherkraut verwendete man sie zum Schlichten von Streitigkeiten, zur Stärkung der Abwehrkräfte und zur Heilung alter Wunden. Es enthält neben ätherischen Ölen Gerb- und Bitterstoffe. Als Bachblüte «Vervain» unterstützt es dabei, starre Prinzipien und Übereifer zu durchbrechen und zur inneren Gelassenheit zu finden.

STECHPALMENGEWÄCHSE

AQUIFOLIACEAE

In dieser Familie gibt es nur die Gattung *Ilex* mit weltweit etwa 500 Arten. Die meisten davon wachsen in den Tropen und Subtropen. In der heimischen Flora gibt es nur eine Art, die **Europäische Stechpalme** *(Ilex aquifolium)*.

Europäische Stechpalme *(Ilex aquifolium)*

Der Verzehr von 20–30 Beeren der **Europäischen Stechpalme** *(Ilex aquifolium)* gilt als tödlich giftig für einen Erwachsenen. Früher wurden sie gegen Verstopfungen verabreicht. Heute kennt man keine medizinische Anwendung mehr. Vögel können die Beeren unbeschadet fressen und verbreiten die unverdaulichen Samen. Der Name Stechpalme geht auf den christlichen Brauch zurück, Sonntag vor Ostern (Palmsonntag) mit Palmwedeln Jesu Einzug in Jerusalem zu feiern. Da hier keine echten Palmen gedeihen, verwendet man Zweige immergrüner Pflanzen wie Buchsbaum und Stechpalme. Das Exemplar in Ligurien (beide Fotos unten) ist 350 Jahre alt. Die Stechpalme ist atlantisch verbreitet, und ihre Verbreitungsgrenze entspricht der Null-Grad-Januar-Isotherme, d. h. der «Linie» mit einer Durchschnittstemperatur im Januar von 0 °C. Das Holz der Stechpalme war früher beliebt für Intarsien, Holzschnitte und Spazierstöcke.

CH 400 DE Silber

FAMILIE

KORBBLÜTLER

ASTERACEAE

Gewöhnliche Wiesen-Margerite *(Leucanthemum vulgare)*

Wiesen-Bocksbart oder Habermark *(Tragopogon pratensis)*

Allgemeines und Verbreitung

Ihren Namen verdankt diese Familie den ungestielten Blüten, die dicht gedrängt auf einem gemeinsamen Köpfchenboden stehen und wie eine Einzelblüte aussehen (Pseudanthium). Da der Köpfchenboden mal stärker aufgewölbt oder eingesenkt wie ein Korb erscheint, werden die Blütenstände wahlweise Körbchen oder Köpfchen genannt, was synonym verwendet wird.

Mit über 1620 Gattungen und knapp 25 000 Arten sind die Korbblütler eine der größten Pflanzenfamilien. Auf Mitteleuropa bezogen, ist es mit knapp 500 einheimischen Arten aus nahezu 80 Gattungen die artenreichste Familie. Ihre Vertreter sind auf der ganzen Erde verbreitet, und es gibt die verschiedensten Wuchsformen: kleine einjährige Kräuter genauso wie ausdauernde, Bäume ebenso wie Polsterpflanzen, Kletterpflanzen, Sukkulenten und dornige Stauden. Der typische Reservestoff der Korbblütler ist Inulin. Er findet sich z. B. in Gemüse- und Nutzpflanzen wie **Topinambur**, **Chicorée**, **Artischocken**, **Kletten**, **Pastinak** und **Schwarzwurzeln**. Außerdem haben viele Arten (vor allem in der Gruppe der Asteroideae) Drüsen mit ätherischen Ölen und andere (besonders innerhalb der Cichorioideae) einen hohen Bitterstoffgehalt. Mit Arten wie beispielsweise **Wegwarte** (■■ *Cichorium intybus*), **Mariendistel** *(Silybum marianum)*, **Wermut** (■ *Artemisia absinthium*), **Echte Kamille** (■■ *Matricaria chamomilla*), **Löwenzahn** (■■ *Taraxacum officinale*), **Alant** (*Inula* sp.), **Sonnenhut** (*Echinacea* sp.) und **Echte Arnika** (■ *Arnica montana*) gehören zu den Korbblütlern auch viele Heilpflanzen.

Nahezu alle distelartigen Pflanzen gehören in diese Familie.

Beispiel **Mariendistel** *(Silybum marianum)*

Diese Art ist ein wirksames Leberschutzmittel und wird u. a. bei Vergiftungen mit Knollenblätterpilzen eingesetzt.

Die heimischen Vertreter sind ausschließlich Kräuter und Stauden. Sie sind von der Ebene bis in alpine Höhenlagen zu finden, und einige von ihnen sind ausgesprochene Gebirgspflanzen.

- Der **Graue Alpendost** *(Adenostyles alliariae)* hat nur 3–6 Röhrenblüten in jedem Köpfchen. Er besiedelt eher saure, nährstoffreiche Wälder und Hochstaudenfluren in 1000–2000 m Höhe.
- Der **Kahle Alpendost** (*Adenostyles alpina* oder *Adenostyles glabra*) wird auch Grüner Alpendost genannt. Der erste wissenschaftliche Name bezieht sich auf seine Vorliebe für subalpine und alpine Höhenlagen.
- Der **Alpen-Brandlattich** oder **Grüne Alpenlattich** *(Homogyne alpina)* wächst auf feuchten, humosen Böden in Heiden und lichten Wäldern bis 3000 m Höhe.
- Das **Alpen-Berufkraut** *(Erigeron alpinus)* ist auf steinigen, kalkarmen Rasenflächen bis 3000 m Höhe zu finden.
- Das **Einköpfige Berufkraut** *(Erigeron uniflorus)* wächst auf windexponierten Felsstandorten und in Gesteinsfluren zwischen 1500 und 3500 m.
- Die **Alpen-Aster** *(Aster alpinus)* wächst auf trockenen, kalkhaltigen Böden bis in Höhen von 3100 m.

Der Standort hilft bei einigen Arten bei der Bestimmung. Während manche Arten keine großen Ansprüche an die Beschaffenheit des Bodens stellen, gibt es andere, die nur auf basischen bzw. saurem Ausgangsgestein zu finden sind. Beispielsweise besiedelt **Clusius-Gämswurz** (■ *Doronicum clusii*) im Gegensatz zur kalksteten **Großköpfigen Gämswurz** (■ *Doronicum grandiflorum*) eher saure Böden. Beide gedeihen in subalpinen und alpinen Höhenlagen. Während die **Gewöhnliche Alpenmargerite** (■ *Leucanthemopsis alpina*) kalkhaltige Standorte meidet, ist die Unterart *Leucanthemopsis alpina* subsp. *minima* auch auf Kalk zu finden. Die **Berg-Margerite** (■ *Leucanthemum adustum*) ist nicht so wählerisch in Bezug auf ihren Standort.

■ Kahler Alpendost *(Adenostyles alpina)*

■ Alpen-Aster *(Aster alpinus)*

Blätter

Die Variabilität der Blätter ist groß. Viele Arten haben einfache, wechselständige Blätter ohne Nebenblätter, allerdings gibt es außer 3-teiligen Blättern nahezu jede Blattform. Gegenständige Blätter wie bei der Gattung **Knopfkraut** *(Galinsoga)* sind die Ausnahme. Einige Arten haben nur eine Grundblattrosette wie beispielsweise **Gänseblümchen** (*Bellis perennis*) und **Löwenzahn** (*Taraxacum officinale*). Bei anderen gibt es neben der Grundblattrosette weitere wechselständige Blätter am Stängel, wie bei einigen Habichtskräutern und Disteln. Die meisten distelartigen Pflanzen gehören in diese Familie. Zu ihnen gehört die Gattung **Gänsedistel** *(Sonchus)*. Sie zeichnet sich zusätzlich durch stängelumfassende Blätter aus. Bei der **Rauen Gänsedistel** (*Sonchus asper*) sind die Blätter besonders derb, die Art ist daran von der **Kohl-Gänsedistel** (*Sonchus oleraceus*) mit zarteren, weniger bestachelten Blättern zu unterscheiden. Einige Arten sind drüsig behaart, beispielsweise die **Acker-Gänsedistel** (*Sonchus arvensis*) mit gelben Drüsenhaaren auf Blütenhülle und Köpfchenstielen.

Gänseblümchen · Große Klette · Färberkamille · Wiesen-Bocksbart · Kompass-Lattich · Mauerlattich · Wegwarte

Wasserdost · Kanadische Goldrute · Drüsige Kugeldistel · Gewöhnliche Wiesen-Margerite · Raue Gänsedistel · Ringelblume · Sonnenblume

Bei einigen Arten treiben die Blüten vor der Blattbildung aus, wie beispielsweise bei **Huflattich** (■■ *Tussilago farfara*) und **Pestwurz**. Diese Eigenschaft wird als vorlaufend bzw. vorziehend bezeichnet. Die Blätter der **Gewöhnlichen Pestwurz** (■■ *Petasites hybridus)* sind die breitesten der heimischen Flora. Sie können leicht mit Kletten (und evtl. Huflattich) verwechselt werden. Auf die Größe der Blätter bezieht sich der von lat. «petasus» (= «Sonnenhut» oder «Schirm») abgeleitete lateinische Gattungsname. Im Gegensatz zur **Weißen Pestwurz** (■ *Petasites albus*) hat die Gewöhnliche Pestwurz rötliche Blüten, weshalb sie auch **Rote Pestwurz** genannt wird. Sie ist unvollständig zweihäusig, d. h., in den Blüten gibt es Reste des jeweils anderen Geschlechts. Bei den männlichen Blüten sind die Griffel nicht empfangsfähig. Sie dienen alleine dazu, den Pollen aus der Staubblattröhre zu drücken.

Manche Korbblütler gehören zu den Kompasspflanzen, d. h., sie richten ihre Blätter nach dem Lichteinfall aus. Vormittags und abends nutzen sie das volle Sonnenlicht, und um mittags eine Überhitzung zu vermeiden, stehen die Blätter dann mit der schmalen Kante zum Sonneneinfall. Beispiele sind **Rainfarn** (■ *Tanacetum vulgare)* und **Kompass-Lattich** (■ *Lactuca serriola*). Letzterer ist an der Stachelleiste auf dem Mittelnerv der Blattunterseite kenntlich. Die **Sonnenblume** *(Helianthus annuus)* richtet ihren Blütenstand nach der Sonne aus: Bei jungen Pflanzen folgen sie dem Tagesgang der Sonne, ältere Pflanzen bleiben in Richtung Osten ausgerichtet.

Pestwurz und Edelweiß (unten) Huflattich und Silberdistel (rechts unten)

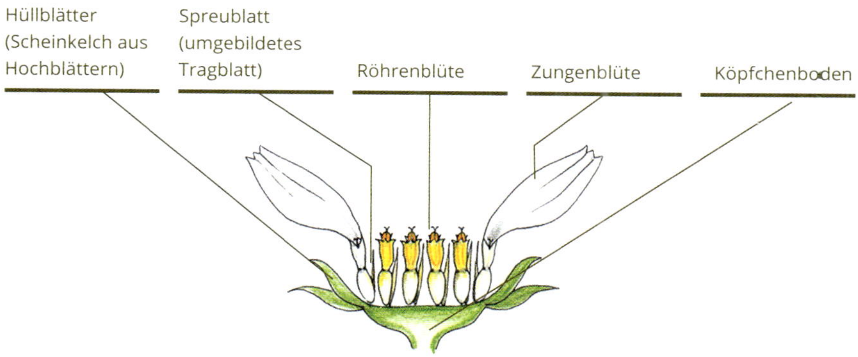

Blüte

Ein Korbblütler ist dadurch gekennzeichnet, dass viele ungestielte Blüten dicht gedrängt auf dem gemeinsamen Köpfchenboden stehen – es können mehrere Hundert sein. Sie können sich das wie einen im Laufe der Evolution immer stärker gestauchten Blütenstand vorstellen. Blüten, die ehemals an einem Stängel übereinanderstanden, stehen nun dicht gedrängt nebeneinander. In einem Blütenkopf (Capitulum) blühen die einzelnen Blüten von außen nach innen auf. Innerhalb der Einzelblüten reifen zuerst die Staubblätter heran, und danach wird die Narbe empfangsbereit. Sie werden in der Regel von Insekten bestäubt. Der Nektar wird am Grund der einzelnen Blüten gebildet und steigt kapillar auf, sodass er in der Regel für viele Insekten erreichbar ist.

Umgeben sind die Blüten von einem meist grünen Scheinkelch aus Hochblättern (sie werden auch als Hüllblätter bezeichnet), der «Blütenhülle» (= «Involucrum»). Diese Hüllblätter können ein- oder mehrreihig sein, oft sind sie dachziegelig angeordnet. Ihre Spitzen sind oft schwarz gefärbt. Das **Edelweiß** (■ *Leontopodium alpinum*) ist eine der bekanntesten und geschützten Alpenblumen. Hier wirkt der Blütenstand durch die weiß behaarten Hochblätter wie eine Einzelblüte. In ihr stehen bis zu 15 Körbchen mit je bis zu 80 Röhrenblüten. Die Röhrenblüten der Mitte des Köpfchens sind weiblich und die am Rande männlich. Da bei Letzeren Reste des Griffels vorhanden sein können, erscheinen sie teils zwittrig.

Bei der Gattung **Flockenblume** *(Centaurea)* tragen die Hüllblätter Anhängsel, die für die Artbestimmung wichtig sind. Bei der Gattung **Eberwurz** *(Carlina)* stehen die Hüllblätter dachziegelartig in mehreren Reihen, die inneren sind vergrößert und glänzend gelb bei der **Golddistel** *(Carlina vulgaris)* und silbern bei der **Silberdistel** (■ ■ *Carlina acaulis*). Sie erhöhen die Attraktivität der Blüte und schließen sich durch hygroskopische Bewegung bei Regenwetter, um die Blüten zu schützen. Eine einfache Möglichkeit zur Unterscheidung derartiger Hüllblätter von Zungenblüten ist die Betrachtung am Ansatz, denn bei Blüten befindet sich hier in der Regel der Fruchtknoten, bei reduzierten Blüten ggf. nur Staubblätter.

Hüllblätter dürfen nicht mit dem **Kelch** verwechselt werden: Kelchblätter gehören grundsätzlich zu einer einzelnen Blüte und niemals zu einem gesamten Blütenstand. Sie können fehlen oder als Pappus («Fallschirm») die Verbreitung der Frucht durch den Wind ermöglichen.

Die **Tragblätter** haben sich im Laufe der Evolution zu kleinen, unscheinbaren Blättchen entwickelt, heißen nun **Spreublätter** und befinden sich zwischen den Einzelblüten auf dem Blütenboden. Da sie sehr winzig und dazu durchscheinend und unauffällig gefärbt sein können, sind sie nicht zu entdecken, ohne das Blütenköpfchen zu zerteilen. Sie sind daran zu erkennen, dass sie weder Staubbeutel noch Fruchtknoten enthalten. Manchmal lösen sich die Spreublätter gleichzeitig mit den Blüten ab. Sie können auch zu Borsten umgebildet sein oder ganz fehlen. Sie liefern für die Bestimmung der Gattungen und Arten wichtige Merkmale. Das **Gewöhnliche Ferkelkraut** (■ *Hypochaeris radicata*) ist an den vorhandenen Spreublättern eindeutig von ähnlichen Gattungen wie Herbstlöwenzahn oder Habichtskraut zu unterscheiden.

Der Grundaufbau der Einzelblüten ist recht einheitlich und für die Familie charakteristisch. Grundsätzlich gibt es bei den Korbblütlern zwei Typen von Blüten: **Röhren-** und **Zungenblüten**. Beide sind aus verwachsenen Kronblättern aufgebaut. In der Blütenformel unterscheiden sie sich lediglich durch das Symbol für die Symmetrie, da die Röhrenblüten radiär und die Zungenblüten zygomorph sind. Röhrenblüten sind stets aus 5 Kronblättern aufgebaut, was an den 5 Zipfeln der radiären Krone zu erkennen ist. Die Zungenblüten sind aus verwachsenen Kronblättern aufgebaut, die eine verlängerte «Zunge» bilden.

Je nachdem, ob in einem Blütenkopf Röhren- und Zungenblüten vorhanden sind oder nur einer dieser beiden Blütentypen, werden die Korbblütler traditionell in 3 Gruppen eingeteilt. Diese Einteilung wird durch neue phylogenetische Erkenntnisse diskutiert, doch lohnt es allemal, die unterschiedlichen Gruppen kennenzulernen.

■ **Ferkelkraut** *(Hypochaeris radicata)*: Hülle, Spreublätter neben Knospe und Blüte (Mitte) und im Fruchtstand (rechts)

Cichorioideae (Liguliflorae)

Nur Zungenblüten

- Köpfchen ausschließlich mit Zungenblüten
- Zungenblüten mit 5 Zipfeln
- Blüten häufig gelb oder blau
- Blüten in der Regel zwittrig
- Pflanzen mit Milchsaft
- Oft hoher Gehalt an Bitterstoffen

Beispiel-Gattungen

- Löwenzahn *(Taraxacum)*
- Löwenzahn *(Leontodon)*
- Wegwarte *(Cichorium)*
- Pippau *(Crepis)*
- Habichtskraut *(Hieracium)*
- Milchlattich *(Cicerbita)*
- Hasenlattich *(Prenanthes)*
- Lattich *(Lactuca)*
- Rainkohl *(Lapsana)*
- Ferkelkraut *(Hypochaeris)*

Asteroideae (Tubuliflorae)

Nur Röhrenblüten

- Köpfchen mit Röhrenblüten
- Blütenfarben oft gelb oder weißlich bis bräunlich
- Wenn randliche Blüten vergrößert, oft blauviolett
- Pflanze ohne Milchsaft
- Inulin statt Stärke als Reservestoff (auch in den anderen Gruppen)

Beispiel-Gattungen

- Flockenblume *(Centaurea)*
- Pestwurz *(Petasites)*
- Distel *(Carduus)*
- Kratzdistel *(Cirsium)*
- Alpendost *(Adenostyles)*
- Wasserdost *(Eupatorium)*
- Edelweiß *(Leontopodium)*
- Artischocke *(Cynara)*
- Alpenlattich *(Homogyne)*
- Beifuß *(Artemisia)*

Röhren- und Zungenblüten

- Köpfchen mit Röhren- und Zungenblüten
- Zungenblüten mit 3 Zipfeln oder Zipfel undeutlich
- Zungenblüten oft gelb oder weiß, teils reduziert
- Pflanze ohne Milchsaft
- Oft Drüsen mit ätherischen Ölen und intensivem Geruch

Beispiel-Gattungen

- Aster *(Aster)*
- Margerite *(Leucanthemum)*
- Gämswurz *(Doronicum)*
- Berufkraut *(Erigeron)*
- Ruhrkraut *(Gnaphalium)*
- Schafgarbe *(Achillea)*
- Goldrute *(Solidago)*
- Ringelblume *(Calendula)*
- Gänseblümchen *(Bellis)*

Bei Körbchen mit gleichfarbigen Röhren- und Zungenblüten kann es schwierig sein zu unterscheiden, ob es sich bei Knospen in der Mitte des Blütenstandes um Röhren- oder Zungenblüten handelt – und damit, ob sie in die Gruppe der Asteroideae oder Cichorioideae gehören. Hier hilft das Vorhandensein von Milchsaft, da dieser in der Regel nur bei Vertretern aus letzterer Gruppe vorkommt. An trockenen Tagen ist dieser jedoch nicht immer deutlich entwickelt. Hier hilft es, die Zipfel der Zungenblüten zu zählen. Dabei ist eine gute Lupe hilfreich. Bei Arten der Korbblütler mit ausschließlich Zungenblüten haben diese stets 5 Zipfel, da bei ihnen alle 5 Kronblätter an der Ausbildung der «Zunge» beteiligt sind. Erkennen Sie also 5 Zipfel, können Sie sicher sein, dass die Knospen in der Mitte Zungenblüten ausbilden (Cichorioideae). Meist sind die Zungenblüten dieser Gruppe gelb oder bläulich. Sehen Sie 3 Zipfel an den Zungenblüten oder sind diese kaum oder nicht zu erkennen, dann sind nur 3 der 5 Kronblätter an ihrem Aufbau beteiligt, die restlichen beiden sind reduziert. In diesem Fall gibt es in dieser Blüte Röhren- und Zungenblüten – und damit gehört diese Art in die Gruppe der Asteroideae. Vorherrschende Blütenfarbe dieser Zungenblüten ist weiß oder gelb. Sie sind häufig reduziert, d. h., nur mit einem Fruchtknoten und dem typisch 2-narbigen Griffel ausgestattet, oder seltener ganz steril. Meist sind die Arten einer Gattung einheitlich mit Röhren- oder Zungenblüten ausgestattet. Allerdings kann es innerhalb einer Gattung bei den Asteroideae auch vorkommen, dass es Arten mit und ohne Zungenblüten gibt, wie beispielsweise bei den Gattungen **Greiskraut** *(Senecio)* und **Kamille** *(Matricaria)*.

Die Zungenblüten können unscheinbar und kaum auffälliger und länger sein als die Röhrenblüten. Dies ist beispielsweise bei der Gattung **Ruhrkraut** der Fall. Die Gattung hat diesen Namen bekommen, da einige Vertreter aufgrund ihrer Gerbstoffe gegen Ruhr eingesetzt wurden, wie z. B. das **Wald-Ruhrkraut** (■ *Gnaphalium sylvaticum*) und **Sumpf-Ruhrkraut** *(Gnaphalium uliginosum)*. Die meisten Ruhrkräuter sind relativ klein und durch ihre weiß- bis gelbbräunlichen Blüten wenig auffällig. Die Hüllblätter sind oft pergamentartig und ebenso wie die ganze Pflanze behaart. Die Behaarung ist bei alpinen Arten wie dem **Niedrigen** oder **Zwerg-Ruhrkraut** (■ *Gnaphalium supinum*) ein Schutz gegen die extremen Witterungsbedingungen.

Im Laufe der Evolution haben sich die Blütenstände immer komplexer zusammengelegt und spezialisiert. Bei den **Kugeldisteln** *(Echinops)* geht diese Entwicklung so weit, dass hier ganz viele Körbchen mit jeweils nur einer einblütigen Röhrenblüte den Blütenstand ausmachen – hier setzt sich also jeder kugelige Blütenstand nicht nur aus vielen Einzelblüten, sondern aus vielen einzelnen Körbchen zusammen.

Ruhrkraut *(Gnaphalium norvegicum)*

Kugeldistel *(Echinops sphaerocephalus)*

Sind Kelchblätter vorhanden, kann man sie bereits an den Blüten als Haarkranz erkennen. Später entwickeln sie sich zum **Pappus** (Schirmchen). Sie können auch fehlen. Sie umgeben die 5 verwachsenen Kronblätter. Die **Röhrenblüten** unterscheiden sich von den zygomorphen Zungenblüten in der Blütenformel lediglich durch das Symbol für die Symmetrie:

Röhrenblüten: * K 0 bis (∞) [C (5) A (5)] G ($\overline{2}$)

Generell lassen sich die Blüten der Korbblütler in folgender allgemeiner Blütenformel zusammenfassen:

Allgemeine Blütenformel: * oder ↓ K 0 bis (∞) [C (5) A (5)] G ($\overline{2}$)

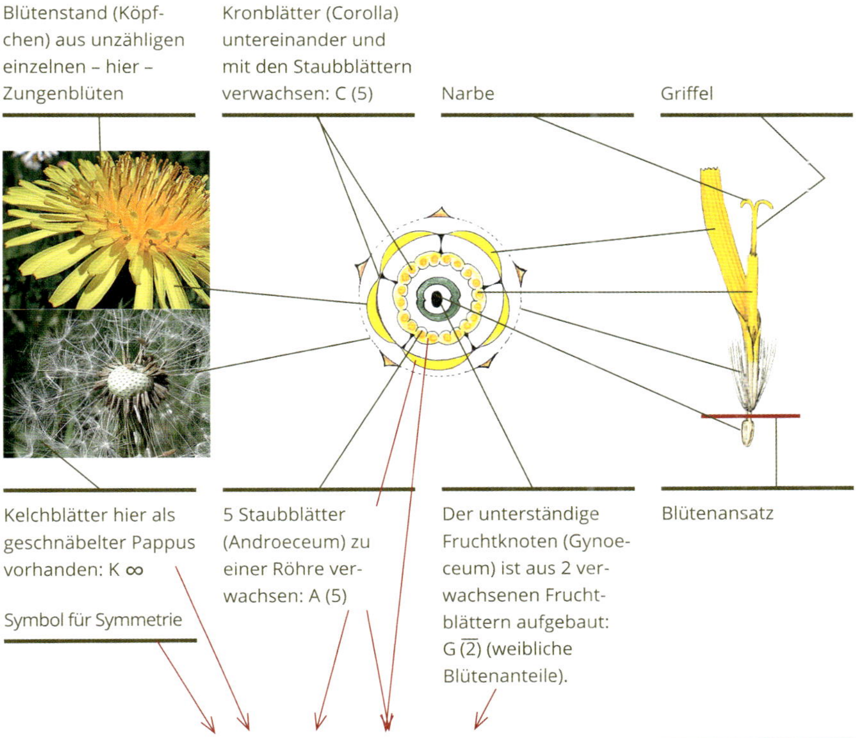

Blütenformel **↓ K (∞) [C (5) A (5)] G ($\overline{2}$)**

↓ Kelchblätter (∞) Kronblätter [(5) Staubblätter (5)] Fruchtblätter ($\overline{2}$)

Haferwurzel *(Tragopogon porrifolius)* Sonnenblume *(Helianthus annuus)*

Es sind stets 5 Staubblätter vorhanden. Ihre Staubbeutel sind zu einer Röhre (Antherenröhre) verwachsen, die von den Kronblättern umschlossen werden. Die Staubbeutel öffnen sich vor dem Aufblühen nach innen und geben den Blütenstaub in das Innere der Röhre ab. In der Mitte jeder Blüte befindet sich der Griffel. Indem er heranwächst, schiebt er den Pollen aus der Röhre heraus. Hierfür besitzt der Griffel an seiner Außenseite Fegehaare. Dies können Sie sich vorstellen wie eine Flaschenbürste, die sich durch die Staubblattröhre emporschiebt und dabei den Blütenstaub (Pollen) aus der Röhre «bürstet». Die 2-teilige Narbe überragt die Staubbeutelröhre und wird erst empfängnisfähig, nachdem der Pollen abgegeben ist. Der unterständige Fruchtknoten ist aus 2 Fruchtblättern aufgebaut.

Gewöhnlich sind die Blüten zwittrig. Allerdings gibt es bei einer so umfangreichen und evolutionär in viele Richtungen umgebildeten Familie einige Ausnahmen. Bei der **Sonnenblume** *(Helianthus annuus)* dienen die Zungenblüten nur der Attraktivität, sie enthalten weder Staubbeutel noch Fruchtknoten. Das **Gewöhnliche Katzenpfötchen** (*Antennaria dioica*) ist ein Beispiel für eine zweihäusige Art, d. h., es gibt Pflanzen mit weiblichen Blütenköpfchen und solche mit männlichen Blütenköpfchen, allerdings können in den männlichen Blüten sterile Fruchtknoten vorhanden sein.

Bei der Gattung **Goldrute** *(Solidago)* sind die 5–35 Röhrenblüten randlich von bis zu 24 Zungenblüten umgeben. Beide sind stets gelb. In einem Blütenstand stehen meist sehr viele Blütenköpfe. Während die **Riesen-** (*Solidago gigantea*) und **Kanadische Goldrute** (*Solidago canadensis*) aus Amerika als Zierpflanze und Bienenweide eingeführt wurden, ist die **Echte Goldrute** (*Solidago virgaurea*) heimisch.

Frucht

Aus dem unterständigen Fruchtknoten entwickelt sich eine Nussfrucht **(Achäne)** mit einem Samen. Die teils Hunderte von Früchten eines Köpfchens tragen bei windverbreiteten Arten einen **Pappus** («Pusteblume»), der sich aus den Kelchblättern entwickelt, wie z. B. beim Löwenzahn. Damit werden die Nussfrüchte bis 15 km weit getragen. Früchte ohne Pappus werden von Tieren verschleppt oder auf dem Wasserweg fortgeschwemmt. Die **Große** (■■ *Arctium lappa*) und die **Kleine Klette** (■ *Arctium minus*) setzen bei der Verbreitung der Früchte – wie alle Vertreter ihrer Gattung – auf den Transport durch Tiere. Für die Anhaftung im Fell sind die Hüllblätter mit kletternden Widerhaken versehen. Bei der Gattung **Zweizahn** *(Bidens)* übernehmen diese Aufgabe die meist 2 namensgebenden, rückwärts gerichteten Hakenborsten. Die Frage bei der Bestimmung «Pappus vorhanden oder fehlend?» könnte salopp formuliert auch «Fliegt weg oder fällt runter?» ausgedrückt werden.

Die Pappushaare können gefiedert, d. h., mit Seitenhärchen versehen und sogar miteinander verwoben sein, wie beispielsweise beim Bocksbart *(Tragopogon)*. Weiterhin gibt es **geschnäbelte** oder **ungeschnäbelte Früchte**. Als Schnabel wird der Teil («Stiel») bezeichnet, der den «Schirm» emporhebt. Er entwickelt sich zur Fruchtreife. Bei ungeschnäbelten Früchten sitzt das Schirmchen direkt auf der Frucht. Bereits an der Blüte ist der Pappus als Haarkranz sichtbar, feinere Merkmale sind allerdings nur zur Reifezeit kenntlich, daher ist es wichtig, bei der Bestimmung neben blühenden auch fruchtreife Köpfe für die Artbestimmung heranzuziehen.

Große Klette: Hülle mit Widerhaken

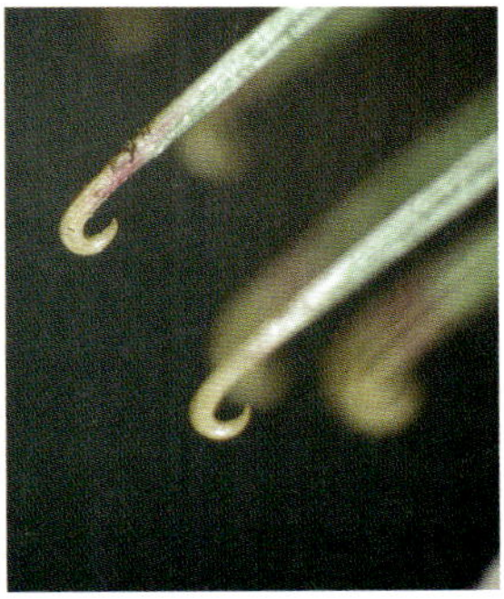

Pippau: Pappus ungeschnäbelt

Bocksbart

Kratzdistel: Gefiederter Pappus und Spreuborsten

Zweizahn

Färberkamille

Die wichtigsten Familien-Merkmale auf einen Blick

- Blätter meist einfach und wechselständig, häufig Rosetten
- Blüten in köpfchenförmigen Blütenständen mit Hüllblättern
- Typische Röhren- und/oder Zungenblüten
- Staubbeutelröhre (Staubblätter nie frei und einzeln sichtbar)
- Griffel stets mit 2 Narben
- Unterständiger Fruchtknoten bildet Nussfrüchte (Achänen)
- Kelch oft als Pappus («Pusteblume») ausgebildet

Leicht verkannte Korbblütler

Neben der Möglichkeit, Korbblütler mit Vertretern aus anderen Familien zu verwechseln, werden einige Gattungen und Arten oft nicht als Korbblütler erkannt. Dies betrifft vor allem solche, bei denen nur wenige Blüten in einem Körbchen stehen.

Schafgarbe
- Dolden entspringen einem Punkt und sind regelmäßig verzweigt

Wasserdost
- 4–6 Röhrenblüten in einem Köpfchen

Ambrosie
- Unscheinbare, weibliche und männliche Blüten in getrennten Blütenköpfen

Edelweiß
- Blütenköpfe mit wenigen Röhrenblüten stehen in behaarten, sternförmigen Hochblättern

Hasenlattich
- Nickende Köpfchen mit nur wenigen Blüten

Ausgewählte Arten mit Zungenblüten (Cichorioideae)

Beim **Alpen-Milchlattich** *(Cicerbita alpina)* schließen sich die Blütenköpfe nachts und bei Regen. Bevorzugter Standort sind subalpine Hochstaudenfluren und Bergwälder.

Der **Wiesen-Bocksbart** *(Tragopogon pratensis)* ist an den schmalen Blättern, den langen Hüllblättern und dem geschnäbelten, spinnwebartigen Pappus zu erkennen.

Der **Mauerlattich** *(Mycelis muralis)* ist die einzige Art in dieser Gattung. Meist stehen nur 5 Zungenblüten in den kleinen Köpfchen. Standort sind Wälder und Gebüsche.

Die **Wegwarte** *(Cichorium intybus)* wurde seit dem Mittelalter zur Arzneimittelherstellung genutzt. Ihre Blütenköpfe sind nur morgens bei Sonnenschein geöffnet.

Bei der **Rauen Gänsedistel** *(Sonchus asper)* können in jedem der bis zu 200 Blütenköpfe 250 Achänen gebildet werden, das sind bei einer Pflanze etwa 50 000 Früchte.

Der **Lämmersalat** *(Arnoseris minima)* ist ein einjähriges Ackerwildkraut und gedeiht auf offenen Sand- und Lehmböden. Er ist der einzige Vertreter dieser Gattung.

Verwechslungsmöglichkeiten (im blühenden Zustand)

In anderen Familien kommen auch köpfchenförmige Blütenstände vor, zur Röhre verwachsene Staubbeutel und 5-zipfelige Zungenblüten gibt es jedoch nur bei Korbblütlern. Verwechslungsgefahr besteht vor allem bei blau-violetten Blütenköpfen.

Verwechslung möglich mit folgenden Familien und Gattungen		**Vergleich** Korbblütler
Kugelblume ➾ 4 freie Staubbeutel ➾ Fruchtknoten oberständig		
Karden-Verwandtschaft ➾ Blätter gegenständig ➾ Meist 4 freie Staubblätter ➾ Kelch zur Fruchtzeit auffällig vergrößert		
Schmetterlingsblütler ➾ Nebenblätter ➾ Blüten mit Flügel, Fahne und Schiffchen ➾ Hülsenfrüchte		
Mannstreu ➾ Doldengewächse mit distelartigen Blättern ➾ 2-teilige Spaltfrüchte ➾ Staubblätter frei		
Teufelskralle ➾ Blütenhülle fehlt ➾ Blüten krallenförmig gebogen ➾ Kapselfrüchte		
Grasnelken ➾ Verwachsener Kelch die Frucht einhüllend ➾ Staubblätter frei ➾ Krone kaum verwachsen		
Sandglöckchen ➾ Blaue Blüten kurz gestielt ➾ Griffel keulig ➾ Kapselfrüchte		

Die **Kanadische Goldrute** *(Solidago canadensis)* hat im Gegensatz zur Riesen-Goldrute einen behaarten Stängel.

Die **Echte Goldrute** *(Solidago virgaurea)* wächst in lichten Wäldern und Heiden und ist ein traditionelles Heilkraut.

Das **Kanadische Berufkraut** *(Erigeron canadensis)* ist ein aus Nordamerika eingewanderter Neophyt.

Die **Ringelblume** *(Calendula officinalis)* bildet je Köpfchen 3 verschiedene Fruchtformen für die Ausbreitung durch Wind, Anhaftung im Fell und Verschleppen durch Ameisen aus.

Das **Alpenmaßliebchen** *(Aster bellidiastrum)* ähnelt dem Gänseblümchen. Es ist eine Pionierpflanze auf Rasen und in Fels- und Geröllfluren bis in die alpine Höhenstufe.

Der **Feinstrahl** oder **Einjähriges Berufkraut** *(Erigeron annuus)* ist eine Zierpflanze aus Amerika. Es wächst in Auwäldern, an Wegen, auf feuchten Wiesen und in Ruderalfluren.

Weitere Verwechslungsmöglichkeiten

Ein Pappus («Fallschirm») ist für die Korbblütler typisch, Haare zur Windverbreitung gibt es auch in anderen Familien. Ihnen fehlt die gemeinsame Blütenhülle – sie darf jedoch nicht mit den Kelchblättern von Einzelblüten (z. B. der Hahnenfuß- und Rosengewächse) verwechselt werden. Das Bestimmen einzelner Arten innerhalb der Familie ist nicht nur anhand der Blätter oft schwierig, sondern auch im blühenden Zustand kniffelig, da sich einige stark ähneln und zur Hybridisierung neigen. Bei manchen Arten, z. B. Habichtskräuter und Löwenzahn, werden zahlreiche Kleinarten unterschieden, die vom «typischen» Exemplar abweichen.

Verwechslung möglich mit folgenden Familien und Gattungen		**Vergleich** Korbblütler
Knöterich ➾ Staubblätter frei ➾ Blüten ± gestielt ➾ Hüllblätter fehlen		
Wegerich ➾ Staubblätter frei ➾ Hüllblätter fehlen ➾ Blätter ± parallelnervig		
Baldrian ➾ Blüten nicht in Köpfchen ➾ Hüllblätter fehlen ➾ Staubblätter frei		
Rosengewächse ➾ Blüten nicht in Köpfchen ➾ Nebenblätter ➾ Hüllblätter fehlen – nicht mit Kelch verwechseln!		
Hahnenfußgewächse ➾ Blüten nicht in Köpfchen ➾ Hüllblätter fehlen – nicht mit Kelch verwechseln!		
Alpenglöckchen ➾ Keine Blütenköpfe, sondern glockenförmige Einzelblüten		

Die **Weiße Pestwurz** *(Petasites albus)* bildet Blütentriebe, bevor die großen, grundständigen Blätter austreiben.

Beim **Rainfarn** *(Tanacetum vulgare)* stehen in jedem Blütenköpfchen bis zu 100 winzige Röhrenblüten.

Die **Filzige Klette** *(Arctium tomentosum)* heißt auch Wollkopf-Klette und hat filzig behaarte Hüllblätter.

Das **Katzenpfötchen** *(Antennaria dioica)* ist zweihäusig, d. h., es gibt weibliche und männlichen Pflanzen. Die Blüten stehen in weißlichen bis rosafarbenen Hüllblättern.

Der **Kahle** oder **Grüne Alpendost** *(Adenostyles alpina oder A. glabra)* ist mit ca. 80 cm kleiner als der Graue Alpendost. Er wächst auf stickstoff- und basenreichen Böden.

Bei der **Golddistel** *(Carlina vulgaris)* sind die trockenhäutigen Hüllblätter zur Blütezeit bereits abgestorben und bleiben an der Pflanze. Sie steigern die Attraktivität der Köpfe.

SCHAFGARBE

ACHILLEA

Gewöhnliche Wiesen-Schafgarbe *(Achillea millefolium)*,
rosafarbene und «normale» Blütenfarbe

Allgemeines und Verbreitung

Vertreter dieser Gattung sind von den subtropischen bis in die alpinen und arktischen Zonen Europas und Asiens verbreitet. Einige Arten gedeihen auch in Nordafrika und in Amerika. In Mitteleuropa sind knapp 15 Arten heimisch.

Ihr wissenschaftlicher Gattungsname bezieht sich auf die Legende, nach der der griechische Held Achilles die Wunden der Soldaten mit Schafgarbe behandelt haben soll. Ihren deutschen Namen verdanken sie der Beobachtung, dass kranke Schafe vermehrt Schafgarben fressen. Tatsächlich finden einige Arten dieser Gattung, vor allem die weit verbreitete **Gewöhnliche Wiesen-Schafgarbe** *(Achillea millefolium),* als Heilpflanze Anwendung. Die hierfür verantwortlichen Wirkstoffe sind vor allem ätherische Öle (u. a. Proazulen), Flavonoide sowie Gerb- und Bitterstoffe; der hohe Kaliumgehalt regt die Nierentätigkeit an.

Schafgarben sind auch in der Wildkräuterküche beliebt und ideal zum Würzen von fetten Speisen wie Bratkartoffeln, Kräuterbutter und Aufläufen. Roh oder gegart bereichern sie Salate, Weichkäse, Quarkspeisen und Brotaufstriche und vieles mehr. Man schätzt sie auch in der Naturkosmetik, ähnlich wie Kamille.

Blätter

Die heimischen Schafgarben sind ausdauernde, krautige Pflanzen. Außerhalb Europas gibt es auch seltener Halbsträucher unter ihnen. Die ätherischen Öle verleihen ihnen einen charakteristischen, intensiven Duft. Er wird vor allem beim Zerreiben der Blätter deutlich und unterscheidet sich von Art zu Art ein wenig.

Zu Beginn der Vegetationsperiode wird zunächst eine Blattrosette gebildet. Danach wächst der blühende Stängel mit zahlreichen wechselständigen Laubblättern heran. Die Blätter der meisten Arten sind länglich und oft fein gefiedert. Den filigranen Blättern verdankt die Gewöhnliche Wiesen-Schafgarbe den Namen «Augenbraue der Venus». Die Blätter können mehr oder weniger behaart sein.

Gewöhnliche Wiesen-Schafgarbe — Edle Schafgarbe — Sumpf-Schafgarbe — Moschus-Schafgarbe Blatt und 2 Triebe — Zwerg-Schafgarbe Rosette

Wurde früher statt Hopfen zum Bierbrauen verwendet, als Tabakersatz geraucht und zur Haltbarmachung in Weinfässer gelegt.

Beispiel
Gewöhnliche Wiesen-Schafgarbe
(Achillea millefolium)

Jede Einzelblüte bildet eine Nussfrucht (Achäne) ohne Pappus.

Blüte

Der Blütenstand setzt sich aus vielen kleinen Blütenköpfen zusammen. Jeder von ihnen enthält einige Zungen- und Röhrenblüten. Bei den Röhrenblüten lassen sich in einem Blütenstand sehr schön die unterschiedlichen Reifestadien der Einzelblüten beobachten, da sich der orangefarbene Blütenstaub deutlich sichtbar von den weißen Kronblättern abhebt. Er wird sichtbar, wenn der Griffel mit den Fegehaaren die Pollenkörner aus der Staubbeutelröhre herausgeschoben hat. Erst nachdem die männlichen Blütenanteile ihren Dienst getan haben, d. h., kein Blütenstaub mehr sichtbar ist, entwickeln sich die beiden Narbenstrahlen.

Die Hüllblätter stehen in mehreren Reihen. Die Blütenköpfe verzweigen sich unregelmäßig und enden meist in einer Ebene (Scheindolde). Die Blütenfarbe der wilden Schafgarben ist meist weißlich, daneben kommen häufig rosa gefärbte Exemplare vor. Die einzige heimische Art mit gelben Blüten ist die **Gelbe Schafgarbe** *(Achillea tomentosa).* Weiterhin gibt es zahlreiche Kultursorten. Die im Kaukasus und Nahen Osten wild wachsende **Goldgarbe** *(Achillea filipendulina)* wird in gelben und roten Zuchtformen gerne in Gärten gepflanzt.

Frucht

Aus den beiden unterständigen Fruchtblättern entwickelt sich eine Nussfrucht (Achäne) mit einem Samen, meist besitzt sie 2 Rippen. Die festsitzenden, elastischen Spreublätter schleudern beim Entlangstreifen von Tier oder Mensch die Früchte katapultartig fort. Sie werden auch durch Weidevieh gefressen und unverdaut ausgeschieden. Die Samen sind 20 Jahre keimfähig.

Gewöhnliche Wiesen-Schafgarbe *(Achillea millefolium)*

Rote Zuchtform der Goldgarbe

Sumpf-Schafgarbe *(Achillea ptarmica)*

Die wichtigsten Gattungs-Merkmale auf einen Blick

- Blätter mit intensivem Duft
- Hüllblätter meist in mehreren Reihen
- Röhren- und Zungenblüten in kleinen Köpfchen
- Früchte ohne Pappus

Verwechslungsmöglichkeiten

Die vielen kleinen Blütenköpfe in der Scheindolde lassen Schafgarben auf den ersten Blick als Doldengewächs erscheinen. Bei den Doldengewächsen ist die Verzweigungsform allerdings streng regelmäßig, und alle Döldchen entspringen einem Verzweigungspunkt – ebenso alle darauf stehenden Einzelblüten. Graufilzig behaarte Blätter erinnern an Beifuß- oder Greiskraut-Arten. Ebenso kann Rainfarn von den Blättern her Schafgarben ähneln. Hier ist der charakteristische Duft ein gutes Unterscheidungsmerkmal.

Verwechslung möglich mit folgenden Familien und Gattungen		**Vergleich** Schafgarbe
Doldengewächse Staubblätter frei Verzweigung regelmäßig (Dolde)		
Beifuß Blätter meist gröber gefiedert Typischer Duft Nur Röhrenblüten		
Rainfarn Blätter grob gefiedert Typischer Duft Köpfchen mit gelben Röhrenblüten		
Greiskraut Typischer Duft fehlt Köpfchen mit gelben Blütenköpfen		
Wasserdost Blätter gefingert Köpfchen mit rosafarbenen Röhrenblüten		

Die **Schwarzrandige** oder **Schwarze Schafgarbe** *(Achillea atrata)* wächst auf kalkreichen feuchten Fels- und Schuttfluren bis über 3000 m. Sie hat keinen intensiven Duft.

Die **Großblättrige Schafgarbe** *(Achillea macrophylla)* wächst in Gebüschen und Hochstaudenfluren in subalpinen Höhenlagen auf sauren Böden.

Die **Moschus-Schafgarbe** *(Achillea erba-rotta* subsp. *moschata* oder *A. moschata)* duftet stark aromatisch. Sie festigt als Pionier und Schuttkriecher Schuttböden. Sie liebt im Gegensatz zur Schwarzen Schafgarbe kalkarme Standorte.

Die **Sumpf-Schafgarbe** heißt auch **Bertram-Schafgarbe** *(Achillea ptarmica)*. Sie hat ungeteilte Blätter und wächst an Ufern und auf nassem Grünland. Als Zierpflanze wird sie mit gefüllten Blüten kultiviert.

CH 600

GATTUNG

KAMILLE

MATRICARIA

Echte Kamille (*Matricaria chamomilla*)

Geruchlose Kamille (*Tripleurospermum perforatum* oder *Matricaria inodora*)

Allgemeines und Verbreitung

Je nach systematischer Gliederung umfasst diese Gattung weltweit 5–10 Arten. Sie sind vor allem in den gemäßigten Klimazonen der verschiedenen Kontinente beheimatet. Vor allem die systematische Zuordnung der **Geruchlosen Kamille** ist umstritten. Nach Ansicht einiger Autoren wird sie in eine eigene Gattung gestellt und entsprechend als **Strandkamille** *(Tripleurospermum)* bezeichnet. Allerdings gibt es an der Küste eine sehr ähnliche Art, die salztolerant ist und die durch Übergangsformen mit dieser verbunden ist. Sie hat fleischigere Blätter und wird als **Echte Strandkamille** *(Tripleurospermum maritimum* subsp. *maritimum)* abgetrennt. Die verschiedenen wissenschaftlichen Name für die Geruchlose Kamille spiegeln die Diskussion wieder: *Matricaria inodora, Tripleurospermum maritimum* subsp. *inodorum* bzw. *Tripleurospermum perforatum.*

In Mitteleuropa ist neben dieser Art die **Echte Kamille** *(Matricaria chamomilla)* heimisch. Die **Strahlenlose Kamille** *(Matricaria discoidea)* ist ein aus Nordostasien und Nordamerika eingewanderter Neophyt, der sich seit Mitte des 19. Jh. bei uns eingebürgert hat.

Der wissenschaftliche Gattungsname geht auf die seit alters beliebte Anwendung der Echten Kamille als Frauenheilpflanze zurück (lat. «matrix» = «Gebärmutter»).

Blätter

Alle Arten dieser Gattung wachsen als einjährige Pflanzen auf Äckern, Ruderalplätzen und an Wegrändern. Die Pflanzen haben in allen Teilen durch ätherische Öle einen intensiven Duft. Die Stängel sind meist von der Basis an verzweigt. Die wechselständigen Blätter sind fein gefiedert. Am Stängelansatz sind die Blätter teils stängelumfassend oder geöhrt.

Echte Kamille

Geruchlose Kamille

Strahlenlose Kamille

Die **Echte Kamille** ist eine beliebte Heilpflanze. Ihre schmerzlindernden, krampflösenden, antiseptischen und beruhigenden Eigenschaften schätzt man seit alters sowohl für die innerliche als auch die äußerliche Anwendung. Der Hauptwirkstoff, das ätherische Öl Proazulen (mit blauer Farbe), muss durch Erhitzen in das wirksamere Chamazulen umgebaut werden, daher müssen die Blüten auch für die äußerliche Anwendung gekocht werden. Die Abkochung eignet sich auch als Gurgelwasser, für Umschläge und als Badezusatz. In der Homöopathie wird Kamille vor allem als Nervenmittel und bei Überempfindlichkeit der Sinnesorgane verabreicht. Auch in der Aromatherapie, Kosmetik und als Räucherkraut erfreut sich die Kamille großer Beliebtheit. Darüber hinaus ist sie eine der traditionellen Färbepflanzen.

Die **Strahlenlose Kamille** hat auch einen intensiven Duft, d. h., sie enthält ebenso ätherische Öle, diese erinnern jedoch eher an Ananas. Die Blütenköpfchen beider Arten bereichern ebenso wie die zarten Blätter als Würze Blütenbowlen, Salate und Wildgemüsegerichte.

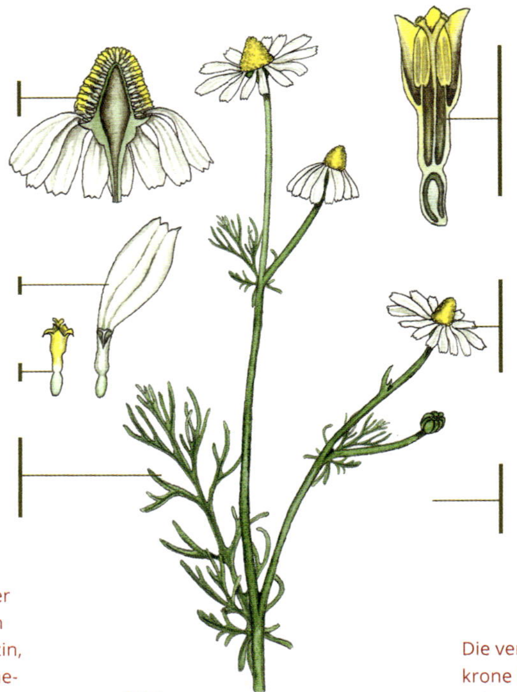

Die Kamille ist eine der vielseitigsten Pflanzen und wird in der Medizin, Aromatherapie, Kosmetik, Wildpflanzenküche sowie zum Färben und Räuchern verwendet.

Beispiel
Echte Kamille
(Matricaria chamomilla)

Die verwelkte Blütenkrone bleibt auf der Achänen erhalten, Pappus und Spreublätter fehlen.

Blüte

Auf einem Blütenkopf stehen bei den meisten Arten mehrere weiße Zungenblüten um über 100 winzige, gelbe bis gelbgrünliche Röhrenblüten. Die Zungenblüten sind rein weiblich, ihnen fehlen die Staubblätter. Sie bilden wie die Röhrenblüten kleine Früchte ohne Pappus. Eine Besonderheit und namensgebende Eigenheit der **Strahlenlosen Kamille** *(Matricaria discoidea)* sind die fehlenden Zungenblüten. Grundsätzlich blühen die Röhrenblüten vom Rand zum Zentrum hin auf. Dabei wölbt sich der Blütenboden immer stärker, und zum Ende der Blütezeit neigen sich die weißen Zungenblüten nach unten. Umgeben sind die Blüten von mehreren Hüllblättern. Spreublätter gibt es nicht. Dies ist eine gute Unterscheidung zur Gattung **Hundskamille** *(Anthemis)*. Der hohle Blütenboden der Echten Kamille ist ein gutes Unterscheidungsmerkmal zur **Geruchlosen Kamille**. Die Blüten produzieren Nektar und Pollen und werden von Insekten bestäubt.

Frucht

Aus dem unterständigen Fruchtknoten jeder Einzelblüte bildet sich zur Reifezeit eine winzige Nussfrucht (Achäne) mit einem Samen. Bei der Echten Kamille sind die Früchte nur 1 mm lang. Die trockene Blütenkrone bleibt als Flugapparat und zur Klettverbreitung erhalten. Außerdem wird die Frucht zur Klebverbreitung bei Feuchtigkeit schleimig-klebrig. Die Samen behalten im Boden über 100 Jahre ihre Keimfähigkeit.

Strahlenlose Kamille *(Matricaria discoidea)*, Blüten- (oben) und Fruchtstand (unten)

Echte Kamille *(Matricaria chamomilla)*, oben am Erblühen, unten bis auf die Knospen im Zentrum erblüht

Die wichtigsten Gattungs-Merkmale auf einen Blick

- Pflanze mit intensivem Duft
- Blätter fein gefiedert
- Meist Röhren- und Zungenblüten
- Kein Pappus
- Keine Spreublätter

Verwechslungsmöglichkeiten

Zählt man die Geruchlose Kamille zu dieser Gattung, dann bleiben als Verwechslungsmöglichkeit vor allem Strand- *(Tripleurospermum)* und Hundskamillen *(Anthemis)*. Weiterhin können Korbblütler mit weißen Röhren- und gelben Zungenblüten Kamillen ähneln, wie beispielsweise Mutterkraut, Römische Kamille, Margerite und Gänseblümchen. Die fein gefiederten Blätter und der intensive Duft sind ein gutes Unterscheidungsmerkmal. Von den Blättern her sind Rittersporn, Schwarzkümmel, Schafgarbe, Rainfarn ebenfalls gefiedert. Letztere besitzen ebenfalls einen intensiven Duft, an dem sie zu erkennen und zu unterscheiden sind.

Verwechslung möglich mit folgenden Gattungen und Arten		**Vergleich** Kamille
Hundskamille Spreublätter Ohne Kamillenduft		
Strandkamille Blätter fleischiger Ohne Kamillenduft		
Margerite Blätter ungefiedert Duft fehlt		
Mutterkraut Gröber gefiederte Blätter Anderer Duft		

Die **Echte Kamille** *(Matricaria chamomilla)* ist ein Kulturbegleiter seit der Steinzeit. Sie wächst auf Äckern und Schuttstellen auf nährstoffreichen und meist kalkarmen Lehmböden.

Der **Geruchlosen Kamille** *(Tripleurospermum perforatum)* fehlt der Kamillenduft. Am Blütenboden ist sie von Echter Kamille zu unterscheiden. Sie ähnelt der salztoleranten Echten Strandkamille mit fleischigeren Blättern.

Die **Strahlenlose Kamille** *(Matricaria discoidea)* hat keine Zungenblüten. Als Pflanze trittbelasteter Standorte setzt sie bei der Verbreitung auf Anhaftung und Klebausbreitung. Sie ist ein Neophyt aus Asien und Nordamerika.

GATTUNG

BEIFUSS, EDELRAUTE

ARTEMISIA

Wermut *(Artemisia absinthium)*

Allgemeines und Verbreitung

Zu dieser Gattung gehören weltweit etwa 250 Arten, die hauptsächlich auf der Nordhalbkugel verbreitet sind. In Afrika und Südamerika gibt es nur wenige Arten. Ihr Name ist Artemis geweiht, der griechischen Göttin der Jagd, Hüterin des Waldes sowie der Frauen und Kinder. Die meisten Vertreter der Gattung sind Steppenpflanzen. Ihre Windblütigkeit ist eine Anpassung an den Lebensraum, in dem es nur wenige Insekten gibt. Die Blüten produzieren allerdings auch reichlich Pollen, der von Insekten als Nahrung aufgesucht wird. In Mitteleuropa kommen ca. 10 Arten vor.

In dieser Gattung gibt es zahlreiche Heil- und Gewürzkräuter. Ihre Wirksamkeit ist in erster Linie auf ätherische Öle und Bitterstoffe zurückzuführen. **Wermut** *(Artemisia absinthium)* ist eine der traditionellen Heilpflanzen. Er wird auch Absinth genannt und enthält den Bitterstoff Absinthin zusammen mit dem giftigen ätherischen Öl Thujon. Letzteres wird vor allem in alkoholischen Auszügen extrahiert, da die Löslichkeit hierin höher ist als in Wasser. Seit 1921 ist Absinth-Schnaps in Deutschland verboten, da er sehr viel Thujon enthielt und zu körperlichen und seelischen Schäden führte. Heute hergestellte Alkoholika mit Wermut sind nahezu frei von Thujon.

Der **Einjährige Beifuß** *(Artemisia annua)* hat in der Traditionellen Chinesischen Medizin eine lange Tradition zur Vorbeugung und Behandlung von Malaria. Er ist ein aus sommerwarmen Regengebieten Eurasiens stammender Neophyt.

Blätter

Die heimischen Vertreter dieser Gattung sind ein- bis zweijährige und ausdauernde Kräuter. Die wechselständigen Blätter sind bei den meisten Arten mehr oder weniger grob gefiedert. Sie können auch einfach oder fiederteilig sein. Bei den meisten Arten duften sie aromatisch und entwickeln beim Zerreiben das charakteristische «Beifuß-Aroma», das von Art zu Art ein wenig variiert.

Einjähriger Beifuß Wermut Estragon Gewöhnlicher Beifuß, 2×

Früher hat man die Blätter verschiedener Arten auf Dielenböden und in Schränke gelegt, um Insekten zu vertreiben und Mottenbefall in der Kleidung zu verhindern.

Die filzigen, alpinen Arten werden auch **Edelrauten** genannt. Sie duften stark aromatisch. Ihre Behaarung ist ein Schutz vor Sonneneinstrahlung und den extremen Witterungseinflüssen der Höhenlagen.

Der aus dem östlichen Mittelmeergebiet eingewanderte **Wermut** ist ein wintergrüner Halbstrauch, der die kalte Jahreszeit geschützt unter der Schneedecke übersteht. Sein Stängel ist häufig verholzt. Damit ist er der einzige bei uns gedeihende Korbblütler, der wie ein Gehölz wachsen kann. Seine Blätter sind als Schutz vor Sonneneinstrahlung feinfilzig behaart.

Die Blütenhülle übernimmt die Funktion einer Kapsel und umgibt die Achänen ohne Pappus.

In dieser Gattung gibt es einige Heilpflanzen und Gewürzkräuter.

Beispiel
Gewöhnlicher Beifuß
(Artemisia vulgaris)

Blüte

Typisch für diese Gattung sind die vielen kleinen Blütenköpfe, die in einem traubigen oder rispigen Blütenstand zusammenstehen. Jedes Köpfchen enthält wenige Röhrenblüten. Die randlichen können reduziert sein, d. h., nur weibliche Blütenanlagen (Fruchtknoten und Griffel) enthalten. Die Hüllblätter sind dachziegelartig angeordnet. Spreublätter gibt es nicht. Der **Gewöhnliche Beifuß** *(Artemisia vulgaris)* ist ein bedeutender Heuschnupfenerreger, die größte Pollenproduktion findet vormittags zwischen 6 und 11 Uhr statt.

Frucht

Die beiden unterständigen Fruchtblätter bilden meist Nussfrüchte (Achänen) ohne Pappus aus. Bei einigen Arten, wie beispielsweise dem **Gewöhnlichen Beifuß**, übernimmt die Blütenhülle die Funktion einer Kapselfrucht. Sie öffnet sich bei Trockenheit und lässt die winzigen Früchte frei. Sie werden auch durch Vögel verbreitet, die Beifuß fressen und verschleppen. Die Fruchtstände bleiben bis in den Winter erhalten

Der **Wermut** besitzt keine spezielle Ausbreitungsstrategie und setzt auf Zufallsausbreitung mit einer großen Anzahl von Früchten – an einer Pflanze können bis zu 700 000 Samen gebildet werden. Die Achänen sind nur bis 1 mm lang und 0.1 mg schwer, sodass sie auch ohne Pappus vom Wind verbreitet werden können.

Gewöhnlicher Beifuß *(Artemisia vulgaris)*, Winterzustand und Blattlauskolonie

Die wichtigsten Gattungs-Merkmale auf einen Blick

- Wenige Röhrenblüten in kleinen Blütenköpfen
- Blätter mit intensivem Duft
- Blätter meist fiederteilig bis gefiedert
- Blütenköpfe in oft nickenden Trauben oder Rispen
- Nussfrüchte (Achänen) meist ohne Pappus

Verwechslungsmöglichkeiten

Durch die vielen kleinen Blütenköpfe sind die meisten Beifuß-Arten nicht gleich als Korbblütler zu erkennen. Ihre Blätter haben einen intensiven Duft, der für die Bestimmung und zur Unterscheidung von ähnlichen Gattungen hilfreich ist. Die Blätter ähneln vor allem der Beifußblättrigen Ambrosie *(Ambrosia artemisiifolia)* sowie Rainfarn, Schafgarben- oder Greiskraut-Arten.

Verwechslung möglich mit folgenden Gattungen und Arten		**Vergleich** Beifuß
Beifuß-Ambrosie - Blätter im unteren Teil gegenständig - Pflanzen einhäusig		
Schafgarbe - Blätter oft feiner gefiedert - Typischer Duft - Köpfchen mit Röhren- und Zungenblüten		
Rainfarn - Blätter grob gefiedert - Typischer Duft - Köpfchen mit gelben Röhrenblüten		
Greiskraut - Typischer Duft fehlt - Köpfchen mit gelben meist Röhren- und Zungenblüten		

An der Küste ist der **Strand-Beifuß** *(Artemisia maritima)* beheimatet. Als Halophyt ist er bestens angepasst an die dortigen salzigen, sonnenexponierten Standorte.

Der **Gewöhnliche Beifuß** *(Artemisia vulgaris)* ist nicht ganz so wirksam wie Wermut und eignet sich als gesundes Würzkraut. Traditionell würzt man mit ihm Gänsebraten.

Der **Feld-Beifuß** *(Artemisia campestris)* besiedelt basenreiche, sonnige Standorte. Bei ihm bleibt die Blütenhülle als Flugapparat erhalten, daneben findet Ausbreitung über Anhaftung der bei Feuchtigkeit klebrigen Fruchtwand statt.

Beim **Wermut** *(Artemisia absinthium)* verholzen die beblätterten Triebe oft am Grunde. Sie gehen aus einem unterirdischen Rhizom hervor. Standort sind trockene und sandig-tonige Böden in Höhen bis zu 3500 m.

GATTUNG

GREISKRAUT, KREUZKRAUT

SENECIO

Alpen-Greiskraut *(Senecio alpinus)*

Allgemeines und Verbreitung

Die Gattung ist nahezu weltweit verbreitet und mit über 1000 Arten eine der artenreichsten überhaupt. Die meisten von ihnen wachsen in den gemäßigten Zonen und den Bergregionen der Tropen. Dort gibt es unter ihnen auch sukkulente sowie strauch- und baumförmige Arten. Die etwa 20 in der heimischen Flora verbreiteten Arten sind krautige Pflanzen. Viele von ihnen wachsen als «Unkräuter» auf Ruderalplätzen im Siedlungsbereich, auf Äckern und an Wegrändern. Der wissenschaftliche Gattungsname bezieht sich auf die Früchte oder behaarten Blätter einiger Arten («senex» = «Greis»). Im Deutschen werden die Greiskräuter auch **Kreuzkräuter** genannt.

Blätter

Alle heimischen Arten sind ausdauernde oder ein- bis zweijährige, krautige Pflanzen. Die wechselständigen Blätter der meisten heimischen Arten sind fiederteilig oder gefiedert. Allerdings können sie auch ungeteilt sein, besonders schmal sind sie beim aus Südafrika stammenden **Schmalblättrigen** oder **Südafrikanischen Greiskraut** (■ *Senecio inaequidens*). Es hat sich vor allem von 1985 bis 1995 entlang der Autobahnen und Bahngelände ausgebreitet. Beim **Klebrigen Greiskraut** *(Senecio viscosus)* ist die ganze Pflanze drüsig-klebrig. Blätter, Stängel und Hüllblätter tragen Drüsenhaare.

Alle Arten sind durch **Pyrrolizidin-Alkaloide** giftig, vermutlich ein Schutz vor dem Gefressenwerden. Solange genug andere Nahrung zur Verfügung steht, verschmäht das Vieh in der Regel die durch diese Inhaltsstoffe bitter schmeckenden Greiskräuter. Das Gift bleibt im Heu erhalten und wirkt leberschädigend und krebserregend. Die Symptome beginnen erst Wochen oder Monate nach der Mahlzeit. Milch und Honig sollen auch so hohe Gehalte aufweisen können, dass es durch den Verzehr zu Vergiftungen kommen kann; sie schmecken dann aber bitter.

Gemeines Greiskraut — Alpen-Greiskraut — Schmalblättriges Greiskraut — Jakobs Greiskraut — Fuchs' Greiskraut — Sommerefeu *(Senecio mikanioides)*

Für die meisten Insekten sind die Greiskräuter ebenfalls giftig, allerdings gibt es einige, die ihr Leben eng an das dieser Pflanzen angepaßt haben. Der **Jakobskrautbär** *(Tyria jacobaeae)* und der **Braune Bär** *(Arctia caja)* verzehren die Pflanzen unbeschadet und speichern die Giftstoffe. Dadurch sind sie sehr bitter und schrecken ihre Fressfeinde ab. Sie sind nicht nur auf dem Jakobs-Greiskraut, sondern auch auf anderen Arten zu finden.

Brauner Bär

Raupe des Jakobskrautbären

Alle Arten dieser Gattung sind giftig.

Beispiel
Jakobs-Greiskraut
(Senecio jacobaea)

Meist gibt es wie hier Röhren- und Zungenblüten in jedem Blütenköpfchen, seltener auch nur Röhrenblüten.

Blüte

Bei den meisten Arten stehen einige gelbe Zungenblüten um bis zu Hunderten von Röhrenblüten im Zentrum des Blütenkopfes. Bei manchen Arten gibt es genau 13 oder bei anderen 21 Zungenblüten. Sie rollen sich oft rückwärts ein. Es gibt jedoch auch Arten, wie z. B. das **Gemeine Greiskraut** *(Senecio vulgaris),* bei denen in der Regel nur 60–80 Röhrenblüten in jedem Köpfchen stehen.

Viele Blütenköpfe sind in einem traubigen (Blütenköpfe ungestielt) oder rispigen (Blütenköpfe verzweigt und ± gestielt) Gesamtblütenstand vereint. Die aus mehreren Hüllblättern bestehende Hülle ist glocken- bis walzenförmig. Meist gibt es neben den gleich langen, einreihigen Hüllblättern eine sogenannte **Außenhülle** am Grunde der inneren Hüllblätter. Sie werden bei der Bestimmung und der Frage nach der Anzahl der Hüllblätter nicht berücksichtigt. Die Spitzen der Hüllblätter sind oft schwarz abgesetzt. Auf dem Blütenstandsboden gibt es keine Spreublätter.

Bei allen Arten haben die randlichen Zungenblüten eine hohe UV-Reflexion, dadurch erscheinen sie den Bestäubern zweifarbig und heben sich stärker vom Hintergrund ab. Diese Zungenblüten sind häufig – wie beispielsweise bei **Fuchs' Greiskraut** (■ *Senecio ovatus*) – weiblich, während die Röhrenblüten zwittrig sind.

Frucht

Die aus dem unterständigen Fruchtknoten hervorgehende Nussfrucht (Achäne) ist oft 5-rippig und von einem Pappus («Fallschirm») gekrönt, in der Regel ist er ungeschnäbelt. Beim **Gemeinen Greiskraut** besitzt die Fruchtwand feine Haare, die bei Nässe Schleimfäden absondern und eine Ausbreitung über Anhaftung ermöglichen.

Frühlings-Greiskraut *(Senecio vernalis),* Hülle mit Außenhülle

Klebriges Greiskraut *(Senecio viscosus),* Hülle mit Außenhülle

Gemeines Greiskraut *(Senecio vulgaris),* ungeschnäbelter Pappus

Die wichtigsten Gattungs-Merkmale auf einen Blick

- Meist Röhren- und Zungenblüten (oft 13 oder 21 Zungenblüten)
- Glocken- bis walzenförmige Hülle mit Außenhülle
- Innere Hüllblätter ± gleich lang und oft mit ± schwarzen Spitzen
- Pappus ungeschnäbelt
- Keine Spreublätter

Verwechslungsmöglichkeiten

Sehr eng verwandt und ähnlich sind die teils als eigene Gattung abgetrennten Greis- oder Kreuzkräuter *(Tephroseris).* Sie werden auch als Aschenkräuter bezeichnet. Ihnen fehlt der Außenkelch, und die Blätter sind stets ungefiedert. Weiterhin sind andere Gattungen innerhalb der Korbblütler ähnlich.

Verwechslung möglich mit folgenden Gattungen und Arten		**Vergleich** Greiskraut
Aschenkraut (Greiskraut) ⇨ Blätter ungeteilt ⇨ Keine Außenhülle ⇨ Hüllblätter an den Spitzen nicht schwarz gefleckt		
Alant ⇨ Hülle dachziegelartig, Hüllblätter ungleich lang		
Habichtskraut ⇨ Nur Zungenblüten, diese mit 5 Zipfeln ⇨ Milchsaft		
Goldrute ⇨ Blätter nicht gefiedert ⇨ Hüllblätter ungleich lang und dachziegelartig		
Pippau ⇨ Außenhülle länger und gleichmäßiger ⇨ Milchsaft ⇨ Nur Zungenblüten		

Das **Gämswurz-Greiskraut** *(Senecio doronicum)* ist flockig-filzig behaart. Es bevorzugt kalkhaltige Böden und wächst in felsigen Rasen und an Hängen bis 2500 m.

Das **Jakobs-Greiskraut** *(Senecio jacobaea)* verdankt seinen Namen dem Blühbeginn um Jacobi (25. Juli). Es wächst an Wegen und auf Wiesen, Brachen und in Staudenfluren.

Das **Graue Greiskraut** *(Senecio incanus)* meidet kalkreiche Böden und gedeiht auf steinigen Rasen in den Alpen von den subalpinen bis in alpine Höhenlagen.

Das **Gemeine Greiskraut** *(Senecio vulgaris)* ist durch die fehlenden Zungenblüten gut gekennzeichnet. Es ist eine einjährige Ruderalpflanze auf nährstoffreichen Böden.

DISTEL

CARDUUS

Berg-Distel *(Carduus defloratus)* Nickende Distel *(Carduus nutans)*

Allgemeines und Verbreitung

Disteln versinnbildlichen in der Symbolsprache der Pflanzen Wehrhaftigkeit. Im Volksmund wird dabei nicht zwischen den unterschiedlichen Gattungen unterschieden. In der Botanik stehen die **Disteln** *(Carduus)* der Gattung **Kratzdistel** *(Cirsium)* am nächsten. Zur besseren Unterscheidbarkeit werden Erstere teils auch als Ringdisteln bezeichnet. Weltweit gibt es über 100 Arten in dieser Gattung, die eurasisch verbreitet sind. Im Gegensatz zu den Arten der Gattung Kratzdistel *(Cirsium)* gedeihen sie auch im tropischen Afrika. In Europa und dem Mittelmeerraum kommen fast 60 Arten vor. Von ihnen können die meisten jedoch nicht nördlich der Alpen gedeihen, sodass es in der mitteleuropäischen Flora weniger als 10 Arten gibt. Zusammen mit den Kratzdisteln gehört diese Gattung zu den wichtigsten Futterpflanzen für die Raupen der Distelfalter. Alle Disteln sind wichtige Nahrungsquellen für Körnerfresser. Auch in der menschlichen Ernährung spielten einige Disteln eine Rolle. Die Blütenköpfe der großköpfigen Arten kann man wie Artischocken einlegen, und die Inulinhaltigen Wurzeln wurden früher zur Mehlgewinnung genutzt.

Das für die Ernährung bedeutsame **Distelöl** teilt zwar seinen Namen mit dieser Gattung, wird jedoch von der **Färberdistel** *(Carthamus tinctorius)* gewonnen.

Blätter

Die meisten Arten sind ein- bis zweijährige, selten auch ausdauernde Pflanzen. Bei den zweijährigen Arten wird im 1. Jahr eine Blattrosette gebildet und im 2. Jahr der blühende Trieb. Die Blätter der Grundblattrosette im 1. Jahr unterscheiden sich in der Form von den Stängelblättern der aufrechten Triebe im 2. Jahr, und die Blattform ist auch innerhalb der einzelnen Arten recht variabel.

Sparrige Distel

Krause Distel (Grundblatt 1. und 2. Jahr)

Kletten-Distel (3 Stängelblätter und Grundblatt)

Disteln findet man an trockenen, mageren Standorten auf Ruderalflächen, entlang der Wegränder und an Böschungen. Sie sind allesamt mit Stacheln oder Dornen bewehrt. Die oft zusätzlich behaarten, wechselständigen Blätter laufen meist am Stängel entlang in einen geflügelten Saum aus, dies wird auch als «geflügelter Stängel» bezeichnet. Die Leitbündel der ungeteilten bis fiederspaltigen Blätter enden in Dornen, deren Spitzen als Kondensationspunkte dienen und so zu einer besseren Wasserversorgung beitragen.

Blüte

Viele einzelne Röhrenblüten stehen in einem Blütenkopf zusammen. Bei der **Nickenden Distel** *(Carduus nutans)* sind es über 100 Röhrenblüten je Köpfchen. Durch eine üppige Nektarproduktion findet reichlicher Insektenbesuch statt, vor allem durch langrüsselige Hummeln und Schmetterlinge. Schwebfliegen fressen den Pollen.

Alle Arten dieser Gattung sind ± dornig bewehrt.

Beispiel
Nickende Distel
(Carduus nutans)

Hier stehen die Blütenköpfe einzeln am Ende des Stängels, es können auch mehrere sein.

Die Blüten der meisten Arten sind durch Anthocyane rosafarben bis violett gefärbt, seltener weißlich. Bei einigen stehen mehrere Köpfe in einem Blütenstand, sie können jedoch auch einzeln oder zu zweit am Ende des Stängels stehen. Die Blütenköpfe sind von mehreren Reihen von Hüllblättern umgeben. Sie enden in dornigen Spitzen und biegen sich nach der Blütezeit häufig nach außen. Auf dem flachen Blütenstandsboden stehen viele borstenförmige Haare (Spreuborsten), die nach dem Ausfliegen der Früchte noch lange zu sehen sind.

Die zwittrigen Röhrenblüten haben meist verlängerte Kronzipfel. Sie können einseitig verlängert sein und so zygomorph erscheinen. Die Staubbeutelröhre schaut oft ± stark aus der Kronröhre heraus, und auch die Griffel sind meist stark verlängert. Sie breiten ihre beiden Narben aus, nachdem der Blütenstaub abgegeben ist.

Frucht

Nach der Blütezeit reifen aus den beiden verwachsenen, unterständigen Fruchtblättern die typischen Nussfrüchte (Achänen) heran. Bei dieser Gattung sind sie ± eiförmig und glatt. Von der Gattung **Kratzdistel** unterscheiden sie sich durch den ungefiederten Pappus. Der Pappus ist hygroskopisch, d. h., bei feuchtem Wetter findet Verbreitung über Anhaftung an Fell und Federn der Tiere statt (Wasserhafter). Bei trockenem Wetter werden die «Schirmchen» vom Wind kilometerweit davongetragen (Schirmchenflieger). Distelfinken tragen zur Verbreitung mit bei, indem sie die Fruchtstände auf Nahrungssuche bearbeiten.

■ Krause Distel *(Carduus crispus)* Nickende Distel *(Carduus nutans)*

Die wichtigsten Gattungs-Merkmale auf einen Blick

- Blüten meist rosafarben bis violett
- Nur Röhrenblüten
- Blätter dornig, ohne Milchsaft
- Pappus ungefiedert
- Spreuborsten auf dem Blütenstandsboden

Verwechslungsmöglichkeiten

Verwechselt werden Disteln vor allem mit der sehr ähnlichen Gattung Kratzdistel, die sich durch den gefiederten Pappus unterscheidet. Ansonsten kommen weitere Gattungen innerhalb der Korbblütler infrage.

Verwechslung möglich mit folgenden Gattungen und Arten		**Vergleich** Distel
Kratzdistel → Pappus gefiedert		
Eselsdistel → Pappus rötlich und nicht gefiedert → Keine Spreublätter		
Kugeldistel → Einblütige Köpfchen in kugeligem Blütenstand → Blüten stahlblau bis weiß		
Mariendistel → Blätter weißlich gefleckt → Hüllblätter mit langer, an ihrem Grunde gezähnter Stachelspitze		
Milchfleckdistel → Blätter weißlich gefleckt → Hüllblätter nicht gezähnt und fein spinnwebartig behaart		

Die **Kletten-Distel** *(Carduus personata)* hat knäuelig gehäufte Blütenköpfe. Sie wächst in den Gebirgen Mitteleuropas und bevorzugt feuchte, nährstoffreiche Standorte.

Die **Krause Distel** *(Carduus crispus)* verdankt ihren Namen dem breit kraus geflügelten Stängel. Ihre Blätter sind spinnwebartig filzig behaart.

Bei der **Berg-Distel** *(Carduus defloratus)* können die Unterarten subsp. *defloratus* auf Kalk, subsp. *crassifolius* (meist) auf Dolomit und subsp. *rhaeticus* auf kalkarmen Böden unterschieden werden.

Die **Nickende Distel** *(Carduus nutans)* ist eine zweijährige Halbrosettenpflanze, die nach der Fruchtbildung im 2. Jahr abstirbt. Meist findet man sie auf Ruderalflächen, die über einen längeren Zeitraum erhalten bleiben.

CH 400 DE Silber

GATTUNG

KRATZDISTEL

CIRSIUM

Gewöhnliche Kratzdistel *(Cirsium vulgare)*

Wollkopf-Kratzdistel *(Cirsium eriophorum)*

Allgemeines und Verbreitung

Diese Gattung ist eng mit den Disteln *(Carduus)* verwandt, jedoch mit etwa 250 Arten weltweit artenreicher als diese. Kratzdisteln sind über die gesamte nördliche Hemisphäre verbreitet. Sie fehlen in den tropischen Regionen Afrikas. Im Mittelmeerraum sind sie besonders artenreich vertreten. In der heimischen Flora gibt es etwa 15 Arten. Ihren wissenschaftlichen Namen verdanken sie der ehemaligen Anwendung in der Heilkunde bei Krampfadern (gr. «kirsos»).

Blätter

Kratzdisteln sind ein- bis zweijährige oder ausdauernde Pflanzen. Alle Arten sind ± dornig bewehrt. Die wechselständigen Blätter laufen bei einigen Arten am Stängel herab, d. h., deren Stängel sind dornig geflügelt. Die Blätter sind meist einfach oder ± tief eingeschnitten, und ihre Blattzähne enden in Dornen. Es gibt sowohl stark verzweigte als auch unverzweigte Arten. Die **Stängellose Kratzdistel** *(Cirsium acaule)* hat ihren Namen bekommen, weil der Blütenstand nur sehr kurz gestielt ist. Sie wächst auf sonnigen Magerweiden, und der kurze Stängel ist eine Anpassung an die Beweidung und Trockenheit ihres Standortes.

Häufig sind Gallen der **Distelbohrfliege** *(Urophora cardui)* an den Blättern vieler Kratzdisteln zu finden. In den bis zu walnussgroßen Gebilden entwickeln sich die Eier und Larven dieses Insektes. Die **Acker-Kratzdistel** (■ ■ *Cirsium arvense*), die zu den Arten gehört, die sich auch vegetativ über Ausläufer vermehren, wird häufig von dem **Rostpilz** *Puccinia punctiformis* befallen, der eine sog. Geruchsmimikry ausübt: Die vom Pilz befallenen Pflanzen sondern einen veilchenähnlichen Duft ab, der Insekten anlockt, die für die Sporenverbreitung sorgen.

Wollkopf-Kratzdistel — Acker-Kratzdistel — Kohl-Kratzdistel — Verschiedenblättrige Kratzdistel Grundblattrosette, 2 Stängelblätter — Gewöhnliche Kratzdistel

Die meisten Arten dieser Gattung haben rosafarbene bis violette Blüten, hier sind sie gelblich.

Beispiel
Kohl-Kratzdistel
(Cirsium oleraceum)

Diese Art ist weniger stachelig bewehrt als andere Arten und eine beliebte Futterpflanze. In Osteuropa wird der Blütenboden wie Artischocken zubereitet.

Blüte

Die Blütenköpfe mit den zahlreichen Röhrenblüten können einzeln oder zu mehreren am Stängel stehen. Sie sind meist rosafarben bis violett, seltener auch gelblich bis weißlich. Gelegentlich kommen bei an sich gefärbten Blütenköpfen auch Pflanzen mit weißen Köpfchen vor. Häufig stehen die Blütenköpfe in der Achsel von laubblattähnlichen Tragblättern. Jedes Körbchen ist von einer mehrreihigen Hülle umgeben. Die Hüllblätter enden meist in dornigen Spitzen. Zwischen den Röhrenblüten stehen zahlreiche Spreuborsten auf dem Blütenstandsboden. Sie bleiben auch noch erhalten, nachdem die Früchte ausgeflogen sind.

Meist sind alle Blüten zwittrig, seltener, wie beispielsweise bei der **Sumpf-Kratzdistel** *(Cirsium palustre)*, gibt es neben zwittrigen auch rein weibliche Pflanzen. Die meisten Arten sind eine wertvolle Nahrungsquelle für die bestäubenden Insekten. Bei der **Acker-Kratzdistel** steigt der Nektar in jeder der ca. 100 zwittrigen Röhrenblüten in der Kronröhre bis zum Ausgang, sodass er Insekten aller Arten zur Verfügung steht. Entsprechend vielfältig sind auch die Bestäuber. Angelockt werden sie mit Honigduft, der ebenfalls von den Blüten ausgeht. Andere Arten, wie die **Gewöhnliche Kratzdistel** *(Cirsium vulgare)*, produzieren keinen Nektar und stellen den bestäubenden Insekten nur Pollen zur Verfügung.

Frucht

Aus jeder Einzelblüte geht eine glatte Nussfrucht (Achäne) hervor. Sie besitzt stets einen gefiederten Pappus («Fallschirm»). Die gefiederten Haare sind zur Blütezeit noch nicht zu erkennen, sondern erst wenn die Früchte heranreifen – und dann auch nur bei trockenem Wetter. Dies ist ein gutes Unterscheidungsmerkmal zur Gattung **Distel** *(Carduus)* mit ungefiedertem Pappus. Bei nassem Wetter sind die hygroskopischen «Fallschirme» nicht flugfähig und werden durch Anhaftung verbreitet. Die Samen reifen bereits 4 Wochen nach Blühbeginn. Neben der Verbreitung durch den Wind und Wasserhaftung findet auch Ausbreitung durch Vögel statt, die sich von den Nussfrüchten ernähren. Der Distelfink (Stieglitz) verdankt dieser Nahrung seinen Namen. Bei anderen Finken und beispielsweise Meisen, Hänflingen und Kreuzschnäbeln stehen die Distelfrüchte ebenfalls auf dem Speiseplan.

Gewöhnliche Kratzdistel, gefiederter Pappus

Sumpf-Kratzdistel, weiße Blüten

Gewöhnliche Kratzdistel, Spreuborsten

Stängellose Kratzdistel

Die wichtigsten Gattungs-Merkmale auf einen Blick

- Blüten meist rosafarben bis violett, seltener gelblich bis weiß
- Nur Röhrenblüten
- Blätter ± dornig, ohne Milchsaft
- Pappus gefiedert
- Spreuborsten auf dem Blütenstandsboden

Verwechslungsmöglichkeiten

Verwechselt werden Kratzdisteln vor allem mit der sehr ähnlichen Gattung Distel *(Carduus)*, die sich durch den ungefiederten Pappus unterscheidet. Ansonsten kommen weitere Gattungen innerhalb der Korbblütler infrage. Auch innerhalb dieser Gattung können sich einzelne Arten ähnlich sehen.

Verwechslung möglich mit folgenden Gattungen und Arten		**Vergleich** Kratzdistel
Distel ➾ Pappus ungefiedert		
Eselsdistel ➾ Rötlicher Pappus ungefiedert ➾ Ohne Spreublätter		
Kugeldistel ➾ Einblütige Köpfchen in kugeligem Blütenstand ➾ Blüten stahlblau bis weiß		
Gänsedistel ➾ Blätter stängelumfassend ➾ Milchsaft ➾ Gelbe Zungenblüten ➾ Keine Spreublätter		
Alpenscharte ➾ Pappus gefiedert ➾ Laub- und Hüllblätter nicht dornig gezähnt		

Die **Alpen-Kratzdistel** *(Cirsium spinosissimum)* hat derbe Dornen («spinosissimus» heißt «sehr dornig»). Sie ist in den Bergen verbreitet.

Die **Acker-Kratzdistel** *(Cirsium arvense)* wächst auf Äckern, an Wegrändern und im Siedlungsbereich bis über 2000 m.

Die **Kohl-Kratzdistel** *(Cirsium oleraceum)* bevorzugt kalkhaltige Feuchtwiesen und Uferstaudenfluren. Die bleichen Hochblätter umhüllen den Blütenstand.

Die **Sumpf-Kratzdistel** *(Cirsium palustre)* wächst in feuchten Wiesen, an Ufern und in Auwäldern. In den Bergen gedeiht sie bis ca. 1700 m Höhe.

GATTUNG

FLOCKENBLUME

CENTAUREA

Skabiosen-Flockenblume *(Centaurea scabiosa)* Berg-Flockenblume *(Centaurea montana)*

Ausgewählte Arten

Die **Alpen-Kratzdistel** *(Cirsium spinosissimum)* hat derbe Dornen («spinosissimus» heißt «sehr dornig»). Sie ist in den Bergen verbreitet.

Die **Acker-Kratzdistel** *(Cirsium arvense)* wächst auf Äckern, an Wegrändern und im Siedlungsbereich bis über 2000 m.

Die **Kohl-Kratzdistel** *(Cirsium oleraceum)* bevorzugt kalkhaltige Feuchtwiesen und Uferstaudenfluren. Die bleichen Hochblätter umhüllen den Blütenstand.

Die **Sumpf-Kratzdistel** *(Cirsium palustre)* wächst in feuchten Wiesen, an Ufern und in Auwäldern. In den Bergen gedeiht sie bis ca. 1700 m Höhe.

CH 400 | DE Silber

GATTUNG

FLOCKENBLUME

CENTAUREA

Skabiosen-Flockenblume
(Centaurea scabiosa)

Berg-Flockenblume
(Centaurea montana)

Allgemeines und Verbreitung

Je nach systematischer Gliederung gibt es in dieser formenreichen Gattung weltweit zwischen 250 und 500 Arten. Die meisten von ihnen gedeihen vom Mittelmeerraum bis Vorderasien und Europa. In der heimischen Flora gibt es gut 15 Arten. Ihr Name «Flockenblume» bezieht sich auf die charakteristischen, flockigen Hüllblätter. Der wissenschaftliche Name leitet sich von dem griechischen Zentauren (gr. «kentaur») ab. In der griechischen Mythologie hat er mit der **Kornblume** (*Centaurea cyanus,* ehem. *Cyanus segetum*) eine Wunde am Fuß des Helden Achilles geheilt. Die **Benedikten-Flockenblume** (*Centaurea benedicta,* ehem. *Cincus benedictus*), auch Benediktenkraut genannt, ist ein seit dem Altertum als Heilpflanze verwendeter Korbblütler, der nach neuesten molekulargenetischen Gesichtspunkten in diese Gattung gestellt wird.

Einige Arten geben über ihre Wurzeln Catechine ab. Dieser Stoff schädigt die Nachbarpflanzen (Allelopathie). Die Kornblume besitzt, wie auch weitere Arten der Gattung, in den Hüllblättern extraflorale Nektardrüsen. Dadurch locken sie Nützlinge wie Ameisen und Wespen an, die ihnen Pflanzenschädlinge auf Knospen und jungen Blüten vom Leibe halten – dies kommt auch den benachbarten Pflanzen zugute.

Blätter

Die Arten dieser Gattung sind ein- bis zweijährige oder ausdauernde, krautige Pflanzen. Ihre Blätter sind stets wechselständig. Meist sind sie einfach und ± fiederteilig. Teils sitzen sie am Stängel herablaufend, dann wird der Stängel als «geflügelt» bezeichnet.

Wiesen-Flockenblume — Berg-Flockenblume — Kornblume (3 Stängelblätter) — Skabiosen-Flockenblume (Stängel- und Grundblatt)

Blüte

Typisch für die Flockenblumen sind die lang ausgezogenen Zipfel der Röhrenblüten. Bei den meisten Arten sind sie durch Anthocyane blau bis rosafarben oder violett gefärbt, ausnahmsweise können sie auch gelb oder weißlich sein.

Bei den randlichen Blüten sind sie zur Steigerung der Attraktivität zusätzlich zygomorph verlängert, dies wird als «strahlend» bezeichnet. Dadurch werden sie auf den ersten Blick fälschlicherweise in die Gruppe der Korbblütler mit Zungenblüten (Cichorioideae) eingeordnet. Zungenblüten haben jedoch nie solch verlängerte Zipfel. Die inneren Röhrenblüten sind stets zwittrig, die randlichen können steril oder eingeschlechtlich sein. Beispielsweise bei der **Wiesen-Flockenblume** *(Centaurea jacea)* stehen 60 bis 100 violette Blüten in einem Körbchen. Die meisten von ihnen sind zwittrig, daneben gibt es rein männliche und weibliche Blüten, dies wird «dreihäusig» genannt.

In jeder Einzelblüte reifen zuerst die männlichen Staubbeutel (Antherenröhre) heran. Bei der **Kornblume** reagieren die Staubfäden empfindlich auf Berührung. Sie haben einen Unterdruck in ihren Zellen, der sich plötzlich entspannt und dadurch den Staubbeutelring nach unten zieht. Der Griffel mit den Fegehaaren schiebt sich durch die Staubfadenröhre und drückt den Pollen heraus («Lampenputzerprinzip»). Danach wird erneut ein Unterdruck aufgebaut, der schon nach einer Minute wieder hergestellt ist. Die größte Pollenproduktion findet vormittags gegen 11 Uhr statt.

Viele Röhrenblüten in von Hüllblättern umgebenen Köpfen

Hüllblätter hier auffällig gesäumt, häufig tragen sie trockenhäutige Anhängsel.

Randblüten häufig vergrößert

Wechselständige Blätter einfach bis ± fiederteilig bis gefiedert

Diese Art wächst meist in Trocken- und Halbtrockenrasen.

Beispiel
Skabiosen-Flockenblume
(Centaurea scabiosa)

Hier ist die Nussfrucht von einem ± ebenso langen Pappus gekrönt, er kann auch fehlen.

Neben den vielen Blüten befinden sich auf dem Blütenboden unzählige Spreuborsten oder seltener Spreublätter, die borstig zerschlitzt sind. Sie sind aus den Tragblättern hervorgegangen.

Die für die Gattung typischen dachziegelartig überlappenden **Hüllblätter** tragen häufig häutige Anhängsel oder sind von schwarzen Zähnchen bzw. Zipfeln gesäumt. Vor allem im Mittelmeergebiet sind diese auch oft in Dornen ausgezogen. Sie sind wichtig für die Bestimmung der einzelnen Arten dieser Gattung. Für die Pflanze haben sie die Funktion, die Blütenköpfe und Früchte vor Regen zu schützen. Sie krümmen sich bei Trockenheit nach außen und bei Feuchtigkeit über dem Blütenkopf schützend nach innen.

Frucht

Aus jeder Einzelblüte entwickelt sich eine Nussfrucht (Achäne). Es gibt Arten mit glatten und kahlen Früchten ohne Pappus. Bei anderen befindet sich auf der Achäne ein meist im Vergleich zu anderen Gattungen recht kurzer, teils gezähnter Pappus. Er dient der Verbreitung durch den Wind oder Anhaftung im Fell der Tiere. Oft fällt er früh ab. Die Früchte der Kornblume haben Ölkörper zur Ameisenverbreitung. Der Pappus ist hygroskopisch und spreizt sich bei Trockenheit. So kann sich die Frucht als «Bohrfrucht» und auf dem Boden «kriechend» verbreiten.

Nachdem die Früchte aus dem Blütenboden gefallen sind, sind noch eine Weile die borstigen Spreublätter zu sehen, später fallen diese auch ab und es bleibt ein leerer Blütenboden zurück.

Skabiosen-Flockenblume *(Centaurea scabiosa)*, Blütenstandsboden mit Spreuborsten und Frucht

Hüllblätter nach Ausfallen von Frucht und Spreuborsten

Die wichtigsten Gattungs-Merkmale auf einen Blick

- Röhrenblüten mit lang ausgezogenen Zipfeln
- Pappus kurz oder fehlend
- Spreuborsten oder gezähnte Spreublätter
- Hüllblätter oft mit trockenhäutigen Anhängseln

Hülle von Perücken-Flockenblume

Schwarze Flockenblume

Skabiosen-Flockenblume

Verwechslungsmöglichkeiten

Durch die lang ausgezogenen Zipfel der Röhrenblüten und die typischen Hüllblätter sind die Arten dieser Gattung gut gekennzeichnet. Am ehesten können sie mit Gattungen der Kardengewächse aus der Familie der Geißblattgewächse (Skabiose, Witwenblume, Teufelsabbiss) verwechselt werden, die jedoch nie wechselständige Blätter haben.

Verwechslung möglich mit folgenden Familien und Gattungen		**Vergleich** Flockenblume
Kardengewächse ➾ Blätter gegenständig ➾ Hüllblattanhängsel fehlen ➾ Staubblätter frei		
Rasselblume ➾ Zierpflanze ➾ Nur Zungenblüten ➾ Hüllblätter ohne Anhängsel		
Alpenscharte ➾ Pappus federig ➾ Hüllblätter ohne Anhängsel		

Die **Wiesen-Flockenblume** *(Centaurea jacea)* bietet reichlich Nektar (besonders nachmittags) und wird von zahlreichen Bienen, Faltern, Schwebfliegen und Hummeln besucht.

Die **Berg-Flockenblume** *(Centaurea montana)* ist eine ausdauernde Art, die auf Kahlschlägen und an Waldrändern im Bergland auf kalkhaltigen Böden gedeiht. Die inneren Röhrenblüten sind violett und die äußeren blau.

Die **Kornblume** *(Centaurea cyanus)* ist ein Alteinwanderer aus südlicheren Gebieten, der sich als Kulturbegleiter seit der jüngeren Steinzeit in Siedlungsnähe verbreitet.

Die **Skabiosen-Flockenblume** *(Centaurea scabiosa)* verdankt ihren Namen den an Skabiosen erinnernden Blättern. Diese gehören jedoch zu den Kardengewächsen und haben als solche stets gegenständige Blätter.

GATTUNG

LÖWENZAHN, MILCHKRAUT

LEONTODON

Schweizer Löwenzahn *(Leontodon helveticus)*

Herbst-Löwenzahn *(Leontodon autumnalis* bzw. *Scorzoneroides autumnalis)*

Allgemeines und Verbreitung

Die beiden Gattungen *Taraxacum* und *Leontodon* werden im Deutschen beide als Löwenzahn bezeichnet. Der wissenschaftliche Name leitet sich von gr. «leon» («Löwe») und «odon» («Zahn») ab. Er bezieht sich auf die Ähnlichkeit mit einem Löwengebiss. Die spätere Blütezeit im Vergleich zum **Löwenzahn** *(Taraxacum officinale)* hat zum deutschen Namen **Herbst-Löwenzahn** geführt. Allerdings ist umstritten, ob der Herbst-Löwenzahn *(Leontodon autumnalis)* in diese Gattung gestellt wird oder in eine eigenständige Gattung *Scorzoneroides (Scorzoneroides autumnalis).* Einige Autoren bezeichnen die Arten der Gattung *Leontodon* zur besseren Unterscheidbarkeit als **Milchkraut**, dem gebräuchlichen Namen in der Schweiz. Ihren Verbreitungsschwerpunkt hat die Gattung vom Mittelmeerraum bis nach Nordafrika und von Südskandinavien bis zum Kaspischen Meer. In Mitteleuropa gibt es ca. 10 Arten. In den Alpen gibt es einige Arten, die als Pionierpflanzen in Steinschutthalden Fuß fassen. Andere sind im Grünland verbreitet. Der **Steifhaarige Löwenzahn** *(Leontodon hispidus)* wird auch **Rauer Löwenzahn** oder **Raues Milchkraut** genannt und hat durch sein Vorkommen auf den fetten Bergwiesen diesen den Namen «Milchkrautweide» eingebracht.

Blätter

Es gibt einjährige und ausdauernde Arten in dieser Gattung. Sie besitzen Milchsaft, ein Merkmal aller Gattungen innerhalb der Gruppe der Cichorioideae mit ausschließlich Zungenblüten. Sie haben einfache oder verzweigte, in der Regel blattlose Stängel, die höchstens schuppenförmige Hochblätter tragen. Die Blätter stehen in einer Rosette am Boden. Sie sind einfach bis fiederteilig und kahl oder behaart. Der **Steifhaarige Löwenzahn** *(Leontodon hispidus)* hat meist mit Gabelhaaren versehene Blätter.

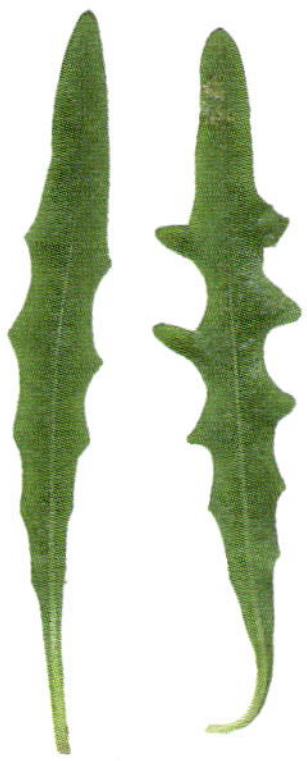

Herbst-Löwenzahn (2 Rosettenblätter)

Schweizer Löwenzahn (Rosette)

Steifhaariger Löwenzahn (2 Rosettenblätter)

Berg-Löwenzahn

Blüte

In jedem Blütenkopf stehen viele Zungenblüten, jede von ihnen endet mit 5 Zipfeln (Zacken). Sie sind stets gelb gefärbt, die äußeren teils mit rötlichen oder grünlichen Streifen auf der Unterseite. Die Blütenköpfe können einzeln oder zu mehreren in einem verzweigten Blütenstand stehen. Die Hüllblätter sind mehrreihig und meist dachziegelig angeordnet. Ihre vorhandene oder fehlende Behaarung dient als Merkmal bei der Artbestimmung, ebenso wie die Behaarung der Blätter. Im Gegensatz zum Löwenzahn der Gattung *Taraxacum* sind die äußeren Hüllblätter nicht umgebogen. Spreublätter gibt es nicht.

Die Blätter sind einfach bis fiederteilig und kahl oder behaart.

■ Beispiel
Herbst-Löwenzahn
(*Leontodon autumnalis* bzw. *Scorzoneroides autumnalis*)

Diese Gattung teilt sich den deutschen Gattungsnamen mit dem Löwenzahn *(Taraxacum)*.

Frucht

Die aus den beiden verwachsenen, unterständigen Fruchtblättern hervorgehende Nussfrucht (Achäne) ist meist gerippt. Im Unterschied zum Löwenzahn der Gattung *Taraxacum* mit geschnäbelten Früchten sind die Früchte nicht geschnäbelt, d. h., der Pappus sitzt als Krönchen direkt auf der Achäne. Diese kann sich allerdings schnabelartig nach oben verjüngen und ist im Vergleich mit den Früchten anderer ähnlicher Gattungen relativ lang. Die äußeren Pappusborsten können kürzer sein als die inneren. Ein weiterer Unterschied dieser beiden Gattungen ist der federige Pappus bei der Gattung *Leontodon* und der borstige (ungefiederte) Pappus bei der Gattung *Taraxacum*.

Herbst-Löwenzahn, federiger Pappus

Steifhaariger Löwenzahn, Pappus

Herbst-Löwenzahn, Hüllblätter

Herbst-Löwenzahn, Pappus

Die wichtigsten Gattungs-Merkmale auf einen Blick

- Blätter in Grundblattrosette und Stängel blattlos
- Pflanze mit Milchsaft
- Nur gelbe Zungenblüten (mit 5 Zipfeln), keine Spreublätter
- Pappus ungeschnäbelt und federig behaart

Verwechslungsmöglichkeiten

Löwenzähne sind nicht nur ihren namensgleichen Verwandten, den Löwenzähnen der Gattung *Taraxacum,* ähnlich, es gibt darüber hinaus einige Gattungen, die ebenfalls gelbe Blütenköpfe mit Zungenblüten ausbilden. Zu verwechseln sind sie evtl. auch mit Gattungen, die neben Zungen- auch Röhrenblüten haben, diese sind bei den Verwechslungsmöglichkeiten der Greiskräuter *(Senecio)* aufgeführt.

Verwechslung möglich mit folgenden Gattungen		**Vergleich** Löwenzahn
Löwenzahn *(Taraxacum)* • Stängel hohl und ohne Schuppenblätter • Pappus ungefiedert und geschnäbelt		
Ferkelkraut • Spreublätter auf dem Blütenstandsboden		
Habichtskraut • Pappus meist schmutzig-weiß und steif • Pappus nicht federig		
Bitterkraut • Stängel beblättert • Blätter durch widerhakig gegabelte Borsten (Gabelhaare) rau		
Pippau • Stängel oft beblättert • Meist mit Außenhülle • Pappus ungefedert, reinweiß und biegsam		

Der **Berg-Löwenzahn** *(Leontodon montanus)* ist eine Pionierpflanze, die im Hochgebirge auf kalkhaltigen Böden wächst und die Gesteinsschutthalden festigt.

■ Der **Schweizer Löwenzahn** *(Leontodon helveticus)* wächst auf Weiden und Schutthalden von der montanen bis in die alpine Stufe und meidet kalkhaltige Standorte.

■ ■ Der **Steifhaarige Löwenzahn** *(Leontodon hispidus)* heißt auch **Raues Milchkraut** und wird an Straßenböschungen, als Bienenweide und zur Wiesenbegrünung gepflanzt.

■ Der **Herbst-Löwenzahn** (*Leontodon* bzw. *Scorzoneroides autumnalis*) wächst auf nährstoffreichen, meist kalkarmen Wiesen und an Wegrändern von der Ebene bis in 1800 m Höhe.

LÖWENZAHN

TARAXACUM

Kronblattreste auf dem Fruchtstand des **Gewöhnlichen Löwenzahns** *(Taraxacum* sect. *Ruderalia)*

Blütenbesuch, **Gewöhnlicher Löwenzahn**

Allgemeines und Verbreitung

Die beiden Gattungen *Taraxacum* und *Leontodon* werden im Deutschen beide als Löwenzahn bezeichnet. Letztere wird auch als Herbstlöwenzahn oder Milchkraut bezeichnet. Die Gattung *Taraxacum* wird je nach Autor in mehr oder weniger Arten und Sektionen eingeteilt. Es gibt Vertreter von ihnen von den Tropen bis zu den Polargebieten, die meisten gedeihen in den gemäßigten Zonen. Es gibt wohl kaum eine andere Gruppierung und Spezies, bei der das Art- und Gattungskonzept so wenig greift wie beim Löwenzahn. So schwankt die Anzahl der in der Gattung anzuerkennenden Arten je nach Autor von einigen bis zu mehreren Tausend. Darum wird hier auch mit dem Konzept der Sammelarten gearbeitet. Doch auch dieses Vorgehen hat wiederum Vor- und Nachteile, sodass es sich durchgesetzt hat, die Löwenzähne in Sektionen einzuteilen. Danach wird die ehemals häufigste mitteleuropäische «Art», der Gewöhnliche Löwenzahn (*Taraxacum officinale* agg.), nun als *Taraxacum* sect. *Ruderalia* geführt.

Löwenzahn hat seine größte Verbreitung auf stark gedüngtem Grünland. Dort ist er durch die große Wuchskraft und die Eigenschaft seiner Wurzeln, Äthylen mit wachstumshemmender Wirkung abzusondern, nahezu konkurrenzlos. Im Gebirge kann er bis 2800 m aufsteigen, bleibt dort jedoch kleinwüchsiger als im Flachland.

Blätter

Die Blätter bilden stets eine Rosette am Boden. Sie entspringen einer Pfahlwurzel, aus der auch die hohlen, blattlosen Stängel entspringen. Die Form der Blätter variiert nicht nur von Sektion zu Sektion, sondern kann auch an einer einzelnen Pflanze sehr verschieden sein – und dies nicht nur im Laufe der Jahreszeiten und Standortbedingungen, sondern auch gleichzeitig. Die Blätter sind allerdings immer einfach und mehr oder weniger stark gezähnt.

Blattvariabilität des **Gewöhnlichen Löwenzahns**

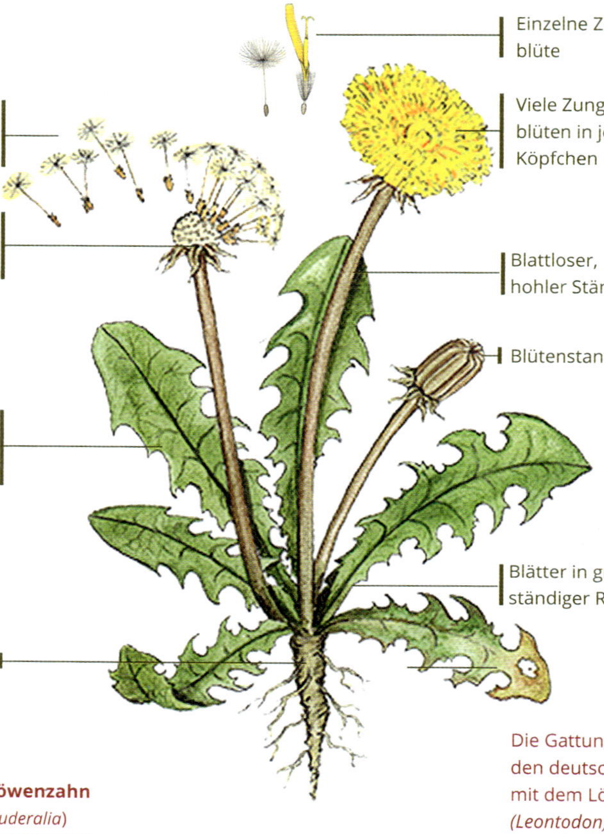

Beispiel
Gewöhnlicher Löwenzahn
(*Taraxacum* sect. *Ruderalia*)

Die Gattung teilt sich den deutschen Namen mit dem Löwenzahn *(Leontodon).*

Die ganze Pflanze führt immer Milchsaft. Zu Unrecht hält sich das Gerücht, dass dieser giftig sei. Zeitweise wurde sogar Löwenzahn mit 6–10 % (statt der üblichen 0,1 %) Kautschuk gezüchtet, und aktuell gelangt dieser wieder in das Interesse der Automobilindustrie.

Löwenzahn ist ein sehr gesundes Küchen- und Heilkraut. Die essbaren Blüten dekorieren verschiedenste Speisen, aromatisieren Spirituosen, können als Wein vergoren und zu Sirup ausgekocht werden. Früher dienten sie zum Butterfärben. Die Wurzeln können sauer eingelegt, an Salate geraspelt oder als Gemüse zubereitet werden; in Notzeiten hat man sie als Kaffeeersatz geröstet. Seit dem Mittelalter schätzt man die ausschwemmenden und harntreibenden Eigenschaften, was seine weiteren Namen «Bettpisser», «pissenlit» und «pee in the bed» belegen.

Blüten

Die Blütenköpfe mit den unzähligen, gelben Zungenblüten sind von bis zu 25 Hüllblättern umgeben. Jede der einzelnen Zungenblüten ist zwittrig und setzt sich aus 5 verwachsenen Kronblättern zusammen, in deren Röhre sich die 5 verwachsenen Staubblätter befinden. Die Griffel entfalten sich, nachdem der Blütenstaub abgegeben ist, und dann ist deutlich die 2-teilige Narbe zu sehen. Die Blütenformel ist auf Seite 703 abgebildet.

Die Blütenköpfe haben ein reichhaltiges Pollenangebot und geben ebenfalls reichlich Nektar ab, der kapillar in der Blütenröhre aufsteigt. Bestäuber sind neben Käfern auch Bienen, Hummeln und Schmetterlinge. Durch die frühe Blütezeit ist Löwenzahn eine gute Nahrungspflanze für Insekten. Bienen sammeln von 125 000 Blütenköpfen etwa 1 kg Honig. Neben der Hauptblütezeit von April bis Mai gibt es vereinzelt eine weitere Blüte bis in den Herbst hinein. Die Blütenköpfe schließen sich nachts und bei Regen.

Bestäuber des **Gewöhnlichen Löwenzahns** (*Taraxacum* sect. *Ruderalia*) und Fruchtreife (unten links)

Frucht

Aus jeder einzelnen Zungenblüte, d. h. jedem unterständigen Fruchtknoten innerhalb dieser Zungenblüte, entwickelt sich eine gerippte Nussfrucht (Achäne). Sie ist lang geschnäbelt, d. h., durch den Stiel zwischen Achäne und Pappus ist dieser emporgehoben. Die einzelnen Pappusstrahlen sind nicht gefiedert, dies ist ein gutes Unterscheidungsmerkmal zur Gattung *Leontodon*. Die Flugweite der Samen kann bis zu 20 km betragen.

Unterschiedliche Blattgrößen des **Gewöhnlichen Löwenzahns** (*Taraxacum* sect. *Ruderalia*)

Entfaltende Blütenstandsknospe und Pfahlwurzel (rechs)

Die wichtigsten Gattungs-Merkmale auf einen Blick

- Ausdauernde Pflanzen mit Pfahlwurzel
- Grundblattrosette
- Hohler Stängel blattlos
- Pflanzen mit weißem Milchsaft
- Nur gelbe Zungenblüten (mit 5 Zipfeln), keine Spreublätter
- Pappus geschnäbelt

Verwechslungsmöglichkeiten

Neben den Namesverwandten, den Herbstlöwenzähnen *(Leontodon)*, kann man die Löwenzähne auch mit Vertretern anderer Gattungen mit gelben Blütenköpfen verwechseln. Ein gutes Unterscheidungsmerkmal für alle diese Vertreter ist der hohle Stängel, auf dem jeweils nur ein Blütenkopf sitzt. Ähnlich können auch Arten der Gattungen mit Röhren- und Zungenblüten aussehen, diese sind bei den Verwechslungsmöglichkeiten der Greiskräuter *(Senecio)* aufgeführt.

Verwechslung möglich mit folgenden Gattungen		**Vergleich** Löwenzahn
Herbstlöwenzahn - Stängel markig, mit Schuppenblättern - Pappus ungeschnäbelt und gefiedert		
Ferkelkraut - Spreublätter auf dem Blütenboden - Markiger Stängel mit Schuppenblättern		
Habichtskraut - Stängel oft beblättert - Blätter, Hüllblätter und Stängel oft behaart		
Schweinssalat - Breite Früchte ohne langen Schnabel - Blätter gleichmäßiger gezähnt		

PIPPAU

CREPIS

Gold-Pippau *(Crepis aurea)* Kleinköpfiger Pippau *(Crepis capillaris)*

Allgemeines und Verbreitung

In dieser in Amerika, Asien, Afrika und Europa verbreiteten Gattung gibt es weltweit über 200 Arten, von denen in der heimischen Flora ca. 20 Arten vorkommen. Sie gedeihen von der Ebene bis in alpine Höhenlagen.

Blätter

Alle Arten dieser Gattung sind krautige Pflanzen, es gibt unter ihnen viele ausdauernde und einige ein- oder zweijährige Pflanzen. Sie enthalten – wie für die Gruppe der Cichorioideae typisch – Milchsaft. Ihre Stängel können sowohl einfach als auch verzweigt sein. Meist sind sie beblättert, die Blätter können jedoch auch in einer grundständigen Rosette stehen. Dies ist vor allem bei den Arten der subalpinen oder alpinen Stufe der Fall. Die wechselständigen Blätter sind einfach bis fiederteilig. Häufig sitzen sie pfeilförmig stängelumfassend oder geöhrt am aufrechten Trieb. Solch stängelumfassend pfeilförmige Blätter haben beispielsweise die beiden in der Ebene am häufigsten anzutreffenden Arten, der **Kleinköpfige** *(Crepis capillaris)* und der **Wiesen-Pippau** *(Crepis biennis)*.

Gold-Pippau, 2×

Wiesen-Pippau, 2×

Kleinköpfiger Pippau

Blüte

In jedem Blütenkopf befinden sich zahlreiche **Zungenblüten**, jede von ihnen endet mit 5 Zipfeln. Sie sind überwiegend gelb und seltener orange, außerhalb der heimischen Flora auch weiß bis rosa oder rötlich. Die UV-Reflexion der inneren und äußeren Zungenblüten ist unterschiedlich hoch, sodass die bestäubenden Insekten die Köpfe zweifarbig wahrnehmen.

Die **Blütenköpfe** stehen einzeln am Ende des Stängels oder in verzweigten Gesamtblütenständen zusammen. Spreublätter gibt es nicht. Die Hüllblätter können kahl, einfach behaart, borstig oder zusätzlich mit Drüsenhaaren versehen sein. Sie schließen den Blütenstand ein- oder zweireihig ein, die äußeren Hüllblätter können abstehen. Alle Arten der Gattung öffnen und schließen ihre Blütenköpfe mit dem Tageslicht und bei Regen, indem sich die Zungenblüten zusammenlegen.

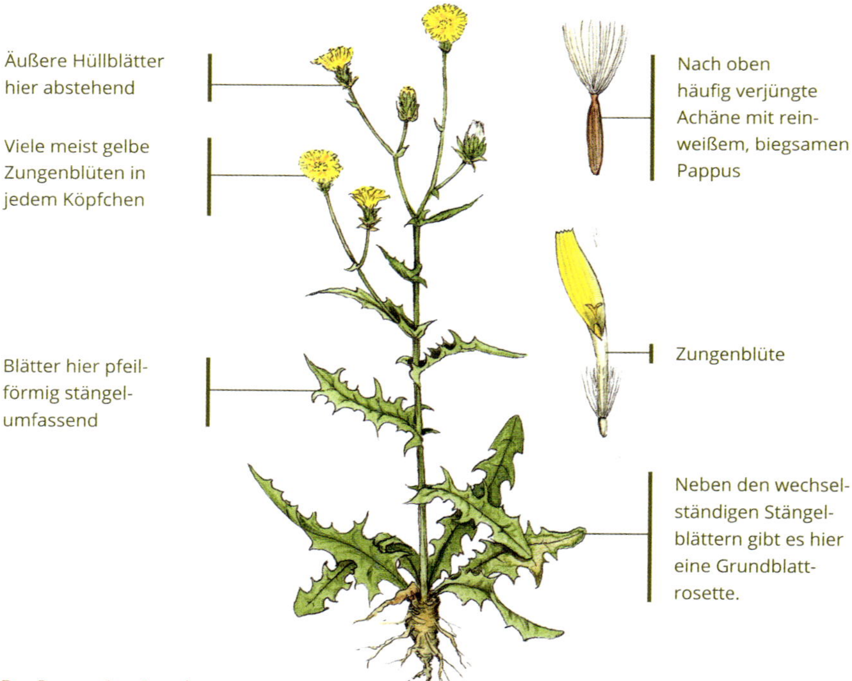

Der Pappus ist niemals gefiedert. Dies ist ein Merkmal, das erst an reifen Früchten beurteilt werden kann.

Beispiel
Wiesen-Pippau
(Crepis biennis)

Die Blätter können auch alle in einer Grundblattrosette stehen. Diese Art ist zweijährig und verträgt keine Beweidung.

Frucht

Aus dem unterständigen Fruchtknoten entwickelt sich eine Nussfrucht (Achäne), die von einem meist reinweißen Pappus («Fallschirm») gekrönt ist. Die gerippten Früchte sind nach oben hin oft verschmälert und seltener auch geschnäbelt. Einige Arten dieser Gattung sind verschiedenfrüchtig, d. h., die inneren Früchte sind geschnäbelt, während die äußeren ungeschnäbelt sind. Dies wird als «Heterokarpie» (Verschiedenfrüchtigkeit) bezeichnet. Dies gibt es jedoch vor allem bei einjährigen Arten in trockenwarmen Gebieten im Mittelmeerraum. Bei ihnen unterscheiden sich diese Früchte meist auch in Bezug auf ihre Keimungsstrategie. So ist die Chance größer, unter verschiedenen Klimabedingungen Samen heranwachsen zu lassen.

Die biegsamen **Pappusstrahlen** sind oft rau, aber niemals federig. Meist sind sie in mehreren Reihen angeordnet. Die Biegsamkeit des Pappus wird am besten geprüft, indem ein reifer Pappus zwischen zwei Fingern gestaucht wird. Hier lässt er sich biegen, während der reife Pappus z. B. bei der Gattung Habichtskraut *(Hieracium)* meist sofort zerbricht, ohne sich vorher zu verbiegen.

Wiesen-Pippau *(Crepis biennis)*, Frucht und Hülle

Kleinköpfiger Pippau *(Crepis capillaris)*, Frucht und Hülle

Die wichtigsten Gattungs-Merkmale auf einen Blick

- Blätter einfach bis unregelmäßig fiederspaltig
- Stängelblätter oft pfeilförmig stängelumfassend
- Pflanze mit Milchsaft
- Nur Zungenblüten, meist sind sie gelb, keine Spreublätter
- Achäne mit reinweißem, ungefederten, biegsamen Pappus

Verwechslungsmöglichkeiten

Der Gold-Pippau wird leicht mit dem Orangeroten Habichtskraut verwechselt, er hat jedoch im Gegensatz zu diesem nur einen Blütenkopf je Stängel. Auch gelb blühende Arten dieser und weiterer Gattungen sehen Pippau-Arten ähnlich. Im blütenlosen Zustand ist Verwechslung mit Wegwarte, Weg-Rauke oder Sumpfkresse möglich.

Verwechslung möglich mit folgenden Gattungen		**Vergleich** Pippau
Löwenzahn *(Leontodon)* ⇨ Hüllblätter ungleich lang und meist dachziegelig ⇨ Stängel höchstens mit kleinen Schuppenblättern		
Ferkelkraut ⇨ Spreublätter auf dem Blütenstandsboden ⇨ Keine Stängelblätter ⇨ Pappus federig		
Habichtskraut ⇨ Pappus meist schmutzigweiß und steif (brüchig) ⇨ Frucht nicht verjüngt		
Lattich ⇨ Häufig bestachelte Mittelrippe der Blattunterseite ⇨ Pappus geschnäbelt		
Bitterkraut ⇨ Blätter rau (Gabelhaare) ⇨ Hüllblätter meist dachziegelig angeordnet ⇨ Pappus federig		

Der **Großköpfige Pippau** *(Crepis conyzifolia)* wird auch Alant-Pippau genannt. Er wächst meist in subalpinen Höhenlagen auf mageren Wiesen und Weiden.

Der **Kleinköpfige** oder **Grüne Pippau** *(Crepis capillaris)* ist ein Archäophyt, der magere Wiesen und Ruderalflächen besiedelt. Die Einzelköpfe sind nur 1–1,5 cm breit.

Der **Gold-Pippau** *(Crepis aurea)* hat orangerote Blüten. Es gibt nur eine Grundblattrosette und keine Stängelblätter. Standort sind Wiesen und Weiden in der subalpinen Stufe.

Der **Wiesen-Pippau** *(Crepis biennis)* ist eine 2-jährige Halbrosettenpflanze, die an Wegrändern und auf Fettwiesen wächst. Die Blütenköpfe sind 2–3,5 cm breit.

GATTUNG

HABICHTSKRAUT

HIERACIUM

Orangerotes Habichtskraut *(Hieracium aurantiacum)*

Doldiges Habichtskraut *(Hieracium umbellatum)*

Allgemeines und Verbreitung

Ihren Namen verdankt diese Gattung dem Habicht (gr. «hierax» = «Habicht»), der seine Sehkraft der Legende nach mit dem Milchsaft dieser Pflanzen schärft. Anderen Erklärungen nach wachsen Habichtskräuter nur in den für Vögel erreichbaren Höhen – oder ihre Zungenblüten gleichen Raubvogelschwingen. Diese Gattung ist mit annähernd 1000 Arten eine der artenreichsten. Sie sind in Amerika, Nordasien und Europa vertreten. In Mitteleuropa gibt es je nach Auslegung von Arten und Unterarten zwischen 180 und 200 Arten. Die Bestimmung ist durch die große Anzahl der Arten und die häufig vorkommende Bastardbildung und den dadurch bedingten Formenreichtum zum Teil sehr schwierig. Einige Arten bilden Ausläufer für die vegetative Vermehrung.

Blätter

Die meisten Arten sind ausdauernde, krautige Pflanzen. Die Stängel sind einfach oder verzweigt. Oft ist ausschließlich oder zusätzlich zu einem bis zahlreichen Stängelblättern eine Grundblattrosette vorhanden. Sie kann jedoch auch fehlen. Ihr Fehlen oder Vorhandensein liefert ebenso wie die Anzahl der Blätter am Stängel wichtige Merkmale für die Artbestimmung. Dies ist unbedingt im Gelände zu prüfen, wenn die Pflanze nicht vor Ort bestimmt wird.

Orangerotes Habichtskraut — Blaugrünes H. Rosette — Gewöhnliches Habichtskraut — Glattes Habichtskraut — Wald-Habichtskraut — Langhaariges Habichtskraut Rosette

Die Blätter sind einfach und ganzrandig bis seltener auch einmal fiederteilig oder grob gezähnt. Häufig sind sie behaart. Einige Arten, wie beispielsweise das **Wald-Habichtskraut** *(Hieracium murorum)*, haben Drüsenhaare auf den Hüllblättern und im oberen Stängelabschnitt. Dies dient vermutlich als Schutz, um unerwünschte Insekten am Aufkriechen zu hindern. Das **Kleine** oder **Langhaarige Habichtskraut** *(Hieracium pilosella)* hat als Anpassung an die trockenen, mageren Standorte behaarte Blätter mit silbriger Unterseite. Bei Trockenheit rollen sich die Blätter ein, sodass die Unterseite nach oben zeigt und das Sonnenlicht reflektiert. Die Blätter aller Arten können als Salat oder Gemüse zubereitet werden.

Doldiges Habichtskraut (oben und unten)

Gewöhnliches Habichtskraut

Ab und zu findet man an den verschiedenen Habichtskäutern **Gallen** der **Gallwespen** *Aulacidea hieracii*. Die Insekten regen die Wirtspflanze durch chemische Reize an, vermehrt zu wachsen und dadurch «Kinderstuben» für ihren Nachwuchs zu bilden. So entstehen die runden bis eiförmigen Verdickungen der Stängel, in denen sich mehrere Larvenkammern befinden.

Die Habichtskräuter werden üblicherweise in 2 Gattungen bzw. Untergattungen gegliedert. Je nachdem, ob sie als eigenständige Gattungen angesehen werden oder nicht, wird der wissenschaftliche Gattungsname *Hieracium* für beide beibehalten (wie in diesem Buch) oder zwei getrennte Gattungsnamen (*Hieracium* und *Pilosella*) verwendet. Von den ca. 170 heimischen Arten werden knapp 80 zu den **Echten Habichtskräutern** *(Hieracium)* und gut 90 zu den **Mausohr-Habichtskräutern** *(Pilosella)* gestellt. Die Arten der Untergattung *Pilosella* verdanken ihren deutschen Namen den meist lang behaarten, ganzrandigen Blättern, die dem Ohr einer Maus ähneln.

Echte Habichtskräuter
Untergattung *Hieracium*

- Stets ohne Ausläufer
- Achänen 3–5 mm lang
- Pappusborsten 2-reihig
- Fruchtrippen oben im glatten Wulst verschmolzen

Beispiel-Arten

- Gewöhnliches Habichtskraut *(Hieracium lachenalii)*
- Doldiges Habichtskraut *(Hieracium umbellatum)*
- Alpen-Habichtskraut *(Hieracium alpinum)*
- Wald-Habichtskraut *(Hieracium murorum)*
- Zottiges Habichtskraut *(Hieracium villosum)*

Mausohr-Habichtskräuter
Untergattung *Pilosella*

- Alle Blätter ganzrandig
- Bilden oft Ausläufer
- Achänen 1–2,5 mm lang
- Fruchtrippen enden oben in kleinen, getrennten Zähnen.

Beispiel-Arten

- Orangerotes Habichtskraut *(Hieracium aurantiacum)*
- Geöhrtes Habichtskraut *(Hieracium lactucella)*
- Langhaariges Habichtskraut *(Hieracium pilosella)*
- Wiesen-Habichtskraut *(Hieracium caespitosum)*

Blüte

Die Blütenköpfe können einzeln oder zu mehreren in verzweigten Gesamtblütenständen stehen. Es sind ausschließlich Zungenblüten (mit 5 Zipfeln) in jedem Köpfchen, meist sind sie gelb, seltener gelblichweiß oder orangefarben. Umschlossen werden sie von mehreren Hüllblättern, die stets mehrreihig angeordnet sind. Meist stehen sie «dachig» zusammen, d. h., dass die Hüllblätter alle mehr oder weniger unterschiedlich lang sind und ihre Spitzen nicht in klar angeordneten Reihen enden. Dadurch überlappen sie sich relativ ungeordnet (dachziegelartig). Für die Bestimmung sind Merkmale der Hüllblätter, wie z. B. eine bewimperte Spitze, einfache, Drüsen- oder Borstenhaare, wichtig. Die an der Spitze abstehend zurückgebogenen Hüllblätter des **Doldigen Habichtskrautes** *(Hieracium umbellatum)* sind ein gutes Erkennungsmerkmal für diese Art. Spreublätter gibt es auf dem Blütenstandsboden nicht.

Diese Art ist eine ausdauernde Halbrosettenpflanze, die in allen Teilen stark behaart ist.

Beispiel
Orangerotes Habichtskraut
(Hieracium aurantiacum)

Natürlicher Standort sind Magerwiesen und Wegränder in der montanen und subalpinen Stufe. In der Ebene findet man sie häufig aus Gärten verwildert.

Frucht

Jede Zungenblüte bringt eine meist rotbraune bis schwarze Nussfrucht (Achäne) mit 10 Rippen hervor. Sie ist zylindrisch (nach oben nicht verschmälert) und von einem schnabellosen Pappus gekrönt. Typisch für die Gattung sind die schmutzigweißen, starren Pappusstrahlen. Beim Versuch, die Haare zu biegen, brechen sie sehr leicht – im Gegensatz z. B. zu den biegsamen Pappushaaren der Gattung Pippau *(Crepis)*. Sie können in einer oder 2 Reihen stehen und sind niemals federig. Viele Arten bilden Samen ohne Befruchtung aus (Apomixis). Dies ist neben vegetativer Vermehrung über Ausläufer, die bei einigen Arten vorkommt, eine weitere Möglichkeit, ohne genetischen Austausch für Nachkommen zu sorgen.

Gewöhnliches Habichtskraut, drüsige Hüllblätter mit pinselig bewimperter Spitze

Geöhrtes Habichtskraut, Hülle

Langhaariges Habichtskraut, Fruchtstand

Doldiges Habichtskraut, Pappusstrahlen

Die wichtigsten Gattungs-Merkmale auf einen Blick

- Blätter einfach bis unregelmäßig fiederspaltig
- Pflanze mit Milchsaft
- Hüllblätter meist dachziegelig, keine Spreublätter
- Nur Zungenblüten, meist sind sie gelb
- Pappus ungeschnäbelt, schmutzigweiß, nicht federig und steif

Verwechslungsmöglichkeiten

Das Orangerote Habichtskraut ähnelt dem Gold-Pippau, hat jedoch im Gegensatz zu diesem mehrere Blütenköpfe je Stängel. Auch gelb blühende Arten dieser und weiterer Gattungen ähneln Habichtskräutern – hier sind nur die der Gruppe Cichorioideae mit Zungenblüten aufgeführt.

Verwechslung möglich mit folgenden Gattungen		**Vergleich** Habichtskraut
Löwenzahn *(Leontodon)* - Pappus federig - Stängel höchstens mit kleinen Schuppenblättern		
Löwenzahn *(Taraxacum)* - Stängel hohl - Keine Stängelblätter - Pappus geschnäbelt		
Pippau - Pappus meist reinweiß und biegsam - Frucht oft verjüngt		
Ferkelkraut - Spreublätter auf dem Blütenstandsboden - Keine Stängelblätter - Pappus federig		
Bitterkraut - Blätter mit Gabelhaaren - Hüllblätter meist dachziegelig angeordnet - Pappus federig		

Das **Kleine** oder **Langhaarige Habichtskraut** *(Hieracium pilosella)* hat nur Blattrosetten und je Stängel einen Blütenkopf. Es wächst auf trockenen Weiden und Waldlichtungen.

Das **Doldige Habichtskraut** *(Hieracium umbellatum)* verdankt seinen Namen den in Dolden stehenden Köpfchen. Es wächst auf Wiesen, in Heiden, Dünen und Gebüsch.

Das **Zottige Habichtskraut** *(Hieracium villosum)* hat neben der Grundblattrosette sitzende oder den Stängel ± umfassende Blätter. Es wächst stets auf Kalkböden in Magerrasen und Gesteinsfluren bis 2700 m.

Das **Wald-Habichtskraut** *(Hieracium murorum)* hat neben der grob gezähnten Grundblattrosette am Stängel nur 1–2 Blätter. Es wächst in lichten Wäldern, an Waldrändern und in Gebüschen bis 2000 m Höhe.

CH 400 DE Silber

FAMILIE

GLOCKENBLUMEN-GEWÄCHSE

CAMPANULACEAE

Wasser-Lobelie *(Lobelia dortmanna)* ■ Wiesen-Glockenblume *(Campanula patula)*

Allgemeines und Verbreitung

Die Familie umfasst etwa 80 Gattungen und 2300 Arten, von denen die meisten in den Gebirgsregionen der nördlichen Erdhalbkugel wachsen. Überwiegend sind es ausdauernde krautige Pflanzen. Einige von ihnen führen Milchsaft. Es gibt auch ein paar einjährige Arten und außerhalb Mitteleuropas auch einige Sträucher und Bäume sowie Wasser- und Trockenpflanzen. Die Gattung **Glockenblume** *(Campanula)* ist die artenreichste und enthält etwa 400 Arten. Einige Arten werden als Zierpflanze kultiviert.

Blätter

Die heimischen Arten sind Kräuter. Neben den wechselständigen Stängelblättern gibt es bei einigen Arten eine Grundblattrosette. Die Blätter sind ungeteilt und höchstens gelappt und haben nie Nebenblätter. Die Grundblätter unterscheiden sich häufig von den Stängelblättern. Zum Blütenstand hin werden auch im unteren Teil breite oder herzförmige Blätter meist schmaler, und falls sie unten noch gestielt sind, so sitzen sie am Stängel im oberen Bereich meist ohne Blattstiel an (d. h., sie sind sitzend). Beispielsweise sind bei der **Ährigen Teufelskralle** *(Phyteuma spicatum),* auch **Ährige Rapunzel** genannt, die Grundblätter mehr oder weniger herzförmig und gestielt und oben schmal und sitzend.

Garten-Glockenblume

Betonienblättrige Teufelskralle, Stängel- und Grundblatt

Ährige Teufelskralle, Stängel- und 2 Grundblätter

Berg-Sandglöckchen oder Sandrapunzel, Trieb

Diese Art wächst als Pionierpflanze auf Brachen, in trockenen Sand-Magerrasen und im Gebirge auf kalkarmen Felsstandorten.

Beispiel
Berg-Sandglöckchen oder **Berg-Sandrapunzel** *(Jasione montana)*

Im Gegensatz zu Korbblütlern sind die Staubbeutel frei.

Blüte

Die Blüten sind meist blau bis violett, seltener auch weißlich, rosa oder gelb. Der Blütenstand ist variabel. Es kommen sowohl Einzelblüten wie auch Trauben, Rispen, Ähren und sogar Köpfchen vor. Gewöhnlich stehen die Blüten in der Achsel von Tragblättern, diese können jedoch reduziert sein oder seltener ganz fehlen. Die Blüten sind zwittrig, meist 5-zählig und haben eine doppelte Blütenhülle (Kelch- und Kronblätter). Die 5 Kelchblätter sind meist mit dem Fruchtknoten verwachsen, sie sind an den 5 Zipfeln zu erkennen. Meist sind die 5 Kronblätter zu einer radiären, glocken-, röhren- oder trichterförmigen Krone verwachsen, die an kleine Glöckchen erinnert. Die Familie verdankt ihnen ihren Namen. Die Blütenkrone kann bei den verschiedenen Arten unterschiedlich tief eingeschnitten sein, daher dient sie als Unterscheidungsmerkmal. Bei den Gattungen **Teufelskralle** oder **Rapunzel** *(Phyteuma)* und **Sandglöckchen** *(Jasione)*, auch Sandrapunzel genannt, sind die Kronblätter krallenförmig verbogen, und viele einzelne Blüten stehen in einem köpfchenförmigen Blütenstand.

Allerdings gibt es seltener auch zygomorphe Blüten, wie beispielsweise bei der **Lobelie** *(Lobelia)*. Egal ob zygomorph oder radiär, es gibt stets 5 Staubblätter. Sie können untereinander verwachsen oder frei sein. Bei einigen Arten sind die Staubfäden an der Basis mit den Kronblättern verwachsen.

Der Fruchtknoten setzt sich aus 2, 3 oder 5 verwachsenen Fruchtblättern zusammen. Gewöhnlich ist er unterständig, es gibt jedoch auch Arten mit oberständigem Fruchtknoten, vor allem außerhalb Mitteleuropas. Die Bestäubung erfolgt häufig durch Insekten, bei den Blüten reifen nie gleichzeitig männliche und weibliche Blütenelemente. Um die Insekten anzulocken, wird bei vielen Arten oberhalb des Fruchtknotens in einem Nektarium Nektar abgesondert. Die Anzahl der Narben entspricht der Anzahl der Fruchtblätter, also 2, 3 oder 5.

Blütenformel * oder ↓ K (5) oder 5 {C (5) A 5} G $\overline{(2–3–5)}$ oder G $\underline{(2–3–5)}$

Frucht

Aus den 2, 3 oder 5 verwachsenen Fruchtblättern bildet sich eine Kapsel. Die Zahl der Fruchtblätter entspricht der Anzahl der Fruchtfächer. In jedem werden zahlreiche Samen gebildet. Zur Reifezeit entsteht in jedem Kapselfach eine Öffnung, die mit der Zeit immer größer wird, durch sie werden die Samen entlassen. Die Öffnung befindet sich bei den verschiedenen Arten entweder in der Mitte der Kapsel oder mehr darüber bzw. darunter, sodass dieses Merkmal für die Bestimmung herangezogen wird. Seltener gibt es auch Beerenfrüchte oder Kapseln, die sich mit Klappen öffnen.

Wasser-Lobelie

Glockenblume

Die wichtigsten Familien-Merkmale auf einen Blick

- Kräuter
- Blätter grund- oder wechselständig
- Keine Nebenblätter
- Blüten 5-zählig
- Blüten mit Kelch und Krone
- Fruchtknoten meist unterständig
- Meist Kapselfrüchte

Verwechslungsmöglichkeiten

Die typischen Glockenblumen sind mit ihren charakteristischen Blüten blühend am ehesten mit Vertretern aus Familien mit ebenfalls 5-zähligen Blüten zu verwechseln. Diese werden bei der Gattung Glockenblume vorgestellt. Die Gattungen mit kopfigen Blütenständen ähneln Korbblütlern, Geißblattgewächsen (Unterfamilie Kardengewächse) oder Wegerichgewächsen (Gattung Kugelblume), und Gattungen mit zygomorphen Blüten (Gattung Lobelie) sehen Lippenblütlern ähnlich.

Verwechslung möglich mit folgenden Familien und Gattungen		**Vergleich** Glockenblumengew.
Kugelblume – 4 Staubblätter – Fruchtknoten oberständig		
Karden-Verwandtschaft – Blätter gegenständig – Meist 4 Staubblätter – Kelch zur Fruchtzeit auffällig vergrößert		
Korbblütler – Kelchblätter fehlen oder als Pappus ausgebildet – Nussfrüchte (Achäne) – Staubblätter verwachsen		
Lippenblütler – Gegenständige Blätter – 4-kantiger Stängel – Klausenbildung		

Die **Schwarze Teufelskralle** oder **Rapunzel** *(Phyteuma nigrum)* hat die gattungstypischen, hakenförmig gekrümmten Blüten in dichten Blütenständen. Diese Art wächst als Lehmzeiger auf kalkarmen Wiesen und an Waldsäumen.

Bei der **Knäuel-Glockenblume** *(Campanula glomerata)* stehen bis zu 20 Blüten in einem Knäuel am Ende des Stängels. Die Blüten sind am Rand behaart. Sie wächst in Trocken- und Halbtrockenrasen und Staudensäumen.

Der **Venus-Frauenspiegel** *(Legousia speculum-veneris)* bevorzugt sommerwarme, kalkhaltige Standorte und ist ein mediterranes Ackerwildkraut. Im Alpengebiet ist er selten.

■ Das **Berg-Sandglöckchen** oder **Berg-Sandrapunzel** *(Jasione montana)* hat köpfchenförmige Blütenstände. Es wächst in Sand-Magerrasen an der Küste und in den Bergen.

GATTUNG

GLOCKENBLUME

CAMPANULA

■ Bärtige Glockenblume
(Campanula barbata)

Straußblütige Glockenblume
(Campanula thyrsoides)

Allgemeines und Verbreitung

Weltweit gibt es etwa 400 Arten, von denen die meisten in arktischen und gemäßigten Regionen der Nordhalbkugel vorkommen. Ein Verbreitungsschwerpunkt ist in der Region vom Mittelmeer zum Kaukasus. In Mitteleuropa sind etwa 30 Arten heimisch. Sie wachsen auf Wiesen, Wegrändern, in lichten Wäldern, und viele von ihnen gedeihen auch in extremen Standorten der Hochgebirge. In den Alpen gibt es einige endemische Arten, die nur dort wachsen. Ihren deutschen und wissenschaftlichen Namen verdanken sie der glockigen Form der Blüten (lat. «campanula» = «Glöckchen»).

Blätter

Der überwiegende Teil der Glockenblumen sind ausdauernde Pflanzen, seltener sind sie ein- oder zweijährig. In den Bergregionen gibt es polsterbildende Arten. Die einfachen Blätter sind wechselständig oder stehen in einer Rosette am Boden, häufig gibt es Grund- und Stängelblätter. Die Stängelblätter sind meist einfacher geformt als die Grundblätter. Bei der **Rundblättrigen Glockenblume** (■ ■ *Campanula rotundifolia*) beispielsweise werden die am Boden stehenden, kleinen, namensgebenden, runden Grundblätter leicht übersehen.

Die Blätter können lang gestielt sein oder auch halb stängelumfassend am Stängel ansitzen. Der Blattrand ist glatt oder gesägt, und häufig gibt es kleine weiße Drüsen. Die Arten dieser Gattung neigen zur Bastardbildung, sodass die Blätter und Blüten dann Merkmale zweier Arten aufweisen können und eine Zuordnung zu der einen oder anderen Art schwerfällt.

Nesselblättrige Glockenblume · Bärtige Glockenblume · Wiesen-Glockenblume (Grund- und Stängelblatt) · Pfirsichblättrige Glockenblume · Rundblättrige Glockenblume

Diese Art wächst auf Wiesen und in Gebüschen.

Beispiel
Wiesen-Glockenblume
(Campanula patula)

Die Blüte ist eine schmackhafte, essbare Dekoration. Hier sind die Kronzipfel meist bis zur Hälfte eingeschnitten.

Blüte

Überwiegend stehen viele Einzelblüten in einem oft einseitswendigen Blütenstand zusammen. Seltener gibt es Arten mit nur einer Blüte am Stängel, wie z. B. die **Einblütige Glockenblume** *(Campanula uniflora)*. Die Blüten sind durch Anthocyane blau bis violett gefärbt, seltener weißlich. Allerdings können alle blau blühenden Arten auch mit weißen Blüten vorkommen, denen die Farbpigmente fehlen.

Die 5-zähligen Blüten sind stets radiär und zwittrig. Die Kelchblätter sind an der Basis verwachsen. Die Kronblätter sind zu den typischen glockenförmigen Blüten verwachsen, die 5 Kronzipfel sind mehr oder weniger weit getrennt. Die Tiefe der Einschnitte spielt für die Unterscheidung der Arten eine Rolle.

Alle Arten sind ausgesprochen vormännlich, d. h., die 5 Staubbeutel reifen vor der Empfangsbereitschaft der Narben heran. Ihre Staubbeutel können bei den jungen Blüten aneinanderhaften. Sie öffnen sich nach innen, und meist wird der Pollen bereits in der Knospe an die Haare auf dem Griffel (Griffelbürste) abgegeben. Später wird der Blütenstaub durch Zurückziehen der Griffelhaare freigegeben (sekundäre Pollenpräsentation). Der Griffel dient als Kletterstange und Landehilfe für die bestäubenden Insekten. Die Blüten werden von einigen Insekten als Schlafplatz und Regenschutz genutzt. Da die Narbenäste nach ihrer Entfaltung oft bis zum Griffel zurückgebogen werden, ist Selbstbefruchtung möglich.

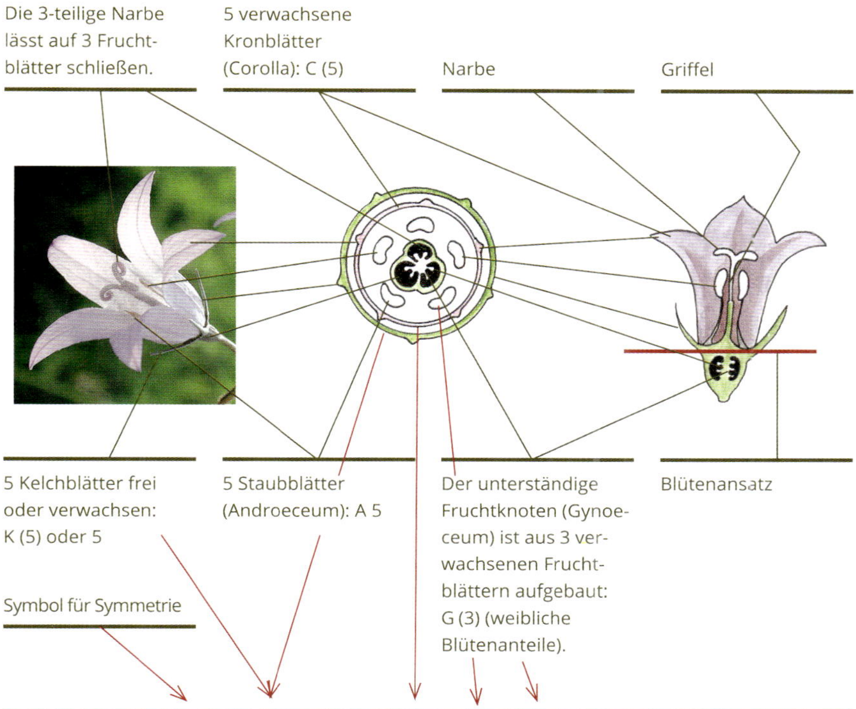

Blütenformel **$*$ K (5) oder 5 C (5) A 5 G $(\overline{3})$**

$*$ Kelchblätter (5) oder 5 Kronblätter (5) Staubblätter 5 Fruchtblätter $(\overline{3})$

Frucht

Zur Reifezeit bilden sich aus den 3 verwachsenen, unterständigen Fruchtblättern Porenkapseln mit vielen kleinen Samen, die vom Wind ausgeweht oder von Tieren verbreitet werden. Bei Nässe schließen sich die Poren.

Pfirsichblättrige Glockenblume *(Campanula persicifolia)*

Nesselblättrige Glockenblume *(Campanula trachelium)*

Rundblättrige Glockenblume *(Campanula rotundifolia)* (2 ×)

Die wichtigsten Gattungs-Merkmale auf einen Blick

- Meist ausdauernde Kräuter
- 5 Kronblätter, röhrig bis glockenförmig verwachsen
- Blüten meist blau bis violett
- 3 Fruchtblätter und Narben

Verwechslungsmöglichkeiten

Die typischen Glockenblumen sind mit ihren charakteristischen Blüten blühend am ehesten mit Vertretern aus Familien mit ebenfalls 5-zähligen Blüten zu verwechseln.

Verwechslung möglich mit folgenden Familien und Gattungen		**Vergleich** Glockenblume
Enziangewächse Blätter gegenständig Fruchtknoten oberständig		
Raublattgewächse Blätter meist behaart Oft Schlundschuppen Klausenbildung		
Heidekrautgewächse Verholzte Sträucher und Zwergsträucher 4–5 Fruchtblätter		
Ehrenpreis Meist 4 Kronblätter 2 Staubblätter Blüte zygomorph		
Alpenglöckchen Gegenständige Blätter 4-kantiger Stängel Klausenbildung		

Ausgewählte Arten

Scheuchzers Glockenblume *(Campanula scheuchzeri)* wächst in den Bergregionen bis 3200 m in Wiesen und Felsschutt auf sauren Böden.

Die **Rautenblättrige Glockenblume** *(Campanula rhomboidalis)* gedeiht meist in kalkhaltigen, feuchten Wiesen und Weiden von der montanen bis in die subalpine Stufe.

Die **Nesselblättrige Glockenblume** *(Campanula trachelium)* hat behaarte Blüten und Blätter. Sie wächst auf feuchten, tiefgründigen Lehmböden in Gebüschen und lichten Wäldern.

Die **Niedliche** oder **Zwerg-Glockenblume** *(Campanula cochleariifolia)* wächst auf kalkhaltigem Untergrund in steinigen Rasen, Felsspalten und Schutt bis 3000 m Höhe.

GATTUNG

TEUFELSKRALLE, RAPUNZEL

PHYTEUMA

Rundköpfige Teufelskralle oder Rapunzel
(Phyteuma orbiculare)

Ährige Teufelskralle oder Rapunzel
(Phyteuma spicatum)

Allgemeines und Verbreitung

Die Teufelskrallen sind nicht unbedingt auf den ersten Blick als Glockenblumengewächse zu erkennen. Ihren krallenförmig gekrümmten Kronblättern verdankt diese Gattung ihren deutschen Namen. Sie werden auch **Rapunzel** genannt. Der wissenschaftliche Name ist von griechischen Begriff «Phyteuo» für «Pflanze» abgeleitet. Die Vertreter dieser Gattung sind in Europa und im nordwestlichen Afrika zu finden. Sie bevorzugen Gebirgsregionen. In der heimischen Flora gibt es ca. 20 Arten.

Mit der auch als Teufelskralle bezeichneten Heilpflanze *Harpagophytum procumbens* teilt sie nicht mehr als den Namen. Diese Pflanze wächst nur in Afrika und gehört einer anderen Familie an.

Blätter

Wie für die Familie typisch, sind die überwiegend einfachen Blätter wechselständig, und zusätzlich kann eine Grundblattrosette vorhanden sein. Die Grundblätter sind oft herzförmig und lang gestielt. Die Stängelblätter werden dann in Richtung Blütenstand schmaler und kleiner. Es gibt auch Arten mit schmalen, fast grasartigen Blättern und zwischen diesen beiden Formen alle Übergänge. Der Blattrand kann ganzrandig (glatt) oder gesägt sein. Die Wurzeln sind häufig als Speicherorgan rübenartig verdickt. Bei den meisten Arten findet eine vegetative Vermehrung durch Wurzelsprosse statt.

Ährige Teufelskralle, Stängel- und Grundblatt

Halbkugelige Teufelskralle (Trieb)

Betonienblättrige Teufelskralle

Rundköpfige Teufelskralle

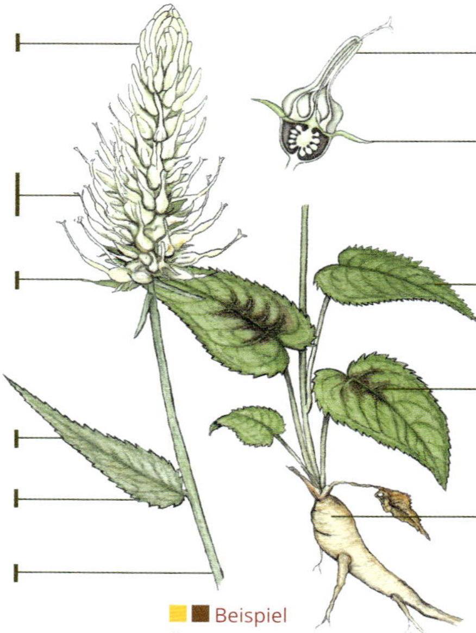

Beispiel
Ährige Teufelskralle oder **Rapunzel** *(Phyteuma spicatum)*

Diese Art hat weißliche Blüten, meist sind sie blau bis violett.

Diese Art ist eine beliebte Pflanze für die Wildkräuterküche, da sie sich vielfältig zubereiten lässt.

Blüte

Stets stehen viele Einzelblüten in einem endständigen Blütenstand (Scheinähre) zusammen, der von Hüllblättern umgeben ist. Dadurch wird die attraktive Schauwirkung für Insekten verstärkt. Die Blütenfarbe ist meist blau, seltener auch schwarzviolett oder weißlich.

Die Blüten sind zwittrig und, wie für die Familie typisch, 5-zählig. Die fünf Kelchblätter umschließen im unteren Teil die Blütenkrone. Meist sind sie ebenfalls miteinander verwachsen. Sie bleiben an der reifen Frucht erhalten. Die verwachsene, schmalröhrige Blütenkrone reißt an 5 Nähten von unten nach oben auf. Erblüht sind nur noch die Spitzen der Kronblätter verbunden. Die Blüten sind vormännlich, d. h., zuerst reifen die 5 Staubblätter heran. Die Kronblätter drücken sie gegen die Griffelbürste, wo der Blütenstaub haften bleibt. Die Staubbeutel können anfangs leicht miteinander verklebt sein, sind jedoch nicht miteinander verwachsen.

Erst nachdem der Pollen entlassen ist und die Kronblätter weitestgehend getrennt sind, entfalten sich die Narben und werden empfangsbereit. Bestäubung findet über verschiedene Insekten statt, vor allem Hummeln, Bienen, Falter und Käfer. Es kann auch zu Selbstbestäubung kommen. Die unterständigen Fruchtblätter sind verwachsen, der Fruchtknoten kann sich aus 2 oder 3 Fruchtblättern zusammensetzen.

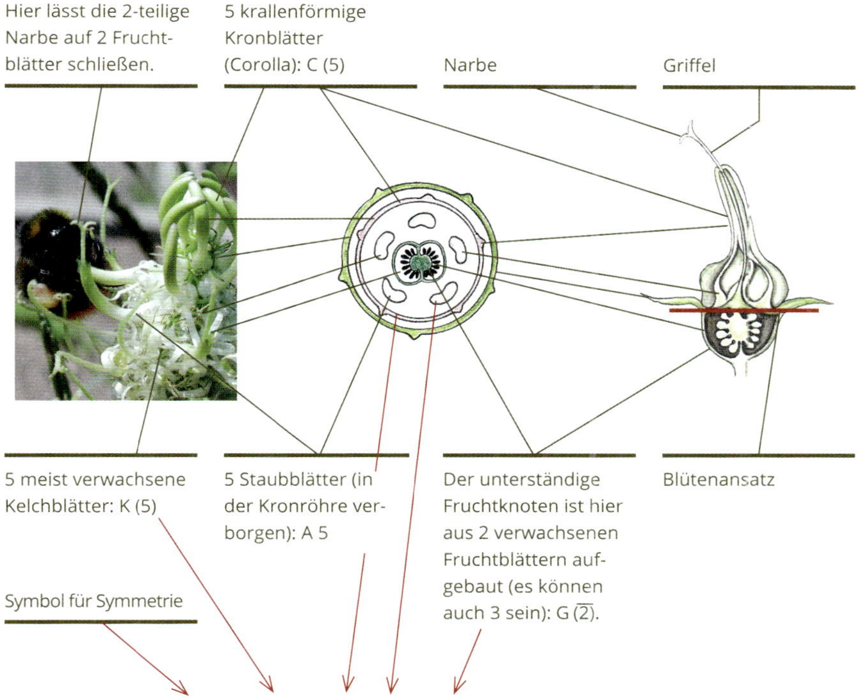

Blütenformel **∗ K (5) C (5) A 5 G $(\overline{2})$**

∗ Kelchblätter (5) Kronblätter (5) Staubblätter 5 Fruchtblätter $(\overline{2})$

Frucht

Die 2 oder 3 unterständigen Fruchtblätter bilden zur Reifezeit Kapselfrüchte mit so vielen Fruchtfächern, wie Fruchtblätter an der Bildung beteiligt sind, also 2 oder 3. In jedem Fruchtfach reifen zahlreiche Samen heran. Reif öffnen sich die Kapseln durch Poren. Bei einigen Arten dienen die Griffel als Widerhaken für die Verbreitung der Früchte über Anhaftung im Fell. Daneben werden die Samen auch durch den Wind verbreitet. Die Poren, durch die die Samen aus den Kapseln entlassen werden, schließen sich bei Nässe.

Die wichtigsten Gattungs-Merkmale auf einen Blick

- Kräuter
- Blüten in walzen- bis köpfchenförmigen Blütenständen
- Blüten krallenförmig gebogen

Verwechslungsmöglichkeiten

Die kopfigen Blütenstände ähneln Korbblütlern, Geißblattgewächsen (Unterfamilie Kardengewächse) oder Wegerichgewächsen (Gattung Kugelblume) sowie den Sandglöckchen *(Jasione)* in der selben Familie. Ohne Blüten können z. B. Baldriangewächse mit ungeteilten Blättern ähnlich aussehen. Schmalblättrige Arten sind mit Einkeimblättrigen zu verwechseln.

Verwechslung möglich mit folgenden Familien und Gattungen **Vergleich** Teufelskralle

Kugelblume
- 4 Staubblätter
- Fruchtknoten oberständig

Karden-Verwandtschaft
- Blätter gegenständig
- Meist 4 Staubblätter
- Kelch zur Fruchtzeit auffällig vergrößert

Korbblütler
- Kelchblätter fehlen oder als Pappus ausgebildet
- Nussfrüchte (Achänen)
- Röhren-/Zungenblüten

Einkeimblättrige
- Blätter parallelnervig
- Blüten 3-zählig oder bei Gräsern mit Spelzen

Sandglöckchen
- Blütenkrone nicht krallenförmig verwachsen
- Hüllblätter

Die **Halbkugelige Teufelskralle** oder **Rapunzel** *(Phyteuma hemisphaericum)* hat grasartig schmale Blätter. Sie wächst auf Rasen und in Felsspalten bis in alpine Höhenlagen und meidet kalkhaltige Standorte.

Die **Rundköpfige Teufelskralle** oder **Rapunzel** *(Phyteuma orbiculare)* wächst auf mageren Wiesen und Weiden bis in subalpine Höhenlagen. Die Grundblätter sind rundlich bis herzförmig und die Stängelblätter schmaler und länglich.

Die **Betonienblättrige Teufelskralle** oder **Rapunzel** *(Phyteuma betonicifolium)* bevorzugt magere Wiesen und extensiv bewirtschaftete Weiden sowie lichte Wälder und ist vor allem in subalpinen und alpinen Höhenlagen zu finden.

Die **Ährige Teufelskralle** oder **Rapunzel** *(Phyteuma spicatum)* wächst in krautreichen, lichten Wäldern, auf Bergwiesen und in Gebüschen auf basen- und nährstoffreichen Böden von der kollinen Stufe bis auf 2100 m.

FAMILIE

MOSCHUSKRAUTGEWÄCHSE

ADOXACEAE

Diese teils als Holundergewächse bezeichnete Familie enthält nach systematischen Umstellungen nun auch die Gattungen **Holunder** *(Sambucus)* und **Schneeball** *(Viburnum)*. Weltweit gibt es ca. 225 Arten aus 5 Gattungen. Es sind meist sommergrüne Sträucher, die an das Klima der nördlichen gemäßigten Zone angepasst sind. Es gibt unter ihnen aber auch immergrüne Sträucher und krautige Pflanzen. Neben Holunder und Schneeball ist in Mitteleuropa das **Moschuskraut** *(Adoxa moschatellina)* heimisch.

Meist stehen viele zwittrige, 5-zählige, radiäre Blüten in Blütenständen (Rispen, Scheindolden oder Köpfchen) zusammen. Die Randblüten der verwachsenen Krone sind teils vergrößert. Die 5 Staubblätter sind an der kurzen Kronröhre angewachsen. Der unterständige Fruchtknoten bildet eine oft beerenartige Steinfrucht, die Anzahl seiner Kerne entspricht der Anzahl der Fruchtblätter.

Gewöhnlicher Schneeball *(Viburnum opulus)*

Moschuskraut *(Adoxa moschatellina)*

Die Arten der Gattung Schneeball haben einfache oder gelappte Blätter, die Früchte besitzen nur einen Steinkern. Beim **Gewöhnlichen Schneeball** *(Viburnum opulus)* ist er herzförmig, er wird auch Herzbeer genannt. Die vergrößerten Randblüten sind unfruchtbar.

Der **Wollige Schneeball** *(Viburnum lantana)* ist eine Zierpflanze in Gärten und Parkanlagen. Wild wächst er in Gebüschen auf kalkhaltigen Böden. Seine beerenartigen Steinfrüchte sind erst rot und dann glänzend schwarz. Sie hängen oft den Winter über an den Zweigen.

Das Mark in den Zweigen des **Schwarzen Holunders** *(Sambucus nigra)* ist weiß. Die roh giftigen, schwarzen, beerenartigen Steinfrüchte sind gekocht ein Hausmittel bei Erkältungen.

Der **Rote Holunder** *(Sambucus racemosa)* wird auch **Trauben-Holunder** genannt, er hat rote beerenartige Steinfrüchte, ein rötliches Mark und wächst vor allem in Bergwäldern.

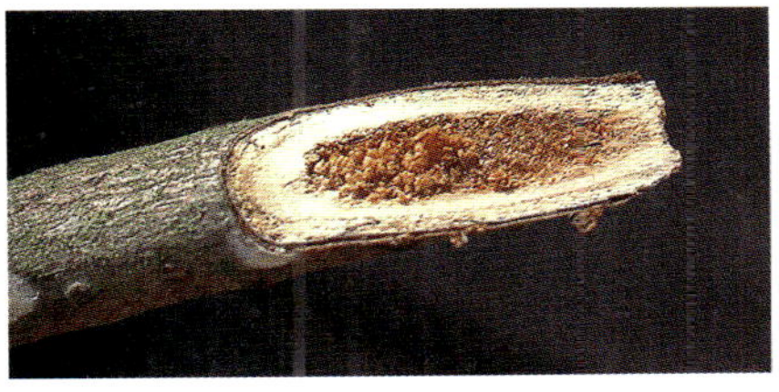

GEISSBLATTGEWÄCHSE

CAPRIFOLIACEAE

Die bis zu 50 Blüten in jedem Köpfchen der **Feld-Witwenblume** *(Knautia arvensis)* werden oft von Blutströpfchen bestäubt.

Die einzige heimische Liane der Familie: **Wald-Geißblatt** *(Lonicera periclymenum)*

Allgemeines und Verbreitung

Diese Familie hat in jüngster Zeit eine Umstellung der Systematik erfahren. Unter anderem gehören die ehemals als eigenständige Familien angesehenen **Karden-** (Dipsacaceae) und **Baldriangewächse** (Valerianaceae) nun auch in diese Familie. Damit sind es weltweit knapp 30 Gattungen mit über 820 Arten. In der heimischen Flora sind ca. 15 Gattungen mit 50 Arten vertreten.

Blätter

Diese uneinheitliche und umfangreiche Familie umfasst einige sommer- oder immergrüne Gehölze, Kletterpflanzen und viele krautige Arten. Die Blätter sind gegenständig oder als grundständige Rosette ausgebildet. Bei einigen Arten – besonders innerhalb der Kardengewächse – können sich die Grundblätter von den Stängelblättern unterscheiden. Zudem werden sie am Stängel in Richtung Blütenstand immer einfacher gestaltet, sodass im unteren Bereich fiederschnittige Blätter vorkommen, während sie am Stängel einfach und ganzrandig sind. Nebenblätter fehlen.

Bei der Gattung **Karde** *(Dipsacus)* sind die Stängelblätter teils so miteinander verwachsen, dass sich in ihnen ein Wasserreservoir bildet. In dieser Gattung gibt es auch Arten mit leicht stacheligen Blättern.

Echter Arznei-Baldrian — Wald-Witwenblume — Feld-Witwenblume (Stängel- und Grundblatt) — Teufels-abbiss — Wilde Karde (Stängel- und Grundblatt)

Alpen-Heckenkirsche — Wald-Geißblatt — Schwarze Heckenkirsche — Rote Heckenkirsche — Schneebeere (Zweig)

Kardengewächse Dipsacoideae	**Baldriangewächse** Valerianoideae	**Geißblatt-Verwandtschaft** Caprifolioideae
➾ Kräuter ➾ Blüten in von Hüllblättern umgebenem Köpfchen ➾ 4- oder 5-zählige Blüten mit oft borstigem Kelch und saumartigem Außenkelch ➾ Meist 4 freie Staubblätter ➾ Nussfrüchte (Achänen) ➾ Blätter einfach bis fiederig	➾ Kräuter ➾ Einzelne Blüten in verzweigten Blütenständen ➾ Blüten schwach zygomorph ➾ Kelch oft als Haarkranz ausgebildet (Pappus) ➾ 1–4 Staubblätter ➾ Oft 3 Fruchtblätter ➾ Einsamiges Nüsschen	➾ Sträucher oder windende Lianen ➾ Paarweise stehende, zygomorphe Blüten ➾ Zygomorphe Blüten 4- oder 5-zählig ➾ 5 Staubblätter ➾ Oft «Doppelbeeren» ➾ Blätter einfach

Gattungen ➾ Karde *(Dipsacus)* ➾ Witwenblume *(Knautia)* ➾ Skabiose *(Scabiosa)* ➾ Teufelsabbiss *(Succisa)*	**Gattungen** ➾ Baldrian *(Valeriana)* ➾ Feldsalat/Rapunzel *(Valerianella)* ➾ Spornblume *(Centranthus)*	**Gattungen** ➾ Geißblatt/Heckenkirsche *(Lonicera)* ➾ Schneebeere *(Symphoricarpos)*

Blüte

Es gibt nur wenig gemeinsame Blütenmerkmale, da sowohl radiäre als auch zygomorphe Blüten vorkommen. Ein Sporn kann fehlen oder bei einigen vor allem südlicher verbreiteten Arten auch vorhanden sein. Die überwiegend zwittrigen Blüten stehen oft in Thyrsen, Ähren, Köpfchen oder Trauben zusammen. Es gibt meist eine doppelte Blütenhülle, d. h., es sind Kelch- und Kronblätter vorhanden. Meist sind die Blüten 4- oder 5-zählig. Oft ist der Kelch unscheinbar, er kann sich aber auch nach der Blüte vergrößern. Die Kronblätter sind meist röhrenförmig miteinander verwachsen, und die Krone ist oft zygomorph. Es gibt 1 bis 5 Staubblätter, die sich in der Blütenkrone befinden. Der unterständige Fruchtknoten ist aus bis zu 5 Fruchtblättern aufgebaut.

Bei der Gattung **Heckenkirsche** oder **Geißblatt** *(Lonicera)* sind meist jeweils 2 zygomorphe Blüten paarweise miteinander verwachsen und bilden eine lange Blütenröhre. Einige Arten sind an Nachtfalter (speziell Schwärmer), Hummeln, Bienen, Wespen oder Schwebfliegen als Bestäuber angepasst. An den Nektar in der langen Kronröhre gelangen nur langrüsselige Insekten. Einige kurzrüsselige Arten sind auf die aus der Blüte herausragenden Staubblätter spezialisiert.

Die **Kardengewächse** zeichnen sich durch Blütenköpfe mit typisch borstigem und häutigem Kelch aus. Der häutige Außenkelch entsteht durch Verwachsung zweier Vorblätter. Die Tragblätter können ebenfalls noch vorhanden sein, sie stehen dann als sogenannte Spreublätter neben den Einzelblüten auf dem Köpfchenboden.

Diese Art wächst in Halbtrockenrasen, an Wegrändern und auf extensiv bewirtschafteten Äckern bis 1500 m Höhenlage.

Beispiel
Feld-Witwenblume
(Knautia arvensis)

Halbrosettenpflanze, bei der neben der Grundblattrosette Stängelblätter ausgebildet sind.

Frucht

Aus den unterständigen Fruchtknoten entwickeln sich zur Reifezeit Kapseln, Steinfrüchte, Beeren, Nüsse oder Achänen.

Typisch für die Gattung **Heckenkirsche** oder **Geißblatt** sind die aus den verwachsenen Blüten hervorgehenden paarweise verwachsenen «Doppelbeeren».

Die Früchte der **Kardengewächse** sind durch 2 Reihen von Kelchblättern gekennzeichnet. Meist gibt es neben den borstigen Kelchblättern auf den Nussfrüchten (Achänen) einen Außenkelch mit häutigem Saum. Bei einigen Arten bleibt auch nach Ausfallen der Früchte ein typischer Fruchtstand stehen. Da er recht stabil ist und früher zum Kardieren (Auskämmen) der Wolle verwendet wurde, hat die Gattung Karde diesen Namen bekommen.

Bei den **Baldriangewächsen** entwickelt sich zur Reifezeit ein Pappus, d. h., die Kelchblätter entwickeln sich zu einem behaarten «Fallschirm».

Wilde Karde *(Dipsacus fullonum)*, links: alter Blütenstand, rechts: verwachsene Blattscheide

Teufelsabbiss *(Succisa pratensis)*, Spreublätter

Gelbe Skabiose *(Scabiosa ochroleuca)*

Die Gattung **Heckenkirsche** wird auch **Geißblatt** genannt. Sie trägt ihren wissenschaftlichen Namen zu Ehren des Botanikers und Arztes Adam Lonitzer (1528–1586). In dieser Gattung gibt es eine heimische Liane, das **Wald-Geißblatt** *(Lonicera periclymenum),* und zwei verwilderte Lianen, das **Japanische Geißblatt** *(Lonicera japonica)* und das **Wohlriechende Geißblatt** *(Lonicera caprifolium),* das auch **Jelängerjelieber** genannt wird. Letztere Arten sind in Parks und Gärten gepflanzt und teils verwildert. Im Gegensatz zu den meisten anderen Windenpflanzen dreht sich ihr Spross im Uhrzeigersinn (sog. Rechtswinder). Weiterhin sind 4 Sträucher heimisch, die in den Artportraits vorgestellt werden. Häufig gepflanzt und stellenweise verwildert ist die **Tataren-Heckenkirsche** *(Lonicera tatarica).* Bis auf diese und die **Blaue Heckenkirsche** *(Lonicera caerulea)* sind die roten oder bläulich-schwarzen Früchte durch Saponine und das Alkaloid Xylostein giftig. Von einigen Vogelarten werden sie unbeschadet verzehrt, der Kern unverdaut ausgeschieden und so verbreitet.

Beispiel
Wald-Geißblatt
(Lonicera periclymenum)

Die wichtigsten Familien-Merkmale auf einen Blick

- Blätter gegen- oder grundständig
- Keine Nebenblätter
- Mehrere Blüten in Blütenständen
- Blüten 4- oder 5-zählig
- Fruchtknoten unterständig

Verwechslungsmöglichkeiten

Die Blütenköpfe der Kardengewächse können sehr leicht für Korbblütler gehalten werden. An der Blattstellung sind beide leicht zu unterscheiden. Bei mehrjährigen Arten können sich die Blattrosetten auch recht ähnlich sehen und bei einigen Karden sogar distelartig bestachelt sein.

Unter den Sträuchern gibt es in einigen Familien Arten mit einfachen Blättern. Rote oder schwarzblaue Beerenfrüchte sind ebenfalls keine Seltenheit. Verwechslungsmöglichkeiten mit der Gattung Baldrian werden dort vorgestellt.

Verwechslung möglich mit folgenden Familien		**Vergleich** Geißblattgewächse
Korbblütler - Blätter wechselständig - Kelch fehlend oder als Pappus («Fallschirm»)		
Rosengewächse - Blätter wechselständig und meist gesägt - Nebenblätter (oft früh abfallend)		
Kreuzdorngewächse - Oft mit Dornen - Fruchtknoten oberständig		
Spindelbaumgewächse - Zweige meist grün und mit Korkleisten - Typische Kapselfrüchte		

Die **Rote Heckenkirsche** *(Lonicera xylosteum)* ist eine der am zeitigsten im Frühjahr austreibenden Sträucher.

Die **Schwarze Heckenkirsche** *(Lonicera nigra)* wächst auf eher kalkarmen, mäßig nährstoffreichen Standorten.

Die **Blaue Heckenkirsche** *(Lonicera caerulea)* heißt auch Blaue Doppelbeere. Ihre Beeren sind bereift.

Die **Alpen-Heckenkirsche** *(Lonicera alpigena)* wird auch Alpen-Doppelbeere genannt. Sie wächst in Hochstaudenfluren, Gebüschen und lichten Wäldern mittlerer Höhenlagen.

Die Kulturform des **Echten Ackersalats** oder **Gew. Feldsalats** *(Valerianella locusta)* wird als Kulturpflanze geschätzt. Er kann Temperaturen bis –15 °C überstehen.

Die **Tauben-Skabiose** *(Scabiosa columbaria)* ist eine tief wurzelnde Lichtpflanze, die meist auf kalkhaltigen Böden zu finden ist und gedüngte Standorte meidet.

BALDRIAN

VALERIANA

Echter Arznei-Baldrian *(Valeriana officinalis)*

Dreiblatt-Baldrian *(Valeriana tripteris)*

Allgemeines und Verbreitung

Ihren wissenschaftlichen Namen «Valeriana» verdankt diese Gattung ihrer seit alters geschätzten Heilwirkung (lat. «valere» = «gesund»). Die in sämtlichen Arten vorkommenden Alkaloide und ätherischen Öle wirken schlaffördernd und beruhigend. Beim Trocknen entwickelt sich der durch Valeriansäure hervorgerufene, typische, meist als unangenehm empfundene Geruch.

Zu dieser Gattung gehören weltweit etwa 200 Arten, die meisten sind ausdauernde, krautige Pflanzen. Einige von ihnen werden auch als Zierpflanzen kultiviert. In Mitteleuropa sind ca. 10 Gattungen mit ca. 40 Arten heimisch.

Blätter

Die Baldrian-Arten wachsen meist aufrecht und haben im Gegensatz zu der Gattung **Feldsalat** *(Valerianella)* nie gabelästig verzweigte Stängel. Die Blätter sind stets gegenständig, sie können einfach oder geteilt sein. Es gibt auch Arten, wie beispielsweise der **Kleine Baldrian** oder **Sumpf-Baldrian** *(Valeriana dioica),* bei denen die Grundblätter ungeteilt und die Stängelblätter gefiedert sind. Auffällig ist die große Endfieder.

Die Vermehrung findet bei vielen Arten vegetativ über das unterirdische Rhizom statt. Am Ende der anschwellenden Rhizome werden Blattbüschel und sprossbürtige Wurzeln gebildet. Daraus entsteht der blühende Spross im nächsten Jahr, und das Verbindungsstück stirbt ab.

Echter Arznei-Baldrian

Garten-Baldrian (Grund- und Stängelblatt)

Kleiner oder Sumpf-Baldrian (Grund- und Stängelblatt)

Der Wurzelstock wird medizinisch verwendet, vor allem bei Einschlafstörungen, Unruhezuständen und nervös bedingten Herzbeschwerden.

Beispiel
Echter Arznei-Baldrian
(Valeriana officinalis)

Diese Art wächst in Wäldern auf feuchten Böden und in Gewässernähe.

Blüte

Viele kleine zygomorphe Blüten stehen in rispiger Verzweigung in Gesamtblütenständen. Die Blütenfarbe ist überwiegend weiß bis rosa, oft mit dunkleren Strichsaftmalen, die zum Ende der Blütezeit verblassen. Neben zwittrigen gibt es häufig auch rein weibliche Blüten (Gynodiözie). Der Kelch ist zur Blütezeit unauffällig, meist sind es kleine Borsten, die sich zur Fruchtreife zu einem federigen Haarkranz auswachsen. Die meist 5 Kronblätter sind trichterförmig verwachsen. Zuerst reifen die 3 Staubblätter heran (vormännlich). Der Nektar wird in einer Aussackung der «Trichterblüten» abgegeben. Bestäuber sind verschiedene Insekten. Der unterständige Fruchtknoten ist aus 3 Fruchtblättern aufgebaut.

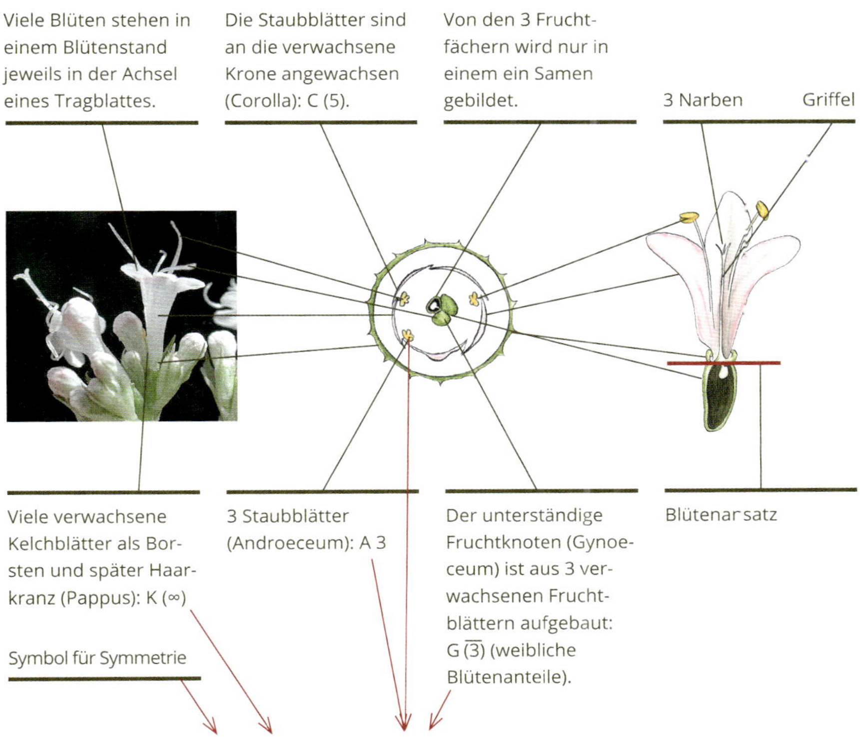

Blütenformel **↓ K (∞) {C (5) A 3} G $\overline{(3)}$**

↓ Kelchblätter (∞) {Kronblätter (5) Staubblätter 3} Fruchtblätter $\overline{(3)}$

Frucht

Aus den 3 unterständigen Fruchtblättern entwickelt sich eine 3-fächerige Nussfrucht (Achäne). Von den 3 Samenanlagen ist stets nur eine fruchtbar. Der Kelch wächst zur Reifezeit zu einem behaarten Strahlenkranz, durch den die Samen mit dem Wind verbreitet werden. Er steht auf der unterständigen Nussfrucht (Achäne). Der Strahlenkranz ist hygroskopisch und rollt sich bei Feuchtigkeit ein. Nach Abbrechen dieses Haarkranzes können die schwimmfähigen Samen auch durch Anhaftung im Gefieder von Wasservögeln oder auf der Wasseroberfläche treibend verbreitet werden.

Die wichtigsten Gattungs-Merkmale auf einen Blick

- Kräuter
- Einzelne Blüten in verzweigtem Blütenstand
- Weißliche bis rosa Blüten, schwach zygomorph
- Kelch als Haarkranz (Pappus)
- 3 Staubblätter
- Einsamige Nussfrucht (Achänen)

Verwechslungsmöglichkeiten

Die Arten der Gattung Feldsalat *(Valerianella)* sind einjährig, ihr Stängel ist gabelästig verzweigt, und ihr Kelch wächst zur Reifezeit nicht zu einem behaarten Strahlenkranz (Pappus) aus. Ohne Blüten sind verschiedene Verwechslungen möglich.

Verwechslungsmöglichkeiten		**Vergleich** Baldrian
Feldsalat ➪ Einjährige Pflanzen ➪ Gabelästig verzweigt ➪ Frucht ohne Pappus		
Wasserdost ➪ Blätter handförmig geteilt ➪ Blüten in Köpfchen ➪ 5 Staubbeutel verwachsen		
Attich ➪ Nebenblätter ➪ Beerenfrüchte ➪ 5 Staubblätter		
Teufelskralle ➪ Wechselständige Blätter ➪ Kopfiger Blütenstand ➪ «Krallenförmige» Blüten		
Lippenblütler ➪ Zygomorphe Blüte ➪ 4-kantiger Stängel ➪ Klausenbildung		

Der **Berg-Baldrian** *(Valeriana montana)* wächst in subalpinen und alpinen Kalkschuttfluren. Vom Felsen-Baldrian unterscheidet er sich durch mehr Blattpaare am Stängel.

Der **Dreiblatt-Baldrian** *(Valeriana tripteris)* hat ungeteilte Grundblätter. Er wächst meist in den Spalten feuchtschattiger, kalkhaltiger Felshänge bis in subalpine Höhenlagen.

Der **Kleine**, **Zweihäusige** oder **Sumpf-Baldrian** *(Valeriana dioica)* ist zweihäusig. Die Grundblätter sind ungeteilt, am Stängel stehen gefiederte Blätter mit großer Endfieder. Er wächst auf feuchten Wiesen und in Bruchwäldern.

Der **Echte Arznei-Baldrian** *(Valeriana officinalis)* wird bis 2 m hoch. Seine Blüten duften intensiv und locken verschiedene Insekten an. Der Nektar befindet sich in einer Aussackung der verwachsenen Blütenkrone.

CH 400 DE Silber

FAMILIE

DOLDENBLÜTLER

APIACEAE

■ Meisterwurz
(Peucedanum ostruthium)

■ Große Sterndolde
(Astrantia major)

Allgemeines und Verbreitung

Diese Familie wird auch Doldengewächse und in älterer wissenschaftlicher Literatur Umbelliferae (Schirmträger) genannt. Es ist eine umfangreiche Familie mit weltweit über 440 Gattungen und etwa 3570 Arten. Die meisten von ihnen sind in den gemäßigten Zonen verbreitet. Die in den Tropen wachsenden Arten gedeihen vor allem in den Bergregionen. Es sind überwiegend krautige Pflanzen, im Mittelmeergebiet gibt es auch zahlreiche Ackerwildkräuter. Aktuell werden 3 Unterfamilien unterschieden, von denen die in Mitteleuropa heimischen Arten jedoch nur einer davon angehören, den Apioideae. Es sind ca. 50 Gattungen mit über 100 Arten. Sie sind vor allem auf Wiesen und an Wegrändern sowohl im feuchten als auch im trockenen Bereich verbreitet. Einige Arten, wie z. B. **Sanikel** (*Sanicula europaea*), **Taumel-Kälberkropf** (*Chaerophyllum temulum*) und **Wald-Engelwurz** (*Angelica sylvestris*), auch Wilde Brustwurz genannt, gedeihen auch in Wäldern. In dieser Familie gibt es einige Nutzpflanzen wie Sellerie, Möhre, Dill, Kümmel, Anis, Petersilie und Fenchel. Ihren aromatischen Geruch verdanken sie den ätherischen Ölen. Die Gewürz- oder Heilpflanzen enthalten besonders viel davon. Einige von ihnen, wie z. B. **Echte Engelwurz** (*Angelica archangelica*), **Kleine Bibernelle** (*Pimpinella saxifraga*), **Bärwurz** (*Meum athamanticum*), **Augenwurz** (*Athamanta cretensis*) und **Alpen-Liebstock** (*Ligusticum mutellina*), auch Alpen-Mutterwurz genannt, werden seit alters in der Volksheilkunde geschätzt. Allerdings gibt es auch tödlich giftige Arten unter ihnen wie den **Wasser-** *(Cicuta virosa)* und den **Gefleckten Schierling** *(Conium maculatum)*. Der «Schierlingsbecher» war ein Hinrichtungsmittel, mit dem Sokrates (469–399 v. Chr.) im antiken Griechenland zum Schweigen gebracht wurde.

Große Sterndolde, Sanikel, Meisterwurz, Giersch, Große Bibernelle, Wiesen-Bärenklau

Pastinak, Wiesen-Kümmel, Wald-Engelwurz, Wiesen-Kerbel, Gefleckter Schierling, Wasser-Schierling

Blätter

Die hohlen Stängel haben oft auffällig verdickte Knoten. Die stets wechselständigen Blätter sind meist einfach bis mehrfach gefiedert. Bei der Fiederung spricht man von «Ordnungen», die ausdrücken, wie stark ein Blatt verzweigt ist. Dabei geht man von einem einfach gefiederten Blatt aus (Fiedern 1. Ordnung), ist diese Seitenfieder wiederum verzweigt, so entspricht dies Fiedern 2. Ordnung, sind diese wiederum verzweigt, werden sie als Fiedern 3. Ordnung bezeichnet und das Blatt an sich als 3-fach gefiedert.

Die Blattscheide ist meist auffällig ausgebildet, sie dient als Knospenschutz. Nebenblätter gibt es nicht. Auf den ersten Blick sehen sich die Blätter vieler Arten zum Verwechseln ähnlich, mit etwas Übung lassen sich viele Arten aber auch anhand ihrer Blätter sicher zuordnen. Diese Merkmale lassen sich jedoch meist nicht anhand von exakten Begriffen beschreiben und erfordern einige Erfahrung. Beim Sammeln für Küchen- und Heilzwecke ist auf jeden Fall äußerste Vorsicht angeraten.

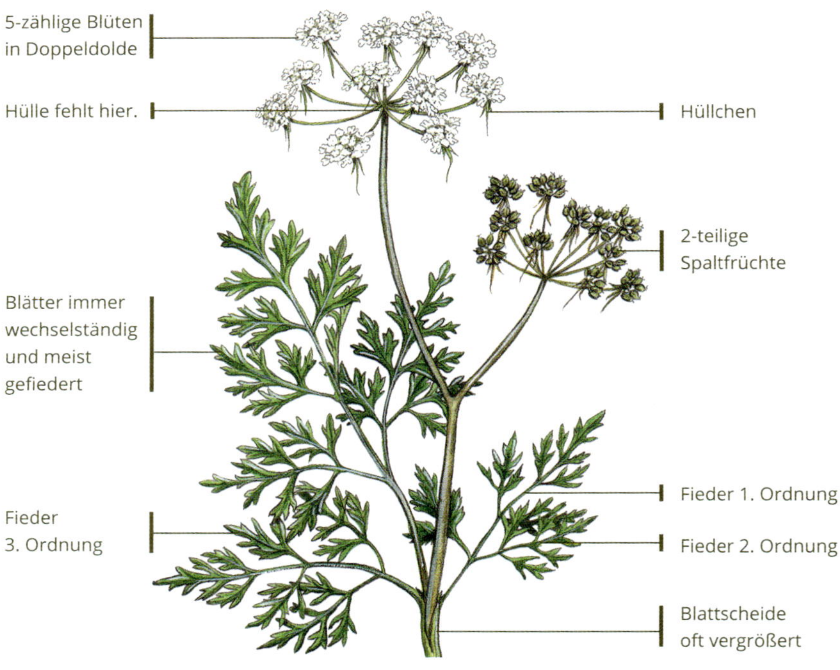

Die ätherischen Öle verleihen dieser Art einen unangenehmen Geruch nach Mäuseurin.

Beispiel
Hundspetersilie
(Aethusa cynapium)

Wegen der Verwechslungsgefahr Glatter Petersilie mit dieser Giftpflanze wurde Petersilie kraus gezüchtet.

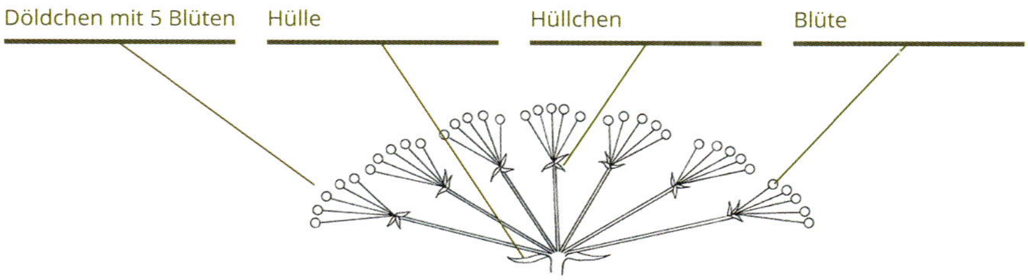

7-strahlige **Doppeldolde** (zusammengesetzte Dolde) mit 5-strahligen Döldchen

Blüte

Die Blüten sind meist weiß, seltener gelb oder rosa bis violett. Sie stehen stets in Dolden zusammen. Eine Dolde ist dadurch gekennzeichnet, dass alle Einzelblüten einem Punkt entspringen. Am Grunde einer Dolde können Tragblätter stehen, d. h., es kann eine sogenannte Hülle (Involucrum) ausgebildet sein. Bei den sogenannten Doppeldolden zweigen wiederum von einem Punkt ausgehend weitere «Döldchen» («Umbellulae») ab. Die nun am Grunde stehenden Tragblätter werden als «Hüllchen» («Involucellum») bezeichnet. Sowohl die Hülle wie auch das Hüllchen können sehr unterschiedlich gestaltet sein und fehlen, daher liefern sie wichtige Merkmale für die Bestimmung der einzelnen Arten. Die **Wilde Möhre** ist durch eine gefiederte Hülle gekennzeichnet.

Wald-Engelwurz *(Angelica sylvestris),* Blattscheide

Wilde Möhre *(Daucus carota),* gefiederte Hülle

Berg-Laserkraut *(Laserpitium siler),* Hülle

Wiesen-Kerbel *(Anthriscus sylvestris),* Hüllchen

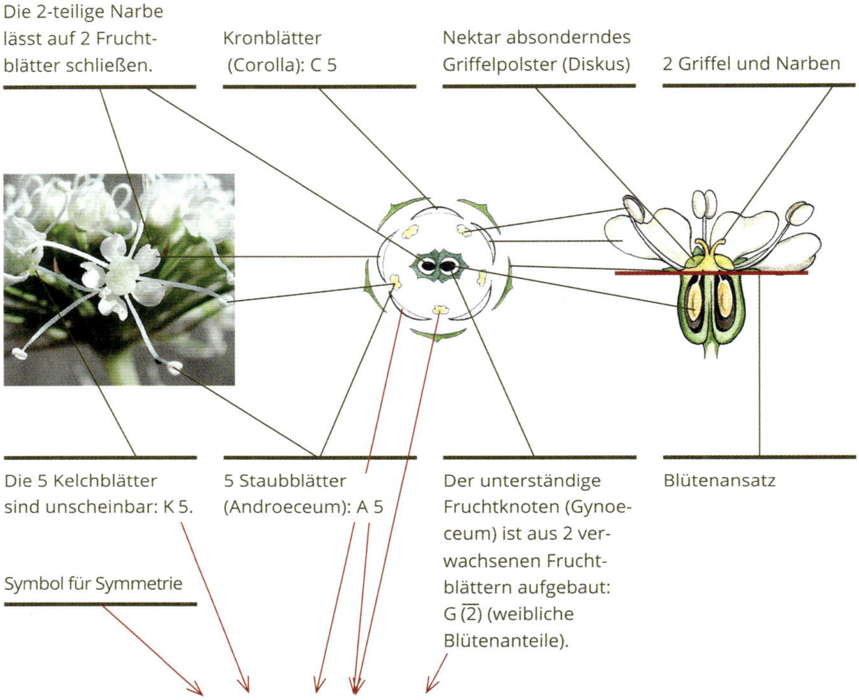

Blütenformel *** K 5 C 5 A 5 G $(\overline{2})$**

*** Kelchblätter 5 Kronblätter 5 Staubblätter 5 Fruchtblätter $(\overline{2})$**

Die Einzelblüten sind recht einheitlich aufgebaut. Ihre Gestalt entspricht einer flachen Schüssel, an der Fliegen, Käfer und andere Insekten leicht an den Nektar gelangen. Er wird von dem sogenannten Diskus (Griffelpolster) abgesondert. Dieser befindet sich auf dem Fruchtknoten, und auf ihm sitzen die beiden Griffel. Daher kann er leicht mit einem oberständigen Fruchtknoten verwechselt werden. Bei einigen Arten sind die Randblüten vergrößert, damit der Blütenstand für die Bestäuber attraktiver wirkt. Streng genommen, handelt es sich bei ihnen um zygomorphe Blüten.

Die 5-zähligen Blüten haben einen überwiegend unscheinbaren Kelch, der meist kaum zu erkennen ist. Die 5 Kronblätter sind frei. Sie können tief ausgerandet oder behaart sein. Die 5 Staubblätter stehen zwischen den Kronblättern. Der Fruchtknoten setzt sich aus zwei unterständigen Fruchtblättern zusammen.

Frucht

Aus dem unterständigen Fruchtknoten entwickelt sich die typisch 2-teilige Spaltfrucht (Doppelachäne). Zur Reifezeit lösen sich die Teilfrüchte voneinander und bleiben an einem zwischen ihnen befindlichen Fruchtträger (Karpophor) hängen. Die Samenschale ist mit der Wand des Fruchtknotens verwachsen. Typischerweise gibt es an jeder Teilfrucht 5 Längs- bzw. Hauptrippen. Oft sind diese Rippen oder auch die ganze Fläche mit Haaren, Haken oder einem Saum für die Ausbreitung durch den Wind versehen. Dadurch ist die Frucht charakteristisch für einzelne Arten. Die Frucht kann auch im oberen Teil in einen mehr oder weniger langen Fortsatz ausgezogen sein, dies wird als «geschnäbelt» bezeichnet.

Das Erkennen der Doldenblütler ist durch die charakteristischen Blütenstände meist einfach. Die richtige Zuordnung zu den Gattungen und Arten ist dagegen schon schwieriger und oft nur anhand der reifen Früchte sicher möglich.

Hundspetersilie

Breitblättriges Laserkraut

Venuskamm, geschnäbelte Frucht

Wiesen-Bärenklau

Wiesen-Kerbel

Wilde Möhre

Die wichtigsten Familien-Merkmale auf einen Blick

- Wechselständige Blätter meist gefiedert, oft mehrfach
- Meist auffällige Blattscheide
- Radiäre Blüten 5-zählig
- Blüten weiß bis rosa oder gelb
- Blüten in Dolden (meist Doppeldolden)
- Meist aromatischer Duft durch ätherische Öle
- Unterständiger Fruchtknoten bildet 2-teilige Spaltfrüchte

Verwechslungsmöglichkeiten

Einen typischen Doldenblütler kann man leicht erkennen. Die «Scheindolden» von z. B. **Holunder** oder **Schafgarben** sind auf den ersten Blick ähnlich. Bei ihnen ist der Blütenstand jedoch unregelmäßig verzweigt (Scheindolde). Echte Dolden gibt es auch beim **Efeu** und in anderen Familie, beispielsweise bei einigen **Primel-** und **Hartriegelgewächsen**, **Schmetterlingsblütlern** und verschiedenen **Lauch-Arten**. Durch ihren Blütenaufbau und die übrigen Merkmale sind Verwechslungen kaum möglich. Allerdings ist es auch nicht immer leicht, einen Doldenblütler zu erkennen, vor allem «untypische» Vertreter mit einfachen Blättern der Gattung **Hasenohr** *(Bupleurum)* oder distelartige Pflanzen mit zusammengezogenem Blütenstand der Gattung **Mannstreu** *(Eryngium)*.

Verwechslung möglich mit folgenden Gattungen und Familien **Vergleich** Doldenblütler

Moschuskrautgewächse
- Sträucher
- Scheindolden
- Beerenfrüchte

Schafgarbe
- Korbblütler
- Scheindolde

Efeu
- Liane
- Beerenfrüchte

Der **Sanikel** *(Sanicula europaea)* wird wegen seiner klettenden Früchte auch **Waldklette** genannt. Er wird als Heilpflanze geschätzt und wächst auf kalkhaltigen Böden.

Der **Kümmel** *(Carum carvi)* hat fein gefiederte Blätter mit typisch kreuzständigen, untersten Fiederpaaren 2. Ordnung und einen würzig, aromatischen Geruch.

Der **Giersch** *(Aegopodium podagraria)* ist je nach Blickwinkel ein lästiges Unkraut im Garten oder eine begehrte Wildpflanze für kulinarische Delikatessen.

Der **Behaarte** oder **Gebirgs-Kälberkropf** *(Chaerophyllum hirsutum)* ist an den bewimperten Kronblättern leicht zu erkennen, allerdings bedarf es einer guten Lupe, sie zu sehen.

Der **Riesen-Bärenklau** *(Heracleum mantegazzianum)* wird über 3 m und die handförmigen Blätter bis knapp 1 m groß. Die Furocumarine wirken mit Sonnenlicht fototoxisch.

Die **Arznei-Engelwurz** *(Angelica archangelica)* wird auch 3 m hoch, besitzt jedoch gefiederte Blätter und grünliche Blüten. Sie duftet angenehm aromatisch und dient als Heilpflanze.

FAMILIE

ARALIENGEWÄCHSE

ARALIACEAE

Weltweit gibt es in dieser Familie etwa 1650 Arten in über 40 Gattungen, die meisten wachsen in den Tropen. In Mitteleuropa gibt es die Gattung Efeu mit einer Art, dem **Gewöhnlichen Efeu** *(Hedera helix),* und die Gattung Wassernabel, ebenfalls mit einer Art, dem **Gewöhnlichen Wassernabel** *(Hydrocotyle vulgaris).* Früher hat man Letzteren zu den Doldengewächsen gestellt.

Wassernabel *(Hydrocotyle vulgaris)* Efeu *(Hedera helix)*

Variabilität der **Efeu**-Blätter

Ausgewählte Art

Die jungen Triebe des **Efeus** *(Hedera helix)* haben 3- bis 5-lappige Schattenblätter. Die älteren Triebe mit ungeteilten, rautenförmigen Sonnenblättern bilden Blüten und Früchte. Viele Vögel vertragen die für den Menschen giftigen Früchte unbeschadet und tragen zur Verbreitung bei. Efeu ist eine immergrüne, bis 450 Jahre alt werdende Liane mit Haftwurzeln. Sie wächst an Bäumen, Ruinen und Hauswänden. Sie entzieht dem Trägerbaum keine Nährstoffe, kann ihm jedoch indirekt durch Lichtentzug oder starkes Gewicht schaden. Efeu steht seit alters für Freundschaft, Treue und ewiges Leben. In Griechenland überreichte man zur Hochzeit einen Efeuzweig. Extrakte der Blätter nutzt man medizinisch. Die Blüten stehen in Dolden, sie blühen im Herbst, und die Früchte reifen im nächsten Frühjahr. Alle Teile des Efeus sind giftig, und die Beeren enthalten die meisten Wirkstoffe.

ANHANG

WEITERFÜHRENDE LITERATUR

Christenhusz, M. & al. (2017): Plants of the World. An Illustrated Encyclopedia of Vascular Plants. University of Chicago Press, Chicago

Doczi, G. (2005): Die Kraft der Grenzen. Harmonische Proportionen in Natur, Kunst und Architektur. Engel, Stuttgart

Düll, R., Kutzelnigg, H. (2011): Taschenlexikon der Pflanzen Deutschlands und angrenzender Länder: Die häufigsten mitteleuropäischen Arten im Portrait. Quelle & Meyer, Wiebelsheim

Eggenberg, S. & al. (2022): Flora Helvetica – Exkursionsflora. Haupt, Bern

Eggenberg, S., Möhl, A. (2020): Flora vegetativa. Ein Bestimmungsbuch für Pflanzen der Schweiz im blütenlosen Zustand. Haupt, Bern

Fischer-Rizzi, S. (2007): Blätter von Bäumen: Heilkraft und Mythos einheimischer Bäume. AT, Aarau

Fischer-Rizzi, S. (2010): Medizin der Erde. Legenden, Mythen, Heilanwendung und Betrachtung unserer Heilpflanzen. AT, Aarau

Fleischhauer, S. G. & al. (2013): Enzyklopädie essbare Wildpflanzen. AT, Aarau

Genaust, H. (2005): Etymologisches Wörterbuch der botanischen Pflanzennamen. Nikol, Hamburg

Kammer, P. (2021): Pflanzen einfach bestimmen. Schritt für Schritt einheimische Arten kennenlernen. Haupt, Bern

Lauber, K. & al. (2018): Flora Helvetica. Illustrierte Flora der Schweiz. 6. Aufl. Haupt, Bern

Lüder, R. (2019): Bäume bestimmen – Knospen, Blüten, Blätter, Früchte. Haupt, Bern

Lüder, R. (2020): Grundkurs Pflanzenbestimmung. Quelle & Meyer, Wiebelsheim

Lüder, R. (2020): Grundkurs Pilzbestimmung. Quelle & Meyer, Wiebelsheim

Lüder, R. (2022): Grundkurs Gehölzbestimmung. Quelle & Meyer, Wiebelsheim

Lüder, R. (2022): Lehrmaterialien und Spiele zur Bestimmung von Pflanzenfamilien, Korbblütlern, Doldenblütlern, Moosen, Pilzen und Bodenlebewesen unter www.kreativpinsel.de

Lüder, R., Lüder, F. (2016): App «Wildpflanzen zum Genießen ...». Kreativpinsel-Verlag, Neustadt

Lüder, R., Lüder, F. (2017): Wildpflanzen zum Genießen für unterwegs. Kreativpinsel-Verlag, Neustadt

Lüder, R., Lüder, F. (2020): Doldenblütler – von Pastinakengemüse bis Schierlingsbecher. Essbare Doldengewächse und ihre Verwechslungsmöglichkeiten. Kreativpinsel-Verlag, Neustadt

Lüder, R., Lüder, F. (2020): Pilze zum Genießen. Das Familien-Pilzbuch für Küche, Kreativität und Kinder. Kreativpinsel, Neustadt

Lüder, R., Lüder, F. (2021): Wildpflanzen zum Genießen für Gesundheit, Küche, Kosmetik und Kreativität. Kreativpinsel-Verlag, Neustadt. www.kreativpinsel.de

Mertz, P. (2017): Alpenpflanzen in ihren Lebensräumen. Ein Bestimmungsbuch. Haupt, Bern

Pelt, J.-M. & al. (2000): Die schönste Geschichte des Lebens. Von den Geheimnissen der Natur. Lübbe, Bergisch Gladbach

Rapp, C., Bartsch, N. (2016): Waldgräser. Der Bestimmungsführer. Haupt, Bern

Rothmaler, W. (2017–2021): Exkursionsflora von Deutschland. Bde. 1–4 und Atlasband. Springer Spektrum, Berlin

Schmeil-Fitschen (2019): Die Flora Deutschlands und der angrenzenden Länder. Quelle & Meyer, Wiebelsheim

Seybold, S. (2005): Die wissenschaftlichen Namen der Pflanzen und was sie bedeuten. Ulmer, Stuttgart

Steinecke, H., Meyer, I. (2007): Kleine Botanische Experimente. Harri Deutsch, Frankfurt a. M.

Thoma, E. (2016): Die geheime Sprache der Bäume. Servus, Salzburg

KONTAKTADRESSEN

Schweiz

Zertifizierung von Botanikkenntnissen durch die Schweizerische Botanische Gesellschaft

Die Schweizerische Botanische Gesellschaft (SBG) bietet mit der Unterstützung von Info Flora die Zertifizierung von botanischen Feldkenntnissen an.
Informationen → www.infoflora.ch/de/bildung/zertifizierung.html

Deutschland

Bundesweiter Arbeitskreis der staatlich getragenen Umweltbildungsstätten im Natur- und Umweltschutz (BANU)

Informationen → www.banu-akademien.de

Feldbotanik-Zertifikate durch Module der NABU | naturgucker Akademie

Um Interessierten die Möglichkeit zu bieten, ihre Artenkenntnisse gezielt aufzubauen, bietet die NABU | naturgucker Akademie Module zur Feldbotanik an.
Informationen → artenwissen.online

Feldbotanik-Zertifikate durch die Universität Freiburg

Informationen → www.suedwissen.de

Zertifizierung von Feldbotanikern durch das Institut für Botanik und Landschaftskunde, Karlsruhe

Das Institut für Botanik und Landschaftskunde bietet Zertifizierungskurse in sechs Modulen in Zusammenarbeit mit der Akademie für Natur- und Umweltschutz Baden-Württemberg an.
Informationen → www.botanik-plus.de/veranstaltungen.html

Ausbildung zur Feldbotanikerin/zum Feldbotaniker durch die Akademie für angewandte Vegetationskunde Witten

Die Akademie für angewandte Vegetationskunde bietet einen Basiskurs in vier Modulen in Zusammenarbeit mit der Universität Witten/Herdecke an.
Informationen → http://vegetationskun.de/feldbotanik-basiskurs.html

BILDNACHWEIS

Sämtliche Fotografien und Illustrationen von **Rita Lüder** mit Ausnahme folgender Fotografien:

Konrad Lauber: *Botrychium lunaria* S. 43, 50; *Botrychium lanceolatum* S. 51; *Botrychium matricariifolium* S. 51; *Botrychium simplex* S. 51; *Botrychium multifidum* S. 51; *Lloydia serotina* S. 107; *Orchis simia* S. 149; *Dactylorhiza fuchsii* S. 153; *Dactylorhiza lapponica* S. 153; *Elyna myosuroides* S. 165; *Carex davalliana* S. 174 (links); *Carex echinata* S. 177; *Carex spicata* S. 177; *Juncus alpinoarticulatus* S. 189; *Luzula lutea* S. 192; *Brachypodium pinnatum* S. 203; *Elymus caninus* S. 203; *Sedum atratum* S. 277; *Linum catharticum* S. 421; *Geranium rotundifolium* S. 456; *Lythrum portula* S. 459; *Trapa natans* S. 459; *Arabis serpillifolia* S. 486; *Cardamine flexuosa* S. 497; *Cardamine resedifolia* S. 497; *Herniaria glabra* S. 511 *Rumex scutatus* S. 559; *Asperula cynanchica* S. 603; *Pinguicula alpina* S. 641; *Epipogium aphyllum* S. 650; *Chaenorhinum minus* S. 569; *Globularia nudicaulis* S. 669; *Veronica bellidioides* S. 681; *Campanula spicata* S. 790; *Phyteuma betonicifolium* S. 797; *Thlaspi rotundifolium* S. 791

Beat Bäumler: *Allium vineale* S. 121; *Carex sempervirens* S. 179; *Thesium alpinum* S. 50[illegible] (beide); *Plantago maritima* S. 670; *Leontodon helveticus* S. 754, 759; *Leontodon montanus* S. 759

Beat Fischer: Rosenkäfer auf *Himantoglossum hircinum* S. 89

Wikimedia Commons: Daniel Ullrich aka Threedots, CC-BY-SA-3.0: S. 495 (Schaumzikade)

ARTENLISTE

Die Familien-, Gattungs- und Artenlisten entsprechend den Prüfungsanforderungen der *Schweizerischen Botanischen Gesellschaft* und *des Bundesweiten Arbeitskreises der staatlich getragenen Umweltbildungsstätten im Natur- und Umweltschutz* (BANU) (Stand Juni 2021).

Art		Zertifikat CH 200	CH 400	CH 600	DE Bronze	DE Silber
Abies alba	Weiß-Tanne	■	■	■	■	■
Acer campestre	Feld-Ahorn	■	■	■	■	■
Acer opalus	Schneeballblättriger Ahorn			■		
Acer platanoides	Spitz-Ahorn	■	■	■	■	■
Acer pseudoplatanus	Berg-Ahorn	■	■	■	■	■
Achillea atrata	Schwarzrandige Schafgarbe			■		
Achillea erba-rotta subsp. *moschata*	Moschus-Schafgarbe			■		
Achillea macrophylla	Großblättrige Schafgarbe			■		
Achillea millefolium	Gewöhnliche Wiesen-Schafgarbe	■	■	■	■	■
Acinos alpinus	Alpen-Steinquendel			■		
Acinos arvensis	Feld-Steinquendel, Gewöhnlicher St.					■
Aconitum lycoctonum	Gelber Eisenhut, Wolfs-E.		■	■		■
Aconitum napellus	Blauer Eisenhut		■	■		
Acorus calamus	Kalmus					■
Actaea spicata	(Ähriges) Christophskraut					■
Adenostyles alliariae	Grauer Alpendost		■	■		
Adenostyles alpina	Kahler Alpendost		■	■		
Aegopodium podagraria	Giersch	■	■	■	■	■
Aesculus hippocastanum	(Gewöhnliche) Rosskastanie				■	■
Aethusa cynapium	Hundspetersilie					■
Agrimonia eupatoria	Kleiner Odermennig, Gewöhnlicher O.					■
Agrostis capillaris	Rotes Straußgras		■	■		■
Agrostis stolonifera	Weißes Straußgras, Kriechendes St.		■	■		■
Ajuga pyramidalis	Pyramiden-Günsel			■		
Ajuga reptans	Kriechender Günsel	■	■	■	■	■
Alchemilla pentaphyllea	Schneetälchen-Frauenmantel			■		
Alchemilla vulgaris agg.	Gewöhnlicher Frauenmantel				■	■
Alisma plantago-aquatica	Gewöhnlicher Froschlöffel					■
Alliaria petiolata	Knoblauchsrauke	■	■	■	■	■
Allium oleraceum	Gemüse-Lauch					■
Allium schoenoprasum	Schnittlauch			■		
Allium ursinum	Bärlauch	■	■	■	■	■
Alnus glutinosa	Schwarz-Erle	■	■	■	■	■
Alnus incana	Grau-Erle	■	■	■		■
Alnus viridis (= Alnus alnobetula)	Grün-Erle			■		
Alopecurus myosuroides	Acker-Fuchsschwanz					■
Alopecurus pratensis	Wiesen-Fuchsschwanz	■	■	■	■	■
Amelanchier ovalis	Echte Felsenbirne, Felsenmispel		■	■		

Art		Zertifikat CH 200	CH 400	CH 600	DE Bronze	DE Silber
Ammophila arenaria	Strand-Hafer					■
Anagallis arvensis	Acker-Gauchheil		■	■	■	■
Andromeda polifolia	Rosmarinheide, Polei-Gränke					■
Androsace alpina	Alpen-Mannsschild			■		
Androsace chamaejasme	Bewimperter Mannsschild, Wimper-M.			■		
Androsace helvetica	Schweizer Mannsschild			■		
Androsace obtusifolia	Stumpfblättriger Mannsschild			■		
Anemone nemorosa	Busch-Windröschen	■	■	■	■	■
Anemone ranunculoides	Gelbes Windröschen					■
Angelica archangelica	Arznei-Engelwurz, Echte E.					■
Angelica sylvestris	Wald-Engelwurz, Wilde E.				■	■
Antennaria dioica	Gewöhnliches Katzenpfötchen			■		
Anthericum liliago	Astlose Graslilie, Traubige G.		■	■		
Anthoxanthum odoratum	Duftendes Ruchgras, Gewöhnliches R.	■	■	■	■	■
Anthriscus sylvestris	Wiesen-Kerbel	■	■	■	■	■
Anthyllis vulneraria	(Echter) Wundklee	■	■	■		■
Apera spica-venti	Acker-Windhalm, Gewöhnlicher W.					■
Aquilegia vulgaris	Gewöhnliche Akelei		■	■		■
Arabidopsis thaliana	Acker-Schmalwand	■	■	■	■	■
Arabis alpina	Alpen-Gänsekresse			■		
Arctium lappa	Große Klette			■	■	■
Arctium minus	Kleine Klette				■	■
Arctostaphylos uva-ursi	Immergrüne Bärentraube, Echte B.			■		
Arenaria biflora	Zweiblütiges Sandkraut			■		
Arenaria serpyllifolia	Quendelblättriges Sandkraut			■		■
Arnica montana	Echte Arnika, Berg-Wohlverleih			■		
Arrhenatherum elatius	Glatthafer, Französisches Raygras, Fromental	■	■	■	■	■
Artemisia absinthium	Wermut		■	■		
Artemisia campestris	Feld-Beifuß		■	■		
Artemisia maritima	Strand-Beifuß					■
Artemisia vulgaris	Gewöhnlicher Beifuß	■	■	■	■	■
Arum maculatum	Gefleckter Aronstab	■	■	■	■	■
Asarum europaeum	Europäische Haselwurz			■		■
Asperula cynanchica	Hügel-Waldmeister			■		
Asplenium ruta-muraria	Mauerraute	■	■	■	■	■
Asplenium trichomanes	Braunstieliger Streifenfarn	■	■	■	■	■
Asplenium viride	Grünstieliger Streifenfarn, Grüner St.			■		
Aster alpinus	Alpen-Aster			■		
Aster bellidiastrum	Alpenmaßliebchen			■		
Astragalus alpinus	Alpen-Tragant			■		
Astragalus frigidus	Gletscher-Tragant			■		
Astragalus glycyphyllos	Bärenschote, Süßer Tragant					■
Astrantia major	Große Sterndolde		■	■		

Art		Zertifikat CH 200	CH 400	CH 600	DE Bronze	DE Silber
Athamanta cretensis	(Zottige) Augenwurz			■		
Athyrium filix-femina	Wald-Frauenfarn, Gewöhnlicher F.	■	■	■	■	■
Atriplex patula	Spreizende Melde, Ruten-M.					■
Atriplex prostrata	Spieß-Melde					■
Atropa bella-donna	(Echte) Tollkirsche		■	■		■
Avena sativa	Saat-Hafer				■	■
Avenella flexuosa *(= Deschampsia flexuosa)*	Draht-Schmiele		■	■		
Barbarea vulgaris	Echte Winterkresse					■
Bartsia alpina	Alpenhelm, Alpen-Bartschie			■		
Bellis perennis	(Ausdauerndes) Gänseblümchen	■	■	■	■	■
Berberis vulgaris	Gewöhnliche Berberitze		■	■		■
Betula pendula	Hänge-Birke	■	■	■	■	■
Betula pubescens	Moor-Birke			■		■
Bidens tripartitus	Dreiteiliger Zweizahn					■
Biscutella laevigata	Glattes Brillenschötchen			■		
Bistorta officinalis *(= Polygonum bistorta)*	Schlangen-Knöterich, Wiesen-K.					■
Blechnum spicant	Rippenfarn			■		
Bolboschoenus maritimus	Gewöhnliche Strandsimse					■
Botrychium lunaria	Echte Mondraute, Mond-Rautenfarn			■		
Brachypodium pinnatum agg.	Fieder-Zwenke		■	■		■
Brachypodium sylvaticum	Wald-Zwenke, Wald-Fiederzwenke		■	■	■	■
Brassica napus	Raps					■
Briza media	Mittleres Zittergras, Gewöhnliches Z.	■	■	■	■	■
Bromus erectus	Aufrechte Trespe	■	■	■	■	■
Bromus hordeaceus	Weiche Trespe, Gersten-T.	■	■	■	■	■
Bromus inermis	Wehrlose Trespe, Unbegrannte T.					■
Bromus ramosus	(Späte) Wald-Trespe					■
Bromus sterilis	Taube Trespe	■	■	■	■	■
Bromus tectorum	Dach-Trespe		■	■		■
Buddleja davidii	Schmetterlingsstrauch, Sommerflieder		■	■		
Buphthalmum salicifolium	Weidenblättriges Ochsenauge, Weidenblatt-Rindsauge					■
Cakile maritima	Europäischer Meersenf					■
Calamagrostis epigejos	Land-Reitgras, Sand-R.					■
Calamagrostis varia	Berg-Reitgras, Buntes R.		■	■		■
Callitriche palustris	Sumpf-Wasserstern					■
Calluna vulgaris	Besenheide, Heidekraut	■	■	■	■	■
Caltha palustris	Sumpf-Dotterblume	■	■	■	■	■
Calystegia sepium	Echte Zaunwinde, Gewöhnliche Z.	■	■	■	■	■
Campanula barbata	Bärtige Glockenblume			■		
Campanula cochleariifolia	Zwerg-Glockenblume			■		
Campanula patula	Wiesen-Glockenblume					■

Art		Zertifikat CH 200	CH 400	CH 600	DE Bronze	DE Silber
Campanula rapunculoides	Acker-Glockenblume				■	■
Campanula rhomboidalis	Rautenblättrige Glockenblume		■	■		
Campanula rotundifolia	Rundblättrige Glockenblume	■	■	■	■	■
Campanula scheuchzeri	Scheuchzers Glockenblume			■		
Campanula trachelium	Nesselblättrige Glockenblume		■	■		■
Capsella bursa-pastoris	Gewöhnliches Hirtentäschel	■	■	■	■	■
Cardamine amara	Bitteres Schaumkraut, Kressen-Sch.					■
Cardamine flexuosa	Wald-Schaumkraut					■
Cardamine heptaphylla	Fiederblättrige Zahnwurz		■	■		
Cardamine hirsuta	Vielstängeliges Schaumkraut, Behaartes Sch.	■	■	■	■	■
Cardamine pratensis	Wiesen-Schaumkraut	■	■	■	■	■
Cardamine resedifolia	Resedablättriges Schaumkraut			■		
Carduus crispus	Krause Distel					■
Carduus defloratus	Berg-Distel, Alpen-D.			■		
Carduus personata	Kletten-Distel, Berg-D.		■	■		
Carex acutiformis	Sumpf-Segge			■		■
Carex alba	Weiße Segge					■
Carex arenaria	Sand-Segge					■
Carex atrata	Trauer-Segge			■		
Carex caryophyllea	Frühlings-Segge	■	■	■		■
Carex curvula	Krumm-Segge			■		
Carex davalliana	Davalls Segge		■	■		■
Carex digitata	Finger-Segge		■	■		■
Carex echinata	Igel(früchtige)-Segge, Stern-S.		■	■		
Carex elata	Steife Segge		■	■		■
Carex ferruginea	Rost-Segge			■		
Carex firma	Polster-Segge			■		
Carex flacca	Schlaffe Segge, Blaugrüne S.	■	■	■	■	■
Carex flava	Gelbe Segge	■	■	■		■
Carex hirta	Behaarte Segge		■	■	■	■
Carex humilis	Erd-Segge, Niedrige S.					■
Carex leporina	Hasen(pfoten)-Segge					■
Carex montana	Berg-Segge					■
Carex muricata agg.	Sparrige Segge		■	■		■
Carex nigra	Braune Segge, Wiesen-S.	■	■	■		■
Carex pallescens	Bleiche Segge		■	■		■
Carex panicea	Hirsen-Segge		■	■		■
Carex parviflora	Kleine Trauer-Segge, Kleinblütige S.			■		
Carex pendula	Hänge-Segge		■	■		■
Carex remota	Winkel-Segge				■	■
Carex sempervirens	Immergrüne Segge, Horst-S.			■		
Carex sylvatica	Wald-Segge	■	■	■	■	■
Carlina acaulis	Silberdistel, Große Eberwurz			■		■
Carpinus betulus	Hainbuche	■	■	■	■	■

Art		Zertifikat CH 200	CH 400	CH 600	DE Bronze	DE Silber
Carum carvi	Kümmel, Wiesen-K.		■	■	■	■
Castanea sativa	Esskastanie, Edelkastanie		■	■		
Centaurea cyanus	Kornblume, Korn-Flockenblume		■	■	■	■
Centaurea jacea	Wiesen-Flockenblume	■	■	■	■	■
Centaurea montana	Berg-Flockenblume		■	■		
Centaurea scabiosa	Skabiosen-Flockenblume	■	■	■	■	■
Centaurium erythraea	Echtes Tausendgüldenkraut					■
Cephalanthera damasonium	Weißes Waldvögelein, Bleiches W.					■
Cerastium arvense	Acker-Hornkraut			■	■	■
Cerastium fontanum agg.	Gewöhnliches Hornkraut, Quellen-H.	■	■	■	■	■
Cerastium glomeratum	Knäuel-Hornkraut					■
Cerastium latifolium	Breitblättriges Hornkraut			■		
Cerastium uniflorum	Einblütiges Hornkraut			■		
Chaenorhinum minus	Kleines Leinkraut, Kleiner Orant		■	■		■
Chaerophyllum hirsutum	Gebirgs-Kälberkropf, Behaarter K.		■	■		
Chaerophyllum temulum	Taumel-Kälberkropf, Hecken-K.				■	■
Chelidonium majus	Schöllkraut	■	■	■	■	■
Chenopodium album	Weißer Gänsefuß		■	■	■	■
Chenopodium bonus-henricus	Guter Heinrich			■		■
Chrysosplenium alternifolium	Wechselblättriges Milzkraut		■	■		■
Chrysosplenium oppositifolium	Gegenblättriges Milzkraut					■
Cicerbita alpina	Alpen-Milchlattich			■		
Cichorium intybus	(Gewöhnliche) Wegwarte	■	■	■	■	■
Circaea lutetiana	Großes Hexenkraut, Gewöhnliches H.		■	■	■	■
Cirsium arvense	Acker-Kratzdistel		■	■	■	■
Cirsium oleraceum	Kohl-Kratzdistel, Kohldistel		■	■	■	■
Cirsium palustre	Sumpf-Kratzdistel				■	■
Cirsium spinosissimum	Alpen-Kratzdistel			■		
Cirsium vulgare	Gewöhnliche Kratzdistel, Lanzett-K.				■	■
Cladium mariscus	Schneide, Binsen-Schneide					■
Clematis vitalba	Gewöhnliche Waldrebe	■	■	■	■	■
Clinopodium vulgare	Wirbeldost					■
Coeloglossum viride	Grüne Hohlzunge			■		
Colchicum autumnale	Herbst-Zeitlose	■	■	■	■	■
Consolida regalis	Acker-Rittersporn, Feld-R.			■		
Convallaria majalis	Maiglöckchen	■	■	■	■	■
Convolvulus arvensis	Acker-Winde	■	■	■	■	■
Cornus mas	Kornelkirsche			■		
Cornus sanguinea	Blutroter Hartriegel, Roter H.	■	■	■	■	■
Corylus avellana	Gewöhnliche Hasel, Haselnuss	■	■	■	■	■
Cotoneaster integerrimus	Kahle Steinmispel, Felsen-Zwergmispel			■		
Crataegus laevigata	Zweigriffeliger Weißdorn		■	■		■
Crataegus monogyna	Eingriffeliger Weißdorn	■	■	■		■

Art		Zertifikat CH 200	CH 400	CH 600	DE Bronze	DE Silber
Crepis aurea	Gold-Pippau			■		
Crepis biennis	Wiesen-Pippau	■	■	■	■	■
Crepis capillaris	Kleinköpfiger Pippau, Grüner P.		■	■		■
Crepis paludosa	Sumpf-Pippau					■
Crocus albiflorus	Frühlings-Krokus, Weißer K.			■		
Cruciata laevipes	Gewöhnliches Kreuzlabkraut, Gewimpertes K.		■	■		
Cuscuta epithymum	Quendel-Seide, Thymian-S.			■		
Cymbalaria muralis	(Mauer-)Zimbelkraut	■	■	■		■
Cynoglossum officinale	Gewöhnliche Hundszunge, Echte H.				■	■
Cynosurus cristatus	Wiesen-Kammgras		■	■	■	■
Cypripedium calceolus	Frauenschuh	■	■	■		
Cystopteris fragilis	Zerbrechlicher Blasenfarn			■		
Cytisus nigricans	Schwarzwerdender Geißklee					■
Cytisus scoparius	Besenginster					■
Dactylis glomerata	Wiesen-Knäuelgras, Gewöhnliches K.	■	■	■	■	■
Dactylorhiza maculata	Gefleckte Fingerwurz	■	■	■		■
Dactylorhiza majalis	Breitblättrige Fingerwurz				■	■
Daphne mezereum	Gewöhnlicher Seidelbast, Kellerhals		■	■	■	■
Daphne striata	Gestreifter Seidelbast			■		
Daucus carota	Wilde Möhre, Gewöhnliche M.	■	■	■	■	■
Deschampsia cespitosa	Rasen-Schmiele		■	■	■	■
Deschampsia flexuosa (= Avenella flexuosa)	Draht-Schmiele				■	■
Dianthus carthusianorum	Kartäuser-Nelke	■	■	■	■	■
Dianthus deltoides	Heide-Nelke					■
Dianthus superbus	Pracht-Nelke		■	■		■
Dianthus sylvestris	Stein-Nelke	■	■	■		
Digitalis grandiflora	Großblütiger Fingerhut		■	■		
Digitalis purpurea	Roter Fingerhut					■
Digitaria ischaemum	Faden-Fingerhirse, Kahle F.					■
Dipsacus fullonum	Wilde Karde			■		■
Doronicum clusii	Clusius-Gämswurz			■		
Doronicum grandiflorum	Großköpfige Gämswurz			■		
Draba aizoides	Immergrünes Felsenblümchen			■		
Draba verna	Frühlings-Hungerblümchen				■	■
Drosera rotundifolia	Rundblättriger Sonnentau		■	■		
Dryas octopetala	(Weiße) Silberwurz			■		
Dryopteris carthusiana	Dorniger Wurmfarn, Dornfarn				■	■
Dryopteris filix-mas	Gewöhnlicher Wurmfarn	■	■	■	■	■
Echinochloa crus-galli	(Gewöhnliche) Hühnerhirse					■
Echium vulgare	Gewöhnlicher Natternkopf		■	■	■	■
Elymus caninus	Hunds-Quecke					■
Elymus repens	Gewöhnliche Quecke, Kriechende Qu.		■	■	■	■

Art		Zertifikat CH 200	CH 400	CH 600	DE Bronze	DE Silber
Elyna myosuroides	Nacktried			■		
Empetrum nigrum	Schwarze Krähenbeere, Gewöhnliche K.					■
Empetrum nigrum subsp. *hermaphroditum*	Zwittrige Krähenbeere			■		
Epilobium angustifolium	Schmalblättriges Weidenröschen, Wald-W.		■	■	■	■
Epilobium hirsutum	Zottiges Weidenröschen					■
Epilobium montanum	Berg-Weidenröschen		■	■		■
Epilobium parviflorum	Kleinblütiges Weidenröschen					■
Epipactis atrorubens	Rotbraune Stendelwurz, Braunrote S.					■
Epipactis helleborine	Breitblättrige Stendelwurz					■
Equisetum arvense	Acker-Schachtelhalm	■	■	■	■	■
Equisetum fluviatile	Teich-Schachtelhalm					■
Equisetum hyemale	Winter-Schachtelhalm	■	■	■		■
Equisetum palustre	Sumpf-Schachtelhalm				■	■
Equisetum sylvaticum	Wald-Schachtelhalm			■		■
Equisetum telmateia	Riesen-Schachtelhalm	■	■	■		
Erica carnea	Schnee-Heide		■	■		■
Erica tetralix	Glocken-Heide					■
Erigeron acris	Scharfes Berufkraut					■
Erigeron alpinus	Alpen-Berufkraut			■		
Erigeron annuus	Einjähriges Berufkraut, (Einjähriger) Feinstrahl	■	■	■		■
Erigeron canadensis	Kanadisches Berufkraut				■	■
Erigeron uniflorus	Einköpfiges Berufkraut			■		
Eriophorum angustifolium	Schmalblättriges Wollgras	■	■	■		■
Eriophorum latifolium	Breitblättriges Wollgras	■	■	■		■
Eriophorum scheuchzeri	Scheuchzers Wollgras			■		
Eriophorum vaginatum	Scheiden-Wollgras			■		
Erodium cicutarium	Gewöhnlicher Reiherschnabel		■	■	■	■
Euonymus europaeus	Gewöhnliches Pfaffenhütchen, Europäisches Pf., Spindelstrauch	■	■	■	■	■
Eupatorium cannabinum	(Gewöhnlicher) Wasserdost	■	■	■	■	■
Euphorbia amygdaloides	Mandelblättrige Wolfsmilch, Mandel-W.		■	■		
Euphorbia cyparissias	Zypressenblättrige Wolfsmilch, Zypressen-W.	■	■	■	■	■
Euphorbia helioscopia	Sonnenwend-Wolfsmilch			■	■	■
Euphorbia peplus	Garten-Wolfsmilch					■
Euphrasia minima	Zwerg-Augentrost, Alpen-A.			■		
Euphrasia officinalis	Echter Augentrost					■
Euphrasia rostkoviana	Wiesen-Augentrost			■		
Fagus sylvatica	Rot-Buche, Gewöhnliche B.	■	■	■	■	■
Fallopia convolvulus	Windenknöterich, Acker-Flügelknöterich					■

Art		Zertifikat CH 200	CH 400	CH 600	DE Bronze	DE Silber
Fallopia japonica (= Reynoutria japonica)	Japanischer Staudenknöterich, Japanischer Flügelknöterich, Japanknöterich				■	■
Festuca arundinacea	Rohr-Schwingel			■		■
Festuca pratensis	Wiesen-Schwingel		■	■		■
Festuca rubra	Rot-Schwingel	■	■	■	■	■
Festuca valesiaca	Walliser (Schaf-)Schwingel		■	■		
Ficaria verna (= Ranunculus ficaria)	Knöllchen-Scharbockskraut				■	■
Filipendula ulmaria	Echtes Mädesüß		■	■	■	■
Filipendula vulgaris	Kleines Mädesüß					■
Fragaria vesca	Wald-Erdbeere	■	■	■	■	■
Frangula alnus	Faulbaum		■	■	■	■
Fraxinus excelsior	Gewöhnliche Esche	■	■	■	■	■
Fraxinus ornus	Manna-Esche, Blumen-E.			■		
Gagea lutea	Wald-Gelbstern, Wald-Goldstern					■
Galanthus nivalis	(Kleines) Schneeglöckchen		■	■	■	■
Galeobdolon luteum agg.	Echte Goldnessel				■	■
Galeopsis tetrahit	Stechender Hohlzahn, Gewöhnlicher H.		■	■	■	■
Galinsoga parviflora	Kleinblütiges Franzosenkraut				■	■
Galium anisophyllon	Ungleichblättriges Labkraut, Alpen-L.			■		
Galium aparine	Kletten-Labkraut, Klebkraut	■	■	■	■	■
Galium boreale	Nordisches Labkraut					■
Galium mollugo agg.	Wiesen-Labkraut	■	■	■	■	■
Galium odoratum	(Echter) Waldmeister	■	■	■	■	■
Galium palustre	Sumpf-Labkraut					■
Galium saxatile	Felsen-Labkraut, Harzer L.					■
Galium sylvaticum	Wald-Labkraut					■
Galium uliginosum	Moor-Labkraut					■
Galium verum	Echtes Labkraut		■	■		■
Genista sagittalis	Flügel-Ginster, Ramse					■
Genista tinctoria	Färber-Ginster					■
Gentiana acaulis	Silikat-Glocken-Enzian, Kochs E.	■	■	■		
Gentiana campestris	Feld-Enzian			■		
Gentiana clusii	Clusius-Enzian, Kalk-Glocken-E.		■	■		
Gentiana germanica (= Gentianella germanica)	Deutscher Enzian			■		
Gentiana lutea	Gelber Enzian			■		
Gentiana punctata	Getüpfelter Enzian, Tüpfel-E.			■		
Gentiana purpurea	Purpur-Enzian			■		
Gentiana verna	Frühlings-Enzian			■		
Geranium dissectum	Schlitzblättriger Storchschnabel					■
Geranium molle	Weicher Storchschnabel					■
Geranium palustre	Sumpf-Storchschnabel					■
Geranium pratense	Wiesen-Storchschnabel					■
Geranium pusillum	Kleiner Storchschnabel, Zwerg-St.					■

Art		Zertifikat CH 200	CH 400	CH 600	DE Bronze	DE Silber
Geranium pyrenaicum	Pyrenäen-Storchschnabel	■	■	■	■	■
Geranium robertianum	Stinkender Storchschnabel	■	■	■	■	■
Geranium rotundifolium	Rundblättriger Storchschnabel			■		
Geranium sanguineum	Blutroter Storchschnabel, Blut-St.		■	■		■
Geranium sylvaticum	Wald-Storchschnabel	■	■	■		■
Geum montanum	Berg-Nelkenwurz			■		
Geum rivale	Bach-Nelkenwurz	■	■	■		■
Geum urbanum	Echte Nelkenwurz, Gewöhnliche N.	■	■	■	■	■
Glechoma hederacea	Gundelrebe, Gundermann	■	■	■	■	■
Globularia cordifolia	Herzblättrige Kugelblume		■	■		
Globularia nudicaulis	Schaft-Kugelblume, Nacktstänglige K.			■		
Gnaphalium supinum	Niedriges Ruhrkraut, Zwerg-R.			■		
Gnaphalium sylvaticum	Wald-Ruhrkraut			■		
Gymnadenia conopsea	Langspornige Handwurz, Große Händelwurz, Mücken-H.		■	■		■
Gypsophila repens	Kriechendes Gipskraut		■	■		
Hedera helix	Efeu	■	■	■	■	■
Hedysarum hedysaroides	Alpen-Süßklee			■		
Helianthemum alpestre	Alpen-Sonnenröschen			■		
Helianthemum nummularium	Gewöhnliches Sonnenröschen		■	■		■
Helictotrichon pubescens	Flaumiger Wiesenhafer		■	■		■
Helleborus foetidus	Stinkende Nieswurz		■	■		
Hepatica nobilis	(Gewöhnliches) Leberblümchen					■
Heracleum mantegazzianum	Riesen-Bärenklau					■
Heracleum sphondylium	Wiesen-Bärenklau, Gewöhnlicher B.	■	■	■	■	■
Herniaria glabra	Kahles Bruchkraut			■		
Hieracium laevigatum	Glattes Habichtskraut					■
Hieracium murorum agg.	Wald-Habichtskraut	■	■	■	■	■
Hieracium pilosella	Kleines Habichtskraut, Langhaariges H.	■	■	■	■	■
Hieracium piloselloides	Florentiner Habichtskraut					■
Hieracium villosum	Zottiges Habichtskraut, Woll-H.			■		
Hippocrepis comosa	(Gewöhnlicher) Hufeisenklee	■	■	■		■
Hippophaë rhamnoides	Sanddorn		■	■		
Holcus lanatus	Wolliges Honiggras	■	■	■	■	■
Holcus mollis	Weiches Honiggras					■
Homogyne alpina	Grüner Alpenlattich, Gewöhnlicher A.			■		
Honckenya peploides	Salzmiere					■
Hordeum murinum	Mäuse-Gerste		■	■		■
Hordeum vulgare	Saat-Gerste, Mehrzeilige G.				■	■
Humulus lupulus	(Gewöhnlicher) Hopfen		■	■	■	■
Huperzia selago	Tannenbärlapp			■		
Hydrocharis morsus-ranae	(Europäischer) Froschbiss					■
Hydrocotyle vulgaris	Gewöhnlicher Wassernabel					■

Art		Zertifikat CH 200	CH 400	CH 600	DE Bronze	DE Silber
Hylotelephium telephium	Große Fetthenne, Purpur-Waldfetthenne					■
Hypericum perforatum	Echtes Johanniskraut, Tüpfel-Hartheu	■	■	■	■	■
Hypochaeris radicata	Gewöhnliches Ferkelkraut				■	■
Ilex aquifolium	Europäische Stechpalme, Gewöhnliche St.		■	■	■	■
Impatiens glandulifera	Drüsiges Springkraut		■	■	■	■
Impatiens noli-tangere	Großes Springkraut, Wald-Sp., Rührmichnichtan		■	■	■	■
Impatiens parviflora	Kleines Springkraut, Kleinblütiges Sp.		■	■		■
Inula salicina	Weidenblättriger Alant, Weiden-Alant					■
Iris pseudacorus	Gelbe Schwertlilie, Sumpf-Sch., Wasser-Sch.		■	■	■	■
Iris sibirica	Sibirische Schwertlilie		■	■		
Jacobaea aquatica	Wasser-Greiskraut					■
Jasione montana	Berg-Sandglöckchen, Berg-Sandrapunzel, Berg-Jasione					■
Juglans regia	(Echte) Walnuss		■	■	■	■
Juncus alpinoarticulatus	Alpen-Binse, Gebirgs-B.		■	■		
Juncus articulatus	Glieder-Binse, Glanzfrüchtige B.					■
Juncus conglomeratus	Knäuel-Binse					■
Juncus effusus	Flatter-Binse	■	■	■	■	■
Juncus inflexus	Blaugrüne Binse	■	■	■		■
Juncus tenuis	Zarte Binse					■
Juncus trifidus	Dreispaltige Binse, Dreiblatt-B.			■		
Juniperus communis	Heide-Wacholder				■	■
Juniperus communis subsp. *alpina*	Zwerg-Wacholder			■		
Juniperus communis subsp. *communis*	Gewöhnlicher Wacholder, Heide-W.	■	■	■		
Juniperus sabina	Stink-Wacholder, Sadebaum, Sefistrauch		■	■		
Kernera saxatilis	Felsen-Kugelschötchen			■		
Knautia arvensis	Feld-Witwenblume, Wiesen-W.	■	■	■	■	■
Knautia dipsacifolia (= Knautia maxima)	Wald-Witwenblume			■		
Laburnum anagyroides	Gewöhnlicher Goldregen		■	■		
Lactuca serriola	Kompass-Lattich				■	■
Lamium album	Weiße Taubnessel		■	■	■	■
Lamium galeobdolon	Goldnessel	■	■	■		
Lamium maculatum	Gefleckte Taubnessel	■	■	■	■	■
Lamium purpureum	Purpurrote Taubnessel	■	■	■	■	■
Lapsana communis	(Gewöhnlicher) Rainkohl	■	■	■	■	■
Larix decidua	Europäische Lärche	■	■	■	■	■
Laserpitium latifolium	Breitblättriges Laserkraut		■	■		
Laserpitium siler	Berg-Laserkraut		■	■		
Lathyrus pratensis	Wiesen-Platterbse	■	■	■	■	■

Art		Zertifikat CH 200	CH 400	CH 600	DE Bronze	DE Silber
Lathyrus vernus	Frühlings-Platterbse		■	■		
Lemna minor	Kleine Wasserlinse			■		■
Lemna trisulca	Dreifurchige Wasserlinse, Untergetauchte W.					■
Leontodon helveticus (= Scorzoneroides helvetica)	Schweizer Löwenzahn			■		
Leontodon hispidus	Steifhaariger Löwenzahn, Rauer L.	■	■	■	■	■
Leontopodium alpinum	Edelweiß			■		
Leucanthemopsis alpina	Alpenmargerite			■		
Leucanthemum adustum	Berg-Margerite			■		
Leucanthemum vulgare	(Gewöhnliche) Wiesen-Margerite	■	■	■	■	■
Leucojum vernum	Märzenbecher, Frühlings-Knotenblume, Märzenglöckchen		■	■		■
Leymus arenarius	Strandroggen					■
Ligusticum mutellina	Alpen-Liebstock, Alpen-Mutterwurz			■		
Ligustrum vulgare	Gewöhnlicher Liguster	■	■	■	■	■
Lilium martagon	Türkenbund-Lilie	■	■	■		
Linaria alpina	Alpen-Leinkraut			■		
Linaria vulgaris	Gewöhnliches Leinkraut	■	■	■	■	■
Linum catharticum	Purgier-Lein		■	■		■
Listera ovata	Großes Zweiblatt	■	■	■	■	■
Lloydia serotina	Faltenlilie			■		
Loiseleuria procumbens	Alpenazalee			■		
Lolium multiflorum	Vielblütiger Lolch, Italienisches Raygras	■	■	■		■
Lolium perenne	Ausdauernder Lolch, Englisches Raygras	■	■	■	■	■
Lonicera alpigena	Alpen-Heckenkirsche		■	■		
Lonicera caerulea	Blaue Heckenkirsche		■	■		
Lonicera nigra	Schwarze Heckenkirsche		■	■		
Lonicera periclymenum	Wald-Geißblatt					■
Lonicera xylosteum	Rote Heckenkirsche	■	■	■	■	■
Lotus corniculatus	Gewöhnlicher Hornklee	■	■	■	■	■
Lotus pedunculatus	Sumpf-Hornklee					■
Lunaria annua	Garten-Mondviole, Silberblatt		■	■		
Luzula campestris	Feld-Hainsimse		■	■	■	■
Luzula lutea	Gelbe Hainsimse			■		
Luzula luzuloides	Weißliche Hainsimse, Schmalblättrige H.				■	■
Luzula pilosa	Behaarte Hainsimse, Haar-H.		■	■	■	■
Luzula sylvatica	Wald-Hainsimse	■	■	■		■
Lychnis flos-cuculi (= Silene flos-cuculi)	Kuckucks-Lichtnelke				■	■
Lycopodium annotinum	Sprossender Bärlapp, Wald-B.		■	■		■
Lycopus europaeus	Ufer-Wolfstrapp					■
Lysimachia nemorum	Hain-Gilbweiderich		■	■		■
Lysimachia nummularia	Pfennigkraut, Pfennig-Gilbweiderich				■	■

Art		Zertifikat CH 200	CH 400	CH 600	DE Bronze	DE Silber
Lysimachia vulgaris	Gewöhnlicher Gilbweiderich				■	■
Lythrum salicaria	Blut-Weiderich				■	■
Maianthemum bifolium	Zweiblättrige Schattenblume		■	■	■	■
Malus pumila	Kultur-Apfel				■	■
Malus sylvestris	Holz-Apfel, Wild-A.			■		
Malva moschata	Moschus-Malve, Bisam-M.				■	■
Malva neglecta	Weg-Malve, Kleine M.		■	■		■
Malva sylvestris	Wilde Malve			■		■
Matricaria chamomilla	Echte Kamille		■	■	■	■
Matricaria discoidea	Strahlenlose Kamille		■	■	■	■
Medicago falcata	Sichelklee, Gelbe Luzerne			■		
Medicago lupulina	Hopfenklee, Hopfen-Luzerne	■	■	■	■	■
Medicago sativa	Saat-Luzerne	■	■	■		■
Melampyrum pratense	Wiesen-Wachtelweizen		■	■	■	■
Melampyrum sylvaticum	Wald-Wachtelweizen		■	■		
Melica nutans	Nickendes Perlgras	■	■	■		■
Melica uniflora	Einblütiges Perlgras					■
Melilotus albus	Weißer Honigklee, Weißer Steinklee		■	■	■	■
Melilotus officinalis	Echter Honigklee, Echter Steinklee		■	■	■	■
Melittis melissophyllum	Immenblatt		■	■		
Mentha aquatica	Wasser-Minze					■
Mercurialis annua	Einjähriges Bingelkraut			■		
Mercurialis perennis	Wald-Bingelkraut, Ausdauerndes B.	■	■	■	■	■
Milium effusum	Weiches Flattergras, Wald-F., Waldhirse		■	■		■
Minuartia sedoides	Zwerg-Miere			■		
Minuartia verna	Frühlings-Miere			■		
Moehringia trinervia	Dreinervige Nabelmiere, Wald-N.				■	■
Molinia caerulea	Blaues Pfeifengras, Gewöhnliches Pf.		■	■	■	■
Mycelis muralis	Mauerlattich				■	■
Myosotis alpestris	Alpen-Vergissmeinnicht			■		
Myosotis arvensis	Acker-Vergissmeinnicht		■	■	■	■
Myosotis scorpioides	Sumpf-Vergissmeinnicht				■	■
Myriophyllum spicatum	Ähriges Tausendblatt					■
Narcissus poëticus agg.	Weiße Narzisse			■		
Narcissus pseudonarcissus	Gelbe Narzisse			■		
Nardus stricta	Borstgras		■	■		■
Nasturtium officinale	Echte Brunnenkresse, Gewöhnliche B.					■
Neottia nidus-avis	(Vogel-)Nestwurz		■	■		■
Nigritella rhellicani agg.	Schwarzes Kohlröschen, Gewöhnliches K.			■		
Nuphar lutea	Gelbe Teichrose, Große T.	■	■	■		■
Nymphaea alba	Weiße Seerose		■	■		
Oenothera biennis agg.	Zweijährige Nachtkerze		■	■	■	■
Onobrychis montana	Berg-Esparsette			■		

Art		Zertifikat CH 200	Zertifikat CH 400	Zertifikat CH 600	Zertifikat DE Bronze	Zertifikat DE Silber
Onobrychis viciifolia	Saat-Esparsette, Futter-E.	■	■	■	■	■
Ononis spinosa	Dornige Hauhechel					■
Ophrys insectifera	Fliegen-Ragwurz		■	■		■
Orchis mascula	Männliches Knabenkraut, Stattliche Orchis		■	■		■
Orchis militaris	Helm-Knabenkraut					■
Orchis ustulata	Schwärzliches Knabenkraut, Brand-K.			■		
Origanum vulgare	Gewöhnlicher Dost	■	■	■	■	■
Orobanche alba	Thymian-Würger, Weiße Sommerwurz		■	■		
Ostrya carpinifolia	Hopfenbuche			■		
Oxalis acetosella	Wald-Sauerklee	■	■	■	■	■
Oxalis stricta	Aufrechter Sauerklee, Steifer S.					■
Oxyria digyna	Alpen-Säuerling			■		
Oxytropis campestris	Alpen-Spitzkiel			■		
Oxytropis jacquinii	Berg-Spitzkiel			■		
Papaver dubium	Saat-Mohn					■
Papaver rhoeas	Klatsch-Mohn	■	■	■	■	■
Paris quadrifolia	Vierblättrige Einbeere	■	■	■	■	■
Parnassia palustris	Sumpf-Herzblatt		■	■		
Pastinaca sativa	(Gewöhnlicher) Pastinak					■
Pedicularis foliosa	Blattreiches Läusekraut, Beblättertes L.			■		
Pedicularis tuberosa	Knolliges Läusekraut			■		
Pedicularis verticillata	Quirlblättriges Läusekraut		■	■		
Persicaria lapathifolia	Ampfer-Knöterich					■
Petasites albus	Weiße Pestwurz		■	■		
Petasites hybridus	Gewöhnliche Pestwurz		■	■	■	■
Peucedanum ostruthium	Meisterwurz		■	■		
Phalaris arundinacea	Rohr-Glanzgras					■
Phegopteris connectilis	Buchenfarn					■
Phleum alpinum agg.	Gewöhnliches Alpen-Lieschgras			■		
Phleum pratense agg.	Wiesen-Lieschgras	■	■	■	■	■
Phragmites australis	(Gewöhnliches) Schilf	■	■	■	■	■
Phyllitis scolopendrium (= Asplenium scolopendrium)	Hirschzunge			■		
Phyteuma betonicifolium	Betonienblättrige Rapunzel, Betonien-Teufelskralle		■	■		
Phyteuma hemisphaericum	Halbkugelige Rapunzel, Halbkugelige Teufelskralle			■		
Phyteuma orbiculare	Rundköpfige Rapunzel			■		
Phyteuma spicatum	Ährige Rapunzel, Ährige Teufelskralle	■	■	■	■	■
Picea abies	(Gewöhnliche) Fichte, Rottanne	■	■	■	■	■
Picris hieracioides	Gewöhnliches Bitterkraut					■
Pimpinella major	Große Bibernelle, Große Pimpinelle					■

Art		CH 200	CH 400	CH 600	DE Bronze	DE Silber
		Zertifikat				
Pimpinella saxifraga	Kleine Bibernelle, Kleine Pimpinelle					■
Pinguicula alpina	Alpen-Fettkraut			■		
Pinguicula vulgaris	Gewöhnliches Fettkraut		■	■		
Pinus cembra	Arve, Zirbel-Kiefer			■		
Pinus mugo subsp. *mugo*	Leg-Föhre, Latsche, Berg-Kiefer			■		
Pinus mugo subsp. *uncinata*	Aufrechte Berg-Föhre, Haken-Kiefer			■		
Pinus sylvestris	Wald-Kiefer, Gewöhnliche K., Wald-Föhre	■	■	■	■	■
Plantago alpina	Alpen-Wegerich			■		
Plantago atrata	Berg-Wegerich			■		
Plantago coronopus	Krähenfuß-Wegerich					■
Plantago lanceolata	Spitz-Wegerich	■	■	■	■	■
Plantago major	Breit-Wegerich	■	■	■	■	■
Plantago media	Mittlerer Wegerich	■	■	■	■	■
Platanthera bifolia	Zweiblättrige Waldhyazinthe, Weiße W., Weißes Breitkölbchen					■
Poa alpina	Alpen-Rispengras			■		
Poa annua	Einjähriges Rispengras	■	■	■	■	■
Poa bulbosa	Knolliges Rispengras, Zwiebel-R.		■	■		
Poa nemoralis	Hain-Rispengras				■	■
Poa pratensis	Wiesen-Rispengras	■	■	■	■	■
Poa trivialis	Gewöhnliches Rispengras	■	■	■	■	■
Polygala chamaebuxus	Buchsblättriges Kreuzblume, Alpen-Zwergbuchs		■	■		
Polygala vulgaris	Wiesen-Kreuzblume, Gewöhnliche K.		■	■		■
Polygonatum multiflorum	Vielblütiges Salomonssiegel, Vielblütige Weißwurz	■	■	■	■	■
Polygonatum odoratum	Echtes Salomonssiegel, Wohlriechende Weißwurz	■	■	■		■
Polygonatum verticillatum	Quirlblättriges Salomonssiegel, Quirlblättrige Weißwurz			■		
Polygonum aviculare agg.	Vogel-Knöterich		■	■		■
Polygonum bistorta (= *Bistorta officinalis*)	Schlangen-Knöterich		■	■		
Polygonum persicaria (= *Persicaria maculosa*)	Pfirsichblättriger Knöterich		■	■		
Polygonum viviparum	Knöllchen-Knöterich			■		
Polypodium vulgare	Gewöhnlicher Tüpfelfarn			■	■	■
Polystichum aculeatum	Gelappter Schildfarn, Dorniger Sch.					■
Populus alba	Silber-Pappel		■	■		■
Populus nigra	Schwarz-Pappel			■		■
Populus tremula	Zitter-Pappel, Espe	■	■	■	■	■
Potamogeton crispus	Krauses Laichkraut					■
Potamogeton natans	Schwimmendes Laichkraut				■	■
Potentilla anserina	Gänse-Fingerkraut	■	■	■	■	■
Potentilla argentea	Silber-Fingerkraut					■

Art		Zertifikat				
		CH 200	CH 400	CH 600	DE Bronze	DE Silber
Potentilla aurea	Gold-Fingerkraut			■		
Potentilla crantzii	Crantz› Fingerkraut, Zottiges F.			■		
Potentilla erecta	Blutwurz	■	■	■	■	■
Potentilla reptans	Kriechendes Fingerkraut	■	■	■	■	■
Potentilla sterilis	Erdbeer-Fingerkraut		■	■		
Potentilla verna	Frühlings-Fingerkraut					■
Prenanthes purpurea	Purpurlattich, Purpur-Hasenlattich	■	■	■		■
Primula auricula	(Alpen-)Aurikel			■		
Primula elatior	Wald-Schlüsselblume, Hohe Sch.	■	■	■	■	■
Primula farinosa	Mehlige Schlüsselblume, Mehl-Primel		■	■		■
Primula hirsuta	Rote Felsen-Primel, Behaarte P.			■		
Primula veris	Frühlings-Schlüsselblume, Wiesen-Primel	■	■	■	■	■
Pritzelago alpina	Gämskresse			■		
Prunella grandiflora	Große Brunelle, Großblütige Braunelle					■
Prunella vulgaris	Kleine Brunelle, Gewöhnliche Braunelle	■	■	■	■	■
Prunus avium	Vogel-Kirsche	■	■	■	■	■
Prunus mahaleb	Felsenkirsche, Weichsel-K., Steinweichsel		■	■		
Prunus padus	(Gewöhnliche) Traubenkirsche		■	■	■	■
Prunus spinosa	Schlehe, Schwarzdorn	■	■	■	■	■
Pseudotsuga menziesii	Douglasie, Douglasfichte				■	■
Pteridium aquilinum	Adlerfarn	■	■	■	■	■
Pulmonaria obscura	Dunkles Lungenkraut		■	■		
Pulmonaria officinalis	Echtes Lungenkraut, Geflecktes L.				■	■
Pulsatilla alpina subsp. *alpina*	Weiße Alpen-Anemone, Alpen-Küchenschelle			■		
Pulsatilla alpina subsp. *apiifolia*	Schwefel-Anemone/ -Küchenschelle			■		
Pulsatilla vernalis	Frühlings-Anemone/ -Küchenschelle			■		
Pyrus communis	Kultur-Birne, Birnbaum				■	■
Pyrus pyraster	Wild-Birne			■		
Quercus petraea	Trauben-Eiche	■	■	■	■	■
Quercus pubescens	Flaum-Eiche		■	■		
Quercus robur	Stiel-Eiche	■	■	■	■	■
Quercus rubra	Rot-Eiche				■	■
Ranunculus aconitifolius	Eisenhutblättriger Hahnenfuß		■	■		
Ranunculus acris	Scharfer Hahnenfuß	■	■	■	■	■
Ranunculus alpestris	Alpen-Hahnenfuß			■		
Ranunculus aquatilis	Wasserhahnenfuß					■
Ranunculus auricomus	Gold-Hahnenfuß					■
Ranunculus bulbosus	Knolliger Hahnenfuß	■	■	■	■	■
Ranunculus ficaria (= Ficaria verna)	Scharbockskraut	■	■	■		

Art		Zertifikat CH 200	CH 400	CH 600	DE Bronze	DE Silber
Ranunculus flammula	Brennender Hahnenfuß					■
Ranunculus glacialis	Gletscher-Hahnenfuß			■		
Ranunculus kuepferi	Wegerich-Hahnenfuß			■		
Ranunculus lanuginosus	Wolliger Hahnenfuß					■
Ranunculus montanus agg.	Berg-Hahnenfuß			■		
Ranunculus platanifolius	Platanenblättriger Hahnenfuß		■	■		
Ranunculus polyanthemos	Vielblütiger Hahnenfuß					■
Ranunculus repens	Kriechender Hahnenfuß	■	■	■	■	■
Raphanus raphanistrum	Hederich, Acker-Rettich					■
Reynoutria japonica (= *Fallopia japonica*)	Japanischer Staudenknöterich		■	■		
Rhamnus cathartica	Purgier-Kreuzdorn, Echter K.		■	■		■
Rhinanthus alectorolophus	Zottiger Klappertopf	■	■	■		■
Rhinanthus minor	Kleiner Klappertopf		■	■		■
Rhinanthus serotinus	Großer Klappertopf				■	■
Rhododendron ferrugineum	Rostblättrige Alpenrose	■	■	■		
Rhododendron hirsutum	Bewimperte Alpenrose		■	■		
Ribes uva-crispa	Stachelbeere				■	■
Robinia pseudoacacia	(Gewöhnliche) Robinie		■	■	■	■
Rosa arvensis	Kriechende Rose, Feld-R.					■
Rosa canina agg.	Hunds-Rose		■	■	■	■
Rosa pendulina	Alpen-Hagrose, Gebirgs-Rose			■		
Rubus caesius	Kratzbeere	■	■	■		■
Rubus idaeus	Himbeere	■	■	■	■	■
Rubus sect. *Rubus*	Echte Brombeeren				■	■
Rumex acetosa	Wiesen-Sauerampfer, Großer S.	■	■	■	■	■
Rumex acetosella	Kleiner Sauerampfer				■	■
Rumex alpinus	Alpen-Ampfer			■		
Rumex crispus	Krauser Ampfer, Krausblättriger A.					■
Rumex obtusifolius	Stumpfblättriger Ampfer	■	■	■	■	■
Rumex scutatus	Schildblättriger Ampfer		■	■		
Sagina procumbens	Niederliegendes Mastkraut					■
Salicornia europaea	Kurzähren-Queller					■
Salix alba	Silber-Weide	■	■	■		■
Salix appendiculata	Großblättrige Weide			■		
Salix caprea	Sal-Weide	■	■	■	■	■
Salix cinerea	Grau-Weide				■	■
Salix elaeagnos	Lavendel-Weide		■	■		■
Salix euxina	Bruch-Weide					■
Salix helvetica	Schweizer Weide			■		
Salix herbacea	Kraut-Weide			■		
Salix purpurea	Purpur-Weide		■	■		■
Salix reticulata	Netz-Weide			■		
Salix retusa	Stumpfblättrige Weide			■		
Salix viminalis	Korb-Weide					■
Salvia glutinosa	Klebriger Salbei		■	■		

Art		Zertifikat CH 200	CH 400	CH 600	DE Bronze	DE Silber
Salvia pratensis	Wiesen-Salbei	■	■	■	■	■
Sambucus nigra	Schwarzer Holunder	■	■	■	■	■
Sambucus racemosa	Roter Holunder, Tauben-H.		■	■	■	■
Sanguisorba minor	Kleiner Wiesenknopf		■	■		■
Sanguisorba officinalis	Großer Wiesenknopf					■
Sanicula europaea	(Wald-)Sanikel		■	■		■
Saponaria ocymoides	Rotes Seifenkraut, Kleines S.		■	■		
Saponaria officinalis	Gewöhnliches Seifenkraut, Echtes S.		■	■		■
Saxifraga aizoides	Bach-Steinbrech, Fetthennen-St.			■		
Saxifraga androsacea	Mannsschild-Steinbrech			■		
Saxifraga bryoides	Moos-Steinbrech, Moosartiger St.			■		
Saxifraga caesia	Blaugrüner Steinbrech			■		
Saxifraga granulata	Knöllchen-Steinbrech					■
Saxifraga oppositifolia	Gegenblättriger Steinbrech			■		
Saxifraga paniculata	Trauben-Steinbrech			■		
Saxifraga rotundifolia	Rundblättriger Steinbrech		■	■		
Saxifraga stellaris	Stern-Steinbrech			■		
Scabiosa columbaria	Tauben-Skabiose	■	■	■	■	■
Schoenoplectus tabernaemontani	Salz-Teichsimse					■
Schoenus nigricans	Schwarzes Kopfried		■	■		
Scirpus sylvaticus	Wald-Simse, Waldbinse		■	■	■	■
Scleranthus perennis	Ausdauernder Knäuel					■
Scorzoneroides autumnalis	Herbst-(Schuppen)löwenzahn				■	■
Scrophularia nodosa	Knotige Braunwurz				■	■
Scutellaria galericulata	Sumpf-Helmkraut, Gewöhnliches H.					■
Secale cereale	Roggen				■	■
Securigera varia	Bunte Kronwicke, Bunte Beilwicke		■	■		■
Sedum acre	Scharfer Mauerpfeffer			■	■	■
Sedum album	Weißer Mauerpfeffer, Weiße Fetthenne	■	■	■		■
Sedum atratum	Dunkler Mauerpfeffer, Schwärzliche Fetthenne			■		
Sedum sexangulare	Milder Mauerpfeffer		■	■		
Selaginella selaginoides	Dorniger Moosfarn, Gezähnter M.			■		
Sempervivum arachnoideum	Spinnweb-Hauswurz		■	■		
Sempervivum montanum	Berg-Hauswurz			■		
Senecio alpinus	Alpen-Greiskraut			■		
Senecio doronicum	Gämswurz-Greiskraut			■		
Senecio inaequidens	Schmalblättriges Greiskraut, Südafrikanisches G.					■
Senecio incanus	Graues Greiskraut			■		
Senecio jacobaea	Jakobs-Greiskraut					■
Senecio ovatus	Fuchs› Greiskraut					■
Senecio vulgaris	Gewöhnliches Greiskraut, Gemeines G.	■	■	■	■	■
Sesleria caerulea	Kalk-Blaugras		■	■		■
Setaria viridis	Grüne Borstenhirse					■

Art		Zertifikat				
		CH 200	CH 400	CH 600	DE Bronze	DE Silber
Sibbaldia procumbens	Alpen-Gelbling			■		
Silene acaulis	Kalk-Polsternelke			■		
Silene dioica	Rote Lichtnelke, Rote Waldnelke	■	■	■	■	■
Silene flos-cuculi (= *Lychnis flos-cuculi*)	Kuckucks-Lichtnelke		■	■		
Silene latifolia (= *Silene pratensis*)	Weiße Lichtnelke, Breitblättrige L.				■	■
Silene nutans	Nickendes Leimkraut	■	■	■		■
Silene pratensis (= *Silene latifolia*)	Weiße Waldnelke, Weiße Lichtnelke		■	■		
Silene rupestris	Felsen-Leimkraut			■		
Silene vulgaris	Klatschnelke, Taubenkropf-Leimkraut, Gewöhnliches L.	■	■	■	■	■
Sinapis arvensis	Acker-Senf		■	■	■	■
Sisymbrium officinale	Weg-Rauke				■	■
Solanum dulcamara	Bittersüßer Nachtschatten		■	■	■	■
Solanum nigrum	Schwarzer Nachtschatten				■	■
Soldanella alpina	Großes Alpenglöckchen			■		
Soldanella pusilla	Kleines Alpenglöckchen			■		
Solidago canadensis	Kanadische Goldrute		■	■	■	■
Solidago gigantea	Spätblühende Goldrute, Riesen-G.		■	■	■	■
Solidago virgaurea	Echte Goldrute, Gewöhnliche G.		■	■		■
Sonchus arvensis	Acker-Gänsedistel				■	■
Sonchus asper	Raue Gänsedistel					■
Sonchus oleraceus	Kohl-Gänsedistel		■	■	■	■
Sorbus aria	Echte Mehlbeere, Gewöhnliche M.	■	■	■		■
Sorbus aucuparia	Vogelbeere, Eberesche	■	■	■	■	■
Sorbus torminalis	Elsbeere		■	■		■
Sparganium erectum	Ästiger Igelkolben, Aufrechter I.					■
Spergularia rubra	Rote Schuppenmiere			■		
Stachys palustris	Sumpf-Ziest				■	■
Stachys recta	Aufrechter Ziest		■	■		■
Stachys sylvatica	Wald-Ziest		■	■	■	■
Stellaria graminea	Gras-Sternmiere					■
Stellaria holostea	Große Sternmiere, Echte St.				■	■
Stellaria media	Vogelmiere, Vogel-Sternmiere	■	■	■	■	■
Stellaria nemorum	Hain-Sternmiere		■	■		■
Stipa pennata agg.	Federgras		■	■		
Suaeda maritima	Strand-Sode					■
Succisa pratensis	(Gewöhnlicher) Teufelsabbiss					■
Symphytum officinale	Gewöhnlicher Beinwell, Echte Wallwurz		■	■	■	■
Tanacetum vulgare	Rainfarn				■	■
Taraxacum officinale agg.	Wiesen-Löwenzahn	■	■	■		
Taraxacum sect. *Ruderalia*	Wiesen-Löwenzahn (Sektion)				■	■
Taxus baccata	Eibe	■	■	■	■	■
Teucrium chamaedrys	Edel-Gamander			■		■
Teucrium montanum	Berg-Gamander			■		

Art		Zertifikat				
		CH 200	CH 400	CH 600	DE Bronze	DE Silber
Thalictrum aquilegiifolium	Akeleiblättrige Wiesenraute		■	■		
Thesium alpinum	Alpen-Bergflachs, Alpen-Leinblatt			■		
Thlaspi arvense	Acker-Täschelkraut, Acker-Hellerkraut		■	■	■	■
Thlaspi rotundifolium	Rundblättriges Täschelkraut			■		
Thymus pulegioides	Arznei-Thymian				■	■
Thymus serpyllum agg.	Feld-Thymian, Sand-Th.	■	■	■		
Tilia cordata	Winter-Linde	■	■	■	■	■
Tilia platyphyllos	Sommer-Linde	■	■	■	■	■
Tofieldia calyculata	Gewöhnliche Simsenlilie, Kelch-S.	■	■	■		
Torilis japonica	Gewöhnlicher Klettenkerbel					■
Tragopogon pratensis	Wiesen-Bocksbart, Habermark	■	■	■	■	■
Traunsteinera globosa	Kugelorchis, Kugel-Knabenkraut			■		
Trichophorum cespitosum	Rasen-Haarbinse, Rasenbinse		■	■		
Trifolium alpinum	Alpen-Klee			■		
Trifolium badium	Braun-Klee			■		
Trifolium campestre	Feld-Klee					■
Trifolium dubium	Zweifelhafter Klee, Kleiner K.		■	■	■	■
Trifolium hybridum	Schweden-Klee, Bastard-K.					■
Trifolium medium	Mittlerer Klee, Zickzack-K.		■	■		■
Trifolium montanum	Berg-Klee	■	■	■		■
Trifolium pratense	Wiesen-Klee, Rot-K.	■	■	■	■	■
Trifolium repens	Kriechender Klee, Weiß-K.	■	■	■	■	■
Tripleurospermum perforatum	Geruchlose Kamille, Falsche Strandkamille				■	■
Trisetum flavescens	Wiesen-Goldhafer, Gold-Grannenhafer	■	■	■	■	■
Triticum aestivum	Saat-Weizen				■	■
Trollius europaeus	(Europäische) Trollblume	■	■	■		■
Tulipa sylvestris	Weinberg-Tulpe, Wilde T.			■		
Tussilago farfara	Huflattich	■	■	■	■	■
Typha latifolia	Breitblättriger Rohrkolben		■	■	■	■
Ulmus glabra	Berg-Ulme	■	■	■	■	■
Ulmus laevis	Flatter-Ulme					■
Ulmus minor	Feld-Ulme			■		
Urtica dioica	Große Brennnessel	■	■	■	■	■
Urtica urens	Kleine Brennnessel					■
Utricularia australis	Verkannter Wasserschlauch, Südlicher W.					■
Utricularia vulgaris	Gewöhnlicher Wasserschlauch					■
Vaccinium myrtillus	Heidelbeere	■	■	■	■	■
Vaccinium oxycoccos	Gewöhnliche Moosbeere					■
Vaccinium uliginosum	Rauschbeere		■	■		
Vaccinium vitis-idaea	Preiselbeere			■		■
Valeriana montana	Berg-Baldrian			■		
Valeriana officinalis	Arznei-Baldrian	■	■	■	■	■

Art		Zertifikat CH 200	CH 400	CH 600	DE Bronze	DE Silber
Valeriana tripteris	Dreiblatt-Baldrian			■		
Valerianella locusta	Echter Ackersalat, Gewöhnlicher Feldsalat		■	■		■
Veratrum album	Weißer Germer, Gemeiner G.			■		
Verbascum lychnitis	Mehlige Königskerze, Lampen-K.		■	■		
Verbascum nigrum	Schwarze Königskerze, Dunkle K.					■
Verbascum thapsus	Kleinblütige Königskerze	■	■	■	■	■
Verbena officinalis	(Echtes) Eisenkraut		■	■		
Veronica arvensis	Feld-Ehrenpreis		■	■		■
Veronica beccabunga	Bachbungen-Ehrenpreis, Bach-E.		■	■		■
Veronica bellidioides	Gänseblümchen-Ehrenpreis, Maßlieb-E.			■		
Veronica chamaedrys	Gamander-Ehrenpreis	■	■	■	■	■
Veronica filiformis	Faden-Ehrenpreis		■	■		
Veronica fruticans	Felsen-Ehrenpreis			■		
Veronica hederifolia	Efeu-Ehrenpreis	■	■	■	■	■
Veronica officinalis	Echter Ehrenpreis, Wald-E.					■
Veronica persica	Persischer Ehrenpreis	■	■	■	■	■
Veronica serpyllifolia	Quendel-Ehrenpreis, Thymian-E.					■
Veronica urticifolia	Nessel-Ehrenpreis, Nesselblättriger E.		■	■		
Viburnum lantana	Wolliger Schneeball	■	■	■		■
Viburnum opulus	Gewöhnlicher Schneeball	■	■	■	■	■
Vicia cracca	Vogel-Wicke	■	■	■	■	■
Vicia hirsuta	Rauhaarige Wicke, Behaarte W.					■
Vicia sativa	Futter-Wicke, Saat-W.		■	■		■
Vicia sepium	Zaun-Wicke	■	■	■	■	■
Vicia sylvatica	Wald-Wicke					■
Vinca minor	Kleines Immergrün		■	■	■	■
Vincetoxicum hirundinaria	(Weiße) Schwalbenwurz		■	■		■
Viola arvensis	Acker-Stiefmütterchen			■		
Viola biflora	Gelbes Berg-Veilchen, Zweiblütiges V.		■	■		
Viola calcarata	Langsporn-Veilchen, Langsporniges Stiefmütterchen			■		
Viola canina	Hunds-Veilchen					■
Viola hirta	Raues Veilchen, Behaartes V.		■	■		
Viola mirabilis	Wunder-Veilchen					■
Viola odorata	Duft-Veilchen, Wohlriechendes V., März-V.					■
Viola reichenbachiana	Wald-Veilchen	■	■	■		■
Viola riviniana	Hain-Veilchen					■
Viola tricolor	Wildes Stiefmütterchen, Feld-St.	■	■	■	■	■
Viscum album	Mistel		■	■		■
Zea mays	Mais					■

FAMILIEN UND GATTUNGEN

Die Familien-, Gattungs- und Artenlisten entsprechend den Prüfungsanforderungen der *Schweizerischen Botanischen Gesellschaft* und *des Bundesweiten Arbeitskreises der staatlich getragenen Umweltbildungsstätten im Natur- und Umweltschutz* (BANU) (Stand Juni 2021).

Familie		CH 400	CH 600	DE Silber
Amaryllidaceae	Narzissengewächse		■	
Apiaceae	Doldengewächse, Doldenblütler	■	■	■
Asparagaceae	Spargelgewächse			
Aspleniaceae	Streifenfarngewächse		■	
Asteraceae	Korbblütler	■	■	■
Balsaminaceae	Balsaminengewächse		■	
Betulaceae	Birkengewächse	■	■	
Boraginaceae	Raublattgewächse	■	■	■
Brassicaceae	Kreuzblütler	■	■	■
Campanulaceae	Glockenblumengewächse	■	■	■
Caprifoliaceae	Geißblattgewächse		■	
Caryophyllaceae	Nelkengewächse	■	■	■
Crassulaceae	Dickblattgewächse		■	
Cupressaceae	Zypressengewächse		■	
Cyperaceae	Scheingräser, Sauergräser	■	■	■
Equisetaceae	Schachtelhalmgewächse		■	
Ericaceae	Heidekrautgewächse		■	
Euphorbiaceae	Wolfsmilchgewächse			

Gattung		CH 400	CH 600	DE Silber
Allium	Lauch	■	■	
Polygonatum	Salomonssiegel, Weißwurz		■	
Achillea	Schafgarbe	■	■	
Artemisia	Beifuß, Edelraute	■	■	
Carduus	Distel	■	■	■
Centaurea	Flockenblume	■	■	■
Cirsium	Kratzdistel	■	■	■
Crepis	Pippau	■	■	
Hieracium	Habichtskraut	■	■	
Leontodon	Löwenzahn, Milchkraut		■	
Matricaria	Kamille		■	
Senecio	Greiskraut, Kreuzkraut		■	
Taraxacum	Kuhblume, Löwenzahn			■
Cardamine	Schaumkraut, Zahnwurz	■	■	
Campanula	Glockenblume	■	■	
Phyteuma	Teufelskralle, Rapunzel	■	■	
Valeriana	Baldrian		■	
Cerastium	Hornkraut	■	■	■
Dianthus	Nelke	■	■	
Silene	Leimkraut, Lichtnelke	■	■	
Stellaria	Sternmiere	■	■	■
Sedum	Mauerpfeffer, Fetthenne		■	
Sempervivum	Hauswurz		■	
Carex	Seggen	■	■	
Eriophorum	Wollgras	■	■	
Equisetum	Schachtelhalm			■
Vaccinium	Heidelbeere		■	
Euphorbia	Wolfsmilch	■	■	■

Familie		CH 400	CH 600	DE Silber
Fabaceae	Schmetterlingsblütler	■	■	■
Fagaceae	Buchengewächse	■	■	
Gentianaceae	Enziangewächse	■	■	
Geraniaceae	Storchschnabelgewächse	■	■	■
Iridaceae	Schwertliliengewächse		■	
Juncaceae	Binsengewächse	■	■	■
Lamiaceae	Lippenblütler	■	■	■
Onagraceae	Nachtkerzengewächse		■	
Orchidaceae	Orchideengewächse	■	■	■
Orobanchaceae	Sommerwurzgewächse			
Pinaceae	Kieferngewächse	■	■	
Plantaginaceae	Wegerichgewächse			
Poaceae	Süßgräser	■	■	■
Polygonaceae	Knöterichgewächse	■	■	
Primulaceae	Primelgewächse	■	■	
Ranunculaceae	Hahnenfußgewächse	■	■	■
Rosaceae	Rosengewächse	■	■	■
Rubiaceae	Rötegewächse	■	■	
Salicaceae	Weidengewächse	■	■	
Saxifragaceae	Steinbrechgewächse		■	
Solanaceae	Nachtschattengewächse	■	■	
Violaceae	Veilchengewächse	■	■	

Gattung		CH 400	CH 600	DE Silber
Lathyrus	Platterbse	■	■	■
Medicago	Schneckenklee	■	■	■
Melilotus	Honigklee, Steinklee	■	■	
Trifolium	Klee	■	■	■
Vicia	Wicke	■	■	■
Geranium	Storchschnabel	■	■	
Juncus	Binse	■	■	
Luzula	Hainsimse	■	■	
Lamium	Taubnessel	■	■	
Epilobium	Weidenröschen			■
Dactylorhiza	Fingerwurz		■	■
Orchis	Knabenkraut		■	■
Orobanche	Sommerwurz	■	■	
Pedicularis	Läusekraut		■	
Rhinanthus	Klappertopf		■	
Pinus	Föhre, Kiefer		■	
Plantago	Wegerich	■	■	
Veronica	Ehrenpreis	■	■	
Bromus	Trespe	■	■	
Festuca	Schwingel		■	
Lolium	Lolch, Raygras	■	■	
Poa	Rispengras	■	■	
Polygonum	Knöterich		■	
Rumex	Ampfer		■	
Anemone	Windröschen		■	
Pulsatilla	Küchenschelle, Kuhschelle		■	
Ranunculus	Hahnenfuß	■	■	
Potentilla	Fingerkraut	■	■	■
Prunus	Kirsche, Pflaume, Schwarzdorn	■	■	
Rosa	Rose		■	■
Rubus	Brombeere, Himbeere & Verwandte		■	■
Sorbus	Eberesche, Mehlbeere, Vogelbeere	■	■	
Galium	Labkraut	■	■	■
Populus	Pappel	■	■	
Salix	Weide	■	■	■

REGISTER

B

D

F

H

K

U

V

Z

Z

Notizen

SYSTEMATIK DER BEHANDELTEN FAMILIEN NACH APG IV

Großgruppen	Großgruppen	Gruppen 1. Grad	Gruppen 2. Grad	Ordnung	Familie
Gefäßpflanzen Tracheophyta	Bärlapppflanzen Lycopodiophyta			Lycopodiales	Bärlappgewächse Lycopodiaceae
Gefäßpflanzen Tracheophyta	Bärlapppflanzen Lycopodiophyta			Selaginellales	Moosfarngewächse Selaginellaceae
Gefäßpflanzen Tracheophyta	Farne und Farnartige Pflanzen			Equisetales	Schachtelhalmgewächse Equisetaceae
Gefäßpflanzen Tracheophyta	Farne und Farnartige Pflanzen			Ophioglossales	Natternzungengewächse Ophioglossaceae
Gefäßpflanzen Tracheophyta	Farne und Farnartige Pflanzen			Polypodiales	Streifenfarngewächse Aspleniaceae Rippenfarngewächse Blechnaceae Adlerfarngewächse Dennstaedtiaceae Wurmfarngewächse Dryopteridaceae Tüpfelfarngewächse Polypodiaceae
Samenpflanzen Spermatophyta	Nacktsamer Gymnospermae			Ginkgoales	Ginkgogewächse Ginkgoaceae
Samenpflanzen Spermatophyta	Nacktsamer Gymnospermae			Pinales	Kieferngewächse Pinaceae
Samenpflanzen Spermatophyta	Nacktsamer Gymnospermae			Cupressales	Zypressengewächse Cupressaceae Eibengewächse Taxaceae
Samenpflanzen Spermatophyta	Bedecktsamer Angiospermae	Ursprüngliche Bedecktsamer / Basale		Nymphaeales	Seerosengewächse Nymphaeaceae
Samenpflanzen Spermatophyta	Bedecktsamer Angiospermae	Ursprüngliche Bedecktsamer / Basale		Piperales	Osterluzeigewächse Aristolochiaceae
Samenpflanzen Spermatophyta	Bedecktsamer Angiospermae	Monokotyledonen		Alismatales	Froschlöffelgewächse Alismataceae Aronstabgewächse Araceae Laichkrautgewächse Potamogetonaceae Simsenliliengewächse Tofieldiaceae
Samenpflanzen Spermatophyta	Bedecktsamer Angiospermae	Monokotyledonen		Liliales	Zeitlosengewächse Colchicaceae Liliengewächse Liliaceae Germergewächse Melanthiaceae
Samenpflanzen Spermatophyta	Bedecktsamer Angiospermae	Monokotyledonen		Asparagales	Narzissengewächse Amaryllidaceae Spargelgewächse Asparagaceae Schwertliliengewächse Iridaceae Orchideen Orchidaceae
Samenpflanzen Spermatophyta	Bedecktsamer Angiospermae	Monokotyledonen		Poales	Sauergräser Cyperaceae Binsengewächse Juncaceae Süßgräser Poaceae Rohrkolbengewächse Typhaceae
Samenpflanzen Spermatophyta	Bedecktsamer Angiospermae	Eudikotyledonen	Ursprüngliche Eudikotyledonen	Ranunculales	Berberitzengewächse Berberidaceae Mohngewächse Papaveraceae Hahnenfußgewächse Ranunculaceae
Samenpflanzen Spermatophyta	Bedecktsamer Angiospermae	Eudikotyledonen	Superrosiden	Saxifragales	Dickblattgewächse Crassulaceae Stachelbeergewächse Grossulariaceae Steinbrechgewächse Saxifragaceae
Samenpflanzen Spermatophyta	Bedecktsamer Angiospermae	Eudikotyledonen	Superrosiden	Fabales	Schmetterlingsblütler Fabaceae Kreuzblumengewächse Polygalaceae
Samenpflanzen Spermatophyta	Bedecktsamer Angiospermae	Eudikotyledonen	Superrosiden	Rosales	Hanfgewächse Cannabaceae Ölweidengewächse Elaeagnaceae